高等职业教育课程改革示范教材

高等数学

主　编　赵利娟　龚建荣

副主编　（排名不分先后顺序）

张玉兰 王理峰 谢小韦

冯再勇 吴玲玲 张　轶

许婷婷

扫码加入读者圈

南京大学出版社

图书在版编目(CIP)数据

高等数学/赵利娟,龚建荣主编.—南京：南京大学出版社,2020.9

ISBN 978-7-305-23395-1

Ⅰ.①高… Ⅱ.①赵…②龚… Ⅲ.①高等数学 Ⅳ.①O13

中国版本图书馆 CIP 数据核字(2020)第 097468 号

出版发行　南京大学出版社
社　　址　南京市汉口路 22 号　　　邮编　210093
出 版 人　金鑫荣

书　　名　高等数学
主　　编　赵利娟　龚建荣
责任编辑　吴　华　　　编辑热线　025-83596997

照　　排　南京开卷文化传媒有限公司
印　　刷　常州市武进第三印刷有限公司
开　　本　787×1092　1/16　印张 24　字数 584 千
版　　次　2020 年 9 月第 1 版　2020 年 9 月第 1 次印刷
ISBN 978-7-305-23395-1
定　　价　59.80 元

网　　址：http://www.njupco.com
官方微博：http://weibo.com/njupco
微信服务号：njuyuexue
销售咨询热线：(025)83594756

教师扫码可免费获取教学资源

Foreword

前言

根据教育部制定的《高职高专教育专业人才培养目标及规格》和《高职高专教育基础课程教学基本要求》，结合现代高等职业教育实际情况，我们组织在高等职业教学第一线、多年从事高等数学教学、有比较丰富教学经验的教师，参与编写了这本《高等数学》教材。

本书以培养技能型人才为目标，以就业为导向，以“了解概念、掌握计算、强化应用、培养技能”为指导思想。理论教学坚持以应用为目的，以必需、够用为度的要求，从生活中的实际例子出发，引入抽象的数学概念，使抽象概念具体化。对难度较大的基础理论，不作严格的证明，只作简单的几何说明，突出应用能力的培养。

本教材在曹亚萍、龚建荣主编的《高等数学》第一版的基础上进行修改。为了响应国家课程思政的要求，使得其他课程与思政课程相互融合，形成协同效应，本书每章后面都增加了阅读材料，主要内容是章节知识所体现的课程思政元素，或者数学文化知识，或者相应知识的起源，便于学生在学习高等数学内容的同时，激发学生学习的兴趣，对学生形成潜移默化的影响，起到思政育人的作用。

本书本着“一切为了学生，为了学生的一切”的宗旨，结合高职院校学生的具体情况，每章开篇都列出了学习目标，每章结尾都有本章小结，有利于学生把握每章的重点和难点，每章后附有大量复习题，便于学生巩固所学的知识，书末还附有每章节的习题和复习题的参考答案，可方便学生学习之用。此外，本书还和我院社会科学教学部数学教研室申请的江苏省在线开放课程同步进行教学，感兴趣的读者可以关注中国大学慕课平台。

本书的第1章由张玉兰编写，第2章由王理峰编写，第3章由张铁编写，第4章由谢小韦编写，第5章由许婷婷编写，第6章由吴玲玲编写，第7章、第8章由赵利娟编写，第9章由龚建荣编写，第10章由冯再勇编写。全书由赵利娟最后统稿。

在本书的编写过程中，得到了社会科学教学部数学教研室已退休的曹亚萍老师、宋文章老师的指导和帮助，得到了南京铁道职业技术学院社会科学教学部刘人谦主任和徐令主任的大力支持，得到了南京大学出版社吴华编辑的指导，在此一并表示感谢！

在本书的使用过程中，如有不当之处，敬请同行和广大读者批评指正。

编　者

于南京铁道职业技术学院

2020年3月

Contents

目录

第1章

函数、极限与连续

学习目标

1. 加深理解函数的概念.
2. 了解分段函数、复合函数的概念.
3. 掌握函数极限、无穷小、无穷大以及函数连续性的概念.
4. 熟练掌握函数极限的四则运算法则.
5. 会用两个重要极限求极限.
6. 会判断函数间断点的类型.
7. 会求连续函数和分段函数的极限.
8. 知道初等函数的连续性以及闭区间上连续函数的性质(介值定理、最大值和最小值定理).

§1.1 函数的概念

一、函数的概念

1. 区间和邻域

如果变量的变化是连续的,则常用区间来表示其变化范围.在数轴上来说,**区间**是指介于某两点之间的线段上点的全体.

设 a 和 b 都是实数,且 $a<b$,将数集

$\{x \mid a<x<b\}$ 称为开区间,记为 (a,b);

$\{x \mid a\leqslant x\leqslant b\}$ 称为闭区间,记为 $[a,b]$;

$\{x \mid a<x\leqslant b\}$ 称为左开右闭区间,记为 $(a,b]$;

$\{x \mid a\leqslant x<b\}$ 称为左闭右开区间,记为 $[a,b)$.

上述四个区间的长度都是有限的(区间长度为 $b-a$),统称为有限区间.

此外还有下列无限区间,引进记号 $+\infty$,$-\infty$(读作正无穷大,负无穷大).

无限区间有:$(-\infty,+\infty)=\mathbf{R}$(通常也表示为 $-\infty<x<+\infty$);

$$(a,+\infty)=\{x \mid x>a\};[a,+\infty)=\{x \mid x\geqslant a\};$$

$$(-\infty,b)=\{x \mid x<b\};(-\infty,b]=\{x \mid x\leqslant b\}.$$

如无特别声明，可用如下符号表示一些常用数集：

R——实数集；**Q**——有理数集；**Z**——整数集；**N**——自然数集.

定义 1-1-1 设 a 与 δ 是两个实数，且 $\delta>0$（通常 δ 是指很小的正数），集合 $\{x \mid |x-a|<\delta\}$ 称为点 a 的 δ **邻域**，记为 $U(a,\delta)$，a 称为该邻域的中心，δ 称为该邻域的半径，即：$U(a,\delta)=\{x \mid a-\delta<x<a+\delta\}$.

$U(a,\delta)$ 表示与点 a 距离小于 δ 的一切点 x 的全体.

同理，称将邻域的中心 a 去掉所形成的区间 $(a-\delta,a)\cup(a,a+\delta)$ 为 a 的去心 δ 邻域（或 a 的空心 δ 邻域），记为

$$\mathring{U}(a,\delta)=\{x \mid 0<|x-a|<\delta\}.$$

2. 函数的概念

在研究某一事物的变化过程时，往往同时遇到两个或多个变量，这些变量不是彼此孤立的，而是相互联系，互相依赖，遵循着一定的变化规律.

例如：圆的面积，圆面积 A 与它的半径 r 间的关系由公式 $A=\pi r^2$ 确定，当 r 在区间 $(0,+\infty)$ 内任意取定一个数值时，根据公式 $A=\pi r^2$ 就可以确定圆的面积 A 的相应数值.

定义 1-1-2 设有两个变量 x 和 y，D 是一个给定的数集，若对于 D 中每一个数 x（即任意的 $x\in D$），按照一定的对应法则 f 总有唯一确定的数值 y 与之对应，则称 y 是 x 的**函数**，记作：$y=f(x)$. x 称为**自变量**，y 称为**因变量**，数集 D 和 $M=\{y \mid y=f(x),x\in D\}$ 分别称为函数的**定义域**和**值域**.

当自变量 x 的取某个确定的值 x_0，根据对应法则 f 能够得到一个确定的值 y_0，则 y_0 称为函数 $y=f(x)$ 在 x_0 处的**函数值**，记为 $y_0=f(x_0)$ 或 $y_0=y\big|_{x=x_0}$.

平面点集 $G=\{(x,y) \mid y=f(x),x\in D\}$ 称为函数 $y=f(x)$ 的**图形**.

根据函数的定义，当函数的定义域和函数的对应法则确定以后，这个函数就完全确定了.因此，通常把函数的定义域 D 和对应法则 f 叫作确定函数的**两个要素**.只有当两个函数的定义域和对应法则完全相同时，才认为这两个函数是完全相同的.

在实际问题中，函数的定义域是根据问题的实际意义确定的.例如，圆面积中定义域为 $(0,+\infty)$，自由落体运动中定义域为 $[0,T]$.

在数学中，有时不考虑函数的实际意义，而抽象地研究用算式表达的函数.约定函数的定义域就是自变量所能取的使算式有意义的一切实数值.

例如：函数 $y=\dfrac{1}{\sqrt{3x-x^2}}$ 的定义域是开区间 $(0,3)$，函数 $y=\arcsin\dfrac{x}{4}$ 的定义域是闭区间 $[-4,4]$.

二、函数的表示方法

根据问题的不同特点，函数可以用表格法、图像法和解析法（公式法）来表示（三种表示方法也可以混合使用）.在微积分学中，函数还可以用以下方式来表示.

1. 隐函数

如果变量 x,y 之间的函数关系是由一个方程 $F(x,y)=0$ 所确定的，则称 y 是 x 的隐

函数.相应地,如果因变量 y 都能用含有 x 的解析式明显表示,则称之为显函数.有些隐函数可以转化为显函数,但也有些隐函数不可以转化为显函数,如方程 $e^y-e^x-xy=1$ 所确定的隐函数就无法化为显函数,但这并不影响我们研究它们的某些变化规律.

2. 分段函数

在自变量的不同范围内用不同的解析式分段表示的函数叫**分段函数**.分段函数求函数值时,应把自变量的值代入相应范围的表达式中去计算.

例 1-1-1　已知分段函数 $f(x)=\begin{cases}x^2+1 & x>0\\ 2 & x=0\\ 2x & x<0\end{cases}$(如图 1-1-1),求 $f[f(0)]$,$f(-3)$.

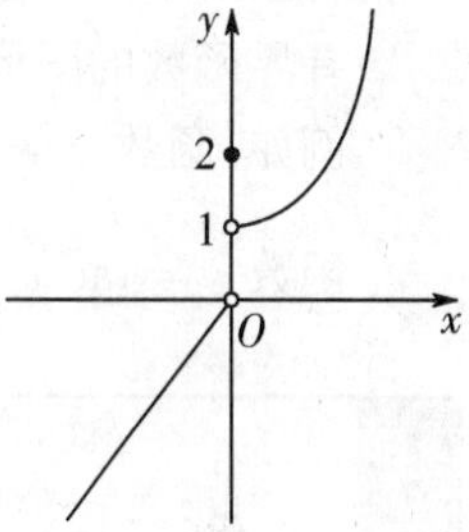

图 1-1-1

解　$f[f(0)]=f(2)=2^2+1=5$,$f(-3)=2\times(-3)=-6$.

其中 $x=0$ 称为**分段函数的**"分界点".

几个常见的分段函数:

(1) **符号函数**

$y=\operatorname{sgn}x=\begin{cases}1 & x>0\\ 0 & x=0\\ -1 & x<0\end{cases}$(如图 1-1-2),$D=(-\infty,+\infty)$,$M=\{-1,0,1\}$.

(2) **取整函数**

$y=[x]\ (x\in\mathbf{R})$(如图 1-1-3),其中 $[x]$ 表示不超过 x 的最大整数,$D=(-\infty,+\infty)$,$M=\mathbf{Z}$(其中 $\mathbf{Z}$ 表示整数集).

例如,$[2.38]=2$,$[-6.12]=-7$,$[1]=1$.

(3) **绝对值函数**

$y=|x|=\begin{cases}x & x>0\\ 0 & x=0\\ -x & x<0\end{cases}$(如图 1-1-4),$D=(-\infty,+\infty)$,$M=[0,+\infty)$.

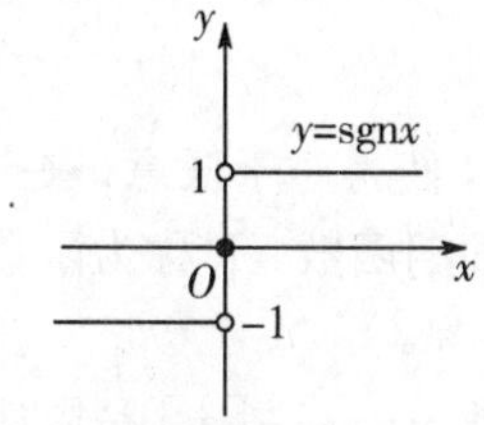

图 1-1-2

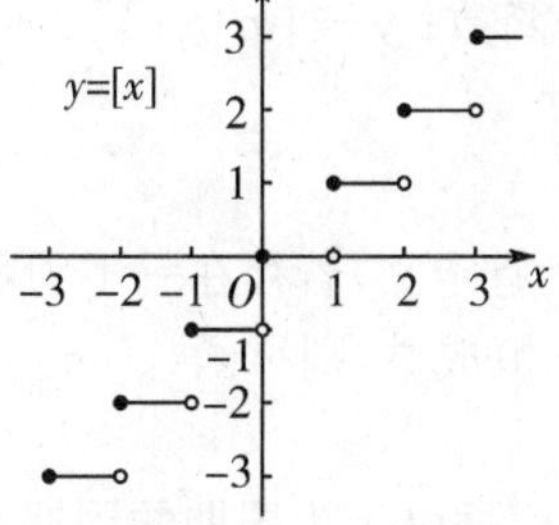

图 1-1-3

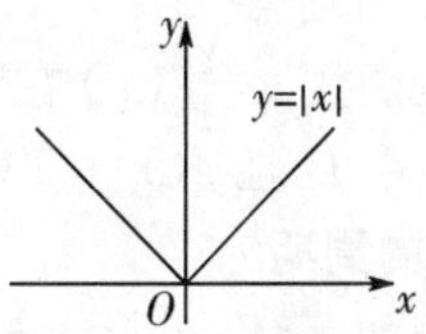

图 1-1-4

3. 由参数方程确定的函数

如果变量 x,y 之间的函数关系是由参数方程 $\begin{cases}x=f(t)\\ y=g(t)\end{cases}\ (t\in T)$ 所确定的,则称为由参数方程确定的函数(简称参数式函数),其中 t 称为参数.

三、函数的性质

1. 有界性

存在正数 $M>0$，若对任意的 $x\in D$，总有 $|f(x)|\leqslant M$ 成立，则称函数 $f(x)$ 在区间 D 内**有界**，否则称为**无界**。

若函数 $f(x)$ 在其定义域内有界，则称 $f(x)$ 为**有界函数**；否则称为**无界函数**.

有界函数的图形必介于直线 $y=M$ 与 $y=-M$ 之间.

例如：函数 $y=\cos x$ 是有界函数，因为在其定义域 $(-\infty,+\infty)$ 内恒有 $|\cos x|\leqslant 1$.

函数 $y=\tan x$ 在 $\left[-\dfrac{\pi}{6},\dfrac{\pi}{6}\right]$ 是有界函数，但在 $\left(-\dfrac{\pi}{2},\dfrac{\pi}{2}\right)$ 内是无界的.

注意	确定一个函数是有界的或无界的，必须指出其相应的自变量的取值范围.

2. 单调性

若对于区间 (a,b) 内的任意两点 x_1 及 x_2，当 $x_1<x_2$ 时，总有 $f(x_1)<f(x_2)$，则称函数 $f(x)$ 在 (a,b) 内**单调增加**；当 $x_1<x_2$ 时，总有 $f(x_1)>f(x_2)$，则称函数 $f(x)$ 在 (a,b) 内**单调减少**.区间 (a,b) 称为**单调区间**.

从几何直观上看，单调增函数是从左至右上升的；单调减函数是从左至右下降的.

例如，$f(x)=x^2$ 在区间 $(-\infty,0]$ 上是单调减少的，在区间 $[0,+\infty)$ 上是单调增加的，在区间 $(-\infty,+\infty)$ 内 $f(x)=x^2$ 不是单调的.

3. 奇偶性

设函数 $y=f(x)$ 的定义域 D 关于原点对称(即如果 $x\in D$，则必有 $-x\in D$)，若对于任意 $x\in D$，都有 $f(-x)=-f(x)$，则称函数 $f(x)$ 在 D 上是**奇函数**；若对于任意 $x\in D$，都有 $f(-x)=f(x)$，则称函数 $f(x)$ 在 D 上是**偶函数**.

奇函数的图形关于原点对称，偶函数的图形关于 y 轴对称.

例如：$y=x^3$，$y=\sin x$ 是奇函数；$y=|x|$，$y=\cos x$ 是偶函数；$y=\sqrt{x}+\sin x$，$y=\ln x+1$ 是非奇非偶函数.

4. 周期性

设函数 $y=f(x)$ 在数集 D 上有定义，若存在一不为零的数 T，使得对于任意 $x\in D$ 有 $x+T\in D$ 且 $f(x+T)=f(x)$ 恒成立，则称函数 $y=f(x)$ 是**周期函数**，T 称为函数 $y=f(x)$ 的**周期**.

例如，函数 $y=\tan x$，$y=\cot x$ 是以 π 为周期的周期函数；函数 $y=x-[x]$ 是周期为 1 的周期函数.

若 T 为函数 $y=f(x)$ 的周期，则根据定义 $2T,3T,4T,\cdots$ 也是函数 $y=f(x)$ 的周期，故周期函数有无穷多个周期，而我们通常指的周期是指最小正周期(基本周期).

周期函数在每一个周期 $(\varepsilon+kT,\varepsilon+(k+1)T)$($\varepsilon$ 为任意数，k 为任意整数)上，都有相同的图形.

四、初等函数

1. 基本初等函数

定义 1-1-3　常数函数、幂函数、指数函数、对数函数、三角函数、反三角函数统称为基本初等函数(见附录 1).

(1) 常数函数 $y=C$(C 为常数);

(2) 幂函数 $y=x^{\mu}$($\mu\in\mathbf{R}$ 为常数);

(3) 指数函数 $y=a^{x}(a>0,a\neq 1)$，$y=\mathrm{e}^{x}$($\mathrm{e}=2.718\ 281\ 828\ 495\ 045\cdots$);

(4) 对数函数 $y=\log_{a}x(a>0,a\neq 1)$，$y=\log_{\mathrm{e}}x=\ln x$(**称为自然对数函数**);

(5) 三角函数 $y=\sin x$，$y=\cos x$，$y=\tan x$，$y=\cot x$，$y=\sec x$，$y=\csc x$;

(6) 反三角函数 $y=\arcsin x$，$y=\arccos x$，$y=\arctan x$，$y=\operatorname{arccot} x$.

2. 复合函数

函数 $y=\sin^{2}x$ 不是基本初等函数,但可由基本初等函数 $y=u^{2}$ 和 $u=\sin x$ 组合而成,称这种组合为复合.实际上较复杂的函数都是由几个基本初等函数或简单函数复合而成的.

定义 1-1-4　设 y 是 u 的函数 $y=f(u)$，u 是 y 的函数 $u=g(x)$，若 $u=g(x)$ 的值域或其部分包含在 $y=f(u)$ 定义域中,则 y 通过中间变量 u 构成 x 的函数,称为 x 的**复合函数**,记为 $y=f[g(x)]$，其中 x 是自变量，u 称为**中间变量**.

例 1-1-2　设 $f(x)=x^{3}-x$，$g(x)=\sin 2x$，求 $f[g(x)]$，$g[f(x)]$.

解　$f[g(x)]=[g(x)]^{3}-g(x)=\sin^{3}2x-\sin 2x$;

$g[f(x)]=\sin[2f(x)]=\sin(2x^{3}-2x)$.

例 1-1-3　指出下列复合函数的复合过程:

(1) $y=\mathrm{e}^{\sin^{2}x}$;　　(2) $y=\arccos\sqrt{\ln(x^{2}-1)}$;　　(3) $y=\tan^{3}(1+x^{2})$.

解　(1) $y=\mathrm{e}^{\sin^{2}x}$ 是由 $y=\mathrm{e}^{u}$ (指数函数)，$u=v^{2}$(幂函数)，$v=\sin x$ (三角函数)复合而成.

(2) $y=\arccos\sqrt{\ln(x^{2}-1)}$ 是由 $y=\arccos u$，$u=\sqrt{v}$，$v=\ln w$，$w=x^{2}-1$ 复合而成.

(3) $y=\tan^{3}(1+x^{2})$ 是由 $y=u^{3}$，$u=\tan v$，$v=1+x^{2}$ 复合而成.

> **注意**　不是任何两个函数都能够复合成一个复合函数的.例如，$y=\arccos u$ 及 $u=3+x^{2}$ 就不能复合成一个复合函数.因为对于 $u=3+x^{2}$ 的定义域 $(-\infty,+\infty)$ 内任何 x 值所对应的 u 值(都大于或等于 3),都不能使 $y=\arccos u$ 有意义.

3. 反函数

定义 1-1-5　设函数 $y=f(x)$，其定义域为 D，值域为 M.如果对于任意的 $y\in M$，都可以从关系式 $y=f(x)$ 确定唯一的 $x(x\in D)$ 与之对应,这样就确定了一个以 y 为自变量的函数,称这个函数为 $y=f(x)$ 的**反函数**,记为 $x=f^{-1}(y)$，其定义域为 M，值域为 D.

习惯上用 x 表示自变量，y 表示因变量,因此 $y=f(x)$ 的反函数表示为 $y=f^{-1}(x)$.

性质 1-1-1

(1) 函数 $y=f(x)$ 的定义域是其反函数 $y=f^{-1}(x)$ 的值域,其值域是反函数的定义域.

(2) 函数 $y=f(x)$ 与其反函数 $y=f^{-1}(x)$ 的单调性相同.

(3) 函数 $y=f(x)$ 的图像与其反函数 $y=f^{-1}(x)$ 的图像关于直线 $y=x$ 对称.

例 1-1-4 求 $y=2^x+1$ 的反函数.

解 由 $y=2^x+1$ 得 $\log_2(y-1)=x$，所以 $x=\log_2(y-1)$，互换字母 x,y 得所求反函数为 $y=\log_2(x-1)$.

4. 初等函数

由基本初等函数经过有限次的四则运算或复合运算所构成的，并能用一个解析式表示的函数称为**初等函数**.

例如，函数 $y=\cos^2(3x+1)$，$y=\sqrt{x^3+2}$，$y=\dfrac{\ln x+2\tan x}{10^x-1}$ 都是初等函数.

在微积分的运算中，常把一个初等函数分解为基本初等函数或基本初等函数的四则运算形式，因此，我们应当学会如何分析初等函数的结构.

例 1-1-5 求下列函数的定义域：

(1) $y=\sqrt{9-x^2}+\dfrac{1}{x-1}$；　　　(2) $y=\arccos\dfrac{x+1}{3}+\ln(3+x)$.

解 (1) 要使函数有意义，应满足偶次根式的被开方式大于等于零和分母不为零，即：

$$9-x^2\geqslant 0 \text{ 且 } x-1\neq 0,$$

故 $\begin{cases}-3\leqslant x\leqslant 3\\ x\neq 1\end{cases}$，所求定义域为 $[-3,1)\cup(1,3]$.

(2) 要使函数有意义，应满足反余弦函数符号内的式子绝对值小于等于 1 且对数函数符号内的式子为正，即：

$$\begin{cases}-1\leqslant\dfrac{x+1}{3}\leqslant 1\\ 3+x>0\end{cases},$$

所以 $\begin{cases}-4\leqslant x\leqslant 2\\ x>-3\end{cases}$，即 $-3<x\leqslant 2$，故所求定义域为 $(-3,2]$.

一般求函数的定义域时应考虑：

(1) 代数式中分母不能为零；

(2) 偶次根式内的表达式非负；

(3) 对数运算中真数的表达式大于零；

(4) 反三角函数 $y=\arcsin x$，$y=\arccos x$，要满足 $|x|\leqslant 1$；

(5) 两函数和(差)的定义域，应是两函数定义域的公共部分；

(6) 分段函数的定义域是各段定义域的并集等.

五、函数模型的建立

用数学方法解决实际问题时，往往需要找出变量之间的函数关系，建立函数关系，或成立函数模型.

例 1-1-6　已知某种商品的成本函数与收入函数分别是 $C=12+3q+q^2, R=11q$，试求该商品的盈亏平衡点，并说明随产量 q 变化时的盈亏情况.

解　利润函数 $L(q)=R(q)-C(q)=11q-12-3q-q^2=8q-q^2-12=-(q-2)(q-6)$.

由 $L(q)=0$ 得盈亏平衡点有两个：$q_1=2, q_2=6$.

当 $q<2$ 时，$L<0$；当 $2<q<6$ 时，$L>0$；而当 $q>6$ 时，$L<0$.

即当 $q<2$ 时亏损，当 $2<q<6$ 时盈利，而当 $q>6$ 时又转为亏损.

习题 1.1

1. 设函数 $f(x+2)=x^2+3x+5$，求 $f(x), f(x-2)$.

2. 已知 $f(\sin x)=\cos 2x+1$，求 $f(\cos x)$.

3. 求下列函数的定义域：

(1) $y=\dfrac{x}{\sqrt{x^2-3x+2}}$；　(2) $y=\arccos(2x-5)$；

(3) $y=\ln(2-x)+1$；　(4) $y=\sqrt{x-2}+\dfrac{1}{x-3}+\ln(5-x)$.

4. 求下列函数的反函数：

(1) $y=\dfrac{2x}{x-1}$；　(2) $y=\sqrt[3]{x+1}$；

(3) $y=\ln\dfrac{1}{2+x}$；　(4) $f(x)=\begin{cases} x-1 & x<0 \\ x^2 & x\geqslant 0 \end{cases}$.

5. 设 $f(x)=x^2, \varphi(x)=e^x$，求 $f[\varphi(x)], \varphi[f(x)], f[f(x)], \varphi[\varphi(x)]$.

6. 判定下列函数的奇偶性：

(1) $y=\sin x+\cos x$；　(2) $y=\log_3(x+\sqrt{x^2+1})$.

7. 指出下列复合函数的复合过程：

(1) $y=2^{\sqrt{\sin x}}$；　(2) $y=\sqrt[3]{\cos x^2}$；

(3) $y=\tan e^{-\sqrt{1+x^2}}$；　(4) $y=\ln(\arctan\sqrt{1+x^2})$.

8. 某市出租汽车的起步价为 9 元，超过 3 公里时，超出部分每公里付费 2.4 元，每次旅程的附加燃油费为 2 元，试求付费金额 y 与乘车距离 x 的函数关系.

§1.2　函数的极限及运算法则

由于求某些实际问题的精确而产生了极限的思想.例如，我国春秋战国时期的哲学家庄子在《天下篇》中有如下描述：“一尺之棰，日截其半，万世不竭”，就体现了初步的极限思想.极限是微积分学中一个基本概念，极限是变量变化的终极状态.微分学与积分学的许多概念都是由极限引入的，并且最终都是由极限来解决.因此，在微积分学中，极限占有非常重要的地位.

一、$x\to\infty$ 时函数的极限

引例 1-2-1 分析反比例函数 $y=\frac{1}{x}$，当 x 无限增大时的变化趋势.

分析 当 $x\to+\infty$ 时，$y=\frac{1}{x}$ 的值无限趋于 0；

当 $x\to-\infty$ 时，$y=\frac{1}{x}$ 的值也无限趋于 0.

从而当 $x\to+\infty$ 时，$x\to\infty$ 时，函数 $y=\frac{1}{x}$ 的值无限趋于 0.

定义 1-2-1 如果当 $|x|$ 无限增大时，函数 $f(x)$ 无限趋近于一个确定的常数 A，则称 A 为函数 $f(x)$ 当 $x\to\infty$ 时的**极限**，记作

$$\lim_{x\to\infty}f(x)=A \quad 或 \quad f(x)\to A\ (当\ x\to\infty\ 时).$$

同理，可以定义 $x\to+\infty$ 或 $x\to-\infty$ 时，函数 $f(x)$ 时的**极限**.

例如，$\lim\limits_{x\to\infty}\frac{1}{x}=0$；$\lim\limits_{x\to+\infty}\left(\frac{1}{2}\right)^x=0$；$\lim\limits_{x\to-\infty}2^x=0$.

> **注意** 如果 $\lim\limits_{x\to\infty}f(x)=A$，则把直线 $y=A$ 称为曲线 $y=f(x)$ 的水平渐近线.

定理 1-2-1 $\lim\limits_{x\to\infty}f(x)=A \Leftrightarrow \lim\limits_{x\to+\infty}f(x)=\lim\limits_{x\to-\infty}f(x)=A$.

例 1-2-1 讨论当 $x\to\infty$ 时，函数 $y=\arctan x$ 的极限.

解 考察函数 $y=\arctan x$ 的函数值随自变量变化的变化趋势，图形见附录 1.

从图形上看，$\lim\limits_{x\to+\infty}\arctan x=\frac{\pi}{2}$，$\lim\limits_{x\to-\infty}\arctan x=-\frac{\pi}{2}$.

因为 $\lim\limits_{x\to+\infty}\arctan x\neq\lim\limits_{x\to-\infty}\arctan x$，所以当 $x\to\infty$ 时，$y=\arctan x$ 极限不存在.

> **说明** 曲线 $y=\arctan x$ 有两条水平渐近线，分别为 $y=\frac{\pi}{2}$ 和 $y=-\frac{\pi}{2}$.

> **注意** 数列是自变量取自然数时的函数(通常称为整标函数) $x_n=f(n)$，因此，数列是函数的一种特殊情况.

例 1-2-2 观察下列函数的图像，说出当 $x\to\infty$ 时的极限.

(1) $y=\frac{1}{x^2}$； (2) $y=e^x$； (3) $y=C$(C 为常数).

解 由图 1-2-1，图 1-2-2，图 1-2-3 知，

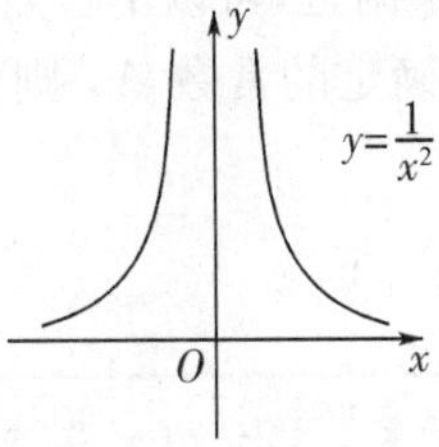

图 1-2-1

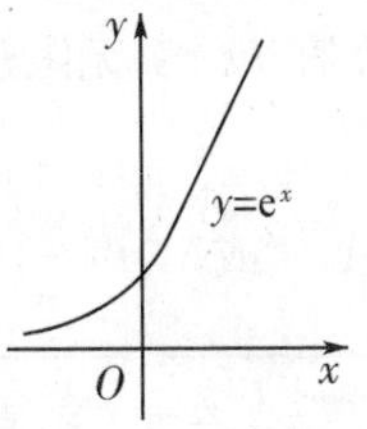

图 1-2-2

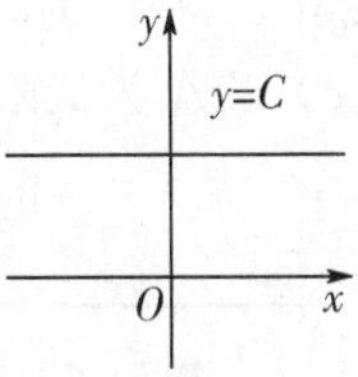

图 1-2-3

(1) $\lim\limits_{x\to\infty}\dfrac{1}{x^2}=0$；

(2) 因为 $\lim\limits_{x\to-\infty}e^x=0$，$\lim\limits_{x\to+\infty}e^x=+\infty$，所以 $\lim\limits_{x\to\infty}e^x$ 不存在；

(3) $\lim\limits_{x\to\infty}C=C$.

二、$x\to x_0$ 时函数的极限

引例 1-2-2　考察函数 $y=x+1$，当 x 无限趋于 1(不等于 1)时 y 的变化趋势(如图 1-2-4(a)).

分析　由图 1-2-4(a)知，当 x 趋向于 1 时，y 就趋向于 2，而且 x 越接近 1，y 就越接近 2，因此，当 $x\to 1$ 时，$y=x+1\to 2$.

引例 1-2-3　考察函数 $y=\dfrac{x^2-1}{x-1}$，当 x 无限趋于 1(不等于 1)时的变化趋势(如图 1-2-4(b)).

分析　由图 1-2-4(b)知，当 x 趋向于 1 时，y 就趋向于 2.虽然 y 在点 $x=1$ 处没有定义，但是只要 x 无限趋于 1，y 就无限趋于 2，于是，当 $x\to 1$ 时，$y=\dfrac{x^2-1}{x-1}\to 2$.

引例 1-2-4　考察函数 $y=\begin{cases}x+1 & x\neq 1\\ 1 & x=1\end{cases}$，当 x 无限趋于 1(不等于 1)时的变化趋势(如图 1-2-4(c)).

分析　由图 1-2-4(c)知，当 x 趋向于 1 时，y 就趋向于 2，而且 x 越接近 1，y 就越接近 2，因此，当 $x\to 1$ 时，$y=\begin{cases}x+1 & x\neq 1\\ 1 & x=1\end{cases}\to 2$.

以上三个例子表明：当自变量 x 趋于某个值 x_0 时，函数值就趋于某个确定常数(与函数在点 x_0 有无定义没有关系)，这就是函数极限的含义.

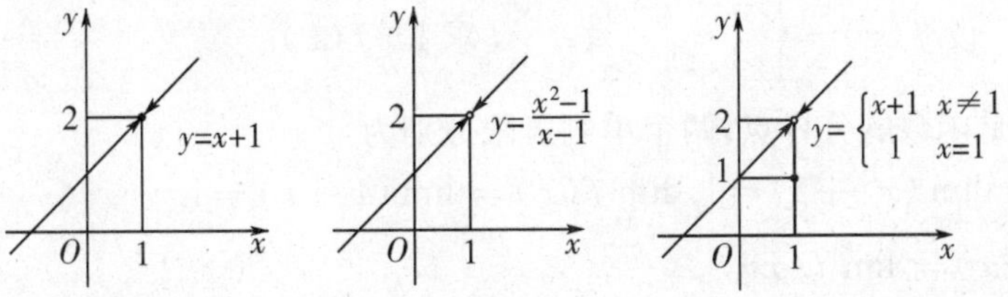

(a)　(b)　(c)

图 1-2-4

定义 1-2-2 设函数 $f(x)$ 在 x_0 的左、右近旁(即在点 x_0 附近,可以不含点 x_0)内有定义,如果当 $x \to x_0$ 时,相应的函数值 $f(x)$ 无限趋近于一个确定的常数 A, 则称当 $x \to x_0$ 时, $f(x)$ 以 A 为**极限**,记作

$$\lim_{x \to x_0} f(x) = A \quad 或 \quad f(x) \to A(x \to x_0).$$

注意

(1) $\lim\limits_{x \to x_0} f(x) = A$ 与函数 $f(x)$ 在 x_0 点是否有定义无关,且与 $f(x_0)$ 的值无关,它描述的是当自变量 x 无限接近 x_0 时,相应的函数值 $f(x)$ 无限趋近于常数 A 的一种变化趋势.

(2) x 在无限趋近 x_0 的过程中,既从大于 x_0 的方向(即从 x_0 的右边)趋近 x_0,又从小于 x_0 的方向(即从 x_0 的左边)趋近于 x_0.

由函数极限的定义,易得

(1) $\lim\limits_{x \to x_0} C = C$ 或 $\lim\limits_{x \to \infty} C = C$($C$ 为一常数);

(2) $\lim\limits_{x \to x_0} (ax + b) = ax_0 + b(a \neq 0)$, 特别地, $\lim\limits_{x \to x_0} x = x_0$.

类似可定义,当 x 仅从 x_0 的左侧无限趋近于 x_0(记为 $x \to x_0^-$)与 x 仅从 x_0 的右侧无限趋近于 x_0(记为 $x \to x_0^+$)时的极限,分别称为函数 $f(x)$ 在点 x_0 的左、右极限,记为:

$$f(x_0 - 0) = \lim_{x \to x_0^-} f(x) = A \quad 和 \quad f(x_0 + 0) = \lim_{x \to x_0^+} f(x) = A.$$

定理 1-2-2 $\lim\limits_{x \to x_0} f(x) = A \Leftrightarrow \lim\limits_{x \to x_0^+} f(x) = \lim\limits_{x \to x_0^-} f(x) = A$.

例 1-2-3 考察符号函数 $y = \operatorname{sgn} x = \begin{cases} 1 & x > 0 \\ 0 & x = 0 \\ -1 & x < 0 \end{cases}$ 当 $x \to 0$ 时的极限.

解 因为 $\lim\limits_{x \to 0^+} f(x) = \lim\limits_{x \to 0^+} 1 = 1$, $\lim\limits_{x \to 0^-} f(x) = \lim\limits_{x \to 0^-} (-1) = -1$,
所以 $\lim\limits_{x \to 0^+} f(x) \neq \lim\limits_{x \to 0^-} f(x)$.

故符号函数 $y = \operatorname{sgn} x$ 当 $x \to 0$ 时的极限不存在.

例 1-2-4 讨论函数 $f(x) = |x|$ 当 $x \to 0$ 时的极限.

解 因为 $\lim\limits_{x \to 0^+} f(x) = \lim\limits_{x \to 0^+} x = 0$, $\lim\limits_{x \to 0^-} f(x) = \lim\limits_{x \to 0^-} (-x) = 0$,
所以 $\lim\limits_{x \to 0^+} f(x) = \lim\limits_{x \to 0^-} f(x)$,
故 $\lim\limits_{x \to 0} |x| = 0$.

例 1-2-5 设 $f(x) = \begin{cases} 1 - x & x < 0 \\ x^2 + 1 & x \geqslant 0 \end{cases}$, 求 $\lim\limits_{x \to 0} f(x)$.

解 $x = 0$ 是函数的分界点,两个单侧极限分别为:

$\lim\limits_{x \to 0^+} f(x) = \lim\limits_{x \to 0^+} (x^2 + 1) = 1$, $\lim\limits_{x \to 0^-} f(x) = \lim\limits_{x \to 0^-} (1 - x) = 1$.

因为 $\lim\limits_{x \to 0^+} f(x) = \lim\limits_{x \to 0^-} f(x)$,
所以 $\lim\limits_{x \to 0} f(x) = 1$.

例1-2-6　验证 $\lim\limits_{x\to 0}\dfrac{|x|}{x}$ 不存在.

解　函数 $y=\dfrac{|x|}{x}$ 的图像如图1-2-5所示，由图1-2-5知，$\lim\limits_{x\to 0^+}\dfrac{|x|}{x}=\lim\limits_{x\to 0^+}\dfrac{x}{x}=\lim\limits_{x\to 0^+}1=1$.

$\lim\limits_{x\to 0^-}\dfrac{|x|}{x}=\lim\limits_{x\to 0^-}\dfrac{-x}{x}=\lim\limits_{x\to 0^-}(-1)=-1$.

因为 $\lim\limits_{x\to 0^+}\dfrac{|x|}{x}\neq\lim\limits_{x\to 0^-}\dfrac{|x|}{x}$，

所以 $\lim\limits_{x\to 0}\dfrac{|x|}{x}$ 不存在.

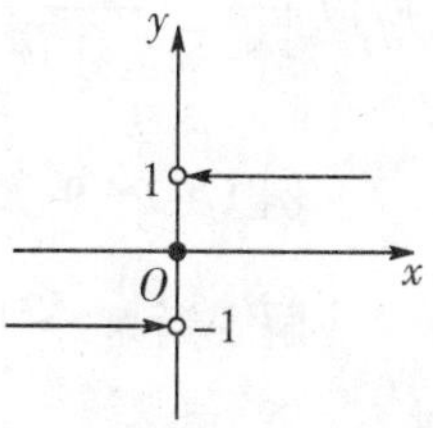

图1-2-5

例1-2-7　设 $f(x)=\begin{cases}\sin x+a & x<0\\ 1+x^2 & x>0\end{cases}$，当 a 为何值时，$\lim\limits_{x\to 0}f(x)$ 存在?

解　由于函数在分段点 $x=0$ 两边的表达式不同，因此，一般要考虑在分段点 $x=0$ 处的左极限与右极限.

因为 $\lim\limits_{x\to 0^+}f(x)=\lim\limits_{x\to 0^+}(1+x^2)=1$，

$\lim\limits_{x\to 0^-}f(x)=\lim\limits_{x\to 0^-}(\sin x+a)=\lim\limits_{x\to 0^-}(\sin x)+\lim\limits_{x\to 0^-}a=a$，

故要使 $\lim\limits_{x\to 0}f(x)$ 存在，必须 $\lim\limits_{x\to 0^+}f(x)=\lim\limits_{x\to 0^-}f(x)$.

因此，当 $a=1$ 时，$\lim\limits_{x\to 0}f(x)$ 存在且 $\lim\limits_{x\to 0}f(x)=1$.

> **注意**　当求分段函数在分段区间分界点处的极限时，务必先考虑其左、右极限，当左、右极限各自存在并且相等时，分段函数在该点的极限才存在，否则在该点的极限就不存在.

二、极限的四则运算法则

定理1-2-3　设 $\lim\limits_{x\to x_0}f(x)=A$，$\lim\limits_{x\to x_0}g(x)=B$，则

(1) $\lim\limits_{x\to x_0}[f(x)\pm g(x)]=\lim\limits_{x\to x_0}f(x)\pm\lim\limits_{x\to x_0}g(x)=A\pm B$；

(2) $\lim\limits_{x\to x_0}[Cf(x)]=C[\lim\limits_{x\to x_0}f(x)]=CA$（$C$ 是常数）；

(3) $\lim\limits_{x\to x_0}[f(x)g(x)]=\lim\limits_{x\to x_0}f(x)\lim\limits_{x\to x_0}g(x)=AB$；

(4) $\lim\limits_{x\to x_0}\dfrac{f(x)}{g(x)}=\dfrac{\lim\limits_{x\to x_0}f(x)}{\lim\limits_{x\to x_0}g(x)}=\dfrac{A}{B}$ $(B\neq 0)$.

> **注意**
> (1) 上述运算法则对 $x\to x_0^+$，$x\to x_0^-$，$x\to\infty$，$x\to+\infty$，$x\to-\infty$ 等其他极限过程也成立.
> (2) 应用极限运算法则求极限时，必须注意每项极限都存在（对于除法，要求分母极限不为零）才能适用.

例 1-2-8 求 $\lim\limits_{x\to 2}\dfrac{x^3-1}{x^2-3x+5}$.

解 因为 $\lim\limits_{x\to 2}(x^2-3x+5)=3\neq 0$,

所以 $\lim\limits_{x\to 2}\dfrac{x^3-1}{x^2-3x+5}=\dfrac{\lim\limits_{x\to 2}x^3-\lim\limits_{x\to 2}1}{\lim\limits_{x\to 2}x^2-\lim\limits_{x\to 2}3x+\lim\limits_{x\to 2}5}=\dfrac{2^3-1}{3}=\dfrac{7}{3}$.

例 1-2-9 求 $\lim\limits_{x\to 1}\dfrac{x^2+2x-3}{x^2-1}$.

解 当 $x\to 1$ 时,分子、分母均趋于 0,因为 $x\neq 1$,约去公因子 $(x-1)$,所以

$$\lim_{x\to 1}\frac{x^2+2x-3}{x^2-1}=\lim_{x\to 1}\frac{(x-1)(x+3)}{(x-1)(x+1)}=\lim_{x\to 1}\frac{x+3}{x+1}=\frac{4}{2}=2.$$

例 1-2-10 求 $\lim\limits_{x\to 5}\dfrac{\sqrt{x-1}-2}{x-5}$.

解 当 $x\to 5$ 时,分子、分母均趋于 0,可以先进行分子有理化,消去公因式,再求极限,所以

$$\begin{aligned}\lim_{x\to 5}\frac{\sqrt{x-1}-2}{x-5}&=\lim_{x\to 5}\frac{(\sqrt{x-1}-2)(\sqrt{x-1}+2)}{(x-5)(\sqrt{x-1}+2)}\\&=\lim_{x\to 5}\frac{x-5}{(x-5)(\sqrt{x-1}+2)}\\&=\lim_{x\to 5}\frac{1}{(\sqrt{x-1}+2)}\\&=\frac{1}{4}.\end{aligned}$$

例 1-2-11 求 $\lim\limits_{x\to\infty}\dfrac{2x^3+3x^2+5}{7x^3+4x^2-1}$.

解 当 $x\to\infty$ 时,分子、分母极限均不存在,故不能用运算法则,要先变形,分子、分母同时除以 x 的最高次幂 x^3,然后再用运算法则,故

$$\lim_{x\to\infty}\frac{2x^3+3x^2+5}{7x^3+4x^2-1}=\lim_{x\to\infty}\frac{2+\dfrac{3}{x}+\dfrac{5}{x^3}}{7+\dfrac{4}{x}-\dfrac{1}{x^3}}=\frac{2}{7}.$$

一般地,可以证明自变量趋于无穷时有理函数的极限为:

$$\lim_{x\to\infty}\frac{a_0x^m+a_1x^{m-1}+\cdots+a_m}{b_0x^n+b_1x^{n-1}+\cdots+b_n}=\begin{cases}a_0/b_0 & m=n\\0 & m<n\\\infty & m>n\end{cases}\quad(a_0\neq 0,b_0\neq 0,m,n\text{ 为非负整数}).$$

> **注意** $\lim\limits_{x\to x_0}f(x)=\infty$ 并不表示极限存在,仅表示 $|f(x)|$ 无限增大(当 $x\to x_0$ 时).

例 1-2-12　求 $\lim\limits_{x\to-1}\left(\dfrac{1}{x+1}-\dfrac{3}{x^3+1}\right)$.

解　当 $x\to-1$ 时，$\dfrac{1}{1+x}$，$\dfrac{3}{1+x^3}$ 的极限均不存在，$\dfrac{1}{1+x}-\dfrac{3}{1+x^3}$ 为“$\infty-\infty$”型，不能直接用“差的极限等于极限的差”的运算法则，可先进行通分化简，再用商的运算法则.

原式 $=\lim\limits_{x\to-1}\dfrac{(x+1)(x-2)}{(x+1)(x^2-x+1)}=\lim\limits_{x\to-1}\dfrac{x-2}{x^2-x+1}=-1$.

例 1-2-13　求 $\lim\limits_{\Delta x\to0}\dfrac{\sqrt{x+\Delta x}-\sqrt{x}}{\Delta x}(x>0)$.

解

$$\begin{aligned}\lim_{\Delta x\to0}\frac{\sqrt{x+\Delta x}-\sqrt{x}}{\Delta x}&=\lim_{\Delta x\to0}\frac{(\sqrt{x+\Delta x}-\sqrt{x})(\sqrt{x+\Delta x}+\sqrt{x})}{\Delta x(\sqrt{x+\Delta x}+\sqrt{x})}\\&=\lim_{\Delta x\to0}\frac{1}{\sqrt{x+\Delta x}+\sqrt{x}}\\&=\frac{1}{2\sqrt{x}}.\end{aligned}$$

说明

求函数极限时，经常出现“$\dfrac{0}{0}$”，“$\dfrac{\infty}{\infty}$”，“$\infty-\infty$”等情况，都不能直接运用极限运算法则，必须对原式进行恒等变换、化简，然后再求极限.常使用的有以下几种方法：

(1) 对于“$\infty-\infty$”型，往往需要先通分、化简，再求极限.

(2) 对于无理分式“$\dfrac{0}{0}$”型，分子、分母先有理化、约分，再求极限.

(3) 对于有理分式“$\dfrac{0}{0}$”型，分子、分母先进行因式分解、约分，再求极限.

(4) 对于“$\dfrac{\infty}{\infty}$”型，可先将分子分母同时除以未知数的最高次幂，然后再求极限.

习题 1.2

1. 写出下列函数的极限：

(1) $\lim\limits_{x\to\infty}\dfrac{1}{x^2}$；　　(2) $\lim\limits_{x\to x_0}\sin x$；

(3) $\lim\limits_{x\to\infty}e^{\frac{1}{x}}$；　　(4) $\lim\limits_{x\to0^+}\operatorname{arccot}\dfrac{1}{x}$.

2. 判断 $\lim\limits_{x\to\infty}\sin x$，$\lim\limits_{x\to0}e^{\frac{1}{x}}$ 是否存在.

3. 设函数 $f(x)=\begin{cases}2x^2+1 & x>0\\ x+b & x\leqslant0\end{cases}$，当 b 取什么值时，$\lim\limits_{x\to0}f(x)$ 存在?

4. 设函数 $f(x)=\begin{cases} e^x+1 & x<0 \\ 2x+2 & x>0 \end{cases}$，分别讨论 $\lim\limits_{x\to 0}f(x)$，$\lim\limits_{x\to -1}f(x)$，$\lim\limits_{x\to 2}f(x)$.

5. 试求函数 $f(x)=\begin{cases} x+1 & x<0 \\ x^2 & 0\leqslant x\leqslant 1 \\ 1 & x>1 \end{cases}$ 当 $x\to 0$ 和 $x\to 1$ 时的极限.

6. 设 $f(x)=\begin{cases} x-1 & x<0 \\ 0 & x=0 \\ x+1 & x>0 \end{cases}$，讨论当 $x\to 0$ 时，函数 $f(x)$ 的极限是否存在.

7. 计算下列极限：

(1) $\lim\limits_{x\to 2}(x^2-3x+6)$；

(2) $\lim\limits_{x\to 1}\dfrac{x^2+3x+2}{3x+5}$；

(3) $\lim\limits_{x\to 1}\dfrac{x^2+x-2}{2x^2+x-3}$；

(4) $\lim\limits_{x\to 1}\dfrac{x-3}{x^2-5x+4}$；

(5) $\lim\limits_{x\to 2}\dfrac{4x^2+5}{x-2}$；

(6) $\lim\limits_{n\to\infty}(\sqrt{n^4+1}-n^2)$；

(7) $\lim\limits_{x\to\infty}\dfrac{2x^2-x+1}{x^2+1}$；

(8) $\lim\limits_{x\to\infty}\dfrac{x^2-4x-7}{x-8}$；

(9) $\lim\limits_{x\to\infty}\dfrac{2x^2}{3x^3-x+9}$；

(10) $\lim\limits_{x\to 0}\dfrac{\sqrt{x^2+9}-3}{x^2}$；

(11) $\lim\limits_{x\to 1}\left(\dfrac{2}{1-x^2}-\dfrac{1}{1-x}\right)$；

(12) $\lim\limits_{x\to 0}\dfrac{\sqrt{x+1}-\sqrt{1-x}}{x}$；

(13) $\lim\limits_{x\to 0}\dfrac{x}{\sqrt{x+1}-1}$；

(14) $\lim\limits_{x\to 5}\dfrac{x-5}{\sqrt{x-1}-2}$.

§1.3 两个重要极限　无穷小量与无穷大量

一、两个重要极限

1. 极限存在准则

准则Ⅰ(夹逼准则)　若函数 $f(x)$，$g(x)$，$h(x)$ 满足下列条件：

(1) 在 x_0 附近(不含 x_0)有 $g(x)\leqslant f(x)\leqslant h(x)$；

(2) $\lim\limits_{x\to x_0}g(x)=\lim\limits_{x\to x_0}h(x)=A$.

则 $\lim\limits_{x\to x_0}f(x)=A$.

准则Ⅱ(单调有界准则)　单调有界数列必有极限.

2. 两个重要极限

极限Ⅰ　$\lim\limits_{x\to 0}\dfrac{\sin x}{x}=1$.

下面用夹逼准则来说明重要极限 $\lim\limits_{x\to 0}\dfrac{\sin x}{x}=1$，作单位圆（如图 1－3－1）.设 $x\left(0<x<\dfrac{\pi}{2}\right)$ 为圆心角 $\angle AOB$，由图 1－3－1 不难发现 $S_{\triangle AOB}<S_{扇形AOB}<S_{\triangle AOD}$，即

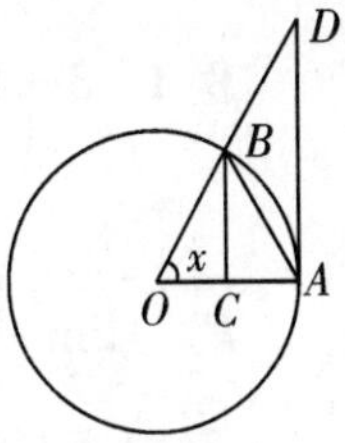

图 1－3－1

$$\frac{1}{2}\sin x<\frac{1}{2}x<\frac{1}{2}\tan x,$$

从而 $\sin x<x<\tan x$. 当 $0<x<\dfrac{\pi}{2}$ 时，$\sin x>0$，可得 $1<\dfrac{x}{\sin x}<\dfrac{1}{\cos x}$，有

$$\cos x<\frac{\sin x}{x}<1.$$

当 $-\dfrac{\pi}{2}<x<0$ 时，$\cos x$，$\dfrac{x}{\sin x}$ 及 1 的值均不变.故对满足 $0<|x|<\dfrac{\pi}{2}$ 的一切 x，有

$$\cos x<\frac{\sin x}{x}<1.$$

因为 $\lim\limits_{x\to 0}\cos x=\lim\limits_{x\to 0}1=1$，所以 $\lim\limits_{x\to 0}\dfrac{\sin x}{x}=1$.

注意

极限 $\lim\limits_{x\to 0}\dfrac{\sin x}{x}=1$ 在形式上的特点是：

(1) 是“$\dfrac{0}{0}$”型；

(2) 所求变量中带有三角函数；

(3) 这个极限的一般形式为：$\lim\limits_{\square\to 0}\dfrac{\sin\square}{\square}=1$.

例 1－3－1　求极限 $\lim\limits_{x\to 0}\dfrac{\sin mx}{x}$.

解　$\lim\limits_{x\to 0}\dfrac{\sin mx}{x}=\lim\limits_{x\to 0}\left(\dfrac{\sin mx}{mx}\cdot m\right)=m.$

例 1－3－2　求极限 $\lim\limits_{x\to 0}\dfrac{\tan x}{x}$.

解　$\lim\limits_{x\to 0}\dfrac{\tan x}{x}=\lim\limits_{x\to 0}\left(\dfrac{\sin x}{x}\;\dfrac{1}{\cos x}\right)=\lim\limits_{x\to 0}\dfrac{\sin x}{x}\cdot\lim\limits_{x\to 0}\dfrac{1}{\cos x}=1.$

例 1－3－3　求极限 $\lim\limits_{x\to 0}\dfrac{\sin 3x}{\sin 5x}$.

解　$\lim\limits_{x\to 0}\dfrac{\sin 3x}{\sin 5x}=\lim\limits_{x\to 0}\left(\dfrac{3\sin 3x}{3x}\cdot\dfrac{5x}{5\sin 5x}\right)=\dfrac{3}{5}\lim\limits_{x\to 0}\dfrac{\sin 3x}{3x}\cdot\lim\limits_{x\to 0}\dfrac{5x}{\sin 5x}=\dfrac{3}{5}.$

例 1-3-4 求极限 $\lim\limits_{x\to 0}\frac{1-\cos x}{x^2}$.

解 $\lim\limits_{x\to 0}\frac{1-\cos x}{x^2}=\lim\limits_{x\to 0}\frac{2\sin^2\left(\frac{x}{2}\right)}{x^2}=\frac{1}{2}\cdot\lim\limits_{x\to 0}\left(\frac{\sin\frac{x}{2}}{\frac{x}{2}}\right)^2=\frac{1}{2}$.

例 1-3-5 求极限 $\lim\limits_{x\to 1}\frac{\sin(x^3-1)}{x-1}$.

解 $\lim\limits_{x\to 1}\frac{\sin(x^3-1)}{x-1}=\lim\limits_{x\to 1}\frac{(x^2+x+1)\sin(x^3-1)}{x^3-1}$

$$=\lim_{x\to 1}(x^2+x+1)\cdot\lim_{x\to 1}\frac{\sin(x^3-1)}{x^3-1}=3.$$

例 1-3-6 求极限 $\lim\limits_{x\to\pi}\frac{\sin x}{x-\pi}$.

解 $\lim\limits_{x\to\pi}\frac{\sin x}{x-\pi}=\lim\limits_{x\to\pi}\frac{\sin(\pi-x)}{x-\pi}\xlongequal{t=\pi-x}\lim\limits_{t\to 0}\frac{\sin t}{-t}=-1$.

例 1-3-7 求极限 $\lim\limits_{x\to 0}\frac{\arcsin 2x}{x}$.

解 $\lim\limits_{x\to 0}\frac{\arcsin 2x}{x}\xlongequal{\arcsin 2x=t}\lim\limits_{t\to 0}\frac{t}{\frac{1}{2}\sin t}=2$.

例 1-3-8 求极限 $\lim\limits_{x\to 0}x\cot 2x$.

解 $\lim\limits_{x\to 0}x\cot 2x=\lim\limits_{x\to 0}\left(x\cdot\frac{\cos 2x}{\sin 2x}\right)=\lim\limits_{x\to 0}\frac{x}{\sin 2x}\cdot\lim\limits_{x\to 0}\cos 2x=\frac{1}{2}$.

例 1-3-9 求极限 $\lim\limits_{x\to+\infty}2^x\sin\frac{\pi}{2^x}$.

解 $\lim\limits_{x\to+\infty}2^x\sin\frac{\pi}{2^x}=\lim\limits_{x\to+\infty}\frac{\sin\frac{\pi}{2^x}}{\frac{1}{2^x}}\lim\limits_{x\to+\infty}\frac{\pi\sin\frac{\pi}{2^x}}{\frac{\pi}{2^x}}=\pi$.

极限Ⅱ $\lim\limits_{x\to\infty}\left(1+\frac{1}{x}\right)^x=\mathrm{e}$.

在 $\lim\limits_{x\to\infty}\left(1+\frac{1}{x}\right)^x=\mathrm{e}$ 式中，令 $t=\frac{1}{x}$，则 $x\to\infty$ 时，$t\to 0$，可得到极限的另一种形式：

$$\lim_{t\to 0}(1+t)^{\frac{1}{t}}=\mathrm{e}.$$

一般形式为 $\lim\limits_{u(x)\to\infty}\left(1+\frac{1}{u(x)}\right)^{u(x)}=\mathrm{e}$（其中 $u(x)$ 代表 x 的任意函数）.

重要极限Ⅱ的简记形式为：

$$\lim_{\square\to 0}(1+\square)^{\frac{1}{\square}}=\mathrm{e},\lim_{\Delta\to\infty}\left(1+\frac{1}{\Delta}\right)^{\Delta}=\mathrm{e}.$$

> **注意** 重要极限Ⅱ是“1^∞”型.

例 1-3-10 求极限 $\lim\limits_{x\to\infty}\left(1-\frac{1}{x}\right)^{x+1}$.

解 $\lim\limits_{x\to\infty}\left(1-\frac{1}{x}\right)^{x+1}=\lim\limits_{x\to\infty}\left[\left(1+\frac{1}{-x}\right)^{-x}\right]^{-1}\left(1-\frac{1}{x}\right)=\mathrm{e}^{-1}$.

例 1-3-11 求极限 $\lim\limits_{x\to 0}(1-2x)^{\frac{1}{x}}$.

解 $\lim\limits_{x\to 0}(1-2x)^{\frac{1}{x}}=\lim\limits_{x\to 0}[(1-2x)^{\frac{1}{-2x}}]^{-2}=\mathrm{e}^{-2}$.

例 1-3-12 求极限 $\lim\limits_{x\to\infty}\left(\frac{2x+3}{2x+1}\right)^{x}$.

解 原式$=\lim\limits_{x\to\infty}\left(1+\frac{2}{2x+1}\right)^{x}=\lim\limits_{x\to\infty}\left(1+\frac{2}{2x+1}\right)^{\frac{2x+1}{2}}\left(1+\frac{2}{2x+1}\right)^{-\frac{1}{2}}=\mathrm{e}$.

另解 令 $\frac{2x+3}{2x+1}=1+t$，则 $x=\frac{1}{t}-\frac{1}{2}$，故

原式$=\lim\limits_{t\to 0}(1+t)^{\frac{1}{t}-\frac{1}{2}}=\lim\limits_{t\to 0}(1+t)^{\frac{1}{t}}\cdot\lim\limits_{t\to 0}(1+t)^{-\frac{1}{2}}=\mathrm{e}$.

二、无穷小量与无穷大量

1. 无穷小量

定义 1-3-1 如果当 $x\to x_0$（或 $x\to\infty$）时函数 $f(x)$ 的极限为零，那么称 $f(x)$ 为当 $x\to x_0(x\to\infty)$ 时的**无穷小量**（简称**无穷小**），记为 $\lim\limits_{x\to x_0}f(x)=0(\lim\limits_{x\to\infty}f(x)=0)$.

例如，$f(x)=x-1$ 当 $x\to 1$ 时为无穷小；$f(x)=\frac{1}{x}$ 当 $x\to\infty$ 时为无穷小.

> **注意**
>
> (1) 同一个函数，在不同的趋向下，可能是无穷小，也可能不是无穷小. 例如，当 $x\to 0$ 时，$f(x)=x-1$ 不是无穷小.
>
> (2) 无穷小量不是一个很小的(常)量，而是一个变化过程中的变量，最终在某一趋向下，变量以零为极限.
>
> (3) 零是唯一可作为无穷小的常数.
>
> (4) 无穷多个无穷小量之和不一定是无穷小量. 例如，当 $n\to\infty$ 时，$\frac{1}{n^2},\frac{2}{n^2},\cdots,\frac{n}{n^2}$ 都是无穷小量，但 $\lim\limits_{n\to\infty}\left(\frac{1}{n^2}+\frac{2}{n^2}+\cdots+\frac{n}{n^2}\right)=\lim\limits_{n\to\infty}\frac{n(n+1)}{2n^2}=\frac{1}{2}$.

例 1-3-13 指出自变量 x 在怎样的变化趋势下，下列函数为无穷小量.

(1) $y=\dfrac{1}{x-1}$； (2) $y=x^2-4$； (3) $y=a^x(a>0,a\neq 1)$.

解 (1) 因为 $\lim\limits_{x\to\infty}\dfrac{1}{x-1}=0$，所以当 $x\to\infty$ 时，函数 $y=\dfrac{1}{x-1}$ 是一个无穷小量.

(2) 因为 $\lim\limits_{x\to 2}(x^2-4)=0$ 与 $\lim\limits_{x\to -2}(x^2-4)=0$，
所以当 $x\to 2$ 与 $x\to -2$ 时，函数 $y=x^2-4$ 都是无穷小量.

(3) 当 $a>1$ 时，因为 $\lim\limits_{x\to-\infty}a^x=0$，所以当 $x\to-\infty$ 时，函数 $y=a^x$ 为一个无穷小量；

当 $0<a<1$ 时，因为 $\lim\limits_{x\to+\infty}a^x=0$，所以当 $x\to+\infty$ 时，函数 $y=a^x$ 为一个无穷小量.

2. 无穷小运算法则

性质 1-3-1 无穷小量与有界变量的乘积仍为无穷小.

即若 $\lim\limits_{x\to x_0}\alpha(x)=0$，$f(x)$ 在 x_0 附近(不含 x_0)是有界函数，则 $\lim\limits_{x\to x_0}\alpha(x)f(x)=0$.

例如，当 $x\to\infty$，函数 $\dfrac{1}{x}$ 是无穷小量，而函数 $\cos x$，$\cos\dfrac{1}{x}$，$\sin x$ 和 $\sin\dfrac{1}{x}$ 都是有界函数，则 $\lim\limits_{x\to\infty}\dfrac{1}{x}\cos x=\lim\limits_{x\to\infty}\dfrac{1}{x}\cos\dfrac{1}{x}=\lim\limits_{x\to\infty}\dfrac{1}{x}\sin x=\lim\limits_{x\to\infty}\dfrac{1}{x}\sin\dfrac{1}{x}=0$.

例 1-3-14 求 $\lim\limits_{x\to+\infty}\dfrac{1+\sin x}{x}$.

解 不能直接运用极限运算法则，因为当 $x\to+\infty$ 时分子极限不存在，但 $1+\sin x$ 是有界函数，即 $|1+\sin x|\leqslant 2$，而 $\lim\limits_{x\to+\infty}\dfrac{1}{x}=0$，因此，当 $x\to+\infty$ 时，$\dfrac{1}{x}$ 为无穷小量.根据有界函数与无穷小乘积仍为无穷小性质，即得 $\lim\limits_{x\to+\infty}\dfrac{1+\sin x}{x}=0$.

定理 1-3-1(极限与无穷小量的关系定理) $\lim\limits_{x\to x_0}f(x)=A$ 的充分必要条件是 $f(x)=A+\alpha(x)$，其中 $\alpha(x)$ 是当 $x\to x_0$ 时的无穷小量.

3. 无穷大量

考察当 $x\to 0$ 时，函数 $f(x)=\dfrac{1}{x}$ 的变化情况.在自变量 x 无限接近于 0 时，函数值的绝对值 $\left|\dfrac{1}{x}\right|$ 无限增大，也就是对于任意给定的正数 M，总有 $|f(x)|=\left|\dfrac{1}{x}\right|>M$.

定义 1-3-2 设函数 $f(x)$ 在 x_0 附近(不含 x_0)有定义，当 $x\to x_0$ 时，相应的函数的绝对值 $|f(x)|$ 无限增大，则称函数 $f(x)$ 在 $x\to x_0$ 时为**无穷大量**(简称**无穷大**).如果相应的函数值 $f(x)$ (或 $-f(x)$) 无限增大，则称函数 $f(x)$ 在 $x\to x_0$ 时为**正(或负)无穷大量**，分别记为 $\lim\limits_{x\to x_0}f(x)=\infty$，$\lim\limits_{x\to x_0}f(x)=+\infty$，$\lim\limits_{x\to x_0}f(x)=-\infty$.

例如，$\lim\limits_{x\to 1^+}\dfrac{1}{x-1}=+\infty$，$\lim\limits_{x\to 1^-}\dfrac{1}{x-1}=-\infty$，$\lim\limits_{x\to 1}\dfrac{1}{x-1}=\infty$.

注意

(1) 若 $\lim\limits_{x\to x_0}f(x)=\infty$ 或 $\lim\limits_{x\to\infty}f(x)=\infty$，按通常意义 $f(x)$ 的极限是不存在的.

(2) 无穷大量也不是一个量的概念，是一个变化的过程，反映了自变量在某个趋向过程中，函数的绝对值无限增大的一种趋势.

(3) 无穷大也不是一个很大的数.

(4) 无穷大量与无界函数的区别：函数为无穷大，必定无界，反之不真.

(5) 若 $\lim\limits_{x\to x_0}f(x)=\infty$，把直线 $x=x_0$ 表示为曲线 $y=f(x)$ 的垂直渐近线.

例 1-3-15 指出自变量 x 在怎样的趋向下，下列函数为无穷大.

(1) $y=\dfrac{1}{2x-1}$； (2) $y=\log_a x\,(a>0,a\neq 1)$； (3) $y=\left(\dfrac{1}{2}\right)^x$.

解 (1) 当 $x\to\dfrac{1}{2}$ 时，$\dfrac{1}{2x-1}$ 的绝对值无限增大，故有 $\lim\limits_{x\to\frac{1}{2}}\dfrac{1}{2x-1}=\infty$.

(2) 若 $0<a<1$，当 $x\to 0^+$ 时，$\log_a x\to+\infty$；当 $x\to+\infty$ 时，$\log_a x\to-\infty$，因此，当 $x\to 0^+$ 时，$\log_a x$ 为正无穷大；当 $x\to+\infty$ 时，$\log_a x$ 为负无穷大.

若 $a>1$，当 $x\to 0^+$ 时，$\log_a x\to-\infty$；当 $x\to+\infty$ 时，$\log_a x\to+\infty$，因此，当 $x\to 0^+$ 时，$\log_a x$ 为负无穷大；当 $x\to+\infty$ 时，$\log_a x$ 为正无穷大.

(3) 当 $x\to-\infty$ 时，$y=\left(\dfrac{1}{2}\right)^x$ 为无穷大.

4. 无穷大量与无穷小量的关系

定理 1-3-2 在自变量的同一变化过程中，无穷大量的倒数是无穷小量，无穷小量(不为零)的倒数是无穷大量，即

(1) 若 $\lim\limits_{x\to x_0}\alpha(x)=0$，且在 x_0 附近(不含 x_0) 有 $\alpha(x)\neq 0$，则 $\lim\limits_{x\to x_0}\dfrac{1}{\alpha(x)}=\infty$；

(2) 若 $\lim\limits_{x\to x_0}f(x)=\infty$，则 $\lim\limits_{x\to x_0}\dfrac{1}{f(x)}=0$.

5. 无穷小量阶的比较

无穷小量阶的比较是研究两个无穷小量趋于零的快慢速度问题.下面根据两个无穷小量比值的极限来判定这两个无穷小量趋向零的快慢程度.

定义 1-3-3 设 $\lim\limits_{x\to x_0}\alpha(x)=0$，$\lim\limits_{x\to x_0}\beta(x)=0$，即 α 与 β 为 x 在同一变化过程中的两个无穷小，则

(1) 若 $\lim\limits_{x\to x_0}\dfrac{\beta}{\alpha}=0$，就说 β 是比 α **高阶**的无穷小，记为 $\beta=o(\alpha)$；

(2) 若 $\lim\limits_{x\to x_0}\dfrac{\beta}{\alpha}=\infty$，就说 β 是比 α **低阶**的无穷小；

(3) 若 $\lim\limits_{x\to x_0}\dfrac{\beta}{\alpha}=C\,(C\neq 0,1)$，就说 β 是和 α **同阶**的无穷小.

特别地，若 $\lim\limits_{x\to x_0}\dfrac{\beta}{\alpha}=1$，就说 β 与 α 是**等价**无穷小，记为 $\alpha\sim\beta$.

例如,当 $x\to0$ 时,$x^2=o(x)$,$\sin x\sim x$,$1-\cos x$ 与 x^2 是同阶无穷小.

注意

(1) 并不是所有的无穷小都能进行比较,例如:当 $x\to\infty$ 时,$f(x)=\dfrac{1}{x}$,$g(x)=\dfrac{\sin x}{x}$ 都是无穷小.由于 $\lim\limits_{x\to\infty}\dfrac{f(x)}{g(x)}=\lim\limits_{x\to\infty}\dfrac{1}{\sin x}$ 和 $\lim\limits_{x\to\infty}\dfrac{g(x)}{f(x)}=\lim\limits_{x\to\infty}\sin x$ 都不存在,因此,$f(x)=\dfrac{1}{x}$ 与 $g(x)=\dfrac{\sin x}{x}$ 不能进行阶的比较.

(2) 等价无穷小具有传递性:即 $\alpha\sim\beta,\beta\sim\gamma\Rightarrow\alpha\sim\gamma$.

(3) 定义对其他情形 $x\to x_0^+,x\to x_0^-,x\to\infty,x\to+\infty$ 和 $x\to-\infty$ 同样适用.

定理 1-3-3(无穷小的替换定理) 若 $\alpha,\beta,\alpha',\beta'$ 均为 $x\to x_0$ 的同一变化过程中的无穷小,且 $\alpha\sim\alpha',\beta\sim\beta'$ 及 $\lim\limits_{x\to x_0}\dfrac{\beta'}{\alpha'}$ 存在,则 $\lim\limits_{x\to x_0}\dfrac{\beta}{\alpha}=\lim\limits_{x\to x_0}\dfrac{\beta'}{\alpha'}$.

利用等价无穷小的性质,在求两个无穷小量之比的极限时,可用其等价无穷小进行代换,使有些极限的计算变得简单.

注意

当 $x\to0$ 时,常用等价无穷小量的关系有:

$\sin x\sim x$,$\arcsin x\sim x$,$\tan x\sim x$,$\arctan x\sim x$,$1-\cos x\sim\dfrac{1}{2}x^2$,$a^x-1\sim x\ln a$,$e^x-1\sim x$,$\log_a(1+x)\sim\dfrac{x}{\ln a}$,$\ln(1+x)\sim x$,$(1+x)^a-1\sim ax$,$\sqrt[n]{1+x}\sim1+\dfrac{x}{n}$.

例 1-3-16 求 $\lim\limits_{x\to0}\dfrac{\arcsin x}{\ln(2x+1)}$.

解 $\lim\limits_{x\to0}\dfrac{\arcsin x}{\ln(2x+1)}=\lim\limits_{x\to0}\dfrac{x}{2x}=\dfrac{1}{2}$.

例 1-3-17 求 $\lim\limits_{x\to0}\dfrac{\tan x-\sin x}{\sin^3 x}$.

解

$$\lim_{x\to0}\frac{\tan x-\sin x}{\sin^3 x}=\lim_{x\to0}\frac{\sin x\left(\dfrac{1}{\cos x}-1\right)}{\sin^3 x}=\lim_{x\to0}\frac{\sin x(1-\cos x)}{\sin^3 x\cdot\cos x}$$

$$=\lim_{x\to0}\frac{x\cdot\dfrac{x^2}{2}}{x^3\cdot1}=\frac{1}{2}.$$

在计算极限过程中,可以把乘积因子中极限不为零的部分用其极限值替代,以简化计算.

注意：求极限时，用等价无穷小代换适用于乘、除，对于加、减须谨慎！

习题 1.3

1. 指出下列函数在 x 的何种变化趋势下是无穷小.

(1) $y=\dfrac{x-2}{x^2+1}$；　(2) $y=\ln(x-1)$；　(3) $y=\arcsin x$.

2. 指出下列函数在 x 的何种变化趋势下是无穷大.

(1) $y=\dfrac{x+1}{x-2}$；　(2) $y=\ln(1-x)$.

3. 当 $x\to 1$ 时，将下列各量与无穷小量 $x-1$ 进行比较.

(1) $\ln x$；　(2) x^3-3x+2.

4. 已知 $\lim\limits_{x\to\infty}\left(\dfrac{x}{x+a}\right)^x=2$，求 a.

5. 设 $f(x)=\begin{cases} x-1 & x\geqslant 1 \\ \dfrac{1}{x-1} & x<1 \end{cases}$，问：当 $x\to 1$ 时 $f(x)$ 是无穷小吗？是无穷大吗？为什么？

6. 求下列极限：

(1) $\lim\limits_{x\to\infty}\left(1+\dfrac{1}{x}\right)^{2x+3}$；　(2) $\lim\limits_{x\to 0}(1+x)^{\frac{3}{\sin x}}$；

(3) $\lim\limits_{x\to\infty}\left(1-\dfrac{1}{2x}\right)^{3x}$；　(4) $\lim\limits_{n\to\infty}\left(\dfrac{n+2}{n+1}\right)^{n+3}$；

(5) $\lim\limits_{x\to\infty}\left(\dfrac{x-1}{x+1}\right)^{x}$；　(6) $\lim\limits_{x\to 0}(1-\tan x)^{2\cot x-1}$；

(7) $\lim\limits_{x\to 0}\dfrac{\tan 5x}{\sin 3x}$；　(8) $\lim\limits_{x\to 0}\dfrac{x+\sin x}{x-2\sin x}$；

(9) $\lim\limits_{x\to 0}\dfrac{1-\cos 2x}{x\sin x}$；　(10) $\lim\limits_{x\to 0}\dfrac{\sin x^3}{\sin^2 x}$；

(11) $\lim\limits_{x\to 1}\dfrac{\sin(x-1)}{x^2-1}$；　(12) $\lim\limits_{x\to 0}x\cot 2x$；

(13) $\lim\limits_{x\to 1}\dfrac{\sin(x^3-1)}{x-1}$；　(14) $\lim\limits_{x\to 1}\dfrac{\sin\pi x}{4(x-1)}$；

(15) $\lim\limits_{x\to 0}\dfrac{\sin 3x}{\sqrt{1+x}-\sqrt{1-x}}$；　(16) $\lim\limits_{x\to\infty}\left(1-\dfrac{2}{x}\right)^{3x}$；

(17) $\lim\limits_{x\to 0}\dfrac{\sin 2x}{\sqrt{x+1}-1}$；　(18) $\lim\limits_{x\to 0}\dfrac{e^{-3x}-1}{\arcsin x}$.

§1.4 函数的连续性

连续性是函数的重要性态之一,它是与函数的极限密切相关的另一个基本概念.在实际问题中普遍存在连续性问题,例如,随着时间的连续变化,气温会连续地变化.从图形上看,函数的图像是连绵不断的.

一、函数的连续性

1. 函数的增量

变量 u 由初值 u_1 变到终值 u_2,终值 u_2 与初值 u_1 的差 u_2-u_1 称为 u 的**增量**,记为 Δu,即 $\Delta u=u_2-u_1$.

说明 Δu 可正,可负,也可为零,这些取决于 u_1 与 u_2 的大小.

$x-x_0$ 称为自变量 x 在 x_0 点的**增量**,记为 Δx,即 $\Delta x=x-x_0$ 或 $x=x_0+\Delta x$,并且,$x\to x_0 \Leftrightarrow \Delta x\to 0$;相应的函数值差 $f(x)-f(x_0)$ 称为函数 $f(x)$ 在 x_0 点的**增量**,记为 Δy,即 $\Delta y=f(x)-f(x_0)=y-y_0$,亦即 $f(x)=f(x_0)+\Delta y$ 或 $y=y_0+\Delta y$,并有 $f(x)\to f(x_0)\Leftrightarrow f(x_0+\Delta x)-f(x_0)\to 0\Leftrightarrow \Delta y\to 0$.

2. 函数连续性的定义

定义 1-4-1 设函数 $y=f(x)$ 在 x_0 附近有定义,若 $\lim\limits_{x\to x_0}f(x)=f(x_0)$,则称函数 $y=f(x)$ 在点 x_0 处**连续**.

例如,(1) 因为 $\lim\limits_{x\to 2}f(x)=\lim\limits_{x\to 2}(2x-1)=3=f(2)$,所以函数 $f(x)=2x-1$ 在点 $x=2$ 连续.

(2) 由于 $\lim\limits_{x\to 0}f(x)=\lim\limits_{x\to 0}x\sin\dfrac{1}{x}=0=f(0)$,所以函数 $f(x)=\begin{cases}x\sin\dfrac{1}{x} & x\neq 0\\ 0 & x=0\end{cases}$ 在点 $x=0$ 处连续.

根据函数增量的概念:$\lim\limits_{x\to x_0}f(x)=f(x_0)$ 可用 $\lim\limits_{\Delta x\to 0}\Delta y=0$ 表示.由此,可得函数连续的另一种定义.

定义 1-4-2 设 $y=f(x)$ 在 x_0 附近有定义,若当 $\Delta x\to 0$ 时,有 $\Delta y\to 0$,即

$$\lim_{\Delta x\to 0}\Delta y=0,$$

则称 $f(x)$ 在 x_0 点**连续**.

注意

函数 $y=f(x)$ 在点 x_0 处连续,必须同时满足以下三个条件(通常称为**三要素**):

(1) 函数 $f(x)$ 在点 x_0 处有定义;

(2) 极限 $\lim\limits_{x\to x_0}f(x)$ 存在;

(3) $\lim\limits_{x\to x_0}f(x)=f(x_0)$.

定义 1-4-3　设函数 $f(x)$ 在点 x_0 点左附近(或右附近)有定义,若

$$f(x_0-0)=\lim_{x\to x_0^-}f(x)=f(x_0) \quad 或 \quad f(x_0+0)=\lim_{x\to x_0^+}f(x)=f(x_0),$$

则称函数 $y=f(x)$ 在点 x_0 处**左(或右)连续**.

定理 1-4-1　函数 $f(x)$ 在点 x_0 处连续的充要条件是函数 $f(x)$ 在点 x_0 处左连续且右连续,即

$$\lim_{x\to x_0}f(x)=f(x_0)\Leftrightarrow f(x_0-0)=f(x_0+0)=f(x_0).$$

例 1-4-1　讨论函数 $f(x)=\begin{cases}x+2 & x\geqslant 0\\ x-2 & x<0\end{cases}$ 在 $x=0$ 的连续性.

解　因为 $f(0-0)=\lim\limits_{x\to 0^-}f(x)=\lim\limits_{x\to 0^-}(x-2)=-2$,

$f(0+0)=\lim\limits_{x\to 0^+}f(x)=\lim\limits_{x\to 0^+}(x+2)=2$,

所以 $f(0-0)\neq f(0+0)$,故该函数在 $x=0$ 点不连续.

又因为 $f(0)=2$,所以 $f(0+0)=f(0)$,故该函数在点 $x=0$ 处右连续.

例 1-4-2　证明 $f(x)=|x|$ 在 $x=0$ 点连续.

证明　因为 $\lim\limits_{x\to 0^-}f(x)=\lim\limits_{x\to 0^-}|x|=\lim\limits_{x\to 0^-}(-x)=0$, $\lim\limits_{x\to 0^+}f(x)=\lim\limits_{x\to 0^+}|x|=\lim\limits_{x\to 0^+}x=0$,又 $f(0)=0$,所以 $\lim\limits_{x\to 0}f(x)=\lim\limits_{x\to 0}|x|=0=f(0)$.

因此 $f(x)=|x|$ 在 $x=0$ 点连续.

例 1-4-3　讨论函数 $f(x)=\begin{cases}1+\cos x & x<\dfrac{\pi}{2}\\ \sin x & x\geqslant\dfrac{\pi}{2}\end{cases}$ 在点 $x=\dfrac{\pi}{2}$ 处的连续性.

解　由于函数在分段点 $x=\dfrac{\pi}{2}$ 处两边的表达式不同,因此,一般要考虑在分段点 $x=\dfrac{\pi}{2}$ 处的左极限与右极限.因而有

$$f\left(\frac{\pi}{2}-0\right)=\lim_{x\to\frac{\pi}{2}^-}f(x)=\lim_{x\to\frac{\pi}{2}^-}(1+\cos x)=1,$$

$$f\left(\frac{\pi}{2}+0\right)=\lim_{x\to\frac{\pi}{2}^+}f(x)=\lim_{x\to\frac{\pi}{2}^+}\sin x=1.$$

因为 $f\left(\dfrac{\pi}{2}-0\right)=f\left(\dfrac{\pi}{2}+0\right)=f\left(\dfrac{\pi}{2}\right)=1$,

所以函数 $y=f(x)$ 在 $x=\dfrac{\pi}{2}$ 连续.

> **注意**　对于讨论分段函数 $f(x)$ 在分界点 $x=a$ 处连续性问题,如果函数 $f(x)$ 在 $x=a$ 左、右两边的表达式相同,则直接计算函数 $f(x)$ 在 $x=a$ 处的极限与函数值;如果函数 $f(x)$ 在 $x=a$ 左、右两边的表达式不相同,则要分别计算函数 $f(x)$ 在 $x=a$ 处的左、右极限,再确定函数 $f(x)$ 在 $x=a$ 处的极限与函数值.

若函数 $f(x)$ 在区间 (a,b) 内每一点都连续，则称函数 $f(x)$ 在开区间 (a,b) 内**连续**，记 $f(x)\in C(a,b)$.

若函数 $f(x)$ 在开区间 (a,b) 内连续，且在点 a 右连续，在点 b 左连续，则称函数 $f(x)$ 在闭区间 $[a,b]$ 上连续，记 $f(x)\in C[a,b]$.

若函数 $f(x)$ 在定义域内每一点都连续，则称 $f(x)$ 为**连续函数**.

> **注意**
> (1) 多项式函数在 $(-\infty,+\infty)$ 上是连续的.
> (2) 有理函数在分母不等于零的点处是连续的，即在定义域内是连续的.

二、函数的间断点

定义 1-4-4 若函数 $f(x)$ 在 x_0 点不连续，就称点 x_0 为 $f(x)$ 的**间断点**(或**不连续点**).

间断点有下列三种情况：

(1) $f(x)$ 在 $x=x_0$ 没有定义；

(2) $\lim\limits_{x\to x_0}f(x)$ 不存在；

(3) $\lim\limits_{x\to x_0}f(x)$ 存在，也可能在 x_0 点有定义，但 $\lim\limits_{x\to 0}f(x)\neq f(x_0)$.

我们来观察下述几个函数的曲线在 $x=1$ 点的情况，给出间断点的分类.

(1) $y=x+1$ 在 $x=1$ 连续(如图 1-4-1(a)).

(2) $y=\dfrac{x^2-1}{x-1}$ 在 $x=1$ 间断，$x\to 1$ 极限为 2，函数在点 $x=1$ 处无定义(如图 1-4-1(b)).

(3) $y=\begin{cases}x+1 & x\neq 1\\ 1 & x=1\end{cases}$ 在 $x=1$ 间断，$x\to 1$ 极限为 2，$y|_{x=1}=1$，两者不相等(如图 1-4-1(c)).

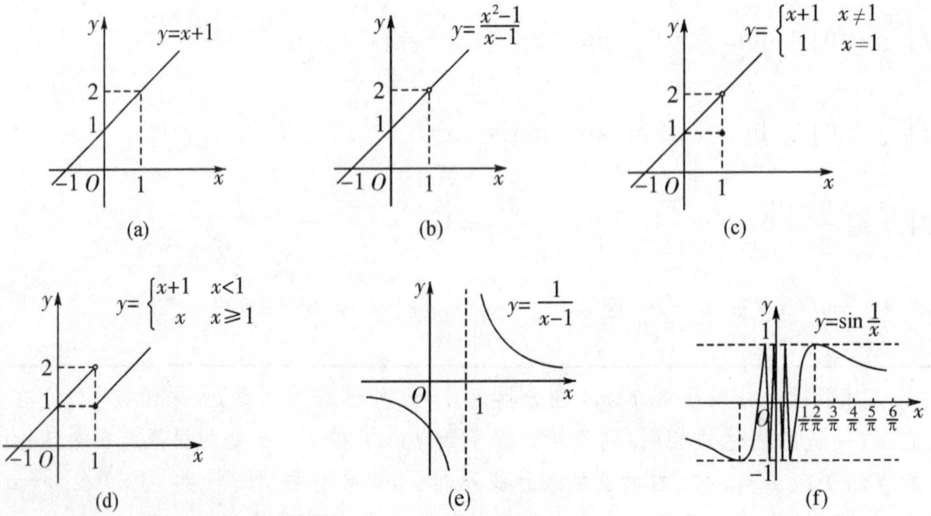

图 1-4-1

(4) $y=\begin{cases} x+1 & x<1 \\ x & x \geqslant 1 \end{cases}$ 在 $x=1$ 间断，$x \to 1$ 左极限为 2，右极限为 1，$\lim\limits_{x \to 1} y$ 不存在(如图 1-4-1(d)).

(5) $y=\dfrac{1}{x-1}$ 在 $x=1$ 间断，$\lim\limits_{x \to 1} \dfrac{1}{x-1}=\infty$ (如图 1-4-1(e)).

(6) $y=\sin \dfrac{1}{x}$ 在 $x=0$ 间断，$x \to 0$ 极限不存在(如图 1-4-1(f)).

像(b)、(c)、(d)这样在 x_0 点左右极限都存在的间断，称为第一类间断点，其中极限存在的(b)、(c)称作第一类间断点，可补充定义，令 $f(1)=2$，则在 $x=1$ 函数就变成连续的了；(d)被称作第一类间断中的跳跃间断点.(e)、(f)被称作第二类间断点，其中(e)也称作无穷间断点，而(f)称作振荡间断点.

通常把间断点分成两类：若 x_0 是函数 $f(x)$ 的间断点，则

(1) 若 $f(x)$ 在点 x_0 处 $f(x_0+0)$，$f(x_0-0)$ 都存在，则称 x_0 为 $f(x)$ 的**第一类间断点**.在第一类间断点中，若 $f(x_0+0)=f(x_0-0)$，x_0 称为**可去间断点**；若 $f(x_0+0) \neq f(x_0-0)$，x_0 称为**跳跃间断点**.

(2) 若 $f(x)$ 在点 x_0 处 $f(x_0+0)$，$f(x_0-0)$ 至少有一个不存在，则称 x_0 为 $f(x)$ 的**第二类间断点**.第二类间断点包括无穷间断点和振荡间断点.

一般地，若 x_0 是函数 $f(x)$ 的一个可去间断点，可重新定义在间断点的值(若函数在这间断点无定义，可补充定义该点的函数值)，生成 $f(x)$ 的**连续延拓函数** $g(x)$，即

$$g(x)=\begin{cases} f(x) & x \neq x_0 \\ \lim\limits_{x \to x_0} f(x) & x=x_0 \end{cases}.$$

例如(1) $y=\dfrac{\sin x}{x}$ 在 $x=0$ 点无意义且 $\lim\limits_{x \to 0} \dfrac{\sin x}{x}=1$，所以 $x=0$ 为第一类间断点.补充定义 $f(0)=1$，则函数 $y=\begin{cases} \dfrac{\sin x}{x} & x \neq 0 \\ 1 & x=0 \end{cases}$ 在 $x=0$ 点连续.

(2) 函数 $f(x)=\begin{cases} x^2 & x<0 \\ 1+x & x \geqslant 0 \end{cases}$ 在 $x=0$ 点左、右极限均存在，但不相等，所以 $x=0$ 为第一类间断点，其中

$$\lim_{x \to 0^-} f(x)=\lim_{x \to 0^-} x^2=0, \lim_{x \to 0^+} f(x)=\lim_{x \to 0^+}(1+x)=1.$$

由于 $y=f(x)$ 的函数值在 $x=1$ 处产生跳跃现象，则称 $x=1$ 为函数 $f(x)$ 的**跳跃间断点**.

(3) 设 $f(x)=\dfrac{1}{x^2}$，当 $x \to 0$，$f(x) \to \infty$，即极限不存在，所以 $x=0$ 为 $f(x)$ 的第二类间断点.因为 $\lim\limits_{x \to 0} \dfrac{1}{x^2}=\infty$，所以又称 $x=0$ 为函数 $f(x)=\dfrac{1}{x^2}$ 的无穷间断点.

例 1-4-4　求函数 $f(x)=\dfrac{x-1}{x^2-3x+2}$ 的间断点，指出间断点的类型，若是可去间断

点,写出函数的连续延拓函数.

解 初等函数 $f(x)$ 在 $x=1$ 与 $x=2$ 处无定义,故 $x=1$ 与 $x=2$ 是 $f(x)$ 的间断点.

对于 $x=1$, 因为 $\lim\limits_{x\to 1}\dfrac{x-1}{x^2-3x+2}=\lim\limits_{x\to 1}\dfrac{x-1}{(x-2)(x-1)}=\lim\limits_{x\to 1}\dfrac{1}{x-2}=-1$,

所以 $x=1$ 是 $f(x)$ 的可去间断点.其连续延拓函数为

$$g(x)=\begin{cases}\dfrac{x-1}{x^2-3x+2} & x\neq 1\\ -1 & x=1\end{cases}.$$

对于 $x=2$, 因为 $\lim\limits_{x\to 2}\dfrac{x-1}{x^2-3x+2}=\lim\limits_{x\to 2}\dfrac{x-1}{(x-2)(x-1)}=\lim\limits_{x\to 2}\dfrac{1}{x-2}=\infty$,

所以 $x=2$ 是 $f(x)$ 的第二类间断点.

三、初等函数的连续性

1. 连续函数的运算

定理 1-4-2(连续函数的四则运算法则)

若 $f(x),g(x)$ 均在 x_0 连续,则 $f(x)\pm g(x),f(x)\cdot g(x)$ 及 $\dfrac{f(x)}{g(x)}$ (要求 $g(x_0)\neq 0$) 都在 x_0 连续.

定理 1-4-3 设函数 $u=\varphi(x)$ 在点 $x=x_0$ 连续,且 $\varphi(x_0)=u_0$, 函数 $y=f(u)$ 在 u_0 点连续,则复合函数 $y=f[\varphi(x)]$ 在点 $x=x_0$ 处连续,即

$$\lim_{x\to x_0}f[\varphi(x)]=f[\lim_{x\to x_0}\varphi(x)]=f(u_0)=f[\varphi(x_0)].$$

利用“函数连续的极限值即为函数值”可求连续函数的极限.在一定条件下复合函数的极限,极限符号与函数符号可交换次序.

例 1-4-5 求 $\lim\limits_{x\to 1}\sin\sqrt{e^x-1}$.

解 $\lim\limits_{x\to 1}\sin\sqrt{e^x-1}=\sin\lim\limits_{x\to 1}\sqrt{e^x-1}=\sin\sqrt{\lim\limits_{x\to 1}(e^x-1)}=\sin\sqrt{e-1}$.

例 1-4-6 求 $\lim\limits_{x\to 0}\sqrt[3]{2-\dfrac{\sin x}{x}}$.

解 因为 $\sqrt[3]{2-u}$ 在 $u=1$ 点连续, $\lim\limits_{x\to 0}\dfrac{\sin x}{x}=1$,

所以 $\lim\limits_{x\to 0}\sqrt[3]{2-\dfrac{\sin x}{x}}=\lim\limits_{x\to 0}\sqrt[3]{2-\lim\limits_{x\to 0}\dfrac{\sin x}{x}}=\sqrt[3]{2-1}=1$.

2. 初等函数的连续性

基本初等函数在其定义域内都是连续的.

根据极限运算法则和连续函数定义可知:有限个连续函数的和、差、积、商(分母不为 0)也是连续函数;由连续函数复合而成的复合函数也是连续函数.因此,得到初等函数连续性的重要结论:

一切初等函数在其定义区间内都是连续函数，即如果点 x_0 是初等函数 $f(x)$ 定义区间内一点，那么 $\lim\limits_{x\to x_0} f(x)=f(x_0)$.

注意	利用函数的连续性来求函数的极限.

例 1-4-7　求 $\lim\limits_{x\to 0}\dfrac{\ln(1+x)}{x}$.

解　$\lim\limits_{x\to 0}\dfrac{\ln(1+x)}{x}=\lim\limits_{x\to 0}\ln(1+x)^{\frac{1}{x}}=\ln\lim\limits_{x\to 0}(1+x)^{\frac{1}{x}}=\ln \mathrm{e}=1$.

例 1-4-8　求 $\lim\limits_{x\to 0}\dfrac{\sqrt{x^2+1}-1}{x}$.

解　当 $x\to 0$ 时，分母、分子的极限都为零，此极限为 $\dfrac{0}{0}$ 型，要设法消去为零因式，首先分子有理化.

$$\lim_{x\to 0}\frac{\sqrt{x^2+1}-1}{x}=\lim_{x\to 0}\frac{(\sqrt{x^2+1}-1)(\sqrt{x^2+1}+1)}{x(\sqrt{x^2+1}+1)}=\lim_{x\to 0}\frac{x}{\sqrt{x^2+1}+1}=0.$$

四、闭区间上连续函数的性质

1. 最大值和最小值的定理

定理 1-4-4(最大值与最小值定理)　在闭区间上的连续函数一定有最大值和最小值.

闭区间 $[a,b]$ 上的连续函数 $f(x)$ 在点 $x=a$ 和 $x=\xi_1$ 处取得最小值 m，在点 $x=\xi_2$ 处取得最大值 M(如图 1-4-2).

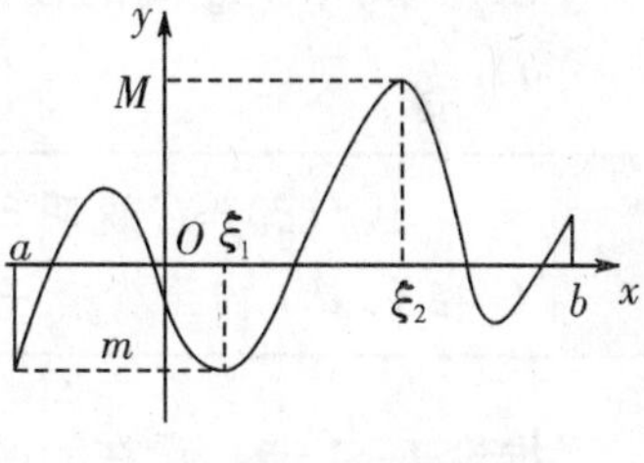

图 1-4-2

推论 1-4-1(有界性定理)　闭区间上的连续函数在该区间一定有界.

注意	定理 1-4-4 中“闭区间”和“连续函数”是两个重要条件，缺少一个，定理不能保证成立.

例如：函数 $f(x)=\begin{cases}1-x & 0\leqslant x<1\\ 1 & x=1\\ 3-x & 1<x\leqslant 2\end{cases}$ 在 $x=1$ 处不连续，它在闭区间 $[0,2]$ 上无最大值和最小值(如图 1-4-3). 函数 $f(x)=\dfrac{1}{x}$ 在开区间 $(0,1)$ 内连续，但在 $(0,1)$ 内无最大值和最小值.

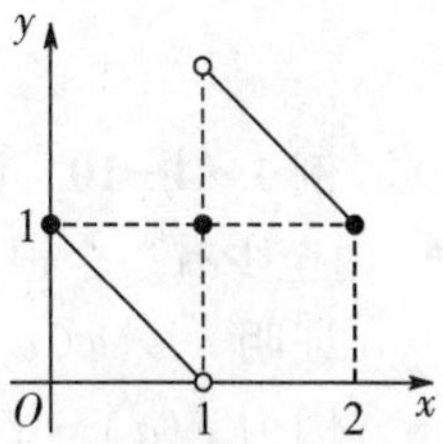

图 1-4-3

2. 零点定理

若点 x_0 使得 $f(x_0)=0$，则称点 x_0 为 $f(x)$ 的**零点**(或 $f(x)=0$

的根).

定理 1-4-5(零点定理) 设 $f(x)$ 在 $[a,b]$ 上连续,且 $f(a)\cdot f(b)<0$,则在开区间 (a,b) 上,至少存在一点 ξ,使得 $f(\xi)=0$,即 $f(x)$ 在 (a,b) 内至少有一个零点.

说明

(1) 本定理对判断零点的位置很有用处,但不能求出零点.

(2) 若 $f(a)\cdot f(b)>0$,则不能判定有没有零点,须进一步考查.

(3) 从几何直观上看 $(a,f(a))$ 与 $(b,f(b))$ 在 x 轴的上下两侧,由于 $f(x)$ 连续,显然,在 (a,b) 上,$f(x)$ 的图像与 x 轴至少有一个交点(如图 1-4-4).

例 1-4-9 验证方程 $x^3-3x^2-9x+1=0$ 在 0 与 1 之间有一实根.

解 令 $f(x)=x^3-3x^2-9x+1$, $f(0)=1>0$, $f(1)=1-3-9+1=-10<0$,又 $f(x)$ 在 $[0,1]$ 上是连续的,故由零点定理,知存在 $\xi\in(0,1)$,使得 $f(\xi)=0$,即

$$\xi^3-3\xi^2-9\xi+1=0,$$

所以方程 $x^3-3x^2-9x+1=0$ 至少有一根在 0 与 1 之间.

3. 介值定理

定理 1-4-6(介值定理) 设 $f(x)$ 在 $[a,b]$ 上连续,且 $f(a)\neq f(b)$,那么,对介于 $f(a)$ 与 $f(b)$ 之间的任意常数 C,至少存在一点 $\xi\in(a,b)$,使得 $f(\xi)=C(a<\xi<b)$.

注意 由 $f(\xi)=C$ 说明 ξ 是 $f(x)-C$ 的零点,体现在图像上就是曲线 $y=f(x)$ 与 $y=C$ 在 (a,b) 内至少有一个交点(如图 1-4-5).

推论 1-4-2 设在闭区间 $[a,b]$ 上的连续函数 $f(x)$ 有最大值 M 和最小值 m,则对于任意的常数 $C\in(m,M)$,必存在 $\xi\in(a,b)$,使得 $f(\xi)=C$.

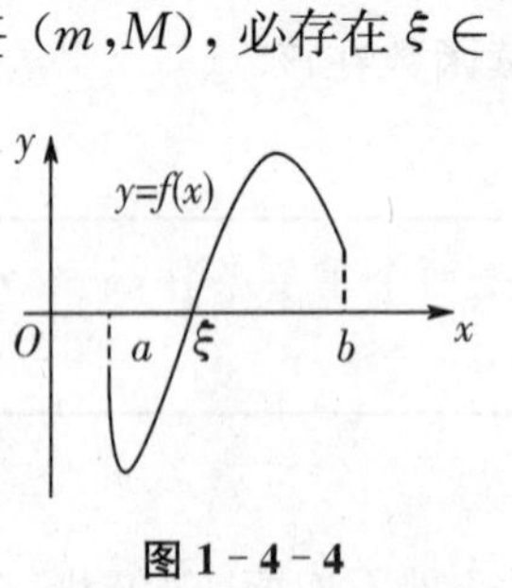

图 1-4-4

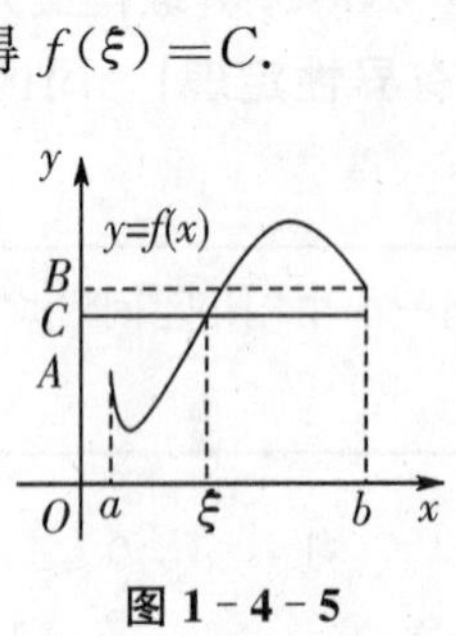

图 1-4-5

例 1-4-10 设 $f(x)$ 在 $[a,b]$ 上连续,且 $f(a)<a$, $f(b)>b$,证明 $f(x)=x$ 在 (a,b) 内至少有一个根.

证明 令 $g(x)=f(x)-x$,可知 $g(x)$ 在 $[a,b]$ 上连续.

因为 $g(a)=f(a)-a<0$, $g(b)=f(b)-b>0$,

所以由介值定理的推论,可知 $g(x)$ 在 (a,b) 内至少有一个零点,即 $f(x)=x$ 在 (a,b) 内至少有一个根.

介值定理及其推论都是对闭区间上的连续函数进行讨论的，若把闭区间换成开区间，或函数不满足连续的条件，则结论就不一定成立了.

习题 1.4

1. 讨论函数 $f(x)=\begin{cases}\dfrac{1-x^2}{1+x} & x\neq -1\\ 2 & x=-1\end{cases}$ 在 $x=-1$ 处的连续性.

2. 讨论函数 $f(x)=\begin{cases}1+\dfrac{x}{2} & x<0\\ 1 & x=0\\ 1+x^2 & 0<x\leqslant 1\\ 4-x & x>1\end{cases}$ 在 $x=0$ 和 $x=1$ 处的连续性.

3. 若函数 $f(x)=\begin{cases}(1+x)^{\frac{3}{x}} & x\neq 0\\ a & x=0\end{cases}$ 在 $x=0$ 处连续，试确定 a 的值.

4. 设 $f(x)=\begin{cases}\dfrac{\ln(1+2x)}{x} & x<0\\ 2x+k & x\geqslant 0\end{cases}$ 在定义域内连续，求 k 的值.

5. 试求下列函数的间断点，并指出其类型(第一类还是第二类间断点).

(1) $f(x)=\dfrac{1}{x-2}$；　(2) $f(x)=\dfrac{x^2-1}{x^2-3x+2}$；

(3) $f(x)=\dfrac{x^2-4}{x-2}$.

6. 求下列极限：

(1) $\lim\limits_{x\to 1}\dfrac{\sqrt{x^2+3}-2}{x-1}$；　(2) $\lim\limits_{x\to 0}(2-x)^{\frac{1}{x-1}}$；

(3) $\lim\limits_{x\to\infty}\cos(\sqrt{x+1}-\sqrt{x})$；　(4) $\lim\limits_{x\to -2}\dfrac{e^x+1}{x}$；

(5) $\lim\limits_{x\to 0}\dfrac{\ln(2+x)-\ln 2}{x}$；　(6) $\lim\limits_{x\to 0}\dfrac{a^x-1}{x}$；

(7) $\lim\limits_{x\to 0}\dfrac{\ln(1-2x)}{x^2+x}$；　(8) $\lim\limits_{x\to 0}\dfrac{x}{\sqrt{1+x}-\sqrt{1-x}}$.

7. 证明方程 $\sin x-x+1=0$ 在区间 $(0,\pi)$ 内至少有一个根.

本章小结

本章主要介绍了函数和函数的极限两个概念：

1. 函数

在理解函数概念的基础上，进一步掌握函数的四大特性，掌握分段函数和复合函数的概念，六类基本初等函数的图像和性质.

2. 极限

了解函数极限的定义（六种形式极限），在了解极限存在的充分必要条件的基础上，掌握求极限的方法：

(1) 利用初等函数的连续性求极限.

若函数 $y=f(x)$ 在点 x_0 处连续，则 $\lim\limits_{x\to x_0} f(x)=f(x_0)$.

(2) 利用函数的极限的运算法则求极限.

(3) 利用无穷小与无穷大的倒数关系求极限.

(4) 利用无穷小量与有界变量的乘积仍为无穷小求极限.

(5) 求函数极限时，经常出现“$\frac{0}{0}$”、“$\frac{\infty}{\infty}$”、“$\infty-\infty$”等情况，都不能直接运用极限运算法则，必须对原式进行恒等变换、化简，然后再求极限.常使用的有以下几种方法：

对于无理分式“$\frac{0}{0}$”型：分子、分母有理化、约分，再求极限.

对于有理分式“$\frac{0}{0}$”型：分子、分母进行因式分解、约分，再求极限.

对于“$\frac{\infty}{\infty}$”型：可将分子分母同时除以未知数的最高次幂，然后再求极限.

(6) 利用两个重要极限公式求极限.

$$\lim_{\square\to 0}\frac{\sin\square}{\square}=1;\qquad \lim_{\square\to 0}(1+\square)^{\frac{1}{\square}}=\mathrm{e};\qquad \lim_{\Delta\to\infty}\left(1+\frac{1}{\Delta}\right)^{\Delta}=\mathrm{e}.$$

(7) $\lim\limits_{x\to\infty}\dfrac{a_0x^m+a_1x^{m-1}+\cdots+a_m}{b_0x^n+b_1x^{n-1}+\cdots+b_n}=\begin{cases}a_0/b_0 & m=n\\ 0 & m<n\\ \infty & m>n\end{cases}$ ($a_0\neq 0,b_0\neq 0,m,n$ 为非负整数).

3. 函数的连续性

主要掌握函数 $f(x)$ 在点 x_0 处连续的两个等价定义，会判断分段函数在分界点的连续性.知道闭区间上连续函数的几个常用的性质.

复习题一

一、填空题

1. 设 $f(x-1)=x^2+5$，则 $f(x+1)=$________.

2. $\lim\limits_{x\to\infty}\dfrac{(x-2)^3(2x-1)^2}{x^5+1}=$________.

3. 设 $\lim\limits_{x\to\infty}\dfrac{(x+1)^{95}(ax+1)^5}{(x^2+1)^{50}}=8$，则 $a=$________.

4. 函数 $y=e^{\sin\frac{1}{x}}$ 是由________________复合而成.

5. 函数 $y=\log_2(\sin x+2)$ 是由简单函数________复合而成.

6. $f(x)=\dfrac{1}{x^2-1}$ 的间断点是________.

7. 设 $\lim\limits_{x\to 0}\dfrac{\sin mx}{3x}=\dfrac{3}{2}$，则 $m=$________.

8. $\lim\limits_{x\to\infty}\left(1-\dfrac{3}{x}\right)^{2x}=$________.

9. $\lim\limits_{x\to\infty}\left(1+\dfrac{1}{kx}\right)^{x}(k\neq 0)=$________.

10. 设 $\lim\limits_{x\to\infty}\left(\dfrac{x+2a}{x-a}\right)^{x}=8$，则 $a=$________.

11. 设 $f(x)=\dfrac{\sin 3x}{x}$，补充定义 $f(0)=$________，可使 $f(x)$ 在 $x=0$ 连续.

12. 函数 $y=\dfrac{1}{\sqrt{2x-1}}$ 的连续区间是________.

13. 设 $\lim\limits_{x\to 2}\dfrac{x^2-3x+k}{x-2}=1$，则常数 $k=$________.

14. 已知 $\lim\limits_{x\to 2}\dfrac{x^2+ax+b}{x^2-x-2}=2$，则 $a=$________，$b=$________.

15. 设 $f(x)=\begin{cases}\dfrac{\sqrt{1+x}-\sqrt{1-x}}{x} & x\neq 0\\ k & x=0\end{cases}$，如果 $f(x)$ 在 $x=0$ 处连续，那么 $k=$________.

16. 设 $f(x)=\begin{cases}\dfrac{x^2+bx+a}{x-1} & x\neq 1\\ a & x=1\end{cases}$，在 $x=1$ 处连续，则 $a=$________，$b=$________.

17. 设 $f(x-1)=x^2+2x-1$，则 $\lim\limits_{x\to 0}f(x)=$________.

18. 设 $f(x)=\begin{cases}\dfrac{\sqrt{x+1}-1}{x} & x\neq 0\\ 0 & x=0\end{cases}$，则 $x=0$ 是 $f(x)$ 的第________类间断点.

19. 当 $x\to$________时，函数 $f(x)=\dfrac{1}{(x-1)^2}$ 是无穷大.

20. 函数 $\alpha(x)=\dfrac{x+1}{x^2-4}$，当 $x\to$________时，是无穷小；当 $x\to$________时，是无穷大.

21. $\lim\limits_{x\to 1}(1+\ln x)^{\frac{3}{\ln x}}=$________.

二、选择题

1. 函数 $y=\log_a(\sqrt{x^2+1}+x)$ 是(　　).

A. 偶函数　　B. 奇函数

C. 非奇非偶函数　　D. 既是奇函数又是偶函数

2. 函数 $y=\sin x+2$ 是(　　).

A. 有界函数　　B. 奇函数　　C. 偶函数　　D. 单调减函数

3. 下列各式正确的是(　　).

A. $\lim\limits_{x\to 0} e^{\frac{1}{x}}=\infty$　　B. $\lim\limits_{x\to 0^-} e^{\frac{1}{x}}=0$　　C. $\lim\limits_{x\to 0^-} e^{\frac{1}{x}}=+\infty$　　D. $\lim\limits_{x\to \infty} e^{\frac{1}{x}}=0$

4. 下列极限存在的是(　　).

A. $\lim\limits_{x\to\infty}\dfrac{x(x+1)}{x^2}$　　B. $\lim\limits_{x\to 0}\dfrac{1}{2^x-1}$　　C. $\lim\limits_{x\to 0}3^{\frac{1}{x}}$　　D. $\lim\limits_{x\to+\infty}\sqrt{\dfrac{x^2+1}{x}}$

5. 当 $x\to 0$ 时,下列函数为无穷小量的是(　　).

A. $\dfrac{\sin x}{x}$　　B. $x^2+\sin x$　　C. $\dfrac{1}{x}\ln(1+x)$　　D. $2x-1$

6. 当 $x\to 0^+$ 时,下列函数中为无穷小量的是(　　).

A. $e^{\frac{1}{x}}$　　B. $\ln x$　　C. $\dfrac{1}{x}\sin x$　　D. $x\sin\dfrac{1}{x}$

7. 当 $x\to 0^+$ 时,下列函数中为无穷大量的是(　　).

A. 2^x-1　　B. $\dfrac{\sin x}{1+\cos x}$　　C. e^{-x}　　D. $e^{\frac{1}{x}}$

8. 当 $x\to x_0$ 时,α 和 $\beta(\beta\neq 0)$ 都是无穷小,则当 $x\to x_0$ 时,下列变量中可能不是无穷小的是(　　).

A. $\alpha+\beta$　　B. $\alpha-\beta$　　C. $\alpha\cdot\beta$　　D. $\dfrac{\alpha}{\beta}$

9. 无穷大量与有界量的关系是(　　).

A. 无穷大量可能是有界量　　B. 无穷大量一定不是有界量

C. 有界量可能是无穷大量　　D. 不是有界量就一定是无穷大量

10. $\lim\limits_{x\to\infty}\dfrac{2x+\sin x}{x}=$(　　).

A. 0　　B. 2　　C. 3　　D. 不存在

11. 以下命题正确的是(　　).

A. 无界变量一定是无穷大

B. 无穷大一定是无界变量

C. 不趋于无穷大的变量必有界

D. 趋于正无穷大的变量一定在充分大时单调增

12. $f(a+0)=f(a-0)$ 是函数 $f(x)$ 在 $x=a$ 处连续的(　　).

A. 充分条件　　B. 必要条件　　C. 充要条件　　D. 无关条件

13. 如果 $\lim_{x\to x_0^+} f(x)$ 与 $\lim_{x\to x_0^-} f(x)$ 存在,则(　　).

A. $\lim_{x\to x_0} f(x)$ 存在且 $\lim_{x\to x_0} f(x)=f(x_0)$

B. $\lim_{x\to x_0} f(x)$ 存在但不一定有 $\lim_{x\to x_0} f(x)=f(x_0)$

C. $\lim_{x\to x_0} f(x)$ 不一定存在

D. $\lim_{x\to x_0} f(x)$ 一定不存在

14. 若 $\lim_{x\to x_0} f(x)=\infty$, $\lim_{x\to x_0} g(x)=\infty$,则下列极限成立的是(　　).

A. $\lim_{x\to x_0}[f(x)+g(x)]=0$　　B. $\lim_{x\to x_0}[f(x)+g(x)]=\infty$

C. $\lim_{x\to x_0} f(x)\cdot g(x)=\infty$　　D. $\lim_{x\to x_0}\dfrac{1}{f(x)+g(x)}=\infty$

15. $\lim_{x\to\infty}\left(1-\dfrac{1}{x}\right)^{2x}=$(　　).

A. e^{-2}　　B. ∞　　C. 0　　D. $\dfrac{1}{2}$

16. 从 $\lim_{x\to x_0} f(x)=a$ 不能推出(　　).

A. $\lim_{x\to x_0^-} f(x)=a$　　B. $f(x_0)=a$　　C. $f(x_0+0)=a$　　D. $\lim_{x\to x_0}[f(x)-a]=0$

17. 设 $f(x)=\begin{cases} e^x & x<0 \\ a+x & x\geqslant 0 \end{cases}$,要使 $f(x)$ 在 $x=0$ 处连续,则 $a=$(　　).

A. 2　　B. 1　　C. 0　　D. -1

18. 设 $g(x)=\begin{cases} \dfrac{1}{x}\sin\dfrac{x}{3} & x\neq 0 \\ b & x=0 \end{cases}$,若 $g(x)$ 在 $(-\infty,+\infty)$ 上是连续函数,则 $b=$(　　).

A. 0　　B. 1　　C. $\dfrac{1}{3}$　　D. 3

19. 当 $x\to 1$ 时,$1-x^2$ 与 $1-x$ 相比是(　　).

A. 高阶无穷小　　B. 低阶无穷小

C. 等价无穷小　　D. 同阶但不等价无穷小

20. $\lim_{x\to 1}\dfrac{\sin^2(1-x)}{(x-1)^2(x+2)}=$(　　).

A. $\dfrac{1}{3}$　　B. $-\dfrac{1}{3}$　　C. 0　　D. $\dfrac{2}{3}$

21. $\lim_{x\to 0}(1-2x)^{\frac{1}{6x}}=$(　　).

A. $e^{\frac{1}{3}}$　　B. $e^{-\frac{1}{3}}$　　C. e^6　　D. e^{-2}

三、计算题

1. $\lim_{x\to 1}\left(\dfrac{2}{x^2-1}-\dfrac{1}{x-1}\right)$.　　**2.** $\lim_{x\to 4}\dfrac{x^2-16}{\sqrt{x}-2}$.

3. $\lim\limits_{x\to 2}\dfrac{4x^2+5}{x-2}$.

4. $\lim\limits_{x\to 2}\dfrac{x^2-3x+2}{x-2}$.

5. $\lim\limits_{x\to 4}\dfrac{x-4}{\sqrt{x+5}-3}$.

6. $\lim\limits_{x\to\infty}x(\sqrt{x^2-1}-x)$.

7. $\lim\limits_{x\to 5}\dfrac{x-5}{\sqrt{x-1}-2}$.

8. $\lim\limits_{x\to 0}\dfrac{x}{\sqrt{x+1}-1}$.

9. $\lim\limits_{x\to 0}\dfrac{\tan x-\sin x}{x^3}$.

10. $\lim\limits_{x\to 0}\dfrac{1-\cos 2x}{x\sin x}$.

11. $\lim\limits_{x\to\infty}\left(\dfrac{1+x}{x}\right)^{2x}$.

12. $\lim\limits_{x\to\infty}\left(\dfrac{2x+1}{2x-1}\right)^{x}$.

13. $\lim\limits_{x\to\infty}\left(1-\dfrac{2}{x}\right)^{4x}$.

14. $\lim\limits_{x\to 0}\dfrac{\sqrt{x+1}-1}{\sin 3x}$.

15. $\lim\limits_{x\to 0}(1-\tan x)^{3\cot x}$.

16. $\lim\limits_{x\to 1}x^{\frac{3}{1-x}}$.

17. $\lim\limits_{x\to 0}\dfrac{(1-\cos x)\arcsin x}{x(e^{x^2}-1)}$.

18. $\lim\limits_{x\to 1}(1-x)\tan\dfrac{\pi}{2}x$.

19. $\lim\limits_{x\to 0}\dfrac{\sqrt{1+x}-1}{\tan 2x}$.

20. $\lim\limits_{x\to 0}x\sin\dfrac{1}{x^2}$.

21. $\lim\limits_{n\to\infty}\sqrt{3\sqrt{3\sqrt{3\cdots\sqrt{3}}}}$（共有 n 个根号）.

22. $\lim\limits_{x\to+\infty}\arccos(\sqrt{x^2+x}-x)$.

23. $\lim\limits_{x\to 0}\dfrac{e^{-3x}-1}{\ln(2x+1)}$.

24. $\lim\limits_{x\to\infty}x\ln\left(1+\dfrac{1}{x}\right)$.

四、试确定 a,b 的值，使 $f(x)=\dfrac{e^x-b}{(x-a)(x-1)}$：(1) 有无穷间断点 $x=0$；(2) 有可去间断点 $x=1$.

五、指出下列函数的间断点，并指明是哪一类型间断点.

1. $f(x)=\dfrac{1}{4x^2-1}$.

2. $f(x)=\begin{cases}x & x\neq 1\\ \dfrac{1}{2} & x=1\end{cases}$.

3. $f(x)=\dfrac{e^{\frac{1}{x}}-1}{e^{\frac{1}{x}}+1}$.

六、研究函数的连续性

1. 设 $f(x)=\begin{cases}\dfrac{x^2+kx+m}{(x-1)(x-2)} & x\neq 1,x\neq 2\\ 2 & x=1,x=2\end{cases}$ 在 $x=1$ 处连续，试求 k,m 的值.

2. $f(x)=\begin{cases}e^{\frac{1}{x}} & x<0\\ 0 & x=0\\ x\sin\dfrac{1}{x} & x>0\end{cases}$ 在点 $x=0$ 处的连续性.

七、证明方程 $x^3-4x^2+1=0$ 在区间 $(0,1)$ 内至少有一个根.

阅读材料

极限的思想源头

我们经常听到:“我的礼貌是有极限的,我的忍耐是有极限的,我的精力是有极限的,……”究竟什么是极限呢?“我们从有限中找到无限,从暂时中找到永久,并且使之确定起来.”(恩格斯语)当然极限在数学中有严格的定义.极限起源于什么呢?“没有任何问题像无限那样深深地触动人的情感,很少有别的概念能像无限那样激励理智产生富有成果的思想,然而也没有任何其他概念能像无限那样需要加以阐明.”(希尔伯特语)极限概念源于人们对变量变化趋势的研究,它涉及事物的无限变化过程.

早在两千年前,《庄子·天下篇》中就有“一尺之锤,日取其半,万世不竭”的记载,也就是说一根一尺长的木棍,每天截取一半,这样的过程,永远不会结束,用数列来表达就可得到一个无穷数列:$1,\frac{1}{2},\frac{1}{4},\frac{1}{8},\cdots,\frac{1}{2^n},\cdots$,其中的数逐渐趋近于 0,但不等于 0.这就体现了初步的极限思想——极限是变量变化的终极状态.

3 世纪中期,魏晋时期的数学家刘徽创立的割圆术:刘徽作圆的内接正 $6\cdot 2^{n-1}$ 边形,设其面积分别为 $A_1,A_2,A_3,\cdots,A_n,\cdots$,观察 A_n 的发展趋势,从而确定圆的面积.这就体现了朴素的极限思想.

公元前 240 年左右,阿基米德曾用穷竭法计算抛物线弓形的面积.此事值得细谈,具体内容,大家可以参阅刘云章主编的《新课标高中数学模块教材》第 17—18 页.

十九世纪以前,人们用朴素的极限思想计算了圆的面积、体积等.十九世纪之后,柯西以物体运动为背景,结合几何直观,引入了极限概念.后来,维尔斯特拉斯给出了形式化的数学语言描述.极限概念的创立,是微积分严格化的关键,它奠定了微积分学的基础.

关于无限中的有限、极限的一些小故事,推荐大家参阅张远南的《函数和极限的故事》这本著作.

第 2 章

导数与微分

学习目标

1. 理解导数的定义以及它的几何意义.
2. 掌握函数连续与导数存在的关系,导数存在与左右导数存在的关系.
3. 能熟练应用函数的和、积、商的求导法则求函数的导数.
4. 能熟练应用复合函数的求导法则求函数的导数.
5. 熟练掌握二阶导数的求法.
6. 熟练掌握隐函数的一阶求导以及由参数方程所确定的函数的一阶求导.
7. 理解微分的定义.
8. 熟练掌握基本初等函数的微分公式、函数的微分法则、微分的形式不变性,会熟练利用这些知识求函数的微分.
9. 了解微分在近似计算中的应用.

微积分学是高等数学最基本、最重要的组成部分.微积分学包含微分学与积分学.数学中研究导数、微分及其应用的部分称为微分学,研究不定积分、定积分及其应用的部分称为积分学.

微分学是微积分的两个分支之一,其核心概念是导数和微分.导数反映出函数相对于自变量变化的快慢程度,即函数的变化率,使得人们能够利用导数这一数学工具来描述事物变化的快慢及解决一系列与之相关的问题.微分则反映当自变量有微小变化时,函数大体上改变了多少.我们将会通过实例,引入导数、微分的基本概念,然后介绍导数和微分的计算方法,为下一章导数的应用打好基础.

§2.1 导数的概念

事物都处于运动变化之中,有着广泛意义的问题是需要研究事物变化的快慢程度,即函数的**变化率**问题,本节重点在于认识微积分的关键概念——导数,包括导数的定义、几何意义、可导与连续的关系等.

一、变化率问题的实例

引例 2-1-1 求变速直线运动的瞬时速度.

设有一质点做变速直线运动，其运动方程为 $s=s(t)$，求质点在 $t=t_0$ 时的瞬时速度 $v(t_0)$.

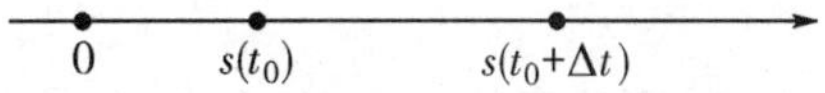

图 2-1-1

如图 2-1-1 所示，当时间由 t_0 改变到 $t_0+\Delta t$ 时，记 $t=t_0$ 时质点的位置坐标为 $s_0=s(t_0)$. 当 t 从 t_0 增加到 $t_0+\Delta t$ 时，s 相应地从 s_0 增加到 $s_0+\Delta s=s(t_0+\Delta t)$. 因此，质点在 Δt 这段时间内的位移是 $\Delta s=s(t_0+\Delta t)-s(t_0)$.

质点在 $t_0+\Delta t$ 这段时间内的平均速度为 $\bar{v}=\dfrac{\Delta s}{\Delta t}=\dfrac{s(t_0+\Delta t)-s(t_0)}{\Delta t}$.

由于质点速度是连续变化的，在 Δt 时间内速度变化不大，因此，瞬时速度 $v(t_0)$ 可以近似地用平均速度 $\bar{v}$ 代替，即 $v(t_0)\approx\bar{v}=\dfrac{s(t_0+\Delta t)-s(t_0)}{\Delta t}$.

$|\Delta t|$ 越小，$\bar{v}$ 就越接近瞬时速度 $v(t_0)$，由极限思想，当 $\Delta t\to 0$ 时，$\dfrac{\Delta s}{\Delta t}$ 的极限为 $v(t_0)$，即：

$$v(t_0)=\lim_{\Delta t\to 0}\frac{\Delta s}{\Delta t}=\lim_{\Delta t\to 0}\bar{v}=\lim_{\Delta t\to 0}\frac{s(t_0+\Delta t)-s(t_0)}{\Delta t}.$$

引例 2-1-2　求平面曲线的切线方程.

如图 2-1-2 所示，已知 $C:y=f(x)$，$M_0(x_0,y_0)$ 为 C 上一点，求 M_0 处的切线的斜率.

在 M_0 附近任取 C 上一点 $M(x_0+\Delta x,y_0+\Delta y)$，则割线 M_0M

$$k_{M_0M}=\frac{\Delta y}{\Delta x}=\frac{f(x_0+\Delta x)-f(x_0)}{\Delta x}.$$

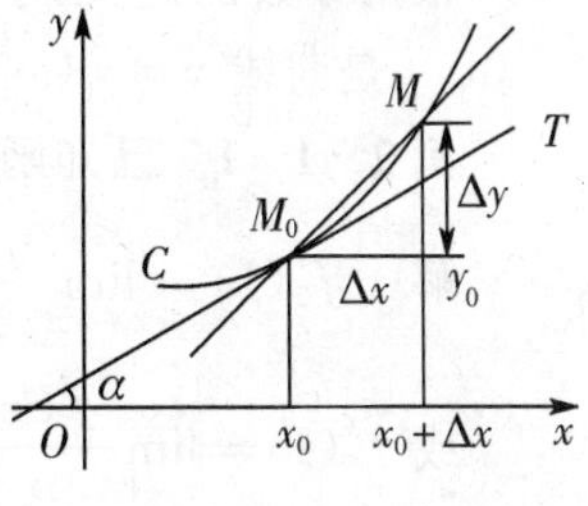

图 2-1-2

当 $\Delta x\to 0$ 时，点 M 沿曲线 C 趋向 M_0，割线 M_0M 就绕 M_0 转动，割线 M_0M 不断地趋向于切线 M_0T，由极限思想，我们知道割线 M_0M 的极限位置是切线 M_0T.

如果 $k_{M_0M}=\dfrac{\Delta y}{\Delta x}$ 趋向于某个极限，则极限值就是曲线在 M_0 处切线的斜率 k，设切线的倾斜角 α，所以曲线 $y=f(x)$ 在点 M_0 处的切线斜率为

$$k=\tan\alpha=\lim_{\Delta x\to 0}\frac{\Delta y}{\Delta x}=\lim_{\Delta x\to 0}\frac{f(x_0+\Delta x)-f(x_0)}{\Delta x}.$$

上述两个引例从抽象的数量关系来看，有一个共性，即所求量为函数增量与自变量增量之比的极限.我们在数学上进行抽象以后，就得到了函数导数的定义.

二、导数的定义

1. 一点处导数的定义

定义 2-1-1　设函数 $y=f(x)$ 在点 x_0 及其附近有定义，当自变量 x 在从 x_0 变化到 $x_0+\Delta x$ 时，函数 $f(x)$ 有相应的增量 $\Delta y=f(x_0+\Delta x)-f(x_0)$，若极限

$$\lim_{\Delta x \to 0} \frac{\Delta y}{\Delta x} = \lim_{\Delta x \to 0} \frac{f(x_0 + \Delta x) - f(x_0)}{\Delta x}$$

存在，则称函数 $y = f(x)$ 在点 x_0 处可导，极限值称为函数 $y = f(x)$ 在点 $x = x_0$ 处的**导数**，记为 $f'(x_0)$，即

$$f'(x_0) = \lim_{\Delta x \to 0} \frac{\Delta y}{\Delta x} = \lim_{\Delta x \to 0} \frac{f(x_0 + \Delta x) - f(x_0)}{\Delta x}.$$

若极限 $\lim\limits_{\Delta x \to 0} \frac{\Delta y}{\Delta x}$ 不存在，则称函数 $y = f(x)$ 在点 x_0 处不可导.

我们也可以把导数 $f'(x_0)$ 记为 $y'\big|_{x=x_0}$ 或 $\frac{\mathrm{d}y}{\mathrm{d}x}\Big|_{x=x_0}$ 或 $\frac{\mathrm{d}f(x)}{\mathrm{d}x}\Big|_{x=x_0}$.

导数定义中，若令 $x = x_0 + \Delta x$ 或 $h = \Delta x$，则导数定义式又有另外的形式：

$$f'(x_0) = \lim_{x \to x_0} \frac{f(x) - f(x_0)}{x - x_0} \text{ 或 } f'(x_0) = \lim_{h \to 0} \frac{f(x_0 + h) - f(x_0)}{h}.$$

因变量增量与自变量增量之比 $\frac{\Delta y}{\Delta x}$ 表示因变量 $y = f(x)$ 在区间 $[x_0, x_0 + \Delta x]$ 上的平均变化率，而 $f'(x_0)$ 则是 $f(x)$ 在点 x_0 处的(瞬时)变化率，它反映了因变量随自变量的变化而变化的快慢程度.

根据导数的定义，引例中，位移 $s = s(t)$ 对时间 t 的导数 $s'(t_0)$ 是 t_0 时刻的速度；$f'(x_0)$ 是曲线 $y = f(x)$ 在 $(x_0, f(x_0))$ 点的切线斜率.

例 2-1-1 已知函数 $f(x) = x^2$，求 $f'(1)$.

解 $f'(1) = \lim\limits_{\Delta x \to 0} \frac{f(1 + \Delta x) - f(1)}{\Delta x} = \lim\limits_{\Delta x \to 0} \frac{(1 + \Delta x)^2 - 1}{\Delta x} = \lim\limits_{\Delta x \to 0} (\Delta x + 2) = 2$；

或 $f'(1) = \lim\limits_{x \to 1} \frac{f(x) - f(1)}{x - 1} = \lim\limits_{x \to 1} \frac{x^2 - 1}{x - 1} = \lim\limits_{x \to 1} (x + 1) = 2$.

例 2-1-2 设 $f'(x_0) = -3$，求下列极限：

(1) $\lim\limits_{\Delta x \to 0} \frac{f(x_0 + 2\Delta x) - f(x_0)}{\Delta x}$； (2) $\lim\limits_{h \to 0} \frac{f(x_0 + h) - f(x_0 - h)}{h}$.

解 (1) $\lim\limits_{\Delta x \to 0} \frac{f(x_0 + 2\Delta x) - f(x_0)}{\Delta x} = 2\lim\limits_{\Delta x \to 0} \frac{f(x_0 + 2\Delta x) - f(x_0)}{2\Delta x} = 2f'(x_0) = -6$.

(2) $\lim\limits_{h \to 0} \frac{f(x_0 + h) - f(x_0 - h)}{h} = \lim\limits_{h \to 0} \frac{f(x_0 + h) - f(x_0) + f(x_0) - f(x_0 - h)}{h}$

$= \lim\limits_{h \to 0} \frac{f(x_0 + h) - f(x_0)}{h} + \lim\limits_{h \to 0} \frac{f(x_0 - h) - f(x_0)}{-h} = 2f'(x_0) = -6$.

2. 左右导数

前面我们有了左、右极限的概念，因此，我们可以给出左、右导数的概念.

定义 2-1-2 若极限 $\lim\limits_{\Delta x \to 0^-} \frac{\Delta y}{\Delta x}\left(\text{或} \lim\limits_{\Delta x \to 0^+} \frac{\Delta y}{\Delta x}\right)$ 存在，则称 $f(x)$ 在 x_0 处左(或右)可

导，且称极限值为 $f(x)$ 在 x_0 的**左（或右）导数**，记为

$$f'_{-}(x_0)=\lim_{\Delta x\to 0^-}\frac{\Delta y}{\Delta x}=\lim_{\Delta x\to 0^-}\frac{f(x_0+\Delta x)-f(x_0)}{\Delta x},$$

$$f'_{+}(x_0)=\lim_{\Delta x\to 0^+}\frac{\Delta y}{\Delta x}=\lim_{\Delta x\to 0^+}\frac{f(x_0+\Delta x)-f(x_0)}{\Delta x}.$$

定理 2-1-1　$f(x)$ 在 x_0 可导的充要条件为 $f'_{-}(x_0)$ 和 $f'_{+}(x_0)$ 存在且相等，如果函数 $f(x)$ 在开区间 (a,b) 内可导，且 $f'_{+}(a)$ 和 $f'_{-}(b)$ 都存在，那么称 $f(x)$ 在闭区间 $[a,b]$ 上可导.

3. 导函数的定义

定义 2-1-3　如果函数 $y=f(x)$ 在区间 (a,b) 内每一点 x 都对应一个导数值，则这一对应关系所确定的函数称为函数 $y=f(x)$ 的**导函数（或导数）**，记作 y'，$f'(x)$，$\frac{\mathrm{d}y}{\mathrm{d}x}$ 或 $\frac{\mathrm{d}f(x)}{\mathrm{d}x}$，即

$$y'=\lim_{\Delta x\to 0}\frac{f(x+\Delta x)-f(x)}{\Delta x}.$$

显然，函数 $f(x)$ 在点 x_0 处的导数 $f'(x_0)$ 就是导函数 $f'(x)$ 在点 $x=x_0$ 处的函数值，即

$$f'(x_0)=f'(x)\big|_{x=x_0}.$$

三、基本初等函数的导数公式

利用导数的定义求导，一般分三步：

第一步　求增量　$\Delta y=f(x+\Delta x)-f(x)$；

第二步　算比值　$\frac{\Delta y}{\Delta x}=\frac{f(x+\Delta x)-f(x)}{\Delta x}$；

第三步　取极限　$y'=\lim\limits_{\Delta x\to 0}\frac{\Delta y}{\Delta x}$.

下面利用导数的定义来导出几个基本初等函数的导数公式.

例 2-1-3　利用导数的定义，求函数 $y=x^2$ 的导数 $f'(x)$.

解　$f'(x)=\lim\limits_{\Delta x\to 0}\frac{(x+\Delta x)^2-x^2}{\Delta x}=\lim\limits_{\Delta x\to 0}(2x+\Delta x)=2x$，

即 $(x^2)'=2x$.

对于一般的幂函数 $y=x^\mu$，我们可以给出一个类似的结果，

$$(x^\mu)'=\mu x^{\mu-1}(\mu \text{ 为实数}, x>0).$$

例如，当 $\mu=\frac{1}{2}$ 时，$y=x^{\frac{1}{2}}=\sqrt{x}\ (x>0)$ 的导数为 $(\sqrt{x})'=\frac{1}{2\sqrt{x}}$；

当 $\mu=-1$ 时，$y=x^{-1}=\frac{1}{x}(x\neq 0)$ 的导数为 $\left(\frac{1}{x}\right)'=-\frac{1}{x^2}$.

例 2-1-4 利用导数的定义证明 $(\sin x)'=\cos x$.

证明 $$(\sin x)'=\lim_{\Delta x\to 0}\frac{\sin(x+\Delta x)-\sin x}{\Delta x}=\lim_{\Delta x\to 0}\frac{2\sin\frac{\Delta x}{2}\cos\left(x+\frac{\Delta x}{2}\right)}{\Delta x}$$
$$=\lim_{\Delta x\to 0}\frac{\sin\frac{\Delta x}{2}}{\frac{\Delta x}{2}}\cdot\cos\left(x+\frac{\Delta x}{2}\right)=\cos x.$$

同理可得 $(\cos x)'=-\sin x$.

例 2-1-5 利用导数的定义求函数 $f(x)=\log_a x(a>0,a\neq 1)$ 的导数 $f'(x)$.

解 $$f'(x)=\lim_{h\to 0}\frac{\log_a(x+h)-\log_a x}{h}=\lim_{h\to 0}\frac{\log_a\frac{x+h}{x}}{h}$$
$$=\lim_{h\to 0}\frac{1}{h}\log_a\left(1+\frac{h}{x}\right)=\lim_{h\to 0}\log_a\left(1+\frac{h}{x}\right)^{\frac{1}{h}}$$
$$=\frac{1}{x}\lim_{h\to 0}\log_a\left(1+\frac{h}{x}\right)^{\frac{x}{h}}=\frac{1}{x}\log_a e=\frac{1}{x\ln a}.$$

即 $(\log_a x)'=\frac{1}{x\ln a}$. 特别地，$(\ln x)'=\frac{1}{x}$.

例如，$(\log_3 x)'=\frac{1}{x\ln 3}$.

类似地，可以用导数的定义求出其他基本初等函数的导数.

基本初等函数的**求导公式表**如下：

(1) 常数 $(C)'=0$.

(2) 幂函数 $(x^\mu)'=\mu x^{\mu-1}$(μ 为实数，$x>0$).

(3) 指数函数 $(a^x)'=a^x\ln a$，特别的有：$(e^x)'=e^x$.

(4) 对数函数 $(\log_a x)'=\frac{1}{x\ln a}$，特别的有：$(\ln x)'=\frac{1}{x}$.

(5) 三角函数

$(\sin x)'=\cos x$； $(\cos x)'=-\sin x$.

$(\tan x)'=\sec^2 x$； $(\cot x)'=-\csc^2 x$.

$(\sec x)'=\sec x\tan x$； $(\csc x)'=-\csc x\cot x$.

(6) 反三角函数

$(\arcsin x)'=\frac{1}{\sqrt{1-x^2}}$； $(\arccos x)'=-\frac{1}{\sqrt{1-x^2}}$；

$(\arctan x)'=\frac{1}{1+x^2}$； $(\text{arccot}\, x)'=-\frac{1}{1+x^2}$.

例 2-1-6 已知 $f(x)=\begin{cases}\sin x & x<0\\ x & x\geqslant 0\end{cases}$，求 $f'(x)$.

解 当 $x<0$ 时，$f'(x)=(\sin x)'=\cos x$；当 $x>0$ 时，$f'(x)=(x)'=1$；当 $x=0$ 时，因为

$$f_-'(0)=\lim_{x\to 0^-}\frac{\sin x-0}{x}=1, f_+'(0)=\lim_{x\to 0^+}\frac{x-0}{x}=1,$$

所以 $f'(0)=1$.

于是得 $f'(x)=\begin{cases}\cos x & x<0\\ 1 & x\geqslant 0\end{cases}$.

> **注意** 对于分段表示的函数，求导函数时需要分段进行，在分段点处的导数，则通过讨论其单侧导数以确定其存在性.

四、导数的几何意义

从由引例 2-1-2 可知，函数 $f(x)$ 在点 x_0 处的导数 $f'(x_0)$ 等于曲线 $y=f(x)$ 在点 $M_0(x_0,f(x_0))$ 处的切线斜率，即 $k=f'(x_0)$，这就是导数的几何意义.

曲线 $y=f(x)$ 在点 $M_0(x_0,f(x_0))$ 处的切线方程为：$y-f(x_0)=f'(x_0)(x-x_0)$.

当 $f'(x_0)\neq 0$ 时，法线方程为：$y-f(x_0)=-\dfrac{1}{f'(x_0)}(x-x_0)$.

特别地，若 $f'(x_0)=0$，则曲线在点 $M_0(x_0,f(x_0))$ 处的切线方程为 $y=f(x_0)$，法线方程为 $x=x_0$；若 $y=f(x)$ 在 x_0 处的导数为∞，则切线方程为 $x=x_0$，法线方程为 $y=f(x_0)$.

例 2-1-7 求曲线 $y=\ln x$ 在 $x=2$ 处的切线方程和法线方程.

解 根据导数的几何意义知，所求切线的斜率为

$$k=y'|_{x=2}=(\ln x)'|_{x=2}=\frac{1}{x}\bigg|_{x=2}=\frac{1}{2},$$

从而求得曲线 $y=\ln x$ 在 $(2,\ln 2)$ 切线方程为

$$y-\ln 2=\frac{1}{2}(x-2),$$

即 $2y-x+2-2\ln 2=0$.

所求法线方程为

$$y-\ln 2=-2(x-2),$$

即 $y+2x-4-\ln 2=0$.

五、函数的可导性与连续性的关系

定理 2-1-2 若函数 $f(x)$ 在 x_0 可导，则函数 $f(x)$ 在 x_0 一定连续.

证明 因为 $f(x)$ 在点 x_0 处可导，即

$$f'(x_0)=\lim_{\Delta x\to 0}\frac{\Delta y}{\Delta x},$$

其中 $\Delta y=f(x_0+\Delta x)-f(x_0)$，所以

$$\lim_{\Delta x\to 0}\Delta y=\lim_{\Delta x\to 0}\left(\frac{\Delta y}{\Delta x}\cdot\Delta x\right)=\lim_{\Delta x\to 0}\frac{\Delta y}{\Delta x}\cdot\lim_{\Delta x\to 0}\Delta x=f'(x_0)\cdot 0=0.$$

根据连续的定义可知 $y=f(x)$ 在点 x_0 处连续.

注意

(1) 这个定理的逆命题不成立，即函数 $f(x)$ 在点 x_0 连续，则 $f(x)$ 在 x_0 不一定可导.

(2) 如果函数在某一点不连续，那么函数在该点一定不可导.

请看下面的例子.

例 2-1-8 讨论函数 $f(x)=|x|$ 在 $x=0$ 连续性及可导性.

解 连续性是显然成立的，这里我们只讨论可导性.

因为 $f_-'(0)=\lim\limits_{x\to 0^-}\dfrac{f(0+\Delta x)-f(0)}{\Delta x}=\lim\limits_{x\to 0^-}\dfrac{|\Delta x|-0}{\Delta x}=\lim\limits_{x\to 0^-}\dfrac{-\Delta x-0}{\Delta x}=-1$,

$f_+'(0)=\lim\limits_{x\to 0^+}\dfrac{f(0+\Delta x)-f(0)}{\Delta x}=\lim\limits_{x\to 0^+}\dfrac{|\Delta x|-0}{\Delta x}=\lim\limits_{x\to 0^+}\dfrac{\Delta x-0}{\Delta x}=1$,

所以，由导数存在的充要条件，得知 $f'(0)$ 是不存在的，即 $f(x)=|x|$ 在 $x=0$ 连续但不可导(如图 2-1-3).

再例如：函数 $f(x)=\sqrt[3]{x}$ 在 $(-\infty,+\infty)$ 内连续，但 $y'\big|_{x=0}=(\sqrt[3]{x})'\big|_{x=0}=\left.\dfrac{1}{3\sqrt[3]{x^2}}\right|_{x=0}=+\infty$，即在点 $x=0$ 导数为无穷大(导数不存在).从几何上看，曲线 $f(x)=\sqrt[3]{x}$ 在点 $x=0$ 处有垂直于 x 轴的切线 $x=0$(如图 2-1-4).

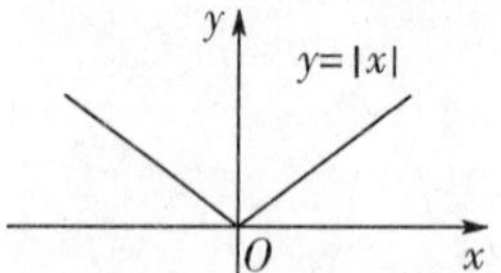

图 2-1-3

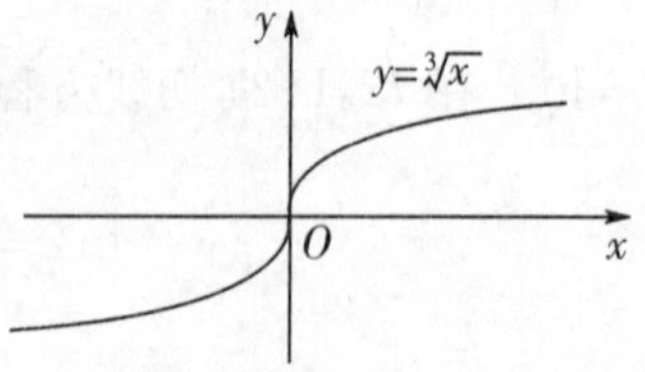

图 2-1-4

由以上讨论可知，函数在某点连续是函数在该点可导的必要条件，但不是充分条件.

习题 2.1

1. 设 $f'(x)$ 存在，且 $\lim\limits_{x\to 0}\dfrac{f(1)-f(1-x)}{2x}=-1$，求 $f'(1)$.

2. 求下列函数的导数：

(1) $y=\ln 10$；

(2) $y=\dfrac{1}{x^2}$；

(3) $y=\dfrac{x^2\cdot\sqrt[3]{x^2}}{\sqrt{x^5}}$；

(4) $y=\log_2 x$.

3. 求下列函数在指定点处的导数：

(1) $y=\sqrt[4]{x^3}$ 在 $x=16$；

(2) $y=4^x\mathrm{e}^x$ 在 $x=1$；

(3) $y=\arctan x$ 在 $x=1$；

(4) $y=3^x$ 在 $x=2$.

4. 讨论 $f(x)=\begin{cases}x^2 & x\geqslant 0\\ x & x<0\end{cases}$ 在 $x=0$ 的连续性和可导性.

5. 求等边双曲线 $y=\dfrac{1}{x}$ 在点 $\left(\dfrac{1}{2},2\right)$ 处的切线方程和法线方程.

6. 抛物线 $y=x^2$ 上是否存在某点的切线和直线 $2x-2y+5=0$ 平行？如果存在，请写出这条切线方程和法线方程.

§2.2 导数的运算

一般的初等函数用导数的定义求是非常麻烦的，本节将介绍求导数的几个基本法则，借助于求导公式和法则，就能较方便地求出初等函数的导数.

一、函数的和、差、积、商的求导法则

定理 2-2-1 设函数 $u=u(x)$ 和 $v=v(x)$ 在点 x 处都可导，则函数 $u(x)\pm v(x)$，$u(x)v(x)$，$\dfrac{u(x)}{v(x)}$ 在点 x 处也可导，则有

(1) $[u(x)\pm v(x)]'=u'(x)\pm v'(x)$.

该法则可以推广到任意有限个可导函数之和(差)的情形.如：

$$(u+v-w)'=u'+v'-w'.$$

(2) $[u(x)v(x)]'=u'(x)v(x)+u(x)v'(x)$.

特别地，$[cu(x)]'=cu'(x)$.

该法则也可推广到任意有限个可导函数之积的情形.如：

$$(uvw)'=u'vw+uv'w+uvw'.$$

(3) $\left[\dfrac{u(x)}{v(x)}\right]'=\dfrac{u'(x)v(x)-u(x)v'(x)}{v^2(x)}(v(x)\neq 0)$.

特别地，$\left[\dfrac{1}{v(x)}\right]'=-\dfrac{v'(x)}{v^2(x)}(v(x)\neq 0)$.

注意	$(uv)'\neq u'v'$，$\left(\dfrac{u}{v}\right)'\neq\dfrac{u'}{v'}$.

例 2-2-1 求下列函数的导数:

(1) $y=\frac{2}{x}-3^x+3\cos x-\ln 5$; (2) $y=x\ln x-\frac{x}{\sin x}$.

解 (1) $y'=\left(\frac{2}{x}\right)'-(3^x)'+(3\cos x)'-(\ln 5)'$

$$=2\left(\frac{1}{x}\right)'-(3^x)'+3(\cos x)'-(\ln 5)'$$

$$=-\frac{2}{x^2}-3^x\ln 3-3\sin x.$$

(2) $y'=(x\ln x)'-\left(\frac{x}{\sin x}\right)'$

$$=(x)'\ln x+x(\ln x)'-\frac{(x)'\sin x-x(\sin x)'}{\sin^2 x}$$

$$=\ln x+1-\frac{\sin x-x\cos x}{\sin^2 x}.$$

例 2-2-2 设 $y=\tan x$,求 y'.

解 $y'=(\tan x)'=\left(\frac{\sin x}{\cos x}\right)'=\frac{(\sin x)'\cos x-\sin x(\cos x)'}{\cos^2 x}=\frac{\cos^2 x+\sin^2 x}{\cos^2 x}=\frac{1}{\cos^2 x}=\sec^2 x.$

即 $(\tan x)'=\sec^2 x$.

> **注意** 这里用到了三角公式 $\sec x=\frac{1}{\cos x}$.

类似的,可得到 $(\cot x)'=-\csc^2 x$.

例 2-2-3 设 $y=\sec x$,求 y'.

解 $y'=(\sec x)'=\left(\frac{1}{\cos x}\right)'=-\frac{(\cos x)'}{\cos^2 x}=\frac{\sin x}{\cos^2 x}=\sec x\tan x.$

即得正割函数的导数公式:

$$(\sec x)'=\sec x\tan x.$$

类似,可得余割函数的导数公式:

$$(\csc x)'=-\csc x\cot x.$$

例 2-2-4 求函数 $y=\frac{\sin x+\cos x}{\sin 2x}$ 的导数.

解 化简 $y=\frac{\sin x+\cos x}{\sin 2x}=\frac{\sin x+\cos x}{2\sin x\cos x}=\frac{1}{2}(\sec x+\csc x)$,可避免用商的求导法则,所以

$$y'=\left[\frac{1}{2}(\sec x+\csc x)\right]'=\frac{1}{2}\sec x\tan x-\frac{1}{2}\csc x\cot x.$$

注意　这里用到了三角公式 $\sec x=\dfrac{1}{\cos x}$，$\csc x=\dfrac{1}{\sin x}$.

有些函数在求导前，可以先化简再求导，以简化求导的计算过程.

二、反函数的求导法则

定理 2-2-2　设函数 $y=f(x)$ 在区间 I_x 上单调、可导且 $f'(x)\neq 0$，则它的反函数 $x=f^{-1}(y)$ 在对应区间 I_y 上也单调、可导，且

$$[f^{-1}(y)]'=\frac{1}{f'(x)}\text{ 或 }\frac{\mathrm{d}x}{\mathrm{d}y}=\frac{1}{\dfrac{\mathrm{d}y}{\mathrm{d}x}},$$

即反函数的导数等于原函数的导数的倒数.

例 2-2-5　设 $y=\arcsin x\,(-1<x<1)$，求 y'.

解　因为 $y=\arcsin x\,(-1<x<1)$ 是 $x=\sin y\left(-\dfrac{\pi}{2}<y<\dfrac{\pi}{2}\right)$ 的反函数，所以

$$(\arcsin x)'=\frac{1}{(\sin y)'}=\frac{1}{\cos y}=\frac{1}{\sqrt{1-\sin^2 y}}=\frac{1}{\sqrt{1-x^2}}.$$

即得到反正弦函数的导数公式：

$$(\arcsin x)'=\frac{1}{\sqrt{1-x^2}}(-1<x<1).$$

类似地，可得反余弦函数的导数公式：

$$(\arccos x)'=-\frac{1}{\sqrt{1-x^2}}(-1<x<1).$$

反正切函数的导数公式：

$$(\arctan x)'=\frac{1}{1+x^2}(-\infty<x<+\infty).$$

反余切函数的导数公式：

$$(\mathrm{arccot}\, x)'=-\frac{1}{1+x^2}(-\infty<x<+\infty).$$

三、复合函数的求导法则

利用基本初等函数的求导公式和导数的四则运算法则，只能够求一些比较简单的函数

导数,对于比较复杂的复合函数,还要利用复合函数的求导法则去求.

定理 2-2-3(复合函数求导法则) 设 $y=f(u)$ 与 $u=\varphi(x)$ 可以复合成函数 $y=f[\varphi(x)]$,如果 $u=\varphi(x)$ 在 x 可导,而 $y=f(u)$ 在对应的 $u=\varphi(x)$ 可导,则函数 $y=f[\varphi(x)]$ 在 x 可导,且有

$$y_x'=f_u'(u)\varphi_x'(x) \quad 或 \quad \frac{dy}{dx}=\frac{dy}{du}\cdot\frac{du}{dx}.\text{(链式法则)}$$

注意

(1) 复合函数的导数,等于函数对中间变量的导数乘以中间变量对自变量的导数.

上述法则还可以表示为:

$$(f[\varphi(x)])'=f'(u)\varphi'(x)=f'[\varphi(x)]\varphi'(x),$$

其中,$(f[\varphi(x)])'$ 表示复合函数 y 对自变量 x 的导数,而 $f'[\varphi(x)]$ 表示复合函数 y 对中间变量的导数.

(2) 此定理可以推广到有限个可导函数的复合函数.例如,设函数 $y=f(u)$,$u=g(v)$,$v=\varphi(x)$ 都可导,则对于复合函数 $y=f\{g[\varphi(x)]\}$,有

$$y'=(f\{g[\varphi(x)]\})'=f_u'(u)\cdot g_v'(v)\cdot\varphi_x'(x) \quad 或 \quad \frac{dy}{dx}=\frac{dy}{du}\cdot\frac{du}{dv}\cdot\frac{dv}{dx},$$

上式求导按 $y-u-v-x$ 的顺序,像链条一样,一环扣一环地求导,因此,复合函数求导法则又形象地称为链式法则.

例 2-2-6 求函数 $y=(1-2x)^{100}$ 的导数.

解 $y=(1-2x)^{100}$ 可看作是由 $y=u^{100}$,$u=1-2x$ 复合而成,因此,

$$y'=[(1-2x)^{100}]'=(u^{100})'(1-2x)'=100u^{99}\cdot(-2)=-200(1-2x)^{99}.$$

由此可见,复合函数求导的关键是正确分析函数的复合过程,准确地找出相应的中间变量.

计算熟练以后,我们可以不写中间变量,而直接求出复合函数的导数.例 2-2-6 的计算过程也可以写成下面的形式:

$$y'=[(1-2x)^{100}]'=100(1-2x)^{99}\cdot(-2)=-200(1-2x)^{99}.$$

例 2-2-7 求函数 $y=3^{x^2}$ 的导数.

解 $y'=(3^{x^2})'=3^{x^2}\ln 3\cdot(x^2)'=2x\cdot 3^{x^2}\ln 3.$

例 2-2-8 求函数 $y=\ln|x|$ 的导数.

解 因为

$$y=\ln|x|=\begin{cases}\ln x & x>0\\ \ln(-x) & x<0\end{cases},$$

所以,当 $x>0$ 时,

$$(\ln|x|)'=(\ln x)'=\frac{1}{x};$$

当 $x<0$ 时，

$$(\ln|x|)'=(\ln(-x))'=\frac{1}{-x}(-x)'=\frac{1}{x}.$$

综上可知，

$$y'=(\ln|x|)'=\frac{1}{x}.$$

例 2-2-9　求函数 $y=\ln\cos 3x$ 的导数.

解　$y=\ln\cos 3x$ 可看作是由 $y=\ln u, u=\cos v, v=3x$ 复合而成，因此

$$y'=(\ln\cos 3x)_x'=(\ln u)'(\cos v)'(3x)'=\frac{1}{u}\cdot(-\sin v)\cdot 3=-3\tan 3x.$$

或

$$\begin{aligned}y'&=(\ln\cos 3x)'=\frac{1}{\cos 3x}(\cos 3x)'=\frac{1}{\cos 3x}(-\sin 3x)\cdot(3x)'\\&=\frac{1}{\cos 3x}(-\sin 3x)\cdot 3=-3\tan 3x.\end{aligned}$$

例 2-2-10　求函数 $y=e^{\sin^2 x}$ 的导数.

解　$$\begin{aligned}y'&=(e^{\sin^2 x})'=e^{\sin^2 x}\cdot(\sin^2 x)'=e^{\sin^2 x}\cdot 2\sin x\cdot(\sin x)'\\&=e^{\sin^2 x}\cdot 2\sin x\cdot\cos x=e^{\sin^2 x}\cdot\sin 2x.\end{aligned}$$

例 2-2-11　求函数 $y=\ln\sqrt{\dfrac{1-x}{1+x}}$ 的导数.

解　因为 $y=\ln\sqrt{\dfrac{1-x}{1+x}}=\dfrac{1}{2}\ln\dfrac{1-x}{1+x}=\dfrac{1}{2}[\ln(1-x)-\ln(1+x)]$，

所以 $$\begin{aligned}y'&=\frac{1}{2}[\ln(1-x)-\ln(1+x)]'=\frac{1}{2}\left[\frac{1}{1-x}\cdot(1-x)'-\frac{1}{1+x}(1+x)'\right]\\&=\frac{1}{2}\cdot\frac{-2}{1-x^2}=\frac{1}{x^2-1}.\end{aligned}$$

另外，复合函数求导法则还可以与其他导数运算法则结合起来使用.

例 2-2-12　求函数 $y=e^{3x}\cos 4x$ 的导数.

解　先利用积的求导法则，并结合复合函数求导法则有

$$\begin{aligned}y'&=(e^{3x})'\cos 4x+e^{3x}(\cos 4x)'=3e^{3x}\cos 4x+e^{3x}(-\sin 4x\cdot 4)\\&=e^{3x}(3\cos 4x-4\sin 4x).\end{aligned}$$

例 2-2-13　设 $f(x)$ 是可导函数，求函数 $y=f(e^{-x})$ 的导数.

解　$y'=[f(e^{-x})]'=f'(e^{-x})(e^{-x})'=-f'(e^{-x})e^{-x}$.

> **注意**　$[f(e^{-x})]'$ 表示对 x 求导，$f'(e^{-x})$ 表示对中间变量 e^{-x} 求导.

在求复合函数的导数时，首先要分清函数的复合层次，然后从外向里，逐层求导，不要遗漏，也不要重复.在求导过程中，始终要明确所求的导数是哪个函数对哪个变量（不管是自变量还是中间变量）的导数.

习题 2.2

1. 求下列函数的导数：

(1) $y=2^x+2\sqrt{x}+\dfrac{1}{\sqrt[3]{x}}$；　　(2) $y=x^a+a^x+a^a$；

(3) $y=e^x(\sin x+\cos x)$；　　(4) $y=x(1+x^2)\arctan x$；

(5) $y=\dfrac{x-1}{x+1}$；　　(6) $y=\dfrac{5\sin x}{1+\cos x}$；

(7) $y=\dfrac{x^5+\sqrt{x}+1}{x^3}$；　　(8) $y=\dfrac{1-\cos x}{\sin x}$.

2. 求下列复合函数的导数：

(1) $y=e^{\sqrt{x}}$；　　(2) $y=\cos^3 x$；

(3) $y=\sqrt{x^2+4}+2\arcsin\dfrac{x}{2}$；　　(4) $y=\ln(x+\sqrt{x^2+a^2})$（a 为常数）；

(5) $y=e^{\sin x^2}$；　　(6) $y=\dfrac{1}{x+\sqrt{1+x^2}}$；

(7) $y=e^{-x}\tan 3x$；　　(8) $y=\ln\sqrt{\dfrac{x}{x^2+1}}$.

3. 设 $f(x)$ 可导，求下列函数的导数 $\dfrac{dy}{dx}$：

(1) $y=f^2(e^x)$；　　(2) $y=f(\sin\sqrt{x})$.

§2.3　隐函数的导数与高阶导数

一、隐函数的导数

我们常见的函数如 $y=\sin x$，$y=x^2+\ln x$ 等，函数关系直接由仅含自变量的算式表示，即 $y=f(x)$，这种函数称为显函数.但是有时会遇到另一类函数，如 $x^2-3y^2=1$，$e^y-xy+1=0$ 等，两个变量的相互关联不一定是显现的，而是被制约在一个方程中，即 $F(x,y)=0$，这种以方程形式确定的函数叫作隐函数.有些隐函数可以转化为显函数，但也有些隐函数不可以化为显函数，下面介绍隐函数的求导方法.

隐函数的求导方法如下：

第一步　将方程 $F(x,y)=0$ 两边分别对 x 求导，遇到 y 时，就视 y 为 x 的函数 $y=y(x)$；遇到 y 的函数，就看成 x 的复合函数，其中 y 为中间变量.

第二步　解出 $y_x'\left(\text{即 } y_x'=\dfrac{dy}{dx}\right)$.

例 2-3-1　求由方程 $e^y-e^{2x}+y=0$ 确定的函数 $y=y(x)$ 的导数 $\dfrac{dy}{dx}$.

解　方程两端同时对 x 求导,得

$$e^y\frac{dy}{dx}-2e^{2x}+\frac{dy}{dx}=0,$$

解得 $\dfrac{dy}{dx}=\dfrac{2e^{2x}}{e^y+1}$.

例 2-3-2　求曲线 $x^2+y^2+xy=4$ 在点 $(2,-2)$ 处的切线方程.

解　方程两端同时对 x 求导,得

$$2x+2yy'+y+xy'=0,$$

整理得 $y'=-\dfrac{2x+y}{x+2y}$.

在点 $(2,-2)$ 处的切线斜率为 $y'|_{(2,-2)}=1$.

由直线方程点斜式,所求切线方程为 $y-(-2)=1\cdot(x-2)$,即 $y-x+4=0$.

例 2-3-3　设 $y=x^x(x>0)$,求 y'.

分析　通常形如 $y=u(x)^{v(x)}$ 的函数称为**幂指函数**,此类函数不能直接利用公式及运算法则求出导数.为了求这类函数的导数,可利用对数的性质化简,转化为隐函数形式,然后再应用隐函数的求导方法求出导数,这种方法称之为**对数求导法**.

解　两边取对数,得 $\ln y=x\ln x$,上式两边同时对 x 求导,得

$$\frac{1}{y}y'=\ln x+x\cdot\frac{1}{x}.$$

所以 $y'=y(\ln x+1)=x^x(\ln x+1)$.

此题也可用复合函数求导法则来求幂指函数的导数,解法如下:

因为 $y=x^x=e^{x\ln x}$,所以有 $y'=(e^{x\ln x})'=e^{x\ln x}(x\ln x)'=x^x(\ln x+1)$.

> **注意**　对数求导法既可以求幂指函数 $y=u(x)^{v(x)}$ 的导数,还可以求由多个含变量的式子的乘、除、乘方、开方构成的函数的导数.

例如:$y=(x+2)\sqrt[3]{\dfrac{(2x-1)^2}{x}}$,$y=\sqrt[3]{\dfrac{(x-1)(x-2)^2}{(x-3)^5}}$,$y=x(1+x^2)\arctan x$ 等.

例 2-3-4　设 $y=\sqrt{\dfrac{(x+1)^3(x+2)}{3-x}}$,求 y'.

解　等式两边同时取对数,得 $\ln y=\dfrac{3}{2}\ln(x+1)+\dfrac{1}{2}\ln(x+2)-\dfrac{1}{2}\ln(3-x)$.

上式两边同时对 x 求导,得

$$\frac{y'}{y}=\frac{3}{2}\cdot\frac{1}{x+1}+\frac{1}{2}\cdot\frac{1}{x+2}+\frac{1}{2}\frac{1}{3-x},$$

于是有 $y'=\sqrt{\dfrac{(x+1)^3(x+2)}{3-x}}\left[\dfrac{3}{2(x+1)}+\dfrac{1}{2(x+2)}+\dfrac{1}{2(3-x)}\right].$

二、高阶导数

变速直线运动的质点的路程函数为 $s=s(t)$，则速度

$$v(t)=s'(t)=\lim_{\Delta t\to 0}\frac{s(t+\Delta t)-s(t)}{\Delta t},$$

加速度

$$a(t)=\lim_{\Delta t\to 0}\frac{\Delta v}{\Delta t}=\lim_{\Delta t\to 0}\frac{v(t+\Delta t)-v(t)}{\Delta t},$$

从而

$$a(t)=v'(t)=[s'(t)]'.$$

这种导数的导数 $[s'(t)]'$ 叫作 s 对 t 的二阶导数，记作 $s''(t)$，所以，直线运动的加速度就是路程函数 s 对时间 t 的二阶导数.一般地，可给出如下定义：

定义 2-3-1 如果函数 $f(x)$ 的导数 $f'(x)$ 在点 x 处可导，则称 $(f'(x))'$ 为函数 $f(x)$ 在点 x 处的二阶导数，记为：

$$f''(x),y'',\frac{d^2y}{dx^2}\text{ 或 }\frac{d^2f(x)}{dx^2},$$

其中，$f''(x)=\lim\limits_{\Delta x\to 0}\dfrac{f'(x+\Delta x)-f'(x)}{\Delta x}$.

类似地，二阶导数的导数称为三阶导数，记为：$f'''(x),y''',\dfrac{d^3y}{dx^3}$ 或 $\dfrac{d^3f(x)}{dx^3}$.

一般地，对 $n-1$ 阶导数求导数得到 n 阶导数，记为：$f^{(n)}(x),y^{(n)},\dfrac{d^ny}{dx^n}$ 或 $\dfrac{d^nf(x)}{dx^n}$.

由此可见，求高阶导数就是多次求导数.所以，仍可应用前面学过的求导方法来计算高阶导数.

注意

(1) 二阶和二阶以上的导数统称为**高阶导数**.
(2) $f(x)$ 称为**零阶**导数，$f'(x)$ 称为**一阶**导数.
(3) n 阶导数的表达式中，n 必须用小括号括起来.

例 2-3-5 求函数 $y=\ln 2x$ 的二阶导数.

解 $y'=\dfrac{1}{2x}\cdot 2=\dfrac{1}{x}$，$y''=\left(\dfrac{1}{x}\right)'=-\dfrac{1}{x^2}$.

例 2-3-6　求函数 $y=x\mathrm{e}^{-x}$ 的二阶导数.

解　$y'=\mathrm{e}^{-x}+x\cdot(-\mathrm{e}^{-x})=\mathrm{e}^{-x}(1-x)$,

$y''=-\mathrm{e}^{-x}(1-x)+\mathrm{e}^{-x}\cdot(-1)=\mathrm{e}^{-x}(x-2)$.

例 2-3-7　求函数 $y=\sin x$ 的 n 阶导数 $y^{(n)}$.

解　$y'=\cos x=\sin\left(x+\frac{\pi}{2}\right)$, $y''=\cos\left(x+\frac{\pi}{2}\right)=\sin\left(x+2\cdot\frac{\pi}{2}\right)$,

$y'''=\cos\left(x+2\cdot\frac{\pi}{2}\right)=\sin\left(x+3\cdot\frac{\pi}{2}\right)$, $y^{(4)}=\cos\left(x+3\cdot\frac{\pi}{2}\right)=\sin\left(x+4\cdot\frac{\pi}{2}\right)$, …

依此类推,可以得到:$(\sin x)^{(n)}=\sin\left(x+n\cdot\frac{\pi}{2}\right)\ (n\in\mathbf{Z}_+)$.

用类似的方法,可得:$(\cos x)^{(n)}=\cos\left(x+n\cdot\frac{\pi}{2}\right)\ (n\in\mathbf{Z}_+)$.

一些常用的初等函数的 n 阶导数公式:

(1) $y=\mathrm{e}^x$;　　$y^{(n)}=\mathrm{e}^x$;

(2) $y=a^x\ (a>0, a\neq 1)$;　　$y^{(n)}=a^x(\ln a)^n$;

(3) $y=\sin x$;　　$y^{(n)}=\sin\left(x+\frac{n\pi}{2}\right)$;

(4) $y=\cos x$;　　$y^{(n)}=\cos\left(x+\frac{n\pi}{2}\right)$;

(5) $y=\ln x$;　　$y^{(n)}=(-1)^{n-1}(n-1)!\ x^{-n}$.

习题 2.3

1. 求由下列方程所确定的各隐函数 $y=y(x)$ 的导数 $\frac{\mathrm{d}y}{\mathrm{d}x}$:

(1) $x+\sin xy=1$;　　(2) $\mathrm{e}^{xy}+y^2=\cos x$;

(3) $xy=\mathrm{e}^{x+y}$;　　(4) $\arctan\frac{y}{x}=\ln\sqrt{x^2+y^2}$.

2. 求隐函数 $y\sin x-\cos(x-y)=0$ 在点 $\left(0,\frac{\pi}{2}\right)$ 处的导数.

3. 求曲线 $xy+\ln y=1$ 在点 $(1,1)$ 处的切线方程.

4. 用对数求导法求下列函数的导数:

(1) $y=x^{\sin x}\ (x>0)$;　　(2) $y=\sqrt{\frac{(x-1)(x-2)}{(2x-3)(x-4)}}$.

5. 求下列函数的二阶导数 $\frac{\mathrm{d}^2y}{\mathrm{d}x^2}$:

(1) $y=x^2+\ln x$;　　(2) $y=(1+x^2)\arctan x$.

§2.4 函数的微分

微分概念的产生是解决实际问题的需要.计算函数的增量是科学技术和工程中经常遇到的问题,有时由于函数比较复杂,计算增量往往感到困难,希望有一个比较简单的方法.对可导函数类我们有一个近似计算方法,那就是用微分近似代替函数的增量,从而使计算得以简化.

一、引例

在许多实际问题中,要求研究当自变量发生微小改变时所引起的相应的函数值的改变.

引例 2-4-1 先看一个实例:一块边长为 x 的正方形金属薄片,面积为 $s=x^2$,由于温度的变化,金属薄片的边长由 x_0 变化到 $x_0+\Delta x$,如图 2-4-1 所示,问其面积改变了多少?

解 $s(x)=x^2$,

$\Delta s=s(x_0+\Delta x)-s(x_0)=(x_0+\Delta x)^2-(\Delta x)^2$

$=2x_0\Delta x+(\Delta x)^2$.

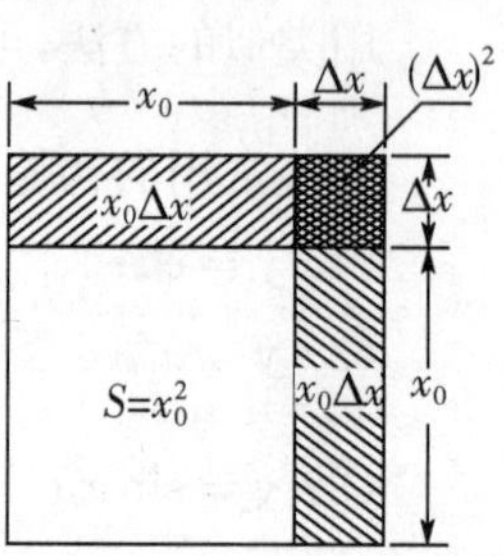

图 2-4-1

其中 $2x_0\Delta x$ 在图形中表示两块长条矩形部分的面积,$(\Delta x)^2$ 表示右上角的小正方形的面积,当 $\Delta x\to 0$ 时,$(\Delta x)^2$ 是比 Δx 高阶的无穷小,即 Δx 很小时,$(\Delta x)^2$ 可以忽略不计,则 $\Delta s\approx 2x_0\Delta x$,因为 $s'(x)=2x$,所以 $\Delta s\approx s'(x_0)\Delta x$.

二、微分的定义及其几何意义

1. 微分的定义

定义 2-4-1 设函数 $y=f(x)$ 在点 x_0 及其附近有定义,自变量 x 在 x_0 附近有增量 Δx,如果相应的函数的增量

$$\Delta y=f(x_0+\Delta x)-f(x_0)$$

可表示为

$$\Delta y=A\Delta x+o(\Delta x),$$

其中 A 是不依赖于 Δx 的常量,$o(\Delta x)$ 是比 Δx 高阶的无穷小 ($\Delta x\to 0$),那么称函数 $y=f(x)$ 在点 x_0 处是**可微**的,称 $A\cdot\Delta x$ 为 $y=f(x)$ 在点 x_0 处的微分,记为 $\mathrm{d}y\big|_{x=x_0}$,即

$$\mathrm{d}y\big|_{x=x_0}=A\Delta x.$$

其中,$A\cdot\Delta x$ 通常称为 $\Delta y=A\cdot\Delta x+o(\Delta x)$ 的线性主要部分."线性"是因为 $A\cdot\Delta x$ 是 Δx 的一次函数,"主要"是因为另一项 $o(\Delta x)$ 是比 Δx 更高阶的无穷小量,在等式中 $o(\Delta x)$ 几乎不起作用,而是 $A\cdot\Delta x$ 起作用.

定理 2-4-1 函数 $f(x)$ 在点 x_0 可微的充要条件是函数 $f(x)$ 在点 x_0 可导,且 $A=f'(x_0)$.

> **注意**　在 $f'(x_0)\neq 0$ 的条件下，以微分 $dy=f'(x_0)\Delta x$ 近似代替增量 Δy 时，其误差为 $o(\Delta x)$. 在 $|\Delta x|$ 很小时，有近似等式 $\Delta y\approx dy$.

定义 2-4-2　函数 $y=f(x)$ 在任意一点 x 的微分，称为**函数的微分**，记作 dy，即

$$dy=f'(x)\Delta x.$$

如果函数 $y=f(x)$ 在区间 (a,b) 内每一点处都可微，则称函数 $f(x)$ 在 (a,b) 内可微. 对于 $y=x$，$dy=x'\Delta x$，因此，$dx=dy=\Delta x$，于是函数 $y=f(x)$ 微分可以记为

$$dy=f'(x)dx.$$

> **注意**　(1) 将上式变形为 $\dfrac{dy}{dx}=f'(x)$，说明函数的微分 dy 与自变量的微分 dx 之商等于该函数的导数，因此，导数又叫微商.
>
> (2) 计算 $y=f(x)$ 微分的方法：只需求出导数 $y'=f'(x)$，再乘上因子 dx 即可.

例 2-4-1　求 $y=x^3$ 在 $x=1$ 处，Δx 为 0.01 时的增量和微分.

解　当 $x=1$，$\Delta x=0.01$ 时，

$\Delta y=f(x_0+\Delta x)-f(x_0)=f(1.01)-f(1)=1.01^3-1^3=0.030\ 301$，

$dy=f'(x_0)\Delta x=3x_0^2\cdot\Delta x=0.03$，两者相差很小.

例 2-4-2　求函数 $y=xe^x$ 的微分.

解　因为 $y'=e^x+xe^x$，所以 $dy=y'dx=(e^x+xe^x)dx=e^x(1+x)dx$.

2. 微分的几何意义

设 MT 是曲线 $y=f(x)$（如图 2-4-2）上点 $M(x_0,y_0)$ 出的切线，设 MT 的倾斜角为 α，当自变量 x 有微小增量 Δx 时就得到曲线上另一点 $N(x_0+\Delta x,y_0+\Delta y)$. 从图可知，$MQ=\Delta x$，$QN=\Delta y$.

由于 $\dfrac{QP}{MQ}=\tan\alpha=f'(x_0)$，所以

$$QP=MQ\cdot\tan\alpha=\Delta x\cdot f'(x_0)=dy.$$

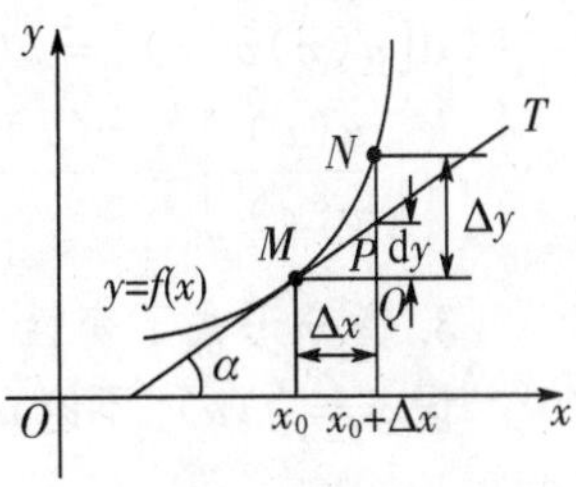

图 2-4-2

由此可见，当 Δy 是曲线 $y=f(x)$ 上的 M 点的纵坐标的增量时，dy 就是曲线的切线上 M 点的纵坐标的相应增量.

在几何上表示在 M 点附近，曲线段 $\overset{\frown}{MN}$ 由直线段 MP 近似代替，即“以直代曲”.

三、微分公式和微分运算法则

由函数的微分的表达式 $dy=f'(x)dx$，可得如下的微分公式和微分运算法则：

1. 微分基本公式

(1) $d(C)=0$；

(2) $d(x^\mu)=\mu x^{\mu-1}dx$（μ 为实数，$x>0$）；

(3) $\mathrm{d}(a^x)=a^x\ln a\,\mathrm{d}x$；

(4) $\mathrm{d}(\mathrm{e}^x)=\mathrm{e}^x\,\mathrm{d}x$；

(5) $\mathrm{d}(\log_a x)=\dfrac{1}{x\ln a}\mathrm{d}x$；

(6) $\mathrm{d}(\ln x)=\dfrac{1}{x}\mathrm{d}x$；

(7) $\mathrm{d}(\sin x)=\cos x\,\mathrm{d}x$；

(8) $\mathrm{d}(\cos x)=-\sin x\,\mathrm{d}x$；

(9) $\mathrm{d}(\tan x)=\sec^2 x\,\mathrm{d}x$；

(10) $\mathrm{d}(\cot x)=-\csc^2 x\,\mathrm{d}x$；

(11) $\mathrm{d}(\sec x)=\sec x\tan x\,\mathrm{d}x$；

(12) $\mathrm{d}(\csc x)=-\csc x\cot x\,\mathrm{d}x$；

(13) $\mathrm{d}(\arcsin x)=\dfrac{1}{\sqrt{1-x^2}}\mathrm{d}x$；

(14) $\mathrm{d}(\arccos x)=-\dfrac{1}{\sqrt{1-x^2}}\mathrm{d}x$；

(15) $\mathrm{d}(\arctan x)=\dfrac{1}{1+x^2}\mathrm{d}x$；

(16) $\mathrm{d}(\mathrm{arccot}\,x)=-\dfrac{1}{1+x^2}\mathrm{d}x$.

例如，$\dfrac{1}{\sqrt{x}}\mathrm{d}x=2\mathrm{d}(\sqrt{x})$，$\dfrac{1}{x^2}\mathrm{d}x=-\mathrm{d}\left(\dfrac{1}{x}\right)$，$\mathrm{d}x=\dfrac{1}{a}\mathrm{d}(ax+b)$，$a^x\mathrm{d}x=\dfrac{1}{\ln a}\mathrm{d}a^x$.

2. 函数和、差、积、商的微分运算法则

$$\mathrm{d}[u(x)\pm v(x)]=\mathrm{d}u(x)\pm\mathrm{d}v(x)；$$

$$\mathrm{d}[u(x)v(x)]=v(x)\mathrm{d}u(x)+u(x)\mathrm{d}v(x),\ \mathrm{d}[Cu(x)]=C\mathrm{d}u(x)\ (C\text{ 为常数})；$$

$$\mathrm{d}\left[\frac{u(x)}{v(x)}\right]=\frac{v(x)\mathrm{d}u(x)-u(x)\mathrm{d}v(x)}{v^2(x)},\ \mathrm{d}\left[\frac{1}{v(x)}\right]=-\frac{\mathrm{d}v(x)}{v^2(x)}(v(x)\neq 0).$$

3. 微分形式不变性

设 $y=f(u)$，不论 u 是自变量，还是中间变量，都有 $\mathrm{d}y=f'(u)\mathrm{d}u$，称为一阶微分形式不变性.

证明 若 u 是自变量，则 $\mathrm{d}y=f'(u)\mathrm{d}u$；

若 u 是中间变量，则 $\mathrm{d}y=f'(\varphi(x))\varphi'(x)\mathrm{d}x=f'(u)\mathrm{d}u$.

例 2-4-3 求函数 $y=\arctan 3x$ 的微分.

解 $\mathrm{d}y=y'\mathrm{d}x=\dfrac{1}{1+9x^2}\cdot 3\mathrm{d}x=\dfrac{3}{1+9x^2}\mathrm{d}x$.

也可由微分形式不变性，将 $3x$ 看作中间变量 u，有

$$\mathrm{d}y=\mathrm{d}\arctan 3x=\frac{1}{1+(3x)^2}\mathrm{d}(3x)=\frac{1}{1+9x^2}\cdot 3\mathrm{d}x=\frac{3}{1+9x^2}\mathrm{d}x.$$

例 2-4-4　求函数 $y=e^{2x+3}\cos 5x$ 的微分.

解　$dy=\cos 5x\cdot de^{2x+3}+e^{2x+3}\cdot d\cos 5x$

$=\cos 5x\cdot e^{2x+3}d(2x+3)+e^{2x+3}\cdot(-\sin 5x)d(5x)$

$=\cos 5x\cdot 2e^{2x+3}dx-e^{2x+3}\cdot 5\sin 5x\,dx=e^{2x+3}(2\cos 5x-5\sin 5x)dx.$

例 2-4-5　用微分法求由方程 $x^2-xy+y^2=1$ 确定的函数 $y=y(x)$ 的导数.

解　对方程两端同时求微分,有

$$2x\,dx-(y\,dx+x\,dy)+2y\,dy=0,$$

移项合并,得

$$(2y-x)dy=(y-2x)dx,$$

即 $\dfrac{dy}{dx}=\dfrac{y-2x}{2y-x}.$

一般地,变量 x,y 之间的关系可以通过方程 $F(x,y)=0$ 给出(这里 y 是 x 的函数),也可以通过参数方程 $\begin{cases}x=x(t)\\y=y(t)\end{cases}$ (其中 t 是参数)给出,由参数式方程确定的函数称为参数式函数,其中 t 称为参数.

定理 2-4-2　设参数方程 $\begin{cases}x=x(t)\\y=y(t)\end{cases}$ (其中 t 是参数),其中 $x(t)$,$y(t)$ 均可导,且函数 $x=x(t)$ 严格单调,$x'(t)\neq 0$,则有

$$\frac{dy}{dx}=\frac{y'(t)dt}{x'(t)dt}=\frac{y'(t)}{x'(t)}\text{ 或 }\frac{dy}{dx}=\frac{\frac{dy}{dt}}{\frac{dx}{dt}}.$$

例 2-4-6　用微分法求摆线的参数方程 $\begin{cases}x=t-\sin t\\y=1-\cos t\end{cases}$ (其中 t 为参数)确定的函数的导数 $\dfrac{dy}{dx}$.

解　由 $dy=d(1-\cos t)=\sin t\,dt$,$dx=d(t-\sin t)=(1-\cos t)dt$,得

$$\frac{dy}{dx}=\frac{\sin t\,dt}{(1-\cos t)dt}=\frac{\sin t}{1-\cos t}.$$

例 2-4-7　在下列等式的括号内填入适当的函数,使等式成立:

$$d[\ln(\sin x)]=\underline{\qquad\qquad}\,d(\sin x)=\underline{\qquad\qquad}\,dx.$$

解　根据一阶微分形式不变性得:

$$d[\ln(\sin x)]=\underline{\frac{1}{\sin x}}\,d(\sin x)=\underline{\frac{1}{\sin x}\cdot\cos x}\,dx=\underline{\cot x}\,dx.$$

四、相关变化率

设函数 $x=x(t)$ 和 $y=y(t)$ 为可导函数,而变量 x 和 y 之间存在某种关系,从而变化

率 $\frac{dx}{dt}$ 和 $\frac{dy}{dt}$ 间存在关系，这两个相互依赖的变化率称为**相关变化率**.

相关变化率的求法：

(1) 求出变量 x 和 y 的关系，而此关系式中的 x，y 均是另一个变量 t 的函数；

(2) 对 t 求导得到变化率 $\frac{dx}{dt}$ 和 $\frac{dy}{dt}$ 之间的关系；

(3) 求出未知的相关变化率.

例 2-4-8 水入深为 8 m 上顶直径为 8 m 的正圆锥形容器中，其速率为 4 m^3/min.当水深为 5 m 时，其表面上升的速率为多少？

解 如图 2-4-3 所示，设在时刻 t 时容器中水深为 $h(t)$，水面半径为 r，水的容积为 $V(t)$，则由 $\frac{r}{4}=\frac{h}{8}$ 得 $r=\frac{h}{2}$，从而

$$V(t)=\frac{1}{3}\pi r^2 h=\frac{1}{12}\pi h^3,$$

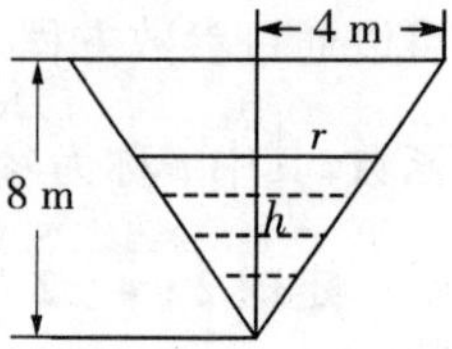

图 2-4-3

求导得

$$V'(t)=\frac{1}{4}\pi h^2 \cdot h'.$$

将 $V'(t)=4, h=5$ 代入上式，得水面上升的速率为：

$$h'(t)=\frac{16}{25\pi}(\mathrm{m/min}).$$

五、微分在近似计算中的应用

当 $f'(x_0)\neq 0$，$|\Delta x|$ 很小时，有 $\Delta y\approx dy$，于是便得到用微分近似计算函数增量和函数值的公式：

$$\Delta y\approx f'(x_0)\Delta x\ (\text{当 } |\Delta x| \text{ 很小时}),$$
$$f(x_0+\Delta x)\approx f(x_0)+f'(x_0)\Delta x\,(|\Delta x| \text{ 很小}).$$

令 $x=x_0+\Delta x$，并取 $x_0=0$，有 $f(x)\approx f(0)+f'(0)x$ (当 $|x|$ 很小).

由此可推出工程上常用的近似公式：

当 $|x|$ 很小时，有

$$\sqrt[n]{1+x}\approx 1+\frac{x}{n}, e^x\approx 1+x, \ln(1+x)\approx x,$$

$$\sin x\approx x\,(x \text{ 以弧度为单位}), \tan x\approx x\,(x \text{ 以弧度为单位}).$$

例 2-4-9 计算 $\sqrt[10]{1.02}$ 的近似值.

解 利用近似公式 $\sqrt[n]{1+x}\approx 1+\frac{x}{n}$，这里 $x=0.02, n=10$，于是得

$$\sqrt[10]{1.02}=\sqrt[10]{1+0.02}\approx 1+\frac{0.02}{10}=1.002.$$

例 2-4-10　有一批半径为 1 cm 的球，为了提高球面的光洁度，要镀上一层铜，厚度为 0.01 cm. 试估计每只球需用铜多少克(铜的密度是 8.9 g/cm^3).

解　先求镀层的体积，再乘上密度就得到每只球需用铜的质量.

球体积为 $V=\frac{4}{3}\pi r^3$，问题变为当 $r_0=1$ 变到 $r_0+\Delta r=1+0.01$ 时求 ΔV.

因为 $V'=4\pi r^2$，所以 $\Delta V\approx \mathrm{d}V=4\pi r^2\Delta r$，将数据代入可以算出

$$\Delta V\approx 0.13(\mathrm{cm}^3),$$

所以每只球需要铜 $m=\rho\Delta V\approx 8.9\times 0.13\approx 1.16(\mathrm{g})$.

习题 2.4

1. 已知 $y=x^2-x$，在点 $x=2$ 处分别计算当 $\Delta x=0.1, 0.01$ 时的增量 Δy 和微分 $\mathrm{d}y$.

2. 在下列各等式的括号内填上适当的函数：

(1) $\mathrm{d}(\qquad)=2\mathrm{d}x$；　　(2) $\mathrm{d}(\qquad)=x\mathrm{d}x$；

(3) $\mathrm{d}(\qquad)=\frac{1}{1+x^2}\mathrm{d}x$；　　(4) $\mathrm{d}(\qquad)=\cos 2x\mathrm{d}x$；

(5) $\mathrm{d}(\qquad)=\mathrm{e}^{-3x}\mathrm{d}x$；　　(6) $\mathrm{d}(\qquad)=\frac{\mathrm{d}x}{1+x}$；

(7) $\mathrm{d}(2^{\sin x})=$ ________ $\mathrm{d}(\sin x)=$ ________ $\mathrm{d}x$.

3. 求下列函数的微分 $\mathrm{d}y$：

(1) $y=\sec x$；　　(2) $y=x\sin 2x$；

(3) $y=\ln\cos x$；　　(4) $y=\frac{x}{1-x}$；

(5) $y=\arcsin\sqrt{1-x^2}\ (x>0)$；　　(6) $x+y^2=\cos(xy)$.

4. 用微分法求由参数方程 $\begin{cases}x=\ln(1+t^2)\\ y=t-\arctan t\end{cases}$ (其中 t 为参数)所确定的函数 $y=y(x)$ 的导数 $\frac{\mathrm{d}y}{\mathrm{d}x}$.

5. 用微分求下列数的近似值：

(1) $\mathrm{e}^{1.01}$；　　(2) $\sqrt[3]{997}$.

本章小结

1. 导数的定义

$$f'(x)=y'=\frac{\mathrm{d}y}{\mathrm{d}x}=\lim_{\Delta x\to 0}\frac{\Delta y}{\Delta x}=\lim_{\Delta x\to 0}\frac{f(x+\Delta x)-f(x)}{\Delta x},f'(x_0)=f'(x)\big|_{x=x_0}.$$

2. 导数的几何意义

$f'(x_0)=k_{切线}$；切线方程：$y-y_0=f'(x_0)(x-x_0)$.

3. 可导与连续的关系

函数在某点连续是函数在该点可导的必要条件，但不是充分条件.

4. 导数公式(详见§2.1)

5. 求导法则与方法

(1) $[u\pm v]'=u'\pm v'$.　　(2) $[Cu]'=Cu'$.

(3) $[uv]'=u'v+uv'$.　　(4) $\left[\dfrac{u}{v}\right]'=\dfrac{u'v-uv'}{v^2}(v\neq 0)$.

(5) 反函数的求导法则

设函数 $y=f(x)$在区间 I_x 上单调、可导且 $f'(x)\neq 0$，则它的反函数 $x=f^{-1}(y)$在对应区间 I_y 上也单调、可导，且

$$[f^{-1}(y)]'=\frac{1}{f'(x)} \text{ 或 } \frac{\mathrm{d}x}{\mathrm{d}y}=\frac{1}{\dfrac{\mathrm{d}y}{\mathrm{d}x}}.$$

即反函数的导数等于原函数的导数的倒数.

(6) 复合函数求导法则

设 $y=f(u),u=\varphi(x)$，则复合函数 $y=f[\varphi(x)]$ 的导数为：

$$\frac{\mathrm{d}y}{\mathrm{d}x}=\frac{\mathrm{d}y}{\mathrm{d}u}\cdot\frac{\mathrm{d}u}{\mathrm{d}x} \text{ 或 } \{f[\varphi(x)]\}'=f'(u)\varphi'(x).$$

(7) 隐函数的求导方法：将方程 $F(x,y)=0$ 两边对 x 求导，然后解出 y'.

(8) 对数求导方法：先两边取自然对数，然后用隐函数求导方法，最后换回显函数.

(9) 参数方程 $\begin{cases}x=x(t)\\y=y(t)\end{cases}$ 的求导方法

$$\frac{\mathrm{d}y}{\mathrm{d}x}=\frac{y'(t)\mathrm{d}t}{x'(t)\mathrm{d}t}=\frac{y'(t)}{x'(t)} \text{ 或 } \frac{\mathrm{d}y}{\mathrm{d}x}=\frac{\dfrac{\mathrm{d}y}{\mathrm{d}t}}{\dfrac{\mathrm{d}x}{\mathrm{d}t}}.$$

6. 高阶导数

$$f''(x)=y''=(y')' \text{ 或 } \frac{\mathrm{d}^2y}{\mathrm{d}x^2}=\frac{\mathrm{d}}{\mathrm{d}x}\left(\frac{\mathrm{d}y}{\mathrm{d}x}\right), f^{(n)}(x)=y^{(n)}=\frac{\mathrm{d}^ny}{\mathrm{d}x^n}=\frac{\mathrm{d}}{\mathrm{d}x}\left(\frac{\mathrm{d}^{n-1}y}{\mathrm{d}x^{n-1}}\right).$$

7. 微分

$\mathrm{d}y=f'(x)\mathrm{d}x$.

8. 微分近似计算公式

$$f(x_0+\Delta x)\approx f(x_0)+f'(x_0)\Delta x \text{ (当 } |\Delta x| \text{ 很小)},$$
$$f(x)\approx f(0)+f'(0)x \text{ (当 } |x| \text{ 很小)}.$$

复习题二

一、填空题

1. 曲线 $y=\dfrac{x-1}{x}$ 上切线斜率等于 $\dfrac{1}{4}$ 的点是________.

2. 曲线 $y=x^3$ 在点 $(1,1)$ 处的切线斜率为________.

3. 曲线 $y=\ln x$ 上与直线 $4x-2y+3=0$ 平行的切线方程为________.

4. 设 $y=x^2+2^x+2^2$，则 $y'=$________.

5. $(e^x \sin x)'=$________.

6. 设 $f(x)=x(x+1)(x+2)\cdots(x+n)$，则 $f'(0)=$________.

7. 设 $f(x)=x(x+1)(x+4)$，则 $f'(0)=$________.

8. 设 $\lim\limits_{x\to 0}\dfrac{f(3x)-f(0)}{x}=1$，则 $f'(0)=$________.

9. 设函数 $f(x)$ 在 $x=0$ 处可导，则 $\lim\limits_{h\to 0}\dfrac{f(2h)-f(-3h)}{h}=$________.

10. 设 $f(x)=xe^x$，则 $\dfrac{d^2y}{dx^2}=$________.

11. $f(x)=x\ln x$，则 $f''(1)=$________.

12. $d(x^3)=$________.

13. $d\ln\cos x=$________$d\cos x$.

14. d________$=\dfrac{1}{1+2x}dx$.

15. 已知 $f(u)$ 可微，则 $df(\sqrt{x})=$________$d\sqrt{x}$.

16. $\sqrt[100]{1.06}\approx$________(精确到小数四位).

二、选择题

1. 函数 $f(x)$ 在点 x_0 连续是函数在该点可导的(　　).

A. 充分条件但不是必要条件　　B. 必要条件但不是充分条件

C. 充分必要条件　　D. 既不是充分条件，也不是必要条件

2. 若函数 $y=f(x)$ 在点 x_0 处可导，则 $f'(x_0)=$(　　).

A. $\lim\limits_{\Delta x\to 0}\dfrac{f(x_0+\Delta x)-f(x_0)}{\Delta x}$　　B. $\lim\limits_{\Delta x\to 0}\dfrac{f(x_0-\Delta x)-f(x_0)}{2\Delta x}$

C. $\lim\limits_{\Delta x\to 0}\dfrac{f(x_0-\Delta x)-f(x_0)}{\Delta x}$　　D. $\lim\limits_{\Delta x\to 0}\dfrac{f(x_0+\Delta x)-f(x_0-\Delta x)}{\Delta x}$

3. 设函数 $f(x)$ 在点 a 可导，且 $\lim\limits_{h\to 0}\dfrac{f(a+5h)-f(a-5h)}{2h}=1$，则 $f'(a)=$(　　).

A. $\dfrac{1}{5}$　　B. 5　　C. 2　　D. $\dfrac{1}{2}$

4. 设 $f(0)=0, f'(0)$ 存在，则 $\lim\limits_{x\to 0}\dfrac{f(x)}{x}=($　　$)$.

A. $f'(x)$　　B. $f'(0)$　　C. $f(0)$　　D. $\dfrac{1}{2}f(0)$

5. 设函数 $f(x)=x(x-1)(x-3)$，则 $f'(0)=($　　$)$.

A. 0　　B. 1　　C. 3　　D. 31

6. 设 u, v 是可导函数，且 $v\neq 0$，则 $\left(\dfrac{u}{v}\right)'=($　　$)$.

A. $\dfrac{u'}{v'}$　　B. $\dfrac{u'v-uv'}{v^2}$　　C. $\dfrac{u'v+uv'}{v^2}$　　D. $\dfrac{uv'-u'v}{v^2}$

7. 曲线 $y=\ln x$ 在点(　　)处的切线平行于直线 $y=2x-3$.

A. $\left(\dfrac{1}{2}, -\ln 2\right)$　　B. $\left(\dfrac{1}{2}, -\ln\dfrac{1}{2}\right)$　　C. $(2, \ln 2)$　　D. $(2, -\ln 2)$

8. 设曲线 $y=f(x)$ 在点 $(x_0, f(x_0))$ 处的法线与直线 $2x+3y-1=0$ 平行，则 $f'(x_0)=($　　$)$.

A. $\dfrac{3}{2}$　　B. $-\dfrac{3}{2}$　　C. $-\dfrac{2}{3}$　　D. $\dfrac{2}{3}$

9. 下列函数中在 $x=0$ 处不可导的是(　　).

A. $y=3^x$　　B. $y=\arcsin x$　　C. $y=\ln(x+1)$　　D. $y=\sqrt[3]{x}$

10. 已知 $f(x)$ 在 $(-\infty, +\infty)$ 内是可导函数，则 $(f(x)-f(-x))'$ 一定是(　　).

A. 奇函数　　B. 偶函数

C. 非奇非偶函数　　D. 不能确定奇偶性的函数

11. 设 $y=f(\cos x)$，则 $\dfrac{\mathrm{d}y}{\mathrm{d}x}=($　　$)$.

A. $f'(\cos x)\sin x$　　B. $f'(\cos x)\cos x$

C. $-f'(\cos x)\cos x$　　D. $-f'(\cos x)\sin x$

12. $y=|x-2|$ 在 $x=2$ 处(　　).

A. 连续　　B. 不连续　　C. 可导　　D. 可微

13. $y=x^x\ (x>0)$ 的导数为(　　).

A. xx^{x-1}　　B. $x^x\ln x$　　C. $xx^{x-1}+x^x\ln x$　　D. $x^x(\ln x+1)$

14. 已知物体做直线运动，其运动方程为 $s=2t^2+3t$，则物体做(　　).

A. 匀速运动　　B. 匀加速运动　　C. 变加速运动　　D. 不能确定

15. 设 x 为自变量，当 $x=1, \Delta x=0.1$ 时，$\mathrm{d}(x^3)=($　　$)$.

A. 0.3　　B. 0　　C. 0.001　　D. 0.03

16. 设 $y=\ln|x|$，则 $\mathrm{d}y=($　　$)$.

A. $\dfrac{1}{|x|}\mathrm{d}x$　　B. $-\dfrac{1}{|x|}\mathrm{d}x$　　C. $\dfrac{1}{x}\mathrm{d}x$　　D. $-\dfrac{1}{x}\mathrm{d}x$

三、求下列函数的导数

1. $y=x\ln x+\dfrac{1-x}{x^2}$.

2. $y=\dfrac{\sin x}{x}$.

3. $y=(1+x^2)\arctan x$.

4. $y=\tan 2x$.

5. $y=3^{\sin x}$.

6. $y=\sqrt{4-x^2}$.

7. $y=\frac{1}{2}\arctan\frac{x}{2}-\ln\sqrt{x^2+4}$.

8. $y=\cos(\ln 2x)$.

9. $\sin xy=y+x$.

10. 设 $\begin{cases}x=e^t\cos t\\ y=e^t\sin t\end{cases}$，求 $\frac{dy}{dx}$.

四、求曲线 $y=e^x-3\sin x+1$ 在点 $(0,2)$ 的切线与法线方程.

五、求下列函数的微分

1. $y=\tan\frac{1}{x}$.

2. $y=\arctan\frac{x-1}{x+1}$.

六、设 $f(x)=x^2\varphi(x)$ 且 $\varphi(x)$ 有二阶连续导数，求 $f''(0)$.

阅读材料

微积分发展史及伟大意义

如果将整个数学比作一棵大树,那么初等数学是树的根,名目繁多的数学分支是树枝,而树干的主要部分就是微积分.微积分堪称是人类智慧最伟大的成就之一.

微积分创立于17世纪后半叶的西欧,是适应当时社会生产发展和理论科学的需要而产生的,同时又深刻地影响着生产技术和自然科学的发展.

一、微积分产生的背景

从微积分成为一门学科来说,是在17世纪,但是微分和积分的思想早在古代就已经产生了.公元前3世纪,古希腊的数学家、力学家阿基米德(公元前287—前212)的著作《圆的测量》和《论球与圆柱》中就已含有微积分的萌芽,他在研究解决抛物线下的弓形面积、球和球冠面积、螺线下的面积和旋转双曲线的体积的问题中就隐含着近代积分的思想.作为微积分的基础极限理论来说,早在我国的古代就有非常详尽的论述,比如庄周所著的《庄子》一书中的"天下篇"中,著有"一尺之棰,日取其半,万世不竭".三国时期的刘徽在他的割圆术中提出"割之弥细,所失弥少,割之又割以至于不可割,则与圆合体而无所失矣".这些都是朴素的,也是很典型的极限概念.

从17世纪开始,随着社会的进步和生产力的发展,在航海、天文、矿山建设、军事技术等方面有许多课题需要解决,数学也开始进入了"变量数学"时代.通过这些向数学提出了如下四类问题:

1. 由距离和时间的关系求瞬时速度和瞬时加速度;反之,由速度求距离,由加速度求速度.

2. 确定物体运动方向(切线方向)或光学中曲线的切线问题.

3. 求最大、最小值问题.

4. 一般的求积(面积、体积)问题,曲线长问题,以及物体的质量、重心等问题.

二、微积分的创立

十七世纪的许多著名的数学家、天文学家、物理学家都为解决上面四类问题做了大量的研究工作,如法国的费马、笛卡尔、罗伯瓦、笛沙格,英国的巴罗、瓦里士,德国的开普勒,意大利的卡瓦列利等人都提出许多很有建树的理论,为微积分的创立做出了贡献.比如开普勒在1615年《测量酒桶体积的新科学》一书中认为面积就是无穷多条线段之和,而线段可以看作无穷小的面积,用无穷多个同维的无穷小元素之和来确定曲边形的面积和曲面体的体积.意大利数学家卡瓦列利在1635年出版的《连续不可分几何》中,就把曲线看成无限多条线段(不可分量)拼成的.这些都为后来的微积分的诞生做了思想准备.

十七世纪下半叶，在前人研究的基础上，英国大科学家牛顿和德国数学家莱布尼兹分别在自己的国度里独自研究并完成了微积分的创立工作，使微积分成为数学的一个重要分支.

1. 牛顿

在前人创造性研究的基础上，英国大数学家、物理学家艾萨克·牛顿（1642—1727）是从物理学的角度研究微积分的，他为了解决运动问题，创立了一种和物理概念直接联系的数学理论，即牛顿称之为“流数术”的理论，这实际上就是微积分理论.牛顿的有关“流数术”的主要著作是《求曲边形面积》、《运用无穷多项方程的计算法》和《流数术和无穷极数》.牛顿认为任何运动存在于空间，依赖于时间，因而他把时间作为自变量，把和时间有关的固变量作为流量，不仅这样，他还把几何图形——线、角、体，都看作力学位移的结果，因而，一切变量都是流量.牛顿指出，“流数术”基本上包括三类问题：

(1) 已知流量之间的关系，求它们的流数的关系，这相当于微分学.

(2) 已知表示流数之间的关系的方程，求相应的流量间的关系，这相当于积分学.牛顿意义下的积分法不仅包括求原函数，还包括解微分方程.

(3) “流数术”应用范围包括计算曲线的极大值、极小值，求曲线的切线和曲率，求曲线长度及计算曲边形面积等.

牛顿已完全清楚上述(1)与(2)两类问题中运算是互逆的运算，于是建立起微分学和积分学之间的联系.牛顿在1665年5月20日的一份手稿中提到“流数术”，因而有人把这一天作为微积分诞生的日子.

2. 莱布尼兹

德国数学家莱布尼兹(G.W.Leibniz，1646—1716)是从几何方面独立发现了微积分，他创立微积分的途径与方法和牛顿是不同的.莱布尼兹是经过研究曲线的切线和曲线包围的面积，运用分析学方法引进微积分概念，得出运算法则的.牛顿在微积分的应用上更多地结合了运动学，造诣较莱布尼兹高一等，但莱布尼兹的表达形式采用数学符号却又远远优于牛顿一筹，既简洁又准确地揭示出微积分的实质，强有力地促进了高等数学的发展.

莱布尼兹创造的微积分符号，正像印度阿拉伯数码促进了算术与代数发展一样，促进了微积分学的发展.莱布尼兹是数学史上最杰出的符号创造者之一.

牛顿当时采用的微分和积分符号现在不用了，而莱布尼兹所采用的符号现今仍在使用.莱布尼兹比别人更早更明确地认识到，好的符号能大大节省思维劳动，运用符号的技巧是数学成功的关键之一.

莱布尼兹的数学符号是相当优越的，他的微积分符号 dx、dy、$\int$ 等，抓住了他的微积分本质，使符号和概念融为一体，直到今天还被我们使用着.利用他深邃的概念和优越的符号，莱布尼兹最早得出微分的和、差、积、商、幂、根等公式.除微积分以外，数学上的很多术语也是由莱布尼兹引进的，例如，函数、坐标、代数曲线、超越曲线，等等.

微积分的产生一般分为三个阶段：极限概念；求积的无限小方法；积分与微分的互逆关系.最后一步是由牛顿、莱布尼兹完成的，所以牛顿和莱布尼兹被称为微积分的创始人.

三、微积分发现的伟大意义

微积分的创立是数学发展史上的重大事件，恩格斯曾经高度评价了这一成就，他说："在一切理论成就中，未必再有什么像17世纪下半叶微积分的发明那样被看作人类精神的最高胜利了."

1. 微积分改变了整个数学世界的面貌

自从有了解析几何和微积分，就开辟了变量数学的时代，因而数学开始描述变化、描述运动.18世纪的数学家们在微积分提供的思维和工具的基础上阔步前进，迅速创立了许多数学分支，诸如微分方程、无穷级数、变分法等.在进入19世纪之后，还有诸多与微积分直接相关的数学分支产生，原有的一些数学分支也开始利用微积分的方法，前者包括复变函数、微分几何等，后者包括数论、概率论等.

2. 对其他自然科学和工程技术的影响

有了微积分，整个力学、物理学都得以它为工具加以改造，微积分成了物理学的基本语言，而且，许多物理学问题要依靠微积分来寻求解答.

"数理不分家"，这句话在有了微积分之后就具有了真实的意义，离开了微积分不可能有现代物理，无论是力学、电学还是光学、热学.

微积分的创立得到了天文学的启示，此后，天文学再也离不开微积分.

19世纪上半叶可能还认为化学只需要简单的代数知识，而生物学基本上与数学没有联系.现在，化学、生物学、地理学等都必须深入地同微积分打交道.

3. 对人类物质文明的影响

工程技术是最直接影响人类物质生活的，然而工程技术的基础即数理科学，也可以说，现代工程技术少不了微积分的支撑，从机械到材料力学，从大坝到电站的建设，都要利用微积分的思想和方法.

如果说在落后的生产方式之下，只需要少量的几何、三角知识就可以工作的话，如今，任何一个未学过微积分的人都不可能从事科学技术工作.

在有了微积分和万有引力原理之后，人们就预见了人造卫星及宇宙飞行的可能，并且早已利用微积分计算出了宇宙速度.今日满天飞行的人造卫星早在微积分产生之初就已在学者们的预料之中.

在今天人类广泛的经济活动、金融活动中，微积分也成了必不可少的工具.微积分诞生之初的主要背景是物理学和几何学，而今，它几乎在一切领域被运用，它对人类物质生活的影响越来越大.

4. 对人类文化的影响

只要研究变化规律就要用上微积分，在天文、社会科学领域亦如此，因而微积分也浸透于人文、社会科学，用它来描述和研究规律性的东西.

哲学尤其关注微积分，那是因为微积分给了哲学许多的启示，它不仅影响了哲学方法，也影响到世界观．辩证唯物主义更关注微积分．

微积分的发展历史表明了人的认识是从生动的直观开始，进而达到抽象思维，也就是从感性认识到理性认识的过程．人类对客观世界的规律性的认识具有相对性，受到时代的局限．随着人类认识的深入，认识将一步一步地由低级到高级、由不全面到比较全面地发展．人类对自然的探索永远不会有终点．

第3章

导数的应用

学习目标

1. 理解中值定理及简单的应用.
2. 了解洛必达法则成立的条件,能熟练使用洛必达法则求各种未定式的极限.
3. 熟练掌握用导数研究函数的单调性及极值.
4. 熟练掌握用导数研究曲线的凹凸性和拐点,会求函数图形的水平与垂直渐近线,会正确描绘函数的图形.
5. 明确函数极值与最值区别,会求实际问题的最值.

本章首先介绍微分学应用的理论基础,即中值定理,然后介绍求未定式极限的洛必达法则.运用微分中值定理,通过导数来研究函数及其曲线的某些性态,从而可以描绘函数的图形,最后利用这些知识解决实际问题中的最值问题.

§3.1 微分中值定理

微分中值定理是沟通函数及其导数的桥梁,这些定理在不同的条件下揭示了函数在某区间的整体性质与该区间内部某一点的导数之间的关系,它提供了导数应用的基本理论依据,本节介绍的微分中值定理包括罗尔定理、拉格朗日中值定理、柯西中值定理.

一、罗尔(Rolle)定理

1. 罗尔(Rolle)定理

定理 3-1-1(罗尔(Rolle)定理) 如果函数 $f(x)$ 满足条件:

(1) 在闭区间 $[a,b]$ 上连续;

(2) 在开区间 (a,b) 内可导;

(3) 在区间的两个端点处的函数值相等,即 $f(a)=f(b)$.

那么至少存在一点 $\xi\in(a,b)$,使得 $f'(\xi)=0$.

注意 罗尔定理的三个条件只是充分条件并非必要条件,但又是缺一不可的.如果不能同时满足三个条件,结论可能不成立.图 3-1-1 中三个图形就是这一事实的说明.

注意

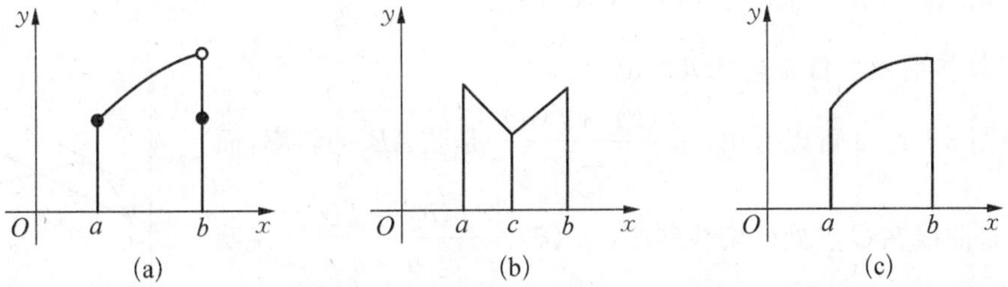

图 3-1-1

(a) $f(x)$ 在 $x=b$ 间断；(b) $f(x)$ 在 $x=c$ 不可导；(c) $f(a)\neq f(b)$.

2. 罗尔中值定理的几何意义

如图 3-1-2 所示，如果连续曲线 $y=f(x)(a\leqslant x\leqslant b)$ 的弧 $\overparen{AB}$ 上除端点外处处有不平行于 y 轴的切线，且两端点 A 和 B 的纵坐标相等.定理的结论表明，在曲线上至少存在一点 C，使曲线在 C 点的切线平行于 x 轴.

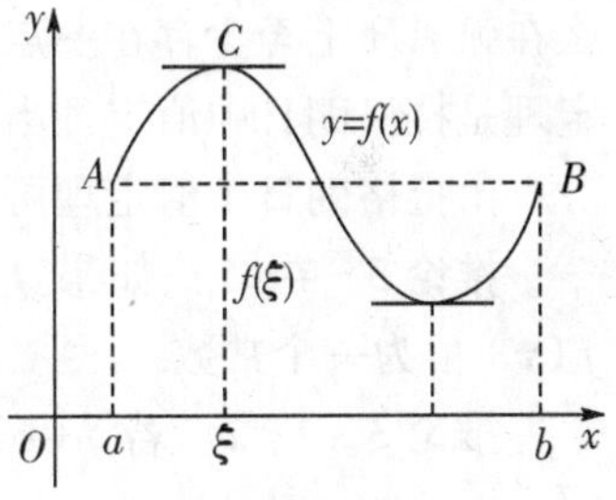

图 3-1-2

例 3-1-1　验证罗尔定理对函数 $f(x)=\sin 2x$ 在区间 $\left[0,\dfrac{\pi}{2}\right]$ 上的正确性.

解　函数 $f(x)$ 的连续性、可导性显而易见，又 $f(0)=f\left(\dfrac{\pi}{2}\right)=0$，所以 $f(x)$ 满足罗尔定理的条件.令 $f'(x)=2\cos 2x=0$，解得 $x=\dfrac{k\pi}{2}+\dfrac{\pi}{4}(k\in\mathbf{Z})$，其中 $\xi=\dfrac{\pi}{4}\in\left(0,\dfrac{\pi}{2}\right)$ 就是要找的点，说明罗尔定理对函数 $f(x)=\sin 2x$ 的正确性得以验证.

例 3-1-2　不求函数 $f(x)=(x-1)(x-2)(x-3)$ 的导数，说明方程 $f'(x)=0$ 有几个实根，并指出实根所在的区间.

解　函数在 $\mathbf{R}$ 上可导，由于 $f(x)$ 有三个零点 $x_1=1,x_2=2,x_3=3$，由罗尔定理知，方程 $f'(x)=0$ 至少有两个实根，又 $f'(x)=0$ 是二次方程，至多有两个实根，所以方程 $f'(x)=0$ 有且仅有两个实根，分别落在 $(1,2)$，$(2,3)$ 内.

由上例不难得出下面的结论：若函数 $f(x)$ 在 $\mathbf{R}$ 上可导，方程 $f(x)=0$ 的相邻两实根之间必有方程 $f'(x)=0$ 的一个实根.

二、拉格朗日(Lagrange)中值定理

罗尔定理的应用很多，但定理本身要求的条件较强，尤其是第三个条件，很多函数不满足，这就限制了定理的使用范围，如果把这个条件取消，保留其余两个条件，并相应地改变结论，那么就得到微分学中十分重要的拉格朗日中值定理，它的应用更方便，更灵活.

1. 拉格朗日中值定理

定理 3-1-2(拉格朗日中值定理)　如果函数 $f(x)$ 满足条件：

(1) 在闭区间 $[a,b]$ 上连续；

(2) 在开区间 (a,b) 内可导.

那么至少存在一点 $\xi \in (a,b)$，使得 $f'(\xi)=\dfrac{f(b)-f(a)}{b-a}$.

2. 拉格朗日中值定理的几何意义

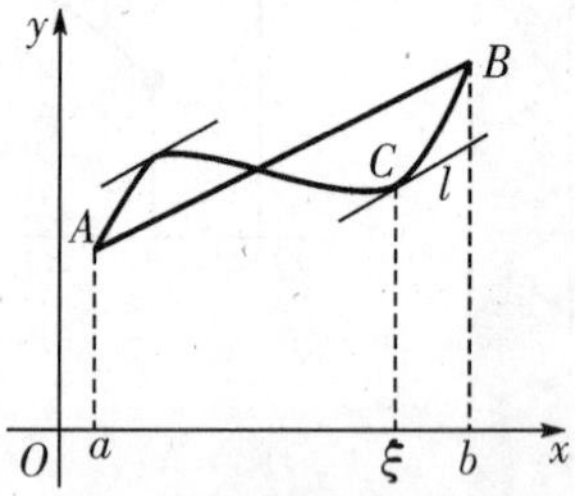

图 3-1-3

由图 3-1-3 可以看出，$\dfrac{f(b)-f(a)}{b-a}$ 是弦 AB 的斜率，而 $f'(\xi)$ 是曲线在 C 点处的切线斜率，$f'(\xi)=\dfrac{f(b)-f(a)}{b-a}$ 说明 C 点处曲线 $f(x)$ 的切线和弦 AB 平行.

拉格朗日中值定理的几何意义可叙述如下：如果连续曲线 $y=f(x)$ 的弧 $\overset{\frown}{AB}$ 上除端点外，处处有不平行于 y 轴的切线，那么在弧 $\overset{\frown}{AB}$ 上至少存在一点 C，使得曲线在 C 点处的切线和弦 AB 平行.容易看出罗尔中值定理是拉格朗日中值定理当 $f(a)=f(b)$ 时的特殊情形.

由拉格朗日中值定理可得到在微分学中很有用的两个推论：

推论 3-1-1 如果 $f(x)$ 在开区间 (a,b) 内可导，且 $f'(x)\equiv 0$，则在 (a,b) 内，$f(x)$ 恒为一个常数.

推论 3-1-2 若 $f(x)$ 及 $g(x)$ 在 (a,b) 内可导，且对任意 $x\in(a,b)$，有 $f'(x)=g'(x)$，则在 (a,b) 内 $g(x)=f(x)+C$（C 为常数）.

例 3-1-3 验证函数 $f(x)=x^3-2x+1$ 在 $[0,2]$ 上满足拉格朗日中值定理的条件，试求满足定理的 ξ.

解 因为 $f(x)=x^3-2x+1$ 在 $[0,2]$ 上连续，在 $(0,2)$ 内可导，所以 $f(x)=x^3-2x+1$ 在区间 $[0,2]$ 上满足拉格朗日中值定理的条件.因为 $f'(x)=3x^2-2$，要使 $f'(\xi)=\dfrac{f(2)-f(0)}{2-0}=2$，只要 $3\xi^2-2=2$，即 $\xi=\pm\dfrac{2\sqrt{3}}{3}$，因为 $\xi\in(0,2)$，从而满足定理的 $\xi=\dfrac{2\sqrt{3}}{3}$.

例 3-1-4 证明：$\arcsin x+\arccos x=\dfrac{\pi}{2}, x\in[-1,1]$.

证明 令 $f(x)=\arcsin x+\arccos x$，则 $f'(x)=\dfrac{1}{\sqrt{1-x^2}}+\left(-\dfrac{1}{\sqrt{1-x^2}}\right)=0$，得 $f(x)\equiv C$.

又 $f(0)=\arcsin 0+\arccos 0=\dfrac{\pi}{2}$，即 $C=\dfrac{\pi}{2}$，

故 $\arcsin x+\arccos x=\dfrac{\pi}{2}, x\in[-1,1]$.

例 3-1-5 证明：当 $x>0$ 时，$\dfrac{x}{1+x}<\ln(1+x)<x$.

证明 设 $f(x)=\ln(1+x)$，则 $f(x)$ 在 $[0,x]$ $(x>0)$ 上满足拉格朗日中值定理的条件，于是 $f(x)-f(0)=f'(\xi)(x-0)$ $(0<\xi<x)$.

又 $f(0)=0, f'(x)=\dfrac{1}{1+x}$，代入上式，整理得 $\ln(1+x)=\dfrac{x}{1+\xi}$，

而 $0<\xi<x$，所以 $1<1+\xi<1+x$，故 $\dfrac{1}{1+x}<\dfrac{1}{1+\xi}<1$，

从而 $\dfrac{x}{1+x}<\dfrac{x}{1+\xi}<x$，即 $\dfrac{x}{1+x}<\ln(1+x)<x$.

三、柯西中值(Cauchy)定理

如果将图 3-1-3 中的曲线方程写成参数式 $\begin{cases}X=g(x)\\Y=f(x)\end{cases}(a\leqslant x\leqslant b)$，其中 x 为参数(如图 3-1-4)，那么曲线上对于参数 $x=\xi$ 的点 $C(g(\xi),f(\xi))$ 处的切线斜率为 $\left.\dfrac{\mathrm{d}Y}{\mathrm{d}X}\right|_{x=\xi}=\dfrac{f'(\xi)}{g'(\xi)}$，弦 AB 的斜率为 $\dfrac{f(b)-f(a)}{g(b)-g(a)}$，那么图 3-1-4 所展示的几何现象就是下面的定理.

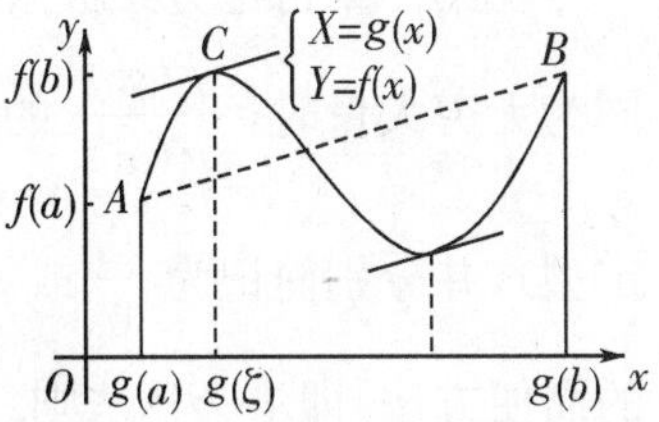

图 3-1-4

定理 3-1-3(柯西中值定理)　若函数 $f(x)$ 和 $g(x)$ 满足以下条件:

(1) 在闭区间 $[a,b]$ 上连续，

(2) 在开区间 (a,b) 内可导，且 $g'(x)\neq 0$.

那么至少存在一点 $\xi\in(a,b)$，使得

$$\frac{f(b)-f(a)}{g(b)-g(a)}=\frac{f'(\xi)}{g'(\xi)}(a<\xi<b).$$

特别地，若取 $g(x)=x$，则 $g(b)-g(a)=b-a$，$g'(\xi)=1$，柯西中值定理就成了拉格朗日中值定理，可见拉格朗日中值定理是柯西中值定理的特殊情形.

例 3-1-6　证明:不等式 $|\sin x_2-\sin x_1|\leqslant|x_2-x_1|$.

证明　取 $f(x)=\sin x$，$g(x)=x$，两个函数在定义域 $(-\infty,+\infty)$ 是连续可导的.

设 $x_1<x_2\in(-\infty,+\infty)$，则至少存在一点 $\xi\in(x_1,x_2)$ 使得

$$\frac{f(x_2)-f(x_1)}{g(x_2)-g(x_1)}=\frac{\sin x_2-\sin x_1}{x_2-x_1}=\frac{f'(\xi)}{g'(\xi)}=\cos\xi.$$

因为 $|\cos\xi|\leqslant 1$，所以 $\left|\dfrac{\sin x_2-\sin x_1}{x_2-x_1}\right|\leqslant 1$，即 $|\sin x_2-\sin x_1|\leqslant|x_2-x_1|$ 成立.

习题 3.1

1. 验证下列函数在指定区间上满足罗尔中值定理条件，并求出所有满足定理结论的 ξ 值.

(1) $f(x)=x^2(x^2-2)$，$x\in[-1,1]$；　　(2) $f(x)=\sin x+\cos x$，$x\in[0,2\pi]$.

2. 函数 $y=\ln(x+1)$ 在区间 $[0,1]$ 上是否满足拉格朗日中值定理的条件？如果满足就求出定理中的 ξ 的值.

3. 不求函数 $f(x)=(x-1)(x-2)(x-3)(x-4)$ 的导数，说明方程 $f'(x)=0$ 有几个实根，并指出它们所在的区间.

4. 证明：不等式 $\arctan x_2-\arctan x_1\leqslant x_2-x_1$（其中 $x_1<x_2$）.

§3.2 洛必达法则

在第一章讨论分式极限时，我们曾遇到过一些分子 $f(x)$ 和分母 $g(x)$ 同为无穷小量或同为无穷大量时，$\dfrac{f(x)}{g(x)}$ 的极限可能存在，也可能不存在，通常称这种极限为未定式（或待定型），并分别简记为 $\dfrac{0}{0}$ 或 $\dfrac{\infty}{\infty}$. 本节我们将利用柯西中值定理给出一个求这类未定式极限的简便方法，即洛必达法则.

一、$\dfrac{0}{0}$ 型未定式

定理 3-2-1（洛必达法则Ⅰ） 若函数 $f(x)$ 和 $g(x)$ 满足：

(1) $\lim\limits_{x\to x_0}f(x)=0,\lim\limits_{x\to x_0}g(x)=0$；

(2) 在点 x_0 附近（不含 x_0），$f'(x),g'(x)$ 存在且 $g'(x)\neq0$；

(3) $\lim\limits_{x\to x_0}\dfrac{f'(x)}{g'(x)}=A$（$A$ 为有限数或为无穷大）.

则 $\lim\limits_{x\to x_0}\dfrac{f(x)}{g(x)}\overset{\frac{\infty}{\infty}}{=}\lim\limits_{x\to x_0}\dfrac{f'(x)}{g'(x)}=A$.

上述这种通过对未定式的分子和分母分别求导来确定未定式极限的方法称为**洛必达法则**.洛必达法则应用过程中应该注意以下几个问题：

(1) 这个定理的结果可以推广到 $x\to x_0^+,x\to x_0^-,x\to\infty,x\to+\infty$ 和 $x\to-\infty$ 的情形.

(2) 若 $\lim\limits_{x\to x_0}\dfrac{f'(x)}{g'(x)}$ 仍为 $\dfrac{0}{0}$ 型未定式，只要函数 $f'(x),g'(x)$ 仍然满足定理 3-2-1 条件，则可继续使用洛必达法则，即 $\lim\limits_{x\to x_0}\dfrac{f(x)}{g(x)}=\lim\limits_{x\to x_0}\dfrac{f'(x)}{g'(x)}=\lim\limits_{x\to x_0}\dfrac{f''(x)}{g''(x)}$，以此类推.

(3) 当 $\lim\limits_{x\to x_0}\dfrac{f'(x)}{g'(x)}$ 不存在（也非 ∞）时，不能由此推断 $\lim\limits_{x\to x_0}\dfrac{f(x)}{g(x)}$ 也不存在，因为此时它并不具备应用洛必达法则的条件.

例 3-2-1 求 $\lim\limits_{x\to1}\dfrac{x^3-3x+2}{x^3-x^2-x+1}$.

解
$$\lim_{x\to1}\frac{x^3-3x+2}{x^3-x^2-x+1}\overset{\frac{0}{0}}{=}\lim_{x\to1}\frac{(x^3-3x+2)'}{(x^3-x^2-x+1)'}=\lim_{x\to1}\frac{3x^2-3}{3x^2-2x-1}$$
$$\overset{\frac{0}{0}}{=}\lim_{x\to1}\frac{6x}{6x-2}=\frac{3}{2}.$$

例 3-2-2 求 $\lim\limits_{x\to0}\dfrac{x-\sin x}{x^3}$.

解 $\lim\limits_{x\to 0}\dfrac{x-\sin x}{x^3}\overset{\frac{0}{0}}{=}\lim\limits_{x\to 0}\dfrac{(x-\sin x)'}{(x^3)'}=\lim\limits_{x\to 0}\dfrac{1-\cos x}{3x^2}\overset{\frac{0}{0}}{=}\lim\limits_{x\to 0}\dfrac{\sin x}{6x}=\dfrac{1}{6}\lim\limits_{x\to 0}\dfrac{\sin x}{x}=\dfrac{1}{6}$.

二、$\dfrac{\infty}{\infty}$型未定式

定理 3-2-2(洛必达法则Ⅱ) 若函数 $f(x)$ 和 $g(x)$ 满足:

(1) $\lim\limits_{x\to x_0}f(x)=\infty,\lim\limits_{x\to x_0}g(x)=\infty$;

(2) 在点 x_0 附近(不含 x_0),$f'(x),g'(x)$ 存在且 $g'(x)\neq 0$;

(3) $\lim\limits_{x\to x_0}\dfrac{f'(x)}{g'(x)}=A$($A$ 为有限数或为无穷大).

则 $\lim\limits_{x\to x_0}\dfrac{f(x)}{g(x)}\overset{\frac{\infty}{\infty}}{=}\lim\limits_{x\to x_0}\dfrac{f'(x)}{g'(x)}=A$.

注意 对定理 3-2-2 有类似于定理 3-2-1 后面的三个注意点.

例 3-2-3 求 $\lim\limits_{x\to\infty}\dfrac{\ln(1+3x^2)}{\ln(3+x^4)}$.

解 $\lim\limits_{x\to\infty}\dfrac{\ln(1+3x^2)}{\ln(3+x^4)}\overset{\frac{\infty}{\infty}}{=}\lim\limits_{x\to\infty}\dfrac{\dfrac{1}{1+3x^2}\cdot 6x}{\dfrac{1}{3+x^4}\cdot 4x^3}=\lim\limits_{x\to\infty}\dfrac{9+3x^4}{2x^2+6x^4}\overset{\frac{\infty}{\infty}}{=}\lim\limits_{x\to\infty}\dfrac{\dfrac{9}{x^4}+3}{\dfrac{2}{x^2}+6}=\dfrac{1}{2}$.

例 3-2-4 求 $\lim\limits_{x\to+\infty}\dfrac{\ln x}{x^n}(n>0)$.

解 $\lim\limits_{x\to+\infty}\dfrac{\ln x}{x^n}\overset{\frac{\infty}{\infty}}{=}\lim\limits_{x\to+\infty}\dfrac{\dfrac{1}{x}}{nx^{n-1}}=\lim\limits_{x\to+\infty}\dfrac{1}{nx^n}=0$.

例 3-2-5 求 $\lim\limits_{x\to+\infty}\dfrac{x^n}{e^{\lambda x}}$($n$ 为正整数,$\lambda>0$).

解 该极限属于 $\dfrac{\infty}{\infty}$ 型未定式,应用洛必达法则 n 次,得

$$\lim_{x\to+\infty}\frac{x^n}{e^{\lambda x}}\overset{\frac{\infty}{\infty}}{=}\lim_{x\to+\infty}\frac{nx^{n-1}}{\lambda e^{\lambda x}}\overset{\frac{\infty}{\infty}}{=}\lim_{x\to+\infty}\frac{n(n-1)x^{n-2}}{\lambda^2 e^{\lambda x}}\overset{\frac{\infty}{\infty}}{=}\cdots=\lim_{x\to+\infty}\frac{n!}{\lambda^n\cdot e^{\lambda x}}=0.$$

例 3-2-4 和例 3-2-5 说明,对任意的 $n>0,a>1$,当 $x\to+\infty$ 时,对数函数 $\ln x$,幂函数 x^n,指数函数 a^x 都是正无穷大,但这三个函数之间比较,指数函数增长最快,幂函数次之,对数函数最慢.

注意 使用洛必达法则若能与其他求极限的方法结合使用,有时能更快地求出结果.

例 3-2-6 求 $\lim\limits_{x \to 0} \dfrac{\tan x - x}{x^2 \sin x}$.

解 当 $x \to 0$ 时，$\sin x \sim x$，$\tan x \sim x$，则

$$\lim_{x \to 0} \frac{\tan x - x}{x^2 \sin x} = \lim_{x \to 0} \frac{\tan x - x}{x^3} \overset{\frac{0}{0}}{=} \lim_{x \to 0} \frac{\sec^2 x - 1}{3x^2} = \frac{1}{3} \lim_{x \to 0} \frac{\tan^2 x}{x^2} = \frac{1}{3} \lim_{x \to 0} \frac{x^2}{x^2} = \frac{1}{3}.$$

例 3-2-7 求 $\lim\limits_{x \to 0} \dfrac{x - \sin x}{\sin x^3}$.

解 $$\lim_{x \to 0} \frac{x - \sin x}{\sin x^3} \overset{\frac{0}{0}}{=} \lim_{x \to 0} \frac{1 - \cos x}{3x^2 \cos x^3} = \lim_{x \to 0} \frac{1}{3\cos x^3} \cdot \lim_{x \to 0} \frac{1 - \cos x}{x^2}$$

$$= \frac{1}{3} \lim_{x \to 0} \frac{\sin x}{2x} = \frac{1}{6} \lim_{x \to 0} \frac{\sin x}{x} = \frac{1}{6}.$$

注意

(1) 题目中第二个式子是 $\dfrac{0}{0}$ 型未定式，如果直接运用洛必达法则，分母的导数比较复杂，我们可以把极限存在且不为零的因子分离出来$\left(\text{比如上式中的} \dfrac{1}{3\cos x^3}\right)$，以便简化后面的求解过程.

(2) 在洛必达法则的应用过程中，必须严格检查极限的类型，只有 $\dfrac{0}{0}$ 型或者 $\dfrac{\infty}{\infty}$ 型的极限，才可以使用洛必达法则.看下例：

$$\lim_{x \to 0} \frac{1 - \cos x}{x^3} = \lim_{x \to 0} \frac{\sin x}{3x^2} = \lim_{x \to 0} \frac{\cos x}{6x} = \lim_{x \to 0} \frac{\sin x}{6} = 0.$$

上述结果是错误的，问题在于第三个式子 $\lim\limits_{x \to 0} \dfrac{\cos x}{6x}$ 不是 $\dfrac{0}{0}$ 型 $\left(\dfrac{\infty}{\infty}\text{ 型}\right)$的，就不能再用洛必达法则.

例 3-2-8 求 $\lim\limits_{x \to \infty} \dfrac{x + \sin x}{x}$.

解 该极限属于 $\dfrac{\infty}{\infty}$ 型未定式，运用洛必达法则得 $\lim\limits_{x \to \infty} \dfrac{x + \sin x}{x} \overset{\frac{\infty}{\infty}}{=} \lim\limits_{x \to \infty}(1 + \cos x)$ 不存在，不满足洛必达法则的第三个条件，所以洛必达法则失效.事实上，$\lim\limits_{x \to \infty} \dfrac{1}{x} = 0$，$|\sin x| \leqslant 1$，有无穷小的性质可知 $\lim\limits_{x \to \infty} \dfrac{1}{x} \sin x = 0$，所以 $\lim\limits_{x \to \infty} \dfrac{x + \sin x}{x} = \lim\limits_{x \to \infty}\left(1 + \dfrac{1}{x} \sin x\right) = 1$.

例 3-2-9 求 $\lim\limits_{x \to +\infty} \dfrac{e^x - e^{-x}}{e^x + e^{-x}}$.

解　此极限虽然是 $\frac{\infty}{\infty}$ 型，但如果应用洛必达法则，则有

$$\lim_{x\to+\infty}\frac{e^x-e^{-x}}{e^x+e^{-x}}=\lim_{x\to+\infty}\frac{(e^x-e^{-x})'}{(e^x+e^{-x})'}=\lim_{x\to+\infty}\frac{e^x+e^{-x}}{e^x-e^{-x}}=\cdots.$$

其结果只是将分子和分母互换了位置，而陷入了无限循环.因此，该题也不适合应用洛必达法则求极限.其实我们只要将分子分母同时除以 e^x，就可得到 $\lim\limits_{x\to+\infty}\frac{e^x-e^{-x}}{e^x+e^{-x}}=\lim\limits_{x\to+\infty}\frac{1-e^{-2x}}{1+e^{-2x}}=1$.

由例 3-2-8 和例 3-2-9 可以看到，尽管洛必达法则是求 $\frac{0}{0}$ 型与 $\frac{\infty}{\infty}$ 型未定式的一种有效方法，但也不是万能的.在用洛必达法则求极限的过程中，如能结合前面第一章中介绍过的一些求极限方法往往会起到事半功倍的效果.

三、其他类型的未定式

未定式除了 $\frac{0}{0}$ 型或 $\frac{\infty}{\infty}$ 型外，还有：$0\cdot\infty$，$\infty-\infty$，1^∞，0^0，∞^0 等类型，一般地对这些类型的未定式，通过变形总可以转换成 $\frac{0}{0}$ 型或 $\frac{\infty}{\infty}$ 型，再用洛必达法则求极限.

作为符号演算，通常这些类型的基本变形如下：

(1) $0\cdot\infty=\frac{\infty}{\frac{1}{0}}=\frac{\infty}{\infty}$ 或 $0\cdot\infty=\frac{0}{\frac{1}{\infty}}=\frac{0}{0}$；

(2) $\infty-\infty$，将函数进行恒等变形，比如直接通分等，转换成 $\frac{0}{0}$ 型或 $\frac{\infty}{\infty}$ 型；

(3) $1^\infty=e^{\ln 1^\infty}=e^{\infty\cdot\ln 1}$，问题转换成 $0\cdot\infty$ 型了，0^0 和 ∞^0 的处理方法与 1^∞ 型相同.

下面举例说明.

例 3-2-10　求 $\lim\limits_{x\to+\infty}x\cdot\left(\frac{\pi}{2}-\arctan x\right)$.

解　该极限属于 $0\cdot\infty$ 型未定式.

$$\lim_{x\to+\infty}x\cdot\left(\frac{\pi}{2}-\arctan x\right)\overset{0\cdot\infty}{=}\lim_{x\to+\infty}\frac{\frac{\pi}{2}-\arctan x}{\frac{1}{x}}\overset{\frac{0}{0}}{=}\lim_{x\to+\infty}\frac{-\frac{1}{1+x^2}}{-\frac{1}{x^2}}=\lim_{x\to+\infty}\frac{x^2}{1+x^2}=1.$$

> **注意**　$0\cdot\infty$ 型取倒数转化为 $\frac{0}{0}$ 型还是 $\frac{\infty}{\infty}$ 型，要看转化后的极限使用洛必达法则时，分子、分母的导数是否易求.

例 3-2-11 求 $\lim\limits_{x\to1}\left(\dfrac{x}{x-1}-\dfrac{1}{\ln x}\right)$.

解 这是 $\infty-\infty$ 型未定式,通分后可转化成 $\dfrac{0}{0}$ 型.

$$\lim_{x\to1}\left(\frac{x}{x-1}-\frac{1}{\ln x}\right)\overset{\infty-\infty}{=}\lim_{x\to1}\frac{x\ln x-x+1}{(x-1)\ln x}\overset{\frac{0}{0}}{=}\lim_{x\to1}\frac{\ln x}{\dfrac{x-1}{x}+\ln x}\overset{\frac{0}{0}}{=}\lim_{x\to1}\frac{\dfrac{1}{x}}{\dfrac{1}{x^2}+\dfrac{1}{x}}=\frac{1}{2}.$$

例 3-2-12 求 $\lim\limits_{x\to0^+}x^x$.

解 这是 0^0 型未定式,结合指数函数的连续性,该极限可变形成如下形式:

$$\lim_{x\to0^+}x^x=\lim_{x\to0^+}e^{x\ln x}=e^{\lim\limits_{x\to0^+}x\ln x}.$$

由于 $\lim\limits_{x\to0^+}\ln x=-\infty$, $\lim\limits_{x\to0^+}x\ln x$ 属于 $0\cdot\infty$ 型未定式.

$$\lim_{x\to0^+}x\ln x\overset{0\cdot\infty}{=}\lim_{x\to0^+}\frac{\ln x}{\dfrac{1}{x}}\overset{\frac{\infty}{\infty}}{=}\lim_{x\to0^+}\frac{\dfrac{1}{x}}{-\dfrac{1}{x^2}}=\lim_{x\to0^+}(-x)=0,$$

所以 $\lim\limits_{x\to0^+}x^x=e^0=1$.

例 3-2-13 求 $\lim\limits_{x\to0}(\cos x)^{\csc^2x}$.

解 这是 1^∞ 型未定式.

$$\lim_{x\to0}(\cos x)^{\csc^2x}=\lim_{x\to0}e^{\csc^2x\ln\cos x}=e^{\lim\limits_{x\to0}\csc^2x\ln\cos x}.$$

又 $\lim\limits_{x\to0}\csc^2x\ln\cos x\overset{0\cdot\infty}{=}\lim\limits_{x\to0}\dfrac{\ln\cos x}{\sin^2x}\overset{\frac{0}{0}}{=}\lim\limits_{x\to0}\dfrac{-\tan x}{2\sin x\cos x}=-\dfrac{1}{2}$,

所以 $\lim\limits_{x\to0}(\cos x)^{\csc^2x}=e^{-\frac{1}{2}}$.

习题 3.2

1. 利用洛必达法则求下列极限:

(1) $\lim\limits_{x\to0}\dfrac{x(x-2)}{\sin2x}$;　　(2) $\lim\limits_{x\to3}\dfrac{x^4-81}{x(x-3)}$;

(3) $\lim\limits_{x\to0}\dfrac{a^x-1}{x}$;　　(4) $\lim\limits_{x\to+\infty}\dfrac{\ln x}{x-1}$;

(5) $\lim\limits_{x\to0}\dfrac{e^x-e^{-x}-2x}{x-\sin x}$;　　(6) $\lim\limits_{x\to+\infty}\dfrac{\ln\left(1+\dfrac{1}{x}\right)}{\operatorname{arccot}x}$;

(7) $\lim\limits_{x\to 0}\left(\dfrac{1}{x}-\dfrac{1}{e^{x}-1}\right)$；　　(8) $\lim\limits_{x\to +\infty} x\,e^{-x}$；

(9) $\lim\limits_{x\to \frac{\pi}{2}}(\sec x-\tan x)$；　　(10) $\lim\limits_{x\to 0}\dfrac{3x-\sin 3x}{(1-\cos x)\ln(1+2x)}$.

2. 求解极限时，洛必达法则是否适用？如何求该极限？

(1) $\lim\limits_{x\to \infty}\dfrac{x+\sin x}{x-\sin x}$；　　(2) $\lim\limits_{x\to \infty}\dfrac{2x+\sin x}{x-\cos x}$.

§3.3　函数的单调性与极值

一、函数的单调性

我们在初等数学中已给出了函数单调性的定义，并对基本初等函数的单调性进行了直观分析，但根据定义来判定函数的单调性是比较困难的，下面借助函数的导数来判定函数的单调性.

根据导数的几何意义，如果曲线 $y=f(x)$ 在 (a,b) 内每一点都存在切线，且这些切线与 x 轴的正向的夹角都是锐角，即 $f'(x)>0$，此时曲线在 (a,b) 内严格增加. 如果这些切线与 x 轴的正向的夹角都是钝角，即 $f'(x)<0$，此时曲线在 (a,b) 内严格减少(如图 3-3-1).

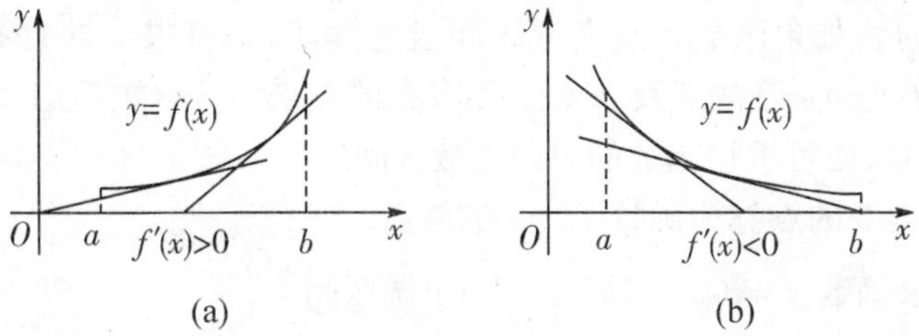

图 3-3-1

由此可见，函数的单调性与导数的正负密切相关，可利用导数的符号来判定函数的单调性. 事实上，有如下定理：

定理 3-3-1(函数单调性的判定法)　设函数 $f(x)$ 在 $[a,b]$ 上连续，在 (a,b) 内可导.

(1) 若对任意的 $x\in(a,b)$，有 $f'(x)>0$，则 $f(x)$ 在 $[a,b]$ 上单调增加；

(2) 若对任意的 $x\in(a,b)$，有 $f'(x)<0$，则 $f(x)$ 在 $[a,b]$ 上单调减少.

证明　对任意的 $x_1,x_2\in[a,b]$，不妨设 $x_1<x_2$，由拉格朗日中值定理有

$f(x_2)-f(x_1)=f'(\xi)(x_2-x_1),\xi\in(x_1,x_2)$.

由 $f'(x)>0$，得 $f'(\xi)>0$，故 $f(x_2)>f(x_1)$，(1) 得证. 类似地可证(2).

注意

(1) 定理 3-3-1 中的闭区间若换成其他各种区间(如开区间、闭区间或无穷区间等)，结论仍成立.

(2) 如果在区间 (a,b) 内 $f'(x)\geqslant 0$(或 $f'(x)\leqslant 0$)，但等号仅在个别点处成立，则 $f(x)$ 在 (a,b) 内仍是单调增加(或单调减少). 例如 $f(x)=x^3$ 在 $x=0$ 处有 $f'(0)=0$，但它在 $(-\infty,+\infty)$ 上单调增加，如图 3-3-2 所示.

例 3-3-1 求函数 $y=e^x-x-1$ 的单调区间.

解 函数的定义域为 $(-\infty,+\infty)$，函数在整个定义域内可导，且 $y'=e^x-1$. 令 $y'=0$，解得 $x=0$. 当 $x<0$ 时，$y'<0$，故函数在 $(-\infty,0)$ 内单调减少；当 $x>0$ 时，$y'>0$，函数在 $[0,+\infty)$ 内单调增加.

例 3-3-2 讨论函数 $y=\sqrt[3]{x^2}$ 的单调性.

解 函数的定义域为 $(-\infty,+\infty)$，当 $x\neq 0$ 时，$y'=\dfrac{2}{3\sqrt[3]{x}}$；当 $x=0$ 时，函数的导数不存在.而当 $x>0$ 时，$y'>0$，函数在 $[0,+\infty)$ 内单调增加；当 $x<0$ 时，$y'<0$，故函数在 $(-\infty,0)$ 内单调减少，如图 3-3-3 所示.

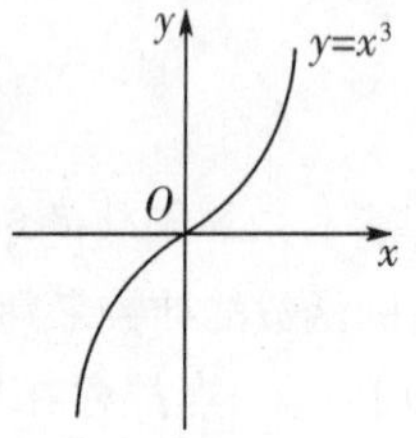

图 3-3-2

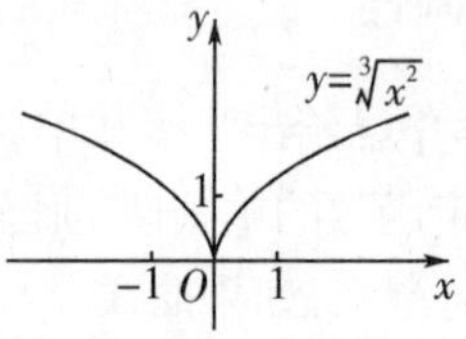

图 3-3-3

从例 3-3-1、例 3-3-2 可以看出，函数单调增减区间的分界点是导数为零的点或导数不存在的点.一般地，如果函数在定义域区间上连续，除去有限个导数不存在的点外导数存在，那么只要用 $f'(x)=0$ 的点及 $f'(x)$ 不存在的点来划分函数的定义域区间，在每一区间上判别导数的符号，便可求得函数的单调增减区间.

我们把 $f'(x)=0$ 的点称为函数 $f(x)$ 的**驻点**.

例 3-3-3 求函数 $y=(x-1)\sqrt[3]{x^2}$ 的单调区间.

解 (1) 函数的定义域为 $(-\infty,+\infty)$.

(2) $y'=(x^{\frac{5}{3}}-x^{\frac{2}{3}})'=\dfrac{5}{3}x^{\frac{2}{3}}-\dfrac{2}{3}x^{-\frac{1}{3}}=\dfrac{5x-2}{3x^{\frac{1}{3}}}$.

令 $y'=0$，得 $x=\dfrac{2}{5}$，当 $x=0$ 时，导数不存在.

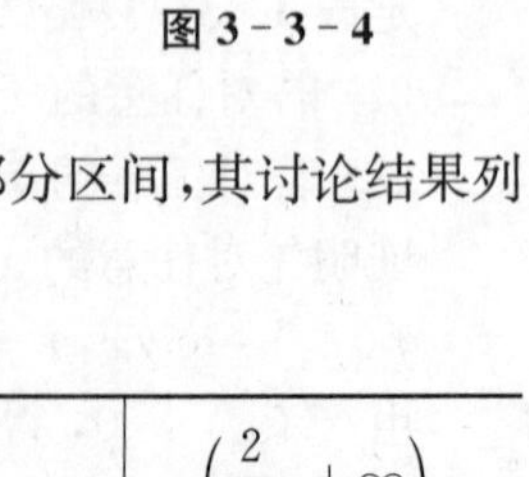

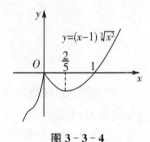

图 3-3-4

(2) 以 0 和 $\dfrac{2}{5}$ 为分界点，将函数定义域 $(-\infty,+\infty)$ 分为三个部分区间，其讨论结果列表如下：

x	$(-\infty,0)$	0	$\left(0,\dfrac{2}{5}\right)$	$\dfrac{2}{5}$	$\left(\dfrac{2}{5},+\infty\right)$
$f'(x)$	+	不存在	−	0	+
$f(x)$	↗		↘		↗

由表可知，$y=(x-1)\sqrt[3]{x^2}$ 的单调增加区间为 $(-\infty,0)$ 和 $\left(\dfrac{2}{5},+\infty\right)$，单调减少区间

为 $\left[0,\frac{2}{5}\right]$.

综合以上例题，讨论函数单调性可按以下步骤进行：

第一步　确定函数的定义域；

第二步　求 $f'(x)$，令 $f'(x)=0$ 求出定义域内的全部驻点，找出 $f(x)$ 的不可导点；

第三步　利用第二步中的点把定义域分成若干个子区间，列表讨论各个子区间内导数 $f'(x)$ 的符号，确定函数单调性.

利用函数的单调性，可以证明一些不等式.

例 3-3-4　证明：当 $x>0$ 时，$1+\frac{1}{2}x>\sqrt{1+x}$.

证明　构造辅助函数 $f(x)=1+\frac{1}{2}x-\sqrt{1+x}$，$f(0)=0$，$f'(x)=\frac{1}{2}-\frac{1}{2\sqrt{1+x}}$.

由于当 $x>0$ 时，$f'(x)>0$，因此 $f(x)$ 在 $[0,+\infty)$ 上严格单调增加，所以当 $x>0$ 时，$f(x)>f(0)=0$，即当 $x>0$ 时，$1+\frac{1}{2}x>\sqrt{1+x}$.

二、函数的极值

定义 3-3-1　设 $f(x)$ 在 x_0 的某区间 $(x_0-\delta,x_0+\delta)(\delta>0)$ 内有定义.

(1) 若对区间内任一点 $x(x\neq x_0)$，有 $f(x)<f(x_0)$，则称 $f(x)$ 在点 x_0 处取得极大值 $f(x_0)$，点 x_0 称为极大值点.

(2) 若对区间内任一点 $x(x\neq x_0)$，有 $f(x)>f(x_0)$，则称 $f(x)$ 在点 x_0 处取得极小值 $f(x_0)$，点 x_0 称为极小值点.

函数的极大值和极小值统称为函数的**极值**，使函数取得极值的点称为**极值点**.

> **注意**
>
> (1) 极值是在一点的附近区域内比较函数值的大小而产生的，显然函数的极值是局部性概念，一个函数在定义域内的极值可能有多个，且其中的极大值不一定大于每一个极小值.
>
> (2) 函数的极值一定出现在区间的内部，在区间的端点不能取得极值.

如图 3-3-5 所示，函数在 x_1,x_3,x_5 三点处取得极小值，而在两点 x_2,x_4 取得极大值，且极小值 $f(x_5)$ 大于极大值 $f(x_2)$. 观察函数 $f(x)$ 的极值点处，$f(x)$ 在点 x_3 处不可导，在点 x_1,x_2,x_4,x_5 其切线都是水平的，亦即该点处的导数为零. 可见函数取得极值的点可能是驻点或导数不存在的点，由此得函数取得极值的必要条件.

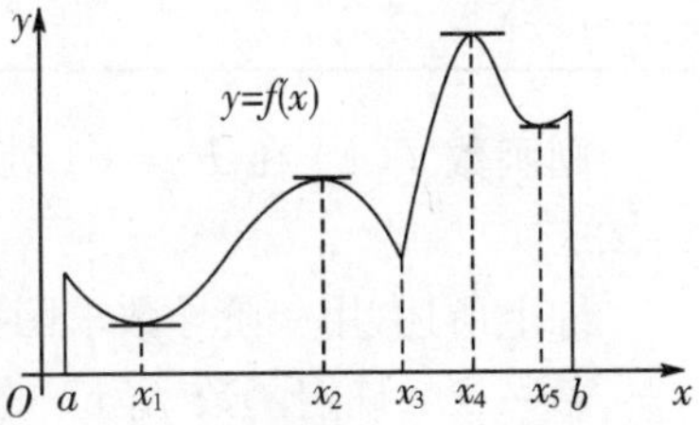

图 3-3-5

定理 3-3-2(极值存在的必要条件)　设函数 $f(x)$ 在点 x_0 取得极值，则点 x_0 必是函数 $f(x)$ 的驻点或不可导点.

由定理 3-3-2 可知，函数的极值点必定是它的驻点或不可导点，但是反过来，函数的驻点或不可导点不一定是极值点.例如,函数 $y=x^3$ 的驻点 $x=0$ 不是函数的极值点.函数 $y=\sqrt[3]{x}$ 的不可导点 $x=0$ 也不是函数的极值点.因此,函数的驻点或不可导点只是函数极值点的嫌疑点,所以当求出了函数的驻点或不可导点后,还需要对这些点是不是极值点做进一步判定.我们有以下的判别准则.

定理 3-3-3(第一充分条件) 设函数 $f(x)$ 在以 x_0 为中心的某区间 $(x_0-\delta, x_0+\delta)(\delta>0)$ 内可导,且 $f'(x_0)=0$(或 $f(x)$ 在以 x_0 为中心的某区间(除 $x=x_0$)内可导,在 x_0 连续).

(1) 如果当 $x<x_0$ 时,$f'(x)<0$,当 $x>x_0$ 时,$f'(x)>0$,则 $f(x)$ 在 x_0 处取得极小值;

(2) 如果当 $x<x_0$ 时,$f'(x)>0$,当 $x>x_0$ 时,$f'(x)<0$,则 $f(x)$ 在 x_0 处取得极大值;

(3) 若在 x_0 的某邻域内,除点 x_0 外,$f'(x)$ 的符号保持不变,则 $f(x)$ 在 x_0 处没有极值.

极值第一充分条件判别法和函数单调性判别法有紧密联系.此判别法在几何上也是很直观的,如图 3-3-6 所示.

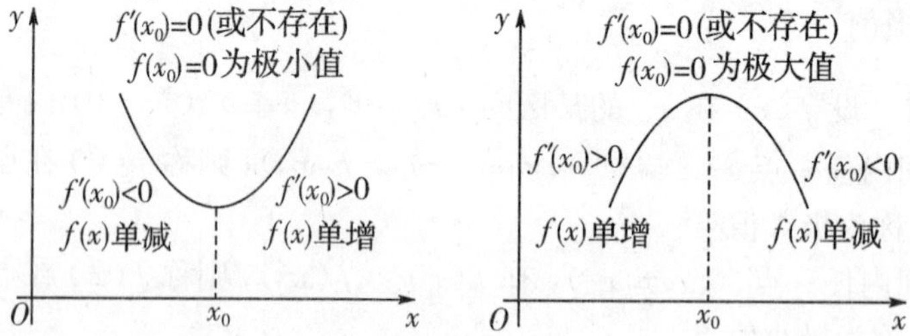

图 3-3-6

例 3-3-5 求函数 $f(x)=x^3-3x^2-9x+5$ 的极值.

解 (1) 函数 $f(x)$ 的定义域是 $(-\infty,+\infty)$.

(2) $f'(x)=3x^2-6x-9=3(x+1)(x-3)$.

令 $f'(x)=0$,得 $x=-1, x=3$.

(3) 列表如下:

x	$(-\infty,-1)$	-1	$(-1,3)$	3	$(3,+\infty)$
$f'(x)$	$+$	0	$-$	0	$+$
$f(x)$	↗	极大值	↘	极小值	↗

则函数 $f(x)$ 在 $x=-1$ 处取得极大值 $f(-1)=10$,在 $x=3$ 处取得极小值 $f(3)=-22$.

综上所述,用一阶导数求函数 $f(x)$ 极值的步骤如下:

第一步 确定函数 $f(x)$ 的定义域;

第二步 求导数 $f'(x)$,令 $f'(x)=0$ 求出定义域内的全部驻点,找出 $f(x)$ 的不可导点；

第三步　利用第二步求得到的点把定义域分成若干区间，列表考查在各点两侧 $f'(x)$ 的符号，从而确定极值点，求出极值.

例 3-3-6　求函数 $y=(x-1)\sqrt[3]{x^2}$ 的极值.

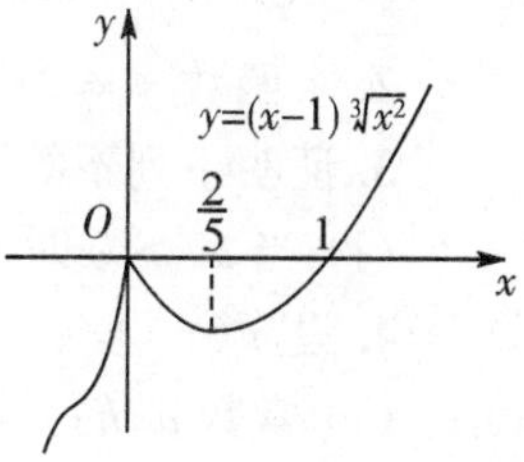

图 3-3-7

解　参考例 3-3-3.

(1) 函数的定义域为 $(-\infty, +\infty)$.

(2) $y'=\dfrac{5x-2}{3x^{\frac{1}{3}}}$，令 $y'=0$，得 $x=\dfrac{2}{5}$.

当 $x=0$ 时，导数不存在.

(3) 以 0 和 $\dfrac{2}{5}$ 为分界点，将函数定义域 $(-\infty, +\infty)$ 分为三个部分区间，其讨论结果列表如下：

x	$(-\infty, 0)$	0	$\left(0, \frac{2}{5}\right)$	$\frac{2}{5}$	$\left(\frac{2}{5}, +\infty\right)$
$f'(x)$	+	不存在	−	0	+
$f(x)$	↗	极大值	↘	极小值	↗

由表可知，极大值为 $f(0)=0$，极小值为 $f\left(\dfrac{2}{5}\right)=-\dfrac{3}{5}\sqrt[3]{\dfrac{4}{25}}$.

有时候，判别驻点是否为极值点，利用下面的定理更简便.

定理 3-3-4(极值的第二充分条件)　设 $f(x)$ 在 x_0 处具有二阶导数，且 $f'(x_0)=0$，$f''(x_0)\neq 0$，则：

(1) 若 $f''(x_0)>0$，则 $f(x)$ 在 x_0 处取得极小值；

(2) 若 $f''(x_0)<0$，则 $f(x)$ 在 x_0 处取得极大值.

注意　当 $f''(x_0)=0$ 时，不能用此判别点 x_0 是否为极值点，须用第一充分条件来判别.

例 3-3-7　求函数 $f(x)=x^4+4x^3-8x^2+1$ 的极值.

解　$f(x)$ 的定义域为 $(-\infty, +\infty)$.

$f'(x)=4x^3+12x^2-16x=4x(x+4)(x-1)$，$f''(x)=12x^2+24x-16$.

令 $f'(x)=0$，得驻点：$x=-4$，$x=0$ 及 $x=1$.

又 $f''(-4)=80>0$，$f''(0)=-16<0$，$f''(1)=20>0$，

由第二充分条件判别法知：$f(x)$ 在 $x=0$ 处取得有极大值，极大值为 $f(0)=1$；

在 $x=-4$ 和 $x=1$ 处取得极小值，极小值为 $f(-4)=-127$ 和 $f(1)=-2$.

习题 3.3

1. 求下列函数的单调区间与极值：

(1) $f(x)=2x^3-3x^2+5$；　　　　(2) $f(x)=2x^2-\ln x$；

(3) $f(x)=(2x-5)x^{\frac{2}{3}}$；　　　　(4) $f(x)=\dfrac{x^3}{(x-1)^2}$.

2. 求函数 $y=2x^3-6x^2-18x+7$ 的极值.

3. 证明下列不等式：

(1) 当 $x>0$ 时，$x>\ln(1+x)$；　　(2) 当 $x>0$ 时，$e^x>1+x$.

4. 设 $f(x)=x^3+ax^2+bx$ 在 $x=1$ 处取得极值 -2，求：

(1) 常数 a,b；

(2) $f(x)$ 的所有极值，并判别是极大值，还是极小值.

§3.4　函数的最大值和最小值

在许多实际问题中，常常会遇到在某种条件下，如何解决诸如用料最省、成本最低、效益最大、利润最高等问题，这类问题在数学上常常归结为求某一函数（通常称为目标函数）的最大值或最小值问题.

一、闭区间上连续函数的最大值和最小值

上一节我们所学的极值是个局部概念，极值点只能是区间内部驻点或导数不存在的点. 由初等数学我们知道最值是整体性概念，所以最值既可能在区间内部取得，也可能在区间端点处取得，因此，求连续函数 $f(x)$ 在区间 $[a,b]$ 上最值的步骤如下：

第一步　求函数 $f(x)$ 在开区间 (a,b) 内的所有驻点和不可导点处的函数值；

第二步　计算函数 $f(x)$ 在区间端点 a,b 处的函数值；

第三步　比较这些函数值的大小，其中最大者就是最大值，最小者就是最小值.

例 3-4-1　求函数 $f(x)=x^3-3x^2-9x+5$ 在区间 $[-2,1]$ 上的最大值和最小值.

解　$f'(x)=3x^2-6x-9=3(x+1)(x-3)$，令 $f'(x)=0$，得驻点 $x=-1$ 和 $x=3$（舍去），$f(-1)=10$. 再计算区间端点处的函数值 $f(-2)=3$，$f(1)=-6$. 比较这三个函数值的大小，得到 $f(x)$ 在区间 $[-2,1]$ 上的最大值 $f(-1)=10$，最小值为 $f(1)=-6$.

例 3-4-2　求 $f(x)=\dfrac{1}{2}x^2-3\sqrt[3]{x}$ 在 $[-1,2]$ 上的最大值和最小值.

解　由 $f'(x)=x-\dfrac{1}{\sqrt[3]{x^2}}$，令 $f'(x)=0$，得驻点 $x_1=1$；$f'(x)$ 不存在的点：$x_2=0$，

而 $f(1)=-\dfrac{5}{2}$，$f(0)=0$，$f(-1)=\dfrac{7}{2}$，$f(2)=2-3\sqrt[3]{2}\approx-1.78$，

因此，$f(x)$ 在 $[-1,2]$ 上的最大值为 $f(-1)=\dfrac{7}{2}$，最小值为 $f(1)=-\dfrac{5}{2}$.

二、一般区间上连续函数的最大值和最小值

若连续 $y=f(x)$ 在一个区间内（开区间，闭区间或无穷区间）只有一个极大值点，而无极小值点，则该极大值点一定是最大值点（如图 3-4-1(a)）. 对于极小值点也可做出同样的

结论(如图 3-4-1(b)).

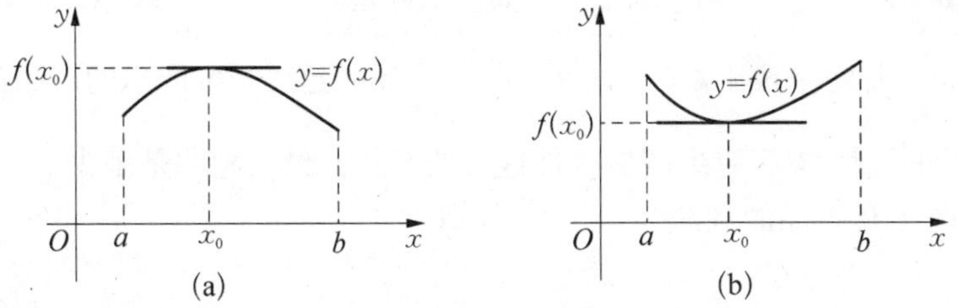

图 3-4-1

例 3-4-3　求函数 $f(x)=\dfrac{x}{x^2+1}$ 在 $(0,+\infty)$ 内的最大值和最小值.

解　由 $f'(x)=\dfrac{1-x^2}{(x^2+1)^2}$，令 $f'(x)=0$，得驻点 $x=1$. 又 $f''(x)=\dfrac{2x^3-6x}{(x^2+1)^3}$，则

$$f''(1)=\frac{2-6}{(1+1)^3}=-\frac{1}{2}<0.$$

由极值存在的第二充分条件知：$f(x)$ 在 $x=1$ 处取得极大值.

由于 $x=1$ 是 $f(x)$ 在区间 $(0,+\infty)$ 内的唯一极值点且为极大值点，因此，$f(1)=\dfrac{1}{2}$ 就是函数 $f(x)$ 在 $(0,+\infty)$ 内的最大值.

例 3-4-4　对任意的 $x\in\mathbf{R}$，证明：$x^4+(4-x)^4\geqslant 32$.

证明　构造辅助函数 $f(x)=x^4+(4-x)^4-32$.

对于任意 $x\in\mathbf{R}$，$f'(x)=4x^3-4(4-x)^3$，令 $f'(x)=0$，解得函数唯一的驻点 $x=2$.

又 $f''(x)=12x^2+12(4-x)^2$，而 $f''(2)=96>0$，由判定定理知，$f(x)$ 在 $x=2$ 处取得唯一的极值，且为极小值，所以也是函数的最小值.

因此，对任意的 $x\in\mathbf{R}$，有 $f(x)\geqslant f(2)=0$，即 $x^4+(4-x)^4\geqslant 32$.

三、函数最值的应用问题

在用导数研究应用问题的最值时，如果所建立的函数 $f(x)$ 在区间 (a,b) 内是可导的，并且 $f(x)$ 在区间 (a,b) 内只有一个驻点 x_0，又根据问题的实际意义，可判断在 (a,b) 内必有最大(小)值，则 $f(x_0)$ 就是所求的最大(小)值，不必再进行数学判断.

例 3-4-5　注入人体血液的麻醉药浓度随注入时间的长短而变.据临床观测，某麻醉药在某人血液中的浓度与时间的函数关系为 $C(t)=0.294\ 83t+0.042\ 53t^2-0.0003\ 5t^3$，其中 C 的单位是毫克，t 的单位是秒.现问：大夫为给这位患者做手术，这种麻醉药从注入人体开始，过多长时间其血液含该麻醉药的浓度最大？

解　我们的问题是要求出函数 $C(t)$ 当 $t>0$ 时的最大值，为此令

$$C'(t)=0.294\ 83+0.085\ 06t-0.001\ 05t^2=0,$$

得唯一驻点 $t_0=84.34$(负值已舍).

又根据问题的实际意义，血液中麻醉药的浓度最大值一定存在，所以 $C(t)$ 在 $t_0=84.34$

取得最大值，因此，当该麻醉药注入患者体内 84.34 秒时，其血液里麻醉剂的浓度最大.

例 3-4-6 某厂生产某种产品的固定成本(固定投入)为 2 500 元.已知每生产 x 件这样的产品需要再增加可变成本 $C(x)=200x+\frac{1}{36}x^3$(元)，若生产出的产品都能以每件 500 元售出，要使利润最大，该厂应生产多少件这样的产品？最大利润是多少？

解 设生产 x 件产品的利润为 $L(x)$ 元，则

$$L(x)=500x-2\,500-C(x)=300x-\frac{1}{36}x^3-2500\ (x\in\mathbf{N}).$$

$L'(x)=300-\frac{1}{12}x^2$.

令 $L'(x)=0$，得 $x=60$.

这个问题的最大利润(L 的最大值)一定存在，而函数 $L(x)$ 只有一个驻点 $x=60$，故它就是 L 的最大值点，则最大利润为 $L(60)=9\,500$.

因此，要使利润最大，该厂应生产 60 件这种产品，最大利润为 9 500 元.

例 3-4-7 某油厂需要制作一批容积为 V 的带盖的圆柱形油桶，试问如何设计才能使用料最省？

解 要使用料最省，应使油桶的表面积最小.设油桶的底面半径为 r，桶高为 h，并设制作油桶用料的面积为 S.由于油桶容积 V 为常量，且 $V=\pi r^2h$，从而 $h=\frac{V}{\pi r^2}$，所以

$$S=2\pi r^2+2\pi r\frac{V}{\pi r^2}=2\pi r^2+\frac{2V}{r},r\in(0,+\infty).$$

由 $\frac{\mathrm{d}S}{\mathrm{d}r}=4\pi r-\frac{2V}{r^2}=\frac{2(2\pi r^3-V)}{r^2}$，令 $\frac{\mathrm{d}S}{\mathrm{d}r}=0$，得 $r=\sqrt[3]{\frac{V}{2\pi}}$.

由于该实际问题必有最小值，且函数 S 在定义区间 $(0,+\infty)$ 内有唯一的驻点 $r=\sqrt[3]{\frac{V}{2\pi}}$，因此 $r=\sqrt[3]{\frac{V}{2\pi}}$ 是该问题的最小值点，这时相应的高为 $h=\frac{V}{\pi r^2}=\frac{V}{\pi\left(\sqrt[3]{\frac{V}{2\pi}}\right)^2}=2\sqrt[3]{\frac{V}{2\pi}}=2r$.

即当油桶的高和底直径相等时，所用材料最省.

习题 3.4

1. 求 $f(x)=x^4-2x^2+3$ 在区间 $[-2,2]$ 上的最大值和最小值.

2. 求函数 $f(x)=x+\sqrt{1-x}$ 在闭区间 $[-5,1]$ 上的最值.

3. 在边长为 60 cm 的正方形铁片的四角切去相等的正方形，再把它的边折起，做成一个

无盖的方底箱子，箱底的边长是多少时，箱底的容积最大？最大容积是多少？

4. 在一个半径为 R 的球内，内接一个正圆锥，若要使该圆锥的体积最大，其高应取多少？

5. 某风景区欲制订门票价格.据估计，若门票价格为每人 20 元，平均每天将有 1 000 名游客；门票每降低 1 元，游客将增加 100 人.试确定使门票收入最多的门票价格.

§3.5　曲线的凹凸性、拐点与渐近线

一、曲线的凹凸性与拐点

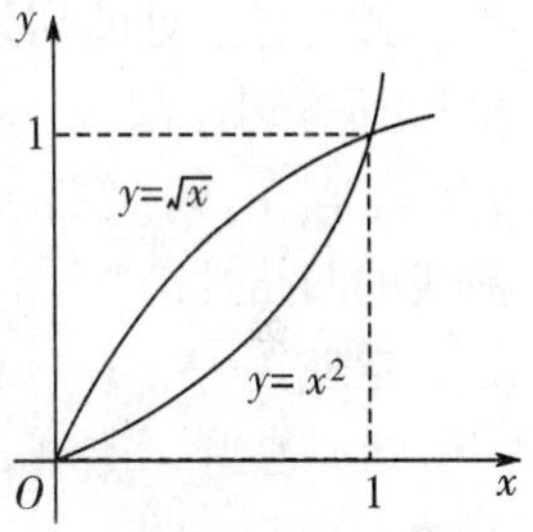

图 3-5-1

前面已经研究了函数的单调性与极值，这对于描绘函数的图形有很大的作用，但还不能完全反映它的变化规律，考虑两个函数 $y=x^2$ 和 $y=\sqrt{x}$，它们在 $(0,+\infty)$ 上都是单调递增的(如图 3-5-1)，但它们的增长方式却有显著的不同，从几何上来说，两条曲线弯曲方向不同，$y=x^2$ 的图形往下凸出，而 $y=\sqrt{x}$ 的图形往上凸出.下面将介绍曲线凹凸性的概念及判别方法.

1. 曲线的凹凸性

从几何上看，有的曲线弧，对于其上任意两点，连接两点的弦总位于两点间弧段的上方(如图 3-5-2(a))，这样的弧称为凹弧.有的弧正好相反，这样的弧称为凸弧(如图 3-5-2(b)).由此关于函数的凹凸性定义如下.

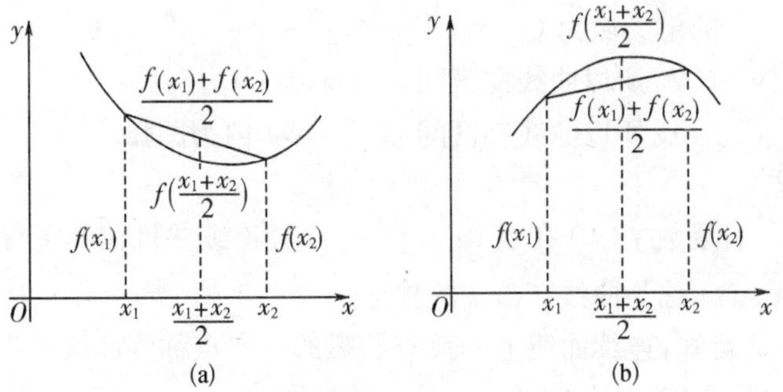

图 3-5-2

定义 3-5-1　设函数 $f(x)$ 在区间 I 上连续，

(1) 如果对区间 I 上任意两点 x_1, x_2，恒有

$$f\left(\frac{x_1+x_2}{2}\right)<\frac{f(x_1)+f(x_2)}{2}$$

成立，则称函数 $f(x)$ 在区间 I 上的图形是**凹的**(或**凹弧**)；

(2) 如果对区间 I 上任意两点 x_1, x_2，恒有

$$f\left(\frac{x_1+x_2}{2}\right)>\frac{f(x_1)+f(x_2)}{2}$$

成立,则称函数 $f(x)$ 在区间 I 上的图形是**凸的**(或**凸弧**).

若 $f(x)$ 在 (a,b) 内的图形是凹的,则称区间 (a,b) 为 $f(x)$ 的凹区间,反之称为凸区间.凹区间和凸区间统称为函数的凹凸区间.

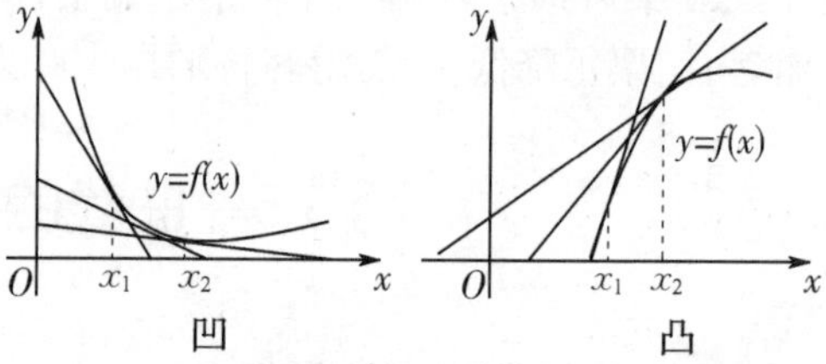

图 3-5-3

从几何上看,凹弧的切线总在曲线的下方,凸弧的切线总在曲线的上方(如图 3-5-3).

进一步观察图 3-5-3,凹弧上各点处的切线的斜率随着自变量 x 的增大而增大,故 $f'(x)$ 是单调增加的.如果 $f''(x)$ 存在,则 $f''(x)>0$.而凸弧上各点处的切线的斜率随着自变量 x 的增加而减小,故 $f'(x)$ 是单调减少的,如果 $f''(x)$ 存在,则 $f''(x)<0$.因此,对于二阶可导的函数来说,利用二阶导数的符号可以判断曲线的凹凸性.

定理 3-5-1 设函数 $f(x)$ 在区间 $[a,b]$ 上连续,在 (a,b) 内具有一阶和二阶导数,

(1) 若当 $x\in(a,b)$ 时,二阶导数 $f''(x)>0$,则函数 $f(x)$ 在 $[a,b]$ 上的图形是凹的;

(2) 若当 $x\in(a,b)$ 时,二阶导数 $f''(x)<0$,则函数 $f(x)$ 在 $[a,b]$ 上的图形是凸的.

为了便于记忆,这个定理的结论可以概括为**"小凸大凹"**.

定理的证明从略,定理中的闭区间可以换成其他类型的区间.此外,若在 (a,b) 内除有限个点上有 $f''(x)=0$ 外,其余点处均满足定理的条件,则定理的结论仍然成立.例如 $y=x^4$ 在 $x=0$ 处有 $f''(x)=0$,但它在 $(-\infty,+\infty)$ 上是凹的.

例 3-5-1 判别曲线 $y=x^3$ 的凹凸性.

解 因为 $y=x^3$ 的定义域为 $(-\infty,+\infty)$,$y'=3x^2$,$y''=6x$.

当 $x<0$ 时,$y''<0$,所以曲线在区间 $(-\infty,0)$ 内为凸弧;

当 $x>0$ 时,$y''>0$,所以曲线在区间 $(0,+\infty)$ 内为凹弧.

2. 曲线的拐点

定义 3-5-2 若函数 $f(x)$ 在点 $(x_0,f(x_0))$ 处连续并且在其左右两侧具有不同的凹凸性,则点 $(x_0,f(x_0))$ 称为曲线 $f(x)$ 的拐点.

由定义 3-5-2 可知,连续曲线上凹弧与凸弧的分界点称为曲线的拐点.

在例 3-5-1 中,点 $(0,0)$ 是曲线 $y=x^3$ 的拐点.

由定理结论和拐点定义,可以推出,曲线 $y=f(x)$ 拐点的横坐标 x_0,只可能是使 $f''(x)=0$ 的点或 $f''(x)$ 不存在的点,但这些点是否是拐点还需要讨论 $f''(x)$ 在这些点两侧符号的变化才能确定.如函数 $y=x^4$,$y''=12x^2$,$y''=0$ 的解是 $x=0$,但 y'' 在 $x=0$ 两侧同号,因此,点 $(0,0)$ 不是曲线的拐点.又如函数 $y=\sqrt[3]{x}$,$y''=-\dfrac{2}{9x\sqrt[3]{x^2}}$,虽然当 $x=0$ 时,y'' 不存在,但 y'' 在 $x=0$ 两侧异号,因此,点 $(0,0)$ 是曲线的拐点.

与讨论函数的极值类似,讨论曲线的凹凸性和拐点可按下列步骤进行:

第一步 确定 $y=f(x)$ 的定义域;

第二步 求二阶导数 $f''(x)$,求出定义域上使 $f''(x)=0$ 的点或 $f''(x)$ 不存在的点;

第三步　利用第二步求得的点把定义域分成若干区间，列表考查在各点两侧 $f''(x)$ 的符号，从而确定曲线的凹凸区间和拐点.

例 3-5-2　求曲线 $f(x)=3x^4-4x^3+1$ 的凹凸区间与拐点.

解　(1) 函数 $f(x)=3x^4-4x^3+1$ 的定义域为 $(-\infty,+\infty)$.

(2) $f'(x)=12x^3-12x^2$，$f''(x)=36x^2-24x=36x\left(x-\dfrac{2}{3}\right)$.

令 $f''(x)=0$，求得 $x_1=0$，$x_2=\dfrac{2}{3}$.

(3) 列表如下：

x	$(-\infty,0)$	0	$\left(0,\dfrac{2}{3}\right)$	$\dfrac{2}{3}$	$\left(\dfrac{2}{3},+\infty\right)$
$f''(x)$	+	0	−	0	+
$f(x)$	$\cup$	1	$\cap$	$\dfrac{11}{27}$	$\cup$

可见，曲线 $f(x)=3x^4-4x^3+1$ 的凸区间为 $\left[0,\dfrac{2}{3}\right]$，凹区间为 $(-\infty,0)$ 和 $\left(\dfrac{2}{3},+\infty\right)$，拐点为 $(0,1)$，$\left(\dfrac{2}{3},\dfrac{11}{27}\right)$.

例 3-5-3　求曲线 $y=(x-2)\sqrt[3]{x^5}$ 的凹凸区间及拐点.

解　(1) 函数 $y=(x-2)\sqrt[3]{x^5}$ 的定义域为 $(-\infty,+\infty)$.

(2) 因为 $y'=(x^{\frac{8}{3}}-2x^{\frac{5}{3}})'=\dfrac{8}{3}x^{\frac{5}{3}}-\dfrac{10}{3}x^{\frac{2}{3}}$，

$$y''=\frac{40}{9}x^{\frac{2}{3}}-\frac{20}{9}x^{-\frac{1}{3}}=\frac{40}{9}\,\frac{x-\frac{1}{2}}{\sqrt[3]{x}}.$$

令 $y''=0$，得 $x=\dfrac{1}{2}$；当 $x=0$ 时，y'' 不存在.

(3) 列表如下：

x	$(-\infty,0)$	0	$\left(0,\dfrac{1}{2}\right)$	$\dfrac{1}{2}$	$\left(\dfrac{1}{2},+\infty\right)$
y''	+	不存在	−	0	+
y	$\cup$	拐点	$\cap$	拐点	$\cup$

由上表知，曲线的凸区间为 $\left[0,\dfrac{1}{2}\right]$，曲线的凹区间 $(-\infty,0)$ 和 $\left(\dfrac{1}{2},+\infty\right)$，曲线的拐点为 $(0,0)$ 和 $\left(\dfrac{1}{2},-\dfrac{3}{8}\sqrt[3]{2}\right)$.

二、曲线的渐近线

有些函数的定义域和值域都是有限区间，其图形局限于一定范围之内，如椭圆、圆等，有些函数的定义域和值域是无穷区间，其图形向无穷远处延伸，如抛物线、双曲线等，为了把握曲线在无限远处的变化趋势，我们来介绍曲线的渐近线.

定义 3-5-3 如果曲线上的一动点沿着曲线趋于无穷远时，该点与某条定直线的距离趋于0，则称该直线为曲线的一条**渐近线**.

例如函数 $y=\frac{1}{x}$（如图 3-5-4），当 $x\to\infty$ 时，曲线上的点无限地接近于直线 $y=0$；当 $x\to 0$ 时，曲线上的点无限地接近于直线 $x=0$，数学上把直线 $y=0$ 和 $x=0$ 分别称为曲线 $y=\frac{1}{x}$ 的水平渐近线和垂直渐近线.

曲线的渐近线可以帮助我们了解曲线无限延伸时的趋势，当然并不是所有曲线都有渐近线，如抛物线就不会与某一直线无限靠近.下面我们分两种情况来讨论.

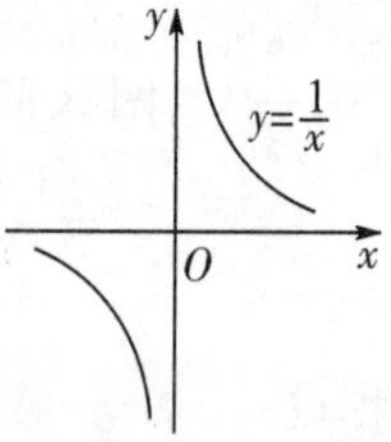

图 3-5-4

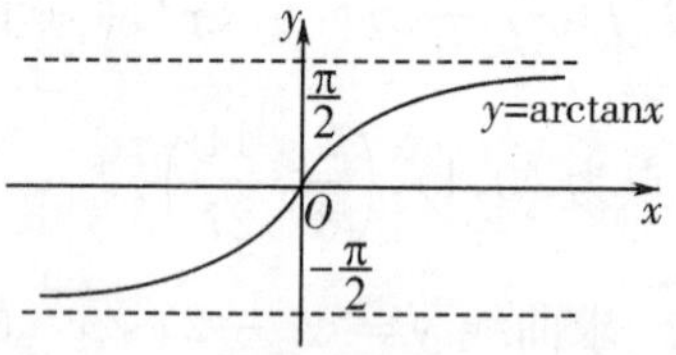

图 3-5-5

1. 水平渐近线

如果 $\lim\limits_{x\to+\infty}f(x)=a$ 或 $\lim\limits_{x\to-\infty}f(x)=a$，则直线 $y=a$ 是曲线 $y=f(x)$ 的**水平渐近线**.

例 3-5-4 求曲线 $y=\arctan x$ 的水平渐近线.

解 因为 $\lim\limits_{x\to+\infty}\arctan x=\frac{\pi}{2}$，$\lim\limits_{x\to-\infty}\arctan x=-\frac{\pi}{2}$，

所以直线 $y=\frac{\pi}{2}$ 和 $y=-\frac{\pi}{2}$ 是曲线 $y=\arctan x$ 的水平渐近线（如图 3-5-5）.

2. 垂直渐近线

如果 $\lim\limits_{x\to x_0^+}f(x)=\infty$ 或 $\lim\limits_{x\to x_0^-}f(x)=\infty$，则直线 $x=x_0$ 是曲线 $y=f(x)$ 的**垂直渐近线**.

例 3-5-5 求曲线 $y=\frac{x+1}{x^2-2x-3}$ 的垂直渐近线.

解 因为 $y=\frac{x+1}{x^2-2x-3}=\frac{x+1}{(x-3)(x+1)}$ 有两个间断点 $x=3$ 和 $x=-1$，又因为

$$\lim_{x\to 3}\frac{x+1}{(x-3)(x+1)}=\infty,$$

所以 $x=3$ 为曲线 $y=\dfrac{x+1}{x^2-2x-3}$ 的垂直渐近线.

而 $\lim\limits_{x\to-1}\dfrac{x+1}{(x-3)(x+1)}=-\dfrac{1}{4}$，所以 $x=-1$ 不是曲线的垂直渐近线.

三、函数图形的描绘

我们已经掌握了利用函数的一阶导数研究函数的单调性和极值，利用函数的二阶导数研究曲线的凹凸性和拐点，现在我们运用导数方法来描绘函数在定义域内的图形.随着现代计算机技术的飞速发展，尽管有许多的数学软件可以帮助人们画出函数图形，但是对函数图形中的一些关键点和作图区域的选择仍需要人工干预.因此，掌握利用导数描绘函数图形的方法和步骤还是十分必要的，应用导数方法描绘函数图形的一般步骤概括如下：

第一步　确定函数 $y=f(x)$ 的定义域，考察函数是否具有奇偶性、周期性等；

第二步　求出定义域内 $f'(x)$，$f''(x)$ 等于零的点及不存在的点，包括 $f(x)$ 的间断点，利用上述点把函数的定义域分成一些部分区间；

第三步　列表判断函数在各部分区间上的单调性和凹凸性，找出函数的极值和曲线的拐点；

第四步　确定曲线的所有渐近线；

第五步　求出曲线的一些特殊点(零点、极值点、拐点)，有时适当补充一些辅助点(如与坐标轴的交点和曲线的端点等)以便把曲线描绘得更精确；

第六步　结合函数在各部分区间的走势用光滑的曲线把它们连接起来.

例 3-5-6　画出函数 $f(x)=\dfrac{1}{x^2-1}$ 的图形.

解　(1) 函数的定义域为 $(-\infty,-1)\cup(-1,1)\cup(1,+\infty)$，

$$f'(x)=-\frac{2x}{(x^2-1)^2},f''(x)=\frac{2(1+3x^2)}{(x^2-1)^3}=\frac{2(1+3x^2)}{(x-1)^3(x+1)^3};$$

(2) $f(x)$ 的间断点为 $x=-1$ 和 $x=1$.$f'(x)$ 的零点为 $x=0$，而 $f''(x)$ 没有零点.

利用上述点 $-1,0,1$ 将定义域分成下列四个部分区间：

$(-\infty,-1)$，$(-1,0)$，$(0,1)$，$(1,+\infty)$.

(3) 列表并判断如下：

x	$(-\infty,-1)$	-1	$(-1,0)$	0	$(0,1)$	1	$(1,+\infty)$
y'	$+$		$+$	0	$-$		$-$
y''	$+$	不存在	$-$	-2	$-$	不存在	$+$
$y=f(x)$				极大值 $f(0)=-1$			

(4) 由于 $\lim\limits_{x\to-1^-}f(x)=+\infty$，$\lim\limits_{x\to-1^+}f(x)=-\infty$，$\lim\limits_{x\to1^-}f(x)=-\infty$，$\lim\limits_{x\to1^+}f(x)=+\infty$，故曲线有两条垂直渐近线 $x=-1$ 和 $x=1$.

又 $\lim\limits_{x\to-\infty}f(x)=0$ 及 $\lim\limits_{x\to+\infty}f(x)=0$，故曲线有水平渐近线 $y=0$.

(5) 根据以上分析,可描绘出 $y=f(x)$ 的图像(如图 3-5-6).

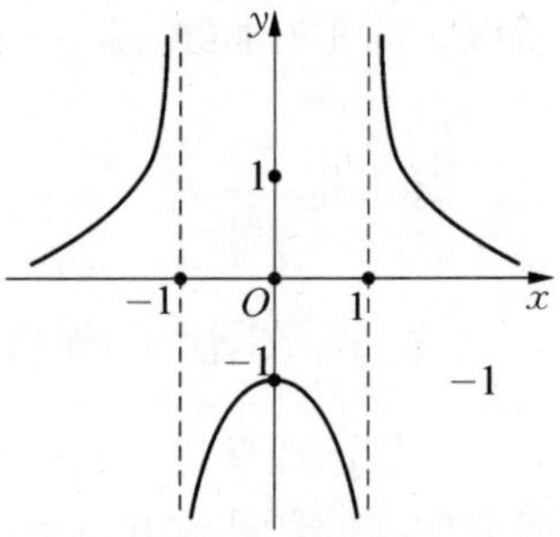

图 3-5-6

例 3-5-6 描绘 $f(x)=e^{-x^2}$ 的图形.

解 (1) 函数的定义域为 $(-\infty,+\infty)$, $y>0$, 图形位于 x 轴上方. $f(x)$ 为偶函数,因此它关于 y 轴对称,可以只讨论 $[0,+\infty)$ 上该函数的图形.

(2) $f'(x)=-2x\,e^{-x^2}$, $f''(x)=2(2x^2-1)\,e^{-x^2}$.

令 $f'(x)=0$ 得 $x=0$; 令 $f''(x)=0$ 得 $x=\pm\dfrac{\sqrt{2}}{2}$.

(3) 列表分析如下:

x	0	$\left(0,\dfrac{\sqrt{2}}{2}\right)$	$\dfrac{\sqrt{2}}{2}$	$\left(\dfrac{\sqrt{2}}{2},+\infty\right)$
$f'(x)$	0	$-$	$-$	$-$
$f''(x)$	$-$	$-$	0	$+$
$f(x)$	极大值 1	↘	拐点 $\left(\dfrac{\sqrt{2}}{2},\dfrac{\sqrt{e}}{e}\right)$	↘

(4) 因 $\lim\limits_{x\to\infty} e^{-x^2}=0$, 故有水平渐近线 $y=0$.

(5) 下面是曲线上的一些特殊点:

x	0	$\dfrac{1}{2}$	$\dfrac{\sqrt{2}}{2}$	1	$\sqrt{2}$	$\sqrt{3}$
y	1	0.79	0.61	0.37	0.14	0.05

画出函数在 $[0,+\infty)$ 上的图形,再利用对称性便得到函数在 $(-\infty,0]$ 上的图形(如图 3-5-7).

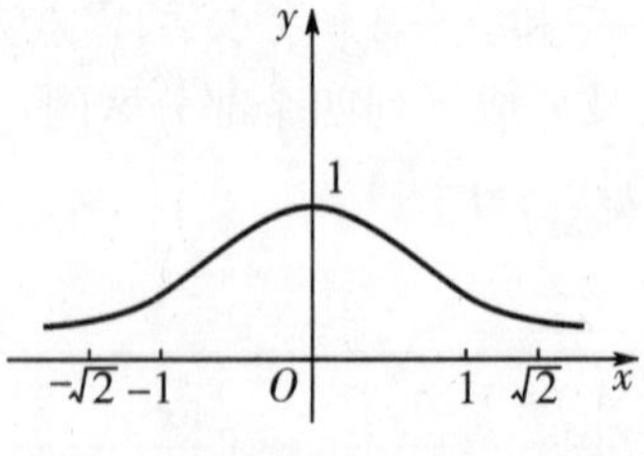

图 3-5-7

习题 3.5

1. 讨论下列函数的凹凸性,并求曲线的拐点:

(1) $y=x^3-5x^2+3x+5$;　　(2) $y=\ln(x^2+1)$.

2. 已知曲线 $y=3x^3+ax^2+8x$ 在拐点处的切线的斜率为 -1, 确定 a 的值.

3. 问 a,b 为何值时,点 $(1,2)$ 为曲线 $y=ax^3+bx^2+1$ 的拐点?

4. 求下列曲线的水平渐近线和垂直渐近线:

(1) $y=\dfrac{1}{x+1}$;　　　　(2) $y=\dfrac{x^2+x}{(x-2)(x+3)}$.

本章小结

1. 中值定理

罗尔定理、拉格朗日中值定理及柯西中值定理之间的关系如下图所示:

$$\text{罗尔定理} \underset{\substack{f(a)=f(b)\\ \text{特例}}}{\longleftarrow} \text{拉氏定理} \underset{\substack{g(x)=x\\ \text{特例}}}{\longleftarrow} \text{柯西定理}$$

注意定理成立的条件.

2. 洛必达法则

洛必达法则只适用于 $\dfrac{0}{0}$ 型或 $\dfrac{\infty}{\infty}$ 型未定式,对于 $0\cdot\infty$,$\infty-\infty$,1^{∞},0^0,∞^0 等未定式,通过变形总可以转换成 $\dfrac{0}{0}$ 型或 $\dfrac{\infty}{\infty}$ 型,再用洛必达法则求极限,通常这些类型的基本变形如下:

(1) $0\cdot\infty$ 型:常用取倒数的手段化为 $\dfrac{0}{0}$ 型或 $\dfrac{\infty}{\infty}$ 型,即:

$$0\cdot\infty\Rightarrow\frac{0}{\dfrac{1}{\infty}}\Rightarrow\frac{0}{0}\ \text{或}\ 0\cdot\infty\Rightarrow\frac{\infty}{1/0}\Rightarrow\frac{\infty}{\infty}.$$

(2) $\infty-\infty$ 型:常用通分的手段化为 $\dfrac{0}{0}$ 型或 $\dfrac{\infty}{\infty}$ 型.

(3) $1^{\infty}=e^{\ln 1^{\infty}}=e^{\infty\cdot\ln 1}$,问题转换成 $0\cdot\infty$ 型了,0^0 和 ∞^0 的处理方法与 1^{∞} 型相同.

3. 单调性与极值

主要利用一阶导数来求函数的单调性与极值,单调性与一阶导数的符号有关,极值是局部的性质,求极值的思路如下:求 $y'=0$ 的点或者 y' 不存在的点,然后利用极值的第一或者第二充分条件进行判断.当所有的极值可疑点多于两个时,若利用第一充分条件,可列表讨论;第二充分条件仅用来对驻点是否为极值点进行判断.

4. 最值

最值是函数的整体性质,最值是唯一的,闭区间上连续函数的最值可以通过比较驻点及不可导点的函数值及区间端点处的函数值得到.实际应用中,往往在开区间内讨论最值问题,于是唯一存在的驻点就是最值点,相应的函数值就是最值.

5. 函数图形的描绘

(1) 凹凸性及拐点

主要利用二阶导数来求函数的凹凸性及拐点,凹凸性与二阶导数的符号有关,简记"小凸大凹”，曲线 $y=f(x)$ 拐点的横坐标 x_0，只可能是使 $f''(x)=0$ 的点或 $f''(x)$ 不存在的点，拐点左右两侧近旁 $f''(x)$ 必然异号，否则就不是拐点.

(2) 渐近线

渐近线按定义来求，让 $x\to\infty$，看函数值 y 的变化情况，一般可以写出水平渐近线；观察当 x 在什么变化趋势下，$y\to\infty$，一般可以写出垂直渐近线.这种求法简记为“x，y 轮流趋于无穷大，看相应的另外一个量的变化趋势情况”.

(3) 函数图形的描绘

复习题三

一、填空题

1. 函数 $f(x)=x\sqrt{3-x}$ 在$[0,3]$上满足罗尔定理的 ξ 是________.

2. 函数 $f(x)=x^3$ 在区间 $[-1,2]$ 上满足拉格朗日中值定理的点 ξ 是________.

3. $\lim\limits_{x\to+\infty}\dfrac{x^2}{2x+e^x}=$________.

4. $\lim\limits_{x\to0}\dfrac{x^3}{x-\tan x}=$________.

5. $\lim\limits_{x\to0}\dfrac{1}{x}\left(\dfrac{a}{x}-\dfrac{b}{\sin x}\right)=-\dfrac{1}{6}$，则常数 $a=$________，$b=$________.

6. 函数 $f(x)=3x-x^3$ 在区间________内单调增加.

7. 函数 $f(x)=\arctan x+\dfrac{1}{x}$ 在区间________内单调减少.

8. 若 $f(1)=-2$ 是函数 $f(x)=x^3+ax^2+bx$ 的一个极小值，则 $a=$________，$b=$________.

9. 若可导函数 $f(x)$ 在 x_0 处取得极值，则曲线 $y=f(x)$ 在点$(x_0, f(x_0))$处的切线与 x 轴________.

10. 如果在$[a,b]$上连续的函数 $f(x)$ 在(a,b)内 $f'(x)<0$，则在$[a,b]$上 $f(x)$ 的最大值为________.

11. 设 $y=f(x)$ 是 x 的三次函数，其图形关于原点对称，且 $x=\dfrac{1}{2}$ 时有极小值 -1，则 $f(x)=$________.

12. $f(x)=2x^3+3x^2-12x+10$ 在区间 $[-3,3]$ 上的最大值为________，最小值为________.

13. 曲线 $f(x)=x-x^{\alpha}$ 在区间 $(0,+\infty)$ 上是凹的，则 α 满足________.

14. 曲线 $f(x)=x^3-6x^2+9x+1$ 的凸区间为________，凹区间为________.

15. 曲线 $f(x)=1+\sqrt[3]{1+x}$ 的拐点坐标为________.

16. 函数 $y=\dfrac{x+2}{x^2+3x+2}$ 的一条垂直渐近线是________.

17. 函数 $y=\dfrac{x^3}{e^x}$ 的一条水平渐近线是________.

二、选择题

1. 下列函数在给定区间上满足罗尔中值定理条件的是(　　).

A. $y=x^2-5x+6, x\in[2,3]$　　B. $y=\dfrac{1}{\sqrt[3]{(x-1)^2}}, x\in[0,2]$

C. $y=x\,e^{-x}, x\in[0,1]$　　D. $y=\begin{cases}x+1 & x<5\\ 1 & x\geqslant 5\end{cases}, x\in[0,5]$

2. 设 $f(x)$ 在 (a,b) 内可导，x_0，$x_0+\Delta x$ 是 (a,b) 内任意两点，且 $\Delta x\neq 0$，则在 x_0，$x_0+\Delta x$ 之内至少存在一点 ζ，使 $f(x_0+\Delta x)-f(x_0)=($　　$)$.

A. $f(\zeta)\Delta x$　　B. $-f(\zeta)\Delta x$　　C. $f'(\zeta)\Delta x$　　D. $-f'(\zeta)\Delta x$

3. 下列极限中能运用洛必达法则的是(　　).

A. $\lim\limits_{x\to\infty}\dfrac{\sin x}{x}$　　B. $\lim\limits_{x\to\infty}\dfrac{x-\sin x}{x+\sin x}$

C. $\lim\limits_{x\to\frac{\pi}{2}}\dfrac{\tan 5x}{\sin 3x}$　　D. $\lim\limits_{x\to+\infty}\dfrac{\ln(1+e^x)}{x}$

4. 求 $\lim\limits_{x\to\infty}\dfrac{x+\sin x}{x}$，下面计算正确的是(　　).

A. 原式 $=\lim\limits_{x\to\infty}\dfrac{1+\cos x}{1}=2$

B. 原式 $=\lim\limits_{x\to\infty}\dfrac{1+\cos x}{1}$，极限不存在

C. 原式 $=\lim\limits_{x\to\infty}\left(1+\dfrac{\sin x}{x}\right)=1+\lim\limits_{x\to\infty}\dfrac{1}{x}\sin x=1+0=1$

D. 以上计算都不对

5. 下面计算正确的是(　　).

A. $\lim\limits_{x\to1}\dfrac{x^2-x}{x^2+x}=\lim\limits_{x\to1}\dfrac{2x-1}{2x+1}=\dfrac{1}{3}$

B. $\lim\limits_{x\to0}\dfrac{x^2-x}{x^2+x}=\lim\limits_{x\to0}\dfrac{2x-1}{2x+1}=-1$

C. $\lim\limits_{x\to0}\dfrac{x^2-x}{x^2+x}=\lim\limits_{x\to0}\dfrac{2x-1}{2x+1}=\lim\limits_{x\to0}\dfrac{2}{2}=1$

D. $\lim\limits_{x\to\infty}\dfrac{x^2-x}{x^2+x}=\lim\limits_{x\to\infty}\dfrac{2x-1}{2x+1}=\dfrac{1}{3}$

6. 设 $f(x)$ 在 $[a,b]$ 上连续，在 (a,b) 内可导，若 $f(b)>0$，$f'(x)<0$，则在 (a,b) 内 $f(x)$ (　　).

A. 等于 0　　B. 小于 0　　C. 大于 0　　D. 有正有负

7. 设 $f(x)$ 为 $(-\infty,+\infty)$ 内可导的奇函数，且当 $x\in(-\infty,0)$ 时，$f'(x)>0$，则当

$x\in(0,+\infty)$ 时，$f(x)$（　　）.

A. 大于 0 且单调减少　　B. 小于 0 且单调增加
C. 小于 0 且单调减少　　D. 大于 0 且单调增加

8. 下列结论中，正确的是（　　）.

A. 函数的极值点一定是驻点　　B. 函数的驻点一定是极值点
C. 函数在极值点一定连续　　D. 函数的极值点不一定可导

9. 设函数 $f(x)$ 在 (a,b) 内可导，如果 $f(x)$ 在该区间内存在极值，则极值点（　　）.

A. 一定是驻点　　B. 可能是区间端点
C. 不是驻点　　D. 不一定是驻点

10. 若函数 $f(x)$ 在 $[a,b]$ 内连续，且在 x_0 处取得最值，如果 $x_0\in[a,b]$，那么 x_0 是 $f(x)$ 的（　　）.

A. 驻点　　B. 区间端点
C. 极值点　　D. 极值点或区间端点

11. 函数 $f(x)=|x^2-3x+2|$ 在区间 $[1,2]$ 上的最大值为（　　）.

A. 0　　B. $\frac{1}{4}$　　C. $-\frac{1}{4}$　　D. 无最大值

12. 函数 $y=x-\ln(1+x^2)$ 在定义域内（　　）.

A. 无极值　　B. 极大值为 $1-\ln 2$
C. 极小值为 $1-\ln 2$　　D. $f(x)$ 为非单调函数

13. 如果在 (a,b) 内的点 x_0 处，$f'(x_0)=0$，$f''(x_0)<0$，则 $f(x_0)$ 是 $f(x)$ 的（　　）.

A. 极大值　　B. 极小值　　C. 最大值　　D. 最小值

14. 函数 $f(x)=x(x-a)^2$ 在 $x=3$ 处取极小值，则 $a=$（　　）.

A. 9　　B. 2　　C. -3　　D. 3

15. 设函数 $f(x)$ 和 $g(x)$ 是大于零的可导函数，且 $f'(x)g(x)-f(x)g'(x)<0$，则当 $a<x<b$ 时，有（　　）.

A. $f(x)g(b)>f(b)g(x)$　　B. $f(x)g(a)>f(a)g(x)$
C. $f(x)g(x)>f(b)g(b)$　　D. $f(x)g(x)>f(a)g(a)$

16. 设 $f(x)$ 是连续的奇函数，且设函数 $\lim\limits_{x\to 0}\frac{f(x)}{x}=0$，则（　　）.

A. $x=0$ 是 $f(x)$ 的极小值点
B. $x=0$ 是 $f(x)$ 的极大值点
C. 曲线 $y=f(x)$ 在 $x=0$ 的切线平行于 x 轴
D. 曲线 $y=f(x)$ 在 $x=0$ 的切线不平行于 x 轴

17. 若在区间 I 上，$f'(x)>0$，$f''(x)<0$，则曲线 $y=f(x)$ 在 I 是（　　）.

A. 单调减少且为凹弧　　B. 单调减少且为凸弧
C. 单调增加且为凹弧　　D. 单调增加且为凸弧

18. 设 $f(x)$ 在 (a,b) 内存在二阶导数，且 $xf''(x)-f'(x)<0$，则在 (a,b) 内 $\frac{f'(x)}{x}$（　　）.

A. 是凹曲线　　B. 单调增加　　C. 单调减少　　D. 是凸曲线

19. 曲线 $y=k\sin x$ 在 $\left[\pi,\frac{3\pi}{2}\right]$ 上是凸曲线，则 k(　　).

A. 大于0　　B. 小于0　　C. 等于0　　D. 等于1

20. 曲线 $y=\frac{2x^3}{(1-x)^2}$(　　).

A. 既有水平渐近线，又有垂直渐近线　　B. 只有水平渐近线

C. 有垂直渐近线 $x=1$　　D. 没有渐近线

三、求下列函数的极限

1. $\lim\limits_{x\to 0}\frac{3^x-5^x}{x}$.

2. $\lim\limits_{x\to +\infty}\frac{\frac{\pi}{2}-\arctan x}{\frac{1}{x}}$.

3. $\lim\limits_{x\to 0}\frac{\ln(1+x)-x}{\cos x-1}$.

4. $\lim\limits_{x\to 0}\frac{\tan x-x}{\sin x^2\ln(1+x)}$.

5. $\lim\limits_{x\to 0}\frac{\sin x-e^x+1}{1-\sqrt{1-x^2}}$.

6. $\lim\limits_{x\to 0}\left[\frac{1}{\ln(1+x)}-\frac{1}{x}\right]$.

7. $\lim\limits_{x\to 0}\left(\frac{1}{\sin x}-\frac{1}{x}\right)$.

8. $\lim\limits_{x\to 0}x\cot 2x$.

9. $\lim\limits_{x\to +\infty}\frac{e^x+\sin x}{e^x-\cos x}$.

10. $\lim\limits_{x\to 1}x^{\frac{1}{1-x}}$.

四、求 $f(x)=\frac{2}{3}x-x^{\frac{2}{3}}$ 的单调区间和极值.

五、求 $y=xe^{-x}$ 的凹凸区间和拐点.

六、问 a,b,c 为何值时，点$(-1,1)$是曲线 $y=x^3+ax^2+bx+c$ 的拐点，且是驻点?

阅读材料

经济学中的“拐点”和数学上的“拐点”

近年来,“拐点”一词频频出现于新闻报道、市场评论、人物访谈、书报杂志,涉及经济社会的各个层面.然而,出现于经济社会中的“拐点”与数学中“拐点”的意义是不一样的.

数学上,拐点是平面曲线弯曲方向发生改变的转折点,反映了曲线的一个特征,这一概念最早出现于微积分创始人莱布尼兹发表于1684年的第一篇微分学论文.

经济社会中的“拐点”不具有上述数学特征,请看下面的例子.

刘易斯拐点,即劳动力由过剩到短缺的转折点.是指在工业化过程中,随着农村富余劳动力向非农产业的逐步转移,农村富余劳动力逐渐减少,最终枯竭.这一观点是诺贝尔经济学奖获得者、发展经济学的领军人物、美国经济学家阿瑟-刘易斯于1954年提出的.房价拐点,2007年下半年,我国的房价在经历了一轮飙升之后,进入了回调期.房地产大佬万科董事会主席王石提出“房价拐点论”,大意是“房地产拐点已经出现,调整期将达到15个月”.2007年10月19日,《上海证券报》发表分析文章《流动性过剩局面可能已接近拐点》,2007年12月3日,《经济参考报》发表文章《中国楼市出现“拐点”了吗》,2007年12月23日《北京青年报》发文《2008不会成为楼市拐点》……

伴随着关于楼市拐点的争论,“拐点”一词火了起来:传媒产业拐点,股市拐点,期市拐点,车市拐点,白酒拐点,政策拐点,舆论拐点,收入拐点,行业景气拐点,人气拐点……

归纳起来,上述“拐点”无非是增长与下降或兴盛与衰败的转折点,这在数学上,对应的是函数的极值点,不是拐点!

下面来分析拐点邻近函数值的变化趋势.

1. 拐点邻近两侧的函数值增减趋势不变

以下假设为函数 $P(x_0,y(x_0))$ 为函数 $y=y(x)(a\leqslant x\leqslant b)$ 的一个拐点,在除点 x_0 外的区间上,$y(x)$ 的二阶导数总存在.从物理学的角度来看,$y'(x)$ 表示函数值改变的速度,$y''(x)$ 表示函数值改变的加速度.

情形1 设曲线上的动点从点 $A(a,y(a))$ 沿凹曲线弧上行,经过拐点 $P(x_0,y(x_0))$ 继续沿凸弧上行至 $B(b,y(b))$ 点(如附图3-1).

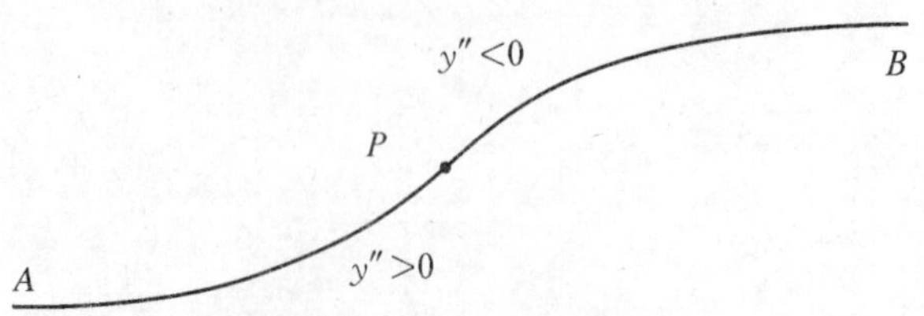

附图3-1 上行,先凹后凸

在区间 $[a,b]$ 上，函数 $y(x)$ 单调递增，其递增的速率 $y'(x)>0$. 在 AP 对应的区间 $[a,x_0)$ 上，$y''(x)>0$，$y(x)$ 以正加速度递增；而在 PB 对应的区间 $(x_0,b]$ 上，$y''(x)<0$，$y(x)$ 以负加速度递增.

在此情形下，在区间 $[a,b]$ 上，$y(x)$ 函数值递增的趋势不变，先加速上行，经过拐点后上行的速率减缓.

情形2　曲线上的动点从 A 沿凸曲线弧上行，经过拐点 P 继续沿凹弧上行至 B（如附图3-2）. 在此情形下，在 $[a,b]$ 区间上，函数 $y(x)$ 上行的趋势不变，在经过拐点后函数上行的速率加快.

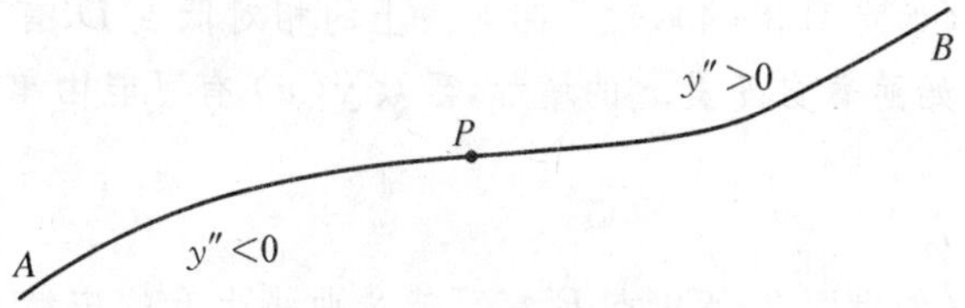

附图3-2　上行，先凸后凹

情形3　曲线上动点从点 C 沿凹曲线弧下行，经过拐点 P 继续沿凸弧下行至点 D（如附图3-3）. 在此情形下，在区间 $[a,b]$ 上，函数 $y(x)$ 下行的趋势不变；在经过拐点后函数下行的速率加快.

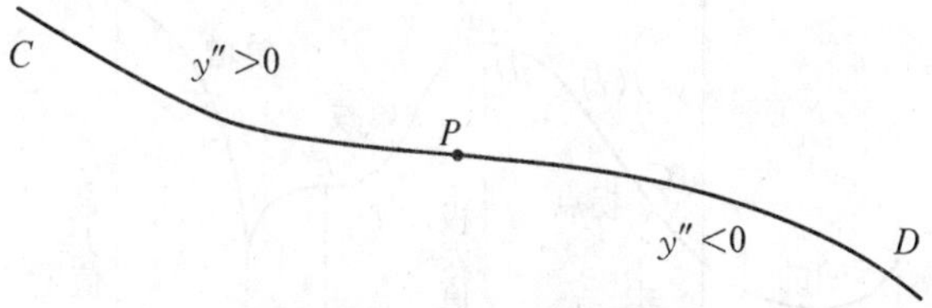

附图3-3　下行，先凹后凸

情形4　曲线上动点从点 C 沿凸弧下行，经过拐点 P 继续沿凹弧下行至点 D（如附图3-4）. 在此情形下，在区间 $[a,b]$ 上，函数 $y(x)$ 下行的趋势不变；在经过拐点后函数下行的速率减缓.

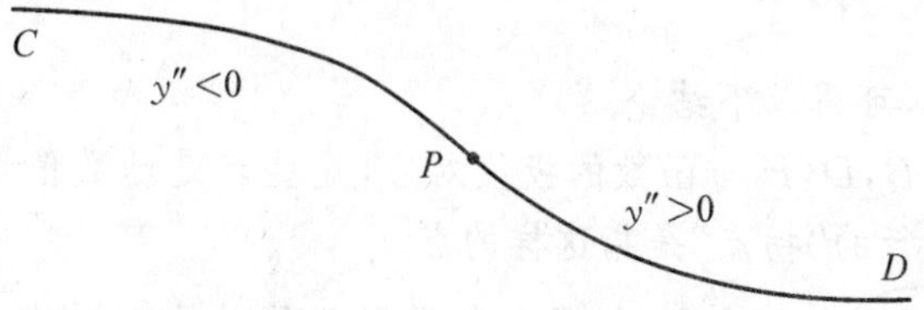

附图3-4　下行，先凸后凹

综上可见，对于曲线 $y=y(x)$ 而言，函数值的变化具有以下特征.

(1) 在拐点 P 对应的点 x_0 两侧，$y(x)$ 函数值递增或递减的趋势不变.

(2) 在点 x_0 的两侧邻近，速率 $y'(x)$ 的变化趋势改变，即由加速变为减速，或由减速变为加速，因此，点 x_0 又是表征速率的导函数 $y'(x)$ 值递增与递减的转折点.

(3) 反映着函数变化率的 $y'(x)$ 在点 x_0 处取得极值.

2. 函数变化趋势的可测性

分析以上诸图可见,曲线 $y=y(x)$ 在到达一个相对高点或相对低点以后,它的变化趋势发生逆转或进一步延续是可以预测的.

(1) 趋势逆转

对应于情形1(如附图3-1),位于凸曲线上的相对高点 B 有可能是曲线的一个峰,也即从点 B 开始随着自变量 x 的增加,函数 $y(x)$ 有可能由单调递增演化为单调递减.

对应于情形4(如附图3-4),位于凹曲线上的相对低点 D 有可能是曲线的一个谷,也即从点 D 开始随着自变量 x 的增加,函数 $y(x)$ 有可能由单调递减演化为单调递增.

(2) 趋势延续

对应于情形2(如附图3-2),点 B 有可能是曲线上升的中继点,也即函数 $y(x)$ 有可能继续单调递增.

3. 两种"拐点"的直观比较

设 $y=y(x)$ 是具有某种背景的现实问题的数学模型,附图3-5所示的曲线是该函数的图像.

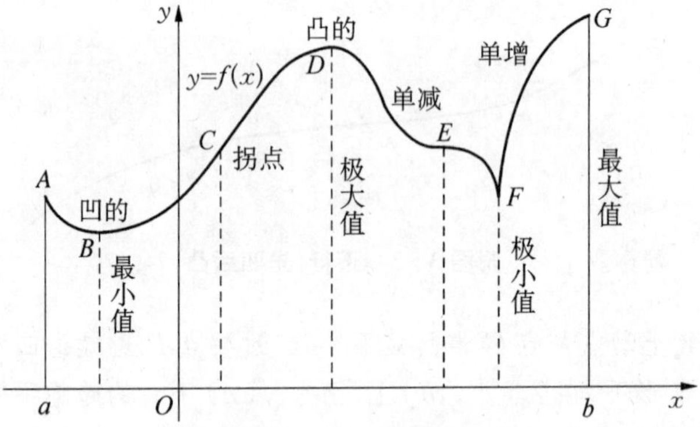

附图3-5 极值点和拐点

结合前述讨论,可得以下结论.

(1) 曲线上点 B,D,F 与函数的极值对应,这些点是函数值增减趋势的转折点,目前经济社会中流行的"拐点"是指这样的点.

(2) 曲线弧 $\overset{\frown}{BCD}$ 先凹后凸,点 C 是数学意义下的拐点;在拐点 C 的两侧临近曲线弧上升的速率由急到缓,但上升趋势保持不变.在曲线弧 $\overset{\frown}{DEF}$ 上,点 E 是拐点;在经过拐点 E 时,曲线下降趋势不变,下降速率由缓到急.

综上所述,数学上,极值点是函数值增减趋势的转折点,经济社会中的"拐点"是函数的极值点,不是数学的拐点.现代汉语词典关于拐点的解释是:拐点,名词.①高等数学上指曲线上凸与下凹的分界点；② 经济学上指某种经济数值持续向高后转低或持续向低后转高的转折点.

就数学意义下的拐点而言，在拐点邻近函数值增减趋势不变，但函数变化率的增减趋势发生转折.如果在经济分析中采用数学意义的拐点，既能反映函数值与导数值的变化趋势，还能对函数值未来的变化趋势做出预测.

——摘自《高等数学研究》第15卷第5期

第 4 章

不定积分与常微分方程

学习目标

1. 理解不定积分的概念、性质、几何意义，熟练掌握基本积分公式，掌握直接积分法.
2. 熟练掌握第一类换元积分法和第二类换元积分法.
3. 熟练掌握分部积分法.
4. 理解微分方程的概念，熟练掌握可分离变量的微分方程、一阶线性微分方程、二阶常系数线性齐次微分方程的解法.

§4.1 不定积分的概念与性质

一、原函数与不定积分

1. 原函数

定义 4-1-1 设 $F(x)$ 与 $f(x)$ 在区间 I 上有定义，若对任意的 $x \in I$，有

$$F'(x)=f(x) \text{ 或 } \mathrm{d}F(x)=f(x)\mathrm{d}x,$$

则称 $F(x)$ 为 $f(x)$ 在区间 I 上的一个**原函数**.

例如，因为 $(x^2)'=2x$，所以 x^2 是 $2x$ 在区间 $(-\infty,+\infty)$ 上的一个原函数.

又如，因为 $(\sin x)'=\cos x$，所以 $\sin x$ 是 $\cos x$ 在 $(-\infty,+\infty)$ 上的一个原函数.容易看出，$(\sin x+C)'=\cos x$（C 是任意常数），所以 $\sin x+C$ 都是 $\cos x$ 的原函数.那么，一个函数存在原函数的条件是什么？如果存在，原函数的个数有多少？这些原函数之间存在什么样的关系？

定理 4-1-1(原函数存在定理) 若函数 $f(x)$ 在区间 I 内连续，则 $f(x)$ 在该区间内的原函数必定存在.

由于初等函数在其有定义的区间内是连续的.由定理 4-1-1 知：初等函数在其定义的区间内都有原函数.

定理 4-1-2(原函数族定理) 如果函数 $f(x)$ 有原函数，则必有无穷多个原函数，且任意两个原函数之间至多只相差一个常数.

定理 4-1-2 表明：如果一个函数 $f(x)$ 有原函数 $F(x)$ 存在，则 $F(x)+C$（C 是任意常数）就是 $f(x)$ 的全部原函数.

2. 不定积分

定义 4-1-2　函数 $f(x)$ 在区间 I 上的原函数全体称为 $f(x)$ 在区间 I 上的**不定积分**，记作：

$$\int f(x)\mathrm{d}x,$$

其中 $\int$ 为积分号，$f(x)$ 为被积函数，$f(x)\mathrm{d}x$ 为被积表达式，x 为积分变量.

根据上面的讨论可知：如果 $F(x)$ 是 $f(x)$ 的一个原函数，则

$$\int f(x)\mathrm{d}x = F(x)+C\ (\text{其中 } C \text{ 为积分常数}).$$

显然，求不定积分与求导数（或微分）是互逆的，只是不定积分所表示的不是一个函数，而是一族函数.

例如：$\int 2x\,\mathrm{d}x = x^2+C$，$\int \cos x\,\mathrm{d}x = \sin x + C$.

因此求一个函数的不定积分，只需找到被积函数的一个原函数再加上任意常数 C 即可.

例 4-1-1　求下列不定积分：

(1) $\int \mathrm{e}^x\mathrm{d}x$；　(2) $\int \frac{1}{\sqrt{1-x^2}}\mathrm{d}x$.

解　(1) 因为 $(\mathrm{e}^x)'=\mathrm{e}^x$，所以 $\int \mathrm{e}^x\mathrm{d}x = \mathrm{e}^x + C$.

(2) 因为 $(\arcsin x)' = \frac{1}{\sqrt{1-x^2}}$，所以 $\int \frac{1}{\sqrt{1-x^2}}\mathrm{d}x = \arcsin x + C$.

3. 不定积分的几何意义

如果函数 $F(x)$ 是 $f(x)$ 的一个原函数，则 $f(x)$ 的不定积分 $\int f(x)\mathrm{d}x = F(x)+C$ 是 $f(x)$ 的原函数族，对于 C 每取一个值 C_0，就确定 $f(x)$ 的一个原函数，在平面直角坐标中，就确定一条曲线 $y=F(x)+C_0$，这条曲线叫作函数 $f(x)$ 的一条**积分曲线**，所有这些积分曲线，构成一个曲线族，称为 $f(x)$ 的**积分曲线族**（如图 4-1-1），这就是不定积分的几何意义.积分曲线中任意两条曲线上，对应于相同横坐标的点，其对应的纵坐标的差是一个常数，并且在这些点处的切线互相平行.

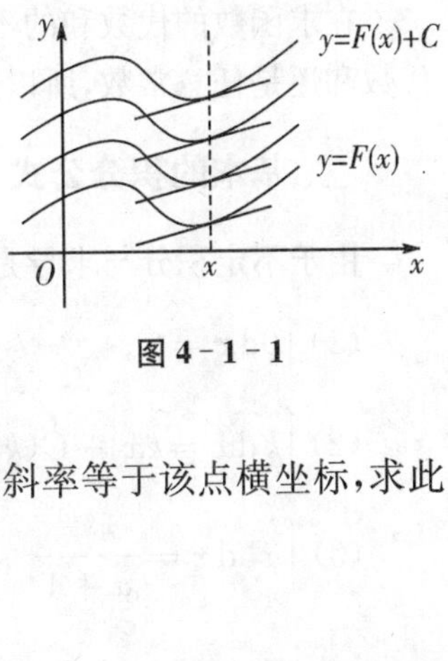

图 4-1-1

如果给定一个条件，就可以确定一个 C 值，因而就确定了一个原函数，即确定了一条积分曲线.

例 4-1-2　设曲线通过点 (2,3)，且其上任一点处的切线斜率等于该点横坐标，求此曲线的方程.

解 设所求曲线的方程为 $y=f(x)$，按题意有 $y'=x$. 于是，$y=\int x\mathrm{d}x=\frac{x^2}{2}+C$.

因为曲线通过点 (2,3)，代入上式可得 $C=1$.

所以,所求曲线的方程为 $y=\frac{x^2}{2}+1$.

二、不定积分的性质

由不定积分的定义,可以推出不定积分有如下性质:

性质 4-1-1 $\frac{\mathrm{d}}{\mathrm{d}x}\left[\int f(x)\mathrm{d}x\right]=f(x)$ 或 $\mathrm{d}\left[\int f(x)\mathrm{d}x\right]=f(x)\mathrm{d}x$.

性质 4-1-2 $\int F'(x)\mathrm{d}x=F(x)+C$ 或 $\int \mathrm{d}F(x)=F(x)+C$.

性质 4-1-3 两个函数代数和的不定积分等于这两个函数不定积分的代数和,即:

$$\int[f(x)\pm g(x)]\mathrm{d}x=\int f(x)\mathrm{d}x\pm\int g(x)\mathrm{d}x.$$

此性质可推广到有限个函数代数和的情况,即:

$$\int[f_1(x)\pm f_2(x)\pm\cdots\pm f_n(x)]\mathrm{d}x=\int f_1(x)\mathrm{d}x\pm\int f_2(x)\mathrm{d}x\pm\cdots\pm\int f_n(x)\mathrm{d}x.$$

性质 4-1-4 常数 $k(k\neq 0)$ 可提到不定积分符号的前面,即:

$$\int kf(x)\mathrm{d}x=k\int f(x)\mathrm{d}x\ (\text{常数 } k\neq 0).$$

例 4-1-3 求 $\int\left(x^2-\frac{5}{x}+3^x-2\sin x\right)\mathrm{d}x$.

解
$$\begin{aligned}\int\left(x^2-\frac{5}{x}+3^x-2\sin x\right)\mathrm{d}x&=\int x^2\mathrm{d}x-5\int\frac{1}{x}\mathrm{d}x+\int 3^x\mathrm{d}x-2\int\sin x\mathrm{d}x\\&=\frac{x^3}{3}-5\ln|x|+\frac{3^x}{\ln 3}+2\cos x+C.\end{aligned}$$

在求函数的代数和的不定积分时,虽然每一项的积分都应有一个积分常数,但任意常数代数和还是任意常数,所以这里把各积分常数合并为一个积分常数 C.

三、基本的积分公式

由于不定积分与求导是互为逆运算,可以从求基本导数公式得到相应的基本积分公式:

(1) $\int 0\mathrm{d}x=C$;

(2) $\int k\mathrm{d}x=kx+C$(k 是常数);

(3) $\int x^{\alpha}\mathrm{d}x=\frac{x^{\alpha+1}}{\alpha+1}+C$($\alpha$ 是常数且 $\alpha\neq-1$);

(4) $\int \frac{1}{x} dx = \ln|x| + C (x \neq 0)$;

(5) $\int a^x dx = \frac{a^x}{\ln a} + C (a > 0$, 且 $a \neq 1)$;

(6) $\int e^x dx = e^x + C$;

(7) $\int \sin x dx = -\cos x + C$;

(8) $\int \cos x dx = \sin x + C$;

(9) $\int \sec^2 x dx = \tan x + C$;

(10) $\int \csc^2 x dx = -\cot x + C$;

(11) $\int \sec x \tan x dx = \sec x + C$;

(12) $\int \csc x \cot x dx = -\csc x + C$;

(13) $\int \frac{1}{1+x^2} dx = \arctan x + C$;

(14) $\int \frac{1}{\sqrt{1-x^2}} dx = \arcsin x + C$.

上述公式可用微分法验证.基本积分公式是求不定积分的基础，请读者务必熟记.如利用幂函数积分公式有：

$$\int \frac{1}{x^2} dx = \int x^{-2} dx = \frac{1}{-2+1} x^{-2+1} + C = -\frac{1}{x} + C;$$

$$\int \sqrt{x} dx = \int x^{\frac{1}{2}} dx = \frac{1}{\frac{1}{2}+1} x^{\frac{1}{2}+1} + C = \frac{2}{3} x^{\frac{3}{2}} + C.$$

四、直接积分法

在求积分问题时，时常对被积函数进行适当的恒等变形(包括代数变换和三角变换)，再利用积分的性质 4-1-3 和性质 4-1-4，然后按基本积分公式求出结果，这样的积分法叫**直接积分法**.

例 4-1-4　求 $\int \frac{3x^2-2x+1}{x} dx$.

解　$\int \frac{3x^2-2x+1}{x} dx = \int \left(3x - 2 + \frac{1}{x}\right) dx = 3\int x dx - \int 2 dx + \int \frac{1}{x} dx$

$$= \frac{3}{2} x^2 - 2x + \ln|x| + C.$$

检验积分结果是否正确，只要对结果求导，看它的导数是否等于被积函数即可.

例 4-1-5 求$\int \frac{x^2}{1+x^2}dx$.

解 $\int \frac{x^2}{1+x^2}dx = \int\left(1-\frac{1}{1+x^2}\right)dx = x - \arctan x + C.$

例 4-1-6 求$\int \tan^2 x\,dx$.

解 $\int \tan^2 x\,dx = \int(\sec^2 x - 1)dx = \tan x - x + C.$

例 4-1-7 求$\int \sin^2\frac{x}{2}dx$.

解 $\int \sin^2\frac{x}{2}dx = \int\frac{1-\cos x}{2}dx = \frac{1}{2}x - \frac{1}{2}\sin x + C.$

例 4-1-8 求$\int \frac{1}{\sin^2 x\cos^2 x}dx$.

解 $\int \frac{1}{\sin^2 x\cos^2 x}dx = \int\frac{\sin^2 x+\cos^2 x}{\sin^2 x\cos^2 x}dx = \int(\sec^2 x + \csc^2 x)dx = \tan x - \cot x + C.$

例 4-1-9 求$\int \frac{dx}{1+\cos x}$.

解 $\int \frac{dx}{1+\cos x} = \int\frac{1-\cos x}{\sin^2 x}dx = \int(\csc^2 x - \csc x\cot x)dx = -\cot x + \csc x + C.$

习题 4.1

1. 求下列不定积分：

(1) $\int\left(x^4+3e^x+\csc^2 x-\frac{1}{x}\right)dx$；

(2) $\int\frac{3x^4+3x^2+1}{x^2+1}dx$；

(3) $\int\frac{1}{x\sqrt{x}}dx$；

(4) $\int e^x 5^x dx$；

(5) $\int\frac{x^2-4}{x-2}dx$；

(6) $\int\frac{1}{x^2(1+x^2)}dx$；

(7) $\int\cos^2\frac{x}{2}dx$；

(8) $\int\frac{1}{1+\cos 2x}dx$；

(9) $\int\frac{\cos 2x}{\sin^2 x\cos^2 x}dx$；

(10) $\int\cot^2 x\,dx$；

(11) $\int\frac{\cos 2x}{\sin x+\cos x}dx$；

(12) $\int\sec x(\sec x-\tan x)dx$.

2. 已知某曲线过点 (1,2)，且在任意一点 $M(x,y)$ 的切线斜率为 $3x^2$，求其曲线方程.

§4.2　换元积分法

利用直接积分法能求出的不定积分是十分有限的，因此，有必要进一步研究不定积分的其他方法.本节介绍第一类换元积分法和第二类换元积分法.

一、第一类换元积分法(凑微分法)

定理 4-2-1　设 $f(u)$ 具有原函数，$u=\varphi(x)$ 可导，则有换元公式

$$\int f[\varphi(x)]\varphi'(x)\mathrm{d}x=\int f[\varphi(x)]\mathrm{d}\varphi(x)\xlongequal{\text{设 }\varphi(x)=u}\int f(u)\mathrm{d}u=F(u)+C$$

$$\xlongequal{\text{回代 }u=\varphi(x)}F[\varphi(x)]+C.$$

通常把这样的积分方法称为**第一类换元积分法**.

第一类换元积分法的关键是如何选取 $\varphi(x)$，并将 $\varphi'(x)\mathrm{d}x$ 凑成微分 $\mathrm{d}\varphi(x)$ 的形式，因此，第一类换元积分法又称为“凑微分”法.

例 4-2-1　求 $\int(3x-1)^{2012}\mathrm{d}x$.

解　上式与基本积分公式 $\int x^{a}\mathrm{d}x$ 类似，为此，凑微分 $\mathrm{d}x=\frac{1}{3}\mathrm{d}(3x-1)$，

$$\int(3x-1)^{2\,012}\mathrm{d}x=\frac{1}{3}\int(3x-1)^{2\,012}\mathrm{d}(3x-1)\xlongequal{u=3x-1}\frac{1}{3}\int u^{2\,012}\mathrm{d}u=\frac{1}{6\,039}u^{2\,013}+C$$

$$\xlongequal{\text{回代 }u=3x-1}\frac{1}{6\,039}(3x-1)^{2\,013}+C.$$

当运算比较熟练时，可略去中间的换元步骤，直接凑微分后积分即可.

例 4-2-2　求 $\int x\mathrm{e}^{x^2}\mathrm{d}x$.

解　$\int x\mathrm{e}^{x^2}\mathrm{d}x=\frac{1}{2}\int\mathrm{e}^{x^2}\mathrm{d}(x^2)=\frac{1}{2}\mathrm{e}^{x^2}+C.$

例 4-2-3　求 $\int\frac{(\ln x)^2}{x}\mathrm{d}x$.

解　$\int\frac{(\ln x)^2}{x}\mathrm{d}x=\int(\ln x)^2\mathrm{d}(\ln x)=\frac{1}{3}(\ln x)^3+C.$

例 4-2-4　求 $\int\frac{\cos\sqrt{x}}{\sqrt{x}}\mathrm{d}x$.

解　$\int\frac{\cos\sqrt{x}}{\sqrt{x}}\mathrm{d}x=2\int\cos\sqrt{x}\,\mathrm{d}\sqrt{x}=2\sin\sqrt{x}+C.$

例 4-2-5　求 $\int\frac{\mathrm{e}^x}{1+\mathrm{e}^x}\mathrm{d}x$.

解　$\int\frac{\mathrm{e}^x}{1+\mathrm{e}^x}\mathrm{d}x=\int\frac{1}{1+\mathrm{e}^x}\mathrm{d}\mathrm{e}^x=\int\frac{1}{1+\mathrm{e}^x}\mathrm{d}(\mathrm{e}^x+1)=\ln(1+\mathrm{e}^x)+C.$

例 4-2-6 求$\int \tan x\,dx$.

解 $\int \tan x\,dx=\int \frac{\sin x}{\cos x}dx=-\int \frac{d(\cos x)}{\cos x}=-\ln|\cos x|+C.$

类似地,可得$\int \cot x\,dx=\ln|\sin x|+C.$

例 4-2-7 求$\int \sin^2 x\,dx$.

解 $$\int \sin^2 x\,dx=\int \frac{1-\cos 2x}{2}dx=\int \frac{1}{2}dx-\frac{1}{2}\int \cos 2x\,dx$$
$$=\frac{x}{2}-\frac{1}{4}\int \cos 2x\,d(2x)=\frac{x}{2}-\frac{1}{4}\sin 2x+C.$$

例 4-2-8 求$\int \sin^4 x\cos x\,dx$.

解 $\int \sin^4 x\cos x\,dx=\int \sin^4 x\,d(\sin x)=\frac{1}{5}\sin^5 x+C.$

例 4-2-9 求$\int \sec^4 x\,dx$.

解 $\int \sec^4 x\,dx=\int \sec^2 x\,d(\tan x)=\int (1+\tan^2 x)\,d(\tan x)=\tan x+\frac{1}{3}\tan^3 x+C.$

例 4-2-10 求$\int \frac{\arctan\sqrt{x}}{\sqrt{x}(1+x)}dx$.

解 $$\int \frac{\arctan\sqrt{x}}{\sqrt{x}(1+x)}dx=2\int \frac{\arctan\sqrt{x}}{1+x}d(\sqrt{x})$$
$$=2\int \arctan\sqrt{x}\,d(\arctan\sqrt{x})=(\arctan\sqrt{x})^2+C.$$

例 4-2-11 求$\int \frac{1}{\sqrt{a^2-x^2}}dx\ (a>0)$.

解 $$\int \frac{1}{\sqrt{a^2-x^2}}dx=\frac{1}{a}\int \frac{1}{\sqrt{1-\left(\frac{x}{a}\right)^2}}dx=\int \frac{1}{\sqrt{1-\left(\frac{x}{a}\right)^2}}d\left(\frac{x}{a}\right)=\arcsin\frac{x}{a}+C.$$

类似地,可得$\int \frac{1}{a^2+x^2}dx=\frac{1}{a}\arctan\frac{x}{a}+C.$

例 4-2-12 求$\int \frac{1}{a^2-x^2}dx$.

解 $$\int \frac{1}{a^2-x^2}dx=\frac{1}{2a}\int \left(\frac{1}{a-x}+\frac{1}{a+x}\right)dx$$
$$=\frac{1}{2a}\int \frac{1}{a+x}d(a+x)-\frac{1}{2a}\int \frac{1}{a-x}d(a-x)$$

$$=\frac{1}{2a}\ln|a+x|-\frac{1}{2a}\ln|a-x|+C=\frac{1}{2a}\ln\left|\frac{a+x}{a-x}\right|+C.$$

通过以上例题可以发现,运用第一类换元法有很强的技巧性,只有在练习过程中归纳总结,积累经验,才能灵活运用.下面介绍几种常见凑微分的等式供参考:

(1) $\int f(ax+b)\mathrm{d}x=\frac{1}{a}\int f(ax+b)\mathrm{d}(ax+b)\quad (a\neq 0)$,　　$u=ax+b$;

(2) $\int f(ax^2+b)x\mathrm{d}x=\frac{1}{2a}\int f(ax^2+b)\mathrm{d}(ax^2+b)\quad (a\neq 0)$,　　$u=ax^2+b$;

(3) $\int f(\ln x)\frac{1}{x}\mathrm{d}x=\int f(\ln x)\mathrm{d}(\ln x)$,　　$u=\ln x$;

(4) $\int f\left(\frac{1}{x}\right)\frac{1}{x^2}\mathrm{d}x=-\int f\left(\frac{1}{x}\right)\mathrm{d}\left(\frac{1}{x}\right)$,　　$u=\frac{1}{x}$;

(5) $\int f(\sqrt{x})\frac{1}{\sqrt{x}}\mathrm{d}x=2\int f(\sqrt{x})\mathrm{d}(\sqrt{x})$,　　$u=\sqrt{x}$;

(6) $\int f(\mathrm{e}^x)\mathrm{e}^x\mathrm{d}x=\int f(\mathrm{e}^x)\mathrm{d}(\mathrm{e}^x)$,　　$u=\mathrm{e}^x$;

(7) $\int f(\sin x)\cos x\mathrm{d}x=\int f(\sin x)\mathrm{d}(\sin x)$,　　$u=\sin x$;

(8) $\int f(\cos x)\sin x\mathrm{d}x=-\int f(\cos x)\mathrm{d}(\cos x)$,　　$u=\cos x$;

(9) $\int f(\tan x)\sec^2 x\mathrm{d}x=\int f(\tan x)\mathrm{d}(\tan x)$,　　$u=\tan x$;

(10) $\int f(\cot x)\csc^2 x\mathrm{d}x=-\int f(\cot x)\mathrm{d}(\cot x)$,　　$u=\cot x$;

(11) $\int f(\arctan x)\frac{1}{1+x^2}\mathrm{d}x=\int f(\arctan x)\mathrm{d}(\arctan x)$,　　$u=\arctan x$;

(12) $\int f(\arcsin x)\frac{1}{\sqrt{1-x^2}}\mathrm{d}x=\int f(\arcsin x)\mathrm{d}(\arcsin x)$,　　$u=\arcsin x$.

二、第二类换元积分法(去根号法)

第一类换元积分法是选择新的积分变量 u,令 $u=\varphi(x)$ 进行换元,但另有一些不定积分 $\int f(x)\mathrm{d}x$,经适当选择 $x=\varphi(t)$ 代入后,$\int f(x)\mathrm{d}x=\int f[\varphi(t)]\varphi'(t)\mathrm{d}t$ 容易求出.

例如:$\int\frac{1}{1+\sqrt{x}}\mathrm{d}x\xlongequal{\sqrt{x}=t,x=t^2}\int\frac{2t}{1+t}\mathrm{d}t$.

定理 4-2-2　设 $x=\varphi(t)$ 单调可导,且 $\varphi'(t)\neq 0$,若 $\int f[\varphi(t)]\varphi'(t)\mathrm{d}t=F(t)+C$,则

$$\int f(x)\mathrm{d}x=\int f[\varphi(t)]\varphi'(t)\mathrm{d}t=F(t)+C=F[\varphi^{-1}(x)]+C,$$

这样的积分法叫作**第二类换元积分法**.

第二类换元积分法的关键是恰当地选择变换 $x=\varphi(t)$，去掉被积函数中的根式，将无理的被积函数转化为有理的被积函数，因此，第二类换元积分法又称为“去根号”法.

1. 根式代换

被积函数中含有 $\sqrt[n]{ax+b}$ 的不定积分，令 $\sqrt[n]{ax+b}=t$，即做变换

$$x=\frac{1}{a}(t^n-b)(a\neq 0),\mathrm{d}x=\frac{n}{a}t^{n-1}\mathrm{d}t.$$

例 4-2-13 求 $\int\frac{1}{1+\sqrt{x}}\mathrm{d}x$.

解 为去掉被积函数分母中的根式，不妨设 $\sqrt{x}=t$，则 $x=t^2$，

$$\int\frac{1}{1+\sqrt{x}}\mathrm{d}x=\int\frac{1}{1+t}\mathrm{d}(t^2)=2\int\frac{t}{1+t}\mathrm{d}t=2\int\frac{(1+t)-1}{1+t}\mathrm{d}t$$

$$=2\int\mathrm{d}t-2\int\frac{1}{1+t}\mathrm{d}t=2t-2\ln|1+t|+C=2\sqrt{x}-2\ln(1+\sqrt{x})+C.$$

对积分引进适当的变量代换后，要同时做到两换：一换被积函数，二换积分微元，两者缺一不可.

例 4-2-14 求 $\int\frac{1}{\sqrt{x}+\sqrt[3]{x}}\mathrm{d}x$.

解 设 $x=t^6(t>0)$，则

$$\int\frac{1}{\sqrt{x}+\sqrt[3]{x}}\mathrm{d}x=\int\frac{6t^5}{t^3+t^2}\mathrm{d}t=6\int\frac{t^3}{t+1}\mathrm{d}t=6\int\left(t^2-t+1-\frac{1}{t+1}\right)\mathrm{d}t$$

$$=6\left(\frac{t^3}{3}-\frac{t^2}{2}+t-\ln|t+1|\right)+C$$

$$=2\sqrt{x}-3\sqrt[3]{x}+6\sqrt[6]{x}-6\ln(\sqrt[6]{x}+1)+C.$$

> **注意** 如果被积函数中含有不同根指数的同一个函数的根式，我们可以取各不同根指数的最小公倍数作为此函数的根指数，并以所得根式为新的积分变量 t，从而同时消除了被积函数中的这些根式.

例 4-2-15 求 $\int\frac{1}{\sqrt{e^x-1}}\mathrm{d}x$.

解 设 $\sqrt{e^x-1}=t$，则 $x=\ln(1+t^2)$，$\mathrm{d}x=\frac{2t}{1+t^2}\mathrm{d}t$，

$$\int\frac{1}{\sqrt{e^x-1}}\mathrm{d}x=2\int\frac{1}{1+t^2}\mathrm{d}t=2\arctan t+C=2\arctan\sqrt{e^x-1}+C.$$

2. 三角代换

例 4-2-16 求 $\int\sqrt{a^2-x^2}\mathrm{d}x(a>0)$.

解　被积函数中含有 $\sqrt{a^2-x^2}$，不能像上述进行根式代换，但可以利用三角恒等式 $\sin^2\theta+\cos^2\theta=1$，使被积函数有理化，设 $x=a\sin\theta\left(-\dfrac{\pi}{2}\leqslant\theta\leqslant\dfrac{\pi}{2}\right)$.

$$\int\sqrt{a^2-x^2}\,\mathrm{d}x=\int\sqrt{a^2-a^2\sin^2\theta}\,\mathrm{d}(a\sin\theta)=a^2\int\cos^2\theta\,\mathrm{d}\theta=\frac{a^2}{2}\int(1+\cos 2\theta)\,\mathrm{d}\theta$$

$$=\frac{a^2}{2}\left(\theta+\frac{1}{2}\sin 2\theta\right)+C=\frac{a^2}{2}\theta+\frac{a^2}{2}\sin\theta\cos\theta+C.$$

因为 $x=a\sin\theta,\sin\theta=\dfrac{x}{a},\theta=\arcsin\dfrac{x}{a}$，并有

$$\cos\theta=\sqrt{1-\sin^2\theta}=\sqrt{1-\frac{x^2}{a^2}}=\frac{\sqrt{a^2-x^2}}{a},$$

所以

$$\int\sqrt{a^2-x^2}\,\mathrm{d}x=\frac{a^2}{2}\arcsin\frac{x}{a}+\frac{a^2}{2}\frac{x}{a}\frac{\sqrt{a^2-x^2}}{a}+C$$

$$=\frac{a^2}{2}\arcsin\frac{x}{a}+\frac{x}{2}\sqrt{a^2-x^2}+C.$$

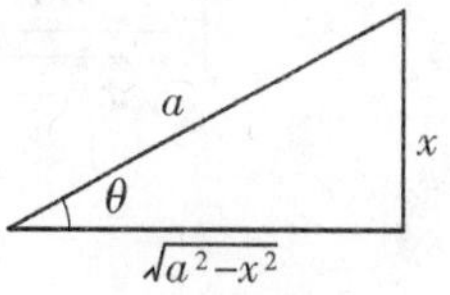

图 4-2-1

也可根据 $\sin\theta=\dfrac{x}{a}$，作如图所示的辅助直角三角形（如图 4-2-1），直接得出：

$$\cos\theta=\frac{\sqrt{a^2-x^2}}{a}.$$

例 4-2-17　求 $\displaystyle\int\frac{1}{\sqrt{a^2+x^2}}\,\mathrm{d}x\,(a>0)$.

解　利用三角公式 $1+\tan^2\theta=\sec^2\theta$，令 $x=a\tan\theta\left(-\dfrac{\pi}{2}<\theta<\dfrac{\pi}{2}\right)$，则 $\sqrt{a^2+x^2}=a\sec\theta$（如图 4-2-2），$\mathrm{d}x=a\sec^2\theta\,\mathrm{d}\theta$，于是

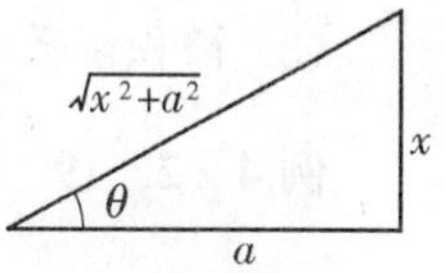

图 4-2-2

$$\int\frac{\mathrm{d}x}{\sqrt{a^2+x^2}}=\int\frac{a\sec^2\theta}{a\sec\theta}\,\mathrm{d}\theta=\int\sec\theta\,\mathrm{d}\theta$$

$$=\ln|\sec\theta+\tan\theta|+C_1$$

$$=\ln\left|\frac{\sqrt{a^2+x^2}}{a}+\frac{x}{a}\right|+C_1$$

$$=\ln\left|x+\sqrt{a^2+x^2}\right|+C\,(C=C_1-\ln a).$$

注意　$\displaystyle\int\sec\theta\,\mathrm{d}\theta=\int\frac{\sec\theta(\sec\theta+\tan\theta)}{(\sec\theta+\tan\theta)}\,\mathrm{d}\theta=\int\frac{\mathrm{d}(\sec\theta+\tan\theta)}{(\sec\theta+\tan\theta)}=\ln|\sec\theta+\tan\theta|+C.$

例 4-2-18 求 $\int \frac{dx}{\sqrt{x^2-a^2}}(a>0)$.

解 利用公式 $\sec^2\theta-1=\tan^2\theta$ 来化去根式.注意到被积函数的定义域是 $x>a$ 和 $x<-a$ 两个区间,在两区间分别求不定积分.

当 $x>a$ 时,设 $x=a\sec\theta\left(0<\theta<\frac{\pi}{2}\right)$,则 $\sqrt{x^2-a^2}=a\tan\theta$(如图 4-2-3).

$dx=a\sec\theta\tan\theta d\theta$,于是

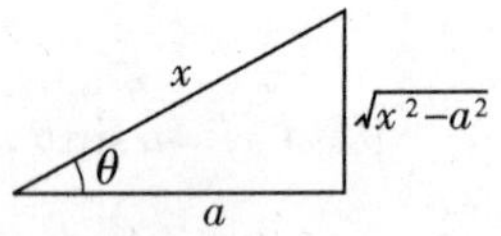

图 4-2-3

$$\begin{aligned}\int \frac{dx}{\sqrt{x^2-a^2}}&=\int \frac{a\sec\theta\tan\theta}{a\tan\theta}d\theta=\int\sec\theta d\theta\\&=\ln(\sec\theta+\tan\theta)+C_1\\&=\ln\left|\frac{x}{a}+\frac{\sqrt{x^2-a^2}}{a}\right|+C_1\\&=\ln(x+\sqrt{x^2-a^2})+C(C=C_1-\ln a).\end{aligned}$$

当 $x<-a$ 时,令 $x=-u$,则 $u>a$,于是

$$\begin{aligned}\int \frac{dx}{\sqrt{x^2-a^2}}&=-\int \frac{du}{\sqrt{u^2-a^2}}=-\ln(u+\sqrt{u^2-a^2})+C_2\\&=-\ln(-x+\sqrt{x^2-a^2})+C_2=\ln\frac{-x-\sqrt{x^2-a^2}}{a^2}+C_2\\&=\ln(-x-\sqrt{x^2-a^2})+C(C=C_2-2\ln a).\end{aligned}$$

把在 $x>a$ 及 $x<-a$ 内的结果合起来,可写作 $\int \frac{1}{\sqrt{x^2-a^2}}dx=\ln\left|x+\sqrt{x^2-a^2}\right|+C$.

第二类换元积分法中的三角代换,主要用于被积函数中含有二次根式的积分,所做变换主要有三种:

(1) 被积函数中含有 $\sqrt{a^2-x^2}(a>0)$,令 $x=a\sin\theta$;

(2) 被积函数中含有 $\sqrt{a^2+x^2}(a>0)$,令 $x=a\tan\theta$;

(3) 被积函数中含有 $\sqrt{x^2-a^2}(a>0)$,令 $x=a\sec\theta$.

例 4-2-19 求 $\int \frac{x^2}{\sqrt{1-x^2}}dx$.

解 设 $x=\sin t,\sqrt{1-x^2}=\cos t,dx=\cos t dt$,于是

$$\begin{aligned}\int \frac{x^2}{\sqrt{1-x^2}}dx&=\int \frac{\sin^2 t\cos t}{\cos t}dt=\int\sin^2 t dt=\int\frac{1-\cos 2t}{2}dt\\&=\frac{1}{2}\int dt-\frac{1}{4}\int\cos 2t d(2t)\\&=\frac{t}{2}-\frac{1}{4}\sin 2t+C=\frac{t}{2}-\frac{1}{2}\sin t\cos t+C\end{aligned}$$

$$=\frac{1}{2}\arcsin x-\frac{x}{2}\sqrt{1-x^2}+C.$$

注意　有时为了消去被积函数分母中的变量因子 x^n，常采用**倒代换法**换元.

在本节的例题中，有些不定积分的结果，以后经常用到，现作为基本公式列在下面：

(1) $\int \tan x\,\mathrm{d}x=-\ln|\cos x|+C$；

(2) $\int \cot x\,\mathrm{d}x=\ln|\sin x|+C$；

(3) $\int \sec x\,\mathrm{d}x=\ln|\sec x+\tan x|+C$；

(4) $\int \csc x\,\mathrm{d}x=\ln|\csc x-\cot x|+C$；

(5) $\int \frac{1}{a^2+x^2}\mathrm{d}x=\frac{1}{a}\arctan\frac{x}{a}+C$；

(6) $\int \frac{1}{a^2-x^2}\mathrm{d}x=\frac{1}{2a}\ln\left|\frac{a+x}{a-x}\right|+C$；

(7) $\int \frac{1}{\sqrt{a^2-x^2}}\mathrm{d}x=\arcsin\frac{x}{a}+C$；

(8) $\int \frac{1}{\sqrt{x^2\pm a^2}}\mathrm{d}x=\ln\left|x+\sqrt{x^2\pm a^2}\right|+C$.

本节介绍了两类换元积分法，利用这两类方法将一些不定积分转化为可以利用直接积分法的不定积分.第一类换元积分法使用的范围比较广，技巧性比较强，但对一些无理函数的积分，往往需用第二类换元积分法.

习题 4.2

1. 求下列不定积分：

(1) $\int \cos(1-3x)\mathrm{d}x$；　　(2) $\int \frac{1}{\sqrt{1-2x}}\mathrm{d}x$；

(3) $\int x\mathrm{e}^{-x^2}\mathrm{d}x$；　　(4) $\int \frac{\ln x}{x}\mathrm{d}x$；

(5) $\int \frac{1}{x(1+\ln x)}\mathrm{d}x$；　　(6) $\int \frac{\mathrm{e}^x}{2+\mathrm{e}^x}\mathrm{d}x$；

(7) $\int \frac{1}{1+\mathrm{e}^x}\mathrm{d}x$；　　(8) $\int \frac{1}{x^2}\mathrm{e}^{\frac{1}{x}}\mathrm{d}x$；

(9) $\int \frac{\sin\sqrt{x}}{\sqrt{x}}\mathrm{d}x$；　　(10) $\int \frac{\sin x}{\cos^5 x}\mathrm{d}x$；

(11) $\int \cos^2 3x\,dx$；　(12) $\int \sin^4 x\cos x\,dx$；

(13) $\int e^{\sin x}\cos x\,dx$；　(14) $\int \frac{\arctan x}{1+x^2}dx$；

(15) $\int \frac{1}{1+9x^2}dx$；　(16) $\int \frac{1}{\sqrt{4-25x^2}}dx$；

(17) $\int \frac{1}{16-9x^2}dx$；　(18) $\int \frac{2x-3}{\sqrt{1-x^2}}dx$.

2. 求下列不定积分：

(1) $\int \frac{1}{1-\sqrt{x}}dx$；　(2) $\int \frac{1}{\sqrt{x+1}+2}dx$；

(3) $\int \frac{1}{\sqrt{x}+\sqrt[4]{x}}dx$；　(4) $\int \sqrt{1-4x^2}\,dx$；

(5) $\int \frac{1}{x\sqrt{x^2-1}}dx$；　(6) $\int \frac{\sqrt{x^2+1}}{x^2}dx$.

§4.3　分部积分法

换元积分法在计算不定积分时起了很重要的作用，但对像 $\int xe^x\,dx$，$\int x\ln x\,dx$ 等类型的积分，换元积分法往往不能奏效，下面介绍另一种基本积分法——分部积分法.

定理 4-3-1　设函数 $u(x)$，$v(x)$ 具有连续的导数，则 $\int u\,dv = uv - \int v\,du$.

证明　根据乘积的微分公式有 $d(uv) = u\,dv + v\,du$，移项得

$$u\,dv = d(uv) - v\,du,$$

两边积分 $\int u\,dv = uv - \int v\,du$，称为不定积分的**分部积分公式**.

注意

分部积分公式主要解决被积函数是两类函数乘积的不定积分，使用的关键是恰当地选择 u 和 dv：

(1) dv 易求.

(2) 新积分 $\int v\,du$ 比原积分 $\int u\,dv$ 易求.

例 4-3-1　求 $\int x\cos x\,dx$.

解　设 $u=x$，$dv=\cos x\,dx$，则 $du=dx$，$v=\sin x$，代入公式得

$$\int x\cos x\,dx = \int x\,d(\sin x) = x\sin x - \int \sin x\,dx = x\sin x + \cos x + C.$$

例 4-3-2　求$\int x\mathrm{e}^{-x}\mathrm{d}x$.

解　$\int x\mathrm{e}^{-x}\mathrm{d}x=-\int x\mathrm{d}(\mathrm{e}^{-x})=-(x\mathrm{e}^{-x}-\int \mathrm{e}^{-x}\mathrm{d}x)$

$$=-[x\mathrm{e}^{-x}-(-\mathrm{e}^{-x})]+C=-x\mathrm{e}^{-x}-\mathrm{e}^{-x}+C.$$

例 4-3-3　求$\int x^2\ln x\mathrm{d}x$.

解　$\int x^2\ln x\mathrm{d}x=\frac{1}{3}\int \ln x\mathrm{d}(x^3)=\frac{1}{3}x^3\ln x-\frac{1}{3}\int x^3\mathrm{d}(\ln x)$

$$=\frac{1}{3}x^3\ln x-\frac{1}{3}\int x^2\mathrm{d}x=\frac{1}{3}x^3\ln x-\frac{1}{9}x^3+C.$$

例 4-3-4　求$\int \ln x\mathrm{d}x$.

解　$\int \ln x\mathrm{d}x=x\ln x-\int x\frac{1}{x}\mathrm{d}x=x\ln x-x+C.$

类似的不定积分有:$\int \arcsin x\mathrm{d}x$,$\int \arctan x\mathrm{d}x$ 等.

例 4-3-5　求$\int x\arctan x\mathrm{d}x$.

解　$\int x\arctan x\mathrm{d}x=\frac{1}{2}\int \arctan x\mathrm{d}(x^2)=\frac{1}{2}x^2\arctan x-\frac{1}{2}\int x^2\mathrm{d}(\arctan x)$

$$=\frac{1}{2}x^2\arctan x-\frac{1}{2}\int \frac{x^2}{1+x^2}\mathrm{d}x$$

$$=\frac{1}{2}x^2\arctan x-\frac{1}{2}x+\frac{1}{2}\arctan x+C.$$

例 4-3-6　求$\int x^2\mathrm{e}^x\mathrm{d}x$.

解　$\int x^2\mathrm{e}^x\mathrm{d}x=\int x^2\mathrm{d}(\mathrm{e}^x)=x^2\mathrm{e}^x-\int \mathrm{e}^x\mathrm{d}(x^2)=x^2\mathrm{e}^x-2\int x\mathrm{e}^x\mathrm{d}x$

$$=x^2\mathrm{e}^x-2\int x\mathrm{d}(\mathrm{e}^x)=x^2\mathrm{e}^x-2x\mathrm{e}^x+2\int \mathrm{e}^x\mathrm{d}x=x^2\mathrm{e}^x-2x\mathrm{e}^x+2\mathrm{e}^x+C.$$

按照不定积分求解的需要,可多次使用分部积分公式.

例 4-3-7　设$\frac{\cos x}{x}$为$f(x)$的一个原函数,求$\int xf'(x)\mathrm{d}x$.

解　因为$\frac{\cos x}{x}$为$f(x)$的一个原函数,所以

$$\int f(x)\mathrm{d}x=\frac{\cos x}{x}+C,f(x)=-\frac{x\sin x+\cos x}{x^2}.$$

故

$$\int xf'(x)\mathrm{d}x=\int x\mathrm{d}[f(x)]=xf(x)-\int f(x)\mathrm{d}x$$

$$=xf(x)-\frac{\cos x}{x}+C=-\frac{2\cos x}{x}-\sin x+C.$$

例 4-3-8 求$\int e^x \sin x\,dx$.

解 $\int e^x \sin x\,dx=\int \sin x\,d(e^x)=e^x\sin x-\int e^x d(\sin x)=e^x\sin x-\int e^x\cos x\,dx$

$$=e^x\sin x-\int \cos x\,d(e^x)=e^x\sin x-e^x\cos x+\int e^x d(\cos x)$$

$$=e^x\sin x-e^x\cos x-\int e^x\sin x\,dx.$$

移项并合并得:$\int e^x \sin x\,dx=\frac{1}{2}e^x(\sin x-\cos x)+C$.

上面的例子是在两次使用分部积分公式后又回到原来的积分,这时只需要采用解方程的方法,从而解得原不定积分.但要注意,两次分部积分中 u 的选择要一致,否则二次分部积分后将化回到原式.

一般有:$\int e^{ax}\sin bx\,dx=\frac{e^{ax}}{a^2+b^2}(a\sin bx-b\cos bx)+C$;

$$\int e^{ax}\cos bx\,dx=\frac{e^{ax}}{a^2+b^2}(a\cos bx+b\sin bx)+C.$$

分部积分法中 u,v 的选择方法有以下常用的几种类型:

(1) $\int P_n(x)e^x\,dx$,$\int P_n(x)\sin x\,dx$,$\int P_n(x)\cos x\,dx$ 型(被积函数是幂函数与指数或三角函数的乘积).

一般选择 $u=P_n(x)$,dv 分别为:$dv=e^x\,dx$,$dv=\sin x\,dx$,$dv=\cos x\,dx$,其中 $P_n(x)$ 为 n 次多项式.

(2) $\int P_n(x)\ln x\,dx$,$\int P_n(x)\arcsin x\,dx$,$\int P_n(x)\arctan x\,dx$ 型(被积函数是幂函数与对数或反三角函数的乘积).

一般选择 u 分别为:$u=\ln x$,$u=\arcsin x$,$u=\arctan x$,而 $dv=P_n(x)dx$,其中 $P_n(x)$ 为 n 次多项式.

(3) $\int e^{ax}\sin bx\,dx$,$\int e^{ax}\cos bx\,dx$ 型.

u,v 的选择可以是被积函数中两个因子的任何一个,注意"通过循环",解方程求不定积分.

有些不定积分还需要综合运用换元积分法和分部积分法来求解.

例 4-3-9 求$\int \sin\sqrt{x}\,dx$.

解 设 $\sqrt{x}=t$,则 $x=t^2$,$dx=2t\,dt$.

$\int \sin\sqrt{x}\,dx=2\int t\sin t\,dt=-2\int t\,d(\cos t)=-2t\cos t+2\int \cos t\,dt$

$$=-2t\cos t+2\sin t+C=-2\sqrt{x}\cos\sqrt{x}+2\sin\sqrt{x}+C.$$

有些不定积分既可以用换元积分法,也可以用分部积分法求解.

例 4-3-10 求$\int \sec^3 x\,dx$.

解 $\int \sec^3 x \mathrm{d}x = \int \sec x \cdot \sec^2 x \mathrm{d}x = \int \sec x \mathrm{d}(\tan x) = \sec x \tan x - \int \tan x \mathrm{d}(\sec x)$

$$= \sec x \tan x - \int \sec x \tan^2 x \mathrm{d}x = \sec x \tan x - \int (\sec^3 x - \sec x) \mathrm{d}x$$

$$= \sec x \tan x - \int \sec^3 x \mathrm{d}x + \int \sec x \mathrm{d}x$$

$$= \sec x \tan x - \int \sec^3 x \mathrm{d}x + \ln|\sec x + \tan x|,$$

移项并合并得：$\int \sec^3 x \mathrm{d}x = \frac{1}{2}\sec x \tan x + \frac{1}{2}\ln|\sec x + \tan x| + C.$

习题 4.3

1. 求下列不定积分：

(1) $\int x \sin x \mathrm{d}x$；　　(2) $\int x \mathrm{e}^{2x} \mathrm{d}x$；

(3) $\int x^4 \ln x \mathrm{d}x$；　　(4) $\int \arcsin x \mathrm{d}x$；

(5) $\int x \tan^2 x \mathrm{d}x$；　　(6) $\int \frac{x}{\cos^2 x} \mathrm{d}x$；

(7) $\int \frac{\ln x}{\sqrt{x}} \mathrm{d}x$；　　(8) $\int \mathrm{e}^x \cos x \mathrm{d}x$；

(9) $\int \ln(1+x^2) \mathrm{d}x$；　　(10) $\int (x^2+2)\cos x \mathrm{d}x$；

(11) $\int \mathrm{e}^{\sqrt{x}} \mathrm{d}x$；　　(12) $\int \arctan\sqrt{x} \mathrm{d}x$.

2. 设 $\frac{\sin x}{x}$ 为 $f(x)$ 的一个原函数，求 $\int x f'(x) \mathrm{d}x$.

§4.4　常微分方程

在科学研究和实际生产中，很多问题可以归结为用微分方程表示的数学模型.本节主要介绍常微分方程的基本概念和几种常用的常微分方程的解法.

一、微分方程的基本概念

定义 4-4-1　含有未知函数的导数(或微分)的方程称为**微分方程**.未知函数为一元函数的微分方程称为**常微分方程**；未知函数为多元函数(自变量是两个或两个以上的)的微分方程，则称为**偏微分方程**.

本书只讨论一些常微分方程及其解法.

定义 4-4-2　微分方程中含未知函数导数(或微分)的最高阶数称为微分方程的**阶**.

例如，微分方程 $\frac{\mathrm{d}y}{\mathrm{d}x}=3x^2$，$xy'-x\ln x=0$ 都是一阶常微分方程，而 $y''-3y'+2y=x^2$

是二阶常微分方程.

定义 4-4-3 若把函数 $y=f(x)$ 代入微分方程后,能使该微分方程成为恒等式,则称该函数为该微分方程的**解**.

若微分方程的解中所含(独立的)任意常数的个数与微分方程的阶数相等,则称这个解为方程的**通解**.用未知函数及其各阶导数在某个特定点的值作为确定通解中任意常数的条件,称为**初始条件**.满足初始条件的微分方程的解称为该微分方程的**特解**.

例 4-4-1 验证:$y=C_1e^{2x}+C_2e^{-2x}$ 是微分方程 $y''-4y=0$ 的通解,并求满足初始条件 $y|_{x=0}=0, y'|_{x=0}=1$ 的特解.

解 (1) 因为 $y'=2C_1e^{2x}-2C_2e^{-2x}$, $y''=4C_1e^{2x}+4C_2e^{-2x}$, 将 y, y'' 代入方程的左边,得 $y''-4y=0$, 所以 $y=C_1e^{2x}+C_2e^{-2x}$ 是方程的解.

又因为 C_1, C_2 是两个相互独立(无关)的任意常数,所以 $y=C_1e^{2x}+C_2e^{-2x}$ 是方程的通解.

(2) 由 $y|_{x=0}=0, y'|_{x=0}=1$ 得 $\begin{cases} C_1+C_2=0 \\ 2C_1-2C_2=1 \end{cases}$, 解得 $C_1=\dfrac{1}{4}, C_2=-\dfrac{1}{4}$, 所以满足初始条件的特解为 $y=\dfrac{1}{4}(e^{2x}-e^{-2x})$.

二、一阶线性微分方程

一阶微分方程的一般形式为:$F(x,y,y')=0$ 或 $y'=F(x,y)$.

下面介绍几种常见的一阶微分方程的基本类型及其解法.

1. 可分离变量方程

定义 4-4-4 形如 $\dfrac{dy}{dx}=f(x)g(y)$ 的微分方程,称为**可分离变量的方程**.

这类方程的特点:方程经过适当变形,可以将含有同一变量的函数和微分分离到等式的同一端.

该类方程的求解方法如下:

第一步 分离变量,若 $g(y)\neq 0$ 时,可将其化为 $\dfrac{dy}{g(y)}=f(x)dx$;

第二步 两边分别对各自的自变量积分 $\displaystyle\int\frac{dy}{g(y)}=\int f(x)dx+C$;

第三步 得积分通解 $G(y)=F(x)+C$.

例 4-4-2 求微分方程 $y'-e^y\sin x=0$ 的通解.

解 将方程分离变量,得

$$e^{-y}dy=\sin x dx,$$

两边积分得 $\int e^{-y}dy=\int\sin x dx$, 于是方程的通解为

$$\cos x-e^{-y}=C(C\text{ 为任意常数}).$$

例 4-4-3　求微分方程 $\frac{\mathrm{d}y}{\mathrm{d}x}=10^{x+y}$ 的通解及满足初始条件 $y|_{x=0}=0$ 的特解.

解　将方程分离变量,得 $\frac{\mathrm{d}y}{10^{y}}=10^{x}\mathrm{d}x$,两边积分得

$$\int\frac{\mathrm{d}y}{10^{y}}=\int 10^{x}\mathrm{d}x,$$

于是方程的通解为 $-\frac{10^{-y}}{\ln 10}=\frac{10^{x}}{\ln 10}+C_1$,即 $10^{x}+10^{-y}=C$. 将 $y|_{x=0}=0$ 代入上式通解中,得 $C=2$,所以,满足条件 $y|_{x=0}=0$ 的特解为

$$10^{x}+10^{-y}=2.$$

2. 一阶线性微分方程

定义 4-4-5　形如 $\frac{\mathrm{d}y}{\mathrm{d}x}+P(x)y=Q(x)$ 的方程(其中 $P(x)$,$Q(x)$ 都是 x 的已知连续函数),称为**一阶线性微分方程**.

其中"线性"是指未知函数 y 和其导数 y' 都是一次的,$Q(x)$ 称为自由项.

当 $Q(x)\equiv 0$ 时,称方程 $\frac{\mathrm{d}y}{\mathrm{d}x}+P(x)y=0$ 是**一阶线性齐次微分方程**;

当 $Q(x)\neq 0$ 时,称方程 $\frac{\mathrm{d}y}{\mathrm{d}x}+P(x)y=Q(x)$ 是**一阶线性非齐次微分方程**.

下面求齐次线性方程的解.

齐次线性方程 $\frac{\mathrm{d}y}{\mathrm{d}x}+P(x)y=0$ 是可分离变量的,分离变量后,得 $\frac{\mathrm{d}y}{y}=-P(x)\mathrm{d}x$,两边积分,得 $\ln y=-\int P(x)\mathrm{d}x+\ln C$. 于是,方程 $\frac{\mathrm{d}y}{\mathrm{d}x}+P(x)y=0$ 的通解为 $y=Ce^{-\int P(x)\mathrm{d}x}$.

> **注意**　为了书写方便,约定不定积分符号只表示被积函数的一个原函数,即 $\int P(x)\mathrm{d}x$ 是 $P(x)$ 的一个原函数(积分中不再加任意常数).

例 4-4-4　求方程 $(x-2)\frac{\mathrm{d}y}{\mathrm{d}x}=y$ 的通解.

解　这是齐次线性方程,方程变为 $\frac{\mathrm{d}y}{\mathrm{d}x}-\frac{1}{x-2}y=0$,即 $P(x)=-\frac{1}{x-2}$.

代入公式得 $y=Ce^{-\int\left(-\frac{1}{x-2}\right)\mathrm{d}x}=Ce^{\int\frac{1}{x-2}\mathrm{d}x}=Ce^{\ln(x-2)}=C(x-2)$,即方程的通解为

$$y=C(x-2).$$

下面给出一阶线性非齐次线性方程的通解,用常数变易法求解的过程略.

一阶线性非齐次微分方程 $\frac{dy}{dx}+P(x)y=Q(x)$ 的通解为

$$y=e^{-\int P(x)dx}\left(\int Q(x)e^{\int P(x)dx}dx+C\right).$$

例 4-4-5 求微分方程 $(\cos x)y'+(\sin x)y=1$ 的通解.

解 原微分方程可化为 $y'+\tan x\cdot y=\sec x$，所以

$$P(x)=\tan x, Q(x)=\sec x.$$

代入公式 $y=e^{-\int P(x)dx}\left(\int Q(x)e^{\int P(x)dx}dx+C\right)$，得

$$\begin{aligned}y&=e^{-\int \tan x dx}\left(\int \sec x e^{\int \tan x dx}dx+C\right)\\&=e^{\ln\cos x}\left(\int \sec x e^{-\ln\cos x}dx+C\right)\\&=\cos x\left(\int \sec x\cdot\sec x dx+C\right)\\&=\cos x(\tan x+C).\end{aligned}$$

例 4-4-6 求微分方程 $x^2dy+(2xy-x+1)dx=0$ 满足初始条件 $y|_{x=1}=0$ 的特解.

解 将原微分方程变形为 $\frac{dy}{dx}+\frac{2}{x}y=\frac{x-1}{x^2}$，所以

$$P(x)=\frac{2}{x}, Q(x)=\frac{x-1}{x^2}.$$

代入公式 $y=e^{-\int P(x)dx}\left(\int Q(x)e^{\int P(x)dx}dx+C\right)$，得

$$\begin{aligned}y&=e^{-\int \frac{2}{x}dx}\left(\int \frac{x-1}{x^2}e^{\int \frac{2}{x}dx}dx+C\right)\\&=\frac{1}{x^2}\left(\int \frac{x-1}{x^2}\cdot x^2dx+C\right)\\&=\frac{1}{x^2}\left(\frac{x^2}{2}-x+C\right).\end{aligned}$$

将初始条件 $y|_{x=1}=0$ 代入，得 $C=\frac{1}{2}$，所以微分方程的特解为 $y=\frac{1}{2}-\frac{1}{x}+\frac{1}{2x^2}$.

3. 一阶线性微分方程的应用举例

利用微分方程求实际问题中未知函数，一般分三个步骤：

第一步 分析问题，设所求未知函数，建立微分方程，确定初始条件；

第二步 求出微分方程的通解；

第三步 根据初始条件，求出微分方程的特解.

本节将通过实例，简单说明一阶微分方程的应用.

例 4-4-7 求一条平面曲线，使其任一点 $P(x,y)$ 与原点的连线与点 $P(x,y)$ 的切线

垂直,并且该曲线经过点 (0,1).

解　如图 4-4-1 所示,设所求的曲线为 $y=y(x)$,在曲线上任取一点 $P(x,y)$. 过这一点的切线斜率为 $\frac{dy}{dx}$,这是导数的几何意义.

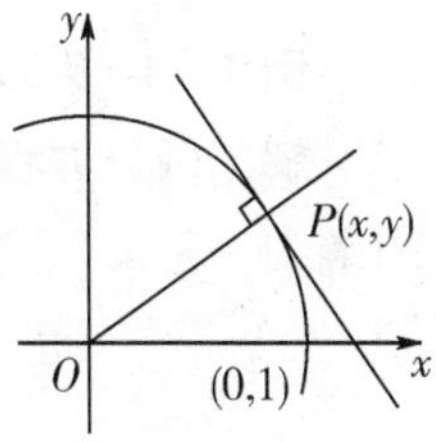

图 4-4-1

而 OP 的斜率为 $\frac{y}{x}$,因此 $\frac{y}{x}\frac{dy}{dx}=-1$,也就是 $y\,dy=-x\,dx$,两边积分得 $x^2+y^2=C$.

初始条件为 $y(0)=1$,将其代入得 $C=1$,因此,所求的曲线为

$$x^2+y^2=1.$$

三、二阶常系数线性齐次微分方程

定义 4-4-6　形如 $\frac{d^2y}{dx^2}+p\frac{dy}{dx}+qy=f(x)$ 或 $y''+py'+qy=f(x)$ 的微分方程,称为**二阶常系数线性微分方程**,其中 p,q 为常数,$f(x)$ 是自变量 x 的已知函数,函数 $f(x)$ 称为二阶常系数线性微分方程的自由项(或非齐次项).

当 $f(x)\equiv 0$ 时,$y''+py'+qy=0$ 称为**二阶常系数线性齐次微分方程**,相应地,当 $f(x)\neq 0$ 时,称为**二阶常系数线性非齐次微分方程**,并称微分方程 $y''+py'+qy=0$ 为对应于线性非齐次微分方程 $y''+py'+qy=f(x)$ 的线性齐次微分方程.

1. 二阶常系数齐次线性微分方程及其解法

二阶常系数线性齐次方程的一般形式为 $y''+py'+qy=0$,对应的特征方程为 $r^2+pr+q=0$,特征方程的两个根 r_1,r_2 为**特征根**.

下面给出求二阶常系数线性齐次微分方程 $y''+py'+qy=0$ 通解的步骤:

第一步　写出特征方程 $r^2+pr+q=0$;

第二步　求出特征方程的两个特征根 r_1,r_2;

第三步　根据两个根的不同情况,分别写出微分方程的通解.

特征方程 $r^2+pr+q=0$ 的根	微分方程 $y''+py'+qy=0$ 的通解
有两个不相等的实根 r_1 及 $r_2(r_1\neq r_2)$	$y=C_1e^{r_1x}+C_2e^{r_2x}$
两个相等的实根 $r_1=r_2=-\frac{p}{2}=r$	$y=(C_1+C_2x)e^{rx}$
一对共轭复根 $r_1=\alpha+i\beta,r_2=\alpha-i\beta$ $\left(\alpha=-\frac{p}{2},\beta=\frac{\sqrt{4q-p^2}}{2}\right)$	$y=e^{\alpha x}(C_1\cos\beta x+C_2\sin\beta x)$

例 4-4-8　求微分方程 $y''+5y'+4y=0$ 的通解.

解　微分方程所对应的特征方程为 $r^2+5r+4=0$,即

$$(r+1)(r+4)=0.$$

得特征根为 $r_1=-1, r_2=-4$，所求的方程的通解为

$$y=C_1e^{-x}+C_2e^{-4x} \quad (\text{其中 } C_1, C_2 \text{ 为任意常数}).$$

例 4-4-9 求方程 $y''-4y'+4y=0$ 满足初始条件 $y|_{x=0}=2, y'|_{x=0}=5$ 的特解.

解 微分方程所对应的特征方程为 $r^2-4r+4=0$，解得二重特征根 $r=2$，所求方程的通解为

$$y=C_1e^{2x}+C_2xe^{2x} \quad (\text{其中 } C_1, C_2 \text{ 为任意常数}).$$

将 $y|_{x=0}=2, y'|_{x=0}=5$ 代入通解中，得 $C_1=2, C_2=1$，所以满足初始条件的特解为

$$y=2e^{2x}+xe^{2x}.$$

例 4-4-10 求方程 $y''+2y'+3y=0$ 的通解.

解 微分方程所对应的特征方程为 $r^2+2r+3=0$，解得特征根

$$r_1=-1+i\sqrt{2}, r_2=-1-i\sqrt{2},$$

所以方程的通解为

$$y=e^{-x}(C_1\cos\sqrt{2}x+C_2\sin\sqrt{2}x) \quad (\text{其中 } C_1, C_2 \text{ 为任意常数}).$$

习题 4.4

1. 验证函数 $y=Ce^{-x}+x-1$ 是微分方程 $y'+y=x$ 的通解，并求满足初始条件 $y|_{x=0}=2$ 的特解.

2. 求下列微分方程的通解：

(1) $y'-\dfrac{y}{x}=0$；

(2) $(1+x^2)y'=y\ln y$；

(3) $\sin x\,dy=2y\cos x\,dx$；

(4) $(1+e^x)yy'=e^x$；

(5) $y'-y=1$；

(6) $y'-y\cot x=2x\sin x$；

(7) $\dfrac{dy}{dx}+2y=xe^x$；

(8) $xy'+y=x\ln x$；

(9) $y''-3y'+2y=0$；

(10) $y''-4y'=0$；

(11) $y''-6y'+9y=0$；

(12) $y''-2y'+5y=0$.

3. 求下列微分方程的特解：

(1) $\dfrac{dy}{dx}=e^{x-y}, y|_{x=0}=0$；

(2) $xy\,dy+dx=y^2dx+y\,dy, y|_{x=0}=2$；

(3) $xy'-y=2, y|_{x=1}=0$；

(4) $\dfrac{dy}{dx}-\dfrac{3}{x}y=-\dfrac{x}{2}, y|_{x=1}=2$；

(5) $4y''+4y'+y=0, y|_{x=0}=2, y'|_{x=0}=0$；

(6) $y''+4y=0, y|_{x=0}=2, y'|_{x=0}=6$.

本章小结

1. 原函数和不定积分的基本概念

原函数：若 $F'(x)=f(x)$ 或 $\mathrm{d}F(x)=f(x)\mathrm{d}x$，则称 $F(x)$ 为 $f(x)$ 在区间 I 上的一个原函数.

不定积分：函数 $f(x)$ 在区间 I 上的原函数全体称为 $f(x)$ 在区间 I 上的不定积分，记作：$\int f(x)\mathrm{d}x$.

2. 积分与微分的关系

(1) $\frac{\mathrm{d}}{\mathrm{d}x}\left[\int f(x)\mathrm{d}x\right]=f(x)$ 或 $\mathrm{d}\left[\int f(x)\mathrm{d}x\right]=f(x)\mathrm{d}x$.

(2) $\int F'(x)\mathrm{d}x=F(x)+C$ 或 $\int \mathrm{d}F(x)=F(x)+C$.

3. 不定积分的基本性质

(1) $\int [f(x)\pm g(x)]\mathrm{d}x=\int f(x)\mathrm{d}x\pm\int g(x)\mathrm{d}x$.

(2) $\int kf(x)\mathrm{d}x=k\int f(x)\mathrm{d}x$ (常数 $k\neq 0$).

4. 直接积分法

5. 换元积分法

第一类换元积分法(凑微分法)：

$$\int f[\varphi(x)]\varphi'(x)\mathrm{d}x=\int f[\varphi(x)]\mathrm{d}\varphi(x)\xlongequal{\text{设 }\varphi(x)=u}\int f(u)\mathrm{d}u=F(u)+C$$

$$\xlongequal{\text{回代 }u=\varphi(x)}F[\varphi(x)]+C.$$

第二类换元积分法(包括根式代换和三角代换)：

设 $x=\varphi(t)$ 单调可导，$\int f(x)\mathrm{d}x=\int f[\varphi(t)]\varphi'(t)\mathrm{d}t=F(t)+C=F[\varphi^{-1}(x)]+C$.

6. 分部积分公式

$$\int u\mathrm{d}v=uv-\int v\mathrm{d}u.$$

计算不定积分比求导要复杂得多，且技巧性强.只有多练习并在练习过程中归纳总结，积累经验，才能将这几种不定积分的方法灵活运用.

7. 几种微分方程的解法

(1) 可分离变量微分方程：$\frac{\mathrm{d}y}{\mathrm{d}x}=f(x)g(y)$.

第一步　分离变量，若 $g(y)\neq 0$ 时，可将其化为 $\frac{\mathrm{d}y}{g(y)}=f(x)\mathrm{d}x$；

第二步　两边积分 $\int\frac{\mathrm{d}y}{g(y)}=\int f(x)\mathrm{d}x+C$；

第三步　得积分通解：$G(y)=F(x)+C$.

(2) 一阶线性微分方程

一阶线性齐次微分方程 $\frac{dy}{dx}+P(x)y=0$ 的通解为 $y=Ce^{-\int P(x)dx}$.

一阶线性非齐次微分方程 $\frac{dy}{dx}+P(x)y=Q(x)$ 的通解为

$$y=e^{-\int P(x)dx}\left(\int Q(x)e^{\int P(x)dx}dx+C\right).$$

(3) 二阶常系数齐次线性微分方程

下面给出求二阶常系数线性齐次微分方程 $y''+py'+qy=0$ 通解的步骤：

第一步　写出特征方程 $r^2+pr+q=0$；

第二步　求出特征方程的两个特征根 r_1,r_2；

第三步　根据两个根的不同情况，分别写出微分方程的通解.

特征方程 $r^2+pr+q=0$ 的根	微分方程 $y''+py'+qy=0$ 的通解
有两个不相等的实根 r_1 及 $r_2(r_1\neq r_2)$	$y=C_1e^{r_1x}+C_2e^{r_2x}$
两个相等的实根 $r_1=r_2=-\frac{p}{2}=r$	$y=(C_1+C_2x)e^{rx}$
一对共轭复根 $r_1=\alpha+i\beta,r_2=\alpha-i\beta$ $\left(\alpha=-\frac{p}{2},\beta=\frac{\sqrt{4q-p^2}}{2}\right)$	$y=e^{\alpha x}(C_1\cos\beta x+C_2\sin\beta x)$

复习题四

一、填空题

1. 设 x^3 为 $f(x)$ 的一个原函数，则 $f(x)=$________.

2. 设 $f(x)$ 的一个原函数为 $\sin x$，则 $\int f(x)dx=$________.

3. 函数 $f(x)=2x+\frac{1}{x^2}$ 的原函数是________.

4. 若 $\int f(x)dx=\cos x+C$，则 $\int f(\sqrt{x})d\sqrt{x}=$________.

5. 若函数 $f(x)$ 具有一阶连续导数，则 $\int f'(x)\sin f(x)dx=$________.

6. 已知函数 $f(x)$ 可导，$F(x)$ 是 $f(x)$ 的一个原函数，则 $\int xf'(x)dx=$________.

7. 已知 $\int f(x)dx=\sin^2x+C$，则 $f(x)=$________.

8. $\left(\int e^{-x^2}dx\right)'=$________.

9. $\int \sec^2 x \mathrm{d}x =$______.

10. $\int \sin 5x \mathrm{d}x =$______.

11. $\int \frac{1-\sin x}{x+\cos x} \mathrm{d}x =$______.

12. 计算 $\int \frac{1}{\sqrt{9-x^2}} \mathrm{d}x$ 的变量代换式是______.

13. 微分方程 $xy''' + 2x^2(y')^2 + x^3 y = x^4 + 1$ 是______阶微分方程.

14. 微分方程 $y' - y = 1$ 的通解是______.

15. 设二阶常系数线性齐次微分方程的特征方程为 $r^2 - 3r - 10 = 0$，则该方程的通解为______.

16. 设二阶常系数线性齐次微分方程的特征根为 $r = 1 \pm 2\mathrm{i}$，则该微分方程为______.

二、选择题

1. 若 $F(x)$，$G(x)$ 均为 $f(x)$ 的原函数，则 $F'(x) - G'(x) =$(　　).

A. $f(x)$　　B. 0　　C. $F(x)$　　D. $f'(x)$

2. 若 $f(x)$ 的一个原函数为 $x^2 - 3$，则 $f(x) =$(　　).

A. $\frac{1}{3}x^3 - 3x$　　B. $\frac{1}{3}x^3 - 3x + C$　　C. $2x + C$　　D. $2x$

3. 函数 $f(x) = 1 - \frac{1}{x^2}$ 的原函数是(　　).

A. $x + \frac{1}{x} + C$　　B. $x - \frac{1}{x} + C$　　C. $\frac{1}{x^3} + C$　　D. $x^2 + \frac{1}{x} + C$

4. 函数 $f(x)$ 的(　　)原函数，称为 $f(x)$ 的不定积分.

A. 任意一个　　B. 唯一　　C. 所有　　D. 某一个

5. 下列各式中成立的是(　　).

A. $\int \cos x \mathrm{d}x = \sin x + C$　　B. $\int \ln x \mathrm{d}x = \frac{1}{x} + C$

C. $\int x^\alpha \mathrm{d}x = \frac{1}{\alpha+1} x^{\alpha+1} + C$　　D. $\int \arcsin x \mathrm{d}x = \frac{1}{\sqrt{1-x^2}} + C$

6. 设 $f'(x)$ 连续，则 $\int f'(3x) \mathrm{d}x =$(　　).

A. $\frac{1}{3}f(3x) + C$　　B. $\frac{1}{3}f(x) + C$　　C. $3f(3x) + C$　　D. $3f(x) + C$

7. 若 e^x 是 $f(x)$ 的原函数，则 $\int x f(x) \mathrm{d}x =$(　　).

A. $\mathrm{e}^x(1-x) + C$　　B. $\mathrm{e}^x(x+1) + C$

C. $\mathrm{e}^x(x-1) + C$　　D. $-\mathrm{e}^x(x+1) + C$

8. 如果 $\int \mathrm{d}f(x) = \int \mathrm{d}g(x)$，则必有(　　).

A. $f(x)=g(x)$

B. $\int f(x)\mathrm{d}x=\int g(x)\mathrm{d}x$

C. $f'(x)=g'(x)$

D. $\left(\int f(x)\mathrm{d}x\right)'=\left(\int g(x)\mathrm{d}x\right)'$

9. 若 $f'(x)=g'(x)$，则下列式子一定成立的有(　　).

A. $f(x)=g(x)$

B. $\int \mathrm{d}f(x)=\int \mathrm{d}g(x)$

C. $\left(\int f(x)\mathrm{d}x\right)'=\left(\int g(x)\mathrm{d}x\right)'$

D. $f(x)=g(x)+1$

10. 设 $f(x)$ 是可导函数,则 $\left(\int f(x)\mathrm{d}x\right)'$ 为(　　).

A. $f(x)$　　B. $f(x)+C$　　C. $f'(x)$　　D. $f'(x)+C$

11. 设函数 $f(x)$ 可微,则 $\int \mathrm{d}f(x)=$(　　).

A. $f(x)\mathrm{d}x+C$　　B. $f(x)+C$　　C. $f(x)\mathrm{d}x$　　D. $f(x)$

12. 下列各式中成立的是(　　).

A. $\mathrm{d}\left[\int f(x)\mathrm{d}x\right]=f(x)$

B. $\dfrac{\mathrm{d}}{\mathrm{d}x}\int \mathrm{d}[f(x)]=f(x)+C$

C. $\int \mathrm{d}f(x)=f(x)$

D. $\int \mathrm{d}f(x)=f(x)+C$

13. $\int\left[\dfrac{1}{1+x^2}\right]'\mathrm{d}x=$(　　).

A. $\dfrac{1}{1+x^2}$

B. $\dfrac{1}{1+x^2}+C$

C. $\arctan x$

D. $\arctan x+C$

14. $\int f(x)\mathrm{d}x=x\mathrm{e}^x+C$，则 $f(x)=$(　　).

A. $(x+2)\mathrm{e}^x$　　B. $(x-1)\mathrm{e}^x$　　C. $x\mathrm{e}^x$　　D. $(x+1)\mathrm{e}^x$

15. 下列微分方程为可分离变量的微分方程的是(　　).

A. $(xy^2+x)\mathrm{d}x+(x^2y-y)\mathrm{d}y=0$

B. $\dfrac{\mathrm{d}y}{\mathrm{d}x}=x^2+y^2$

C. $x\mathrm{d}y+y\mathrm{d}x+1=0$

D. $\dfrac{\mathrm{d}y}{\mathrm{d}x}=x^3-y^3$

16. 微分方程 $\dfrac{\mathrm{d}^2x}{\mathrm{d}t^2}+x=0$ 的通解为 $x=$(　　).

A. $C_1\cos t+C_2\sin t$

B. $C\cos t$

C. $C\sin t$

D. $\cos t+\sin t$

三、求下列不定积分

1. $\int\left(2x-\dfrac{1}{x}+\sec^2 x\right)\mathrm{d}x$.

2. $\int\dfrac{\mathrm{e}^x-1}{\mathrm{e}^x}\mathrm{d}x$.

3. $\int\dfrac{(x-1)^2}{x(x^2+1)}\mathrm{d}x$.

4. $\int\dfrac{x^4}{1+x^2}\mathrm{d}x$.

5. $\int 2x\sqrt{1+3x^2}\,dx$.

6. $\int \frac{e^x}{1+e^{2x}}dx$.

7. $\int e^{\sin x}\cos x\,dx$.

8. $\int \frac{1}{x\sqrt{3-\ln x}}dx$.

9. $\int \frac{2x-1}{\sqrt{1-x^2}}dx$.

10. $\int \frac{1}{9+25x^2}dx$.

11. $\int \frac{1}{\sqrt{1-9x^2}}dx$.

12. $\int \frac{1}{1+\sqrt{1+x}}dx$.

13. $\int \frac{x}{1+\sqrt{x+1}}dx$.

14. $\int \frac{x}{\sqrt{1-x}}dx$.

15. $\int \frac{1}{\sqrt{x}+\sqrt[3]{x^2}}dx$.

16. $\int \sqrt{9-x^2}\,dx$.

17. $\int x\ln(1+x^2)dx$.

18. $\int x^3\ln x\,dx$.

19. $\int x\sin 2x\,dx$.

20. $\int x e^{-4x}dx$.

四、求下列方程的通解

1. $\frac{dy}{dx}=e^{x+y}$.

2. $\frac{dy}{dx}+y\sin x=0$.

3. $y'+2xy=xe^{-x^2}$.

4. $\frac{dy}{dx}+2xy=4x$.

5. $y''-y'-2y=0$.

6. $y''-2y'+y=0$.

7. $y''+5y'+6y=2e^{-x}$.

8. $y''-7y'+6y=\sin x$.

五、求下列方程的特解

1. $\sqrt{1-x^2}\,y'=x, y|_{x=0}=0$.

2. $y''-4y'+3y=0, y|_{x=0}=6, y'|_{x=0}=10$.

阅读材料

莱布尼兹与积分学的故事

莱布尼兹(Leibniz,1646—1716)是德国数学家、物理学家和哲学家,历史上少见的通才,被誉为十七世纪的亚里士多德.他博览群书,涉猎百科,为丰富人类的科学知识宝库做出了不可磨灭的贡献.

莱布尼兹是数学史上最伟大的符号学者,我们现在所使用的主要的积分符号是由莱布尼兹首先引进并使用的.在1675年10月29日的一份手稿中,他引入了我们熟知的积分符号“$\int$”,这是求和一词“sum”的第一个字母 s 的拉长,这是因为定积分表示的是一个无穷求和的过程,而历史上首先出现的是定积分.稍后,在同年11月11日的手稿中,他又引进了微分记号 $\mathrm{d}x$. 在1686年,莱布尼兹在发表的第一篇积分学论文中用 $\int f(x)$ 表示积分符号,后来则改为我们通用的 $\int f(x)\mathrm{d}x$.

莱布尼兹在创造微积分的过程中,花了很多时间去选择精巧的符号.他认识到,好的符号可以精确、深刻地表述概念、方法和逻辑关系.他曾说:“要发明就得挑选恰当的符号.要做到这一点,就要用含义简明的少量符号来表示或比较忠实地描绘事物的内在本质,从而最大限度地减少人的思维劳动.”在数学上,莱布尼兹和牛顿先后独立发现了微积分,而莱布尼兹所使用的微积分的数学符号被更广泛地使用,因为他所发明的符号被普遍认为更综合,适用范围更加广泛.

莱布尼兹终生努力寻求的是一种普遍的方法,这种方法既是获得知识的方法,也是创造发明的方法.他最突出的成就是创建了微积分的方法.美国数学史家贝尔(Bell)说莱布尼兹具有在任何地点、任何时候、任何条件下工作的能力,他不停地读着、写着、思考着.他思如泉涌,有哲人的宏识.莱布尼兹的微积分思想最早记录出现在他1675年的数学笔记中.他关于积分学的第一篇论文发表于1686年,其中首次引进了积分号,并且初步论述了积分或求积问题与微分或求切线问题的互逆关系,该文的题目为《探奥几何与不可分量及无限的分析》.关于积分常数的论述发表于1694年,他得到的特殊积分法有变量替换法、分部积分法、在积分号下对参变量的积分法、利用部分分式求有理式的积分方法等.

第 5 章

定积分及其应用

学习目标

1. 理解定积分的概念和性质，掌握定积分的几何意义，会用几何意义计算某些定积分.
2. 掌握变上限函数导数的计算方法，掌握牛顿-莱布尼兹公式，深入理解定积分和不定积分之间的联系.
3. 熟练掌握定积分的换元积分法和分部积分法.
4. 理解反常积分的概念，并学会计算反常积分.
5. 会使用定积分的微元法解决几何、物理学上的问题，如平面图形的面积、旋转体的体积等.

前面介绍了积分学的第一个基本问题——不定积分.本章讨论积分学的另一个基本问题——定积分.我们先从引例出发引入定积分的概念，然后讨论定积分的性质和计算方法，最后介绍了用定积分解决几何、物理学上的问题.

§5.1 定积分概念及性质

一、定积分问题引例

引例 5-1-1　曲边梯形的面积.

所谓**曲边梯形**是指由连续曲线 $y=f(x)$ 和三条直线 $x=a$，$x=b$ 及 x 轴所围成的图形(图 5-1-1)，其中曲线 $y=f(x)$ 称为曲边梯形的曲边.

下面我们来分析如何求曲边梯形的面积 A.

分析　由于 $y=f(x)$ 是一条曲线，因此，我们不能直接用梯形公式进行计算，那我们想到可以以“直”代“曲”进行计算，在整个区间 $[a,b]$ 上以“直”代“曲”的话，误差较大，我们就想到分割区间的方法.先把曲边梯形分成若干个小的曲边梯形(如图 5-1-2)，然后将每个小曲边梯形近似地看作小矩形，那么所有这些小矩形面积之和就是曲边梯形面积的一个近似值.当小曲边梯形越窄，即区间 $[a,b]$ 分得越细，那么这个近似值就越接近我们要求的曲边梯形的面积，这时我们对这个近似值求极限，即得曲边梯形面积的精确值.

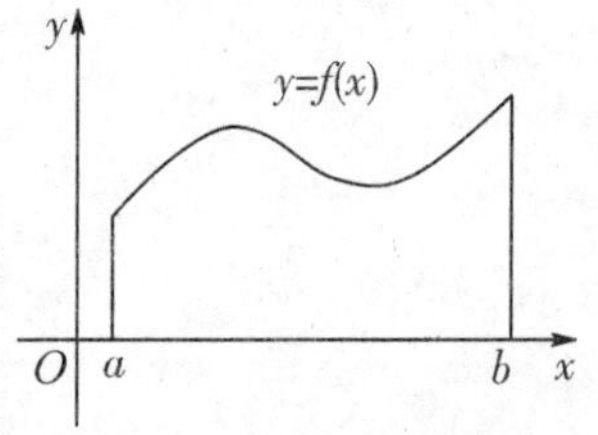

图 5-1-1

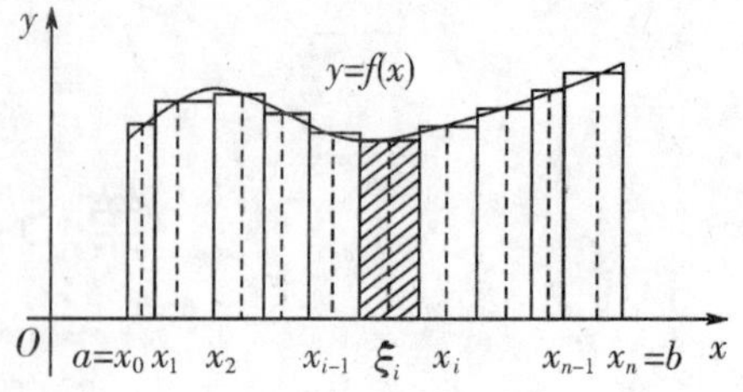

图 5-1-2

根据以上分析,求曲边梯形的面积具体方法如下:

(1) **分割** 将区间$[a,b]$分成n个小区间,其分点$x_0,x_1,x_2,\cdots,x_{n-1},x_n$满足

$$a=x_0<x_1<x_2<\cdots<x_{n-1}<x_n=b.$$

用Δx_i表示$[x_{i-1},x_i]$的区间长度,则$\Delta x_i=x_i-x_{i-1}(i=1,2,\cdots,n)$. 经过每一分点作平行与$y$轴的直线,把曲边梯形分成$n$个小的曲边梯形.

(2) **近似代替** 在每个小区间$[x_{i-1},x_i]$上任取一点ξ_i,以Δx_i为底、$f(\xi_i)$为高的小矩形近似代替第i个小曲边梯形,那么第i个小曲边梯形的面积A_i就近似为

$$A_i\approx f(\xi_i)\Delta x_i.$$

(3) **求和** 对n个小矩形的面积求和,就得到曲边梯形的面积A的近似值,即

$$A=\sum_{i=1}^{n}A_i\approx\sum_{i=1}^{n}f(\xi_i)\Delta x_i.$$

(4) **取极限** 显然把区间$[a,b]$分得越细,每个小区间的长度就越小,$\sum\limits_{i=1}^{n}f(\xi_i)\Delta x_i$就越接近曲线梯形的面积$A$.令$\lambda=\max\limits_{1\leqslant i\leqslant n}\{\Delta x_i\}$,当$\lambda\to0$时,所有小区间的长度都趋于零,和式$\sum\limits_{i=1}^{n}f(\xi_i)\Delta x_i$存在唯一的极限,则定义此极限值为曲边梯形的面积,即

$$A=\lim_{\lambda\to0}\sum_{i=1}^{n}f(\xi_i)\Delta x_i.$$

引例 5-1-2 变速直线运动的路程.

物体做变速直线运动,其速度$v(t)$随着时间t的变化而变化,求物体在时间间隔$[T_1,T_2]$这段时间内所经过的路程S.

分析 我们知道,当物体做匀速直线运动时,运动的路程S等于速度v乘以时间t.在变速直线运动中,速度$v(t)$是t的连续函数,当t变化很小时,$v(t)$变化也很小,此时可将变速直线运动近似看作匀速直线运动,那么就可以计算出部分路程的近似值;求和后,得到整个路程的近似值,最后用极限思想得到变速直线运动的近似值.

根据以上分析,求变速直线运动的路程具体方法如下:

(1) **分割** 将区间$[T_1,T_2]$分成n个小区间,其分点$t_0,t_1,t_2,\cdots,t_{n-1},t_n$满足

$$T_1=t_0<t_1<t_2<\cdots<t_{n-1}<t_n=T_2.$$

用 Δt_i 表示 $[t_{i-1},t_i]$ 的区间长度,则 $\Delta t_i=t_i-t_{i-1}(i=1,2,\cdots,n)$.

(2) **近似代替**　在每个小段的时间间隔 $[t_{i-1},t_i]$ 上任取一点 ξ_i，物体在 $[t_{i-1},t_i]$ 内可近似看作速度为 $v(\xi_i)$ 的匀速运动,那么物体在该时间段走过的路程 S_i 为

$$S_i\approx v(\xi_i)\Delta t_i.$$

(3) **求和**　对上述 n 个时间段的路程求和,就得到变速直线运动路程 S 的近似值,即

$$S=\sum_{i=1}^{n}S_i\approx\sum_{i=1}^{n}v(\xi_i)\Delta t_i.$$

(4) **取极限**　令 $\lambda=\max\limits_{1\leqslant i\leqslant n}\{\Delta t_i\}$，当 $\lambda\to 0$ 时，$\Delta t_i\to 0$，有

$$S=\lim_{\lambda\to 0}\sum_{i=1}^{n}v(\xi_i)\Delta t_i.$$

二、定积分的概念

从上面两个引例,我们可以得出定积分的概念.

定义 5-1-1　设函数 $f(x)$ 在 $[a,b]$ 上有界,任取分点

$$a=x_0<x_1<x_2<\cdots<x_{i-1}<x_i<\cdots<x_{n-1}<x_n=b.$$

将区间 $[a,b]$ 任意分成 n 个小区间 $[x_{i-1},x_i]$. 各小区间长度记为

$$\Delta x_i=x_i-x_{i-1}(i=1,2,\cdots,n).$$

在每个小区间 $[x_{i-1},x_i]$ 上任取一点 ξ_i，作乘积 $f(\xi_i)\Delta x_i(i=1,2,\cdots,n)$，并作和式 $\sum\limits_{i=1}^{n}f(\xi_i)\Delta x_i$. 如果不论对区间 $[a,b]$ 采取何种分法以及 ξ_i 如何选取,记 $\lambda=\max\limits_{1\leqslant i\leqslant n}\{\Delta x_i\}$，只要当 $\lambda\to 0$ 时,和式 $\sum\limits_{i=1}^{n}f(\xi_i)\Delta x_i$ 极限总存在,则称此极限值为函数在区间 $[a,b]$ 上的**定积分**,记为 $\int_a^b f(x)\mathrm{d}x$，即

$$\int_a^b f(x)\mathrm{d}x=\lim_{\lambda\to 0}\sum_{i=1}^{n}f(\xi_i)\Delta x_i.$$

这时也称 $f(x)$ 在区间 $[a,b]$ 上**可积**,其中 $f(x)$ 为**被积函数**，$f(x)\mathrm{d}x$ 为**被积表达式**，x 为**积分变量**，a 为**积分下限**，b 为**积分上限**，$[a,b]$ 为**积分区间**.

根据定积分的定义,前面两个引例可用定积分表示如下：

$$\text{曲边梯形的面积 } A=\int_a^b f(x)\mathrm{d}x.$$

$$\text{变速直线运动的路程 } S=\int_{T_1}^{T_2}v(t)\mathrm{d}t.$$

说明

(1) 定积分 $\int_a^b f(x)\mathrm{d}x$ 是一个和式的极限，是一个确定的数值.定积分的值只与被积函数 $f(x)$ 和积分区间 $[a,b]$ 有关，而与积分变量的记号无关，即有

$$\int_a^b f(x)\mathrm{d}x=\int_a^b f(t)\mathrm{d}t=\int_a^b f(u)\mathrm{d}u.$$

(2) 在定积分的定义中，总假定 $a<b$.为了以后计算方便起见，对于 $a>b$ 及 $a=b$ 的情况，给出以下补充定义：

$$\int_a^a f(x)\mathrm{d}x=0,$$

$$\int_b^a f(x)\mathrm{d}x=-\int_a^b f(x)\mathrm{d}x(a<b).$$

对于定积分有这样一个重要问题：定积分的可积性，即当函数 $f(x)$ 在 $[a,b]$ 上满足什么条件时，函数 $f(x)$ 在 $[a,b]$ 上是可积的，对这个问题不做深入讨论.下面我们直接给出函数 $f(x)$ 在 $[a,b]$ 可积的两个充分条件：

定理 5-1-1 若函数 $f(x)$ 在 $[a,b]$ 上连续，则 $f(x)$ 在 $[a,b]$ 上可积.

定理 5-1-2 若函数 $f(x)$ 在 $[a,b]$ 上有界，且只有有限个间断点，则 $f(x)$ 在 $[a,b]$ 上可积.

显然，初等函数在其定义区间内都是可积的.

函数 $f(x)$ 在 $[a,b]$ 上可积的条件与 $f(x)$ 在 $[a,b]$ 上连续或可导的条件相比是最弱的条件，即 $f(x)$ 在 $[a,b]$ 上有以下关系：

$$\text{可导}\Rightarrow\text{连续}\Rightarrow\text{可积},$$

反之都不一定成立.

三、定积分的几何意义

由引例 5-1-1 中曲边梯形面积的讨论可知，定积分有如下几何意义：

(1) 如果函数 $f(x)$ 在区间 $[a,b]$ 上连续，且 $f(x)\geqslant 0$，如图 5-1-3 所示，则定积分 $\int_a^b f(x)\mathrm{d}x$ 在几何上表示由曲线 $y=f(x)$ 和三条直线 $x=a$，$x=b$ 以及 x 轴所围成的曲边梯形的面积，即 $\int_a^b f(x)\mathrm{d}x=A$.

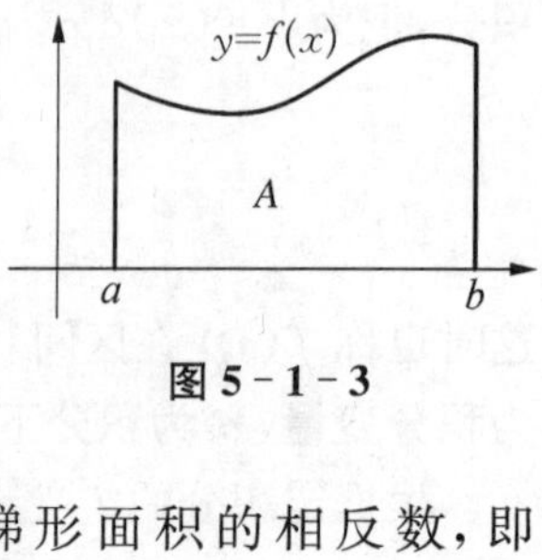

图 5-1-3

(2) 如果函数 $f(x)$ 在区间 $[a,b]$ 上连续，且 $f(x)\leqslant 0$，如图 5-1-4 所示，则定积分 $\int_a^b f(x)\mathrm{d}x$ 在几何上表示曲边梯形面积的相反数，即 $\int_a^b f(x)\mathrm{d}x=-A$.

(3) 如果函数 $f(x)$ 在区间 $[a,b]$ 上连续，且有时取正值，有时取负值，如图 5-1-5 所

示，则 $\int_a^b f(x)\mathrm{d}x$ 为各部分面积的代数和，即 $\int_a^b f(x)\mathrm{d}x = A_1 - A_2 + A_3$.

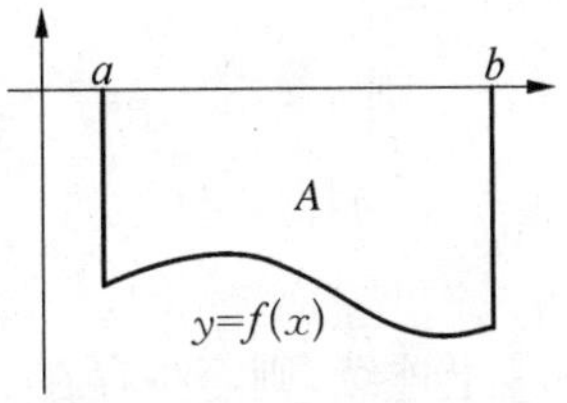

图 5-1-4

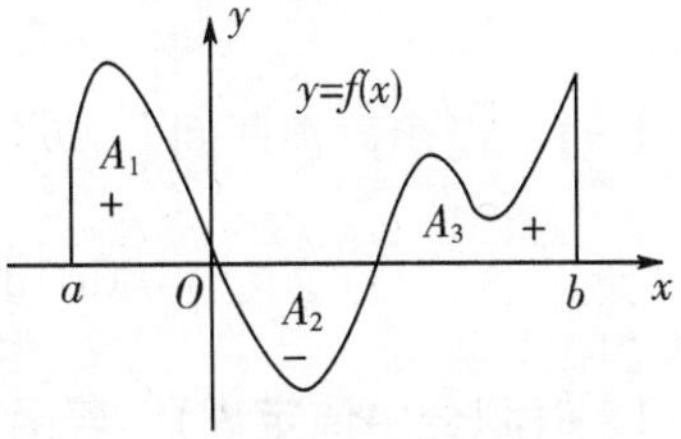

图 5-1-5

例 5-1-1　利用定积分的几何意义求下列定积分：

(1) $\int_{-\pi}^{\pi} \sin x\mathrm{d}x$；　　　　(2) $\int_0^2 \sqrt{4-x^2}\mathrm{d}x$.

解　(1) $\int_{-\pi}^{\pi} \sin x\mathrm{d}x$ 是由曲线 $y=\sin x, x\in[-\pi,\pi]$ 以及 x 轴所围图形面积的代数和，而 $x\in[-\pi,\pi]$ 时，函数 $y=\sin x$ 关于原点对称，所以有 $\int_{-\pi}^{\pi} \sin x\mathrm{d}x = 0$.

(2) $\int_0^2 \sqrt{4-x^2}\mathrm{d}x$ 是以 $y=\sqrt{4-x^2}$ 为曲边，以区间 $[0,2]$ 为底的曲边梯形，是 $\frac{1}{4}$ 个半径 2 的圆，所以 $\int_0^2 \sqrt{4-x^2}\mathrm{d}x = \frac{1}{4}\pi \cdot 2^2 = \pi$.

四、定积分的性质

为了更方便地计算定积分，下面介绍定积分的基本性质.

以下性质中都假定函数 $f(x), g(x)$ 在所讨论的区间上都是可积的，则有：

性质 5-1-1(数乘运算性质)　常数因子可以提到积分号外面，即

$$\int_a^b kf(x)\mathrm{d}x = k\int_a^b f(x)\mathrm{d}x \ (k \text{ 为常数}).$$

性质 5-1-2(和、差运算性质)　函数和、差的定积分等于它们定积分的和、差，即

$$\int_a^b [f(x)\pm g(x)]\mathrm{d}x = \int_a^b f(x)\mathrm{d}x \pm \int_a^b g(x)\mathrm{d}x.$$

说明　该性质可推广到有限个函数的代数和的情形.

性质 5-1-3　$\int_a^b \mathrm{d}x = b-a$.

性质 5-1-4(积分区间可加性)　若将积分区间分成两部分，则在整个区间上的定积分等于这两部分区间上定积分之和，即 $\int_a^b f(x)\mathrm{d}x = \int_a^c f(x)\mathrm{d}x + \int_c^b f(x)\mathrm{d}x$.

注意　不论 a, b, c 的相对位置如何，上述等式总成立.

性质 5-1-5(保号性)　设在区间 $[a,b]$ 上,函数 $f(x)\geqslant 0$,则

$$\int_a^b f(x)\mathrm{d}x\geqslant 0.$$

推论 5-1-1　设函数在区间 $[a,b]$ 上 $f(x)\geqslant g(x)$,则

$$\int_a^b f(x)\mathrm{d}x\geqslant\int_a^b g(x)\mathrm{d}x.$$

性质 5-1-6(积分中值定理)　若函数在区间 $[a,b]$ 上连续,则至少存在一点 $\xi\in[a,b]$,使得

$$\int_a^b f(x)\mathrm{d}x=f(\xi)(b-a).$$

积分中值定理的几何解释:总存在一点 $\xi\in[a,b]$,使得以 $y=f(x)$ 为曲边,直线 $x=a$,$x=b$ 以及 x 轴所围成的曲边梯形的面积等于同一底边而高为 $f(\xi)$ 的矩形的面积.

习题 5.1

1. 利用定积分的几何意义,证明下列等式:

(1) $\int_0^1\sqrt{1-x^2}\,\mathrm{d}x=\dfrac{\pi}{4}$;　　(2) $\int_{-2\pi}^{2\pi}\cos x\,\mathrm{d}x=\int_0^{2\pi}\cos x\,\mathrm{d}x$.

2. 利用定积分的几何意义,求下列定积分:

(1) $\int_{-2}^{4}\left(\dfrac{x}{2}+3\right)\mathrm{d}x$;　　(2) $\int_0^t x\,\mathrm{d}x\ (t>0)$;

(3) $\int_1^2(x-3)\mathrm{d}x$;　　(4) $\int_{-3}^{3}\sqrt{9-x^2}\,\mathrm{d}x$.

§5.2　牛顿-莱布尼兹公式

前面我们讨论了定积分的概念和性质,知道可以用定积分的定义来计算定积分,但是这种计算方式非常繁琐,为方便定积分的计算,我们先建立定积分与不定积分之间的联系,导出一种计算定积分的简便而有效的方法.

一、积分上限的函数及其导数

设函数 $f(x)$ 在区间 $[a,b]$ 上连续,并且 $x\in[a,b]$,则 $f(x)$ 在部分区间 $[a,x]$ 上的定积分 $\int_a^x f(t)\mathrm{d}t$ 也存在(因为函数 $f(x)$ 在区间 $[a,x]$ 上仍旧连续).这里,为了区分积分上限与积分变量,不用 x 表示积分变量,而改用 t 表示积分变量,积分可写作 $\int_a^x f(t)\mathrm{d}t$. 对于每一个 x,$\int_a^x f(t)\mathrm{d}t$ 都有唯一确定的积分值与之相对应,从而 $\int_a^x f(t)\mathrm{d}t$ 在$[a,b]$上定义了一个新的函数,称为积分上限 x 的函数,记作 $\Phi(x)$,即

$$\Phi(x)=\int_a^x f(t)\mathrm{d}t, x\in[a,b].$$

这个积分通常称为**积分上限函数**,又称**变上限积分**(如图 5-2-1).

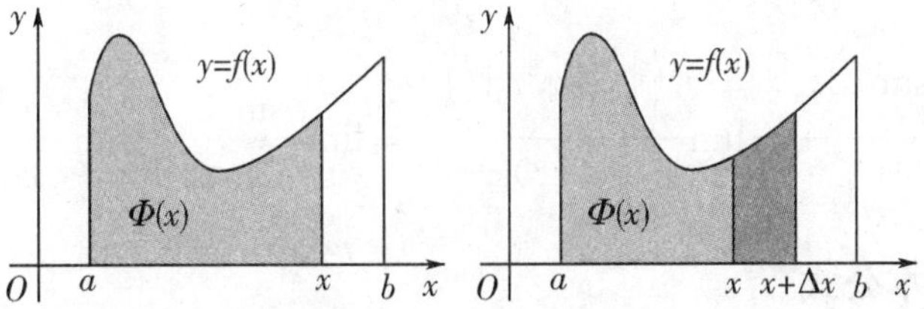

图 5-2-1

这个函数 $\Phi(x)$ 具有下面定理所指出的重要性质.

定理 5-2-1(原函数存在定理)　如果函数 $f(x)$ 在区间 $[a,b]$ 上连续,那么积分上限函数 $\Phi(x)=\int_a^x f(t)\mathrm{d}t$ 在区间 $[a,b]$ 上可导,并且它的导数

$$\Phi'(x)=\left(\int_a^x f(t)\mathrm{d}t\right)'=f(x), x\in[a,b].$$

由定理可知,$\Phi(x)$ 是 $f(x)$ 在 $[a,b]$ 上的一个原函数.

定理 5-2-1 表明,连续函数必有原函数,它揭示了积分学中的定积分和原函数之间的关系.

推论 5-2-1　若 $f(x)$ 在 $[a,b]$ 上连续,且 $\psi(x)$ 可导,则

$$\left[\int_a^{\psi(x)} f(t)\mathrm{d}t\right]'=f[\psi(x)]\cdot\psi'(x).$$

推论 5-2-2　若 $f(x)$ 在 $[a,b]$ 上连续,则

$$\left[\int_x^b f(t)\mathrm{d}t\right]'=-f(x).$$

推论 5-2-3　若 $f(x)$ 在 $[a,b]$ 上连续,且 $\varphi(x)$ 可导,则

$$\left[\int_{\varphi(x)}^b f(t)\mathrm{d}t\right]'=-f[\varphi(x)]\varphi'(x).$$

更一般地,有如下推论.

推论 5-2-4　若 $f(x)$ 在 $[a,b]$ 上连续,且 $\varphi(x)$,$\psi(x)$ 均可导,则

$$\left[\int_{\varphi(x)}^{\psi(x)} f(t)\mathrm{d}t\right]'=f[\psi(x)]\psi'(x)-f[\varphi(x)]\varphi'(x).$$

例 5-2-1　设 $f(x)=\int_0^x \mathrm{e}^{-t}\mathrm{d}t$,求 $f'(x)$.

解　$f'(x)=\left(\int_0^x \mathrm{e}^{-t}\mathrm{d}t\right)'=\mathrm{e}^{-x}$.

例 5-2-2　设 $\varphi(x)=\int_{\sqrt{x}}^0 \sin t^2\mathrm{d}t$,求 $\varphi'(x)$.

解　$\varphi'(x)=\left(\int_{\sqrt{x}}^0 \sin t^2\mathrm{d}t\right)'=-\left(\int_0^{\sqrt{x}} \sin t^2\mathrm{d}t\right)'=-\sin(\sqrt{x})^2\cdot(\sqrt{x})'=-\dfrac{1}{2\sqrt{x}}\sin x$.

例 5-2-3 求极限 $\lim\limits_{x\to 0}\dfrac{\int_0^x \sin^2 t\,\mathrm{d}t}{x^3}$.

解 利用洛必达法则,有

$$\lim_{x\to 0}\frac{\int_0^x \sin^2 t\,\mathrm{d}t}{x^3}\overset{\frac{0}{0}}{=}\lim_{x\to 0}\frac{\left(\int_0^x \sin^2 t\,\mathrm{d}t\right)'}{(x^3)'}=\lim_{x\to 0}\frac{\sin^2 x}{3x^2}=\lim_{x\to 0}\frac{x^2}{3x^2}=\frac{1}{3}.$$

二、微积分基本公式

定理 5-2-2(牛顿-莱布尼兹公式) 设 $f(x)$ 在 $[a,b]$ 上连续,$F(x)$ 是 $f(x)$ 在 $[a,b]$ 上的一个原函数,则

$$\int_a^b f(x)\mathrm{d}x=[F(x)]_a^b=F(b)-F(a).$$

该公式揭示了微分学与积分学之间的关系,将求定积分问题转化为求原函数的问题.这就给定积分提供了一种简便的计算方法.

例 5-2-4 计算定积分 $\int_{-1}^{\sqrt{3}}\dfrac{1}{1+x^2}\mathrm{d}x$.

解 因为 $\arctan x$ 是 $\dfrac{1}{1+x^2}$ 的一个原函数,故由牛顿-莱布尼兹公式得

$$\int_{-1}^{\sqrt{3}}\frac{1}{1+x^2}\mathrm{d}x=[\arctan x]_{-1}^{\sqrt{3}}=\arctan\sqrt{3}-\arctan(-1)=\frac{\pi}{3}+\frac{\pi}{4}=\frac{7\pi}{12}.$$

例 5-2-5 计算定积分 $\int_0^{\pi}|\cos x|\mathrm{d}x$.

解 由积分区间的可加性,得

$$\int_0^{\pi}|\cos x|\mathrm{d}x=\int_0^{\frac{\pi}{2}}\cos x\,\mathrm{d}x+\int_{\frac{\pi}{2}}^{\pi}(-\cos x)\mathrm{d}x=[\sin x]_0^{\frac{\pi}{2}}+[-\sin x]_{\frac{\pi}{2}}^{\pi}=2.$$

例 5-2-6 设 $f(x)=\begin{cases}1+x & x\leqslant 1\\ \dfrac{x^2}{2} & x>1\end{cases}$,求 $\int_0^2 f(x)\mathrm{d}x$.

解 由积分区间的可加性,得

$$\int_0^2 f(x)\mathrm{d}x=\int_0^1(1+x)\mathrm{d}x+\int_1^2\frac{x^2}{2}\mathrm{d}x=\left[x+\frac{x^2}{2}\right]_0^1+\left[\frac{x^3}{6}\right]_1^2=\frac{3}{2}+\frac{7}{6}=\frac{8}{3}.$$

习题 5.2

1. 计算下列各题:

(1) $\dfrac{\mathrm{d}}{\mathrm{d}x}\int_1^{x^2}\sqrt{1+t^2}\,\mathrm{d}t$;　　(2) $\dfrac{\mathrm{d}}{\mathrm{d}x}\int_{\sqrt{x}}^{x^2}\sin t^2\,\mathrm{d}t$;

(3) $\lim\limits_{x\to 0}\dfrac{\int_0^x \ln(1+t)\mathrm{d}t}{x^2}$；　　(4) $\lim\limits_{x\to 0}\dfrac{\int_0^x \ln(1+\sin t)\mathrm{d}t}{1-\cos x}$.

2. 计算下列积分：

(1) $\int_1^2 x^2\mathrm{d}x$；　　(2) $\int_{-1}^{-2}\dfrac{1}{x}\mathrm{d}x$；

(3) $\int_{-e-1}^{-2}\dfrac{1}{1+x}\mathrm{d}x$；　　(4) $\int_0^1\dfrac{x^2-1}{x^2+1}\mathrm{d}x$；

(5) $\int_0^{\sqrt{3}a}\dfrac{1}{a^2+x^2}\mathrm{d}x$；　　(6) $\int_{-1}^3|x-2|\mathrm{d}x$；

(7) $\int_{-2}^2\max\{x,x^2\}\mathrm{d}x$；

(8) 设 $f(x)=\begin{cases}x^2 & 0\leqslant x\leqslant 1\\ 2-x & 1<x\leqslant 2\end{cases}$，求 $\int_0^2 f(x)\mathrm{d}x$.

3. 设 $f(x)$ 连续，且 $f(x)=x+2\int_0^1 f(x)\mathrm{d}x$，计算函数 $f(x)$ 与 $\int_0^1 f(x)\mathrm{d}x$.

§5.3　定积分的计算方法

上节课学习了牛顿-莱布尼兹公式，它建立了定积分与不定积分的联系，也给出了计算定积分的方法，利用牛顿-莱布尼兹公式求定积分的关键就在于找到被积函数的原函数，因此结合不定积分的计算方法，我们也可以用换元积分法和分部积分法来计算定积分.

一、定积分的换元积分法

定理 5-3-1　设函数 $f(x)$ 在 $[a,b]$ 上连续，而 $x=\varphi(t)$ 满足：

(1) $\varphi(\alpha)=a,\varphi(\beta)=b$.

(2) 函数 $x=\varphi(t)$ 在区间 $[\alpha,\beta]$ 上有连续导数；当 t 在区间 $[\alpha,\beta]$ 上变化时，且其值域 $R_\varphi=[a,b]$，则有

$$\int_a^b f(x)\mathrm{d}x \xlongequal[\mathrm{d}x=\varphi'(t)\mathrm{d}t]{x=\varphi(t)} \int_\alpha^\beta f[\varphi(t)]\varphi'(t)\mathrm{d}t.$$

上式称为**定积分的换元积分公式.**

利用定积分的换元公式需要注意两点：

(1) 换元必须同时换上、下限，且 $\dfrac{x=\varphi(t)\,|\,a\to b}{t\quad\ \ |\,\alpha\to\beta}$.

(2) 求出原函数 $\Phi(t)$ 后，不必像不定积分那样再把 $\Phi(t)$ 进行回代变成 x 的函数，可直接计算.

定积分的换元积分法有“从左到右”及“从右到左”两种途径，关键是看在换元公式中利用哪一端计算比较容易.

例 5-3-1　计算 $\int_0^{\frac{\pi}{2}}\cos^4 x\sin x\mathrm{d}x$.

解 令 $\cos x=t$，则 $\sin x\,\mathrm{d}x=-\mathrm{d}(\cos x)=-\mathrm{d}t$，换上、下限 $\dfrac{x\mid 0\to\frac{\pi}{2}}{t\mid 1\to 0}$，

则 $\int_0^{\frac{\pi}{2}}\cos^4 x\sin x\,\mathrm{d}x\xlongequal{t=\cos x}-\int_1^0 t^4\mathrm{d}t=-\dfrac{1}{5}\left[t^5\right]_1^0=-\dfrac{1}{5}(0-1)=\dfrac{1}{5}.$

例 5-3-2 计算 $\int_0^4\dfrac{x+2}{\sqrt{2x+1}}\mathrm{d}x$.

解 令 $\sqrt{2x+1}=t$，则 $x=\dfrac{t^2-1}{2}$，$\mathrm{d}x=t\,\mathrm{d}t$，且 $\dfrac{x\mid 0\to 4}{t\mid 1\to 3}$，

则 $$\int_0^4\frac{x+2}{\sqrt{2x-1}}\mathrm{d}x=\int_1^3\frac{\frac{t^2-1}{2}+2}{t}t\,\mathrm{d}t=\frac{1}{2}\int_1^3(t^2+3)\mathrm{d}t=\frac{1}{2}\left[\frac{t^3}{3}+3t\right]_1^3=\frac{22}{3}.$$

例 5-3-3 计算 $\int_0^{\frac{1}{2}}\dfrac{x^2}{\sqrt{1-x^2}}\mathrm{d}x$.

解 令 $x=\sin t$，则 $\mathrm{d}x=\cos t\,\mathrm{d}t$，换上、下限 $\dfrac{x\mid 0\to\frac{1}{2}}{t\mid 0\to\frac{\pi}{6}}$，

则 $$\int_0^{\frac{1}{2}}\frac{x^2}{\sqrt{1-x^2}}\mathrm{d}x=\int_0^{\frac{\pi}{6}}\frac{\sin^2 t}{\cos t}\cos t\,\mathrm{d}t=\int_0^{\frac{\pi}{6}}\sin^2 t\,\mathrm{d}t$$

$$=\int_0^{\frac{\pi}{6}}\frac{1-\cos 2t}{2}\mathrm{d}t=\frac{1}{2}\left[t-\frac{1}{2}\sin 2t\right]_0^{\frac{\pi}{6}}$$

$$=\frac{\pi}{12}-\frac{\sqrt{3}}{8}.$$

例 5-3-4 设 $f(x)$ 在 $[-a,a]$ 上连续，证明：

(1) 当 $f(x)$ 为偶函数时，有 $\int_{-a}^a f(x)\mathrm{d}x=2\int_0^a f(x)\mathrm{d}x$；

(2) 当 $f(x)$ 为奇函数时，有 $\int_{-a}^a f(x)\mathrm{d}x=0$.

证明 因为 $\int_{-a}^a f(x)\mathrm{d}x=\int_{-a}^0 f(x)\mathrm{d}x+\int_0^a f(x)\mathrm{d}x$，在 $\int_{-a}^0 f(x)\mathrm{d}x$ 中，令 $x=-t$，得

$$\int_{-a}^0 f(x)\mathrm{d}x=-\int_a^0 f(-t)\mathrm{d}t=\int_0^a f(-t)\mathrm{d}t=\int_0^a f(-x)\mathrm{d}x.$$

故

$$\int_{-a}^a f(x)\mathrm{d}x=\int_0^a[f(-x)+f(x)]\mathrm{d}x.$$

(1) 当 $f(x)$ 为偶函数时，$f(-x)=f(x)$，故 $f(-x)+f(x)=2f(x)$，从而有

$$\int_{-a}^{a} f(x)\mathrm{d}x = 2\int_{0}^{a} f(x)\mathrm{d}x.$$

(2) 当 $f(x)$ 为奇函数时，$f(-x)=-f(x)$，故 $f(-x)+f(x)=0$，从而有

$$\int_{-a}^{a} f(x)\mathrm{d}x = 0.$$

注意	我们经常利用该例题的结论求定积分，但需注意积分区间的对称性.

例 5-3-5　计算 $\int_{-\frac{\pi}{2}}^{\frac{\pi}{2}} \frac{x+\cos x}{1+\sin^2 x}\mathrm{d}x$.

解　$$\int_{-\frac{\pi}{2}}^{\frac{\pi}{2}} \frac{x+\cos x}{1+\sin^2 x}\mathrm{d}x = \int_{-\frac{\pi}{2}}^{\frac{\pi}{2}} \frac{x}{1+\sin^2 x}\mathrm{d}x + \int_{-\frac{\pi}{2}}^{\frac{\pi}{2}} \frac{\cos x}{1+\sin^2 x}\mathrm{d}x$$

$$= 0 + 2\int_{0}^{\frac{\pi}{2}} \frac{\cos x}{1+\sin^2 x}\mathrm{d}x = \left[2\arctan(\sin x)\right]_{0}^{\frac{\pi}{2}} = \frac{\pi}{2}.$$

二、定积分的分部积分法

定理 5-3-2　设函数 $u=u(x)$ 与 $v=v(x)$ 在区间 $[a,b]$ 上有连续的导数，则

$$\int_{a}^{b} u\mathrm{d}v = [uv]_{a}^{b} - \int_{a}^{b} v\mathrm{d}u.$$

这就是定积分的**分部积分公式**.

例 5-3-6　计算定积分 $\int_{0}^{\pi} x\sin x\mathrm{d}x$.

解　$$\int_{0}^{\pi} x\sin x\mathrm{d}x = \int_{0}^{\pi} x\mathrm{d}(-\cos x) = [-x\cos x]_{0}^{\pi} - \int_{0}^{\pi}(-\cos x)\mathrm{d}x$$

$$= -\pi\cos\pi - (-0\cos 0) + [\sin x]_{0}^{\pi} = \pi + 0 + 0 = \pi.$$

例 5-3-7　计算定积分 $\int_{0}^{1} x\mathrm{e}^{x}\mathrm{d}x$.

解　$$\int_{0}^{1} x\mathrm{e}^{x}\mathrm{d}x = \int_{0}^{1} x\mathrm{d}\mathrm{e}^{x} = [x\mathrm{e}^{x}]_{0}^{1} - \int_{0}^{1}\mathrm{e}^{x}\mathrm{d}x = (\mathrm{e}-0) - [\mathrm{e}^{x}]_{0}^{1} = \mathrm{e} - (\mathrm{e}-1) = 1.$$

例 5-3-8　计算定积分 $\int_{0}^{\frac{1}{2}} \arcsin x\mathrm{d}x$.

解　$$\int_{0}^{\frac{1}{2}} \arcsin x\mathrm{d}x = [x\arcsin x]_{0}^{\frac{1}{2}} - \int_{0}^{\frac{1}{2}} x\mathrm{d}\arcsin x = \frac{\pi}{12} - \int_{0}^{\frac{1}{2}} \frac{x}{\sqrt{1-x^2}}\mathrm{d}x$$

$$= \frac{\pi}{12} + \frac{1}{2}\int_{0}^{\frac{1}{2}} \frac{1}{\sqrt{1-x^2}}\mathrm{d}(1-x^2) = \frac{\pi}{12} + \left[\sqrt{1-x^2}\right]_{0}^{\frac{1}{2}}$$

$$= \frac{\pi}{12} + \frac{\sqrt{3}}{2} - 1.$$

例 5-3-9 计算定积分 $\int_0^1 e^{\sqrt{x}}\,dx$.

解 令 $\sqrt{x}=t$，则

$$\int_0^1 e^{\sqrt{x}}\,dx=\int_0^1 e^t\cdot 2t\,dt=2\int_0^1 te^t\,dt=2\int_0^1 t\,de^t=[2te^t]_0^1-2\int_0^1 e^t\,dt=2e-[2e^t]_0^1=2.$$

习题 5.3

1. 计算下列定积分：

(1) $\int_1^2 \frac{dx}{\sqrt{5x-1}}$；
(2) $\int_{-1}^1 \frac{dx}{\sqrt{5-4x}}$；

(3) $\int_{\frac{1}{\pi}}^{\frac{2}{\pi}} \frac{1}{x^2}\sin\frac{1}{x}\,dx$；
(4) $\int_0^{\frac{\pi}{2}} \cos^2 x\,dx$；

(5) $\int_1^{e^3} \frac{1}{x\sqrt{1+\ln x}}\,dx$；
(6) $\int_1^{e} \frac{\cos(\ln x)}{x}\,dx$；

(7) $\int_{-\frac{\pi}{2}}^{\frac{\pi}{2}} \cos x\, e^{\sin x}\,dx$；
(8) $\int_{-1}^1 \frac{e^x}{1+e^x}\,dx$；

(9) $\int_1^e \frac{\ln x}{x}\,dx$；
(10) $\int_4^9 \frac{\sqrt{x}}{\sqrt{x}-1}\,dx$；

(11) $\int_0^4 \frac{x+2}{\sqrt{2x+1}}\,dx$；
(12) $\int_{-2}^0 \frac{(x+2)\,dx}{x^2+2x+2}$；

(13) $\int_1^9 \frac{1}{x+\sqrt{x}}\,dx$；
(14) $\int_{\frac{\sqrt{2}}{2}}^1 \frac{\sqrt{1-x^2}}{x^2}\,dx$.

2. 计算下列定积分：

(1) $\int_0^1 x e^{-x}\,dx$；
(2) $\int_1^e x\ln x\,dx$；

(3) $\int_0^1 x\arctan x\,dx$；
(4) $\int_0^1 t^2 e^t\,dt$；

(5) $\int_{\frac{1}{e}}^{e} |\ln x|\,dx$；
(6) $\int_0^{\frac{\pi}{2}} x^2\sin x\,dx$；

(7) $\int_0^{2\pi} e^{2x}\cos x\,dx$；
(8) $\int_0^{\frac{2\pi}{a}} a\sin at\,dt$.

3. 利用函数的奇偶性计算下列定积分：

(1) $\int_{-\pi}^{\pi} x^4\sin x\,dx$；
(2) $\int_{-2}^2 \frac{x^4\sin^3 x}{\sqrt{1+x^2}}\,dx$；

(3) $\int_{-1}^1 (x+\sqrt{1-x^2})^2\,dx$.

4. 若 $f(x)=\begin{cases}\frac{1}{1+\cos x} & -\pi<x<0\\ x e^{-x^2} & x\geqslant 0\end{cases}$，求 $\int_{-1}^{\frac{\pi}{2}} f(x)\,dx$.

§5.4　反常积分

前面讨论的定积分都是积分区间有限，且被积函数在积分区间上有界的定积分.但在一些实际问题中，常会遇到积分区间为无穷区间或者被积函数为无界函数的积分，这一类积分就是我们这节课要学习的**反常积分**.

一、无穷区间的反常积分

引例 5-4-1　求由曲线 $y=e^{-x}$，x 轴及 y 轴所围成的开口的曲边梯形的面积 A（如图 5-4-1）.

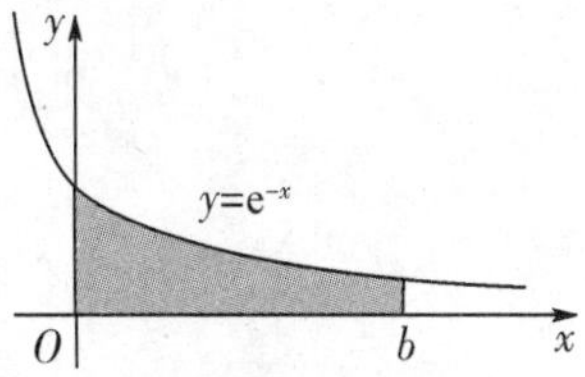

图 5-4-1

根据定积分的几何意义，开口曲边梯形的面积可表示为 $A=\int_0^{+\infty} e^{-x}\,dx$. 然而，这个积分已不是通常意义的定积分了，如何计算这个定积分呢？

任取实数 $b>0$，在有限区间 $[0,b]$ 上，求得曲边梯形（阴影部分）的面积为

$$\int_0^b e^{-x}\,dx=-\left[e^{-x}\right]_0^b=1-e^{-b}.$$

显然，当 $b\to+\infty$ 时，阴影部分曲边梯形面积的极限就是开口曲边梯形的面积，即

$$A=\int_0^{+\infty} e^{-x}\,dx=\lim_{b\to+\infty}\int_0^b e^{-x}\,dx=\lim_{b\to+\infty}(1-e^{-b})=1.$$

由引例 5-4-1，我们给出无穷区间上反常积分的定义.

定义 5-4-1　设函数 $f(x)$ 在 $[a,+\infty)$ 上有定义，取 $t>a$，$f(x)$ 在 $[a,t]$ 上可积，则称形如 $\int_a^{+\infty} f(x)dx$ 为函数 $f(x)$ 在 $[a,+\infty)$ 上的**反常积分**.若极限 $\lim\limits_{t\to+\infty}\int_a^t f(x)dx\,(t>a)$ 存在，则称反常积分**收敛**，即 $\int_a^{+\infty} f(x)dx=\lim\limits_{t\to+\infty}\int_a^t f(x)dx$. 若极限不存在，则称反常积分**发散**.

类似地，函数 $f(x)$ 在区间 $(-\infty,b]$ 上连续，取 $t<b$，则称

$$\int_{-\infty}^b f(x)dx=\lim_{t\to-\infty}\int_t^b f(x)dx$$

为函数 $f(x)$ 在区间 $(-\infty,b]$ 上的反常积分.

同样，函数 $f(x)$ 在区间 $(-\infty,+\infty)$ 上连续，取 $t\in(-\infty,+\infty)$，则

$$\int_{-\infty}^{+\infty} f(x)dx=\int_{-\infty}^t f(x)dx+\int_t^{+\infty} f(x)dx$$

为函数 $f(x)$ 在 $(-\infty,+\infty)$ 上的反常积分，其中 t 为任一有限实数，并且仅当 $\int_{-\infty}^t f(x)dx$ 和 $\int_t^{+\infty} f(x)dx$ 都收敛时，反常积分 $\int_{-\infty}^{+\infty} f(x)dx$ 才收敛，否则 $\int_{-\infty}^{+\infty} f(x)dx$ 是发散的.

注意	上述反常积分结果与 t 无关，因此取 $t=0$，会使计算更简便.

为了计算更加方便,下面将定积分中的牛顿-莱布尼兹公式引入到反常积分中来.

设 $F(x)$ 是连续函数 $f(x)$ 的一个原函数,记

$$F(+\infty)=\lim_{x\to+\infty}F(x),F(-\infty)=\lim_{x\to-\infty}F(x),$$

则

$$\int_a^{+\infty}f(x)\mathrm{d}x=[F(x)]_a^{+\infty}=F(+\infty)-F(a),$$

$$\int_{-\infty}^{b}f(x)\mathrm{d}x=[F(x)]_{-\infty}^{b}=F(b)-F(-\infty),$$

$$\int_{-\infty}^{+\infty}f(x)\mathrm{d}x=[F(x)]_{-\infty}^{+\infty}=F(+\infty)-F(-\infty).$$

例 5-4-1 计算反常积分 $\int_{-\infty}^{+\infty}\frac{\mathrm{d}x}{1+x^2}$ 的值.

解 $\int_{-\infty}^{+\infty}\frac{\mathrm{d}x}{1+x^2}=[\arctan x]_{-\infty}^{+\infty}=\lim_{x\to+\infty}\arctan x-\lim_{x\to-\infty}\arctan x=\frac{\pi}{2}-\left(-\frac{\pi}{2}\right)=\pi.$

例 5-4-2 计算反常积分 $\int_{-\infty}^{0}x\mathrm{e}^x\mathrm{d}x$ 的值.

解 用分部积分法,得

$$\int_{-\infty}^{0}x\mathrm{e}^x\mathrm{d}x=\int_{-\infty}^{0}x\mathrm{d}\mathrm{e}^x=[x\mathrm{e}^x]_{-\infty}^{0}-\int_{-\infty}^{0}\mathrm{e}^x\mathrm{d}x$$

$$=0-\lim_{x\to-\infty}x\mathrm{e}^x-[\mathrm{e}^x]_{-\infty}^{0}=0-(1-\lim_{x\to-\infty}\mathrm{e}^x)=-1.$$

例 5-4-3 证明反常积分 $\int_1^{+\infty}\frac{\mathrm{d}x}{x^p}$ 当 $p>1$ 时收敛,当 $p\leqslant1$ 时发散.

证明 当 $p=1$ 时,$\int_1^{+\infty}\frac{\mathrm{d}x}{x^p}=\int_1^{+\infty}\frac{\mathrm{d}x}{x}=[\ln x]_1^{+\infty}=\lim_{x\to+\infty}\ln x=+\infty.$

当 $p\neq1$ 时,$\int_1^{+\infty}\frac{\mathrm{d}x}{x^p}=\left[\frac{1}{1-p}x^{1-p}\right]_1^{+\infty}=\begin{cases}\frac{1}{p-1} & p>1\\ +\infty & p<1\end{cases}.$

综上,反常积分 $\int_1^{+\infty}\frac{\mathrm{d}x}{x^p}$ 当 $p>1$ 时收敛,其值为 $\frac{1}{p-1}$;当 $p\leqslant1$ 时发散.

二、无界函数的反常积分

引例 5-4-2 求由曲线 $y=\frac{1}{\sqrt{x}}$,x 轴,y 轴及直线 $x=1$ 所围成的开口的曲边梯形的面积 A(如图 5-4-2).

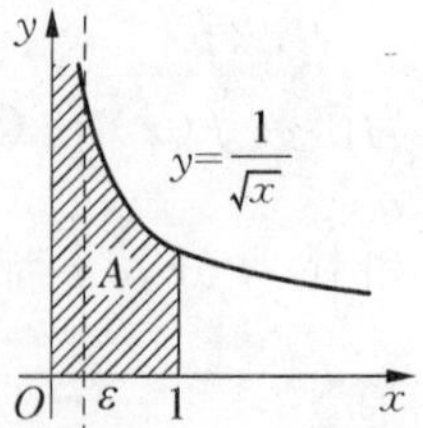

图 5-4-2

根据定积分的几何意义,开口曲边梯形的面积可表示为 $A=\int_0^1\frac{1}{\sqrt{x}}\mathrm{d}x$. 如何计算这个定积分呢?

任取实数 $\varepsilon>0$,在有限区间 $[\varepsilon,1]$ 上,求得曲边梯形(阴影部分)的

面积为

$$\int_{\varepsilon}^{1}\frac{1}{\sqrt{x}}\mathrm{d}x=\left[2\sqrt{x}\right]_{\varepsilon}^{1}=2(1-\sqrt{\varepsilon}).$$

显然，当 $\varepsilon\to 0^+$ 时，阴影部分曲边梯形面积的极限就是开口曲边梯形的面积.即

$$A=\int_{0}^{1}\frac{1}{\sqrt{x}}\mathrm{d}x=\lim_{\varepsilon\to 0^+}\int_{\varepsilon}^{1}\frac{1}{\sqrt{x}}\mathrm{d}x=\lim_{\varepsilon\to 0^+}\left[2\sqrt{x}\right]_{\varepsilon}^{1}=\lim_{\varepsilon\to 0^+}2(1-\sqrt{\varepsilon})=2.$$

由引例 5-4-2，我们给出无界函数反常积分的定义.首先，我们给出瑕点的定义.

如果函数 $f(x)$ 在 a 的任一领域内都无界，那么点 a 称为函数 $f(x)$ 的**瑕点**.

定义 5-4-2　设函数 $f(x)$ 在 $(a,b]$ 上有定义，点 a 为函数 $f(x)$ 的瑕点，取 $t>a$，$f(x)$ 在 $[t,b]$ 上可积，如果 $\lim\limits_{t\to a^+}\int_{t}^{b}f(x)\mathrm{d}x$ 极限存在，则称反常积分 $\int_{a}^{b}f(x)\mathrm{d}x$ **收敛**，即 $\int_{a}^{b}f(x)\mathrm{d}x=\lim\limits_{t\to a^+}\int_{t}^{b}f(x)\mathrm{d}x$. 若极限不存在，则称反常积分**发散**.

类似地，函数 $f(x)$ 在区间 $[a,b)$ 上连续，取 $t<b$，则称

$$\int_{a}^{b}f(x)\mathrm{d}x=\lim_{t\to b^-}\int_{a}^{t}f(x)\mathrm{d}x$$

为函数 $f(x)$ 在区间 $[a,b)$ 上的反常积分.

同样，函数 $f(x)$ 在区间 $[a,c)$ 及 $(c,b]$ 上连续，点 c 为函数 $f(x)$ 的瑕点，则

$$\int_{a}^{b}f(x)\mathrm{d}x=\int_{a}^{c}f(x)\mathrm{d}x+\int_{c}^{b}f(x)\mathrm{d}x$$

为函数 $f(x)$ 在 $[a,b]$ 上的反常积分，并且仅当 $\int_{a}^{c}f(x)\mathrm{d}x$ 和 $\int_{c}^{b}f(x)\mathrm{d}x$ 都收敛时，反常积分 $\int_{a}^{b}f(x)\mathrm{d}x$ 才收敛，否则 $\int_{a}^{b}f(x)\mathrm{d}x$ 是发散的.

从上述讨论可以看出，对于无界函数的反常积分，可用无穷区间上的反常积分类似的方法进行处理，在此不多作介绍.

习题 5.4

1. 判定下列反常积分的敛散性，若收敛，则计算其值.

(1) $\int_{1}^{+\infty}\frac{1}{x^3}\mathrm{d}x$；　　(2) $\int_{1}^{+\infty}\frac{\ln x}{x}\mathrm{d}x$；

(3) $\int_{-\infty}^{+\infty}\frac{\mathrm{d}x}{x^2+4x+5}$；　　(4) $\int_{0}^{a}\frac{\mathrm{d}x}{\sqrt{a^2-x^2}}(a>0)$；

(5) $\int_{2}^{+\infty}\frac{1}{x^2-1}\mathrm{d}x$；　　(6) $\int_{0}^{+\infty}x\mathrm{e}^{-x^2}\mathrm{d}x$；

(7) $\int_{0}^{1}\ln x\,\mathrm{d}x$；　　(8) $\int_{-1}^{1}\frac{\mathrm{d}x}{x^2}$.

§5.5 定积分在几何中的应用

一、平面图形的面积

在第一节中我们已经知道,由曲线 $y=f(x)(f(x)\geqslant 0)$,直线 $x=a,x=b$ 和 x 轴围成的曲边梯形的面积为 $A=\int_a^b f(x)\mathrm{d}x$;

由曲线 $y=f(x)(f(x)\leqslant 0)$,直线 $x=a,x=b$ 和 x 轴围成的曲边梯形的面积为 $A=\int_a^b |f(x)|\mathrm{d}x=-\int_a^b f(x)\mathrm{d}x$.

由此可推出:

(1) 如果平面图形是由曲线 $y=f(x),y=g(x)$ (其中 $f(x)\geqslant g(x)$) 及直线 $x=a$, $x=b$ 所围成的平面图形(如图 5-5-1),其面积

$$A=\int_a^b [f(x)-g(x)]\mathrm{d}x.$$

(2) 如果平面图形是由曲线 $x=\varphi(y),x=\psi(y)$ (其中 $\varphi(y)\geqslant\psi(y)$) 及直线 $y=c,y=d$ 所围成的平面图形(如图 5-5-2),其面积

$$A=\int_c^d [\varphi(y)-\psi(y)]\mathrm{d}y.$$

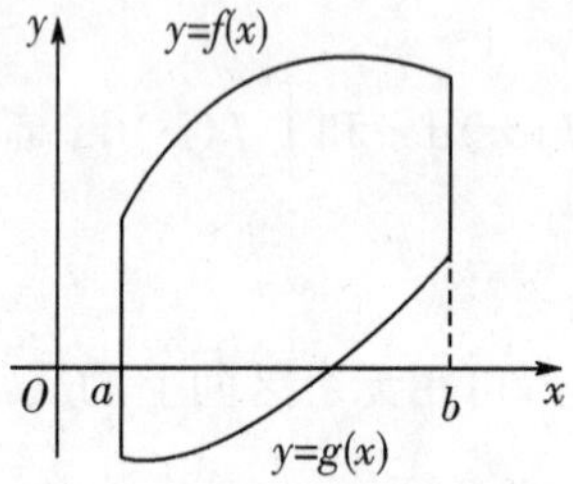

图 5-5-1

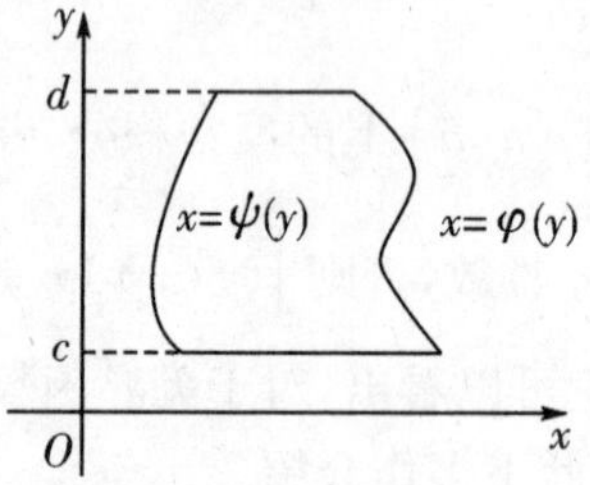

图 5-5-2

例 5-5-1 计算由两条抛物线 $y^2=x,y=x^2$ 所围成的平面图形的面积.

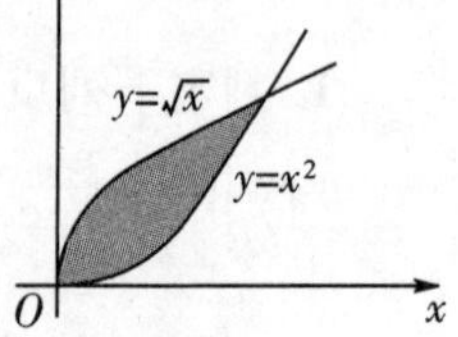

图 5-5-3

解 画出平面图形的草图(如图 5-5-3),解方程组 $\begin{cases}y^2=x\\y=x^2\end{cases}$,得到两抛物线的交点为(0,0)和(1,1).

选取横坐标 x 为积分变量,它的变化区间是[0,1],则所求图形的面积为

$$A=\int_0^1(\sqrt{x}-x^2)\mathrm{d}x=\left[\frac{2}{3}x^{\frac{3}{2}}-\frac{1}{3}x^3\right]_0^1=\frac{1}{3}.$$

例 5-5-2 求由抛物线 $y^2=2x$ 与直线 $y=x-4$ 所围图形的面积.

解　画出平面图形的草图(如图 5-5-4),解方程组 $\begin{cases} y^2=2x \\ y=x-4 \end{cases}$,得曲线与直线的交点 $(2,-2)$ 和 $(8,4)$.

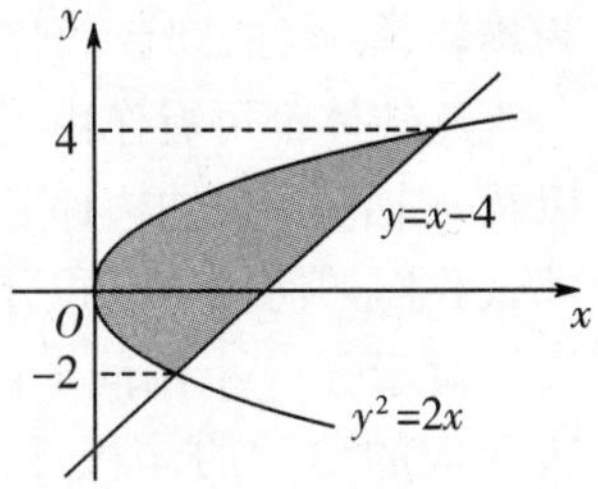

图 5-5-4

选取纵坐标 y 为积分变量,它的变化区间是 $[-2,4]$,则所求图形的面积为

$$A=\int_{-2}^{4}\left(y+4-\frac{y^2}{2}\right)\mathrm{d}y=\left[\frac{y^2}{2}+4y-\frac{y^3}{6}\right]_{-2}^{4}=18.$$

本题若选取横坐标 x 为积分变量,它的变化区间要分两部分来讨论:

$$\begin{aligned} A&=\int_{0}^{2}[\sqrt{2x}-(-\sqrt{2x})]\mathrm{d}x+\int_{2}^{8}[\sqrt{2x}-(x-4)]\mathrm{d}x \\ &=\left[\frac{4\sqrt{2}}{3}x^{\frac{3}{2}}\right]_{0}^{2}+\left[\frac{2\sqrt{2}}{3}x^{\frac{3}{2}}-\frac{1}{2}x^2+4x\right]_{2}^{8}=18. \end{aligned}$$

从例 5-5-2 可得,积分变量选取适当,可使计算方便很多.

例 5-5-3　求椭圆 $\frac{x^2}{a^2}+\frac{y^2}{b^2}=1$ 所围成的图形的面积.

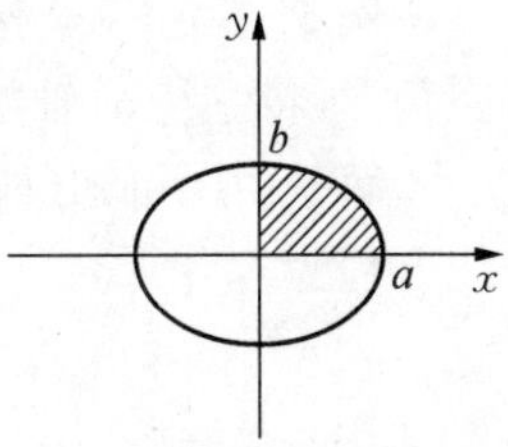

图 5-5-5

解　画出平面图形的草图(如图 5-5-5).

该图形关于两个坐标轴都对称,所以椭圆所围成的图形面积为图中阴影面积的 4 倍,即:

$$A=4\int_{0}^{a}y\mathrm{d}x=4\int_{0}^{a}b\sqrt{1-\frac{x^2}{a^2}}\mathrm{d}x=\frac{4b}{a}\int_{0}^{a}\sqrt{a^2-x^2}\mathrm{d}x=\frac{4b}{a}\times\frac{1}{4}\pi a^2=\pi ab.$$

> **注意**　本题也可以利用椭圆的参数方程求解,
>
> $$\begin{cases} x=a\cos t \\ y=b\sin t \end{cases}\quad\left(0\leqslant t\leqslant\frac{\pi}{2}\right).$$

利用定积分的换元法,令 $x=a\cos t$,则 $y=b\sin t$,$\mathrm{d}x=-a\sin t\mathrm{d}t$,且当 $x=0$ 时,$t=\frac{\pi}{2}$;当 $x=a$ 时,$t=0$. 故

$$\begin{aligned} A&=4\int_{0}^{a}y\mathrm{d}x=4\int_{\frac{\pi}{2}}^{0}b\sin t(-a\sin t)\mathrm{d}t=4ab\int_{0}^{\frac{\pi}{2}}\sin^2 t\mathrm{d}t \\ &=4ab\int_{0}^{\frac{\pi}{2}}\frac{1-\cos 2t}{2}\mathrm{d}t=2ab\left[t-\frac{1}{2}\sin 2t\right]_{0}^{\frac{\pi}{2}}=\pi ab. \end{aligned}$$

二、体积

1. 旋转体的体积

旋转体是指由一个平面图形绕这平面内一条直线旋转一周而生成的立体.这条直线称

为**旋转轴**.圆柱、圆台、圆锥都是常见的旋转体.

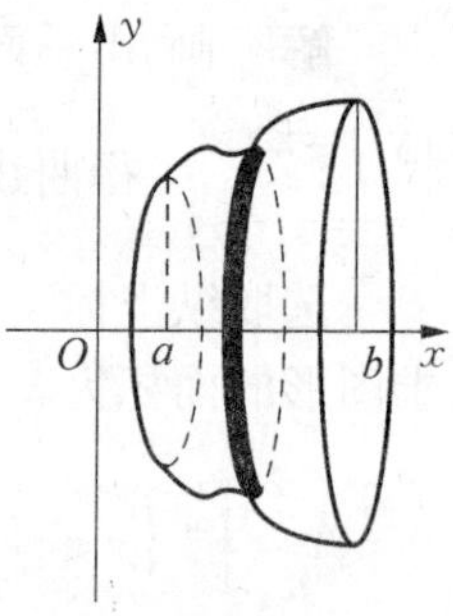

图 5-5-6

旋转体都可看作由连续曲线 $y=f(x)$，直线 $x=a$，$x=b(a<b)$ 以及 x 轴所围的曲边梯形绕 x 轴旋转一周所得的立体(如图 5-5-6)，那么我们如何使用定积分来计算旋转体的体积呢?

对于任一小区间 $[x,x+\mathrm{d}x]$ 的相应的窄曲边梯形绕 x 轴旋转而成的薄片的体积近似于以 $|f(x)|$ 为半径，$\mathrm{d}x$ 为高的扁的圆柱体的体积，即体积元素为 $\mathrm{d}V=\pi[f(x)]^2\mathrm{d}x$，所以这个旋转体的体积为：

$$V=\int_a^b \pi[f(x)]^2\mathrm{d}x.$$

类似地，由连续曲线 $x=\varphi(y)$，直线 $y=c$，$y=d(c<d)$，以及 y 轴所围的曲边梯形绕 y 轴旋转一周所得旋转体的体积为：$V=\pi\int_c^d \varphi^2(y)\mathrm{d}y$.

例 5-5-4 连接坐标原点 O 以及点 $P(h,r)$ 的直线、直线 $x=h$ 及 x 轴围成一个直角三角形，将它绕 x 轴旋转一周构成一个圆锥体，计算这个圆锥体的体积.

解 由图可知(如图 5-5-7)，原点 O 以及点 $P(h,r)$ 的直线方程为

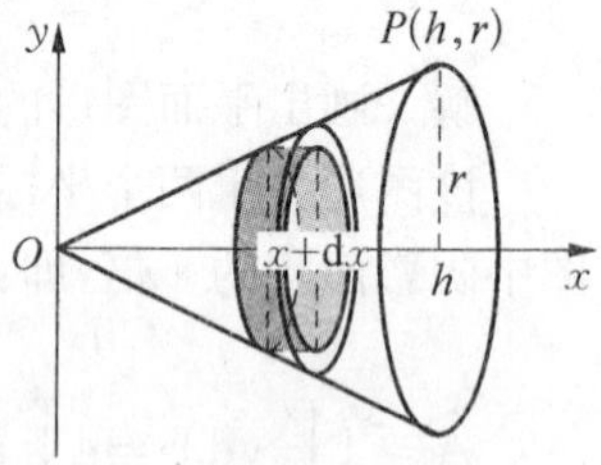

图 5-5-7

$$y=\frac{r}{h}x.$$

选取横坐标 x 为积分变量，它的变化区间为 $[0,h]$，则体积元素为

$$\mathrm{d}V=\pi\left[\frac{r}{h}x\right]^2\mathrm{d}x.$$

于是圆锥体的体积为

$$V=\int_0^h \pi\left[\frac{r}{h}x\right]^2\mathrm{d}x=\frac{\pi r^2h}{3}.$$

例 5-5-5 求由曲线 $y=\ln x$ 和直线 $x=\mathrm{e}$ 及 x 轴围成的平面图形绕 y 轴旋转一周所得的旋转体.

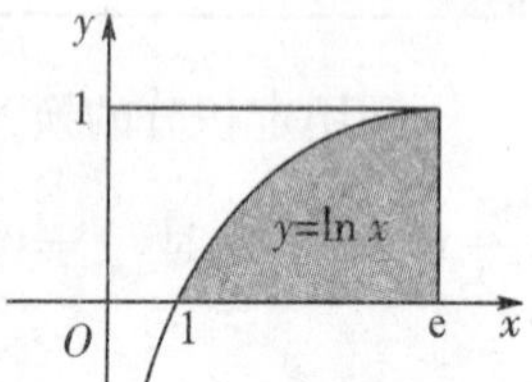

图 5-5-8

解 由图 5-5-8 可知，所求旋转体体积为

$$V=\pi\mathrm{e}^2\cdot 1-\int_0^1\pi(\mathrm{e}^y)^2\mathrm{d}y=\pi\mathrm{e}^2-\frac{\pi}{2}[\mathrm{e}^{2y}]_0^1=\frac{\pi}{2}(\mathrm{e}^2+1).$$

2. 平行截面面积为已知的立体的体积

如果一个立体不是某平面图形的旋转体，而是一个一般的空间立体体积，如果知道该立体上垂直于一定轴的各个截面面积，那么这个立体的体积也可以用定积分来计算.

假设取定轴为 x 轴，且设该立体在过点 $x=a$，$x=b$ 且垂直于 x 轴的两个平面之内，以 $A(x)$ 表示过点 x 且垂直于 x 轴的截面面积(如图 5-5-9).

取 x 为积分变量，其变化区间为 $[a,b]$. 立体中相应于 $[a,b]$ 上任一小区间 $[x,x+\mathrm{d}x]$ 的一薄片的体积近似于底面积为 $A(x)$，高为 $\mathrm{d}x$ 的扁柱体的体积，即体积元素为 $\mathrm{d}V=A(x)\mathrm{d}x$. 于是，该立体的体积为

$$V=\int_a^b A(x)\mathrm{d}x.$$

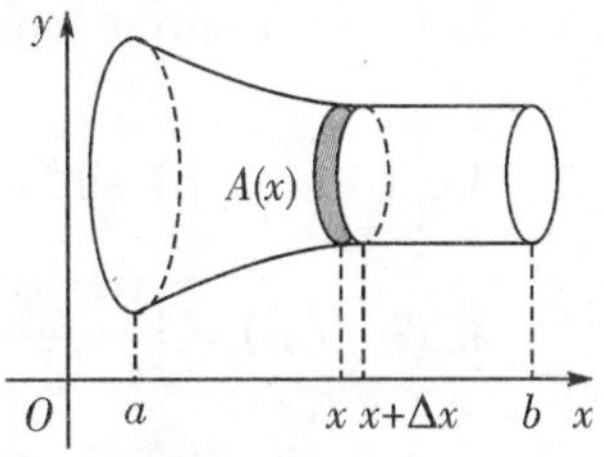

图 5-5-9

习题 5.5

1. 求由曲线 $y=\mathrm{e}^x$，$y=\mathrm{e}^{-x}$，$x=1$ 所围成的平面图形的面积.

2. 求由抛物线 $y^2=x$ 与直线 $x+y-2=0$ 所围成的图形的面积.

3. 求由曲线 $y=x^2$ 与 $x=y^2$ 所围成的平面图形绕 y 轴旋转而成的旋转体体积.

4. 平面图形由 $y=x^3$ 和 $y=0$，$x=2$ 围成，试求该图形分别绕 x 轴、y 轴旋转所得旋转体体积.

本章小结

1. 定积分的概念和性质

(1) 定积分的基本思想方法，即"分割、近似、求和、取极限"四个步骤. 微元法是这一思想方法的归纳，是一种实际问题中常用的方法. 定积分的计算是本节重点之一.

(2) 定积分的性质

积分区间的可加性——主要用于分段函数计算定积分.

2. 牛顿-莱布尼兹公式

设 $f(x)$ 在 $[a,b]$ 上连续，$F(x)$ 是 $f(x)$ 在 $[a,b]$ 上的一个原函数，则

$$\int_a^b f(x)\mathrm{d}x=[F(x)]_a^b=F(b)-F(a).$$

该公式揭示了微分学与积分学之间的关系，将求定积分问题转化为求原函数的问题.

3. 定积分的计算方法

定积分的换元积分法和分部积分法与不定积分的方法几乎类似，但是需要注意：(1) 换元的同时必须换上、下限；(2) 定积分结果是一个常数，不需要回代，还要注意对称区间上的"奇零偶倍".

4. 反常积分

5. 定积分在几何上的应用

复习题五

一、填空题

1. $\int_0^1\sqrt{x^2-2x+1}\,\mathrm{d}x=$________.

2. $\int_{-\pi}^{\pi}(x+\sin^5 x)\cos x\,\mathrm{d}x=$________.

3. $\left[\int_{-1}^{1}(|x|+\sin^3 x)\mathrm{d}x\right]'=$________.

4. 设 $f(x)=\int_0^{1-x^2}\mathrm{e}^{-t^2}\mathrm{d}t$，则 $f'(x)=$________.

5. 若 $\int_0^1(4x+k)\mathrm{d}x=3$，则 $k=$________.

6. 已知 $f(x)=2-|x|$，则 $\int_{-1}^{2}f(x)\mathrm{d}x=$________.

7. 用定积分表示曲线 $y=\ln x$ 与直线 $x=\frac{1}{\mathrm{e}}$，$x=\mathrm{e}$ 及 x 轴所围成的图形的面积________.

8. 已知函数 $y=x^2$ 与 $y=kx(k>0)$ 的图像所围成的阴影部分的面积为 $\frac{9}{2}$，则 $k=$________.

9. 若 $\int_{-\infty}^{+\infty}\frac{2k}{1+x^2}\mathrm{d}x=1$，则 $k=$________.

10. 若 $\int_1^{+\infty}\frac{1}{x^k}\mathrm{d}x=\frac{1}{2}$，则 $k=$________.

11. 设 $f(x)$ 连续，且 $\int_0^{x^3-1}f(t)\mathrm{d}t=x$，则 $f(26)=$________.

12. 设 $f(x)$ 是连续函数，且 $f(x)=x+3\int_0^1 f(t)\mathrm{d}t$，则 $f(x)=$________.

二、选择题

1. $f(x)$ 在 $[a,b]$ 上连续是 $\int_a^b f(x)\mathrm{d}x$ 存在的(　　).

A. 充分条件　　B. 必要条件　　C. 充分必要条件　　D. 以上都不对

2. 设 $\int_0^x f(t)\mathrm{d}t=\ln(5-x^2)$，则 $f(x)=$(　　).

A. $\frac{5}{5-x^2}$　　B. $\frac{2x}{5-x^2}$　　C. $-\frac{2x}{5-x^2}$　　D. $5x$

3. 设 $f(x)$ 连续，$f(x)=\int_0^{x^2}g(t^2)\mathrm{d}t$，则 $f'(x)=$(　　).

A. $g(x^4)$　　B. $x^2g(x^4)$　　C. $2xg(x^4)$　　D. $2xg(x^2)$

4. 由曲线 $y=x^2+2x$ 与直线 $y=x$ 所围成的封闭图形的面积为(　　).

A. $\frac{1}{6}$　　B. $\frac{1}{3}$　　C. $\frac{5}{6}$　　D. $\frac{2}{3}$

5. 若 $\int_0^1\mathrm{e}^x f(\mathrm{e}^x)\mathrm{d}x=\int_a^b f(u)\mathrm{d}u$，则(　　).

A. $a=0,b=1$　　B. $a=0,b=\mathrm{e}$　　C. $a=1,b=10$　　D. $a=1,b=\mathrm{e}$

6. $\int_0^4 e^{\sqrt{x}}\,dx=$(　　).

A. $\frac{1}{2}$　　B. $2(e^2+1)$　　C. $\frac{1}{2e^2}-\frac{1}{2}$　　D. $2e^2$

7. 反常积分 $\int_0^{+\infty}\frac{dx}{e^x+e^{-x}}$(　　).

A. $=\frac{\pi}{2}$　　B. $=\pi$　　C. $=\frac{\pi}{4}$　　D. 发散

8. 反常积分 $\int_{-\infty}^0 e^{-kx}\,dx$ 收敛,则(　　).

A. $k>0$　　B. $k\geqslant 0$　　C. $k<0$　　D. $k\leqslant 0$

9. 设 $\int_0^x f(t)\,dt=2x^3$,则 $\int_0^{\frac{\pi}{2}}\cos x f(-\sin x)\,dx=$(　　).

A. $\frac{\pi^3}{4}$　　B. $-\frac{\pi^3}{4}$　　C. 2　　D. -2

10. 设 $f(x)$ 的一个原函数为 $\sin x$,则 $\int_0^{\frac{\pi}{2}}xf(x)\,dx=$(　　).

A. 0　　B. $\frac{\pi}{2}$　　C. $\frac{\pi}{2}+1$　　D. $\frac{\pi}{2}-1$

11. 设在 $[a,b]$ 上,$f(x)>0,f'(x)<0,f''(x)>0$,记 $S_1=\int_a^b f(x)\,dx$,

$S_2=f(b)\cdot(b-a),S_3=\frac{b-a}{2}[f(b)+f(a)]$,则有(　　).

A. $S_1<S_2<S_3$　　B. $S_2<S_1<S_3$　　C. $S_3<S_1<S_2$　　D. $S_2<S_3<S_1$

12. 已知 $f(0)=1,f(1)=2,f'(1)=3$,则 $\int_0^1 xf''(x)\,dx=$(　　).

A. 1　　B. 2　　C. 3　　D. 4

三、计算题

1. $\int_{-\frac{1}{2}}^{\frac{\sqrt{3}}{2}}\frac{1}{\sqrt{1-x^2}}\,dx$.

2. $\int_1^2\left(x+\frac{1}{x}\right)^2 dx$.

3. $\int_0^2\frac{x}{\sqrt{4-x^2}}\,dx$.

4. $\int_1^e\frac{1+\ln x}{x}\,dx$.

5. $\int_1^4\frac{1}{1+\sqrt{x}}\,dx$.

6. $\int_0^2\frac{x^2}{1+x}\,dx$.

7. $\int_{\frac{1}{2}}^e|\ln x|\,dx$.

8. $\int_{-1}^1\left(|x|+\frac{x^2\sin x}{1+x^2}\right)dx$.

9. $\int_0^{\frac{\pi}{2}}\sqrt{1-\sin 2x}\,dx$.

10. $\int_{-\sqrt{3}}^{\sqrt{3}}x\arctan x\,dx$.

11. $\int_1^e x^2\ln x\,dx$.

12. $\int_0^{+\infty}xe^{-x}\,dx$.

13. 设 $f(x)=\begin{cases}\sin x & x\leqslant 0\\ \dfrac{1}{1+x} & x>0\end{cases}$，求 $\int_0^{\pi} f\left(x-\dfrac{\pi}{2}\right)\mathrm{d}x$.

四、应用题

1. 求由直线 $y=2x$ 及曲线 $y=3-x^2$ 围成的平面图形的面积.

2. 求抛物线 $y=\dfrac{1}{2}x^2$ 及 $x^2+y^2=8$(两部分都要算)所围成的平面图形的面积.

3. 求由曲线 $y=\mathrm{e}^{-x}$ 与 $x=2,x=0,y=0$ 所围成的平面图形绕 x 轴旋转而成的旋转体体积.

4. 求由曲线 $y=\sin x$ 和它在 $x=\dfrac{\pi}{2}$ 处的切线以及直线 $x=\pi$ 所围成的图形的面积和它绕 x 轴旋转而成的旋转体的体积.

阅读材料

定积分的发展史

很多人都以为导数概念的产生历史悠久，却不知道定积分的思想比它还要早，甚至可以追溯到古希腊时代.古希腊人在丈量形状不规则的土地面积时，先尽可能地用规则图形，如矩形和三角形，把丈量的土地分割成若干小块，忽略那些零碎的不规则的小块，计算出每一小块规则图形的面积，然后将它们相加，就得到了土地面积的近似值.

因此，阿基米德在公元前 240 年左右，就曾用这个方法计算过抛物线、弓形及其他图形的面积，这就是分割与逼近思想的萌芽.我国古代数学家祖冲之的儿子在公元六世纪前后提出祖恒原理.公元 263 年，我国刘徽也提出了割圆术.这些是我国数学家用定积分思想计算体积的典范.而到了文艺复兴时期之后，人类需要进一步认识和征服自然.

在确立日心说和探索宇宙的过程中，积分的产生成为必然.开普勒三大定律中有关行星扫过面积的计算，牛顿有关天体之间的引力的计算直至万有引力定律的诞生，更加直接地推动了积分学核心思想的产生.到了牛顿那个年代，数学家们已经建立了定积分的概念，并能够计算许多简单的函数的积分了.但是，有关定积分的种种结果还是孤立零散的，直到牛顿、莱布尼兹之后的两百年，严格的现代积分学理论才逐步诞生.

严格的积分定义始于柯西，柯西给出了原函数的准确定义，然而，柯西的积分理论是对于闭区间上连续函数来定义的，若闭区间上具有无限多不连续点，柯西积分就不适用了.狄利克雷、黎曼等针对柯西方法对积分的不足之处，开始考虑重建积分的定义……

1. 黎曼积分

狄利克雷提出可以用一种新的包容性更强的积分理论来处理在闭区间上具有无限多不连续点的函数，这种理论同“无穷小量分析的基本原理”相关.他从来没有在这个方面提出过什么思想，也从来没有指出过如何对高度不连续的函数积分.但是，他给出了一个说明这种情况存在的例子，显示了柯西方法的不足之处.这也就是著名的狄利克雷函数：

$$\varphi(x)=\begin{cases}c & x\text{ 为有理数}\\ d & x\text{ 为无理数}\end{cases}.$$

狄利克雷的优秀学生黎曼试图找到不需要预先假设函数必须如何连续就定义积分的途径，使可积性同连续性分离是一种大胆的、极有创见的思想.

黎曼在 1854 年为获得德国大学的教授职位而写的“大学执教资格讲演”这篇高水平的学术论文中，提出了黎曼积分.而现在在任何微积分学教程中，它都占据着突出的地位.这个定义没有对连续性做任何假设.与柯西不同，对黎曼来说，连续性并不成为一个问题.

2. 勒贝格积分

有界函数的黎曼积分从把定义域分为细小的子区间的一个划分开始，在这些子区间上构建矩形，它们的高由函数值确定，最后令最大子区间的宽度收缩为零.相反，替代的勒贝格积分乃是基于一种简单而富有想象力的思想：采用函数值域的划分代替定义域的划分.

勒贝格在为一般读者编写的一本书中，用一个比喻来对比黎曼的方法与他自己的方法.他想象一位零售商，在一天终结时想要汇总营业收入.对于这位店主来说，一种选择是“按照随机顺序计算到手的现金和账单”.勒贝格把这样一位零售商称为“缺乏系统观点的”人，他依次累加收集起来的款项：1 美元，10 美分，25 美分等等.

勒贝格接着指出，如果不这样做，店主在结账时不考虑收到每笔款项，而代之以按款项的面值分组，难道不是更为可取吗？例如，可能共计收到 10 美分 12 笔，25 美分 30 笔，1 美元 50 笔，等等.这样，计算一天的收入将变得很简单：用每种币值的数量乘以币值，然后对结果求和.

勒贝格承认，对于商业经营中涉及的有限的量，这两种方法产生同样的结果.“但是对于我们必须求数目无限的极微小的量之和而言”，他写道：“这两种方法之间存在着巨大差别.”

从数学的发展过程可以知道，人们首先研究的是定积分，生活中的面积和体积问题使人们对定积分产生关注，进而去建立和完善它的概念、寻找它的求法，产生牛顿-莱布尼兹公式.

然而，为了便于更好地计算定积分，高等数学从不定积分入手讲述原函数的各种解法，然后再通过牛顿-莱布尼兹公式计算定积分，最后介绍定积分的各种应用.这样，教材就把一个复杂的问题简化为三个简单的问题.在学习时，每一个问题搞懂了，积分理论也就学会了.

第 6 章

空间解析几何与向量代数

学习目标

1. 理解空间直角坐标系，掌握向量的概念及其表示.
2. 掌握向量的线性运算、向量的坐标表达式，理解单位向量、向量的模与方向余弦、向量的投影.
3. 掌握向量的数量积、向量积，熟练掌握用坐标表达式进行向量运算的方法.
4. 掌握两个向量垂直和平行的条件.
5. 掌握平面方程和直线方程及其求法.
6. 会求平面与平面、平面与直线、直线与直线之间的夹角，并会用平面、直线的相互关系(平行、垂直、相交等)解决有关问题.
7. 会求点到直线以及点到平面的距离.
8. 理解曲面方程的概念，了解常用二次曲面的方程及其图形，会求以坐标轴为旋转轴的旋转曲面及母线平行于坐标轴的柱面方程.
9. 了解空间曲线的参数方程和一般方程.
10. 了解空间曲线在坐标平面上的投影，并会求其方程.

空间解析几何的产生是数学史上一个划时代的成就.它通过点和坐标的对应，把数学研究的两个基本对象“数”和“形”统一起来，使人们既可以用代数方法研究解决几何问题，也可以用几何方法解决代数问题.

本章节首先建立空间直角坐标系，然后以向量为工具，讨论空间中平面、直线、曲面和曲线的方程及其相关内容.

§6.1　空间直角坐标系

一、空间直角坐标系

过空间一定点 O，作三条互相垂直的数轴，并都以 O 为原点且一般具有相同的长度单位.各个数轴的正向符合右手法则，按右手规则确定其正方向：右手的拇指、食指、中指伸开，使其互相垂直，则拇指、食指、中指分别指向 Ox，Oy，Oz 轴的正方向(如图 6－1－1)，构成一个**空间直角坐标系 $Oxyz$**(如图 6－1－2).点 O 叫作坐标原点;三个坐标轴 Ox,Oy,Oz 依次记为 x **轴(横轴)**、y **轴(纵轴)**、z **轴(竖轴)**,统称为**坐标轴**.

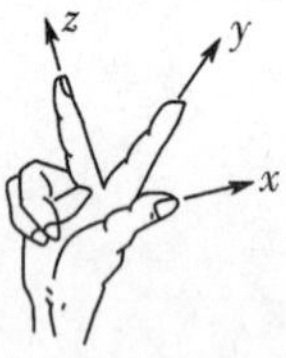

图 6－1－1

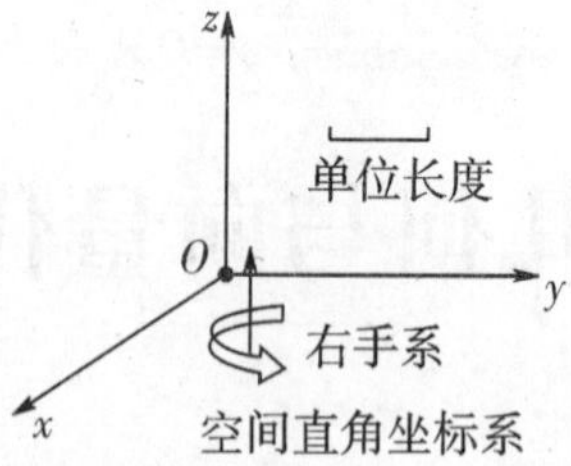

图 6－1－2

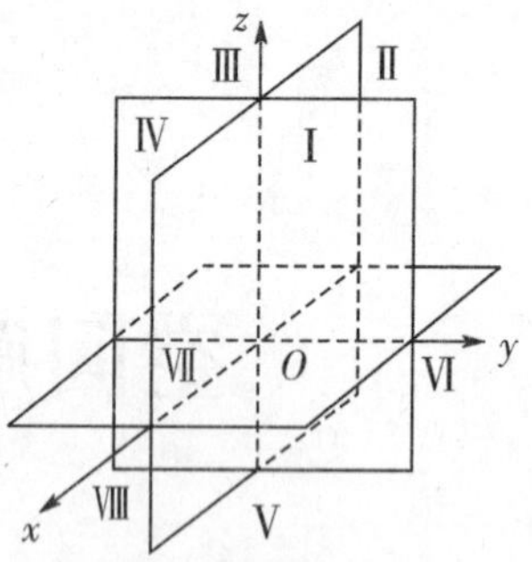

图 6－1－3

三条坐标轴中任意两条坐标轴确定一个平面,称为**坐标面**,分别称为 xOy 面、yOz 面和 zOx 面.三个坐标平面将空间分成八个部分,称为八个**卦限**.在 xOy 面上方有四个卦限,含 x 轴、y 轴、z 轴正向的卦限称为第Ⅰ卦限,按逆时针方向依次为第Ⅱ、Ⅲ、Ⅳ卦限;在 xOy 面下方有四个卦限,第一卦限下方部分为第Ⅴ卦限,按逆时针方向依次为第Ⅵ、Ⅶ、Ⅷ卦限(如图 6－1－3).

二、空间点的坐标

设 M 为空间一已知点,过点 M 作三个平面分别垂直于 x 轴、y 轴、z 轴,三个平面与各轴的交点依次为 P,Q,R,这三点在 x 轴、y 轴、z 轴上的坐标依次为 x,y,z,空间一点 M 就唯一地确定了有序数组 (x,y,z).称有序数组 (x,y,z) 为点 M 的坐标(如图 6－1－4),其中这三个数 x,y,z 分别称为点 M 的**横坐标**、**纵坐标**、**竖坐标**,记作 $M(x,y,z)$.

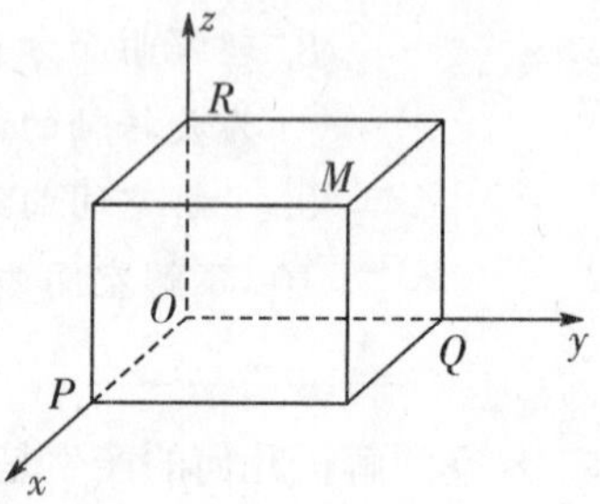

图 6－1－4

显然,原点 O 的坐标为 $(0,0,0)$,x 轴、y 轴、z 轴的坐标分别为 $(x,0,0)$,$(0,y,0)$,$(0,0,z)$,xOy 面、yOz 面、zOx 面上点的坐标分别为 $(x,y,0)$,$(0,y,z)$,$(x,0,z)$.

三、空间两点间的距离

设 $M_1(x_1,y_1,z_1)$,$M_2(x_2,y_2,z_2)$ 是空间两点,则空间两点间的距离公式:

$$d=|M_1M_2|=\sqrt{(x_2-x_1)^2+(y_2-y_1)^2+(z_2-z_1)^2}.$$

在空间直角坐标系中,任一点 $M(x,y,z)$ 与坐标原点 O 之间的距离公式:

$$|OM|=\sqrt{x^2+y^2+z^2}.$$

例 6－1－1 证明以 $A(4,3,1)$,$B(7,1,2)$,$C(5,2,3)$ 为顶点的三角形 $\triangle ABC$ 是一等腰三角形.

解 由两点间距离公式得:

$$|AB|=\sqrt{(7-4)^2+(1-3)^2+(2-1)^2}=\sqrt{14}.$$

同理可得

$$|BC|=\sqrt{6},\ |CA|=\sqrt{6}.$$

由于 $|BC|=|CA|$，故 $\triangle ABC$ 是一等腰三角形.

例 6-1-2　在 z 轴上，求与 $A(-4,1,7)$ 和 $B(3,5,-2)$ 两点等距离的点.

解　设 M 为所求的点，因为 M 在 z 轴上，故可设 M 的坐标为：$(0,0,z)$.

根据题意，知

$$\sqrt{(0-(-4))^2+(0-1)^2+(z-7)^2}=\sqrt{(0-3)^2+(0-5)^2+(z-(-2))^2}.$$

得：$z=\dfrac{14}{9}$，所以点 M 的坐标为 $\left(0,0,\dfrac{14}{9}\right)$.

习题 6.1

1. 指出下列各点所在的卦限：

$A(-3,5,-2)$；　　$B(-3,-5,-1)$；　　$C(-3,-2,7)$；　　$D(-2,4,5)$.

2. 写出点 $P(3,5,-2)$ 关于下列条件的对称点的坐标：

(1) y 轴；　　(2) xOy 面；　　(3) 坐标原点.

3. 在 x 轴上求与两点 $P_1(-4,1,7)$ 和 $P_2(3,5,-2)$ 等距离的点.

4. 求点 $A(4,-3,5)$ 到坐标原点以及坐标轴间的距离.

5. 在 yOz 面上，求与 $A(3,1,2)$，$B(4,-2,-2)$，$C(0,5,1)$ 三点等距离的点.

§6.2　向量及其线性运算

一、向量的概念

在研究自然科学时，常会遇到这样一类量，它们既有大小，又有方向，如力、力矩、加速度等，我们称这一类量为**向量**（或**矢量**）. 在数学上常用一条有向线段来表示向量. 有向线段的长度和方向分别表示向量的大小和方向. 图 6-2-1 表示以 A 为起点，B 为终点的向量，记为 $\overrightarrow{AB}$. 向量还可用黑体字母或字母上方加箭头来表示，如 $\boldsymbol{a},\boldsymbol{i},\boldsymbol{v},\boldsymbol{F}$ 或 $\vec{a},\vec{i},\vec{v},\vec{F}$ 等.

图 6-2-1

本书中我们只研究与起点无关的向量，并称这些向量为自由向量，简称向量. 如果向量 $\boldsymbol{a}$ 和 $\boldsymbol{b}$ 的大小相等并且方向相同，则称这两个向量相等，记为 $\vec{a}=\vec{b}$.

向量的大小称为向量的**模**. 向量 $\boldsymbol{a}$，$\vec{a}$，$\overrightarrow{AB}$ 的模分别记为 $|\boldsymbol{a}|$，$|\vec{a}|$，$|\overrightarrow{AB}|$. 模等于 1 的向量称为**单位向量**，记为 $\boldsymbol{e}$. 模等于 0 的向量称为零向量，记为 $\boldsymbol{0}$ 或 $\vec{0}$. 零向量的方向是任意的.

如果两个非零向量 $\boldsymbol{a}$ 与 $\boldsymbol{b}$，它们的方向相同或相反，则称这两个向量**平行**，记为 $\boldsymbol{a}\,/\!/\,\boldsymbol{b}$. 由

于零向量的方向是任意的，因此，零向量与任何向量平行.

二、向量的线性运算

1. 向量的加减法

已知两个向量 $\boldsymbol{a}$ 与 $\boldsymbol{b}$，如果平移向量 $\boldsymbol{b}$，使 $\boldsymbol{b}$ 的起点与 $\boldsymbol{a}$ 的终点重合，此时从 $\boldsymbol{a}$ 的起点到 $\boldsymbol{b}$ 的终点的向量 $\boldsymbol{c}$ 就是向量 $\boldsymbol{a}$ 与 $\boldsymbol{b}$ 的和(如图 6-2-2)，记为 $\boldsymbol{a}+\boldsymbol{b}$，即 $\boldsymbol{c}=\boldsymbol{a}+\boldsymbol{b}$.这种求两向量和的方法称为三角形法则.类似地，还有向量加法的平行四边形法则.

已知两个不平行的向量 $\boldsymbol{a}$ 与 $\boldsymbol{b}$，如果平移向量使 $\boldsymbol{a}$ 与 $\boldsymbol{b}$ 的起点重合，以 $\boldsymbol{a}$，$\boldsymbol{b}$ 为邻边作一平行四边形，从公共起点到对角的向量 $\boldsymbol{c}$ 就是向量 $\boldsymbol{a}$ 与 $\boldsymbol{b}$ 的和 $\boldsymbol{a}+\boldsymbol{b}$(如图 6-2-3).

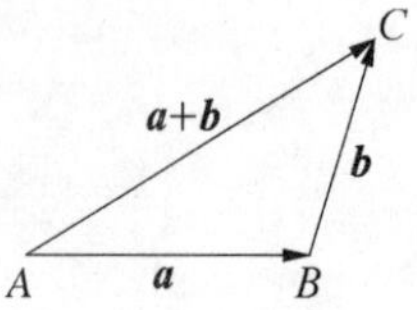

图 6-2-2

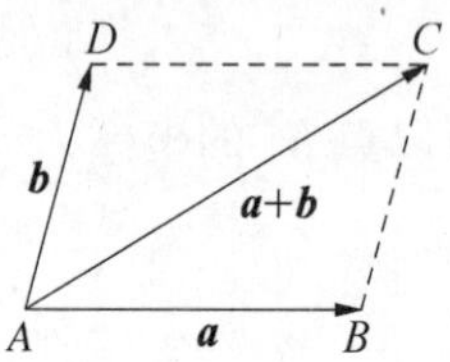

图 6-2-3

向量的加法符合下列运算规律：

(1) 交换律：$\boldsymbol{a}+\boldsymbol{b}=\boldsymbol{b}+\boldsymbol{a}$；

(2) 结合律：$(\boldsymbol{a}+\boldsymbol{b})+\boldsymbol{c}=\boldsymbol{a}+(\boldsymbol{b}+\boldsymbol{c})$.

由于向量的加法满足交换律和结合律，故 n 个向量 $\boldsymbol{a}_1,\boldsymbol{a}_2,\cdots,\boldsymbol{a}_n(n\geqslant 3)$ 相加可写成 $\boldsymbol{a}_1+\boldsymbol{a}_2+\cdots+\boldsymbol{a}_n$. 按照向量相加的三角形法则，可得 n 个向量的和，只要依此把后一向量的起点放在前一向量的终点上，再以第一向量的起点为起点，最后一向量的终点为终点作一向量，这个向量即为所求的和(如图 6-2-4).

$$\boldsymbol{c}=\boldsymbol{a}_1+\boldsymbol{a}_2+\cdots+\boldsymbol{a}_6.$$

设 $\boldsymbol{a}$ 为一向量，与 $\boldsymbol{a}$ 的模相同而方向相反的向量称为 $\boldsymbol{a}$ 的**负向量**，记为 $-\boldsymbol{a}$. 有了负向量的概念，可以规定两个向量 $\boldsymbol{a}$ 与 $\boldsymbol{b}$ 的**差**为

$$\boldsymbol{b}-\boldsymbol{a}=\boldsymbol{b}+(-\boldsymbol{a}),$$

即把向量 $-\boldsymbol{a}$ 加到向量 $\boldsymbol{b}$ 上，得 $\boldsymbol{b}$ 与 $\boldsymbol{a}$ 的差 $\boldsymbol{b}-\boldsymbol{a}$ (如图 6-2-5).

若把向量 $\boldsymbol{a}$ 与 $\boldsymbol{b}$ 移到同一起点 $\boldsymbol{O}$，则从 $\boldsymbol{a}$ 的终点 A 向 $\boldsymbol{b}$ 的终点 B 所引向量 $\overrightarrow{AB}$ 便是向量 $\boldsymbol{b}$ 与 $\boldsymbol{a}$ 的差 $\boldsymbol{b}-\boldsymbol{a}$ (如图 6-2-6).

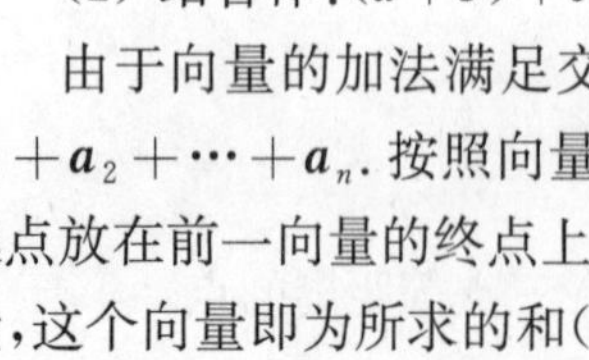

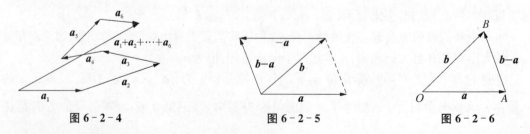

图 6-2-4

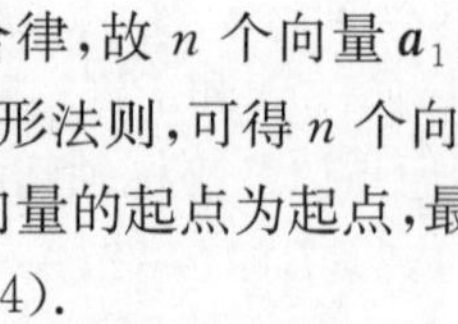

图 6-2-5

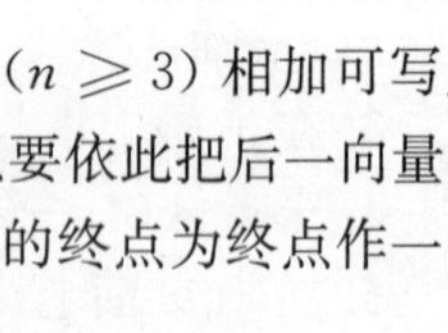

图 6-2-6

由三角形两边之和大于第三边的原理，有

$$|\boldsymbol{a}+\boldsymbol{b}|\leqslant|\boldsymbol{a}|+|\boldsymbol{b}|,$$
$$|\boldsymbol{a}-\boldsymbol{b}|\leqslant|\boldsymbol{a}|+|\boldsymbol{b}|,$$

其中等号在 $\boldsymbol{a}$ 与 $\boldsymbol{b}$ 同向或反向时成立.

2. 向量与数的乘法

向量 $\boldsymbol{a}$ 与实数 λ 的乘积,记为 $\lambda\boldsymbol{a}$,规定 $\lambda\boldsymbol{a}$ 是一个向量:当 $\lambda>0$ 时,与 $\boldsymbol{a}$ 同向;当 $\lambda<0$ 时,与 $\boldsymbol{a}$ 反向;它的模 $|\lambda\boldsymbol{a}|=|\lambda||\boldsymbol{a}|$. 当 $\lambda=0$ 时,$|\lambda\boldsymbol{a}|=0$,即 $\lambda\boldsymbol{a}$ 为零向量.特别地,当 $\lambda=\pm1$ 时,有 $1\boldsymbol{a}=\boldsymbol{a}$,$(-1)\boldsymbol{a}=-\boldsymbol{a}$.

向量的数乘符合下列运算规律:

(1) 结合律:$\lambda(\mu\boldsymbol{a})=\mu(\lambda\boldsymbol{a})=(\lambda\mu)\boldsymbol{a}$;

(2) 分配律:$(\lambda+\mu)\boldsymbol{a}=\lambda\boldsymbol{a}+\mu\boldsymbol{a}$,$\lambda(\boldsymbol{a}+\boldsymbol{b})=\lambda\boldsymbol{a}+\lambda\boldsymbol{b}$.

向量的加法和数乘运算统称为向量的线性运算.

设向量 $\boldsymbol{a}\neq\boldsymbol{0}$,则向量 $\dfrac{\boldsymbol{a}}{|\boldsymbol{a}|}$ 表示与 $\boldsymbol{a}$ 同方向的单位向量,记为 $\boldsymbol{e}_a$.

由向量的数乘运算,得 $\boldsymbol{a}=|\boldsymbol{a}|\boldsymbol{e}_a$.

根据向量与数的乘法定义可以得到:

定理 6-2-1　设非零向量 $\boldsymbol{a}$ 与非零向量 $\boldsymbol{b}$ 平行的充分必要条件是:存在唯一的实数 λ,使得 $\boldsymbol{b}=\lambda\boldsymbol{a}$.

三、向量的坐标表示法

前面利用几何方法讨论了向量的表示和运算,但仅靠几何方法研究有些不便.下面介绍向量的坐标表示法,将向量与有序数组联系起来,利用代数方法研究向量.

在空间直角坐标系中,用 $\boldsymbol{i},\boldsymbol{j},\boldsymbol{k}$ 分别表示与 x 轴、y 轴、z 轴的正向同向的单位向量.

设向量 $\boldsymbol{a}$ 的起点在坐标原点 O,终点为 $P(x,y,z)$,过 $\boldsymbol{a}$ 的终点 $P(x,y,z)$ 作三个平面分别垂直于三条坐标轴,设垂足依次为 A,B,C(如图 6-2-7),则点 A 在 x 轴上的坐标为 x,根据向量与数的乘法运算得向量 $\overrightarrow{OA}=x\boldsymbol{i}$,同理 $\overrightarrow{OB}=y\boldsymbol{j}$,$\overrightarrow{OC}=z\boldsymbol{k}$. 于是,根据向量加法的三角形法则,得到

$$\boldsymbol{a}=\overrightarrow{OP}=\overrightarrow{OQ}+\overrightarrow{QP}=\overrightarrow{OA}+\overrightarrow{OB}+\overrightarrow{OC}=x\boldsymbol{i}+y\boldsymbol{j}+z\boldsymbol{k}.$$

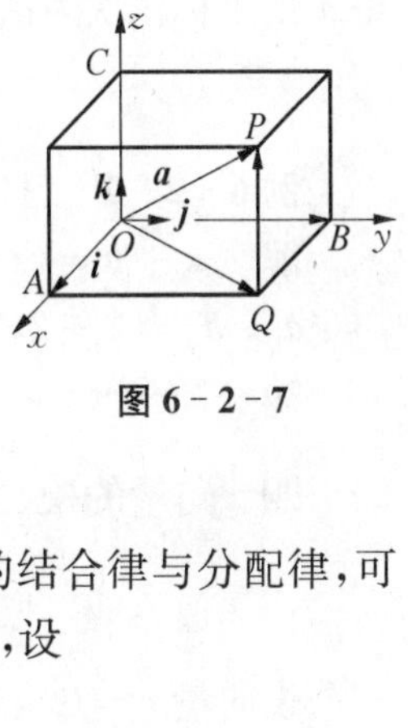

图 6-2-7

称 $\boldsymbol{a}=x\boldsymbol{i}+y\boldsymbol{j}+z\boldsymbol{k}$ 为向量 $\boldsymbol{a}$ 的**坐标表示式**,记作

$$\boldsymbol{a}=(x,y,z),$$

其中 x,y,z 称为向量 $\boldsymbol{a}$ 的坐标.

利用向量的坐标表示式、向量加法的交换律与结合律,以及数乘的结合律与分配律,可以将几何方法定义的加、减、数乘运算转化为向量坐标之间的数量运算,设

$$\boldsymbol{a}=(a_x,a_y,a_z),\boldsymbol{b}=(b_x,b_y,b_z),$$

即

$$\boldsymbol{a}=a_x\boldsymbol{i}+a_y\boldsymbol{j}+a_z\boldsymbol{k},\boldsymbol{b}=b_x\boldsymbol{i}+b_y\boldsymbol{j}+b_z\boldsymbol{k},$$

则

$$\boldsymbol{a}\pm\boldsymbol{b}=(a_x\boldsymbol{i}+a_y\boldsymbol{j}+a_z\boldsymbol{k})\pm(b_x\boldsymbol{i}+b_y\boldsymbol{j}+b_z\boldsymbol{k})$$
$$=(a_x\pm b_x)\boldsymbol{i}+(a_y\pm b_y)\boldsymbol{j}+(a_z\pm b_z)\boldsymbol{k},$$
$$\lambda\boldsymbol{a}=\lambda(a_x\boldsymbol{i}+a_y\boldsymbol{j}+a_z\boldsymbol{k})$$
$$=(\lambda a_x)\boldsymbol{i}+(\lambda a_y)\boldsymbol{j}+(\lambda a_z)\boldsymbol{k}.\quad(\lambda\text{ 为实数})$$

或
$$\boldsymbol{a}\pm\boldsymbol{b}=(a_x\pm b_x,a_y\pm b_y,a_z\pm b_z),$$
$$\lambda\boldsymbol{a}=(\lambda a_x,\lambda a_y,\lambda a_z).\quad(\lambda\text{ 为实数})$$

当向量 $\boldsymbol{a}\neq\boldsymbol{0}$ 时，由定理 6-2-1 可知，向量 $\boldsymbol{b}\parallel\boldsymbol{a}$ 相当于 $\boldsymbol{b}=\lambda\boldsymbol{a}$，其坐标表示式为

$$(b_x,b_y,b_z)=(\lambda a_x,\lambda a_y,\lambda a_z),$$

而

$$\frac{b_x}{a_x}=\frac{b_y}{a_y}=\frac{b_z}{a_z},$$

即向量对应的坐标成比例.当 a_x,a_y,a_z 其中有一个是零时，如 $a_x=0,a_y\neq0,a_z\neq0$，这时此式应理解为 $b_x=0,\frac{b_y}{a_y}=\frac{b_z}{a_z}$；当 a_x,a_y,a_z 中有两个是零时，如 $a_x=0,a_y=0,a_z\neq0$，这时此式应理解为 $b_x=0,b_y=0$.

例 6-2-1 已知 $\boldsymbol{a}=\overrightarrow{AB}$ 是以 $A(x_1,y_1,z_1)$ 为起点，$B(x_2,y_2,z_2)$ 为终点的向量(如图 6-2-8)，求向量 $\boldsymbol{a}$ 的坐标表示式.

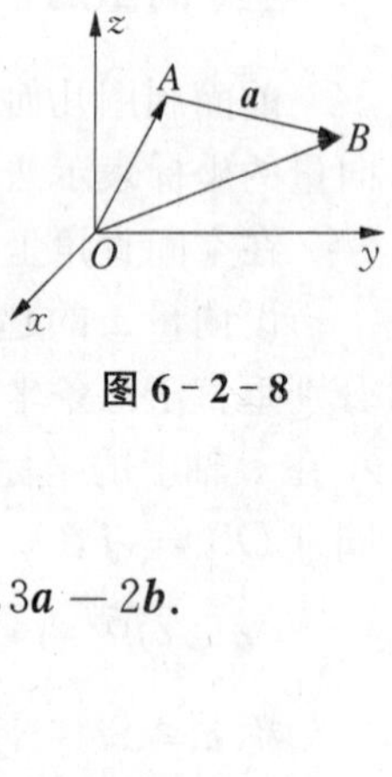

图 6-2-8

解 $\boldsymbol{a}=\overrightarrow{AB}=\overrightarrow{OB}-\overrightarrow{OA}$

$$=(x_2\boldsymbol{i}+y_2\boldsymbol{j}+z_2\boldsymbol{k})-(x_1\boldsymbol{i}+y_1\boldsymbol{j}+z_1\boldsymbol{k})$$
$$=(x_2-x_1)\boldsymbol{i}+(y_2-y_1)\boldsymbol{j}+(z_2-z_1)\boldsymbol{k},$$

得 $\boldsymbol{a}$ 的坐标依次为 $a_x=x_2-x_1,a_y=y_2-y_1,a_z=z_2-z_1$，$\boldsymbol{a}$ 也可记为

$$\boldsymbol{a}=(a_x,a_y,a_z)=(x_2-x_1,y_2-y_1,z_2-z_1).$$

例 6-2-2 已知 $\boldsymbol{a}=(2,-1,5),\boldsymbol{b}=(2,1,-4)$，求 $\boldsymbol{a}+\boldsymbol{b},\boldsymbol{a}-\boldsymbol{b},3\boldsymbol{a}-2\boldsymbol{b}$.

解 $\boldsymbol{a}+\boldsymbol{b}=(2+2,-1+1,5+(-4))=(4,0,1)$,

$\boldsymbol{a}-\boldsymbol{b}=(2-2,-1-1,5-(-4))=(0,-2,9)$,

$3\boldsymbol{a}-2\boldsymbol{b}=(6,-3,15)-(4,2,-8)=(2,-5,23)$.

四、向量的模、方向角、投影

1. 向量的模

设向量 $\boldsymbol{r}=(x,y,z)$，作 $\overrightarrow{OM}=\boldsymbol{r}$，如图 6-2-9 所示，则

$$\boldsymbol{r}=\overrightarrow{OM}=\overrightarrow{OP}+\overrightarrow{OQ}+\overrightarrow{OR}.$$

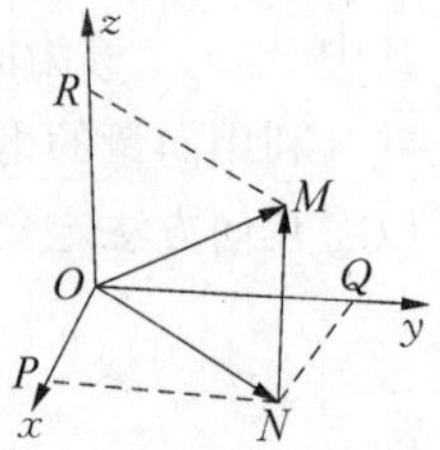

图 6-2-9

由勾股定理得

$$|\boldsymbol{r}|=|OM|=\sqrt{|OP|^2+|OQ|^2+|OR|^2}=\sqrt{x^2+y^2+z^2},$$

这就是向量 $\boldsymbol{r}$ 的模的坐标表达式.它与点 $M=(x,y,z)$ 到坐标原点的距离公式是一样的.

2. 方向角与方向余弦

设有两个非零向量 $\boldsymbol{a}$ 与 $\boldsymbol{b}$,平移向量使 $\boldsymbol{a}$ 与 $\boldsymbol{b}$ 的起点重合,两个向量之间不超过 π 的夹角称为向量 $\boldsymbol{a}$ 与 $\boldsymbol{b}$ 的**夹角**(如图 6-2-10),记为 $(\widehat{\boldsymbol{a},\boldsymbol{b}})$ 或 $(\widehat{\boldsymbol{b},\boldsymbol{a}})$,即 $(\widehat{\boldsymbol{b},\boldsymbol{a}})=\theta$.若向量 $\boldsymbol{a}$ 与 $\boldsymbol{b}$ 中有一个是零向量,规定它们的夹角可以取 0 到 π 之间的任意值.

类似地,可以规定向量与一轴正向的夹角或空间两轴的夹角.

设非零向量 $\boldsymbol{r}$ 与三条坐标轴正向的夹角 α,β,γ 称为向量 $\boldsymbol{r}$ 的**方向角**,并规定 $0\leqslant\alpha,\beta,\gamma\leqslant\pi$(如图 6-2-11).

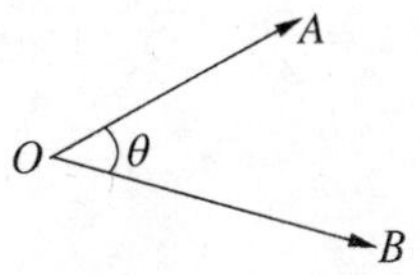

图 6-2-10

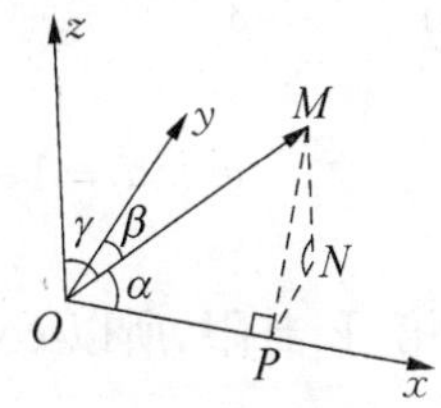

图 6-2-11

设 $\boldsymbol{r}=(x,y,z)$,则

$$x=|\boldsymbol{r}|\cos\alpha,\ y=|\boldsymbol{r}|\cos\beta,\ z=|\boldsymbol{r}|\cos\gamma,$$

其中 $\cos\alpha,\cos\beta,\cos\gamma$ 称为向量 $\boldsymbol{r}$ 的**方向余弦**.

显然
$$\cos\alpha=\frac{x}{|\boldsymbol{r}|},\cos\beta=\frac{y}{|\boldsymbol{r}|},\cos\gamma=\frac{z}{|\boldsymbol{r}|},$$

从而
$$(\cos\alpha,\cos\beta,\cos\gamma)=\left(\frac{x}{|\boldsymbol{r}|},\frac{y}{|\boldsymbol{r}|},\frac{z}{|\boldsymbol{r}|}\right)=\frac{1}{|\boldsymbol{r}|}\boldsymbol{r}(x,y,z)=\boldsymbol{e}_r.$$

上式表明,以向量 $\boldsymbol{r}$ 的方向余弦为坐标的向量就是与 $\boldsymbol{r}$ 同方向的单位向量,即向量 $(\cos\alpha,\cos\beta,\cos\gamma)$ 的模为 1.因此,方向余弦的平方和为

$$\cos^2\alpha+\cos^2\beta+\cos^2\gamma=1.$$

例 6-2-3 设已知两点 $A(3,2,\sqrt{2})$ 和 $B(2,3,0)$,计算向量 $\overrightarrow{AB}$ 的模、方向余弦、方向角及与 $\overrightarrow{AB}$ 平行的单位向量.

解 因为 $\overrightarrow{AB}=(2-3,3-2,0-\sqrt{2})=(-1,1,-\sqrt{2})$,

所以

$$|\overrightarrow{AB}|=\sqrt{(-1)^2+1^2+(-\sqrt{2})^2}=2.$$

于是,方向余弦为

$$\cos\alpha=-\frac{1}{2},\cos\beta=\frac{1}{2},\cos\gamma=-\frac{\sqrt{2}}{2},$$

所以,方向角为

$$\alpha=\frac{2\pi}{3},\beta=\frac{\pi}{3},\gamma=\frac{3\pi}{4}.$$

记与 $\overrightarrow{AB}$ 平行的单位向量为 $\boldsymbol{e}$，那么 $\boldsymbol{e}=\pm\dfrac{\overrightarrow{AB}}{|\overrightarrow{AB}|}=\pm\left(-\dfrac{1}{2},\dfrac{1}{2},-\dfrac{\sqrt{2}}{2}\right)$.

例 6-2-4 设点 A 位于第Ⅰ卦限，向径 $\overrightarrow{OA}$ 与 y 轴、z 轴的夹角依次为 $\dfrac{\pi}{4}$ 和 $\dfrac{\pi}{3}$，且 $|\overrightarrow{OA}|=4$，求点 A 的坐标.

解 已知 $\beta=\dfrac{\pi}{4},\gamma=\dfrac{\pi}{3}$，由方向余弦的平方和 $\cos^2\alpha+\cos^2\beta+\cos^2\gamma=1$，得

$$\cos^2\alpha=1-\left(\frac{\sqrt{2}}{2}\right)^2-\left(\frac{1}{2}\right)^2=\frac{1}{4}.$$

又因为点 A 在第Ⅰ卦限，所以 $\cos\alpha>0$，故

$$\cos\alpha=\frac{1}{2},$$

于是

$$\overrightarrow{OA}=|\overrightarrow{OA}|\boldsymbol{e}_{\overrightarrow{OA}}=4\left(\frac{1}{2},\frac{\sqrt{2}}{2},\frac{1}{2}\right)=(2,2\sqrt{2},2),$$

即为点 A 的坐标.

3. 向量在轴上的投影

设点 O 及单位向量 $\boldsymbol{e}$ 确定一轴 u（如图 6-2-12），$\overrightarrow{OM}$ 是 u 轴上的有向线段，作 $\overrightarrow{OM}=\boldsymbol{r}$，再过点 M 作与 u 轴垂直的平面交 u 轴于点 M'（点 M 称为点 M 在 u 轴上的**投影**)，则向量 $\overrightarrow{OM'}$ 称为向量 $\boldsymbol{r}$ 在 u 轴上的分向量. 设 $\overrightarrow{OM'}=\lambda\boldsymbol{e}$，则数 λ 叫作向量 $\boldsymbol{r}$ 在 u 轴上的**投影**，记作 $\mathrm{Prj}_u\boldsymbol{r}$ 或 $(\boldsymbol{r})_u$，称 u 轴为投影轴.

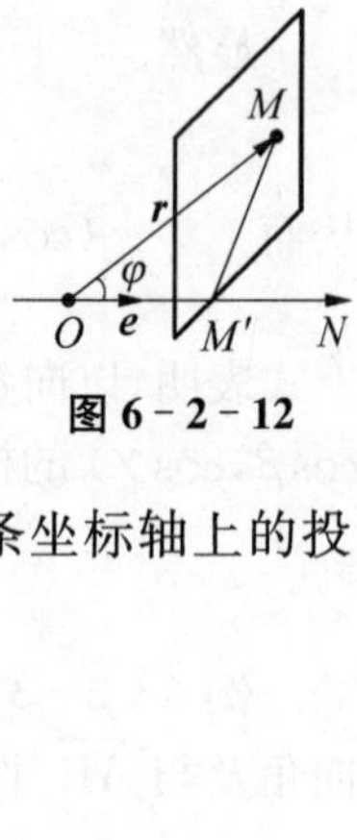

图 6-2-12

由此定义可知，向量 $\boldsymbol{a}$ 在直角坐标系中的坐标 a_x,a_y,a_z 就是 $\boldsymbol{a}$ 在三条坐标轴上的投影，即

$$a_x=\mathrm{Prj}_x\boldsymbol{a},a_y=\mathrm{Prj}_y\boldsymbol{a},a_z=\mathrm{Prj}_z\boldsymbol{a},$$

或记为

$$a_x=(\boldsymbol{a})_x,a_y=(\boldsymbol{a})_y,a_z=(\boldsymbol{a})_z.$$

由此可知，向量的投影与坐标具有类似的性质.

性质 6-2-1(投影性质) 向量 $\boldsymbol{a}$ 在轴 u 上的投影等于向量 $\boldsymbol{a}$ 的模乘以轴 u 与向量 $\boldsymbol{a}$ 的夹角 φ 的余弦，即

$$\mathrm{Prj}_u\boldsymbol{a}=|\boldsymbol{a}|\cos\varphi.$$

性质 6-2-2 两个向量的和在轴上的投影等于两个向量在该轴上投影的和，即

$$\mathrm{Prj}_u(\boldsymbol{a}+\boldsymbol{b})=\mathrm{Prj}_u\boldsymbol{a}+\mathrm{Prj}_u\boldsymbol{b}.$$

该性质还可以推广到 n 个向量，即

$$\mathrm{Prj}_u(\boldsymbol{a}_1+\boldsymbol{a}_2+\cdots+\boldsymbol{a}_n)=\mathrm{Prj}_u\boldsymbol{a}_1+\mathrm{Prj}_u\boldsymbol{a}_2+\cdots+\mathrm{Prj}_u\boldsymbol{a}_n.$$

性质 6-2-3　向量与数的乘积在轴上的投影等于向量在该轴上的投影与该数之积，即

$$\mathrm{Prj}_u(\lambda\boldsymbol{a})=\lambda\,\mathrm{Prj}_u\boldsymbol{a}.$$

习题 6.2

1. 已知 $\boldsymbol{a}=\boldsymbol{x}+\boldsymbol{y}+\boldsymbol{z}, \boldsymbol{b}=\boldsymbol{x}-\boldsymbol{y}-\boldsymbol{z}$，求 $\boldsymbol{a}+\boldsymbol{b}, \boldsymbol{a}-2\boldsymbol{b}$.
2. 求平行于向量 $\boldsymbol{a}=(-4,3,0)$ 的单位向量.
3. 求向量 $\boldsymbol{a}=-\boldsymbol{i}+\boldsymbol{j}-\sqrt{2}\boldsymbol{k}$ 的模、方向余弦和方向角.
4. 设向量 $\boldsymbol{a}$ 的 $\cos\alpha=\dfrac{1}{3}, \cos\beta=\dfrac{2}{3}, |\boldsymbol{a}|=3$，求向量 $\boldsymbol{a}$.

§6.3　向量的数量积与向量积

一、向量的数量积

数量积是两个向量的一种特殊乘积，它是从物理问题中抽象出来的.设一物体在常力 $\boldsymbol{F}$ 作用下沿直线从点 M_1 移动到点 M_2，以 $\boldsymbol{s}$ 表示位移 $\overrightarrow{M_1M_2}$，由物理学知，力 $\boldsymbol{F}$ 所做的功为

$$W=|\boldsymbol{F}||\boldsymbol{s}|\cos\theta,$$

其中，θ 为 $\boldsymbol{F}$ 与 $\boldsymbol{s}$ 的夹角(如图 6-3-1).在其他问题中，我们也会遇到上述形式的运算，因此引入向量的数量积的定义.

定义 6-3-1　两个向量 $\boldsymbol{a}$ 与 $\boldsymbol{b}$，它们的模 $|\boldsymbol{a}|$ 和 $|\boldsymbol{b}|$ 及它们的夹角 θ 的余弦的乘积称为向量 $\boldsymbol{a}$ 与 $\boldsymbol{b}$ 的**数量积**，记为 $\boldsymbol{a}\cdot\boldsymbol{b}$ (如图 6-3-2)，即

$$\boldsymbol{a}\cdot\boldsymbol{b}=|\boldsymbol{a}||\boldsymbol{b}|\cos\theta.$$

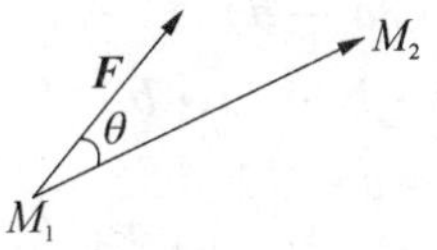

图 6-3-1

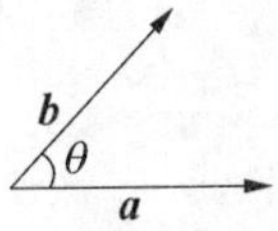

图 6-3-2

根据这个定义，上述问题中力所做的功 $\boldsymbol{W}$ 是力 $\boldsymbol{F}$ 与位移 $\boldsymbol{s}$ 的数量积，即

$$\boldsymbol{W}=\boldsymbol{F}\cdot\boldsymbol{s}.$$

由投影的性质 6-2-1 可知，由于 $|\boldsymbol{b}|\cos\theta=|\boldsymbol{b}|\cos(\widehat{\boldsymbol{a},\boldsymbol{b}})$，当 $\boldsymbol{a}\neq\boldsymbol{0}$ 时，$|\boldsymbol{b}|\cos(\widehat{\boldsymbol{a},\boldsymbol{b}})$ 是向量 $\boldsymbol{b}$ 在向量 $\boldsymbol{a}$ 的方向上的投影，于是数量积又可以写成

$$\boldsymbol{a}\cdot\boldsymbol{b}=|\boldsymbol{a}|\,\mathrm{Prj}_{\boldsymbol{a}}\boldsymbol{b}.$$

同理，当 $\boldsymbol{b} \neq \boldsymbol{0}$ 时，$\boldsymbol{a} \cdot \boldsymbol{b} = |\boldsymbol{b}| \mathrm{Prj}_b \boldsymbol{a}$.

这就是说，两向量的数量积等于其中一个向量的模和另一个向量在这向量的方向上的投影的乘积.

由数量积的定义还可以推得以下结论：

(1) $\boldsymbol{a} \cdot \boldsymbol{a} = |\boldsymbol{a}|^2$.

(2) 对于两个非零向量 $\boldsymbol{a}$ 与 $\boldsymbol{b}$，如果 $\boldsymbol{a} \cdot \boldsymbol{b} = 0$，则 $\boldsymbol{a} \perp \boldsymbol{b}$；反之，如果 $\boldsymbol{a} \perp \boldsymbol{b}$，则 $\boldsymbol{a} \cdot \boldsymbol{b} = 0$.

由于零向量的方向任意，那么零向量垂直于任何向量，上述结论可叙述如下：

$$\text{向量 } \boldsymbol{a} \perp \boldsymbol{b} \Leftrightarrow \boldsymbol{a} \cdot \boldsymbol{b} = 0.$$

向量的数量积满足下列运算规律：

(1) 交换律：$\boldsymbol{a} \cdot \boldsymbol{b} = \boldsymbol{b} \cdot \boldsymbol{a}$.

(2) 分配律：$(\boldsymbol{a} + \boldsymbol{b}) \cdot \boldsymbol{c} = \boldsymbol{a} \cdot \boldsymbol{c} + \boldsymbol{b} \cdot \boldsymbol{c}$.

(3) 结合律：$(\lambda \boldsymbol{a}) \cdot \boldsymbol{b} = \boldsymbol{a} \cdot (\lambda \boldsymbol{b}) = \lambda(\boldsymbol{a} \cdot \boldsymbol{b})$，$(\lambda \boldsymbol{a}) \cdot (\mu \boldsymbol{b}) = \lambda\mu(\boldsymbol{a} \cdot \boldsymbol{b})$，其中 λ, μ 为常数.

例 6-3-1 试用向量证明三角形的余弦定理.

证明 设在 $\triangle ABC$ 中，$\angle BCA = \theta$（如图 6-3-3）.设 $|BC| = a$，$|CA| = b$，$|AB| = c$，要证 $c^2 = a^2 + b^2 - 2ab\cos\theta$.

记 $\overrightarrow{CB} = \boldsymbol{a}$，$\overrightarrow{CA} = \boldsymbol{b}$，$\overrightarrow{AB} = \boldsymbol{c}$，则有

$$\boldsymbol{c} = \boldsymbol{a} - \boldsymbol{b},$$

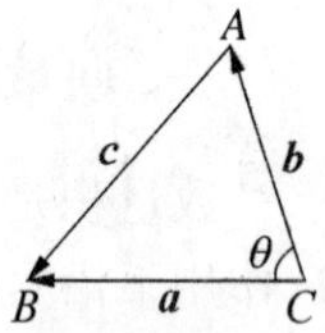

图 6-3-3

从而

$$|\boldsymbol{c}|^2 = \boldsymbol{c} \cdot \boldsymbol{c} = (\boldsymbol{a} - \boldsymbol{b})(\boldsymbol{a} - \boldsymbol{b}) = \boldsymbol{a} \cdot \boldsymbol{a} + \boldsymbol{b} \cdot \boldsymbol{b} - 2\boldsymbol{a} \cdot \boldsymbol{b}$$
$$= |\boldsymbol{a}|^2 + |\boldsymbol{b}|^2 - 2|\boldsymbol{a}||\boldsymbol{b}|\cos(\widehat{\boldsymbol{a}, \boldsymbol{b}}),$$

即

$$c^2 = a^2 + b^2 - 2ab\cos\theta.$$

例 6-3-2 已知 $|\boldsymbol{a}| = |\boldsymbol{b}| = 1$，$(\widehat{\boldsymbol{a}, \boldsymbol{b}}) = \dfrac{\pi}{2}$，$\boldsymbol{c} = 2\boldsymbol{a} + \boldsymbol{b}$，$\boldsymbol{d} = 3\boldsymbol{a} - \boldsymbol{b}$，求 $(\widehat{\boldsymbol{c}, \boldsymbol{d}})$.

解 由于 $\cos(\widehat{\boldsymbol{c}, \boldsymbol{d}}) = \dfrac{\boldsymbol{c} \cdot \boldsymbol{d}}{|\boldsymbol{c}||\boldsymbol{d}|}$，而

$$\begin{aligned} \boldsymbol{c} \cdot \boldsymbol{d} &= (2\boldsymbol{a} + \boldsymbol{b}) \cdot (3\boldsymbol{a} - \boldsymbol{b}) \\ &= 6\boldsymbol{a} \cdot \boldsymbol{a} + 3\boldsymbol{a} \cdot \boldsymbol{b} - 2\boldsymbol{a} \cdot \boldsymbol{b} - \boldsymbol{b} \cdot \boldsymbol{b} \\ &= 6|\boldsymbol{a}|^2 + \boldsymbol{a} \cdot \boldsymbol{b} - |\boldsymbol{b}|^2 \\ &= 6 + 0 - 1 = 5. \end{aligned}$$

同理

$$\boldsymbol{c} \cdot \boldsymbol{c} = (2\boldsymbol{a} + \boldsymbol{b}) \cdot (2\boldsymbol{a} + \boldsymbol{b}) = 5.$$
$$\boldsymbol{d} \cdot \boldsymbol{d} = (3\boldsymbol{a} - \boldsymbol{b}) \cdot (3\boldsymbol{a} - \boldsymbol{b}) = 10.$$

即

$$|\boldsymbol{c}| = \sqrt{5},\ |\boldsymbol{d}| = \sqrt{10}.$$

所以

$$\cos(\widehat{\boldsymbol{c}, \boldsymbol{d}}) = \frac{5}{\sqrt{5}\sqrt{10}} = \frac{\sqrt{2}}{2},\ (\widehat{\boldsymbol{c}, \boldsymbol{d}}) = \frac{\pi}{4}.$$

下面我们来推导数量积的坐标表示式.

设 $\boldsymbol{a}=a_x\boldsymbol{i}+a_y\boldsymbol{j}+a_z\boldsymbol{k}$，$\boldsymbol{b}=b_x\boldsymbol{i}+b_y\boldsymbol{j}+b_z\boldsymbol{k}$，按数量积的运算规律可得

$$\begin{aligned}\boldsymbol{a}\cdot\boldsymbol{b}&=(a_x\boldsymbol{i}+a_y\boldsymbol{j}+a_z\boldsymbol{k})\cdot(b_x\boldsymbol{i}+b_y\boldsymbol{j}+b_z\boldsymbol{k})\\&=a_xb_x\boldsymbol{i}\cdot\boldsymbol{i}+a_xb_y\boldsymbol{i}\cdot\boldsymbol{j}+a_xb_z\boldsymbol{i}\cdot\boldsymbol{k}+a_yb_x\boldsymbol{j}\cdot\boldsymbol{i}+a_yb_y\boldsymbol{j}\cdot\boldsymbol{j}\\&\quad+a_yb_z\boldsymbol{j}\cdot\boldsymbol{k}+a_zb_x\boldsymbol{k}\cdot\boldsymbol{i}+a_zb_y\boldsymbol{k}\cdot\boldsymbol{j}+a_zb_z\boldsymbol{k}\cdot\boldsymbol{k}.\end{aligned}$$

由于 $\boldsymbol{i},\boldsymbol{j},\boldsymbol{k}$ 互相垂直，所以 $\boldsymbol{i}\cdot\boldsymbol{j}=\boldsymbol{j}\cdot\boldsymbol{k}=\boldsymbol{k}\cdot\boldsymbol{i}=0$，$\boldsymbol{j}\cdot\boldsymbol{i}=\boldsymbol{k}\cdot\boldsymbol{j}=\boldsymbol{i}\cdot\boldsymbol{k}=0$，又由于 $\boldsymbol{i},\boldsymbol{j},\boldsymbol{k}$ 的模均为 1，所以 $\boldsymbol{i}\cdot\boldsymbol{i}=\boldsymbol{j}\cdot\boldsymbol{j}=\boldsymbol{k}\cdot\boldsymbol{k}=1$. 因此，我们得到

$$\boldsymbol{a}\cdot\boldsymbol{b}=a_xb_x+a_yb_y+a_zb_z.$$

这就是两个向量的数量积的坐标表示式.

显然，当 $\boldsymbol{a}\neq\boldsymbol{0}$ 且 $\boldsymbol{b}\neq\boldsymbol{0}$，有

$$\cos\theta=\frac{\boldsymbol{a}\cdot\boldsymbol{b}}{|\boldsymbol{a}||\boldsymbol{b}|}=\frac{a_xb_x+a_yb_y+a_zb_z}{\sqrt{a_x^2+a_y^2+a_z^2}\sqrt{b_x^2+b_y^2+b_z^2}}.$$

这就是两向量夹角余弦的坐标表示式.

例 6-3-3　已知三点 $O(4,3,-1)$，$A(5,4,-1)$，$B(5,3,0)$，求 $\angle AOB$.

解　记 $\overrightarrow{OA}=\boldsymbol{a}$，$\overrightarrow{OB}=\boldsymbol{b}$，则 $\angle AOB$ 就是向量 $\boldsymbol{a}$ 与 $\boldsymbol{b}$ 的夹角.

$$\boldsymbol{a}=(1,1,0),\boldsymbol{b}=(1,0,1).$$

因为

$$\boldsymbol{a}\cdot\boldsymbol{b}=1\times1+1\times0+0\times1=1,$$

$$|\boldsymbol{a}|=\sqrt{1^2+1^2+0^2}=\sqrt{2},|\boldsymbol{b}|=\sqrt{1^2+0^2+1^2}=\sqrt{2},$$

所以

$$\cos\angle AOB=\frac{\boldsymbol{a}\cdot\boldsymbol{b}}{|\boldsymbol{a}||\boldsymbol{b}|}=\frac{1}{\sqrt{2}\times\sqrt{2}}=\frac{1}{2},$$

从而得

$$\angle AOB=\frac{\pi}{3}.$$

例 6-3-4　设 $\boldsymbol{a}=-2\boldsymbol{i}+\boldsymbol{j}+z\boldsymbol{k}$，$\boldsymbol{b}=-\boldsymbol{i}+\boldsymbol{k}$，且 $\boldsymbol{a}\perp\boldsymbol{b}$，求 z.

解　因为 $\boldsymbol{a}\perp\boldsymbol{b}$，所以 $\boldsymbol{a}\cdot\boldsymbol{b}=0$.

即　$\boldsymbol{a}\cdot\boldsymbol{b}=-2\times(-1)+1\times0+z\times1=2+z=0$，

所以　$z=-2$.

二、向量的向量积

在很多实际问题中需要研究物体的转动问题，这时不但要考虑物体所受的力，而且要分析这些力所产生的力矩.下面举一个简单的例子来说明表达力矩的方法.

设 O 为一根杠杆 L 的支点，力 $\boldsymbol{F}$ 作用在杠杆上点 P 处，$\boldsymbol{F}$ 与 $\overrightarrow{OP}$ 的夹角为 θ（如图 6-3-4）.由力学知识可知，力 F 对支点 O 的力矩 M 是一向量 $\boldsymbol{M}$，它的模

$$|\boldsymbol{M}|=|\overrightarrow{OQ}|\cdot|\boldsymbol{F}|=|\overrightarrow{OP}||\boldsymbol{F}|\sin\theta,$$

其中 $\overrightarrow{OQ}=|\overrightarrow{OP}|\sin\theta$ 是力臂，$\boldsymbol{M}$ 的方向垂直于 $\overrightarrow{OP}$ 与 $\boldsymbol{F}$ 所确定的平面，且 $\boldsymbol{M}$ 的指向是按右

手规则从 $\overrightarrow{OP}$ 以不超过 π 的角转向 $\boldsymbol{F}$ 来确定的，即当右手的四个手指从 $\overrightarrow{OP}$ 以不超过 π 的角转向 $\boldsymbol{F}$ 握拳时，大拇指的指向就是 $\boldsymbol{M}$ 的指向(如图 6-3-5).

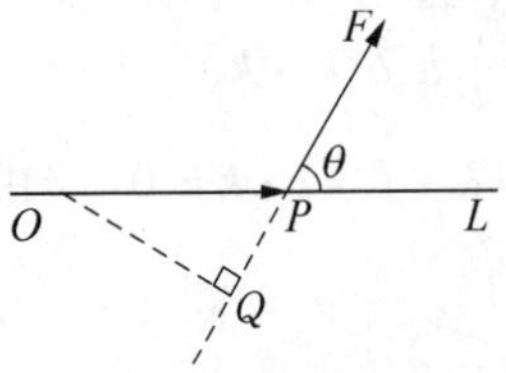

图 6-3-4

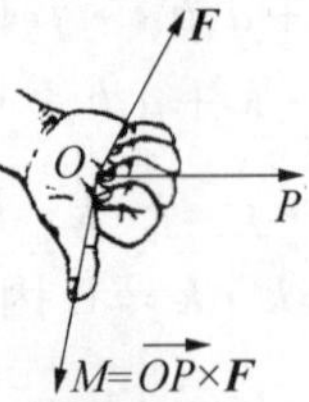

图 6-3-5

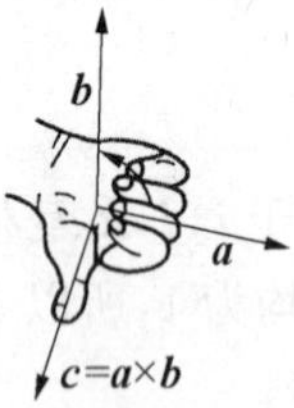

图 6-3-6

定义 6-3-2 设向量 $\boldsymbol{c}$ 是由两个向量 $\boldsymbol{a}$ 与 $\boldsymbol{b}$ 按下列方式确定：

(1) $\boldsymbol{c}$ 的模 $|\boldsymbol{c}|=|\boldsymbol{a}||\boldsymbol{b}|\sin\theta$，其中 θ 为 $\boldsymbol{a}$ 与 $\boldsymbol{b}$ 之间的夹角；

(2) $\boldsymbol{c}$ 垂直于 $\boldsymbol{a}$ 与 $\boldsymbol{b}$ 所决定的平面，且 $\boldsymbol{a},\boldsymbol{b},\boldsymbol{c}$ 的方向符合右手规则(如图 6-3-6).

那么，向量 $\boldsymbol{c}$ 称为向量 $\boldsymbol{a}$ 与 $\boldsymbol{b}$ 的**向量积**(又称**叉积**或**外积**)，记作 $\boldsymbol{a}\times\boldsymbol{b}$，即

$$\boldsymbol{c}=\boldsymbol{a}\times\boldsymbol{b}.$$

由向量积的定义可知，力矩 $\boldsymbol{M}$ 等于 $|\overrightarrow{OP}|$ 与 $\boldsymbol{F}$ 的向量积，即

$$\boldsymbol{M}=\overrightarrow{OP}\times\boldsymbol{F}.$$

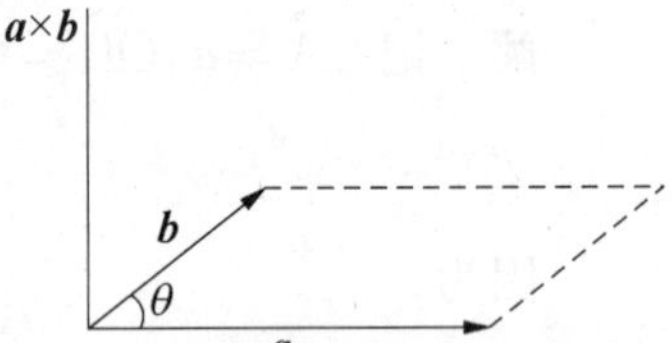

图 6-3-7

向量积的模的几何意义是：$|\boldsymbol{a}\times\boldsymbol{b}|=|\boldsymbol{a}||\boldsymbol{b}|\sin\theta$ 表示以 $\boldsymbol{a},\boldsymbol{b}$ 为邻边的平行四边形的面积(如图 6-3-7)，其中 θ 为 $\boldsymbol{a}$ 与 $\boldsymbol{b}$ 间的夹角.

由向量积的定义可以得到以下结论：

(1) $\boldsymbol{a}\times\boldsymbol{a}=\boldsymbol{0}$.

(2) 设 $\boldsymbol{a},\boldsymbol{b}$ 为两个非零向量，如果 $\boldsymbol{a}\times\boldsymbol{b}=\boldsymbol{0}$，则 $\boldsymbol{a}\,/\!/\,\boldsymbol{b}$；反之，如果 $\boldsymbol{a}\,/\!/\,\boldsymbol{b}$，则 $\boldsymbol{a}\times\boldsymbol{b}=\boldsymbol{0}$.

由于零向量平行于任何向量，因此上述结论可叙述如下：

$$\text{向量 } \boldsymbol{a}\,/\!/\,\boldsymbol{b}\Leftrightarrow\boldsymbol{a}\times\boldsymbol{b}=\boldsymbol{0}.$$

向量积符合下列运算规律：

(1) 反交换律：$\boldsymbol{a}\times\boldsymbol{b}=-\boldsymbol{b}\times\boldsymbol{a}$.

(2) 分配律：$(\boldsymbol{a}+\boldsymbol{b})\times\boldsymbol{c}=\boldsymbol{a}\times\boldsymbol{c}+\boldsymbol{b}\times\boldsymbol{c}$.

(3) 结合律：$(\lambda\boldsymbol{a})\times\boldsymbol{b}=\boldsymbol{a}\times(\lambda\boldsymbol{b})=\lambda(\boldsymbol{a}\times\boldsymbol{b})$ (λ 为常数).

下面来推导向量积的坐标表示式.

设 $\boldsymbol{a}=a_x\boldsymbol{i}+a_y\boldsymbol{j}+a_z\boldsymbol{k},\boldsymbol{b}=b_x\boldsymbol{i}+b_y\boldsymbol{j}+b_z\boldsymbol{k}$，则按向量积的运算规律可得，

$$\begin{aligned}\boldsymbol{a}\times\boldsymbol{b}&=(a_x\boldsymbol{i}+a_y\boldsymbol{j}+a_z\boldsymbol{k})\times(b_x\boldsymbol{i}+b_y\boldsymbol{j}+b_z\boldsymbol{k})\\&=a_xb_x\boldsymbol{i}\times\boldsymbol{i}+a_xb_y\boldsymbol{i}\times\boldsymbol{j}+a_xb_z\boldsymbol{i}\times\boldsymbol{k}+a_yb_x\boldsymbol{j}\times\boldsymbol{i}+a_yb_y\boldsymbol{j}\times\boldsymbol{j}+a_yb_z\boldsymbol{j}\times\boldsymbol{k}\\&\quad+a_zb_x\boldsymbol{k}\times\boldsymbol{i}+a_zb_y\boldsymbol{k}\times\boldsymbol{j}+a_zb_z\boldsymbol{k}\times\boldsymbol{k}.\end{aligned}$$

由于

$$\boldsymbol{i}\times\boldsymbol{i}=\boldsymbol{j}\times\boldsymbol{j}=\boldsymbol{k}\times\boldsymbol{k}=\boldsymbol{0},\boldsymbol{i}\times\boldsymbol{j}=\boldsymbol{k},\boldsymbol{j}\times\boldsymbol{k}=\boldsymbol{i},$$
$$\boldsymbol{k}\times\boldsymbol{i}=\boldsymbol{j},\boldsymbol{j}\times\boldsymbol{i}=-\boldsymbol{k},\boldsymbol{k}\times\boldsymbol{j}=-\boldsymbol{i},\boldsymbol{i}\times\boldsymbol{k}=-\boldsymbol{j},$$

所以

$$\boldsymbol{a}\times\boldsymbol{b}=(a_y b_z-a_z b_y)\boldsymbol{i}+(a_z b_x-a_x b_z)\boldsymbol{j}+(a_x b_y-a_y b_x)\boldsymbol{k}.$$

为了便于记忆，利用三阶行列式，上式可写成

$$\boldsymbol{a}\times\boldsymbol{b}=\begin{vmatrix}\boldsymbol{i} & \boldsymbol{j} & \boldsymbol{k}\\ a_x & a_y & a_z\\ b_x & b_y & b_z\end{vmatrix}=\begin{vmatrix}a_y & a_z\\ b_y & b_z\end{vmatrix}\boldsymbol{i}-\begin{vmatrix}a_x & a_z\\ b_x & b_z\end{vmatrix}\boldsymbol{j}+\begin{vmatrix}a_x & a_y\\ b_x & b_y\end{vmatrix}\boldsymbol{k}$$

$$=(a_y b_z-a_z b_y)\boldsymbol{i}+(a_z b_x-a_x b_z)\boldsymbol{j}+(a_x b_y-a_y b_x)\boldsymbol{k}.$$

例 6-3-5　设 $\boldsymbol{a}=(1,2,-1)$，$\boldsymbol{b}=(-1,1,2)$，计算 $\boldsymbol{a}\times\boldsymbol{b}$.

解　$\boldsymbol{a}\times\boldsymbol{b}=\begin{vmatrix}\boldsymbol{i} & \boldsymbol{j} & \boldsymbol{k}\\ 1 & 2 & -1\\ -1 & 1 & 2\end{vmatrix}=5\boldsymbol{i}-\boldsymbol{j}+3\boldsymbol{k}.$

例 6-3-6　已知三点 $A(2,3,4)$，$B(4,5,6)$，$C(3,5,8)$，求三角形 ABC 的面积.

解　根据向量积的定义可知，所求三角形 ABC 的面积为

$$S_{\triangle ABC}=\frac{1}{2}|\overrightarrow{AB}|\cdot|\overrightarrow{AC}|\sin\angle ABC=\frac{1}{2}|\overrightarrow{AB}\times\overrightarrow{AC}|.$$

由于 $\overrightarrow{AB}=(2,2,2)$，$\overrightarrow{AC}=(1,2,4)$，因此

$$\overrightarrow{AB}\times\overrightarrow{AC}=\begin{vmatrix}\boldsymbol{i} & \boldsymbol{j} & \boldsymbol{k}\\ 2 & 2 & 2\\ 1 & 2 & 4\end{vmatrix}=4\boldsymbol{i}-6\boldsymbol{j}+2\boldsymbol{k}.$$

于是　$$S_{\triangle ABC}=\frac{1}{2}|4\boldsymbol{i}-6\boldsymbol{j}+2\boldsymbol{k}|=\frac{1}{2}\sqrt{4^2+(-6)^2+2^2}=\sqrt{14}.$$

例 6-3-7　对于向量 $\boldsymbol{a}$，$\boldsymbol{b}$，证明：$|\boldsymbol{a}\times\boldsymbol{b}|^2=|\boldsymbol{a}|^2|\boldsymbol{b}|^2-|\boldsymbol{a}\cdot\boldsymbol{b}|^2$.

证明　因为 $|\boldsymbol{a}\times\boldsymbol{b}|^2=(|\boldsymbol{a}||\boldsymbol{b}|\sin(\widehat{\boldsymbol{a},\boldsymbol{b}}))^2=|\boldsymbol{a}|^2|\boldsymbol{b}|^2\sin^2(\widehat{\boldsymbol{a},\boldsymbol{b}})$，

$$|\boldsymbol{a}\cdot\boldsymbol{b}|^2=|\boldsymbol{a}|^2|\boldsymbol{b}|^2\cos^2(\widehat{\boldsymbol{a},\boldsymbol{b}}),$$

所以　$$|\boldsymbol{a}\times\boldsymbol{b}|^2+|\boldsymbol{a}\cdot\boldsymbol{b}|^2=|\boldsymbol{a}|^2|\boldsymbol{b}|^2,$$

从而　$$|\boldsymbol{a}\times\boldsymbol{b}|^2=|\boldsymbol{a}|^2|\boldsymbol{b}|^2-|\boldsymbol{a}\cdot\boldsymbol{b}|^2.$$

习题 6.3

1. 设 $\boldsymbol{a}=3\boldsymbol{i}-\boldsymbol{j}-2\boldsymbol{k}$，$\boldsymbol{b}=\boldsymbol{i}+2\boldsymbol{j}-\boldsymbol{k}$，求 $(-2\boldsymbol{a})\cdot(3\boldsymbol{b})$.
2. 若 $|\boldsymbol{a}|=3$，$|\boldsymbol{b}|=4$，且 $\boldsymbol{a}$ 垂直于 $\boldsymbol{b}$，求 $|(\boldsymbol{a}+\boldsymbol{b})\times(\boldsymbol{a}-\boldsymbol{b})|$.
3. 设 $\boldsymbol{a}=\boldsymbol{i}-2\boldsymbol{j}+2\boldsymbol{k}$，$\boldsymbol{b}=-\boldsymbol{i}+\boldsymbol{j}$，求 $(\widehat{\boldsymbol{a},\boldsymbol{b}})$.
4. 求向量 $\boldsymbol{a}=(4,-3,4)$ 在向量 $\boldsymbol{b}=(2,2,1)$ 上的投影.

5. 设 $\boldsymbol{a}=3\boldsymbol{i}-\boldsymbol{j}-2\boldsymbol{k}$，$\boldsymbol{b}=\boldsymbol{i}+2\boldsymbol{j}-\boldsymbol{k}$，求 $\boldsymbol{a}\times\boldsymbol{b}$.

§6.4 平面及其方程

平面和直线是空间最简单的几何图形.本节将以向量为工具讨论平面的方程.

一、平面的点法式方程

与平面垂直的非零向量称为该平面的**法向量**.显然，平面的法向量有无穷多个，而且平面上的任一向量都与该平面的法向量垂直.

因为过空间一点可以作且只能作一平面垂直于一已知直线.下面我们利用这个结论来建立平面的方程.

设平面 π 过点 $M_0(x_0,y_0,z_0)$，$\boldsymbol{n}=(A,B,C)$ 是平面 π 的法向量，设 $M(x,y,z)$ 是平面 π 上的任一点(如图 6-4-1)，那么向量 $\overrightarrow{M_0M}$ 必与平面 π 的法向量 $\boldsymbol{n}$ 垂直，因此

$$\boldsymbol{n}\cdot\overrightarrow{M_0M}=0.$$

由于

$$\boldsymbol{n}=(A,B,C),\overrightarrow{M_0M}=(x-x_0,y-y_0,z-z_0),$$

所以

$$A(x-x_0)+B(y-y_0)+C(z-z_0)=0. \qquad (6-4-1)$$

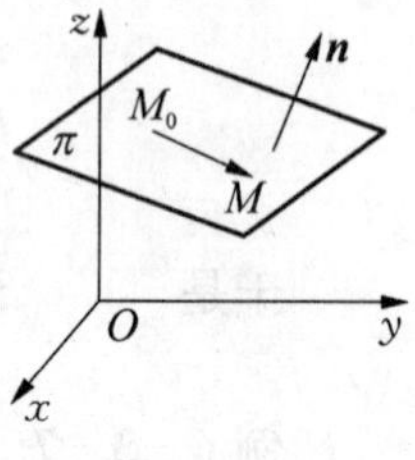

图 6-4-1

反过来，如果 $M(x,y,z)$ 不在平面 π 上，向量 $\overrightarrow{M_0M}$ 与法向量 $\boldsymbol{n}$ 不垂直，从而 $\boldsymbol{n}\cdot\overrightarrow{M_0}\neq 0$，即点 M 的坐标 x,y,z 不满足方程(6-4-1).

由此可知，方程 $A(x-x_0)+B(y-y_0)+C(z-z_0)=0$ 就是平面 π 的方程，而平面 π 就是方程(6-4-1)的图形.又由于方程(6-4-1)是由平面 π 上的一点及平面的一个法向量确定的，所以此方程称为平面的**点法式方程**.

例 6-4-1 求过点 $(1,-3,2)$ 且以 $\boldsymbol{n}=(2,1,-4)$ 为法向量的平面的方程.

解 根据平面的点法式方程，得所求平面的方程为

$$2(x-1)+(y+3)-4(z-2)=0,$$

即

$$2x+y-4z+9=0.$$

例 6-4-2 求过三点 $M_1(1,2,-1)$，$M_2(2,1,-3)$，$M_3(5,2,-4)$ 的平面的方程.

解 因为所求平面的法向量 $\boldsymbol{n}$ 与向量 $\overrightarrow{M_1M_2}$，$\overrightarrow{M_1M_3}$ 都垂直，所以可以取 $\boldsymbol{n}=\overrightarrow{M_1M_2}\times\overrightarrow{M_1M_3}$ 作为平面的法向量.

因为 $\overrightarrow{M_1M_2}=(1,-1,-2)$，$\overrightarrow{M_1M_3}=(4,0,-3)$，则

$$\boldsymbol{n}=\overrightarrow{M_1M_2}\times\overrightarrow{M_1M_3}=\begin{vmatrix}\boldsymbol{i} & \boldsymbol{j} & \boldsymbol{k}\\ 1 & -1 & -2\\ 4 & 0 & -3\end{vmatrix}=3\boldsymbol{i}-5\boldsymbol{j}+4\boldsymbol{k}.$$

根据平面的点法式方程，所求平面的方程为

$$3(x-1)-5(y-2)+4(z+1)=0,$$

即

$$3x-5y+4z+11=0.$$

二、平面的一般方程

将方程(6-4-1)展开，可化为

$$Ax+By+Cz+(-Ax_0-By_0-Cz_0)=0,$$

把常数项 $(-Ax_0-By_0-Cz_0)$ 记作 D，得

$$Ax+By+Cz+D=0, \tag{6-4-2}$$

所以任何平面都可以用 x,y,z 的一次方程(6-4-2)来表示.

反过来，可以证明，任意三元一次方程(6-4-2)都表示一个平面.事实上，方程(6-4-2)含有三个未知数，所以有无穷多组解.设 x_0,y_0,z_0 是其中一组解，则有

$$Ax_0+By_0+Cz_0+D=0.$$

用方程(6-4-2)减去上式，得

$$A(x-x_0)+B(y-y_0)+C(z-z_0)=0.$$

它表示通过点 $M_0(x_0,y_0,z_0)$ 且以 $\boldsymbol{n}=(A,B,C)$ 为法向量的平面方程.由此可知，任意三元一次方程(6-4-2)的图形总是一个平面.方程(6-4-2)称为平面的**一般式方程**，其中 x,y,z 的系数就是该平面的一个法向量 $\boldsymbol{n}$ 的坐标，即 $\boldsymbol{n}=(A,B,C)$.

例如，方程 $5x-3y+z-4=0$ 表示一个平面，$\boldsymbol{n}=(5,-3,1)$ 是这个平面的一个法向量.

下面给出方程(6-4-2)的一些特殊情况：

当 $D=0$ 时，方程(6-4-2)即为 $Ax+By+Cz=0$(缺常数项)，它表示过原点的平面.

当 $A=0$ 时，方程(6-4-2)即为 $By+Cz+D=0$(缺 x 项)，此时该平面的法向量 $\boldsymbol{n}=(0,B,C)$ 垂直于 x 轴，所以它表示平行于(或通过)x 轴的平面.

同样，方程 $Ax+Cz+D=0$(缺 y 项)，$Ax+By+D=0$(缺 z 项)分别表示平行于(或通过)y 轴和 z 轴的平面.

当 $A=B=0$ 时，方程(6-4-2)即为 $Cz+D=0$(缺 x,y 项)，此时该平面的法向量 $\boldsymbol{n}=(0,0,C)$，它既垂直于 x 轴又垂直于 y 轴，所以它表示平行于坐标平面 xOy 的平面.

同样，方程 $Ax+D=0$ 和 $By+D=0$ 分别表示平行于 yOz 面和 xOz 面的平面.

例 6-4-3　求通过 y 轴和点 $(2,-4,6)$ 的平面的方程.

解　由于平面通过 y 轴，则该平面通过原点，即 $D=0$，并且该平面的法向量垂直于 y 轴，即 $\boldsymbol{n}=(A,0,C)$. 因此，设此平面的方程为

$$Ax+Cz=0.$$

又因为此平面通过点 $(2,-4,6)$，所以有

$$2A+6C=0, \quad 即 \quad A=-3C.$$

将其代入所设方程可得

$$-3x+z=0.$$

例 6-4-4 设平面过点 $P(a,0,0),Q(0,b,0),R(0,0,c)$，其中 $a\neq 0,b\neq 0,c\neq 0$，如图 6-4-2 所示，求该平面的方程.

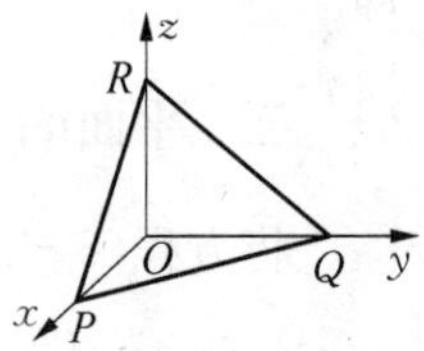

图 6-4-2

解 设所求平面的方程为

$$Ax+By+Cz+D=0.$$

因为点 $P(a,0,0),Q(0,b,0),R(0,0,c)$ 在平面上，所以点 P,Q,R 的坐标都满足该方程，于是有

$$\begin{cases}aA+D=0\\bB+D=0,\\cC+D=0\end{cases}$$

由此得 $A=-\dfrac{D}{a},B=-\dfrac{D}{b},C=-\dfrac{D}{c}$，将其代入所设方程，得

$$-\frac{D}{a}x-\frac{D}{b}y-\frac{D}{c}z+D=0,$$

消去 D，得

$$\frac{x}{a}+\frac{y}{b}+\frac{z}{c}=1. \qquad (6-4-3)$$

此方程(6-4-3)称为平面的**截距式方程**，而 a,b,c 依次称为平面在 x,y,z 轴上的截距.

三、两平面的夹角

设平面 π_1 和 π_2 的方程分别为

$$A_1x+B_1y+C_1z+D_1=0,$$
$$A_2x+B_2y+C_2z+D_2=0,$$

两平面的法向量 $\boldsymbol{n}_1=(A_1,B_1,C_1)$ 和 $\boldsymbol{n}_2=(A_2,B_2,C_2)$ 之间的夹角 θ（通常指锐角）称为两平面的**夹角**(如图 6-4-3).

按两向量夹角余弦的坐标表示式知，

$$\cos\theta=|\cos(\widehat{\boldsymbol{n}_1,\boldsymbol{n}_2})|=\frac{|A_1A_2+B_1B_2+C_1C_2|}{\sqrt{A_1^2+B_1^2+C_1^2}\cdot\sqrt{A_2^2+B_2^2+C_2^2}},$$

即

$$\cos\theta=\frac{|A_1A_2+B_1B_2+C_1C_2|}{\sqrt{A_1^2+B_1^2+C_1^2}\cdot\sqrt{A_2^2+B_2^2+C_2^2}}. \qquad (6-4-4)$$

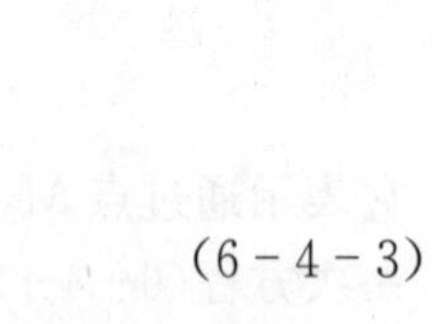

图 6-4-3

根据两向量垂直、平行的充分必要条件可推得下列结论：

(1) 平面 π_1 和 π_2 互相垂直的充分必要条件是 $A_1A_2+B_1B_2+C_1C_2=0$.

(2) 平面 π_1 和 π_2 平行的充分必要条件是 $\dfrac{A_1}{A_2}=\dfrac{B_1}{B_2}=\dfrac{C_1}{C_2}$.

例 6-4-5　求两平面 $x-y+2z-3=0$ 和 $2x+y+z-4=0$ 的夹角.

解　已知两个平面的方向量分别为

$$\boldsymbol{n}_1=(A_1,B_1,C_1)=(1,-1,2),$$
$$\boldsymbol{n}_2=(A_2,B_2,C_2)=(2,1,1).$$

由公式(6-4-4),有

$$\cos\theta=\frac{|A_1A_2+B_1B_2+C_1C_2|}{\sqrt{A_1^2+B_1^2+C_1^2}\cdot\sqrt{A_2^2+B_2^2+C_2^2}}=\frac{|1\times2+(-1)\times1+2\times1|}{\sqrt{1^2+(-1)^2+2^2}\times\sqrt{2^2+1^2+1^2}}=\frac{1}{2},$$

故所求夹角为 $\theta=\dfrac{\pi}{3}$.

例 6-4-6　设平面过 $P(1,1,1)$ 且垂直于平面 $x+2z=0$ 和 $x+y+z=0$,求它的方程.

解　设所求平面的一个法向量为 $\boldsymbol{n}=(A,B,C)$,因为所求平面过 $P(1,1,1)$,根据点法式方程,设所求平面方程为

$$A(x-1)+B(y-1)+C(z-1)=0.$$

根据所求平面与两平面互相垂直可得

$$A+2C=0,$$

及

$$A+B+C=0,$$

解得

$$A=-2C,B=C.$$

代入所设平面方程并除以 $C(C\neq0)$,得所求平面方程为

$$-2(x-1)+(y-1)+(z-1)=0,$$

即 $2x-y-z=0$.

四、点到平面的距离

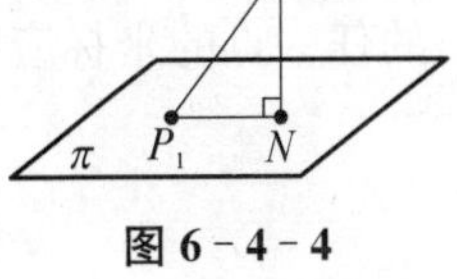

图 6-4-4

设平面 π 的方程是 $Ax+By+Cz+D=0$,点 $P_0(x_0,y_0,z_0)$ 是平面外一点,过点 P_0 作平面 π 的垂线,垂足为 N(如图 6-4-4),则点 P_0 到平面 π 的距离 $d=|P_0N|$.

在平面 π 上任取一点 $P_1(x_1,y_1,z_1)$,则向量 $\overrightarrow{P_1P_0}=(x_0-x_1,y_0-y_1,z_0-z_1)$,那么,

$$d=|\mathrm{Prj}_n\overrightarrow{P_1P_0}|=\left|\frac{\overrightarrow{P_1P_0}\cdot\boldsymbol{n}}{|\boldsymbol{n}|}\right|$$

$$=\frac{|A(x_0-x_1)+B(y_0-y_1)+C(z_0-z_1)|}{\sqrt{A^2+B^2+C^2}}$$
$$=\frac{|Ax_0+By_0+Cz_0-(Ax_1+By_1+Cz_1)|}{\sqrt{A^2+B^2+C^2}},$$

由于 $Ax_1+By_1+Cz_1+D=0$，所以

$$d=\frac{|Ax_0+By_0+Cz_0+D|}{\sqrt{A^2+B^2+C^2}}. \tag{6-4-5}$$

例 6-4-7 求点 $(2,1,1)$ 到平面 $x+y-z+1=0$ 的距离.

解 根据点到平面的距离公式(6-4-5)得

$$d=\frac{|Ax_0+By_0+Cz_0+D|}{\sqrt{A^2+B^2+C^2}}=\frac{|1\times 2+1\times 1+(-1)\times 1+1|}{\sqrt{1^2+1^2+(-1)^2}}=\frac{3}{\sqrt{3}}=\sqrt{3}.$$

习题 6.4

1. 求过点 $(3,0,-1)$ 且与平面 $3x-7y+5z-12=0$ 平行的平面方程.

2. 指出下列各平面位置的特点，并画出各平面：

(1) $y=0$；　　(2) $z=10$；

(3) $x+2y=0$；　　(4) $x+y+z=5$.

3. 求平面 $2x-2y+z+5=0$ 在各坐标面的夹角余弦.

4. 求通过点 $P(1,2,1)$ 且垂直于两平面 $x+y=0$ 和 $5y+z=0$ 的平面方程.

§6.5 空间直线及其方程

一、空间直线的一般方程

空间直线 L 可以看作是两个平面 π_1 和 π_2 的交线(如图 6-5-1).设两个相交平面 π_1 和 π_2 的方程分别为 $A_1x+B_1y+C_1z+D_1=0$ 和 $A_2x+B_2y+C_2z+D_2=0$，那么直线 L 上的任一点的坐标应同时满足这两个平面的方程，即应满足方程组

$$\begin{cases}A_1x+B_1y+C_1z+D_1=0\\A_2x+B_2y+C_2z+D_2=0\end{cases}. \tag{6-5-1}$$

反之，如果点 M 不在直线 L 上，则它不可能同时在平面 π_1 和 π_2 上，所以其坐标不满足方程组(6-5-1).因此，空间直线 L 可以用方程组(6-5-1)来表示，方程组(6-5-1)称为**空间直线的一般方程**.

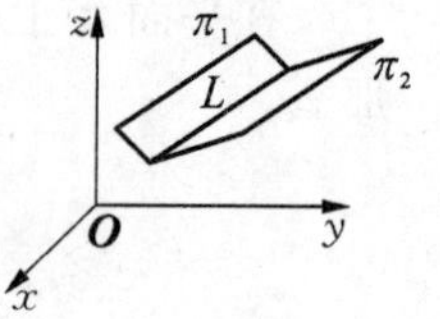

图 6-5-1

因为通过空间一直线 L 的平面有无限多个，所以只要在这无限多个平面中任意选取两个，把它们的方程联立起来，所得的方程组就表示空

间直线 L.

二、空间直线的对称式方程与参数方程

如果一直线过已知点且平行于一已知非零向量，那么它在空间的位置就确定了.平行于已知直线的任一个非零向量称为该直线的一个方向向量.显然，直线上任一向量都平行于该直线的方向向量.

设直线 L 的一个方向向量为 $\boldsymbol{s}=(m,n,p)$，$M_0(x_0,y_0,z_0)$ 为直线 L 上的一定点（如图 6-5-2）.下面我们来建立这条直线的方程.

设 $M(x,y,z)$ 是直线 L 上的任一点，那么向量 $\overrightarrow{M_0M}$ 与直线 L 的方向向量 $\boldsymbol{s}$ 平行（如图 6-5-2）.由于 $\overrightarrow{M_0M}=(x-x_0,y-y_0,z-z_0)$，根据两向量平行的充要条件可得

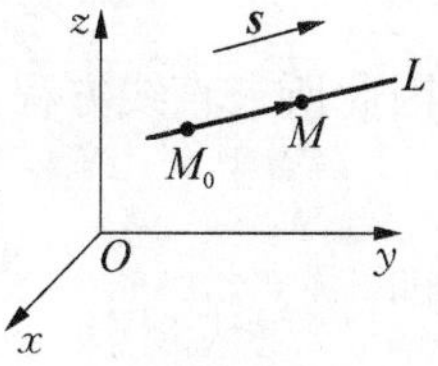

图 6-5-2

$$\frac{x-x_0}{m}=\frac{y-y_0}{n}=\frac{z-z_0}{p}. \tag{6-5-2}$$

反之，如果点 M 不在直线 L 上，那么 $\overrightarrow{M_0M}$ 与 $\boldsymbol{s}$ 不平行，这两向量的对应坐标不成比例，则点 M 的坐标不满足方程(6-5-2).因此，方程组(6-5-2)就是直线 L 的方程，并称其为直线的**对称式方程**或**点向式方程**.方向向量 $\boldsymbol{s}$ 的坐标 (m,n,p) 称为直线的一组方向数，而向量 $\boldsymbol{s}$ 的方向余弦称为该直线的方向余弦.由于 $\boldsymbol{s}$ 是非零向量，故 m,n,p 不全为零.但当 m,n,p 中有一个为零，如 $m=0$，而 $n,p\neq 0$ 时，方程组(6-5-2)应理解为

$$\begin{cases} x-x=0 \\ \dfrac{y-y_0}{n}=\dfrac{z-z_0}{p} \end{cases}.$$

又如，当 m,n,p 中有两个为零，如 $m=n=0$，而 $p\neq 0$ 时，方程组(6-5-2)应理解为

$$\begin{cases} x-x_0=0 \\ y-y_0=0 \end{cases}.$$

由直线的对称式方程容易得到直线的参数方程.设 $\dfrac{x-x_0}{m}=\dfrac{y-y_0}{n}=\dfrac{z-z_0}{p}=t$，得方程组

$$\begin{cases} x=x_0+mt \\ y=y_0+nt \\ z=z_0+pt \end{cases}.$$

此方程组就是**直线的参数方程**，其中 t 为参数.

例 6-5-1　求过点 $(1,-3,2)$ 且平行于两平面 $3x-y+5z+2=0$ 及 $x+2y-3z+4=0$ 的直线方程.

解　所求直线方程为

$$\frac{x-1}{m}=\frac{y+3}{n}=\frac{z-2}{p}.$$

因为所求直线平行于两平面，故直线的方向向量 $\boldsymbol{s}$ 垂直于两平面的法向量 $\boldsymbol{n}_1=(3,-1,5)$ 及 $\boldsymbol{n}_2=(1,2,-3)$，所以可取

$$\boldsymbol{s}=(m,n,p)=\boldsymbol{n}_1\times\boldsymbol{n}_2=\begin{vmatrix}\boldsymbol{i} & \boldsymbol{j} & \boldsymbol{k}\\ 3 & -1 & 5\\ 1 & 2 & -3\end{vmatrix}=-7\boldsymbol{i}+14\boldsymbol{j}+7\boldsymbol{k},$$

因此所求直线方程为
$$\frac{x-1}{-7}=\frac{y+3}{14}=\frac{z-2}{7},$$

即
$$\frac{x-1}{-1}=\frac{y+3}{2}=\frac{z-2}{1}.$$

例 6-5-2 用对称式方程及参数方程表示直线 $\begin{cases}x-y+z=2\\ 2x-y+3z=1\end{cases}$.

解 先求出直线上的一点，可以取 $x=1$，有

$$\begin{cases}-y+z=1\\ -y+3z=-1\end{cases}.$$

解此方程组得 $y=-2,z=-1$，即点 $(1,-2,-1)$ 就是直线上的一点.

再求该直线的方向向量 $\boldsymbol{s}$.由于所求直线在两平面上，故直线的方向向量 $\boldsymbol{s}$ 垂直于两平面的法向量 $\boldsymbol{n}_1=(1,-1,1)$ 及 $\boldsymbol{n}_2=(2,-1,3)$，所以可以取

$$\boldsymbol{s}=\boldsymbol{n}_1\times\boldsymbol{n}_2=\begin{vmatrix}\boldsymbol{i} & \boldsymbol{j} & \boldsymbol{k}\\ 1 & -1 & 1\\ 2 & -1 & 3\end{vmatrix}=-2\boldsymbol{i}-\boldsymbol{j}+\boldsymbol{k}.$$

因此，所给直线的对称式方程为

$$\frac{x-1}{-2}=\frac{y+2}{-1}=\frac{z+1}{1}.$$

令 $\dfrac{x-1}{-2}=\dfrac{y+2}{-1}=\dfrac{z+1}{1}=t$，得所给直线的参数方程为

$$\begin{cases}x=1-2t\\ y=-2-t.\\ z=-1+t\end{cases}$$

三、两直线的夹角

两直线的方向向量的夹角(通常指锐角)称为**两直线的夹角**.

设直线 L_1 和 L_2 的方向向量分别为 $\boldsymbol{s}_1=(m_1,n_1,p_1)$ 和 $\boldsymbol{s}_2=(m_2,n_2,p_2)$，那么

$$\cos\varphi=|\cos(\widehat{\boldsymbol{s}_1,\boldsymbol{s}_2})|=\frac{|m_1m_2+n_1n_2+p_1p_2|}{\sqrt{m_1^2+n_1^2+p_1^2}\cdot\sqrt{m_2^2+n_2^2+p_2^2}}. \qquad (6-5-3)$$

由两向量垂直、平行的充分必要条件可立即得到下列结论：

(1) 两直线 L_1 和 L_2 互相垂直的充分必要条件是

$$m_1m_2+n_1n_2+p_1p_2=0.$$

(2) 两直线 L_1 和 L_2 互相平行或重合的充分必要条件是

$$\frac{m_1}{m_2}=\frac{n_1}{n_2}=\frac{p_1}{p_2}.$$

例 6-5-3　已知直线 $L_1:\frac{x-1}{1}=\frac{y+3}{-4}=\frac{z-2}{1}$ 和 $L_2:\frac{x+3}{2}=\frac{y-2}{-2}=\frac{z+4}{-1}$，求两直线的夹角.

解　直线 L_1 和 L_2 的方向向量分别为 $\boldsymbol{s}_1=(1,-4,1)$ 和 $\boldsymbol{s}_2=(2,-2,-1)$.

设两直线的夹角为 φ，则

$$\cos\varphi=\frac{|1\times2+(-4)\times(-2)+1\times(-1)|}{\sqrt{1^2+(-4)^2+1^2}\times\sqrt{2^2+(-2)^2+(-1)^2}}=\frac{1}{\sqrt{2}}=\frac{\sqrt{2}}{2},$$

所以

$$\varphi=\frac{\pi}{4}.$$

四、直线与平面的夹角

当直线与平面不垂直时，直线和它在平面上的投影直线的夹角 $\alpha\left(0\leqslant\alpha\leqslant\frac{\pi}{2}\right)$ 称为**直线与平面的夹角**(如图 6-5-3). 当直线与平面垂直时，规定直线与平面的夹角为 $\frac{\pi}{2}$.

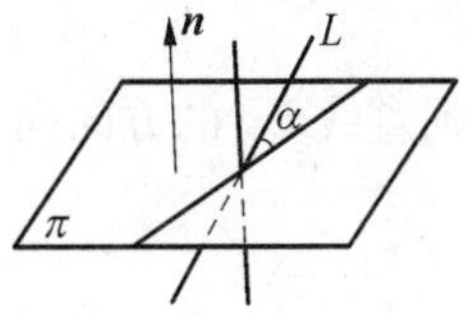

图 6-5-3

设直线的方向向量 $\boldsymbol{s}=(m,n,p)$，平面的法线向量为 $\boldsymbol{n}=(A,B,C)$，直线与平面的夹角为 α，那么 $\alpha=\left|\frac{\pi}{2}-(\widehat{\boldsymbol{s},\boldsymbol{n}})\right|$，因此，$\sin\alpha=|\cos(\widehat{\boldsymbol{s},\boldsymbol{n}})|$. 根据两向量夹角余弦的坐标表示式，有

$$\sin\alpha=\frac{|Am+Bn+Cp|}{\sqrt{A^2+B^2+C^2}\cdot\sqrt{m^2+n^2+p^2}}.\tag{6-5-4}$$

由两向量平行、垂直的充要条件可以得到：

(1) 直线与平面垂直的充分必要条件为

$$\frac{A}{m}=\frac{B}{n}=\frac{C}{p}.$$

(2) 直线与平面平行或直线在平面上的充分必要条件为

$$Am+Bn+Cp=0.$$

例 6-5-4 求过点 $(-1,2,-3)$ 且与平面 $x-2y+3z-4=0$ 垂直的直线的方程.

解 平面的法线向量 $(1,-2,3)$ 可以取为所求直线的方向向量,那么所求直线的方程为

$$\frac{x+1}{1}=\frac{y-2}{-2}=\frac{z+3}{3}.$$

例 6-5-5 求直线 $\dfrac{x-2}{1}=\dfrac{y-3}{1}=\dfrac{z-4}{2}$ 与平面 $2x+y+z-6=0$ 的交点.

解 将所给直线的对称式方程写成参数方程:

$$\begin{cases}x=2+t\\y=3+t\\z=4+2t\end{cases},$$

代入平面方程中,得

$$2(2+t)+(3+t)+(4+2t)-6=0,$$

解得 $t=-1$, 代入直线参数方程,得所求交点的坐标为 $(1,2,2)$.

例 6-5-6 当 a,b 为何值时,直线 L_1: $\dfrac{x-1}{1}=\dfrac{y-1}{2}=\dfrac{z-1}{1}$ 与直线 L_2: $\begin{cases}ax+y+z=1\\2x+by-z=2\end{cases}$ 平行?

解 因为平面 $\pi_1: ax+y+z=1, \pi_2: 2x+by-z=2$ 的法向量分别为

$$\boldsymbol{n}_1=(a,1,1), \boldsymbol{n}_2=(2,b,-1),$$

则直线 L_2 的方向向量 $\boldsymbol{s}_2$ 为

$$\boldsymbol{s}_2=\boldsymbol{n}_1\times\boldsymbol{n}_2=\begin{vmatrix}\boldsymbol{i} & \boldsymbol{j} & \boldsymbol{k}\\ a & 1 & 1\\ 2 & b & -1\end{vmatrix}=(-1-b)\boldsymbol{i}+(a+2)\boldsymbol{j}+(ab-2)\boldsymbol{k}.$$

又已知直线 L_1 的方向向量 $\boldsymbol{s}_1$ 为 $(1,2,1)$, 由 $L_1 /\!/ L_2$ 得,

$$\frac{-1-b}{1}=\frac{a+2}{2}=\frac{ab-2}{1}=t,$$

则 $b=-1-t, a=2t-2, ab-2=t$, 得

$$-(1+t)\cdot 2(t-1)-2=t,$$

即

$$-2(t^2-1)-2=t,$$

则 $t=0, t=-\dfrac{1}{2}$.

于是得到

$$\begin{cases}a=-2\\b=-1\end{cases} \quad 或 \quad \begin{cases}a=-3\\b=-\dfrac{1}{2}\end{cases}.$$

例 6-5-7　求过点 $M(2,1,2)$ 且与直线 $L:\dfrac{x-2}{1}=\dfrac{y-3}{1}=\dfrac{z-4}{2}$ 垂直相交的直线方程.

解　过点 $M(2,1,2)$ 与直线 $L:\dfrac{x-2}{1}=\dfrac{y-3}{1}=\dfrac{z-4}{2}$ 垂直的平面为

$$(x-2)+(y-1)+2(z-2)=0,$$

即

$$x+y+2z-7=0.$$

接下来我们求直线 $L:\dfrac{x-2}{1}=\dfrac{y-3}{1}=\dfrac{z-4}{2}$ 与平面 $x+y+2z-7=0$ 的交点.

将已知直线的对称式方程改写为参数方程:

$$\begin{cases}x=2+t\\y=3+t\\z=4+2t\end{cases},$$

代入平面方程 $x+y+2z-7=0$，得 $t=-1$，从而确定交点 M_1 坐标为 $(1,2,2)$，所以，所求直线的方向向量为 $\boldsymbol{s}=\overrightarrow{MM_1}=(-1,1,0)$，所求直线的方程为

$$\frac{x-2}{-1}=\frac{y-1}{1}=\frac{z-2}{0},$$

即

$$\begin{cases}\dfrac{x-2}{-1}=\dfrac{y-1}{1}\\z-2=0\end{cases}.$$

五、点到直线的距离

设直线 L 的方向向量为 $\boldsymbol{s}$，M_0 是直线 L 外一点(如图 6-5-4).在直线 L 上任取一点 M，作 $\overrightarrow{MN}=\boldsymbol{s}$，则点 M_0 到直线 L 的距离 d 为以 $\overrightarrow{MM_0}\cdot\boldsymbol{s}$ 为邻边的平行四边形的高，则可得

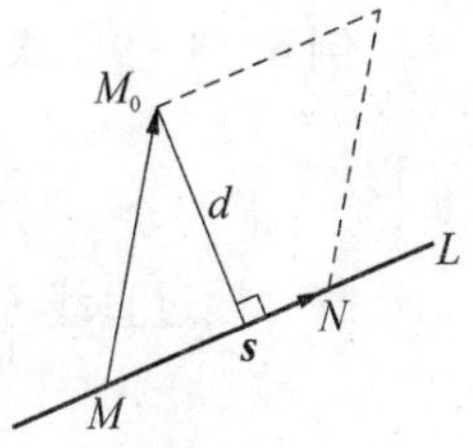

图 6-5-4

$$d=\frac{|\overrightarrow{MM_0}\times\boldsymbol{s}|}{|\boldsymbol{s}|}. \qquad (6-5-5)$$

式(6-5-5)就是点 M_0 到直线 L 的距离公式.

例 6-5-8　求过点 $M_0(1,2,-1)$ 到直线 $L:\dfrac{x-1}{2}=\dfrac{y-1}{-1}=\dfrac{z-1}{1}$ 的距离.

解　　直线 L 的方向向量为 $\boldsymbol{s}=(2,-1,1)$，取直线上一点 $M(1,1,1)$，则 $\overrightarrow{MM_0}=$

$(0,1,-2)$，

$$\overrightarrow{MM_0}\times\boldsymbol{s}=\begin{vmatrix}\boldsymbol{i}&\boldsymbol{j}&\boldsymbol{k}\\0&1&-2\\2&-1&1\end{vmatrix}=(-1,-4,-2).$$

$$|\overrightarrow{MM_0}\times\boldsymbol{s}|=\sqrt{(-1)^2+(-4)^2+(-2)^2}=\sqrt{21},$$

$$|\boldsymbol{s}|=\sqrt{2^2+(-1)^2+1^2}=\sqrt{6},$$

所以点 M_0 到直线的距离是

$$d=\frac{|\overrightarrow{MM_0}\times\boldsymbol{s}|}{|\boldsymbol{s}|}=\frac{\sqrt{21}}{\sqrt{6}}=\frac{\sqrt{14}}{2}.$$

六、平面束的方程

通过空间直线 L 可以作无穷多个平面，所有这些平面的集合称为过直线 L 的**平面束**.

设直线 L 的一般方程为

$$\begin{cases}A_1x+B_1y+C_1z+D_1=0\\A_2x+B_2y+C_2z+D_2=0\end{cases},$$

其中，系数 A_1,B_1,C_1 与 A_2,B_2,C_2 不成比例，构造一个三元一次方程：

$$A_1x+B_1y+C_1z+D_1+\lambda(A_2x+B_2y+C_2z+D_2)=0,\qquad(6-5-6)$$

即
$$(A_1+\lambda A_2)x+(B_1+\lambda B_2)y+(C_1+\lambda C_2)z+(D_1+\lambda D_2)=0,$$

其中，λ 为任意常数.因为系数 A_1,B_1,C_1 与 A_2,B_2,C_2 不成比例，所以对于任何一个 λ 值，上述方程的系数不全为零，从而它表示一个平面.对应于不同的 λ 值，它表示通过直线 L 的不同的平面.反之，任何通过直线 L 的平面也一定包含在上述平面族中.因此，方程(6-5-6)表示通过直线 L 的平面束方程.

例 6-5-9 求直线 $\begin{cases}x+y-z-1=0\\x-y+z+1=0\end{cases}$ 在平面 $x+2y-z+5=0$ 上的投影直线的方程.

解 设过直线 $\begin{cases}x+y-z-1=0\\x-y+z+1=0\end{cases}$ 的平面束方程为

$$(x+y-z-1)+\lambda(x-y+z+1)=0,$$

即
$$(1+\lambda)x+(1-\lambda)y+(-1+\lambda)z+(-1+\lambda)=0,$$

其中 λ 为待定的常数.此平面与平面 $x+2y-z+5=0$ 垂直的条件是

$$(1+\lambda)\cdot1+(1-\lambda)\cdot2-(-1+\lambda)=0,$$

即
$$\lambda=2.$$

将 $\lambda=2$ 代入平面束方程得投影平面的方程为

$$3x-y+z+1=0,$$

所以，投影直线的方程为

$$\begin{cases}3x-y+z+1=0\\x+2y-z+5=0\end{cases}.$$

习题 6.5

1. 设一直线过点 $(3,-1,4)$，且平行于直线 $\frac{x-4}{2}=\frac{y}{1}=\frac{z-2}{5}$，求此直线方程.

2. 求过点 $(2,0,-3)$ 且与直线 $\begin{cases}x-2y+4z-7=0\\3x+5y-2z+1=0\end{cases}$ 垂直的平面方程.

3. 求过点 $(2,-3,4)$ 且垂直于平面 $3x-y+2z=4$ 的直线方程.

4. 求直线 L_1：$\frac{x-3}{4}=\frac{y-3}{-12}=\frac{z+1}{3}$ 和直线 L_2：$\frac{x-1}{2}=\frac{y+2}{-1}=\frac{z}{-2}$ 的夹角.

5. 求点 $P(2,4,1)$ 到直线 $\frac{x+1}{2}=\frac{y}{2}=\frac{z-2}{-3}$ 的距离.

6. 求点 $(-1,2,0)$ 在平面 $x+2y-z+1=0$ 上的投影.

7. 设一直线过点 $(1,1,1)$ 且与两直线 L_1：$\frac{x}{1}=\frac{y}{2}=\frac{z}{3}$ 和 L_2：$\frac{x-1}{21}=\frac{y-2}{1}=\frac{z-3}{4}$ 相交，求此直线方程.

§6.6　曲面及其方程

一、曲面方程的概念

在日常生活中，很多物体的表面都是曲面，如管道的外表面、反光镜的镜面以及锥面等. 如何用代数的方法来描述空间曲面呢？下面我们来讨论一般的曲面方程的概念.

像平面解析几何中把平面曲线当作平面上动点的轨迹一样，在空间解析几何中，可以把任何曲面都看作空间动点的轨迹.在这样的意义下，如果曲面 S 与三元方程

$$F(x,y,z)=0 \tag{6-6-1}$$

有下述关系：

(1) 曲面 S 上任一点的坐标都满足方程(6-6-1)；

(2) 不在曲面 S 上的点的坐标都不满足方程(6-6-1).

那么方程 $F(x,y,z)=0$ 就称为**曲面 S 的方程**，而曲面 S 就称为**方程 $F(x,y,z)=0$ 的图形**(如图 6-6-1).

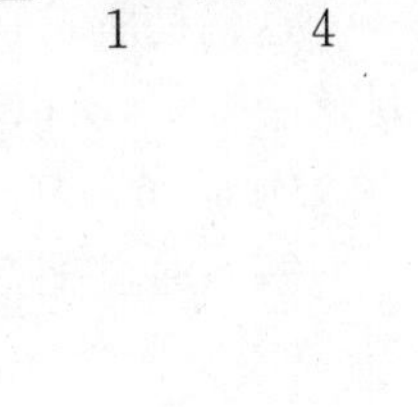

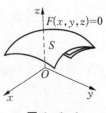

图 6-6-1

关于曲面，我们研究下面两个基本问题：

(1) 已知曲面上点的轨迹，如何建立该曲面的方程；

(2) 已知方程 $F(x,y,z)=0$，研究该方程所表示的曲面的图形.

例 6-6-1 建立球心在点 $M_0(x_0,y_0,z_0)$，半径为 R 的球面的方程.

解 设 $M(x,y,z)$ 是球面上的任一点，那么

$$|M_0M|=R,$$

即
$$\sqrt{(x-x_0)^2+(y-y_0)^2+(z-z_0)^2}=R,$$

或
$$(x-x_0)^2+(y-y_0)^2+(z-z_0)^2=R^2. \tag{6-6-2}$$

这就是球面上点的坐标所满足的方程，而不在球面上的点的坐标不满足这个方程，所以方程(6-6-2)就是球心在点 $M_0(x_0,y_0,z_0)$，半径为 R 的球面的方程.

特别地，球心在原点时，那么 $x_0=y_0=z_0=0$，从而球面方程为

$$x^2+y^2+z^2=R^2.$$

例 6-6-2 求与两定点 $A(1,2,3)$ 和 $B(2,-1,1)$ 等距离的点的轨迹方程.

解 设 $M(x,y,z)$ 为所求平面上的任一点，则有

$$|AM|=|BM|,$$

即
$$\sqrt{(x-1)^2+(y-2)^2+(z-3)^2}=\sqrt{(x-2)^2+(y+1)^2+(z-1)^2}.$$

等式两边平方，然后化简得

$$x-3y-2z+4=0.$$

这就是所求平面上的点的坐标所满足的方程；反之，与两点距离不等的点的坐标都不满足这个方程，所以这个方程就是所求平面的方程，

例 6-6-3 方程 $x^2+y^2+z^2-2x+4y-4z=0$ 表示怎样的曲面？

解 通过配方，原方程可以改写成

$$(x-1)^2+(y+2)^2+(z-2)^2=9.$$

这是一个球面方程，原方程表示球心在点 $M_0(1,-2,2)$，半径为 $R=3$ 的球面.

一般地，设有三元二次方程

$$Ax^2+Ay^2+Az^2+Dx+Ey+Fz+G=0, A\neq 0, \tag{6-6-3}$$

此方程的特点是缺 xy,yz,zx 各项，且平方项系数相同，只需将方程经过配方就可以化为

$$(x-x_0)^2+(y-y_0)^2+(z-z_0)^2=R^2.$$

它的图形是一个球面，此时方程(6-6-3)称为球面的一般方程.

下面我们来讨论实际问题中经常遇到的旋转曲面和柱面的方程.

二、旋转曲面

以一条平面曲线绕其平面上的一条定直线旋转一周所成的曲面称为**旋转曲面**，其中旋转曲线称为**旋转曲面的母线**，定直线称为**旋转曲面的轴**.

设在坐标面 yOz 上有一已知曲线 C，它的方程为

$$f(y,z)=0.$$

把该曲线 C 绕 z 轴旋转一周,就得到一个以 z 轴为轴的旋转曲面(如图 6-6-2).下面,我们来建立它的曲面方程.

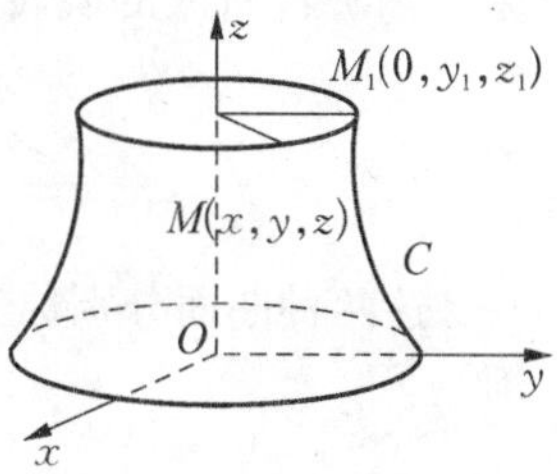

图 6-6-2

设点 $M_1(0,y_1,z_1)$ 为曲线 C 上任一点,那么有

$$f(y_1,z_1)=0.$$

当曲线 C 绕 z 轴旋转时,点 M_1 绕 z 轴转到另一点 $M(x,y,z)$,这时 $z=z_1$ 保持不变,且点 M 到 z 轴的距离为

$$d=|y_1|=\sqrt{x^2+y^2}.$$

将 $z_1=z,y_1=\pm\sqrt{x^2+y^2}$ 代入 $f(y_1,z_1)=0$,得

$$f(\pm\sqrt{x^2+y^2},z)=0,$$

这就是所求旋转曲面的方程.

综上所述,在曲线 C 的方程 $f(y,z)=0$ 中将 y 改成 $\pm\sqrt{x^2+y^2}$,便可得曲线 C 绕 z 轴旋转所成的旋转曲面的方程 $f(\pm\sqrt{x^2+y^2},z)=0$.

同理,曲线 C 绕 y 轴旋转所成的旋转曲面的方程为

$$f(y,\pm\sqrt{x^2+z^2})=0.$$

例 6-6-4　直线 L 绕另一条与 L 相交的直线旋转一周,所得旋转曲面称为**圆锥面**.两直线的交点称为圆锥面的**顶点**,两直线的夹角 $\alpha\left(0<\alpha<\frac{\pi}{2}\right)$ 称为圆锥面的**半顶角**.试建立顶点在坐标原点 O,旋转轴为 z 轴、半顶角为 α 的圆锥面(如图 6-6-3)的方程.

解　在坐标面 yOz 内,直线 L 与 z 轴正向夹角为 α,过坐标原点,则直线 L 的方程为

$$z=y\cot\alpha.$$

由于旋转轴为 z 轴,所以只要将方程 $z=y\cot\alpha$ 中的 y 改成 $\pm\sqrt{x^2+y^2}$,就可得所求的圆锥面的方程

$$z=\pm\sqrt{x^2+y^2}\cot\alpha.$$

令 $a=\cot\alpha$,将上式两边平方,则得

$$z^2=a^2(x^2+y^2).$$

这就是所求的圆锥面方程,其中 $a=\cot\alpha$.

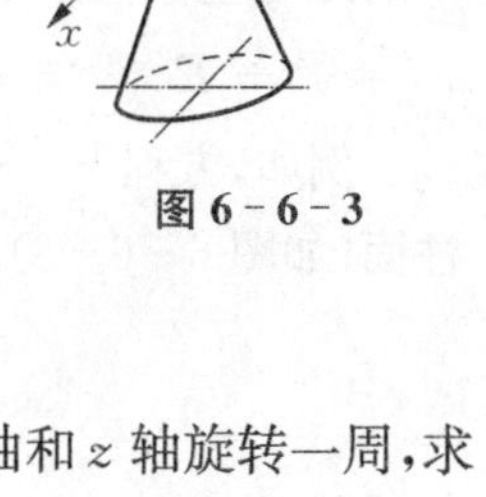

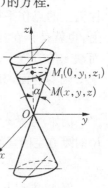

图 6-6-3

例 6-6-5　将坐标面 xOz 上的双曲线 $\frac{x^2}{a^2}-\frac{z^2}{c^2}=1$ 分别绕 x 轴和 z 轴旋转一周,求所生成的旋转曲面的方程.

解　绕 x 轴旋转所成的旋转曲面的方程为

$$\frac{x^2}{a^2}-\frac{y^2+z^2}{c^2}=1;$$

绕 z 轴旋转所成的旋转曲面的方程为

$$\frac{x^2+y^2}{a^2}-\frac{z^2}{c^2}=1.$$

这两种曲面分别称为双叶旋转双曲面(如图 6-6-4)和单叶旋转双曲面(如图 6-6-5).

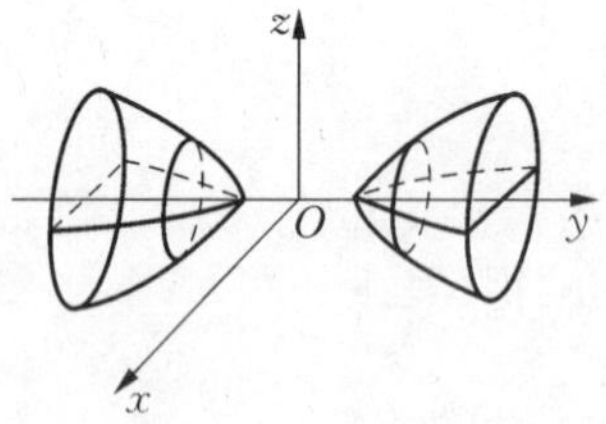

图 6-6-4

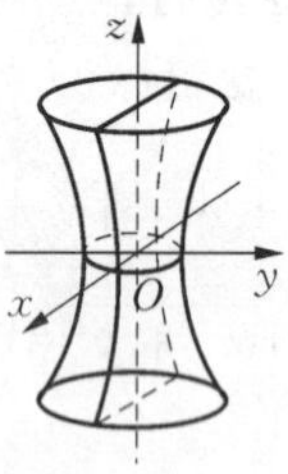

图 6-6-5

三、柱面

动直线 L 沿定曲线 C 平行移动所形成的轨迹称为**柱面**,其中曲线 C 称为柱面的**准线**,直线 L 称为柱面的**母线**.

下面我们建立母线平行于坐标轴的柱面方程.

设柱面的母线 L 平行于 z 轴,准线 C 为面 xOy 上的定曲线 $F(x,y)=0$.$M(x,y,z)$ 为曲面上任一点,过点 M 作平行于 z 轴的直线交 xOy 面于点 $M_0(x,y,0)$,由柱面的定义可知,点 M_0 必在准线 C 上,即点 M_0 的坐标满足方程 $F(x,y)=0$. 由于 $F(x,y)=0$ 中不含 z,所以点 M 的坐标也满足这个方程 $F(x,y)=0$. 而不在柱面上的点作平行于 z 轴的直线与 xOy 面的交点必不在曲线 C 上,也就是不在柱面上的点的坐标不满足方程.所以,只含 x,y 而缺 z 的方程 $F(x,y)=0$,在空间直角坐标系中表示母线平行于 z 轴的柱面,其准线是 xOy 面上的曲线 C:$F(x,y)=0$(如图 6-6-6).

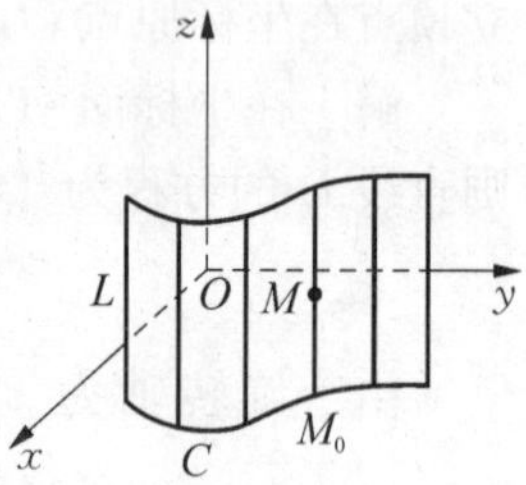

图 6-6-6

例如,方程 $x^2+y^2=R^2$ 在 xOy 面上表示圆心在原点 O,半径为 R 的圆.在空间直角坐标系中,方程不含 z,表示的是以 xOy 面上的圆 $x^2+y^2=R^2$ 为准线,母线平行于 z 轴的圆柱面(如图 6-6-7).

例如,方程 $y^2=2x$ 表示以 xOy 面上的抛物线 $y^2=2x$ 为准线,母线平行于 z 轴的**抛物柱面**(如图 6-6-8).

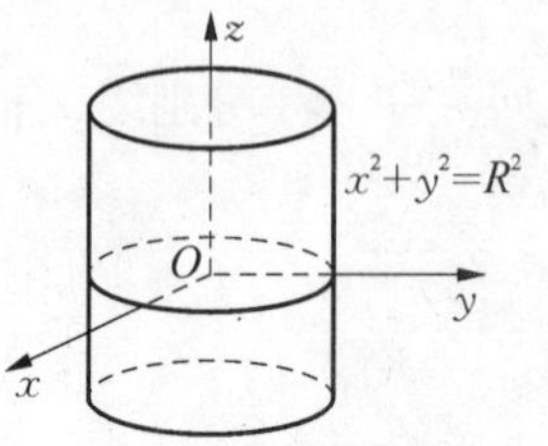

图 6-6-7

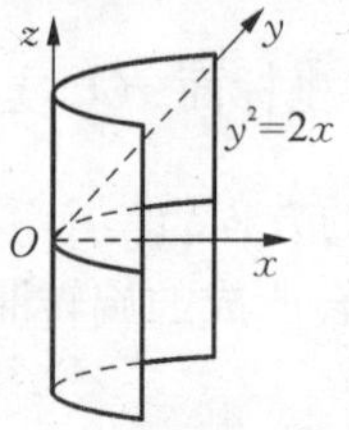

图 6-6-8

类似地，只含 x,z 而缺 y 的方程 $G(x,z)=0$ 和只含 y,z 而缺 x 的方程 $H(y,z)=0$ 分别表示母线平行于 y 轴和 x 轴的柱面.

例如，方程 $x-z=0$ 表示母线平行于 y 轴的柱面，其准线是 xOz 面上的直线 $x-z=0$，所以它是过 y 轴的平面(如图 6-6-9).

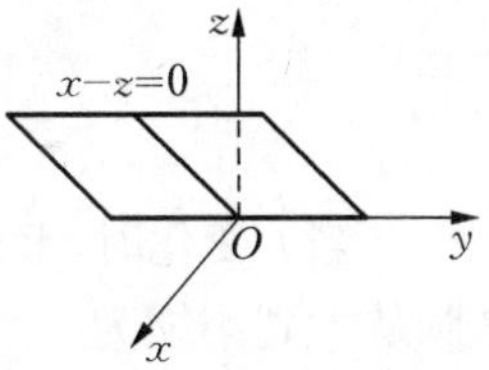

图 6-6-9

四、二次曲面

在空间解析几何中我们把三元二次方程所表示的曲面称为**二次曲面**，把平面称为一次曲面. 下面我们讨论如何从方程出发去研究方程所描述的二次曲面的几何性态.

(1) 截痕法：用坐标面和平行于坐标面的平面与曲面相交，其交线称为截痕，然后通过截痕的变化来研究曲面的立体形状.

(2) 伸缩变形法：设 S 是一个曲面，其方程为 $F(x,y,z)=0$，S' 是将曲面 S 沿 x 轴方向伸缩 λ 倍所得的曲面. 显然，若 $(x,y,z)\in S$，则 $(\lambda x,y,z)\in S'$；若 $(x,y,z)\in S'$，则 $\left(\frac{1}{\lambda}x,y,z\right)\in S$. 因此，对于任意的 $(x,y,z)\in S'$，有 $F\left(\frac{1}{\lambda}x,y,z\right)=0$，即 $F\left(\frac{1}{\lambda}x,y,z\right)=0$ 是曲面 S' 的方程.

1. 椭球面

由方程

$$\frac{x^2}{a^2}+\frac{y^2}{b^2}+\frac{z^2}{c^2}=1(a>0,b>0,c>0) \tag{6-6-4}$$

所表示的曲面称为椭球面，其中 a,b,c 称为椭球面的半轴.

把球面 $x^2+y^2+z^2=a^2$ 沿 z 轴方向伸缩 $\frac{c}{a}$ 倍，得旋转椭球面 $\frac{x^2+y^2}{a^2}+\frac{z^2}{c^2}=1$；再沿 y 轴方向伸缩 $\frac{b}{a}$ 倍，即得椭球面 $\frac{x^2}{a^2}+\frac{y^2}{b^2}+\frac{z^2}{c^2}=1$(如图 6-6-10).

2. 椭圆锥面

由方程 $\frac{x^2}{a^2}+\frac{y^2}{b^2}=z^2$ 所表示的曲面称为椭圆锥面(如图 6-6-11).

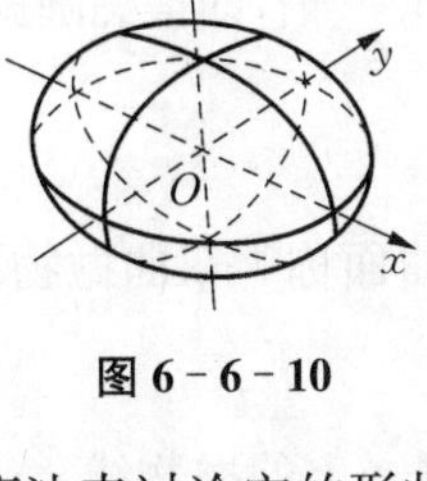

图 6-6-10

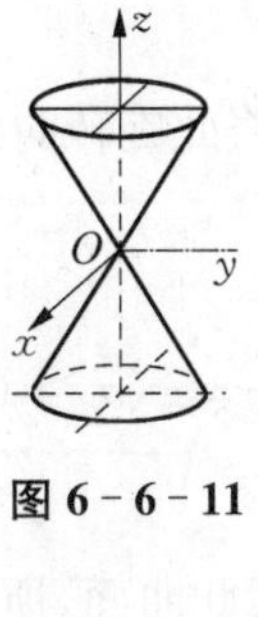

图 6-6-11

首先，我们用截痕法来讨论它的形状.

以垂直于 z 轴的平面 $z=t$ 截此曲面，当 $t=0$ 时，得一点 $(0,0,0)$；当 $t>0$ 时，得平面 $z=t$ 上的椭圆

$$\frac{x^2}{(at)^2}+\frac{y^2}{(bt)^2}=1.$$

当 t 变化时，上式表示一簇长短轴比例不变的椭圆；当 $|t|$ 从大到小变为 0 时，这簇椭圆从大到小缩为一点.

我们再利用伸缩变形法得出椭圆锥面的形状.

把圆锥面 $\frac{x^2+y^2}{a^2}=z^2$ 沿 y 轴方向伸缩 $\frac{b}{a}$ 倍，所得曲面即为椭圆锥面

$$\frac{x^2}{a^2}+\frac{y^2}{b^2}=z^2.$$

3. 单叶双曲面

由方程 $\frac{x^2}{a^2}+\frac{y^2}{b^2}-\frac{z^2}{c^2}=1$ 所表示的曲面称为单叶双曲面.

把坐标面 xOz 上的双曲线 $\frac{x^2}{a^2}-\frac{z^2}{c^2}=1$ 绕 z 轴旋转，得旋转单叶双曲面 $\frac{x^2+y^2}{a^2}-\frac{z^2}{c^2}=1$；再沿 y 轴方向伸缩 $\frac{b}{a}$ 倍，即得单叶双曲面 $\frac{x^2}{a^2}+\frac{y^2}{b^2}-\frac{z^2}{c^2}=1$.

4. 双叶双曲面

由方程 $\frac{x^2}{a^2}-\frac{y^2}{b^2}-\frac{z^2}{c^2}=1$ 所表示的曲面称为双叶双曲面.

把坐标面 xOz 上的双曲线 $\frac{x^2}{a^2}-\frac{z^2}{c^2}=1$ 绕 x 轴旋转，得旋转双叶双曲面 $\frac{x^2}{a^2}-\frac{z^2+y^2}{c^2}=1$；再沿 y 轴方向伸缩 $\frac{b}{a}$ 倍，即得双叶双曲面 $\frac{x^2}{a^2}-\frac{y^2}{b^2}-\frac{z^2}{c^2}=1$.

5. 椭圆抛物面

由方程 $\frac{x^2}{a^2}+\frac{y^2}{b^2}=z$ 所表示的曲面称为椭圆抛物面.

把坐标面 xOz 上的抛物线 $\frac{x^2}{a^2}=z$ 绕 z 轴旋转，所得曲面称为旋转抛物面 $\frac{x^2+y^2}{a^2}=z$（如图 6-6-12），将此旋转曲面再沿 y 轴方向伸缩 $\frac{b}{a}$ 倍，即得椭圆抛物面 $\frac{x^2}{a^2}+\frac{y^2}{b^2}=z$.

6. 双曲抛物面

方程 $\frac{x^2}{a^2}-\frac{y^2}{b^2}=z(a>0,b>0)$ 所表示的曲面称为双曲抛物面.双曲抛物面又称马鞍面.

用平面 $x=t$ 截此曲面，所得截痕 l 为平面 $x=t$ 上的抛物线

$$-\frac{y^2}{b^2}=z-\frac{t^2}{a^2},$$

此抛物线开口朝下，其顶点坐标为 $\left(t,0,\dfrac{t^2}{a^2}\right)$. 当 t 变化时，l 的形状不变，位置只做平移，而 l 的顶点的轨迹 L 为平面 $y=0$ 上的抛物线

$$z=\frac{x^2}{a^2}.$$

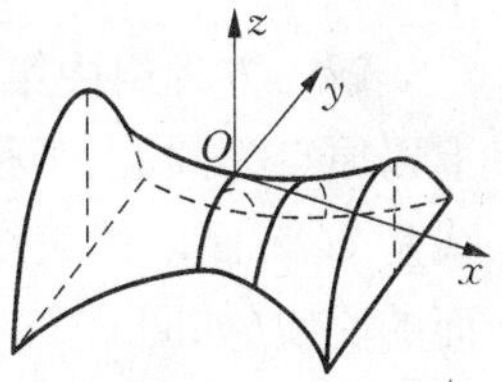

图 6-6-12

因此，以 l 为母线、L 为准线，母线 l 的顶点在准线 L 上滑动，且母线做平行移动，这样得到的曲面便是双曲抛物面(如图 6-6-12).

习题 6.6

1. 求球心在点 $(-1,-3,2)$ 处，且通过点 $(1,-1,1)$ 的球面方程.

2. 求下列旋转曲面的方程.

(1) $\begin{cases}\dfrac{x^2}{3}+\dfrac{z^2}{4}=1\\ y=0\end{cases}$ 绕 x 轴及 z 轴旋转.

(2) $\begin{cases}x^2-y^2=1\\ z=0\end{cases}$ 绕 x 轴及 y 轴旋转.

3. 指出下列方程所表示的曲面的名称：

(1) $x^2+2y^2+z^2=1$；　　(2) $x^2+y^2=4z$；

(3) $x^2-y^2=0$；　　(4) $x^2-y^2=1$；

(5) $\dfrac{x^2}{4}+\dfrac{y^2}{9}+\dfrac{z^2}{16}=1$；　　(6) $\dfrac{x^2}{4}+\dfrac{y^2}{9}=1$.

§6.7　空间曲线及其方程

一、空间曲线的一般方程

空间直线可以看作两平面的交线，类似地，空间曲线可以看作两个曲面的交线.

设

$$F(x,y,z)=0 \text{ 和 } G(x,y,z)=0$$

是两个曲面方程，它们的交线为 C (如图 6-7-1)，那么曲线 C 上的任意点的坐标应同时满足这两个曲面的方程，即满足方程组

$$\begin{cases}F(x,y,z)=0\\ G(x,y,z)=0\end{cases}. \qquad (6-7-1)$$

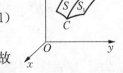

图 6-7-1

反之，如果点 M 不在曲线 C 上，那么它不可能同时在两个曲面上，故点 M 的坐标不满足方程组(6-7-1). 因此，曲线 C 可以用上述方程组

(6-7-1)来表示.方程组(6-7-1)称为空间曲线 C 的一般方程.

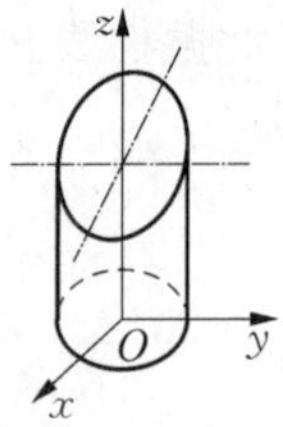

图 6-7-2

例 6-7-1 方程组 $\begin{cases}x^2+y^2=4\\x+2z=6\end{cases}$ 表示怎样的曲线?

解 方程组中第一个方程表示母线平行于 z 轴的圆柱面,准线为 xOy 面上以原点为圆心、半径为 2 的圆.第二个方程表示母线平行于 y 轴的柱面,准线是 zOx 面上的直线,因此,它是一个平面.所给方程组表示上述平面与圆柱面的交线(如图 6-7-2).

例 6-7-2 方程组 $\begin{cases}z=\sqrt{a^2-x^2-y^2}\\\left(x-\dfrac{a}{2}\right)^2+y^2=\left(\dfrac{a}{2}\right)^2\end{cases}$(其中 $a>0$)表示怎样的曲线?

解 方程组中第一个方程表示球心在坐标原点 O、半径为 a 的上半球面.第二个方程表示母线平行于 z 轴的圆柱面,准线是 xOy 面上的圆,此圆的圆心在点 $\left(\dfrac{a}{2},0\right)$,半径为 $\dfrac{a}{2}$,方程组表示上述半球面与圆柱面的交线(如图 6-7-3).

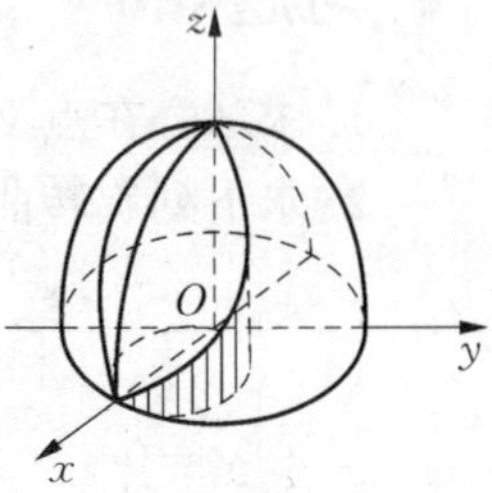

图 6-7-3

二、空间曲线的参数方程

空间曲线 C 的方程除了一般方程之外,也可以用参数形式表示,只要将曲线 C 上动点的坐标 x,y,z 表示为参数 t 的函数:

$$\begin{cases}x=x(t)\\y=y(t)\\z=z(t)\end{cases}. \qquad (6-7-2)$$

当给定 t 的值时,就得到 C 上的一个点;随着 t 的变动,可以得到曲线 C 上的全部点.方程组(6-7-2)称为**空间曲线的参数方程**.

例 6-7-3 若空间一点 $M(x,y,z)$ 在圆柱 $x^2+y^2=a^2$ 上以角速度 ω 绕 z 轴旋转,同时又以线速度 ν 沿平行于 z 轴的正方向上升(其中 ω,ν 都是常数),那么点 M 的轨迹称为螺旋线(如图 6-7-4),试建立其参数方程.

解 取时间 t 为参数.设当 $t=0$ 时,动点位于 x 轴上的一点 $A(a,0,0)$ 处.经过时间 t,动点由 A 运动到 $M(x,y,z)$(如图 6-7-4).记 M 在 xOy 面上的投影为 M',点 M' 的坐标为 $(x,y,0)$.因为动点在圆柱面上以角速度 ω 绕 z 轴旋转,所以 $\angle AOM'=\omega t$,从而

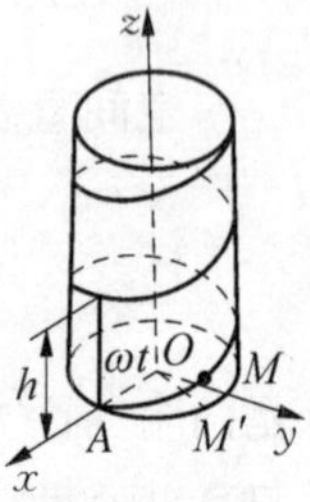

图 6-7-4

$$\begin{cases}x=|OM'|\cos\angle AOM'=a\cos\omega t\\y=|OM'|\sin\angle AOM'=a\sin\omega t\end{cases}.$$

由于动点同时以线速度 ν 沿平行于 z 轴的正方向上升,所以

$$z=|MM'|=\nu t,$$

因此,螺旋线的参数方程为

$$\begin{cases}x=a\cos\omega t\\ y=a\sin\omega t\\ z=\nu t\end{cases}.$$

也可以用其他变量作为参数.例如,令 $\theta=\omega t$,则螺旋线的参数方程可写为

$$\begin{cases}x=a\cos\theta\\ y=a\sin\theta\\ z=b\theta\end{cases},$$

其中 $b=\dfrac{\nu}{\omega}$,而参数为 θ.

螺旋线是实践中常用的曲线.例如,平头螺丝钉的外缘曲线就是螺旋线.螺旋线有一个重要性质:当 θ 从 θ_0 变到 $\theta_0+\alpha$ 时,z 由 $b\theta_0$ 变到 $b\theta_0+b\alpha$. 这说明当 OM' 转过角 α 时,点 M 沿螺旋线上升到了高度 $b\alpha$,即上升的高度与 OM' 转过的角度成正比.特别地,当 OM' 转过一周,即 $\alpha=2\pi$ 时,点 M 就上升固定的高度 $h=2\pi b$. 这个高度 h 称为螺距.

三、空间曲线在坐标面上的投影

设空间曲线 C 的一般方程为

$$\begin{cases}F(x,y,z)=0\\ G(x,y,z)=0\end{cases}. \tag{6-7-3}$$

在方程组(6-7-3)中消去变量 z,得方程

$$H(x,y)=0. \tag{6-7-4}$$

这是母线平行于 z 轴的柱面.因此,当 x,y,z 满足方程组(6-7-3)时,必有 x,y 满足方程(6-7-4),这说明曲线 C 上的所有点都在柱面 $H(x,y)=0$ 上.

一般地,把以曲线 C 为准线、母线平行于 z 轴的柱面称为曲线 C 关于坐标平面 xOy 的投影柱面,而投影柱面与坐标平面 xOy 的交线称为空间曲线 C 在坐标平面 xOy 上的投影曲线或简称投影.因此,方程

$$\begin{cases}H(x,y)=0\\ z=0\end{cases}$$

表示曲线 C 在坐标平面 xOy 上的投影曲线.

类似地,可以定义曲线 C 在其他坐标面上的投影.消去方程组(6-7-3)中的变量 x 或变量 y,即可得到曲线 C 关于坐标平面 yOz 和 zOx 的投影柱面的方程:

$$R(y,z)=0 \quad 和 \quad T(x,z)=0.$$

再分别和 $x=0$ 或 $y=0$ 联立,即可得到曲线 C 在坐标平面 yOz 和 zOx 的投影曲线的方程:

$$\begin{cases}R(y,z)=0\\ x=0\end{cases} \quad 和 \quad \begin{cases}T(x,z)=0\\ y=0\end{cases}.$$

例 6-7-4 求曲线 $C:\begin{cases}x^2+y^2+z^2=1\\x^2+(y-1)^2+(z-1)^2=1\end{cases}$ 在 xOy 上的投影曲线.

解 曲线 C 是两球面的交线,因此,要由两个方程消去变量 z.先将方程

$$x^2+(y-1)^2+(z-1)^2=1$$

化为

$$x^2+y^2+z^2-2y-2z=-1,$$

然后与方程 $x^2+y^2+z^2=1$ 相减得

$$y+z=1.$$

将 $z=1-y$ 代入 $x^2+y^2+z^2=1$ 得

$$x^2+2y^2-2y=0.$$

这就是曲线 C 在 xOy 面上的投影柱面方程.

因此,两球面的交线 C 在坐标平面 xOy 上的投影曲线方程为

$$\begin{cases}x^2+2y^2-2y=0\\z=0\end{cases},$$

它表示的是 xOy 面上的椭圆.

习题 6.7

1. 画出下列曲线的图形.

(1) $\begin{cases}x^2+y^2+z^2=16\\z=3\end{cases}$; (2) $\begin{cases}x^2+y^2=1\\x=1\end{cases}$; (3) $\begin{cases}x=1\\y=2\end{cases}$.

2. 求旋转抛物面 $z=x^2+y^2(0\leqslant z\leqslant 4)$ 在坐标平面上的投影.

3. 求曲线 $\begin{cases}z=2-x^2-y^2\\z=(x-1)^2+(y-1)^2\end{cases}$ 在 xOy 面上的投影曲线的方程.

4. 求螺旋线 $\begin{cases}x=a\cos\theta\\y=a\sin\theta\\z=b\theta\end{cases}$ 在三个坐标面上的投影曲线的直角坐标方程.

本章小结

本章主要介绍了空间解析几何与向量代数:

1. 直角坐标系

理解空间直角坐标系,并掌握向量的概念及其表示.

2. 向量的运算

(1) 向量的线性运算;

(2) 向量的坐标分解式；
(3) 向量的模和方向余弦；
(4) 向量的投影.

3. 向量的数量积与向量积

(1) 向量的数量积、向量积的坐标表达式：
设 $\boldsymbol{a}=a_x\boldsymbol{i}+a_y\boldsymbol{j}+a_z\boldsymbol{k}$，$\boldsymbol{b}=b_x\boldsymbol{i}+b_y\boldsymbol{j}+b_z\boldsymbol{k}$，则

$$\boldsymbol{a}\cdot\boldsymbol{b}=a_xb_x+a_yb_y+a_zb_z,$$

$$\begin{aligned}\boldsymbol{a}\times\boldsymbol{b}&=\begin{vmatrix}\boldsymbol{i}&\boldsymbol{j}&\boldsymbol{k}\\a_x&a_y&a_z\\b_x&b_y&b_z\end{vmatrix}=\begin{vmatrix}a_y&a_z\\b_y&b_z\end{vmatrix}\boldsymbol{i}-\begin{vmatrix}a_x&a_z\\b_x&b_z\end{vmatrix}\boldsymbol{j}+\begin{vmatrix}a_x&a_y\\b_x&b_y\end{vmatrix}\boldsymbol{k}\\&=(a_yb_z-a_zb_y)\boldsymbol{i}+(a_zb_x-a_xb_z)\boldsymbol{j}+(a_xb_y-a_yb_x)\boldsymbol{k}.\end{aligned}$$

(2) 向量的位置关系：
设 $\boldsymbol{a}$，$\boldsymbol{b}$ 为两个非零向量.
如果 $\boldsymbol{a}\cdot\boldsymbol{b}=0$，则 $\boldsymbol{a}\perp\boldsymbol{b}$；反之，如果 $\boldsymbol{a}\perp\boldsymbol{b}$，则 $\boldsymbol{a}\cdot\boldsymbol{b}=0$.
如果 $\boldsymbol{a}\times\boldsymbol{b}=\boldsymbol{0}$，则 $\boldsymbol{a}\parallel\boldsymbol{b}$；反之，如果 $\boldsymbol{a}\parallel\boldsymbol{b}$，则 $\boldsymbol{a}\times\boldsymbol{b}=\boldsymbol{0}$.

4. 平面及其方程

(1) 平面的点法式方程：$A(x-x_0)+B(y-y_0)+C(z-z_0)=0$；
(2) 平面的一般方程：$Ax+By+Cz+D=0$；
(3) 两平面的夹角：$\cos\theta=\dfrac{|A_1A_2+B_1B_2+C_1C_2|}{\sqrt{A_1^2+B_1^2+C_1^2}\cdot\sqrt{A_2^2+B_2^2+C_2^2}}$；
(4) 两平面之间的位置关系：
平面 π_1 和 π_2 互相垂直的充分必要条件是 $A_1A_2+B_1B_2+C_1C_2=0$，
平面 π_1 和 π_2 平行的充分必要条件是 $\dfrac{A_1}{A_2}=\dfrac{B_1}{B_2}=\dfrac{C_1}{C_2}$；
(5) 点到平面的距离：$d=\dfrac{|Ax_0+By_0+Cz_0+D|}{\sqrt{A^2+B^2+C^2}}$.

5. 空间直线及其方程

(1) 空间直线的一般方程：$\begin{cases}A_1x+B_1y+C_1z+D_1=0\\A_2x+B_2y+C_2z+D_2=0\end{cases}$；
(2) 空间直线的对称式方程与参数方程：

$$\frac{x-x_0}{m}=\frac{y-y_0}{n}=\frac{z-z_0}{p},$$

$$\begin{cases}x=x_0+mt\\y=y_0+nt\\z=z_0+pt\end{cases};$$

(3) 两直线的夹角：$\cos\varphi = |\cos(\widehat{\boldsymbol{s}_1, \boldsymbol{s}_2})| = \dfrac{|m_1m_2 + n_1n_2 + p_1p_2|}{\sqrt{m_1^2 + n_1^2 + p_1^2} \cdot \sqrt{m_2^2 + n_2^2 + p_2^2}}$；

(4) 两直线的位置关系：

两直线 L_1 和 L_2 互相垂直的充分必要条件是：$m_1m_2 + n_1n_2 + p_1p_2 = 0$；

两直线 L_1 和 L_2 互相平行或重合的充分必要条件是：$\dfrac{m_1}{m_2} = \dfrac{n_1}{n_2} = \dfrac{p_1}{p_2}$；

(5) 直线与平面的夹角：$\sin\alpha = \dfrac{|Am + Bn + Cp|}{\sqrt{A^2 + B^2 + C^2} \cdot \sqrt{m^2 + n^2 + p^2}}$；

(6) 直线与平面的位置关系：

直线与平面垂直的充分必要条件为：$\dfrac{A}{m} = \dfrac{B}{n} = \dfrac{C}{p}$，

直线与平面平行或直线在平面上的充分必要条件为：$Am + Bn + Cp = 0$；

(7) 点到直线的距离：$d = \dfrac{|\overrightarrow{MM_0} \times \boldsymbol{s}|}{|\boldsymbol{s}|}$.

6. 曲面及其方程

(1) 曲面方程的概念：$F(x, y, z) = 0$；

(2) 旋转曲面：

设坐标面 yOz 上一已知曲线 C：$f(y, z) = 0$，

曲线 C 绕 z 轴旋转所成的旋转曲面的方程为 $f(\pm\sqrt{x^2 + y^2}, z) = 0$，

曲线 C 绕 y 轴旋转所成的旋转曲面的方程为 $f(y, \pm\sqrt{x^2 + z^2}) = 0$；

(3) 柱面；

(4) 二次曲面.

7. 空间曲线及其方程

(1) 空间曲线的一般方程：$\begin{cases} F(x, y, z) = 0 \\ G(x, y, z) = 0 \end{cases}$；

(2) 空间曲线的参数方程：$\begin{cases} x = x(t) \\ y = y(t) \\ z = z(t) \end{cases}$；

(3) 空间曲线在坐标面上的投影：

方程 $\begin{cases} H(x, y) = 0 \\ z = 0 \end{cases}$ 表示曲线 C：$\begin{cases} F(x, y, z) = 0 \\ G(x, y, z) = 0 \end{cases}$ 在坐标平面 xOy 上的投影曲线.

复习题六

一、填空题

1. 已知向量 $\boldsymbol{a} = (1, 0, -1)$，$\boldsymbol{b} = (1, -2, 1)$，则 $\boldsymbol{a} + \boldsymbol{b}$ 与 $\boldsymbol{a}$ 的夹角为________.

2. 已知 $\boldsymbol{a}, \boldsymbol{b}$ 均为单位向量，且 $\boldsymbol{a} \cdot \boldsymbol{b} = \dfrac{1}{2}$，则以向量 $\boldsymbol{a}, \boldsymbol{b}$ 为邻边的平行四边形的面积

为________.

3. 已知向量 $\boldsymbol{a}$ 与各坐标轴成相等的锐角，若 $|\boldsymbol{a}|=2\sqrt{3}$，则 $\boldsymbol{a}=$________.

4. 设有三个非零向量 $\boldsymbol{a},\boldsymbol{b},\boldsymbol{c}$，若 $\boldsymbol{a}\cdot\boldsymbol{b}=0,\boldsymbol{a}\times\boldsymbol{c}=\boldsymbol{0}$，则 $\boldsymbol{b}\cdot\boldsymbol{c}=$________.

5. 向量 $\boldsymbol{b}=(1,1,4)$ 在向量 $\boldsymbol{a}=(2,-2,1)$ 上的投影等于________.

6. 若 $|\boldsymbol{a}|=1$，$|\boldsymbol{b}|=4$，$\boldsymbol{a}\cdot\boldsymbol{b}=2$，则 $|\boldsymbol{a}\times\boldsymbol{b}|=$________.

7. 设向量 $\boldsymbol{a},\boldsymbol{b}$ 互相垂直，且 $|\boldsymbol{a}|=3$，$|\boldsymbol{b}|=2$，则 $|\boldsymbol{a}+2\boldsymbol{b}|=$________.

8. 直线 $l:\dfrac{x+2}{3}=\dfrac{2-y}{1}=\dfrac{z+1}{2}$ 与平面 $\pi:2x+3y+3z-8=0$ 的交点是________.

9. 过直线 $\begin{cases}4x-y+z=1\\x+5y-z=-2\end{cases}$ 且与 x 轴平行的平面方程为________________.

10. 已知一动点 $M(x,y,z)$ 到 xOy 平面的距离与点 M 到点 $(1,-1,2)$ 的距离相等，则点 M 的轨迹方程为________________.

二、选择题

1. 在空间直角坐标系中，点 $P(-4,-2,3)$ 位于(　　).

A. 第Ⅴ卦限　　B. 第Ⅳ卦限

C. 第Ⅱ卦限　　D. 第Ⅲ卦限

2. 已知两点 $P_1(0,-2,1)$ 和 $P_2(-\sqrt{2},-1,1)$，则 $|\overrightarrow{P_1P_2}|=$(　　).

A. 0　　B. 2　　C. $\sqrt{3}$　　D. 3

3. 已知 $|\boldsymbol{a}|=1,\boldsymbol{a}\perp\boldsymbol{b}$，则 $\boldsymbol{a}\cdot(\boldsymbol{a}+\boldsymbol{b})=$(　　).

A. 0　　B. 1　　C. 2　　D. 3

4. 设 $|\boldsymbol{a}|=2$，$|\boldsymbol{b}|=\sqrt{2}$，且 $\boldsymbol{a}\cdot\boldsymbol{b}=2$，则 $|\boldsymbol{a}\times\boldsymbol{b}|=$(　　).

A. 3　　B. 1　　C. 2　　D. 4

5. 在空间坐标系下，下列为平面方程的是(　　).

A. $y^2=x$　　B. $\begin{cases}x+y+z=0\\x+2y+z=1\end{cases}$

C. $\dfrac{x+2}{2}=\dfrac{y+4}{7}=\dfrac{z}{-3}$　　D. $3x+4z=0$

6. 与平面 $x+y+z=1$ 垂直的直线方程为(　　).

A. $\begin{cases}x+y+z=1\\x+2y+z=0\end{cases}$　　B. $\dfrac{x+2}{2}=\dfrac{y+4}{1}=\dfrac{z}{-3}$

C. $2x+2y+2z=5$　　D. $x-1=y-2=z-3$

7. 过坐标原点且垂直于平面 $x-3y+2z+5=0$ 的直线方程为(　　).

A. $\dfrac{x}{1}=\dfrac{y}{3}=\dfrac{z}{-2}$　　B. $\dfrac{x-1}{1}=\dfrac{y+3}{3}=\dfrac{z-2}{-2}$

C. $\dfrac{x}{1}=\dfrac{y}{-3}=\dfrac{z}{2}$　　D. $\dfrac{x-1}{1}=\dfrac{y-3}{-3}=\dfrac{z-2}{2}$

8. 平面 $x+2y-z+3=0$ 与空间直线 $\dfrac{x-1}{3}=\dfrac{y+1}{-1}=\dfrac{z-2}{1}$ 的位置关系是(　　).

A. 互相垂直　　B. 不平行也不垂直

C. 平行但直线不在平面上　　D. 直线在平面上

9. 点 $(1,2,1)$ 到平面 $x+2y+2z-13=0$ 的距离是(　　).

A. 2　　B. 4　　C. 5　　D. 3

10. 球面 $x^2+y^2+z^2=9$ 与平面 $x+z=1$ 的交线在 xOy 平面上的投影方程是(　　).

A. $\begin{cases}x^2+y^2+(1-x)^2=9\\x+z=1\end{cases}$　　B. $\begin{cases}x^2+y^2+(1-x)^2=9\\z=0\end{cases}$

C. $x^2+y^2+(1-x)^2=9$　　D. $x^2+y^2=9$

三、求下列平面方程

1. 求过点 $A(1,2,3)$ 且垂直于直线 $\begin{cases}x+y+z+2=0\\2x-y+z+1=0\end{cases}$ 的平面方程.

2. 求通过 x 轴与直线 $\dfrac{x}{2}=\dfrac{y}{3}=\dfrac{z}{1}$ 的平面方程.

3. 求通过直线 $\dfrac{x}{3}=\dfrac{y-1}{2}=\dfrac{z-2}{1}$ 且垂直于平面 $x+y+z+2=0$ 的平面方程.

4. 求过点 $A(3,1,-2)$ 且通过直线 $\dfrac{x-4}{5}=\dfrac{y+3}{2}=\dfrac{z}{1}$ 的平面方程.

四、求下列直线方程

1. 已知平面 π 通过点 $M(1,2,3)$ 与 x 轴,求通过点 $N(1,1,1)$ 且与平面 π 平行,又与 x 轴垂直的直线的方程.

2. 求通过点 $(3,4,-1)$ 且与直线 $\begin{cases}x=3+t\\y=t\\z=1-2t\end{cases}$ 平行的直线.

3. 设平面 π 经过点 $A(2,0,0)$,$B(0,3,0)$,$C(0,0,5)$,求经过点 $P(1,2,1)$ 且与平面 π 垂直的直线方程.

4. 求过点 $M(3,1,-2)$ 且与两平面 $x-y+z-7=0$,$4x-3y+z-6=0$ 都平行的直线方程.

五、求下列距离

1. 求空间两点 $M_1(-1,1,-2)$,$M_2(-3,4,2)$ 之间的距离.

2. 设有两点 $A(-7,2,-1)$ 和 $B(3,4,10)$,平面 π 过点 B 且垂直于直线 AB,求平面 π 的方程及点 A 到此平面的距离 d.

3. 求点 $A(0,-1,1)$ 到直线 $\begin{cases}y+1=0\\x+2z-7=0\end{cases}$ 的距离.

4. 求直线 $\dfrac{x-5}{-4}=\dfrac{y-1}{1}=\dfrac{z-2}{1}$ 与直线 $\dfrac{x}{2}=\dfrac{y}{2}=\dfrac{z-8}{-3}$ 之间的距离.

阅读材料

空间解析几何

没有任何东西比几何更容易印入脑际了，因此，用这种方式来表达事物是非常有益的.

——笛卡尔

算数符号是文字化的图形，而几何图形则是图像化的公式；没有一个数学家能缺少这些图像化的公式.

——希尔伯特

(解析几何)远远超出了笛卡尔的任何形而上学的推测，它使笛卡尔的名字不朽，它构成了人类在精确科学的进步史上曾迈出的最伟大的一步.

——约翰·斯图尔特·米尔

古希腊的科学结束于阿基米德之死.罗马士兵一刀杀死了这位科学巨人，宣布了一个时代的结束.之后，科学沉寂了近千年，随后出现了文艺复兴.文艺复兴实际上是数学复兴.17 世纪前叶，在数学中产生了一个全新的分支，叫作解析几何.它的创始人是费马和笛卡尔.费马是法国土鲁兹城的市议会的顾问，他只是业余研究数学，但毫无疑问，他是世界上最卓越的数学家之一.笛卡尔是近代杰出的哲学家，是第一流的物理学家，更是第一流的数学家.解析几何的主要创立者应首推笛卡尔.他的《几何学》发表在 1637 年，包含着我们现在叫作解析几何的数学理论的非常完整的叙述.

笛卡尔和费马都对欧氏几何的局限性表示不满：古代的几何过于抽象，过多地依赖于图形.他们对代数也提出了批评，因为代数过于受法则和公式的约束，成为一种阻碍思想的技艺，而不是有益于发展思想的艺术.同时，他们都认识到几何学提供了有关真实世界的知识和真理，而代数学能用来对抽象的未知量进行推理，代数学是一门潜在的方法科学.因此，把代数学和几何学中一切精华的东西结合起来，可以取长补短.这样一来，一门新的科学诞生了.笛卡尔的理论以两个概念为基础：坐标概念和利用坐标方法把两个未知数的任意代数方程看成平面上的一条曲线的概念.因此，解析几何是这样的一个数学学科，它在采用坐标法的同时，运用代数方法来研究几何对象.

解析几何的伟大意义表现在什么地方呢？

(1) 数学的研究方向发生了一次重大转折：古代以几何为主导的数学转变为以代数和分析为主导的数学.

(2) 以常量为主导的数学转变为以变量为主导的教学，为微积分的诞生奠定了基础.

(3) 使代数和几何融合为一体，实现了几何图形的数字化，是数字化时代的先声.

(4) 代数的几何化和几何的代数化，使人们摆脱了现实的束缚，它带来了认识新空间的需要，帮助人们从现实空间进入虚拟空间，从三维空间进入更高维的空间.

解析几何中的代数语言具有意想不到的作用，因为它不需要从几何角度考虑.考虑方程

$$x^2+y^2=25,$$

我们知道，它是一个圆.圆的完美形状、对称性、无终点等都存在哪里呢？在方程之中！例如，(x,y)与$(x,-y)$对称，等等.代数取代了几何，思想取代了眼睛！在这个代数方程的性质中，我们能够找出几何中圆的所有性质.这个事实使得数学家们通过几何图形的代数表示，能够探索出更深层次的概念，那就是四维几何.我们为什么不能考虑下述方程呢？

$$x^2+y^2+z^2+w^2=25,$$

以及形如

$$x_1^2+x_2^2+\cdots+x_n^2=25$$

的方程呢？这是一个伟大的进步.仅仅靠类比，就从三维空间进入高维空间，从有形进入无形，从现实世界走向虚拟世界.这是何等奇妙的事情啊！用宋代著名哲学家程颢的诗句可以准确地描述这一过程：

道通天地有形外，思入风云变态中.

平面解析几何是通过建立平面坐标系，使平面上的曲线与有两个未知数的代数方程之间建立了联系，然后利用代数方法研究平面曲线的性质.空间解析几何在方法上与平面解析几何一样，通过引进空间坐标系，建立空间曲面与三个未知数的代数方程之间的联系，并由此利用代数方法研究空间曲面的性质.

——摘自《数学的思想、方法和应用》P102 - 103

第 7 章

多元函数微积分学

学习目标

1. 了解多元函数、偏导数和全微分的概念.掌握偏导数、全微分的计算方法.
2. 了解二重积分的概念、性质和几何意义,掌握直角坐标系下二重积分的计算方法.

在本章之前,我们研究了仅依赖于一个自变量的函数——一元函数,由于客观上许多事情是受多种因素制约的,反映在数学关系上,就是要研究依赖于多个自变量的函数,即多元函数.本章介绍多元函数的基本概念及微积分学,其内容和方法与一元函数几乎类似,但由于其自变量的增加,研究起来较为复杂,学习的时候要注意两者的区别.

§7.1 多元函数的基本概念

一、预备知识——平面区域的相关概念

由于平面 xOy 内的点和有序实数对 (x,y) 是一一对应的,故接下来我们先研究 $\mathbf{R}^2$ 中邻域的相关概念,由此引入平面区域的相关概念.

定义 7-1-1 设 $P_0(x_0,y_0)$ 是 xOy 平面上的一点, $\delta>0$, 到点 $P_0(x_0,y_0)$ 的距离小于 δ 的点 $P(x,y)$ 的集合,称为点 $P_0(x_0,y_0)$ 的 δ 邻域,记作 $U(P_0,\delta)$, 即

$$U(P_0,\delta)=\{P \mid |PP_0|<\delta\}=\left\{(x,y)\,\middle|\,\sqrt{(x-x_0)^2+(y-y_0)^2}<\delta\right\}.$$

若在 $U(P_0,\delta)$ 中去掉点 P_0, 则该集合称为点 P_0 的去心邻域,记为 $\mathring{U}(P_0,\delta)$, 即

$$\begin{aligned}\mathring{U}(P_0,\delta)&=\{P \mid 0<|PP_0|<\delta\}\\&=\left\{(x,y)\,\middle|\,0<\sqrt{(x-x_0)^2+(y-y_0)^2}<\delta\right\}.\end{aligned}$$

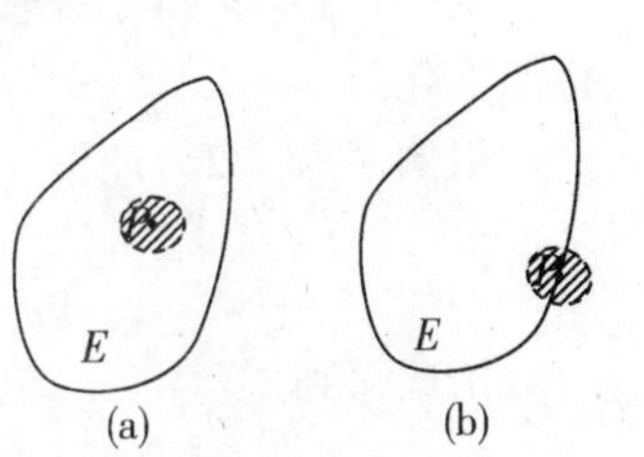

图 7-1-1

设 P 是 xOy 平面上的一点, E 是平面点集,点 P 与 E 的关系主要有以下三种情形:

(1) 存在点 P 的一个邻域 $U(P,\delta)$, 使 $U(P,\delta)\subset E$, 则称点 P 为 E 的内点(如图 7-1-1(a)).

(2) 存在点 P 的一个邻域 $U(P,\delta)$，使 $U(P,\delta)\cap E=\varnothing$，则称点 P 为 E 的**外点**.

(3) 点 P 的任何一个邻域 $U(P,\delta)$ 内，既有属于 E 的点又有不属于 E 的点，则称点 P 为 E 的**边界点**(如图 7-1-1(b)).E 的边界点的全体，称为 E 的**边界**，记为 ∂E.

例如，集合 $E_1=\{(x,y)\mid 1<x^2+y^2\leqslant 4\}$ 的内点是圆 $x^2+y^2=1$ 外、圆 $x^2+y^2=4$ 内的点，即圆环内的点；外点是圆 $x^2+y^2=4$ 外的点；边界是圆周 $x^2+y^2=1$ 和 $x^2+y^2=4$ 上的点.

如果 E 中每一个点都是内点，则称 E 为**开集**.开集连同其边界构成**闭集**.例如，$D_1=\{(x,y)\mid 1<x^2+y^2<4\}$ 为开集，$D_2=\{(x,y)\mid 1\leqslant x^2+y^2\leqslant 4\}$ 为闭集.

设 D 是开集，如果对于 D 内的任意两点，都可以用一条完全包含在 D 中的折线连接起来，则称 D 是**连通**的.连通的开集称为**区域**或**开区域**.开区域连同它的边界一起称为**闭区域**.

例如，$D_3=\{(x,y)\mid x^2+y^2<1\}$ 是开区域，而 $D_4=\{(x,y)\mid x^2+y^2\leqslant 1\}$ 是闭区域.

如果存在正数 r，使某区域 E 包含于以原点为中心以 r 为半径的圆内，则称 E 是**有界区域**，否则称 E 为**无界区域**.

例如，$\{(x,y)\mid 1<x^2+y^2<4\}$是有界开区域(如图 7-1-2)；$\{(x,y)\mid x+y>0\}$是无界开区域(如图 7-1-3)，它是以直线 $x+y=0$ 为界的上半平面，不包括直线 $x+y=0$.

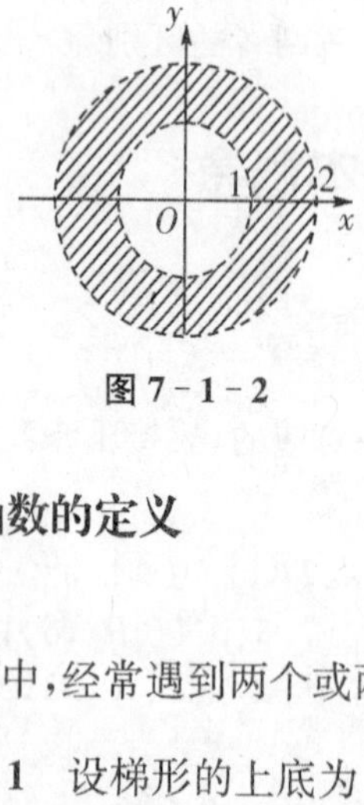

图 7-1-2

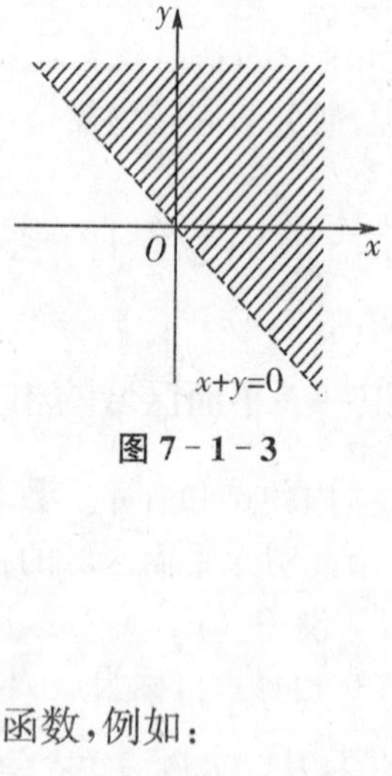

图 7-1-3

二、二元函数的定义

1. 引例

在实际问题中，经常遇到两个或两个以上变量的函数，例如：

引例 7-1-1 设梯形的上底为 a，下底为 b，高为 h，则梯形的面积 $S=\dfrac{1}{2}(a+b)h$.

其中，当 a,b 和 h 每取定一组值时，就有一确定的面积值 S，即 S 依赖于 a,b 和 h 的变化而变化.

引例 7-1-2 理想气体的压强 p、体积 V 和绝对温度 T 之间有状态方程

$$pV=RT(R\text{ 是常数}).$$

由此得到

$$V=\frac{RT}{p},$$

其中 p,T 是自变量，当 p,T 在一定范围取定一对数值时，V 就有一确定的值与其对应，因此 V 是 p,T 的二元函数.

引例 7-1-1 是三元函数，引例 7-1-2 是二元函数.

2. 二元函数的定义

定义 7-1-2　设 D 是平面上的一个非空点集，如果对于 D 内的任一点 (x,y)，按照某映射法则 f，总有唯一确定的值与之对应，则称 z 是变量 x,y 的**二元函数**，记为 $z=f(x,y)$，其中 x,y 称为**自变量**，z 称为**因变量**，点集 D 称为该函数的**定义域**，数集 $\{z\mid z=f(x,y),(x,y)\in D\}$ 称为该函数的**值域**.

类似地，可定义三元及三元以上函数. 当 $n\geqslant 2$ 时，n 元函数统称为**多元函数**.

例 7-1-1　求二元函数 $z=\ln(y-x)+\sqrt{9-x^2-y^2}$ 的定义域.

解　由题目知，函数的定义域为满足

$$y>x \text{ 且 } x^2+y^2\leqslant 9$$

的 x,y，即定义域为

$$D=\{(x,y)\mid y>x \text{ 且 } x^2+y^2\leqslant 9\}.$$

例 7-1-2　设函数 $f(x,y)=x^2-2xy+2y^2$，求：

(1) $f\left(\frac{1}{x},\frac{2}{y}\right)$；　　(2) $f\left(\frac{x}{y},\sqrt{x}\right)$.

解　(1) 因为　$f(x,y)=x^2-2xy+2y^2$，

所以　$f(u,v)=u^2-2uv+2v^2$.

令 $u=\frac{1}{x},v=\frac{2}{y}$，于是有

$$f\left(\frac{1}{x},\frac{2}{y}\right)=\left(\frac{1}{x}\right)^2-2\cdot\frac{1}{x}\cdot\frac{2}{y}+2\left(\frac{2}{y}\right)^2=\frac{1}{x^2}-\frac{4}{xy}+\frac{8}{y^2}.$$

(2) 由(1)知 $f(u,v)=u^2-2uv+2v^2$.

令 $u=\frac{x}{y},v=\sqrt{x}$，于是有

$$f\left(\frac{x}{y},\sqrt{x}\right)=\left(\frac{x}{y}\right)^2-2\cdot\frac{x}{y}\cdot\sqrt{x}+2(\sqrt{x})^2=\frac{x^2}{y^2}-2\frac{x\sqrt{x}}{y}+2x.$$

3. 二元函数的几何意义

设函数 $z=f(x,y)$ 的定义域是 xOy 平面内的一个点集 D，对于 D 上每一点 $P(x,y)$，对应的函数值为 $z=f(x,y)$. 在空间直角坐标系下，以 x 为横坐标，y 为纵坐标，$z=f(x,y)$ 为竖坐标，确定一个点 $M(x,y,z)$. 当点 $P(x,y)$ 在 D 上变动时，点 $M(x,y,z)$ 相应地在空间变动，其轨迹是一张曲面(如图 7-1-4).

例如，函数 $z=1-x-y$ 的图形是一个平面（如图 7-1-5），该平面过 $(1,0,0)$，$(0,1,0)$ 和 $(0,0,1)$ 三点，它在 xOy 坐标面上的投影是其定义域.

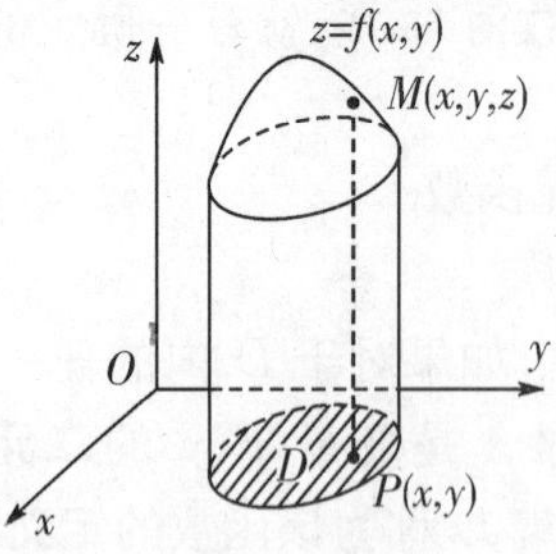

图 7-1-4

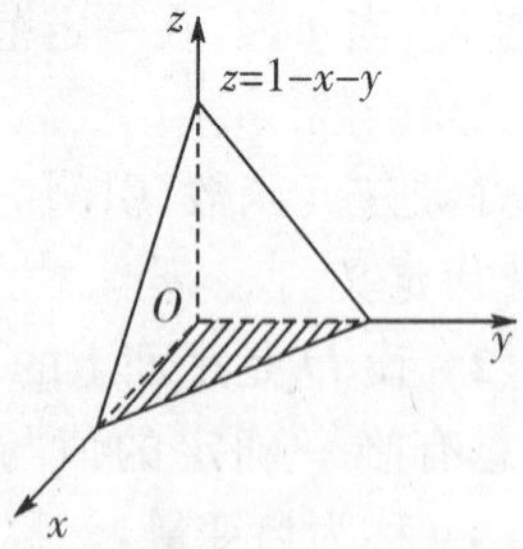

图 7-1-5

三、二元函数的极限

定义 7-1-3 设二元函数 $z=f(x,y)$ 在点 $P_0(x_0,y_0)$ 的某邻域内有定义，在该邻域内，当点 $P(x,y)$ 沿任意方式趋于点 $P_0(x_0,y_0)$ 时，如果函数值 $f(x,y)$ 无限接近于一个确定的常数 A，则称 A 是函数 $z=f(x,y)$ 当 $(x,y)\to(x_0,y_0)$ 时的极限，称为**二重极限**，记作

$$\lim_{(x,y)\to(x_0,y_0)} f(x,y)=A$$

或

$$\lim_{P\to P_0} f(P)=A.$$

需要注意的是，二重极限存在，是指点 $P(x,y)$ 在某邻域内沿任意方式趋于点 $P_0(x_0,y_0)$ 时，函数值都无限接近于常数 A. 因此，要判断二重极限不存在，只需要找两条特殊路径，当点 $P(x,y)$ 沿这两条特殊路径趋于点 $P_0(x_0,y_0)$ 时，函数趋近于不同的值，就可以判断二重极限不存在.

如果点 $P(x,y)$ 沿着某条直线或曲线趋近于点 $P_0(x_0,y_0)$ 时，即使函数无限接近于某一确定值，也不能断定函数的二重极限是否存在.

二重极限是一元函数极限的推广，有关一元函数极限的运算法则和定理，可以直接推广到二重极限.

例 7-1-3 求极限 $\lim\limits_{(x,y)\to(0,0)} \dfrac{3-\sqrt{xy+9}}{xy}$.

解
$$\begin{aligned}\lim_{(x,y)\to(0,0)} \frac{3-\sqrt{xy+9}}{xy} &= \lim_{(x,y)\to(0,0)} \frac{(3-\sqrt{xy+9})(3+\sqrt{xy+9})}{xy(3+\sqrt{xy+9})}\\ &= \lim_{(x,y)\to(0,0)} \frac{-1}{3+\sqrt{xy+9}}\\ &=-\frac{1}{6}.\end{aligned}$$

例 7-1-4　考察函数

$$f(x,y)=\begin{cases}\dfrac{xy}{x^2+y^2} & x^2+y^2\neq 0\\ 0 & x^2+y^2=0\end{cases}$$

当 $(x,y)\to(0,0)$ 时的极限是否存在.

解　当点 $P(x,y)$ 沿着直线 $y=kx$ 趋于点 $(0,0)$ 时,有

$$\lim_{(x,y)\to(0,0)} f(x,y)=\lim_{\substack{x\to 0\\ y=kx\to 0}}\frac{xy}{x^2+y^2}=\lim_{x\to 0}\frac{kx^2}{x^2+k^2x^2}=\frac{k}{1+k^2},$$

随着 k 的不同取值,$\dfrac{k}{1+k^2}$ 的值也不同,所以原极限不存在.

例 7-1-5　求极限 $\lim\limits_{(x,y)\to(0,0)} xy\sin\dfrac{1}{x^2+y^2}$.

解　由于 $\sin\dfrac{1}{x^2+y^2}$ 在 $(0,0)$ 的某邻域内有界,$\lim\limits_{(x,y)\to(0,0)} xy=0$,故

$$\lim_{(x,y)\to(0,0)} xy\sin\frac{1}{x^2+y^2}=0.$$

例 7-1-6　求极限 $\lim\limits_{(x,y)\to(0,0)}\dfrac{1-\cos(x^2+y^2)}{x^2+y^2}$.

解　令 $\rho=x^2+y^2$,当 $(x,y)\to(0,0)$ 时,$\rho\to 0$,故

$$\lim_{(x,y)\to(0,0)}\frac{1-\cos(x^2+y^2)}{x^2+y^2}=\lim_{\rho\to 0}\frac{1-\cos\rho}{\rho}=\lim_{\rho\to 0}\sin\rho=0.$$

四、二元函数的连续

定义 7-1-4　设二元函数 $z=f(x,y)$ 在点 $P_0(x_0,y_0)$ 的某邻域内有定义,如果

$$\lim_{(x,y)\to(x_0,y_0)} f(x,y)=f(x_0,y_0)\quad 或\quad \lim_{P\to P_0} f(P)=f(P_0),$$

则称函数 $z=f(x,y)$ 在点 $P_0(x_0,y_0)$ 处**连续**.

如果函数 $z=f(x,y)$ 在区域 D 内的每一点都连续,则称函数 $z=f(x,y)$ 在区域 D 内连续.

若函数 $z=f(x,y)$ 在点 $P_0(x_0,y_0)$ 不连续,则称点 $P_0(x_0,y_0)$ 是二元函数 $z=f(x,y)$ 的不连续点或间断点.

与一元函数类似,可得到:

有限个多元连续函数的和、差、积、商(分母不为 0)仍为连续函数,有限个多元连续函数的复合函数仍为连续函数.多元初等函数在其定义区域内是连续的.

对于多元初等函数,如果点 P_0 在其定义区域内,则有

$$\lim_{P\to P_0} f(P)=f(P_0).$$

例 7-1-7 求下列函数的极限：

(1) $\lim\limits_{(x,y)\to(1,2)}\dfrac{x+y}{xy}$；　　(2) $\lim\limits_{(x,y)\to(0,0)}(1+xy)^{\frac{1}{xy}}$.

解 (1) $\lim\limits_{(x,y)\to(1,2)}\dfrac{x+y}{xy}=\dfrac{1+2}{1\times 2}=\dfrac{3}{2}$.

(2) 令 $\rho=xy$，当 $(x,y)\to(0,0)$ 时，$\rho\to 0$，故

$$\lim_{(x,y)\to(0,0)}(1+xy)^{\frac{1}{xy}}=\lim_{\rho\to 0}(1+\rho)^{\frac{1}{\rho}}=\mathrm{e}.$$

例 7-1-8 求 $\lim\limits_{(x,y)\to(0,0)}\dfrac{\sqrt{x^2+y^2}-\sin\sqrt{x^2+y^2}}{(x^2+y^2)^{\frac{3}{2}}}$.

解 令 $\rho=\sqrt{x^2+y^2}$，当 $(x,y)\to(0,0)$ 时，$\rho\to 0$，故

$$\text{原式}=\lim_{\rho\to 0}\frac{\rho-\sin\rho}{\rho^3}\overset{\frac{0}{0}}{=}\lim_{\rho\to 0}\frac{1-\cos\rho}{3\rho^2}\overset{\frac{0}{0}}{=}\lim_{\rho\to 0}\frac{\sin\rho}{6\rho}=\lim_{\rho\to 0}\frac{\cos\rho}{6}=\frac{1}{6}.$$

习题 7.1

1. 确定下列函数的定义域：

(1) $z=\sqrt{1-x^2-y^2}+\ln(2x^2+3y^2-1)$；　　(2) $z=\dfrac{1}{x+2y}-\dfrac{1}{x-y}$；

(3) $z=\ln(x+2y-1)$；　　(4) $z=\ln(x-y)+\dfrac{1}{\sqrt{4-x^2-y^2}}$.

2. 设 $f(x,y)=\dfrac{2x+y}{x-2y}$，求 $f(1,2)$.

3. 已知 $f(x+y,x-y)=x-3y$，求 $f(2,1)$.

4. 求下列极限：

(1) $\lim\limits_{\substack{x\to 0\\ y\to 0}}\dfrac{xy}{\sqrt{xy+4}-2}$；　　(2) $\lim\limits_{(x,y)\to(0,2)}\dfrac{\sin(xy)}{x}$；

(3) $\lim\limits_{\substack{x\to 2\\ y\to 1}}\dfrac{x^2+xy+y^2}{x+y}$；　　(4) $\lim\limits_{\substack{x\to 0\\ y\to 0}}\dfrac{x^2+y^2}{\sqrt{1+x^2+y^2}-1}$.

5. 证明 $\lim\limits_{\substack{x\to 0\\ y\to 0}}\dfrac{x^2-2y^2}{x^2+y^2}$ 不存在.

6. 讨论函数

$$f(x,y)=\begin{cases}\dfrac{\tan(x^2+y^2)}{x^2+y^2} & x^2+y^2\neq 0\\ 0 & x^2+y^2=0\end{cases}$$

的连续性.

§7.2 偏导数

工程上,常常需要了解一个受多种因素制约的量,在其他影响因素固定不变的情况下,该量随一种因素变化的变化率问题.这反映在函数关系上,就是研究多元函数在其他自变量固定不变的情况下,函数随一个自变量变化的变化率问题——偏导数问题.

一、偏导数

1. 偏导数的定义

下面以二元函数为例,给出偏导数的定义.

定义 7-2-1 设函数 $z=f(x,y)$ 在点 (x_0,y_0) 的某个邻域内有定义,固定 $y=y_0$,自变量 x 在 x_0 处有改变量 Δx,相应地,函数有改变量

$$f(x_0+\Delta x,y_0)-f(x_0,y_0).$$

如果极限

$$\lim_{\Delta x\to 0}\frac{f(x_0+\Delta x,y_0)-f(x_0,y_0)}{\Delta x}$$

存在,则称此极限值为函数 $z=f(x,y)$ 在点 (x_0,y_0) 处**对 x 的偏导数**,记作

$$\left.\frac{\partial z}{\partial x}\right|_{\substack{x=x_0\\y=y_0}},\left.\frac{\partial f}{\partial x}\right|_{\substack{x=x_0\\y=y_0}},z_x(x_0,y_0)\text{ 或 }f_x(x_0,y_0).$$

类似地,固定 $x=x_0$,自变量 y 在 y_0 处有改变量 Δy,如果极限

$$\lim_{\Delta y\to 0}\frac{f(x_0,y_0+\Delta y)-f(x_0,y_0)}{\Delta y}$$

存在,则称此极限值为函数 $z=f(x,y)$ 在点 (x_0,y_0) 处**对 y 的偏导数**,记作

$$\left.\frac{\partial z}{\partial y}\right|_{\substack{x=x_0\\y=y_0}},\left.\frac{\partial f}{\partial y}\right|_{\substack{x=x_0\\y=y_0}},z_y(x_0,y_0)\text{ 或 }f_y(x_0,y_0).$$

如果函数 $z=f(x,y)$ 在区域 D 内每一点 (x,y) 处对 x 的偏导数都存在,这个偏导数是关于 x,y 的函数,称为函数 $z=f(x,y)$ 对自变量 x 的偏导函数(简称**偏导数**),记作

$$\frac{\partial z}{\partial x},\frac{\partial f}{\partial x},z_x,f_x\text{ 或 }f_x(x,y).$$

类似地,可以定义函数 $z=f(x,y)$ 对自变量 y 的偏导函数(简称**偏导数**),记作

$$\frac{\partial z}{\partial y},\frac{\partial f}{\partial y},z_y,f_y\text{ 或 }f_y(x,y).$$

由偏导数的概念可知,函数 $z=f(x,y)$ 在点 (x_0,y_0) 处对 x 的偏导数 $f_x(x_0,y_0)$ 就是偏导函数 $f_x(x,y)$ 在点 (x_0,y_0) 的函数值,而 $f_y(x_0,y_0)$ 就是偏导函数 $f_y(x,y)$ 在点 (x_0,y_0) 处的函数值,即

$$f_x(x_0,y_0)=f_x(x,y)\Big|_{\substack{x=x_0\\y=y_0}},f_y(x_0,y_0)=f_y(x,y)\Big|_{\substack{x=x_0\\y=y_0}}.$$

由偏导数定义可知，要求多元函数对某个自变量的偏导数，只要把其他自变量视为常数，此时函数可视为一元函数，利用一元函数的求导公式与求导法则即可.

例 7-2-1 求 $z=x^3+3xy+y^2$ 在点 (2,1) 处的偏导数.

解 把 y 看作常数，对 x 求导得：$\dfrac{\partial z}{\partial x}=3x^2+3y$；

把 x 看作常数，对 y 求导得：$\dfrac{\partial z}{\partial y}=3x+2y$.

再把点 (2,1) 代入得：$\dfrac{\partial z}{\partial x}\Big|_{\substack{x=2\\y=1}}=(3x^2+3y)\Big|_{\substack{x=2\\y=1}}=15$；

$$\frac{\partial z}{\partial y}\Big|_{\substack{x=2\\y=1}}=(3x+2y)\Big|_{\substack{x=2\\y=1}}=8.$$

例 7-2-2 求 $z=\ln\sqrt{x^2+y^2}$ 在点 (1,1) 处的偏导数.

解 $z=\ln\sqrt{x^2+y^2}=\dfrac{1}{2}\ln(x^2+y^2)$.

把 y 看作常数，对 x 求导得：$\dfrac{\partial z}{\partial x}=\dfrac{x}{x^2+y^2}$；

把 x 看作常数，对 y 求导得：$\dfrac{\partial z}{\partial y}=\dfrac{y}{x^2+y^2}$.

再把点 (1,1) 代入得 $\dfrac{\partial z}{\partial x}\Big|_{\substack{x=1\\y=1}}=\dfrac{1}{2}$，$\dfrac{\partial z}{\partial y}\Big|_{\substack{x=1\\y=1}}=\dfrac{1}{2}$.

例 7-2-3 设 $f(x,y)=e^{xy}\sin\pi y+(x-1)\sqrt{\dfrac{x}{y}}$，试求 $f_x(1,1)$.

解 因为 $f(x,1)=(x-1)\sqrt{x}$，故 $f_x(x,1)=\sqrt{x}+\dfrac{x-1}{2\sqrt{x}}$.

将 $x=1$ 代入 $f_x(x,1)$ 得：$f_x(1,1)=1$.

> **注意** 如果先求 $f_x(x,y)$，再将 $x=1,y=1$ 代入求 $f_x(1,1)$，比较复杂.一般地，在求函数对某一自变量在某一点处的偏导数时，可先将函数中的其余自变量用此点的相应坐标代入后再求导，这样有时比较方便.

例 7-2-4 求 $z=x^2e^{xy}$ 的偏导函数.

解 把 y 看作常数，对 x 求导得：$\dfrac{\partial z}{\partial x}=2xe^{xy}+x^2ye^{xy}$；

把 x 看作常数，对 y 求导得：$\dfrac{\partial z}{\partial y}=x^3e^{xy}$.

例 7-2-5　求 $z=\ln(1+x^2+2x\mathrm{e}^y)$ 的偏导函数.

解　把 y 看作常数,对 x 求导得:$\dfrac{\partial z}{\partial x}=\dfrac{2x+2\mathrm{e}^y}{1+x^2+2x\mathrm{e}^y}$;

把 x 看作常数,对 y 求导得:$\dfrac{\partial z}{\partial y}=\dfrac{2x\mathrm{e}^y}{1+x^2+2x\mathrm{e}^y}$.

例 7-2-6　求 $r=\sqrt{x^2+y^2+z^2}$ 的偏导函数.

解　把 y,z 都看作常数,对 x 求导得:$\dfrac{\partial r}{\partial x}=\dfrac{x}{\sqrt{x^2+y^2+z^2}}=\dfrac{x}{r}$;

把 x,z 都看作常数,对 y 求导得:$\dfrac{\partial r}{\partial y}=\dfrac{y}{\sqrt{x^2+y^2+z^2}}=\dfrac{y}{r}$;

把 x,y 都看作常数,对 z 求导得:$\dfrac{\partial r}{\partial z}=\dfrac{z}{\sqrt{x^2+y^2+z^2}}=\dfrac{z}{r}$.

> **注意**
>
> 此例可以简单计算:
>
> 把 y,z 都看作常数,对 x 求导得:$\dfrac{\partial r}{\partial x}=\dfrac{x}{\sqrt{x^2+y^2+z^2}}=\dfrac{x}{r}$.
>
> 由于所给函数关于自变量的对称性,所以 $\dfrac{\partial r}{\partial y}=\dfrac{y}{r}$,$\dfrac{\partial r}{\partial z}=\dfrac{z}{r}$.

一般地,设有函数 $u=u(x,y,z)$,如果将自变量 x,y,z 位置互换而函数不变,则称函数关于自变量具有对称性.如果一个函数关于自变量具有对称性,求偏导数时,就可以先求出其中一个偏导数,其余偏导数利用函数关于自变量的对称性就可得到.

2. 偏导数的几何意义

二元函数 $z=f(x,y)$ 在点 (x_0,y_0) 的偏导数有下述几何意义.

设 $M_0(x_0,y_0,f(x_0,y_0))$ 为曲面 $z=f(x,y)$ 上的一点,过点 M_0 作平面 $y=y_0$,截此曲面得一条曲线,其方程为 $\begin{cases}z=f(x,y_0)\\ y=y_0\end{cases}$,二元函数 $z=f(x,y)$ 在点 M_0 处关于 x 的偏导数 $f_x(x_0,y_0)$ 就是一元函数 $f(x,y_0)$ 在 x_0 处的导数,它在几何上表示曲线在点 M_0 处的切线 M_0T_x 关于 x 轴的斜率(如图7-2-1).

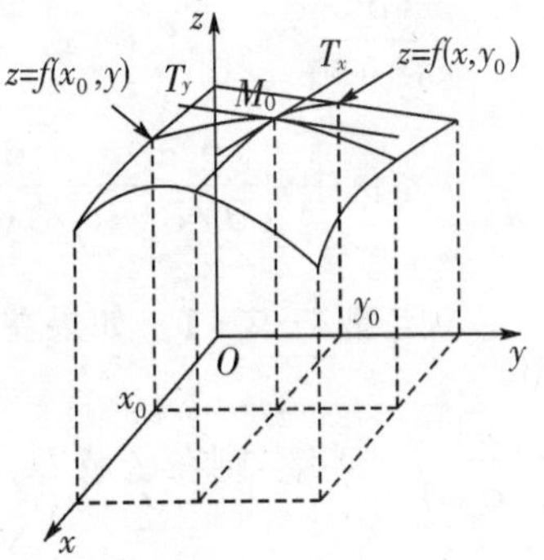

图 7-2-1

同理,偏导数 $f_y(x_0,y_0)$ 的几何意义是曲面 $z=f(x,y)$ 被平面 $x=x_0$ 所截得的曲线在 M_0 处的切线 M_0T_y 关于 y 轴的斜率.

二、高阶偏导数

设函数 $z=f(x,y)$ 在区域 D 上有偏导数

$$\frac{\partial z}{\partial x}=f_x(x,y),\frac{\partial z}{\partial y}=f_y(x,y),$$

如果这两个偏导数又存在对 x,y 的偏导数,则称这两个偏导数的偏导数为函数 $z=f(x,y)$ 的**二阶偏导数**.

按照对变量求导次序的不同,二阶偏导数有四个:

$$\frac{\partial}{\partial x}\left(\frac{\partial z}{\partial x}\right)=\frac{\partial^2 z}{\partial x^2}=f_{xx}(x,y)=z_{xx},$$

$$\frac{\partial}{\partial y}\left(\frac{\partial z}{\partial x}\right)=\frac{\partial^2 z}{\partial x\partial y}=f_{xy}(x,y)=z_{xy},$$

$$\frac{\partial}{\partial x}\left(\frac{\partial z}{\partial y}\right)=\frac{\partial^2 z}{\partial y\partial x}=f_{yx}(x,y)=z_{yx},$$

$$\frac{\partial}{\partial y}\left(\frac{\partial z}{\partial y}\right)=\frac{\partial^2 z}{\partial y^2}=f_{yy}(x,y)=z_{yy},$$

其中 $f_{xy}(x,y),f_{yx}(x,y)$ 称为二阶混合偏导数.

类似地,可以定义三阶,四阶,……,n 阶偏导数,二阶以及二阶以上的偏导数称为**高阶偏导数**. $f_x(x,y),f_y(x,y)$ 称为一阶偏导数,

例 7-2-7 求 $z=xy^3+x^2\sin y$ 的二阶偏导数.

解 $\frac{\partial z}{\partial x}=y^3+2x\sin y$, $\frac{\partial z}{\partial y}=3xy^2+x^2\cos y$,

$\frac{\partial^2 z}{\partial x^2}=2\sin y$, $\frac{\partial^2 z}{\partial x\partial y}=3y^2+2x\cos y$,

$\frac{\partial^2 z}{\partial y\partial x}=3y^2+2x\cos y$, $\frac{\partial^2 z}{\partial y^2}=6xy-x^2\sin y$.

本例中,$\frac{\partial^2 z}{\partial x\partial y}=\frac{\partial^2 z}{\partial y\partial x}$,这不是偶然.事实上,我们有下述定理.

定理 7-2-1 如果在区域 D 上函数 $z=f(x,y)$ 的两个二阶混合偏导数 $\frac{\partial^2 z}{\partial x\partial y}$ 及 $\frac{\partial^2 z}{\partial y\partial x}$ 连续,则在区域 D 上有

$$\frac{\partial^2 z}{\partial x\partial y}=\frac{\partial^2 z}{\partial y\partial x}.$$

一般地,多元函数的混合偏导如果连续就与求导次序无关.

例 7-2-8 证明:函数 $z=\ln\sqrt{x^2+y^2}$ 满足拉普拉斯方程 $\frac{\partial^2 z}{\partial x^2}+\frac{\partial^2 z}{\partial y^2}=0$.

证明 因为 $z=\ln\sqrt{x^2+y^2}=\frac{1}{2}\ln(x^2+y^2)$,所以

$$\frac{\partial z}{\partial x}=\frac{x}{x^2+y^2},\quad \frac{\partial^2 z}{\partial x^2}=\frac{x^2+y^2-2x^2}{(x^2+y^2)^2}=\frac{y^2-x^2}{(x^2+y^2)^2},$$

$$\frac{\partial z}{\partial y}=\frac{y}{x^2+y^2},\quad \frac{\partial^2 z}{\partial y^2}=\frac{x^2+y^2-2y^2}{(x^2+y^2)^2}=\frac{x^2-y^2}{(x^2+y^2)^2},$$

故 $\frac{\partial^2 z}{\partial x^2}+\frac{\partial^2 z}{\partial y^2}=0$.

习题 7.2

1. 求 $z=x^2+2xy+2y^2$ 在点 (1,2) 处的偏导数.

2. 设 $z=x^y(x>0,x\neq 1)$，求证：$\frac{x}{y}\frac{\partial z}{\partial x}+\frac{1}{\ln x}\frac{\partial z}{\partial y}=2z$.

3. 求下列函数的一阶偏导数：

(1) $z=x^7e^y$；　　(2) $z=xy+\frac{x}{y}$；

(3) $z=x^3y-xy^3$；　　(4) $z=\sin xy+\cos^2(xy)$；

(5) $z=e^{xy}$；　　(6) $u=(2x+y+z)^3$.

4. 设 $z=x^4+y^4-4x^2y$，求 $\frac{\partial^2 z}{\partial x^2},\frac{\partial^2 z}{\partial y\partial x}$.

5. 设 $z=x\ln(xy)$，求 $\frac{\partial^2 z}{\partial x\partial y},\frac{\partial^2 z}{\partial y^2}$.

§7.3　全微分

一、全微分的概念

一元函数 $y=f(x)$ 在 $x=x_0$ 处可微是指：若函数在 $x=x_0$ 处的增量 Δy 可以表示成

$$\Delta y=A\Delta x+\alpha,$$

其中 A 与 Δx 无关，α 是 Δx 的高阶无穷小，即 $\lim\limits_{\Delta x\to 0}\frac{\alpha}{\Delta x}=0$，则 $A\Delta x$ 是函数 $y=f(x)$ 在 $x=x_0$ 处的微分，此时称函数在 x_0 处可微.

类似地，我们给出二元函数全微分的定义.

定义 7-3-1　设函数 $z=f(x,y)$ 在点 $P(x,y)$ 的某邻域内有定义，如果函数在点 $P(x,y)$ 处的全增量

$$\Delta z=f(x+\Delta x,y+\Delta y)-f(x,y)=A\Delta x+B\Delta y+o(\rho),$$

其中，A,B 与 $\Delta x,\Delta y$ 无关，只与 x,y 有关，$\rho=\sqrt{(\Delta x)^2+(\Delta y)^2}$，则称函数 $z=f(x,y)$ 在点 $P(x,y)$ 处可微，并称 $A\Delta x+B\Delta y$ 是函数 $z=f(x,y)$ 在点 $P(x,y)$ 处的**全微分**，

记作

$$dz = A\Delta x + B\Delta y.$$

如果函数 $z=f(x,y)$ 在区域 D 内每一点都可微，则称函数 $z=f(x,y)$ 在区域 D 内可微.

与一元函数类似，若二元函数 $z=f(x,y)$ 在点 (x,y) 处可微，则 $z=f(x,y)$ 在点 (x,y) 处一定连续，即有如下定理.

定理 7-3-1 若函数 $z=f(x,y)$ 在点 (x,y) 处可微，则它在该点一定连续.

二、全微分与偏导数的关系

定理 7-3-2(可微的必要条件) 若函数 $z=f(x,y)$ 在点 $P(x,y)$ 处可微，则函数 $z=f(x,y)$ 在点 $P(x,y)$ 的偏导数 $\frac{\partial z}{\partial x}, \frac{\partial z}{\partial y}$ 存在，而且

$$A=\frac{\partial z}{\partial x}, B=\frac{\partial z}{\partial y}.$$

此时，函数 $z=f(x,y)$ 在点 $P(x,y)$ 处的全微分

$$dz=\frac{\partial z}{\partial x}\Delta x+\frac{\partial z}{\partial y}\Delta y.$$

例 7-3-1 证明函数

$$z=f(x,y)=\begin{cases}\dfrac{xy}{\sqrt{x^2+y^2}} & x^2+y^2\neq 0\\ 0 & x^2+y^2=0\end{cases}$$

在点 $(0,0)$ 处偏导数存在，但在点 $(0,0)$ 处不可微.

解 $f_x(0,0)=\lim\limits_{\Delta x\to 0}\dfrac{f(\Delta x,0)-f(0,0)}{\Delta x}=0$,

$f_y(0,0)=\lim\limits_{\Delta y\to 0}\dfrac{f(0,\Delta y)-f(0,0)}{\Delta y}=0$,

因为 $\Delta z-[f_x(0,0)\cdot\Delta x+f_y(0,0)\cdot\Delta y]=\dfrac{\Delta x\cdot\Delta y}{\sqrt{(\Delta x)^2+(\Delta y)^2}}$，则有

$$\lim_{\substack{\Delta x\to 0\\ \Delta y\to 0}}\frac{\Delta z-[f_x(0,0)\cdot\Delta x+f_y(0,0)\cdot\Delta y]}{\rho}=\lim_{\substack{\Delta x\to 0\\ \Delta y\to 0}}\frac{\dfrac{\Delta x\cdot\Delta y}{\sqrt{(\Delta x)^2+(\Delta y)^2}}}{\rho}=\lim_{\substack{\Delta x\to 0\\ \Delta y\to 0}}\frac{\Delta x\cdot\Delta y}{(\Delta x)^2+(\Delta y)^2}.$$

如果考虑点 $P'(\Delta x,\Delta y)$ 沿着直线 $y=x$ 趋于点 $P(0,0)$，此时

$$\lim_{\substack{\Delta x\to 0\\ \Delta y\to 0}}\frac{\Delta x\cdot\Delta y}{(\Delta x)^2+(\Delta y)^2}=\lim_{\substack{\Delta x\to 0\\ \Delta y=\Delta x\to 0}}\frac{(\Delta x)^2}{2(\Delta x)^2}=\frac{1}{2}\neq 0,$$

故该函数在点 (0,0) 处不可微.

例 7-3-1 表明,偏导数存在是可微的必要条件,现在给出函数可微的充分条件.

定理 7-3-3(可微的充分条件)　若函数 $z=f(x,y)$ 的偏导数 $\frac{\partial z}{\partial x}$, $\frac{\partial z}{\partial y}$ 在点 $P(x,y)$ 处连续,则函数 $z=f(x,y)$ 在点 $P(x,y)$ 处一定可微分.

以上关于二元函数全微分的定义及可微的必要条件和充分条件,可完全类似地推广到三元和三元以上的多元函数.

综上,我们得到多元函数连续、可导与可微的关系,如图 7-3-1 所示.

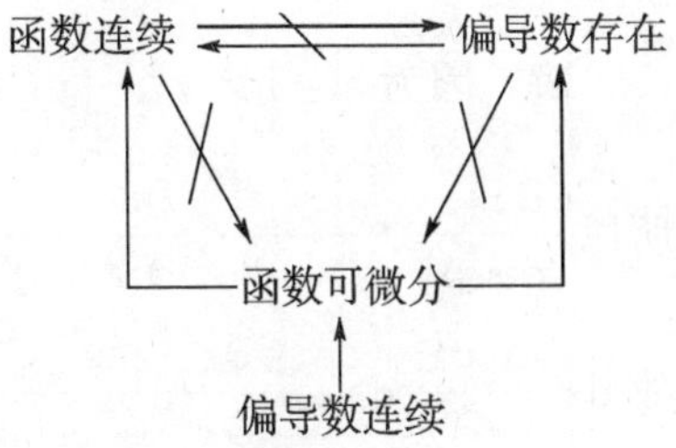

图 7-3-1

由定理 7-3-2 可知,当函数 $z=f(x,y)$ 在点 $P(x,y)$ 可微时,

$$dz=\frac{\partial z}{\partial x}\Delta x+\frac{\partial z}{\partial y}\Delta y.$$

规定 $\Delta x=dx$, $\Delta x=dy$, 则函数 $z=f(x,y)$ 的全微分为

$$dz=\frac{\partial z}{\partial x}dx+\frac{\partial z}{\partial y}dy=f_x(x,y)dx+f_y(x,y)dy.$$

函数 $z=f(x,y)$ 在点 $P_0(x_0,y_0)$ 的全微分为

$$dz\mid_{(x_0,y_0)}=f_x(x_0,y_0)dx+f_y(x_0,y_0)dy.$$

类似地,我们可得到三元及三元以上多元函数的微分计算公式.

例如,三元函数 $u=f(x,y,z)$ 的全微分可表示为

$$du=\frac{\partial u}{\partial x}dx+\frac{\partial u}{\partial y}dy+\frac{\partial u}{\partial z}dz=f_x(x,y,z)dx+f_y(x,y,z)dy+f_z(x,y,z)dz.$$

三、全微分的计算

例 7-3-2　计算函数 $z=xy$ 在点 (2,−1) 处,当 $\Delta x=0.02$, $\Delta y=0.01$ 时的全增量 Δz 与全微分 dz.

解　因为 $\frac{\partial z}{\partial x}=y$, $\frac{\partial z}{\partial y}=x$,

在点 (2,−1) 处,当 $\Delta x=0.02$, $\Delta y=0.01$ 时,

全增量 $\Delta z=(x+\Delta x)(y+\Delta y)-xy=(2+0.02)\times(-1+0.01)-2\times(-1)\approx-0.0002$.

全微分 $dz=y\cdot\Delta x+x\cdot\Delta y=(-1)\times 0.02+2\times 0.01=0$.

例 7-3-3 求函数 $z=e^{xy^2}$ 的全微分,并求 $dz|_{(2,1)}$.

解 因为 $\dfrac{\partial z}{\partial x}=y^2e^{xy^2}$,$\dfrac{\partial z}{\partial y}=2xye^{xy^2}$,

所以 $dz=\dfrac{\partial z}{\partial x}dx+\dfrac{\partial z}{\partial y}dy=y^2e^{xy^2}dx+2xye^{xy^2}dy$,

故 $dz|_{(2,1)}=\dfrac{\partial z}{\partial x}\Big|_{(2,1)}dx+\dfrac{\partial z}{\partial y}\Big|_{(2,1)}dy=e^2dx+4e^2dy$.

例 7-3-4 求函数 $z=\ln\sqrt{x^2+y^2}$ 的全微分.

解 因为 $z=\ln\sqrt{x^2+y^2}=\dfrac{1}{2}\ln(x^2+y^2)$,

所以 $\dfrac{\partial z}{\partial x}=\dfrac{x}{x^2+y^2}$,$\dfrac{\partial z}{\partial y}=\dfrac{y}{x^2+y^2}$,

故 $dz=\dfrac{\partial z}{\partial x}dx+\dfrac{\partial z}{\partial y}dy=\dfrac{x}{x^2+y^2}dx+\dfrac{y}{x^2+y^2}dy$.

例 7-3-5 设 $u=x+\sin\dfrac{y}{2}+e^{yz}$,求 du.

解 因为 $\dfrac{\partial u}{\partial x}=1$,$\dfrac{\partial u}{\partial y}=\dfrac{1}{2}\cos\dfrac{y}{2}+ze^{yz}$,$\dfrac{\partial u}{\partial z}=ye^{yz}$,

所以 $du=\dfrac{\partial u}{\partial x}dx+\dfrac{\partial u}{\partial y}dy+\dfrac{\partial u}{\partial z}dz=dx+\left(\dfrac{1}{2}\cos\dfrac{y}{2}+ze^{yz}\right)dy+ye^{yz}dz$.

四、全微分在近似计算中的应用

设函数 $z=f(x,y)$ 在点 $P(x,y)$ 可微,则

$$\Delta z=f_x(x,y)\Delta x+f_y(x,y)\Delta y+o(\rho)=dz+o(\rho).$$

当 $|\Delta x|$,$|\Delta y|$ 都很小时,全增量 $\Delta z=f(x+\Delta x,y+\Delta y)-f(x,y)$ 可以用全微分 dz 近似代替,故有

$$f(x+\Delta x,y+\Delta y)-f(x,y)\approx dz=f_x(x,y)\Delta x+f_y(x,y)\Delta y,$$

从而

$$f(x+\Delta x,y+\Delta y)\approx f(x,y)+f_x(x,y)\Delta x+f_y(x,y)\Delta y.$$

例 7-3-6 计算 $(1.02)^{1.99}$ 的近似值.

解 设 $z=f(x,y)=x^y$,则

$$\frac{\partial z}{\partial x}=yx^{y-1},\quad \frac{\partial z}{\partial y}=x^y\ln x.$$

令 $x=1,y=2,\Delta x=0.02,\Delta y=-0.01$,则

$$z|_{(1,2)}=f(1,2)=1,\frac{\partial z}{\partial x}\Big|_{(1,2)}=2,\frac{\partial z}{\partial y}\Big|_{(1,2)}=0,$$

从而

$$(1.02)^{1.99}=f(1+0.02,2-0.01)=1+2\times 0.02+0\times(-0.01)=1.04.$$

习题 7.3

1. 求下列函数的全微分：

(1) $z=\dfrac{x+y}{x-y}$；　　(2) $z=\dfrac{y}{x}+\mathrm{e}^{xy}$；

(3) $z=\sin(x^2+xy)$；　　(4) $u=\ln(2x+y-3z)$.

2. 计算函数 $z=\mathrm{e}^{xy}$ 在点 $(1,1)$ 处的全微分.

3. 计算函数 $z=x^2y^2$ 在点 $(2,-1)$ 处，当 $\Delta x=0.02,\Delta y=-0.01$ 时的全增量 Δz 与全微分 $\mathrm{d}z$.

4. 计算 $(0.98)^{2.03}$ 的近似值.

§7.4　二重积分的概念和性质

本节和下节中，我们将一元函数定积分的概念、基本性质和计算方法推广到二元函数的积分，即二重积分，为引出二重积分的概念，我们先看个实例.

一、二重积分的概念

1. 引例

引例 7-4-1　设有一空间立体，它的底面是 xOy 面上的有界闭区域 D，它的侧面是以 D 的边界曲线为准线，而母线平行于 z 轴的柱面，它的顶是曲面 $z=f(x,y)$，这里 $f(x,y)\geqslant 0$ 且在 D 上连续，这样的立体称为**曲顶柱体**(如图 7-4-1).试求曲顶柱体的体积 V.

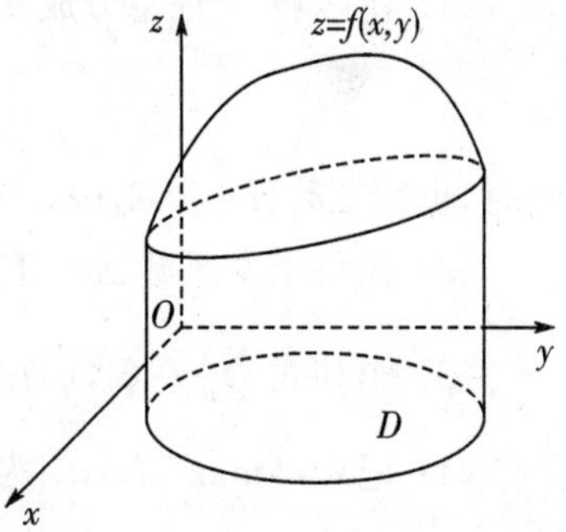

图 7-4-1

仔细研究发现，求曲顶柱体的体积与求曲边梯形的面积十分类似，因而也可以通过分割、近似、求和、取极限的方法解决.

(1) **分割**　用任意一组曲线网把区域 D 分成 n 个小区域

$$\Delta\sigma_1,\Delta\sigma_2,\cdots,\Delta\sigma_n,$$

这些区域的面积也用 $\Delta\sigma_i(i=1,2,\cdots,n)$ 表示.以这些小区域的边界曲线为准线，作母线平行于 z 轴的柱面.于是，这些柱面将原来的曲顶柱体分成 n 个小曲顶柱体，记第 i 个小曲顶柱体体积 $V_i(i=1,2,\cdots,n)$，如图 7-4-2 所示.

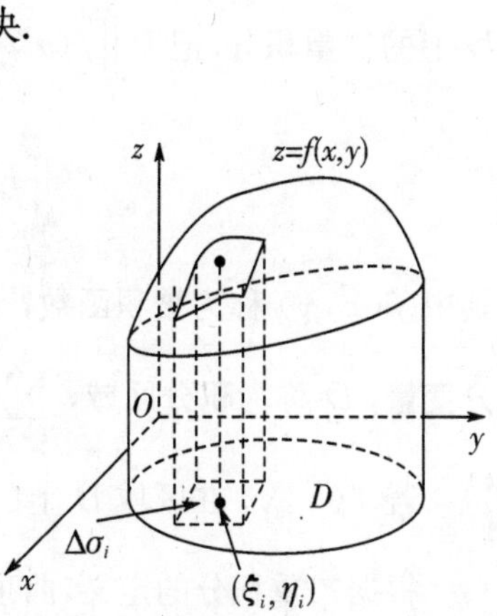

图 7-4-2

(2) **近似**　由于 $f(x,y)$ 在区域 D 上连续，当第 i 个小区域 $\Delta\sigma_i$ 的直径 d_i (小区域 $\Delta\sigma_i$ 上任意两点间距离的最大值)都很小时，$f(x,y)$ 在小区域 $\Delta\sigma_i$ 上变化不大.因此，小曲顶柱体可近似看成是平顶柱体.在 $\Delta\sigma_i$ 上任取一点 $(\xi_i,$

$\eta_i)(i=1,2,\cdots,n)$，用以 $\Delta\sigma_i$ 为底，$f(\xi_i,\eta_i)$ 为高的小平顶柱体的体积 $f(\xi_i,\eta_i)\Delta\sigma_i$ 近似代替第 i 个小曲顶柱体体积 ΔV_i（如图 7-4-2），即

$$\Delta V_i \approx f(\xi_i,\eta_i)\Delta\sigma_i.$$

(3) **求和** 将这 n 个小曲顶柱体体积相加，得到原曲顶柱体体积 V 的近似值，即

$$V=\sum_{i=1}^{n}\Delta V_i \approx \sum_{i=1}^{n} f(\xi_i,\eta_i)\Delta\sigma_i.$$

(4) **取极限** 为得到曲顶柱体体积 V 的精确值，需要这 n 个小区域越来越小，即要求每个小区域的直径都趋于零.记 $\lambda=\max\limits_{1\leqslant i\leqslant n}\{d_i\}\to 0$，于是

$$V=\lim_{\lambda\to 0}\sum_{i=1}^{n} f(\xi_i,\eta_i)\Delta\sigma_i.$$

还有很多实际问题，如非均匀平面薄片的质量等都可归结为上述类型的和式的极限.科学技术中还有大量类似的问题，因此，有必要对其进行抽象概括，并做进一步研究.下面我们给出二重积分的定义.

2. 二重积分的概念

定义 7-4-1 设函数 $z=f(x,y)$ 是有界闭区域 D 上的有界函数.

(1) 将区域 D 任意分成 n 个小区域

$$\Delta\sigma_1,\Delta\sigma_2,\cdots,\Delta\sigma_n,$$

同时，也用 $\Delta\sigma_i(i=1,2,\cdots,n)$ 表示第 i 个小区域的面积.

(2) 在每个小区域 $\Delta\sigma_i$ 上任取一点 (ξ_i,η_i)，作乘积 $f(\xi_i,\eta_i)\Delta\sigma_i$.

(3) 作和式 $\sum\limits_{i=1}^{n} f(\xi_i,\eta_i)\Delta\sigma_i$.

(4) 记 $\lambda=\max\limits_{1\leqslant i\leqslant n}\{d_i \mid d_i$ 为第 i 个小区域 $\Delta\sigma_i$ 的直径$\}$，无论如何分割区域 D 以及无论怎样选取点 (ξ_i,η_i)，极限 $\lim\limits_{\lambda\to 0}\sum\limits_{i=1}^{n} f(\xi_i,\eta_i)\Delta\sigma_i$ 总存在，则称此极限为函数 $f(x,y)$ 在区域 D 上的**二重积分**，记为 $\iint\limits_D f(x,y)\mathrm{d}\sigma$，即

$$\iint\limits_D f(x,y)\mathrm{d}\sigma=\lim_{\lambda\to 0}\sum_{i=1}^{n} f(\xi_i,\eta_i)\Delta\sigma_i,$$

其中 $f(x,y)$ 称为**被积函数**，$f(x,y)\mathrm{d}\sigma$ 称为**被积表达式**，$\mathrm{d}\sigma$ 称为**面积元素**，x,y 称为**积分变量**，D 称为**积分区域**，$\sum\limits_{i=1}^{n} f(\xi_i,\eta_i)\Delta\sigma_i$ 叫作**积分和式**.

若 $f(x,y)$ 在区域 D 上的积分 $\iint\limits_D f(x,y)\mathrm{d}\sigma$ 存在，则称 $f(x,y)$ 在**区域 D 上可积**.

根据二重积分的定义，曲顶柱体的体积 V 就是 $f(x,y)$（其中 $f(x,y)\geqslant 0$）在区域 D 上的二重积分，即

$$V=\iint_D f(x,y)\mathrm{d}\sigma.$$

类似于定积分的存在定理,二重积分也有下述存在定理.

定理 7-4-1(二重积分存在定理)　若 $f(x,y)$ 在闭区域 D 上连续,则 $f(x,y)$ 在闭区域 D 上可积.

3. 二重积分的几何意义

(1) 当 $f(x,y)\geqslant 0$ 时,二重积分 $\iint\limits_D f(x,y)\mathrm{d}\sigma$ 表示以曲面 $z=f(x,y)$ 为顶,侧面以 D 的边界曲线为准线,母线平行于 z 轴的曲顶柱体(如图 7-4-1)的体积.

(2) 当 $f(x,y)\leqslant 0$ 时,柱体在 xOy 平面的下方,二重积分 $\iint\limits_D f(x,y)\mathrm{d}\sigma$ 表示该柱体体积的相反值.

(3) 当 $f(x,y)$ 在区域 D 上有正有负时,我们规定在 xOy 平面上方的柱体体积为正,在 xOy 平面下方的柱体体积为负,则二重积分 $\iint\limits_D f(x,y)\mathrm{d}\sigma$ 表示上方、下方柱体体积的代数和.

二、二重积分的性质

设 $f(x,y),g(x,y)$ 在闭区域 D 上的二重积分存在,则:

性质 7-4-1(线性性)

$\iint\limits_D[\alpha f(x,y)\pm\beta g(x,y)]\mathrm{d}\sigma=\alpha\iint\limits_D f(x,y)\mathrm{d}\sigma\pm\beta\iint\limits_D g(x,y)\mathrm{d}\sigma$, 其中 α,β 为常数.

性质 7-4-2(积分区域的有限可加性)　若闭区域 D 被分成两个子区域 D_1 和 D_2, $D_1\cup D_2=D, D_1\cap D_2=\varnothing$,则 $f(x,y)$ 在闭区域 D 上的二重积分等于各子区域 D_1,D_2 上的二重积分之和,即

$$\iint_D f(x,y)\mathrm{d}\sigma=\iint_{D_1} f(x,y)\mathrm{d}\sigma+\iint_{D_2} f(x,y)\mathrm{d}\sigma.$$

性质 7-4-3　如果在闭区域 D 上, $f(x,y)=1$, 且 D 的面积为 σ, 则

$$\iint_D 1\mathrm{d}\sigma=\iint_D \mathrm{d}\sigma=\sigma.$$

几何意义:以 D 为底、高为 1 的平顶柱体的体积在数值上等于柱体的底面积.

性质 7-4-4(单调性)　如果在闭区域 D 上有 $f(x,y)\leqslant g(x,y)$, 则

$$\iint_D f(x,y)\mathrm{d}\sigma\leqslant\iint_D g(x,y)\mathrm{d}\sigma.$$

推论 7-4-1　$\left|\iint\limits_D f(x,y)\mathrm{d}\sigma\right|\leqslant\iint\limits_D|f(x,y)|\mathrm{d}\sigma.$

性质 7-4-5(估值不等式)　设 σ 为区域 D 的面积, M,m 分别是 $f(x,y)$ 在闭区域 D 上的最大值和最小值,即对 D 上任意的 (x,y),有 $m\leqslant f(x,y)\leqslant M$, 则

$$m\sigma\leqslant\iint_D f(x,y)\mathrm{d}\sigma\leqslant M\sigma.$$

性质 7-4-6(二重积分中值定理) 设 $f(x,y)$ 在有界闭区域 D 上连续，σ 是区域 D 的面积，则在 D 上至少存在一点 (ξ,η)，使得

$$\iint_D f(x,y)\mathrm{d}\sigma=f(\xi,\eta)\sigma.$$

二重积分中值定理的几何意义：以 D 为底，$z=f(x,y)(f(x,y)\geqslant 0)$ 为顶的曲顶柱体体积等于一个同底的平顶柱体的体积，这个平顶柱体的高等于 $f(x,y)$ 在区域 D 中某点 (ξ,η) 处的函数值 $f(\xi,\eta)$.

例 7-4-1 估计二重积分 $I=\iint_D(x^2+2y^2+3)\mathrm{d}\sigma$ 的值，D 是圆域 $x^2+y^2\leqslant 4$.

解 首先，估计被积函数 $f(x,y)=x^2+2y^2+3$ 在区域 D 上的取值范围.

因为

$$f(x,y)=x^2+2y^2+3=(x^2+y^2)+y^2+3\leqslant 4+4+3=11,$$
$$f(x,y)=x^2+2y^2+3\geqslant 3,$$

此外，D 的面积为 4π，由性质 7-4-5 可知

$$12\pi=3\times 4\pi\leqslant I\leqslant 11\times 4\pi=44\pi.$$

例 7-4-2 比较积分 $I_1=\iint_D(x+y)^2\mathrm{d}\sigma$ 与 $I_2=\iint_D(x+y)^3\mathrm{d}\sigma$ 的大小，其中 D 是由 x 轴、y 轴与直线 $x+y=1$ 所围成的区域.

解 由于积分区域 D 位于区域 $\{(x,y)\mid x\geqslant 0,y\geqslant 0,x+y\leqslant 1\}$ 内，故有

$$(x+y)^2\geqslant(x+y)^3,$$

因此

$$I_1=\iint_D(x+y)^2\mathrm{d}\sigma\geqslant\iint_D(x+y)^3\mathrm{d}\sigma=I_2.$$

习题 7.4

1. 利用二重积分的性质，计算 $\iint_D\mathrm{d}\sigma$，其中 D 为：

(1) $|x|\leqslant 2,|y|\leqslant 1$； (2) $1\leqslant x^2+y^2\leqslant 9$； (3) $\dfrac{x^2}{9}+y^2=1$.

2. 不作计算，估计 $I=\iint_D(x+y+1)\mathrm{d}\sigma$ 的值，其中 D 是由 $0\leqslant x\leqslant 1,0\leqslant y\leqslant 2$ 所围成的区域.

3. 比较积分 $I_1=\iint_D\ln(x+y)\mathrm{d}\sigma$，$I_2=\iint_D(x+y)^2\mathrm{d}\sigma$ 和 $I_3=\iint_D(x+y)\mathrm{d}\sigma$ 的大小，其中 D 是由直线 $x=0,y=0,x+y=\dfrac{1}{2}$ 和 $x+y=1$ 所围成的区域.

§7.5　直角坐标系下二重积分的计算

在直角坐标系中，用一组平行于坐标轴的直线分割区域 D（如图 7-5-1），面积微元 $\mathrm{d}\sigma$ 可记为 $\mathrm{d}x\mathrm{d}y$，即 $\mathrm{d}\sigma=\mathrm{d}x\mathrm{d}y$. 此时，二重积分可记为

$$\iint_D f(x,y)\mathrm{d}x\mathrm{d}y,$$

这里 $\mathrm{d}x\mathrm{d}y$ 称为直角坐标系下的面积微元.

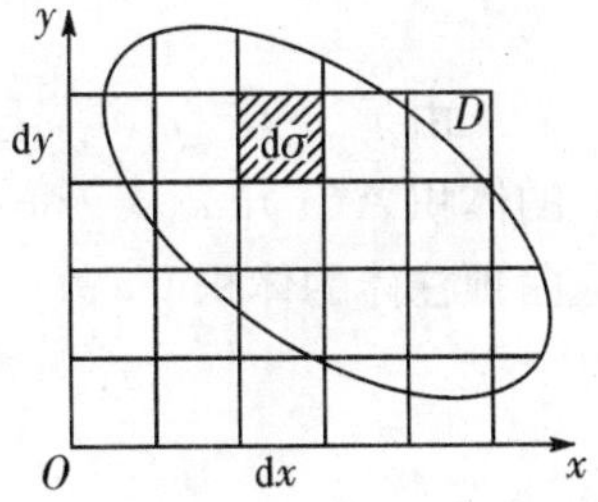

图 7-5-1

按定义计算二重积分显然是很困难的，我们也需要像定积分一样寻找计算二重积分切实可行的方法.为了更好地研究直角坐标系下二重积分的计算，我们首先对积分区域进行分类.

一、积分区域的分类

1. X-型区域

积分区域 D 可表示为

$$\{(x,y)\mid a\leqslant x\leqslant b,\varphi_1(x)\leqslant y\leqslant \varphi_2(x)\},$$

其中函数 $\varphi_1(x)$，$\varphi_2(x)$ 在区间 $[a,b]$ 上连续，这样的积分区域称为 **X-型区域**.

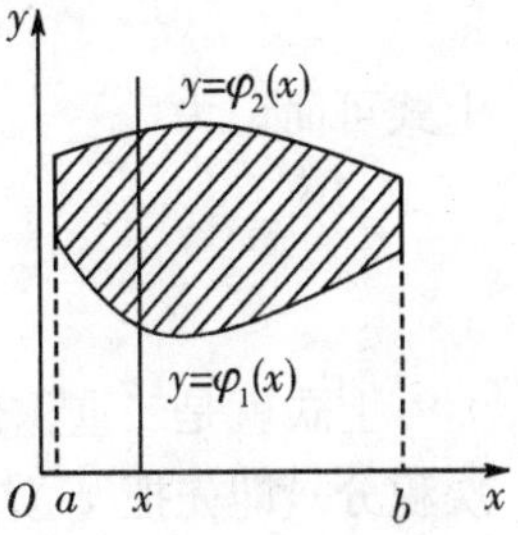

图 7-5-2

X-型区域的特点是：穿过区域且平行于 y 轴的直线与积分区域的边界最多只有两个交点（如图 7-5-2）.

2. Y-型区域

积分区域 D 可表示为

$$\{(x,y)\mid c\leqslant y\leqslant d,\psi_1(y)\leqslant x\leqslant \psi_2(y)\},$$

其中函数 $\psi_1(y)$，$\psi_2(y)$ 在区间 $[c,d]$ 上连续，这样的积分区域称为 **Y-型区域**.

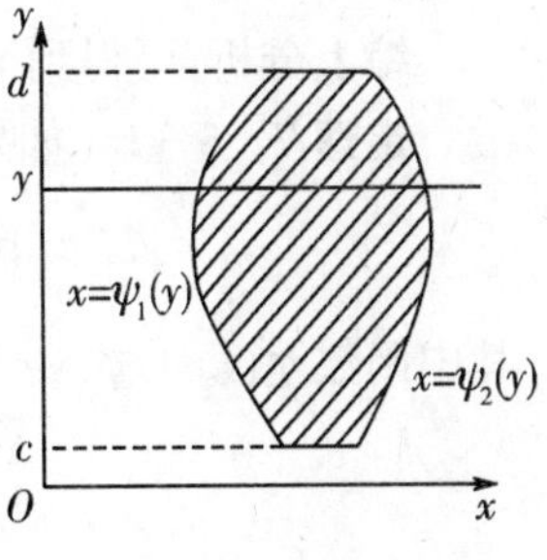

图 7-5-3

Y-型区域的特点是：穿过区域且平行于 x 轴的直线与积分区域的边界最多只有两个交点（如图 7-5-3）.

二、直角坐标系下二重积分计算

假定 $f(x,y)\geqslant 0$，积分区域 D 为 X-型区域

$$\{(x,y)\mid a\leqslant x\leqslant b,\varphi_1(x)\leqslant y\leqslant \varphi_2(x)\},$$

下面我们用定积分的"切片法"来讨论二重积分 $\iint_D f(x,y)\mathrm{d}\sigma$.

由二重积分的几何意义知 $\iint_D f(x,y)\mathrm{d}\sigma$ 的值等于以 D 为底，以曲面 $z=f(x,y)$ 为顶的曲顶柱体的体积，这个曲顶柱体的体积可按"平行截面面积为已知的立体的体积"的计算方法，具体求法如下：

在$[a,b]$上任取一点x，过该点作一个垂直于x轴的平面与柱体相交(如图 7-5-4)，设截面面积为$A(x)$，由定积分可知

$$A(x)=\int_{\varphi_1(x)}^{\varphi_2(x)} f(x,y)\mathrm{d}y.$$

由于x在$[a,b]$上变化，将曲顶柱体中一个薄片的体积$A(x)\mathrm{d}x$从$x=a$到$x=b$无限累加，可得整个曲顶柱体的体积V，故

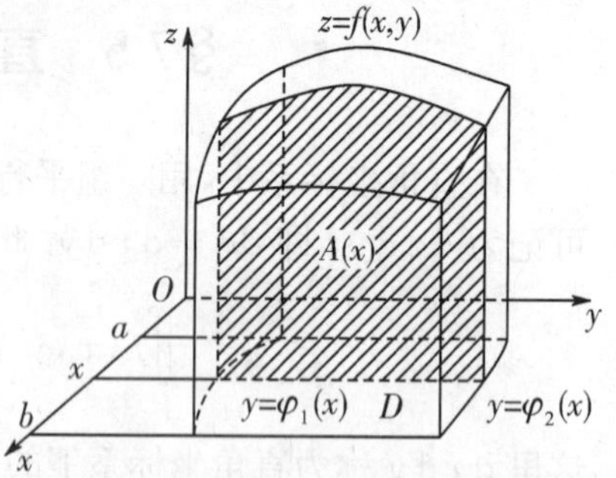

图 7-5-4

$$V=\int_a^b A(x)\mathrm{d}x=\int_a^b\left[\int_{\varphi_1(x)}^{\varphi_2(x)} f(x,y)\mathrm{d}y\right]\mathrm{d}x,$$

所以有

$$\iint_D f(x,y)\mathrm{d}\sigma=\int_a^b\left[\int_{\varphi_1(x)}^{\varphi_2(x)} f(x,y)\mathrm{d}y\right]\mathrm{d}x.$$

上式可简记为

$$\iint_D f(x,y)\mathrm{d}\sigma=\int_a^b\mathrm{d}x\int_{\varphi_1(x)}^{\varphi_2(x)} f(x,y)\mathrm{d}y.$$

上式就是二重积分化为定积分的计算方法，这种积分叫作先对y后对x的**二次积分**(**累次积分**)，即先把x看作常数，$f(x,y)$只看作y的函数，计算$f(x,y)$在$[\varphi_1(x),\varphi_2(x)]$上的定积分，然后把所得的结果($x$的函数)对$x$从$a$到$b$计算定积分，这样计算的结果就是二重积分的值.

综上分析，可得到下述定理.

定理 7-5-1 如果积分区域D为X-型区域

$$\{(x,y)\mid a\leqslant x\leqslant b,\varphi_1(x)\leqslant y\leqslant\varphi_2(x)\},$$

其中函数$\varphi_1(x),\varphi_2(x)$在区间$[a,b]$上连续，则有

$$\iint_D f(x,y)\mathrm{d}\sigma=\int_a^b\mathrm{d}x\int_{\varphi_1(x)}^{\varphi_2(x)} f(x,y)\mathrm{d}y.$$

类似地，有：

定理 7-5-2 如果积分区域D为Y-型区域

$$\{(x,y)\mid c\leqslant y\leqslant d,\psi_1(y)\leqslant x\leqslant\psi_2(y)\},$$

其中函数$\psi_1(y),\psi_2(y)$在区间$[c,d]$上连续，则有

$$\iint_D f(x,y)\mathrm{d}x\mathrm{d}y=\int_c^d\mathrm{d}y\int_{\psi_1(y)}^{\psi_2(y)} f(x,y)\mathrm{d}x.$$

如果积分区域既不是X-型区域，又不是Y-型区域，则可把积分区域D划分成几个子区域，使每个子区域是X-型区域或是Y-型区域，计算函数在每个子区域上的二重积分.根

据二重积分对积分区域具有可加性，函数在这些子区域上二重积分的和就是函数在区域 D 上的二重积分.

例 7-5-1　计算 $I=\iint\limits_D(1-x^2)\mathrm{d}x\mathrm{d}y$，其中 $D=\{(x,y)\mid -1\leqslant x\leqslant 1,0\leqslant y\leqslant 2\}$.

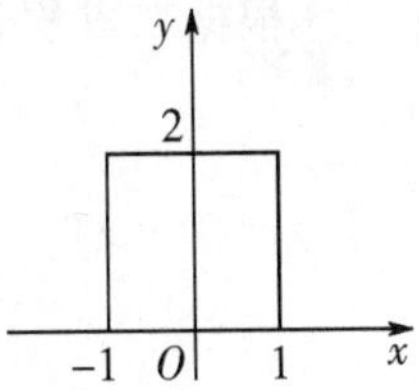

图 7-5-5

解　画出积分区域 D 图形(图 7-5-5)，积分区域可表示成 X-型区域：

$$D=\{(x,y)\mid -1\leqslant x\leqslant 1,0\leqslant y\leqslant 2\},$$

$$I=\iint\limits_D(1-x^2)\mathrm{d}x\mathrm{d}y=\int_{-1}^{1}\mathrm{d}x\int_0^2(1-x^2)\mathrm{d}y=\int_{-1}^{1}\left[\int_0^2(1-x^2)\mathrm{d}y\right]\mathrm{d}x$$

$$=\int_{-1}^{1}[(1-x^2)y]_0^2\mathrm{d}x=\int_{-1}^{1}2(1-x^2)\mathrm{d}x=2\left[x-\frac{1}{3}x^3\right]_{-1}^{1}=\frac{8}{3}.$$

例 7-5-2　计算 $I=\iint\limits_D xy\mathrm{d}x\mathrm{d}y$，其中 D 是由曲线 $y^2=x$ 及 $y=$ 直线 $x-2$ 所围成的区域.

解　画出积分区域 D 图形(如图 7-5-6)，由方程组 $\begin{cases}y^2=x\\y=x-2\end{cases}$ 得曲线与直线的交点坐标为 $(1,-1)$，$(4,2)$.

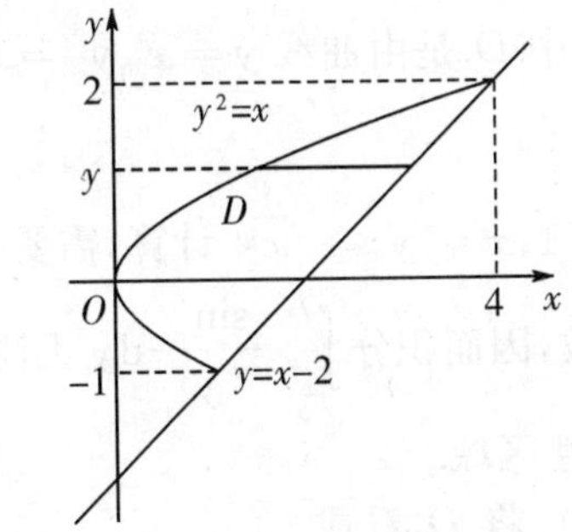

图 7-5-6

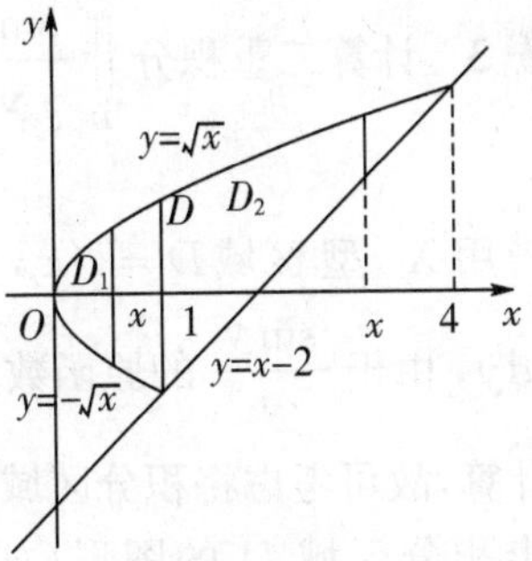

图 7-5-7

积分区域 D 可看成 Y-型区域：$D=\{(x,y)\mid -1\leqslant y\leqslant 2,y^2\leqslant x\leqslant y+2\}$，则

$$I=\iint\limits_D xy\mathrm{d}x\mathrm{d}y=\int_{-1}^{2}\mathrm{d}y\int_{y^2}^{y+2}xy\mathrm{d}x=\int_{-1}^{2}\left[\int_{y^2}^{y+2}xy\mathrm{d}x\right]\mathrm{d}y=\int_{-1}^{2}\left[y\cdot\frac{x^2}{2}\right]_{y^2}^{y+2}\mathrm{d}y$$

$$=\frac{1}{2}\int_{-1}^{2}[y(y+2)^2-y^5]\mathrm{d}y=\frac{1}{2}\int_{-1}^{2}(y^3+4y^2+4y-y^5)\mathrm{d}y$$

$$=\frac{1}{2}\left[\frac{y^4}{4}+\frac{4y^3}{3}+2y^2-\frac{y^6}{6}\right]_{-1}^{2}=5\frac{5}{8}.$$

若将 D 看成 X-区域(如图 7-5-7)，用直线 $x=1$ 将 D 分成 D_1 和 D_2 两个区域，其中

$$D_1=\{(x,y)\mid 0\leqslant x\leqslant 1,-\sqrt{x}\leqslant y\leqslant\sqrt{x}\},$$

$$D_2=\{(x,y)\mid 1\leqslant x\leqslant 4,x-2\leqslant y\leqslant\sqrt{x}\},$$

$$D=D_1\cup D_2.$$

根据二重积分性质 7-4-2,有

$$\begin{aligned}I&=\iint_D xy\mathrm{d}x\mathrm{d}y=\iint_{D_1}xy\mathrm{d}x\mathrm{d}y+\iint_{D_2}xy\mathrm{d}x\mathrm{d}y\\&=\int_0^1\mathrm{d}x\int_{-\sqrt{x}}^{\sqrt{x}}xy\mathrm{d}y+\int_1^4\mathrm{d}x\int_{x-2}^{\sqrt{x}}xy\mathrm{d}y\\&=\int_0^1\left[\int_{-\sqrt{x}}^{\sqrt{x}}xy\mathrm{d}y\right]\mathrm{d}x+\int_1^4\left[\int_{x-2}^{\sqrt{x}}xy\mathrm{d}y\right]\mathrm{d}x\\&=\int_0^1\left[x\cdot\frac{y^2}{2}\right]_{-\sqrt{x}}^{\sqrt{x}}\mathrm{d}x+\int_1^4\left[x\cdot\frac{y^2}{2}\right]_{x-2}^{\sqrt{x}}\mathrm{d}x\\&=0+\frac{1}{2}\int_1^4(5x^2-x^3-4x)\mathrm{d}x\\&=\frac{1}{2}\left[\frac{5x^3}{3}-\frac{x^4}{4}-2x^2\right]_1^4\\&=5\frac{5}{8}.\end{aligned}$$

由此可见,将区域 D 看成 X-型区域,计算比较麻烦,所以恰当选择积分区域的类型是化二重积分为二次积分的关键步骤.

例 7-5-3 计算二重积分 $\iint\limits_D\frac{\sin y}{y}\mathrm{d}x\mathrm{d}y$,其中 D 是由曲线 $y=x,y^2=x$ 所围成的区域.

分析 若用 X-型区域 $D=\{(x,y)\mid 0\leqslant x\leqslant 1,x\leqslant y\leqslant\sqrt{x}\}$ 计算,需要先计算定积分 $\int_x^{\sqrt{x}}\frac{\sin y}{y}\mathrm{d}y$,由于 $\frac{\sin y}{y}$ 的原函数不是初等函数,因而积分 $\int_x^{\sqrt{x}}\frac{\sin y}{y}\mathrm{d}y$ 无法用牛顿-莱布尼兹公式计算,故可考虑将积分区域 D 看作 Y-型区域.

解 画出积分区域 D 的图形(如图 7-5-8),将 D 看成 Y-型区域:

$$D=\{(x,y)\mid 0\leqslant y\leqslant 1,y^2\leqslant x\leqslant y\},$$

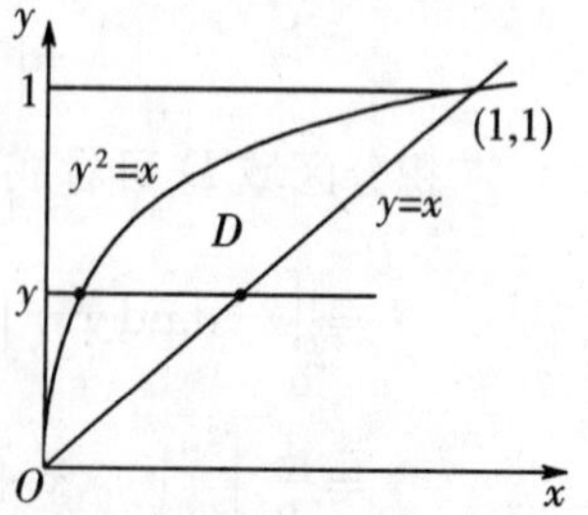

图 7-5-8

则有

$$\begin{aligned}\iint_D\frac{\sin y}{y}\mathrm{d}x\mathrm{d}y&=\int_0^1\mathrm{d}y\int_{y^2}^{y}\frac{\sin y}{y}\mathrm{d}x=\int_0^1\left[\int_{y^2}^{y}\frac{\sin y}{y}\mathrm{d}x\right]\mathrm{d}y\\&=\int_0^1\left[\frac{\sin y}{y}\cdot x\right]_{y^2}^{y}\mathrm{d}y=\int_0^1\frac{\sin y}{y}(y-y^2)\mathrm{d}y\\&=\int_0^1(1-y)\sin y\mathrm{d}y=\int_0^1(y-1)\mathrm{d}\cos y\\&=[(y-1)\cos y]_0^1-\int_0^1\cos y\mathrm{d}y\end{aligned}$$

$$=0-(-1)-[\sin y]_0^1$$
$$=1-\sin 1.$$

总结上述例子，我们将直角坐标系下二重积分的计算步骤归纳如下：

第一步　画出积分区域 D 的图形.常见函数图形：直线、抛物线、指数、对数、三角函数.

第二步　确定 D 是 X -型 区域，还是 Y -型 区域，若既不是 X -型 区域，又不是 Y -型 区域，则要把区域 D 划分为几个 X -型 区域或 Y -型 区域，并将 D 用不等式组表示每个 X -型 区域或 Y -型 区域，以确定二次积分的上、下限.

选择积分次序的注意事项：

(a) 积分区域划分得越少越好.

(b) 先积分的要能顺利积出来，被积函数含 $\dfrac{\sin x}{x}$，$\sin x^2$，e^{x^2}，$e^{\frac{y}{x}}$，$\dfrac{1}{\ln x}$ 等因式时要先对 y 积分.

(c) X -型区域：先确定 x 的范围是一个常数到另一个常数，积分区域内画一条平行于 y 轴的直线，下交点 $\varphi_1(x)$ 为下限，上交点 $\varphi_2(x)$ 为上限.

Y -型区域：先确定 y 的范围是一个常数到另一个常数，积分区域内画一条平行于 x 轴的直线，下交点 $\psi_1(y)$ 为下限，上交点 $\psi_2(y)$ 为上限.

第三步　计算二次积分.

由于二重积分可以化为不同次序的二次积分，而两种次序下的二次积分的计算复杂程度有差异.因此，常常需要考虑将一种次序的二次积分换为另一种次序的二次积分，即交换二重积分次序.

三、交换二次积分次序

例 7-5-4　交换积分次序

$$I=\int_0^1 dy\int_0^{\sqrt{y}} f(x,y)dx+\int_1^2 dy\int_0^{2-y} f(x,y)dx.$$

解　根据所给的积分限，用不等式组表示积分区域 D_1 和 D_2，则有

$$D_1:\begin{cases}0\leqslant x\leqslant\sqrt{y}\\0\leqslant y\leqslant 1\end{cases},\quad D_2:\begin{cases}0\leqslant x\leqslant 2-y\\1\leqslant y\leqslant 2\end{cases},$$

并画出积分区域 D_1 和 D_2 的图形(如图 7-5-9).

图 7-5-9

由图知 $D=D_1\cup D_2$，题目所给的 D_1 和 D_2 均是 Y- 区域，故需要将积分区域 D 表示成 X - 区域，用不等式组表示为 $D:\begin{cases}x^2\leqslant y\leqslant 2-x\\0\leqslant x\leqslant 1\end{cases}$，于是，交换积分次序得到

$$I=\int_0^1 dy\int_0^{\sqrt{y}} f(x,y)dx+\int_1^2 dy\int_0^{2-y} f(x,y)dx=\int_0^1 dx\int_{x^2}^{2-x} f(x,y)dy.$$

一般地，交换二次积分次序的步骤为：

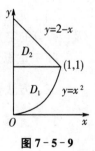

第一步　对于给定的二次积分$\int_a^b \mathrm{d}x \int_{\varphi_1(x)}^{\varphi_2(x)} f(x,y)\mathrm{d}y$，先根据其积分限

$$a \leqslant x \leqslant b, \varphi_1(x) \leqslant y \leqslant \varphi_2(x),$$

画出积分区域D的图形.

第二步　根据积分区域D的图形，按新的次序确定积分区域D的积分限

$$c \leqslant y \leqslant d, \psi_1(y) \leqslant x \leqslant \psi_2(y).$$

第三步　写出结果$\int_a^b \mathrm{d}x \int_{\varphi_1(x)}^{\varphi_2(x)} f(x,y)\mathrm{d}y = \int_c^d \mathrm{d}y \int_{\psi_1(y)}^{\psi_2(y)} f(x,y)\mathrm{d}x$.

习题 7.5

1. 计算二重积分$\iint\limits_D xy\mathrm{d}x\mathrm{d}y$，其中$D$是由$y=x$和$y=x^2$所围成的区域.

2. 计算二重积分$\iint\limits_D (x^2+y)\mathrm{d}x\mathrm{d}y$，其中$D$是由$y=x^2$和$y^2=x$所围成的区域.

3. 计算二重积分$\iint\limits_D (x^2+y^2-x)\mathrm{d}x\mathrm{d}y$，其中$D$是由$x=2$，$y=x$和$y=2x$所围成的区域.

4. 交换下列二次积分的积分顺序：

(1) $I=\int_0^1 \mathrm{d}y \int_y^{\sqrt{y}} f(x,y)\mathrm{d}x$；

(2) $I=\int_{-1}^1 \mathrm{d}x \int_0^{\sqrt{1-x^2}} f(x,y)\mathrm{d}y$；

(3) $I=\int_0^1 \mathrm{d}x \int_0^x f(x,y)\mathrm{d}y + \int_1^2 \mathrm{d}x \int_0^{2-x} f(x,y)\mathrm{d}y$.

本章小结

一、主要内容

1. 二元函数的定义、二重极限及二元函数连续的定义；二元函数的偏导数、二阶偏导数及全微分的定义；二元函数偏导数及全微分的求法.

2. 二重积分的概念及性质，直角坐标系下二重积分的计算方法以及交换二次积分次序.

二、方法要点

1. 多元函数的极限

求二元函数的极限（二重极限）时，要注意：

(1) 一元函数极限运算法则和定理，可以直接类推到二重极限，二元函数没有洛必达法则，需转化为一元函数，使用洛必达法则.

(2) 二重极限存在,是指点 $P(x,y)$ 在某邻域内沿任意方式趋于点 $P_0(x_0,y_0)$ 时,函数值都无限接近于常数 A. 因此,要判断二重极限不存在,只需要找两条特殊路径,当点 $P(x,y)$ 沿这两条特殊路径趋于点 $P_0(x_0,y_0)$ 时,函数趋近于不同的值,就可以判断二重极限不存在.

2. 偏导数

(1) 一元函数的导数 $\dfrac{dy}{dx}$ 既可以看作一个整体,也可以理解为“微商”,但二元函数的偏导数 $\dfrac{\partial z}{\partial x}\left(或\dfrac{\partial z}{\partial y}\right)$ 只是整体记号,不是 ∂z 与 ∂x 的商.对于一元函数来说,可导必连续,但对于二元函数来说,偏导数存在不一定连续,而是偏导数连续 ⇒ 可微 ⇒ 函数连续且偏导数存在.

(2) 要求多元函数对某个自变量的偏导数,只要把其他自变量视为常数,此时函数可视为一元函数,利用一元函数的求导公式与求导法则即可.

3. 二重积分

直角坐标系下二重积分的计算方法是化为二次积分,即计算两次定积分.选择积分次序和确定积分上、下限是计算二重积分的关键.

选择积分次序的注意事项是:

(1) 尽可能对积分区域在不分或少分成子区域的情形下积分.

(2) 第一次积分的上下限表达式要简单,并且容易根据第一次积分的结果第二次积分.

复习题七

一、填空题

1. 二元函数 $z=\dfrac{1}{\sqrt{x+y+1}}+\ln(x-y)$ 的定义域 $D=$________.

2. 设二元函数 $f(x,y)=2ye^x+3y^2$,则 $f(0,1)=$________.

3. 设 $f(x,y)=\sqrt{x+2\sqrt{y}}$,则 $f(1,16)=$________.

4. $\lim\limits_{(x,y)\to(1,2)}(x^2-xy)=$________.

5. $\lim\limits_{\substack{x\to3\\y\to0}}\dfrac{\sqrt{xy+1}-1}{xy}=$________.

6. 设 $f(x,y)=x^2y^2-y$,则 $f_x(2,3)=$________.

7. 设 $f(x,y)=\ln\left(x+\dfrac{x}{2y}\right)$,则 $f_y(1,1)=$________.

8. 设 $z=e^x\cos xy$,则 $\dfrac{\partial z}{\partial x}=$________,$\dfrac{\partial z}{\partial y}=$________.

9. 当函数 $f(x,y)$ 在有界闭区域 D 上________时,二重积分 $\iint\limits_D f(x,y)d\sigma$ 必存在.

10. 设 D 为圆形闭区域 $1 \leqslant x^2 + y^2 \leqslant 4$，则 $\iint\limits_D \mathrm{d}x\mathrm{d}y =$________.

11. 设 D 为闭区域 $|x| \leqslant 2, |y| \leqslant 3$，则 $\iint\limits_D \mathrm{d}x\mathrm{d}y =$________.

12. 设 D 由直线 $x = 1, y = 2$ 和两坐标轴所围成，则 $\iint\limits_D xy\mathrm{d}x\mathrm{d}y =$________.

13. 交换积分次序 $\int_1^{\mathrm{e}} \mathrm{d}x \int_0^{\ln x} f(x,y)\mathrm{d}y =$________.

二、选择题

1. 函数 $z = \ln(-x-y)$ 的定义域为（　　）.

A. $\{(x,y) \mid x < 0, y < 0\}$　　B. $\{(x,y) \mid x + y \leqslant 0\}$

C. $\{(x,y) \mid x + y < 0\}$　　D. $\{(x,y) \mid x > 0, y < 0\}$

2. 极限 $\lim\limits_{\substack{x \to 0 \\ y \to 1}} \left[\ln(y-x) + \dfrac{y}{\sqrt{1-x^2}}\right] =$（　　）.

A. 1　　B. 2　　C. -1　　D. 0

3. 极限 $\lim\limits_{\substack{x \to 0 \\ y \to 0}} (x^2+y^2)\sin\dfrac{1}{x^2+y^2} =$（　　）.

A. 1　　B. 0　　C. ∞　　D. 不存在

4. 极限 $\lim\limits_{\substack{x \to 2 \\ y \to 0}} \dfrac{\sin(x^2 y)}{xy} =$（　　）.

A. 1　　B. 2　　C. 不存在　　D. 0

5. 函数 $z = f(x,y)$ 在点 (x_0, y_0) 处对 x 的偏导数是（　　）.

A. $\lim\limits_{\Delta x \to 0} \dfrac{f(x_0 + \Delta x, y_0 + \Delta y) - f(x_0, y_0)}{\Delta x}$

B. $\lim\limits_{\Delta x \to 0} \dfrac{f(x_0 + \Delta x, y_0) - f(x_0, y_0)}{\Delta x}$

C. $\lim\limits_{\Delta y \to 0} \dfrac{f(x_0 + \Delta x, y_0 + \Delta y) - f(x_0, y_0)}{\Delta y}$

D. $\lim\limits_{\Delta y \to 0} \dfrac{f(x_0, y_0 + \Delta y) - f(x_0, y_0)}{\Delta y}$

6. 设 $z = x^y$，则 $\dfrac{\partial z}{\partial y} =$（　　）.

A. $y \cdot x^{y-1}$　　B. $\dfrac{1}{y+1} \cdot x^{y+1}$　　C. $x^y \cdot \ln x$　　D. $x^y \cdot \dfrac{1}{\ln x}$

7. 设 $u = \left(\dfrac{x}{y}\right)^z$，则 $\mathrm{d}u\big|_{(1,1,1)} =$（　　）.

A. $\mathrm{d}x + \mathrm{d}y + \mathrm{d}z$　　B. $\mathrm{d}x + \mathrm{d}y$　　C. $\mathrm{d}x - \mathrm{d}y$　　D. $\mathrm{d}x - \mathrm{d}y + \mathrm{d}z$

8. 设 $f(x,y) = \arctan\sqrt{\dfrac{x}{y}}$，则 $f_x(x,1) =$（　　）.

A. $\dfrac{1}{2\sqrt{x}(1+x)}$ B. $\dfrac{1}{2\sqrt{x-x^2}}$ C. x D. $\dfrac{1}{\sqrt{1-x}}$

9. 如果 $f(x,y)$ 具有二阶连续偏导数，则 $\dfrac{\partial^2 f}{\partial x \partial y}=($　　$)$.

A. 0 B. $\dfrac{\partial^2 f}{\partial x^2}$ C. $\dfrac{\partial^2 f}{\partial y^2}$ D. $\dfrac{\partial^2 f}{\partial y \partial x}$

10. 设 $z=e^x \sin y$，则 $\dfrac{\partial^2 z}{\partial x \partial y}=($　　$)$.

A. $e^x \sin y$ B. $e^x \cos y$ C. $-e^x \cos y$ D. $-e^x \sin y$

11. 设 D 为以点 $(-1,-1)$，$(1,-1)$，$(1,1)$ 为顶点的三角形区域，则 $\iint\limits_D d\sigma=($　　$)$.

A. 2 B. 0 C. 1 D. 4

12. 设区域 D 由 $y=x^2$，$x=1$，$y=0$ 所围成，则二重积分 $\iint\limits_D x^2 y\,dx\,dy=($　　$)$.

A. 1 B. $\dfrac{1}{3}$ C. $\dfrac{1}{7}$ D. $\dfrac{1}{14}$

13. 交换积分顺序，则 $\int_0^1 dy \int_0^{y^2} f(x,y)dx=($　　$)$.

A. $\int_0^1 dx \int_0^{x^2} f(x,y)dy$ B. $\int_0^1 dx \int_{x^2}^1 f(x,y)dy$

C. $\int_0^1 dx \int_{\sqrt{x}}^1 f(x,y)dy$ D. $\int_0^1 dx \int_0^{\sqrt{x}} f(x,y)dy$

14. 二次积分 $\int_0^1 dy \int_{-y+1}^1 f(x,y)dx$ 交换积分次序后得(　　).

A. $\int_0^1 dx \int_{-x+1}^1 f(x,y)dy$ B. $\int_1^2 dx \int_0^{x-1} f(x,y)dy$

C. $\int_1^2 dx \int_1^{x-1} f(x,y)dy$ D. $\int_1^2 dx \int_{x-1}^1 f(x,y)dy$

三、求下列二元函数的偏导数

1. $z=x^3+3x^2y-y^3$. **2.** $z=xy\ln y$.

3. $z=\ln(x+y^2)$. **4.** $z=x\sin(x+y)+e^{xy^2}$.

四、求下列函数的全微分

1. $z=x^3y^4$. **2.** $z=\arctan x^y$.

3. $u=\ln(2x+3y+4z^2)$. **4.** $z=e^x\sin(x+y)$.

5. $z=\cos(x+y)\ln x$. **6.** $z=(1+x)^{xy}$.

五、求下列函数的二阶偏导数

1. $z=x^2y^2+x+\sin y+2$. **2.** $z=\dfrac{x+y}{x-y}$.

六、计算下列积分的值

1. 计算 $\iint\limits_D (x^2+y^2)dx\,dy$，其中 D 是由 $-1\leqslant x\leqslant 1$ 和 $0\leqslant y\leqslant 2$ 所围成的区域.

2. 计算$\iint\limits_{D}(x^2+y^2)\mathrm{d}x\mathrm{d}y$，其中$D$为$y=x^2$与$y=x$所围成的闭区域.

3. 计算$\iint\limits_{D}(3x+2y)\mathrm{d}x\mathrm{d}y$，其中$D$是由两坐标轴及直线$x+y=2$所围成的闭区域.

4. 计算$\iint\limits_{D}(2x+3y)\mathrm{d}x\mathrm{d}y$，其中$D$是由直线$x=1$，$y=x$与$x$轴所围成的闭区域.

5. 计算$\iint\limits_{D}(x+2y)\mathrm{d}x\mathrm{d}y$，其中$D$是由两坐标轴及直线$x+y=2$所围成的闭区域.

阅读材料

连续性的奥妙

世界上有许多平平常常的事情,静下心来想想又有点奇怪.比如:两个好朋友几天不见了,偶然在街上遇到,马上就能认出彼此,打招呼,这似乎是很正常的事情,但是仔细想想,又有点奇怪,几天内,两人的模样变化了没有呢?当然改变了,要是几天内不变,那几年、几十年也不会变化,人怎么能由小到大,到老呢?既然变了,又为什么能认出彼此呢?只能说,变化很小,变化小到什么程度呢?时间越短,变化越小,如果你盯着一个婴儿不停地看,你简直不可能说他在变,但几年之后,他确实明显变大了.这变化是逐渐的,不间断的.

世界上的事物在不停地变化,但我们仍能知道甲是甲,乙是乙,这就是因为事物的变化大多是一点一点改变的,通常不会一下子突然变个样.这就给我们一个感觉:许多变化是连续的.

事物变化的连续性是我们的感觉,感觉不一定准确.电影实际上是由许多不同的画面构成的,它不是连续变化的.但因为相继的两个画面相差甚微,我们便以为它是连续的了.我们的直觉告诉我们,世界上许多事物的变化是真正连续的,不是像电影那样由微小的跃变所组成的.测量技术永远不可能证实这种直觉.事实上,如果物质由分子、原子组成,事物的成长是不可能连续进行的.

连续性的问题是自古以来哲学家们都在讨论的问题,它与无穷问题密切相关.因为连续变化必然经过无穷个不同的阶段,毕达哥拉斯、芝诺、亚里士多德、莱布尼兹……都曾经讨论过连续性.但如何建立"连续性"概念,却始终是哲学家面前的难题.

这个困难不可能在哲学中解决,因为它已经转化为数学上的困难,哲学上对连续性的看法是说不清楚的.对于数学家与物理学家,在弄清楚实数是什么之前,也总是说不清楚的.例如:

亚里士多德认为,当两个互相接触的物体各自的端点成为两者的共同端点时,就会出现连续的连接.他不承认连续直线由无穷多点组成的说法.

伽利略反对亚里士多德的看法,认为连续的东西可以由无限个元素组成,好比一种可以研成极细粉末的固体.

莱布尼兹提出"连续性定律",认为世界上的一切都是连续变化的.他和牛顿大体上有相同的看法:数学上的连续性是用无穷小量来定义的一个理想概念.这个无穷小量,似乎类似于伽利略的"极细粉末".

直到 19 世纪末,即两千多年的探索后,数学上严格的实数定理建立了,连续性的公认概念才出现.

数学家的这些研究过程告诉我们：科学的发展，重大概念的产生，是举步维艰的.任何一个创造，在实现之前，都是困难的.因为人们是在无知中摸索，摸索成功之后，就变成简单的了.摸索的过程是困难的，我们要有持之以恒的决心和恒心，坚持下去，希望总会实现.

第 8 章

无穷级数

学习目标

1. 理解无穷数项级数收敛、发散及和的概念.
2. 理解无穷数项级数的基本性质,掌握无穷数项级数收敛的必要条件.
3. 掌握等比级数和 p 一级数的敛散性,会用正项级数的比较审敛法,掌握正项级数的比值审敛法.
4. 掌握交错级数的莱布尼兹判别法,知道级数绝对收敛与条件收敛的概念.
5. 理解幂级数及其收敛半径的概念,会计算幂级数的收敛半径、收敛区间和收敛域.
6. 理解幂级数在收敛区间内的基本性质(逐项可导、逐项可积等).
7. 熟记 $\frac{1}{1-x}$, e^x, $\sin x$ 等函数的幂级数展开式,会用幂级数的基本性质求一些简单函数的幂级数展开式.
8. 理解傅里叶级数的基本概念,知道三角函数系的正交性.了解傅里叶级数的收敛定理,会将以 2π(或 $2l$)为周期的函数展开为傅里叶级数.

无穷级数是高等数学的一个重要分支,在数值计算(例如,三角函数值、对数函数值、积分值等)、函数表示、函数性质的研究以及解微分方程等有着广泛的应用.本章将介绍:无穷级数的基本概念和性质;常数项级数;幂级数和傅里叶级数.

§8.1 常数项级数的概念和性质

一、数项级数的概念

1. 数项级数的定义

定义 8-1-1 给定一个数列 $\{u_n\}$:$u_1, u_2, u_3, \cdots, u_n, \cdots$,以加法符号"+"顺次连接数列的各项得到 $u_1+u_2+u_3+\cdots+u_n+\cdots$,称为常数项**无穷级数**,简称(**数项**)**级数**,记作 $\sum_{n=1}^{\infty} u_n$,即

$$\sum_{n=1}^{\infty} u_n = u_1 + u_2 + u_3 + \cdots + u_n + \cdots,$$

其中第 n 项 u_n 称为级数的一般项或通项.

例如，$\sum_{n=1}^{\infty} \frac{1}{2^n} = \frac{1}{2} + \frac{1}{2^2} + \frac{1}{2^3} + \cdots + \frac{1}{2^n} + \cdots$为数项级数，通项为 $u_n = \frac{1}{2^n}$；

$\sum_{n=1}^{\infty} \frac{1}{n^2} = 1 + \frac{1}{2^2} + \frac{1}{3^2} + \cdots + \frac{1}{n^2} + \cdots$为数项级数，通项为 $u_n = \frac{1}{n^2}$.

2. 无穷级数的部分和与部分和数列

定义 8-1-2 设 $\sum_{n=1}^{\infty} u_n$ 为数项级数，其前 n 项和

$$S_n = u_1 + u_2 + \cdots + u_n = \sum_{k=1}^{n} u_k$$

称为数项级数 $\sum_{n=1}^{\infty} u_n$ 的**部分和**.当 n 依次取 1,2,3, …时，它们构成一个新的数列

$$S_1 = u_1, S_2 = u_1 + u_2, \cdots, S_n = u_1 + u_2 + \cdots + u_n, \cdots$$

称为数项级数 $\sum_{n=1}^{\infty} u_n$ 的**部分和数列**$\{S_n\}$.

3. 数项级数的收敛与发散

定义 8-1-3 设 $\sum_{n=1}^{\infty} u_n$ 为数项级数，当 $n \to \infty$ 时，如果部分和数列 $\{S_n\}$ 有极限S，即

$$\lim_{n \to \infty} S_n = S,$$

则称数项级数 $\sum_{n=1}^{\infty} u_n$ **收敛**，S 称为该级数的**和**，记作 $S = \sum_{n=1}^{\infty} u_n$；如果 $\lim_{n \to \infty} S_n$ 不存在，则称数项级数 $\sum_{n=1}^{\infty} u_n$ **发散**.

当级数 $\sum_{n=1}^{\infty} u_n$ 收敛时，$r_n = S - S_n = u_{n+1} + u_{n+2} + \cdots$称为级数的余项.用 S_n 近似代替和 S 所产生的误差为 $|r_n|$. 因为 $\lim_{n \to \infty} r_n = 0 \Leftrightarrow \lim_{n \to \infty}(S - S_n) = 0 \Leftrightarrow \lim_{n \to \infty} S_n = S$，所以

$$\text{级数} \sum_{n=1}^{\infty} u_n \text{收敛} \Leftrightarrow \lim_{n \to \infty} r_n = 0.$$

对于发散的级数没有和，故没有余项.

由定义可知，判断数项级数 $\sum_{n=1}^{\infty} u_n$ 是否收敛，实际上就是考察其部分和数列 $\{S_n\}$ 是否有极限.

例 8-1-1 讨论级数 $\sum_{n=1}^{\infty} \frac{1}{n(n+1)}$ 的敛散性.

解 由于

$$u_n=\frac{1}{n(n+1)}=\frac{1}{n}-\frac{1}{n+1},$$

因此

$$\begin{aligned}S_n&=\frac{1}{1\times 2}+\frac{1}{2\times 3}+\cdots+\frac{1}{n(n+1)}\\&=\left(1-\frac{1}{2}\right)+\left(\frac{1}{2}-\frac{1}{3}\right)+\cdots+\left(\frac{1}{n}-\frac{1}{n+1}\right)\\&=1-\frac{1}{n+1},\end{aligned}$$

从而

$$\lim_{n\to\infty}S_n=\lim_{n\to\infty}\left(1-\frac{1}{n+1}\right)=1,$$

故该级数收敛,其和为 1.

例 8-1-2　讨论等比级数(即几何级数) $\sum\limits_{n=1}^{\infty}aq^{n-1}=a+aq+aq^2+\cdots+aq^{n-1}+\cdots$ 的敛散性 $(a\neq 0)$,若收敛,求出它的和.

解　等比级数的公比为 q.

(1) 若 $q\neq 1$,前 n 项部分和

$$S_n=\sum_{k=1}^{n}aq^{k-1}=a+aq+aq^2+\cdots+aq^{n-1}=\frac{a(1-q^n)}{1-q}.$$

当 $|q|<1$ 时,$\lim\limits_{n\to\infty}q^n=0$,$\lim\limits_{n\to\infty}S_n=\dfrac{a}{1-q}$,级数 $\sum\limits_{n=1}^{\infty}aq^{n-1}$ 收敛,和为 $\dfrac{a}{1-q}$.

当 $|q|>1$ 时,$\lim\limits_{n\to\infty}q^n=\infty$,$\lim\limits_{n\to\infty}S_n=\infty$,级数 $\sum\limits_{n=1}^{\infty}aq^{n-1}$ 发散.

(2) 若 $q=1$,$S_n=na$,$\lim\limits_{n\to\infty}S_n=\infty$,级数 $\sum\limits_{n=1}^{\infty}aq^{n-1}$ 发散.

(3) 若 $q=-1$,$S_n=a+(-a)+a+\cdots+(-1)^{n-1}a=\begin{cases}0 & n=2k\\ a & n=2k+1\end{cases}(k\in\mathbf{Z})$,故 $\lim\limits_{n\to\infty}S_n$ 不存在,级数 $\sum\limits_{n=1}^{\infty}aq^{n-1}$ 发散.

综上,当 $|q|<1$ 时,等比级数 $\sum\limits_{n=1}^{\infty}aq^{n-1}$ 收敛,其和为 $\dfrac{a}{1-q}$;当 $|q|\geqslant 1$ 时,等比级数 $\sum\limits_{n=1}^{\infty}aq^{n-1}$ 发散.

例如,级数 $\sum\limits_{n=1}^{\infty}(-1)^{n-1}\dfrac{4^n}{5^n}=\dfrac{4}{5}-\dfrac{4^2}{5^2}+\dfrac{4^3}{5^3}-\dfrac{4^4}{5^4}+\cdots+(-1)^{n-1}\dfrac{4^n}{5^n}+\cdots$ 是等比级数,公比 $q=-\dfrac{4}{5}$,$|q|=\dfrac{4}{5}<1$,故级数 $\sum\limits_{n=1}^{\infty}(-1)^{n-1}\dfrac{4^n}{5^n}$ 是收敛的.

级数 $\sum\limits_{n=1}^{\infty}(-2)^n=-2+(-2)^2+(-2)^3+(-2)^4+\cdots+(-2)^n+\cdots$ 是等比级数，公比 $q=-2$，$|q|=2>1$，故级数 $\sum\limits_{n=1}^{\infty}(-2)^n$ 是发散的.

例 8-1-3 讨论级数 $\sum\limits_{n=1}^{\infty}\ln\left(1+\frac{1}{n}\right)$ 的敛散性.

解 因为 $u_n=\ln\left(1+\frac{1}{n}\right)=\ln\frac{n+1}{n}=\ln(n+1)-\ln n$，

所以 $$S_n=(\ln 2-\ln 1)+(\ln 3-\ln 2)+(\ln 4-\ln 3)+\cdots+[\ln(n+1)-\ln n]$$
$$=\ln(n+1),$$

故 $\lim\limits_{n\to\infty}S_n=\lim\limits_{n\to\infty}\ln(n+1)=+\infty$，因此，级数 $\sum\limits_{n=1}^{\infty}\ln\left(1+\frac{1}{n}\right)$ 发散.

例 8-1-4 设级数 $\sum\limits_{n=1}^{\infty}u_n$ 的部分和 $S_n=\frac{2n}{n+1}$，试写出此级数，并求其和.

解 由于 $u_1=S_1=\frac{2}{1+1}=\frac{2}{1\times 2}$，$u_n=S_n-S_{n-1}=\frac{2}{n(n+1)}(n\geqslant 2)$，故

$$u_n=\frac{2}{n(n+1)}(n\geqslant 1).$$

此时，级数 $\sum\limits_{n=1}^{\infty}u_n=\sum\limits_{n=1}^{\infty}\frac{2}{n(n+1)}$. 又 $\lim\limits_{n\to\infty}S_n=\lim\limits_{n\to\infty}\frac{2n}{n+1}=2$，所以级数 $\sum\limits_{n=1}^{\infty}u_n$ 收敛，其和为 2.

二、无穷级数的基本性质

性质 8-1-1 若级数 $\sum\limits_{n=1}^{\infty}u_n$ 收敛于 S，k 为任意常数，则级数 $\sum\limits_{n=1}^{\infty}ku_n$ 也收敛，其和为 kS，且 $\sum\limits_{n=1}^{\infty}ku_n=k\sum\limits_{n=1}^{\infty}u_n$.

性质 8-1-2 若级数 $\sum\limits_{n=1}^{\infty}u_n$ 和 $\sum\limits_{n=1}^{\infty}v_n$ 都收敛，其和分别为 S_1 和 S_2，则级数 $\sum\limits_{n=1}^{\infty}(u_n\pm v_n)$ 也收敛，其和为 $S_1\pm S_2$，且

$$\sum_{n=1}^{\infty}(u_n\pm v_n)=\sum_{n=1}^{\infty}u_n\pm\sum_{n=1}^{\infty}v_n.$$

推论 8-1-1 若级数 $\sum\limits_{n=1}^{\infty}u_n$ 收敛，$\sum\limits_{n=1}^{\infty}v_n$ 发散，则级数 $\sum\limits_{n=1}^{\infty}(u_n\pm v_n)$ 一定发散.

需要注意的是，若级数 $\sum\limits_{n=1}^{\infty}u_n$ 发散，$\sum\limits_{n=1}^{\infty}v_n$ 发散，则级数 $\sum\limits_{n=1}^{\infty}(u_n\pm v_n)$ 的敛散性不能确定.

例如，$\sum\limits_{n=1}^{\infty}2^n$ 发散，$\sum\limits_{n=1}^{\infty}(-2^n)$ 发散，但是 $\sum\limits_{n=1}^{\infty}[2^n+(-2^n)]=\sum\limits_{n=1}^{\infty}0$ 收敛.

$\sum_{n=1}^{\infty}\frac{1}{n}$ 发散，$\sum_{n=1}^{\infty}\frac{2}{n}$ 发散，但是 $\sum_{n=1}^{\infty}\left(\frac{1}{n}+\frac{2}{n}\right)=\sum_{n=1}^{\infty}\frac{3}{n}$ 发散.

性质 8-1-3　加上、去掉或改变级数 $\sum_{n=1}^{\infty}u_n$ 的有限项，不改变级数的敛散性，但对于收敛的级数，其和要改变.

性质 8-1-4　对收敛级数 $\sum_{n=1}^{\infty}u_n$ 的项任意加括号后所得的新级数 $\sum_{n=1}^{\infty}v_n$ 仍然收敛，且其和不变.

应该指出，性质 8-1-4 的逆命题是不成立的，即一个级数加括号后所得的新级数收敛，原级数未必收敛.

例如，级数 $[1+(-1)]+[1+(-1)]+\cdots+[1+(-1)]+\cdots$ 收敛于 0，但去掉了括号后的新级数 $1+(-1)+1+(-1)+\cdots+(-1)^{n-1}+\cdots$ 却是发散的.

推论 8-1-2　若级数 $\sum_{n=1}^{\infty}u_n$ 的项任意加括号后所得到的级数 $\sum_{n=1}^{\infty}v_n$ 发散，则原级数 $\sum_{n=1}^{\infty}u_n$ 也发散.

性质 8-1-5(级数收敛的必要条件)　若级数 $\sum_{n=1}^{\infty}u_n$ 收敛，则 $\lim\limits_{n\to\infty}u_n=0$.

证明　设 $\sum_{n=1}^{\infty}u_n=S$，　则 $\lim\limits_{n\to\infty}u_n=\lim\limits_{n\to\infty}(S_n-S_{n-1})=S-S=0$.

性质 8-1-5 的逆否命题是：若 $\lim\limits_{n\to\infty}u_n\neq 0$，则级数 $\sum_{n=1}^{\infty}u_n$ 发散.

> **注意**　$\lim\limits_{n\to\infty}u_n=0$ 并不是级数收敛的充分条件，有些级数虽然通项趋于零，但仍然是发散的.例如调和级数 $\sum_{n=1}^{\infty}\frac{1}{n}$，它的通项的极限 $\lim\limits_{n\to\infty}u_n=\lim\limits_{n\to\infty}\frac{1}{n}=0$，但它是发散的.

例 8-1-5　讨论下列级数的敛散性：

(1) $\sum_{n=1}^{\infty}\frac{2+(-1)^n}{2^n}$；　(2) $\sum_{n=1}^{\infty}\frac{n}{3n-1}$；　(3) $\sum_{n=1}^{\infty}\left(1+\frac{1}{n}\right)^n$.

解　(1) $\sum_{n=1}^{\infty}\frac{2+(-1)^n}{2^n}=2\sum_{n=1}^{\infty}\left(\frac{1}{2}\right)^n+\sum_{n=1}^{\infty}\left(-\frac{1}{2}\right)^n$，

级数 $\sum_{n=1}^{\infty}\left(\frac{1}{2}\right)^n$ 是等比级数，公比 $q=\frac{1}{2}$，$|q|=\frac{1}{2}<1$，故级数 $\sum_{n=1}^{\infty}\left(\frac{1}{2}\right)^n$ 是收敛的.

级数 $\sum_{n=1}^{\infty}\left(-\frac{1}{2}\right)^n$ 是等比级数，公比 $q=-\frac{1}{2}$，$|q|=\frac{1}{2}<1$，故级数 $\sum_{n=1}^{\infty}\left(-\frac{1}{2}\right)^n$ 是收敛的.

由性质 8-1-2 知，级数 $\sum_{n=1}^{\infty}\frac{3+(-1)^n}{2^n}$ 收敛.

(2) 因为 $\lim\limits_{n\to\infty}u_n=\lim\limits_{n\to\infty}\dfrac{n}{3n-1}=\dfrac{1}{3}\neq 0$，所以级数 $\sum\limits_{n=1}^{\infty}\dfrac{n}{3n-1}$ 发散.

(3) 因为 $\lim\limits_{n\to\infty}u_n=\lim\limits_{n\to\infty}\left(1+\dfrac{1}{n}\right)^n=\mathrm{e}\neq 0$，所以级数 $\sum\limits_{n=1}^{\infty}\left(1+\dfrac{1}{n}\right)^n$ 发散.

习题 8.1

1. 写出下列级数的通项 u_n：

(1) $1-\dfrac{1}{2}+\dfrac{1}{4}-\dfrac{1}{8}+\dfrac{1}{16}-\cdots$；

(2) $\dfrac{1}{2}+\dfrac{2}{5}+\dfrac{3}{10}+\dfrac{4}{17}+\dfrac{5}{26}+\cdots$；

(3) $2-\dfrac{2^2}{2!}+\dfrac{2^3}{3!}-\dfrac{2^4}{4!}+\dfrac{2^5}{5!}+\cdots$.

2. 用定义判别下列级数的敛散性：

(1) $\sum\limits_{n=1}^{\infty}\dfrac{(-1)^{n-1}}{2^n}$；

(2) $\sum\limits_{n=1}^{\infty}(\sqrt{n+1}-\sqrt{n})$；

(3) $\sum\limits_{n=1}^{\infty}\dfrac{1}{(2n-1)(2n+1)}$.

3. 用性质判别下列级数的敛散性；若收敛，求出其和：

(1) $\sum\limits_{n=1}^{\infty}\dfrac{n}{n+1}$；

(2) $\sum\limits_{n=1}^{\infty}\dfrac{2+(-1)^n}{2^n}$；

(3) $\sum\limits_{n=1}^{\infty}\dfrac{n^2}{3+5n^2}$；

(4) $\sum\limits_{n=1}^{\infty}\left(\dfrac{1}{2^n}-\dfrac{2^n}{5^n}\right)$；

(5) $\sum\limits_{n=1}^{\infty}\dfrac{n^n}{(n+1)^n}$；

(6) $\sum\limits_{n=1}^{\infty}\left(1-\dfrac{1}{n}\right)^{-3}$.

§8.2　正项级数及其审敛法

对于给定的数项级数，要判定它的敛散性，根据定义（$\lim\limits_{n\to\infty}S_n$ 是否存在）通常是比较困难的，因此，需要给出判定级数敛散性的一些简单易行的方法.从本节开始，针对一些特殊类型的数项级数，我们介绍其专有的敛散性判定方法.

一、正项级数的概念与基本定理

定义 8-2-1　若级数 $\sum\limits_{n=1}^{\infty}u_n=u_1+u_2+u_3+\cdots+u_n+\cdots$ 的通项满足 $u_n\geqslant 0(n=1,2,\cdots)$，则称该级数为**正项级数**.

对于正项级数 $\sum\limits_{n=1}^{\infty}u_n$，因为 $S_n=u_1+u_2+\cdots+u_n$，$u_n\geqslant 0(n=1,2,\cdots)$，所以

$$S_n = u_1 + u_2 + \cdots + u_{n-1} + u_n = S_{n-1} + u_n \geqslant S_{n-1} (n=1,2,\cdots),$$

由此得

$$S_1 \leqslant S_2 \leqslant S_3 \leqslant \cdots \leqslant S_{n-1} \leqslant S_n \leqslant \cdots.$$

可见,正项级数 $\sum_{n=1}^{\infty} u_n$ 的前 n 项部分和数列 $\{S_n\}$ 是单调增加的.于是有:

定理 8-2-1(正项级数基本定理)　正项级数 $\sum_{n=1}^{\infty} u_n$ 收敛的充分必要条件是它的部分和数列 $\{S_n\}$ 有界.

证明　(充分性)若正项级数 $\sum_{n=1}^{\infty} u_n$ 收敛,即 $\lim_{n\to\infty} S_n$ 存在,由数列极限的有界性知数列 $\{S_n\}$ 必有界.

(必要性)如果数列 $\{S_n\}$ 有界,则由数列的单调有界原理可知,$\lim_{n\to\infty} S_n$ 存在,故正项级数 $\sum_{n=1}^{\infty} u_n$ 收敛.

例 8-2-1　证明正项级数 $\sum_{n=1}^{\infty} \frac{1}{3^n+1}$ 收敛.

证明　由于 $\frac{1}{3^n+1} < \frac{1}{3^n}, n=1,2,3,\cdots$, 从而

$$\begin{aligned} S_n &= \frac{1}{3+1} + \frac{1}{3^2+1} + \frac{1}{3^3+1} + \cdots + \frac{1}{3^n+1} \\ &< \frac{1}{3} + \frac{1}{3^2} + \cdots + \frac{1}{3^n} \\ &= \frac{\frac{1}{3}\left(1-\frac{1}{2^n}\right)}{1-\frac{1}{3}} \\ &= \frac{1}{2}\left(1-\frac{1}{3^n}\right) < \frac{1}{2}, \end{aligned}$$

即部分和数列 $\{S_n\}$ 有上界,所以正项级数 $\sum_{n=1}^{\infty} \frac{1}{3^n+1}$ 收敛.

本例中,要判别级数 $\sum_{n=1}^{\infty} \frac{1}{3^n+1}$ 收敛,由于 $\frac{1}{3^n+1} < \frac{1}{3^n}$, 且正项级数 $\sum_{n=1}^{\infty} \frac{1}{3^n}$ 是公比为 $\frac{1}{3}$ 的等比级数, $\left|\frac{1}{3}\right| < 1$, 可知 $\sum_{n=1}^{\infty} \frac{1}{3^n}$ 收敛,从而得到原级数 $\sum_{n=1}^{\infty} \frac{1}{3^n+1}$ 也收敛,这一方法具有普遍性.

二、正项级数的审敛法

定理 8-2-2(比较判别法)

设 $\sum\limits_{n=1}^{\infty}u_n$ 和 $\sum\limits_{n=1}^{\infty}v_n$ 为两个正项级数，如果从第 N 项(N 为正整数)起，当 $n\geqslant N$ 时，它们的通项满足 $u_n\leqslant v_n$，则：

(1) 当 $\sum\limits_{n=1}^{\infty}v_n$ 收敛时，$\sum\limits_{n=1}^{\infty}u_n$ 也收敛；

(2) 当 $\sum\limits_{n=1}^{\infty}u_n$ 发散时，$\sum\limits_{n=1}^{\infty}v_n$ 也发散.

上述定理可以简单地这样记忆：

两个正项级数的一般项相互比较时：如果大的正项级数收敛，则小的正项级数也收敛；如果小的正项级数发散，则大的正项级数也发散.

为了应用起来方便，下面给出比较判别法的极限形式.

定理 8-2-3(比较判别法的极限形式)

设 $\sum\limits_{n=1}^{\infty}u_n$ 和 $\sum\limits_{n=1}^{\infty}v_n$ 为两个正项级数，$\lim\limits_{n\to\infty}\dfrac{u_n}{v_n}=l(0\leqslant l\leqslant+\infty)$.

(1) 若 $0<l<+\infty$，则 $\sum\limits_{n=1}^{\infty}u_n$ 与 $\sum\limits_{n=1}^{\infty}v_n$ 有相同的敛散性；

(2) 若 $l=0$ 且 $\sum\limits_{n=1}^{\infty}v_n$ 收敛，则 $\sum\limits_{n=1}^{\infty}u_n$ 收敛；

(3) 若 $l=+\infty$ 且 $\sum\limits_{n=1}^{\infty}v_n$ 发散，则 $\sum\limits_{n=1}^{\infty}u_n$ 发散.

为了更好地使用正项级数的比较判别法及其极限形式，下面给出 p-级数的定义及敛散性判别定理.

定义 8-2-2 级数 $\sum\limits_{n=1}^{\infty}\dfrac{1}{n^p}=1+\dfrac{1}{2^p}+\dfrac{1}{3^p}+\cdots+\dfrac{1}{n^p}+\cdots$ (p 是常数)称为 **p-级数**.

特殊地，当 $p=1$ 时，$\sum\limits_{n=1}^{\infty}\dfrac{1}{n}=1+\dfrac{1}{2}+\dfrac{1}{3}+\cdots+\dfrac{1}{n}+\cdots$ 称为**调和级数**.

关于 p-级数有如下定理：

定理 8-2-4 当 $p\leqslant 1$ 时，p-级数 $\sum\limits_{n=1}^{\infty}\dfrac{1}{n^p}$ 发散；当 $p>1$ 时，p-级数 $\sum\limits_{n=1}^{\infty}\dfrac{1}{n^p}$ 收敛.

例如，正项级数 $\sum\limits_{n=1}^{\infty}\dfrac{1}{\sqrt{n}}=1+\dfrac{1}{\sqrt{2}}+\dfrac{1}{\sqrt{3}}+\cdots+\dfrac{1}{\sqrt{n}}+\cdots$，它是 $p=\dfrac{1}{2}<1$ 的 p-级数，所以 $\sum\limits_{n=1}^{\infty}\dfrac{1}{\sqrt{n}}$ 是发散的.

正项级数 $\sum\limits_{n=1}^{\infty}\dfrac{1}{n^2}=1+\dfrac{1}{4}+\dfrac{1}{9}+\cdots+\dfrac{1}{n^2}+\cdots$，它是 $p=2>1$ 的 p-级数，所以 $\sum\limits_{n=1}^{\infty}\dfrac{1}{n^2}$ 是收敛的.

正项级数 $\sum\limits_{n=1}^{\infty}\dfrac{1}{n\sqrt{n}}=1+\dfrac{1}{2^{\frac{3}{2}}}+\dfrac{1}{3^{\frac{3}{2}}}+\cdots+\dfrac{1}{n^{\frac{3}{2}}}+\cdots$，它是 $p=\dfrac{3}{2}>1$ 的 p - 级数，所以 $\sum\limits_{n=1}^{\infty}\dfrac{1}{n\sqrt{n}}$ 是收敛的.

运用比较判别法的关键，是要找出一个已知其敛散性的比较简单的级数作为比较对象，等比级数、p - 级数与调和级数是最常用的比较对象，下面列出它们的敛散性，希望大家熟记.

常用的比较级数：

(1) 等比级数 $\sum\limits_{n=1}^{\infty}aq^{n-1}\begin{cases}\text{收敛到}\dfrac{a}{1-q} & |q|<1\\ \text{发散} & |q|\geqslant 1\end{cases}$；

(2) p - 级数 $\sum\limits_{n=1}^{\infty}\dfrac{1}{n^p}\begin{cases}\text{收敛} & p>1\\ \text{发散} & p\leqslant 1\end{cases}$；

(3) 调和级数 $\sum\limits_{n=1}^{\infty}\dfrac{1}{n}=1+\dfrac{1}{2}+\dfrac{1}{3}+\cdots+\dfrac{1}{n}+\cdots$ 发散.

例 8-2-2　判断下列级数的敛散性：

(1) $\sum\limits_{n=1}^{\infty}\dfrac{1}{2n-1}$；　　(2) $\sum\limits_{n=1}^{\infty}\dfrac{1}{n\sqrt{n+1}}$；　　(3) $\sum\limits_{n=1}^{\infty}\sin\dfrac{1}{n}$.

解　(1) $u_n=\dfrac{1}{2n-1}$，因为 $\lim\limits_{n\to\infty}\dfrac{\dfrac{1}{2n-1}}{\dfrac{1}{n}}=\lim\limits_{n\to\infty}\dfrac{n}{2n-1}=\dfrac{1}{2}\in(0,+\infty)$，而级数 $\sum\limits_{n=1}^{\infty}\dfrac{1}{n}$ 是调和级数，发散，所以由比较判别法，原级数 $\sum\limits_{n=1}^{\infty}\dfrac{1}{2n-1}$ 发散.

(2) $u_n=\dfrac{1}{n\sqrt{n+1}}$，因为 $\lim\limits_{n\to\infty}\dfrac{\dfrac{1}{n\sqrt{n+1}}}{\dfrac{1}{n^{\frac{3}{2}}}}=\lim\limits_{n\to\infty}\dfrac{n\sqrt{n}}{n\sqrt{n+1}}=\lim\limits_{n\to\infty}\dfrac{\sqrt{n}}{\sqrt{n+1}}=1\in(0,+\infty)$，而级数 $\sum\limits_{n=1}^{\infty}\dfrac{1}{n^{\frac{3}{2}}}$ 是 p - 级数，$p=\dfrac{3}{2}>1$，收敛，所以由比较判别法，原级数 $\sum\limits_{n=1}^{\infty}\dfrac{1}{n\sqrt{n+1}}$ 收敛.

(3) $u_n=\sin\dfrac{1}{n}$，因为 $\lim\limits_{n\to\infty}\dfrac{\sin\dfrac{1}{n}}{\dfrac{1}{n}}=1$，而级数 $\sum\limits_{n=1}^{\infty}\dfrac{1}{n}$ 是调和级数，发散，所以由比较判别法，原级数 $\sum\limits_{n=1}^{\infty}\sin\dfrac{1}{n}$ 发散.

例 8-2-3 判断下列级数的敛散性：

(1) $\sum\limits_{n=1}^{\infty}\dfrac{1}{3^n+2n}$； (2) $\sum\limits_{n=1}^{\infty}\dfrac{\sqrt{n}}{\sqrt{n+n^5}}$； (3) $\sum\limits_{n=1}^{\infty}\dfrac{1}{2^n\cdot n}$.

解 (1) $u_n=\dfrac{1}{3^n+2n}$，因为 $\lim\limits_{n\to\infty}\dfrac{\dfrac{1}{3^n+2n}}{\dfrac{1}{3^n}}=\lim\limits_{n\to\infty}\dfrac{3^n}{3^n+2n}=1$，

$\left(这里 \lim\limits_{n\to\infty}\dfrac{3^n}{3^n+2n}=\lim\limits_{x\to+\infty}\dfrac{3^x}{3^x+2x}=\lim\limits_{x\to+\infty}\dfrac{3^x\ln 3}{3^x\ln 3+2}=\lim\limits_{x\to+\infty}\dfrac{3^x\ \ln^2 3}{3^x\ \ln^2 3}=1\right)$

而级数 $\sum\limits_{n=1}^{\infty}\dfrac{1}{3^n}$ 是公比为 $\dfrac{1}{3}$ 的等比级数，公比 $q=\dfrac{1}{3}$，$|q|=\dfrac{1}{3}<1$，收敛，所以由比较判别法知级数 $\sum\limits_{n=1}^{\infty}\dfrac{1}{3^n+2n}$ 收敛.

(2) $u_n=\dfrac{\sqrt{n}}{\sqrt{n+n^5}}$，因为

$$\lim_{n\to\infty}\frac{\dfrac{\sqrt{n}}{\sqrt{n+n^5}}}{\dfrac{1}{n^2}}=\lim_{n\to\infty}\frac{n^2\sqrt{n}}{\sqrt{n+n^5}}=\lim_{n\to\infty}\frac{n^2}{\sqrt{1+n^4}}=\lim_{n\to\infty}\frac{1}{\sqrt{\dfrac{1}{n^4}+1}}=1,$$

而 $\sum\limits_{n=1}^{\infty}\dfrac{1}{n^2}$ 是 $p=2>1$ 的 p-级数，收敛，所以由比较判别法知级数 $\sum\limits_{n=1}^{\infty}\dfrac{\sqrt{n}}{\sqrt{n+n^5}}$ 收敛.

(3) $u_n=\dfrac{1}{2^n\cdot n}$，因为 $\lim\limits_{n\to\infty}\dfrac{\dfrac{1}{2^n\cdot n}}{\dfrac{1}{2^n}}=\lim\limits_{n\to\infty}\dfrac{1}{n}=0$，而级数 $\sum\limits_{n=1}^{\infty}\dfrac{1}{2^n}$ 是等比级数，公比 $q=\dfrac{1}{2}$，$|q|=\dfrac{1}{2}<1$，收敛，所以由比较判别法知级数 $\sum\limits_{n=1}^{\infty}\dfrac{1}{2^n\cdot n}$ 收敛.

三、正项级数的比值判别法

定理 8-2-5(达朗贝尔(d'Alembert))比值判别法

设 $\sum\limits_{n=1}^{\infty}u_n$ 为正项级数，如果 $\lim\limits_{n\to\infty}\dfrac{u_{n+1}}{u_n}=k$，那么

(1) 当 $k<1$ 时，级数 $\sum\limits_{n=1}^{\infty}u_n$ 收敛；

(2) 当 $k>1$ 时，级数 $\sum\limits_{n=1}^{\infty}u_n$ 发散；

(3) 当 $k=1$ 时，级数 $\sum_{n=1}^{\infty} u_n$ 可能收敛，也可能发散.此时需用其他方法判断(通常用比较判别法等).

注意	比值判别法适用于 u_n 中含有 $n!$ 或关于 n 的若干连乘积的情形.

例 8-2-4　判别下列级数的敛散性：

(1) $\sum_{n=1}^{\infty} \frac{n!}{2^n}$；　　(2) $\sum_{n=1}^{\infty} \frac{n^2}{3^n}$；　　(3) $\sum_{n=1}^{\infty} \frac{1}{\ln(1+n)}$.

解　(1) $u_n=\frac{n!}{2^n}$，因为 $\lim_{n\to\infty}\frac{u_{n+1}}{u_n}=\lim_{n\to\infty}\left[\frac{(n+1)!}{2^{n+1}}\cdot\frac{2^n}{n!}\right]=\lim_{n\to\infty}\frac{n+1}{2}=+\infty$，所以由比值判别法知级数 $\sum_{n=1}^{\infty}\frac{n!}{2^n}$ 发散.

(2) $u_n=\frac{n^2}{3^n}$，因为 $\lim_{n\to\infty}\frac{u_{n+1}}{u_n}=\lim_{n\to\infty}\left[\frac{(n+1)^2}{3^{n+1}}\cdot\frac{3^n}{n^2}\right]=\lim_{n\to\infty}\frac{1}{3}\left(1+\frac{1}{n}\right)^2=\frac{1}{3}<1$，所以由比值判别法知级数 $\sum_{n=1}^{\infty}\frac{n^2}{3^n}$ 收敛.

(3) $u_n=\frac{1}{\ln(1+n)}$，因为 $\lim_{n\to\infty}\frac{u_{n+1}}{u_n}=\lim_{n\to\infty}\frac{\ln(1+n)}{\ln(2+n)}=1$，

$\left(这里 \lim_{n\to\infty}\frac{\ln(1+n)}{\ln(2+n)}=\lim_{x\to+\infty}\frac{\ln(1+x)}{\ln(2+x)}=\lim_{x\to+\infty}\frac{2+x}{1+x}=1\right)$

所以此时不能用比值判别法判别级数的敛散性，用比较判别法试试.

因为 $\lim_{n\to\infty}\frac{\frac{1}{\ln(1+n)}}{\frac{1}{n}}=\lim_{n\to\infty}\frac{n}{\ln(1+n)}=+\infty$，

$\left(因为 \lim_{n\to\infty}\frac{n}{\ln(1+n)}=\lim_{x\to+\infty}\frac{x}{\ln(1+x)}=\lim_{x\to+\infty}(1+x)=+\infty\right)$

而级数 $\sum_{n=1}^{\infty}\frac{1}{n}$ 发散，所以由比较判别法知，级数 $\sum_{n=1}^{\infty}\frac{1}{\ln(1+n)}$ 也发散.

例 8-2-5　判定级数 $\sum_{n=1}^{\infty}\frac{n^2\sin^2\frac{n\pi}{4}}{2^n}$ 的敛散性.

解　由正弦函数有界性知 $0\leqslant\frac{n^2\sin^2\frac{n\pi}{4}}{2^n}\leqslant\frac{n^2}{2^n}$，对于级数 $\sum_{n=1}^{\infty}\frac{n^2}{2^n}$，

$$\lim_{n\to\infty}\frac{u_{n+1}}{u_n}=\lim_{n\to\infty}\frac{(n+1)^2}{2^{n+1}}\cdot\frac{2^n}{n^2}=\frac{1}{2}<1,$$

因此，$\sum\limits_{n=1}^{\infty}\dfrac{n^2}{2^n}$ 收敛.由比较判别法知，$\sum\limits_{n=1}^{\infty}\dfrac{n^2\sin^2\dfrac{n\pi}{4}}{2^n}$ 收敛.

例 8-2-6 判别级数 $\sum\limits_{n=1}^{\infty}\left(\dfrac{n}{2n+1}\right)^n$ 的敛散性.

解法一 因为

$$k=\lim_{n\to\infty}\frac{u_{n+1}}{u_n}=\lim_{n\to\infty}\frac{\left(\dfrac{n+1}{2n+3}\right)^{n+1}}{\left(\dfrac{n}{2n+1}\right)^n}=\lim_{n\to\infty}\left[\left(\frac{n+1}{n}\right)^n\cdot\left(\frac{2n+1}{2n+3}\right)^n\cdot\frac{n+1}{2n+3}\right]$$

$$=\lim_{n\to\infty}\left(1+\frac{1}{n}\right)^n\frac{\left(1+\dfrac{1}{2n}\right)^n}{\left(1+\dfrac{3}{2n}\right)^n}\cdot\frac{1}{2}=\mathrm{e}\cdot\frac{\mathrm{e}^{\frac{1}{2}}}{\mathrm{e}^{\frac{3}{2}}}\cdot\frac{1}{2}=\frac{1}{2}<1,$$

所以由比值判别法可知原级数 $\sum\limits_{n=1}^{\infty}\left(\dfrac{n}{2n+1}\right)^n$ 收敛.

解法二 因为 $\left(\dfrac{n}{2n+1}\right)^n<\left(\dfrac{n}{2n}\right)^n=\left(\dfrac{1}{2}\right)^n$，而 $\sum\limits_{n=1}^{\infty}\left(\dfrac{1}{2}\right)^n$ 收敛，所以由比较判别法可知原级数 $\sum\limits_{n=1}^{\infty}\left(\dfrac{n}{2n+1}\right)^n$ 收敛.

正项级数有多种判别方法，由于篇幅所限这里不作介绍.值得注意的是，上述方法不是绝对的，例如上面例 8-2-6，学生应多做练习，熟能生巧.

习题 8.2

1. 用比较判别法，判别下列级数的敛散性：

(1) $\sum\limits_{n=1}^{\infty}\dfrac{1}{n^2+1}$；　　(2) $\sum\limits_{n=1}^{\infty}\dfrac{n}{(2n+1)^2}$；

(3) $\sum\limits_{n=1}^{\infty}\dfrac{n}{(n+2)^3}$；　　(4) $\sum\limits_{n=1}^{\infty}\dfrac{1}{2^n+n^2}$.

2. 用比值判别法，判别下列级数的敛散性：

(1) $\sum\limits_{n=1}^{\infty}\dfrac{1}{n!}$；　　(2) $\sum\limits_{n=1}^{\infty}\dfrac{n^3}{3^n}$；

(3) $\sum\limits_{n=1}^{\infty}\dfrac{n!}{4^n}$；　　(4) $\sum\limits_{n=1}^{\infty}\dfrac{n!}{n^n}$.

3. 用适当的判别方法，判别下列级数的敛散性：

(1) $\sum\limits_{n=1}^{\infty}\dfrac{n+1}{n^2+1}$；　　(2) $\sum\limits_{n=1}^{\infty}\dfrac{3^n\cdot n!}{n^n}$；

(3) $\sum\limits_{n=1}^{\infty} \frac{2^n}{n!}$;　　　　(4) $\sum\limits_{n=1}^{\infty} \frac{n^3}{3^n}$.

§8.3　一般常数项级数

上一节讨论了正项级数的审敛法,本节讨论一般常数项级数的审敛法.首先讨论一种特殊的常数项级数——交错级数的敛散性,它是常数项级数中最简单的一种级数.

一、交错级数的概念及其审敛法

定义 8-3-1　称各项正、负交错的级数为**交错级数**,记作 $\sum\limits_{n=1}^{\infty} (-1)^{n-1}u_n$ 或 $\sum\limits_{n=1}^{\infty} (-1)^n u_n$,其中 $u_n > 0$.

例如,$\sum\limits_{n=1}^{\infty} (-1)^{n-1} \frac{1}{n} = 1 - \frac{1}{2} + \frac{1}{3} - \frac{1}{4} + \cdots + (-1)^{n-1} \frac{1}{n} + \cdots$ 是交错级数.

$\sum\limits_{n=1}^{\infty} (-1)^n \frac{1}{2^n} = -\frac{1}{2} + \frac{1}{4} - \frac{1}{8} + \frac{1}{16} - \cdots + (-1)^n \frac{1}{2^n} + \cdots$ 是交错级数.

定理 8-3-1(莱布尼兹(Leibniz)判别法)　如果交错级数 $\sum\limits_{n=1}^{\infty} (-1)^{n-1}u_n (u_n > 0)$ 满足:

(1) $u_n \geqslant u_{n+1} (n \geqslant N)$;

(2) $\lim\limits_{n\to\infty} u_n = 0$.

那么交错级数 $\sum\limits_{n=1}^{\infty} (-1)^{n-1}u_n$ 收敛,且其和 $S \leqslant u_1$,且余项 r_n 的绝对值 $|r_n| < u_{n+1}$.

用莱布尼兹判别法判别交错级数 $\sum\limits_{n=1}^{\infty} (-1)^{n-1}u_n (u_n > 0)$ 是否收敛时,需要判别 u_n 和 u_{n+1} 的大小,常用的方法有三种:

(1) 比较法:考虑 $u_n - u_{n+1}$ 是否大于 0.

(2) 比值法:考虑 $\frac{u_n}{u_{n+1}}$ 是否大于 1.

(3) 由 u_n 找出一个可导连续的函数 $f(x)$,使得 $f(n) = u_n$,考虑 $f'(x)$ 是否小于 0.

例 8-3-1　讨论下列交错级数的敛散性:

(1) $\sum\limits_{n=1}^{\infty} (-1)^{n-1} \frac{1}{\sqrt{n}}$;　　　　(2) $\sum\limits_{n=1}^{\infty} (-1)^n \frac{1}{n!}$.

解　(1) 因为 $u_n = \frac{1}{\sqrt{n}} > \frac{1}{\sqrt{n+1}} = u_{n+1}$, $\lim\limits_{n\to\infty} u_n = \lim\limits_{n\to\infty} \frac{1}{\sqrt{n}} = 0$,由莱布尼兹判别法知,交错级数 $\sum\limits_{n=1}^{\infty} (-1)^{n-1} \frac{1}{\sqrt{n}}$ 收敛.

(2) 因为 $u_n = \frac{1}{n!} > \frac{1}{(n+1)!} = u_{n+1}$, $\lim\limits_{n\to\infty} u_n = \lim\limits_{n\to\infty} \frac{1}{n!} = 0$,由莱布尼兹判别法知,交错

级数 $\sum\limits_{n=1}^{\infty}(-1)^n \dfrac{1}{n!}$ 收敛.

例 8-3-2 讨论下列交错级数的敛散性:

(1) $\sum\limits_{n=1}^{\infty}(-1)^{n-1} \dfrac{\sqrt{n}}{n+1}$; (2) $\sum\limits_{n=1}^{\infty}(-1)^n \dfrac{n-1}{3n}$.

解 (1) 要证明 $u_n=\dfrac{\sqrt{n}}{n+1} \geqslant \dfrac{\sqrt{n+1}}{n+2}=u_{n+1}(n \in \mathbf{N})$.

分析法: $\dfrac{\sqrt{n}}{n+1} \geqslant \dfrac{\sqrt{n+1}}{n+2} \Leftrightarrow \sqrt{n}(n+2) \geqslant \sqrt{n+1}(n+1) \Leftrightarrow n(n+2)^2 \geqslant(n+1)^3$

$$\Leftrightarrow n^3+4n^2+4n \geqslant n^3+3n^2+3n+1 \Leftrightarrow n^2+n \geqslant 1, n \in \mathbf{N}.$$

故 $u_n=\dfrac{\sqrt{n}}{n+1} \geqslant \dfrac{\sqrt{n+1}}{n+2}=u_{n+1}, n \in \mathbf{N}$ 成立.

因为 $\lim\limits_{x \rightarrow+\infty} \dfrac{\sqrt{x}}{x+1}=\lim\limits_{x \rightarrow+\infty} \dfrac{1}{2\sqrt{x}}=0$, 所以

$$\lim_{n \rightarrow \infty} u_n=\lim_{n \rightarrow \infty} \frac{\sqrt{n}}{n+1}=0.$$

由莱布尼兹判别法知,交错级数 $\sum\limits_{n=1}^{\infty}(-1)^{n-1} \dfrac{\sqrt{n}}{n+1}$ 收敛.

(2) 因为 $\lim\limits_{n \rightarrow \infty}(-1)^n \dfrac{n-1}{3n}=\lim\limits_{n \rightarrow \infty}(-1)^n \dfrac{1}{3} \neq 0$, 由性质 8-1-5 知,交错级数 $\sum\limits_{n=1}^{\infty}(-1)^n \dfrac{n-1}{3n}$ 发散.

例 8-3-3 判别级数 $\sum\limits_{n=1}^{\infty}(-1)^n \dfrac{\ln(n+1)}{n+1}$ 的敛散性.

解 题目中所给级数是交错级数,且 $u_n=\dfrac{\ln(n+1)}{n+1}$, 记 $f(x)=\dfrac{\ln(x+1)}{x+1}$, 则

$$f'(x)=\frac{1-\ln(x+1)}{(x+1)^2}.$$

当 $x \geqslant 2$ 时, $f'(x)<0$, 函数 $f(x)$ 单调递减,故当 $n \geqslant 2$ 时,

$$u_n=\frac{\ln(n+1)}{n+1}>\frac{\ln[(n+1)+1]}{(n+1)+1}=u_{n+1}.$$

又因为 $\lim\limits_{x \rightarrow+\infty} \dfrac{\ln(x+1)}{x+1}=\lim\limits_{x \rightarrow+\infty} \dfrac{1}{x+1}=0$, 故 $\lim\limits_{n \rightarrow \infty} u_n=\lim\limits_{n \rightarrow \infty} \dfrac{\ln(n+1)}{n+1}=0$. 由莱布尼兹判别法知,级数 $\sum\limits_{n=1}^{\infty}(-1)^n \dfrac{\ln(n+1)}{n+1}$ 收敛.

二、条件收敛和绝对收敛

定义 8-3-2　若 u_n 为任意实数,则级数 $\sum\limits_{n=1}^{\infty} u_n$ 称为**任意项级数**.

定义 8-3-3　若任意项级数 $\sum\limits_{n=1}^{\infty} u_n$ 各项的绝对值所构成的正项级数 $\sum\limits_{n=1}^{\infty} |u_n|$ 收敛,则称级数 $\sum\limits_{n=1}^{\infty} u_n$ **绝对收敛**;若任意项级数 $\sum\limits_{n=1}^{\infty} u_n$ 收敛,而级数 $\sum\limits_{n=1}^{\infty} |u_n|$ 发散,则称级数 $\sum\limits_{n=1}^{\infty} u_n$ **条件收敛**.

例如,级数 $\sum\limits_{n=1}^{\infty} (-1)^n \dfrac{1}{n^2}$ 是绝对收敛的,而级数 $\sum\limits_{n=1}^{\infty} (-1)^n \dfrac{1}{\sqrt{n}}$ 则是条件收敛的.

定理 8-3-2　如果级数 $\sum\limits_{n=1}^{\infty} |u_n|$ 收敛,则级数 $\sum\limits_{n=1}^{\infty} u_n$ 也收敛.

证明　令　$v_n = \dfrac{1}{2}(u_n + |u_n|) \quad (n=1,2,\cdots)$,

则 $v_n \geqslant 0$,并且 $v_n = \dfrac{1}{2}(u_n + |u_n|) \leqslant |u_n|$. 如果 $\sum\limits_{n=1}^{\infty} |u_n|$ 收敛,则由比较审敛法知 $\sum\limits_{n=1}^{\infty} v_n$ 收敛,再由 $u_n = 2v_n - |u_n|$ 及级数基本运算性质知级数 $\sum\limits_{n=1}^{\infty} u_n$ 收敛.

注意　判断一个任意项级数是否绝对收敛、条件收敛或者发散时.首先,要判断每一项取绝对值后的级数 $\sum\limits_{n=1}^{\infty} |u_n|$ 是否收敛.若 $\sum\limits_{n=1}^{\infty} |u_n|$ 收敛,则原级数 $\sum\limits_{n=1}^{\infty} u_n$ 收敛并且绝对收敛;若 $\sum\limits_{n=1}^{\infty} |u_n|$ 发散,仍需判断原级数 $\sum\limits_{n=1}^{\infty} u_n$ 是否收敛,若 $\sum\limits_{n=1}^{\infty} u_n$ 收敛,则 $\sum\limits_{n=1}^{\infty} u_n$ 条件收敛,否则发散.

若级数 $\sum\limits_{n=1}^{\infty} |u_n|$ 发散,不能断定级数 $\sum\limits_{n=1}^{\infty} u_n$ 一定发散.

例如,级数 $\sum\limits_{n=1}^{\infty} (-1)^n \dfrac{1}{n}$ 的各项取绝对值所得到的级数 $\sum\limits_{n=1}^{\infty} \dfrac{1}{n}$ 是发散的,但 $\sum\limits_{n=1}^{\infty} (-1)^n \dfrac{1}{n}$ 却是收敛的.

例 8-3-4　判别级数 $\sum\limits_{n=1}^{\infty} \dfrac{\sin n}{3^n}$ 的敛散性.

解　由于 $0 \leqslant \left|\dfrac{\sin n}{3^n}\right| \leqslant \dfrac{1}{3^n}$,而级数 $\sum\limits_{n=1}^{\infty} \dfrac{1}{3^n}$ 收敛,由比较判别法知 $\sum\limits_{n=1}^{\infty} \left|\dfrac{\sin n}{3^n}\right|$ 收敛,即 $\sum\limits_{n=1}^{\infty} \dfrac{\sin n}{3^n}$ 绝对收敛,从而 $\sum\limits_{n=1}^{\infty} \dfrac{\sin n}{3^n}$ 收敛.

例 8-3-5 判别级数 $\sum_{n=1}^{\infty}(-1)^n\frac{1}{\sqrt{n}}$ 的敛散性,如果收敛,指出是绝对收敛还是条件收敛.

解 首先,考虑每项加绝对值后的级数 $\sum_{n=1}^{\infty}\left|(-1)^n\frac{1}{\sqrt{n}}\right|=\sum_{n=1}^{\infty}\frac{1}{\sqrt{n}}$ 的敛散性. $\sum_{n=1}^{\infty}\frac{1}{\sqrt{n}}=\sum_{n=1}^{\infty}\frac{1}{n^{\frac{1}{2}}}$ 是 p-级数, $p=\frac{1}{2}<1$, 发散.

其次 $\sum_{n=1}^{\infty}(-1)^n\frac{1}{\sqrt{n}}$ 是交错级数, $u_n=\frac{1}{\sqrt{n}}$, 满足:

(1) $u_n=\frac{1}{\sqrt{n}}>\frac{1}{\sqrt{n+1}}=u_{n+1}$; (2) $\lim\limits_{n\to\infty}u_n=\lim\limits_{n\to\infty}\frac{1}{\sqrt{n}}=0$,

故由莱布尼兹判别法知,级数 $\sum_{n=1}^{\infty}(-1)^n\frac{1}{\sqrt{n}}$ 收敛.

综上,级数 $\sum_{n=1}^{\infty}(-1)^n\frac{1}{\sqrt{n}}$ 条件收敛.

三、任意项级数敛散性判定

设 $\sum_{n=1}^{\infty}u_n$ 为任意项级数,则 $\sum_{n=1}^{\infty}|u_n|$ 为正项级数,所以由正项级数的比值判别法和绝对收敛与条件收敛的关系定理直接得下面的定理.

定理 8-3-3 对于任意项级数 $\sum_{n=1}^{\infty}u_n$, 若 $\lim\limits_{n\to\infty}\left|\frac{u_{n+1}}{u_n}\right|=\rho$, 则:

(1) 当 $\rho<1$ 时, $\sum_{n=1}^{\infty}u_n$ 绝对收敛.

(2) 当 $\rho>1$(包括 $\rho=+\infty$) 时, $\sum_{n=1}^{\infty}u_n$ 发散.

(3) 当 $\rho=1$ 时, $\sum_{n=1}^{\infty}|u_n|$ 发散,但 $\sum_{n=1}^{\infty}u_n$ 可能收敛,也可能发散,需用其他方法(如莱布尼兹判别法等)判别其敛散性.

例 8-3-6 判定级数 $\sum_{n=1}^{\infty}(-1)^{n-1}\frac{1}{n^p}$ 的敛散性,如果收敛,指出是绝对收敛还是条件收敛.

解 当 $p\leqslant 0$ 时,因为 $\lim\limits_{n\to\infty}(-1)^{n-1}\frac{1}{n^p}\neq 0$, 所以 $\sum_{n=1}^{\infty}(-1)^{n-1}\frac{1}{n^p}$ 发散;

当 $0<p\leqslant 1$ 时,由莱布尼兹判别法知 $\sum_{n=1}^{\infty}(-1)^{n-1}\frac{1}{n^p}$ 收敛;

而 $\sum_{n=1}^{\infty}\frac{1}{n^p}$ 是 p-级数 $(0<p\leqslant 1)$, 发散,所以级数 $\sum_{n=1}^{\infty}(-1)^{n-1}\frac{1}{n^p}(0<p\leqslant 1)$ 条件

收敛.

当 $p>1$ 时，$\sum\limits_{n=1}^{\infty}\dfrac{1}{n^p}$ 是 p-级数（$p>1$），收敛，所以级数 $\sum\limits_{n=1}^{\infty}(-1)^{n-1}\dfrac{1}{n^p}$（$p>1$）绝对收敛.

综上所述：级数 $\sum\limits_{n=1}^{\infty}(-1)^{n-1}\dfrac{1}{n^p}\begin{cases}\text{发散} & p\leqslant 0\\ \text{条件收敛} & 0<p\leqslant 1.\\ \text{绝对收敛} & p>1\end{cases}$

习题 8.3

1. 判别下列交错级数是否收敛？如果收敛，指出是条件收敛还是绝对收敛：

(1) $\sum\limits_{n=1}^{\infty}\dfrac{(-1)^n}{\sqrt{n^3+1}}$；　(2) $\sum\limits_{n=1}^{\infty}\dfrac{(-1)^n}{\sqrt[4]{n^3}}$；　(3) $\sum\limits_{n=1}^{\infty}(-1)^{n-1}\dfrac{n}{2n+1}$.

2. 判别下列任意项级数的敛散性：

(1) $\sum\limits_{n=1}^{\infty}\dfrac{1}{n^3}\cos\dfrac{n\pi}{3}$；　(2) $\sum\limits_{n=1}^{\infty}\dfrac{\cos n\pi}{n}$；　(3) $\sum\limits_{n=1}^{\infty}\dfrac{n\cos\dfrac{n\pi}{2}}{3^n}$.

§8.4　幂级数

前面学习了数项级数的基本知识，本节学习最简单的函数项级数，即幂级数.

一、函数项级数的基本概念

定义 8-4-1　设 $\{u_n(x)\}$ 是定义在区间 D 上的函数列，将 $\{u_n(x)\}$ 中各项依次用加号连接起来，称表达式

$$u_1(x)+u_2(x)+u_3(x)+\cdots+u_n(x)+\cdots$$

为**函数项级数**，简记为 $\sum\limits_{n=1}^{\infty}u_n(x)$，$D$ 称为函数项级数的定义域.

例如：$\sum\limits_{n=0}^{\infty}(n+1)x^n=1+2x+3x^2+\cdots+(n+1)x^n+\cdots$，

$$\sum_{n=0}^{\infty}\frac{\cos nx}{n!}=1+\cos x+\frac{\cos 2x}{2!}+\frac{\cos 3x}{3!}+\cdots+\frac{\cos nx}{n!}+\cdots$$

等都是定义在 $(-\infty,+\infty)$ 上的函数项级数.

设 $x_0\in D$，若级数 $\sum\limits_{n=1}^{\infty}u_n(x_0)$ 收敛，则称点 x_0 是函数项级数 $\sum\limits_{n=1}^{\infty}u_n(x)$ 的**收敛点**，所有收敛点构成的集合称为函数项级数 $\sum\limits_{n=1}^{\infty}u_n(x)$ 的**收敛域**；若级数 $\sum\limits_{n=1}^{\infty}u_n(x_0)$ 发散，则称点

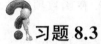

x_0 是函数项级数 $\sum_{n=1}^{\infty}u_n(x)$ 的**发散点**,所有发散点构成的集合称为函数项级数 $\sum_{n=1}^{\infty}u_n(x)$ 的**发散域**.

设 $\{S_n(x)\}$ 为函数项级数 $\sum_{n=1}^{\infty}u_n(x)$ 的前 n 项部分和序列,若对 D 中的每一个 x,极限

$$\lim_{n\to\infty}S_n(x)=S(x)$$

存在,则称 $S(x)$ 为 $\sum_{n=1}^{\infty}u_n(x)$ 的**和函数**,记作 $S(x)=\sum_{n=1}^{\infty}u_n(x), x\in D$. 在函数项级数 $\sum_{n=1}^{\infty}u_n(x)$ 的收敛域 D 上,$r_n(x)=S(x)-S_n(x)$ 称为级数的**余项**,对收敛域 D 中的每一个 x,显然有 $\lim_{n\to\infty}r_n(x)=0$.

例如,函数项级数 $\sum_{n=1}^{\infty}x^{n-1}$ 是以 x 为公比的等比级数.当 $|x|<1$ 时,级数 $\sum_{n=1}^{\infty}x^{n-1}$ 是收敛的,所以它的收敛域为 $(-1,1)$,且其和函数为 $S(x)=\dfrac{1}{1-x}$,它的发散域为 $(-\infty,-1]\cup[1,+\infty)$,即

$$\sum_{n=1}^{\infty}x^{n-1}=1+x+x^2+\cdots+x^n+\cdots=\frac{1}{1-x}, x\in(-1,1).$$

下面讨论各项都是幂函数的函数项级数,即幂级数.

二、幂级数的概念及其敛散性

1. 幂级数的概念

定义 8-4-2 形如

$$\sum_{n=0}^{\infty}a_n(x-x_0)^n=a_0+a_1(x-x_0)+a_2(x-x_0)^2+\cdots+a_n(x-x_0)^n+\cdots$$

的函数项级数,称为关于 $(x-x_0)$ 的**幂级数**,其中 x 是自变量,常数 $a_n(n=0,1,2,\cdots)$ 称为幂级数的系数.

当 $x_0=0$ 时,级数 $\sum_{n=0}^{\infty}a_n(x-x_0)^n=\sum_{n=0}^{\infty}a_nx^n=a_0+a_1x+a_2x^2+\cdots+a_nx^n+\cdots$ 称为 x 的**幂级数**.

讨论幂级数 $\sum_{n=0}^{\infty}a_n(x-x_0)^n$ 的敛散性时,只要做代换 $t=x-x_0$,原幂级数就变为幂级数 $\sum_{n=0}^{\infty}a_nt^n$ 的形式,因此,只要讨论幂级数 $\sum_{n=0}^{\infty}a_nx^n$ 的敛散性即可.

2. 幂级数的收敛半径、收敛区间及收敛域

定理 8-4-1 对幂级数 $\sum_{n=0}^{\infty}a_nx^n$,若极限 $\lim_{n\to\infty}\left|\dfrac{a_{n+1}}{a_n}\right|=\rho(0\leqslant\rho\leqslant+\infty)$,则:

(1) 若 $0<\rho<+\infty$，当 $|x|<\frac{1}{\rho}$ 时，幂级数 $\sum_{n=0}^{\infty}a_nx^n$ 绝对收敛，当 $|x|>\frac{1}{\rho}$ 时，幂级数 $\sum_{n=0}^{\infty}a_nx^n$ 发散；

(2) 若 $\rho=0$，则对一切实数 x，幂级数 $\sum_{n=0}^{\infty}a_nx^n$ 绝对收敛；

(3) 若 $\rho=+\infty$，幂级数 $\sum_{n=0}^{\infty}a_nx^n$ 仅在点 $x=0$ 处收敛.

证明　设 $u_n=a_nx^n$，用正项级数的比值判别法得

$$l=\lim_{n\to\infty}\left|\frac{u_{n+1}}{u_n}\right|=\lim_{n\to\infty}\left|\frac{a_{n+1}x^{n+1}}{a_nx^n}\right|=\lim_{n\to\infty}\left|\frac{a_{n+1}x}{a_n}\right|=|x|\lim_{n\to\infty}\left|\frac{a_{n+1}}{a_n}\right|=\rho|x|,$$

所以：

(1) 若 $0<\rho<+\infty$，当 $l=\rho|x|<1$ 时，即当 $|x|<\frac{1}{\rho}$ 时，或 $x\in\left(-\frac{1}{\rho},\frac{1}{\rho}\right)$ 时，幂级数 $\sum_{n=0}^{\infty}a_nx^n$ 绝对收敛，当 $l=\rho|x|>1$ 时，即当 $|x|>\frac{1}{\rho}$ 时，幂级数 $\sum_{n=0}^{\infty}a_nx^n$ 发散；

(2) 若 $\rho=0$，则对任意 $x\in(-\infty,+\infty)$，$l=\rho|x|=0<1$，所以对一切实数 x，幂级数 $\sum_{n=0}^{\infty}a_nx^n$ 绝对收敛；

(3) 若 $\rho=+\infty$，则当 $x\neq 0$ 时，$l=\rho|x|=+\infty>1$，幂级数 $\sum_{n=0}^{\infty}a_nx^n$ 发散，仅当 $x=0$ 时，$l=\rho|x|=0<1$，幂级数 $\sum_{n=0}^{\infty}a_nx^n$ 收敛，所以如果 $\rho=+\infty$，则幂级数 $\sum_{n=0}^{\infty}a_nx^n$ 仅在点 $x=0$ 处收敛.

在上述定理中令 $R=\frac{1}{\rho}$，则得：

(1) 当 $0<\rho<+\infty$，在区间 $(-R,R)$ 内，幂级数 $\sum_{n=0}^{\infty}a_nx^n$ 绝对收敛；

(2) 当 $\rho=0$，在区间 $(-\infty,+\infty)$ 内，幂级数 $\sum_{n=0}^{\infty}a_nx^n$ 绝对收敛，此时 $R=+\infty$；

(3) 当 $\rho=+\infty$ 时，幂级数 $\sum_{n=0}^{\infty}a_nx^n$ 仅在 $x=0$ 处收敛，此时 $R=0$.

称 R 为幂级数 $\sum_{n=0}^{\infty}a_nx^n$ 的**收敛半径**，$(-R,R)$ 叫作幂级数 $\sum_{n=0}^{\infty}a_nx^n$ 的**收敛区间**.再结合幂级数 $\sum_{n=0}^{\infty}a_nx^n$ 在 $x=\pm R$ 处的敛散性，可求得 $\sum_{n=0}^{\infty}a_nx^n$ 的**收敛域**.

综上，对于不缺项的幂级数 $\sum_{n=0}^{\infty}a_nx^n$，得到计算收敛半径、收敛区间和收敛域的步骤

如下：

第一步　分别写出幂级数 $\sum\limits_{n=0}^{\infty} a_n x^n$ 中 x^n, x^{n+1} 的系数 a_n, a_{n+1}，计算 $\rho=\lim\limits_{n\to\infty}\left|\dfrac{a_{n+1}}{a_n}\right|$.

第二步　收敛半径

$$R=\begin{cases}\dfrac{1}{\rho} & 若\ \rho\neq 0\ 且\ \rho\neq+\infty \\ +\infty & 若\ \rho=0 \\ 0 & 若\ \rho=+\infty\end{cases}$$

收敛区间为 $(-R,R)$.

第三步　写出收敛域.考虑幂级数 $\sum\limits_{n=0}^{\infty} a_n x^n$ 在 $x=\pm R$ 处的敛散性，从而确定幂级数 $\sum\limits_{n=0}^{\infty} a_n x^n$ 的收敛域为区间 $(-R,R)$，$[-R,R)$，$(-R,R]$，$[-R,R]$ 四者之一.

例 8-4-1　求下列幂级数的收敛半径、收敛区间及收敛域：

(1) $\sum\limits_{n=1}^{\infty} \dfrac{x^n}{\sqrt{n}}$；　　(2) $\sum\limits_{n=1}^{\infty} (-1)^n \dfrac{x^n}{n}$.

解　(1) 因为 $a_n=\dfrac{1}{\sqrt{n}}$，$a_{n+1}=\dfrac{1}{\sqrt{n+1}}$，所以 $\rho=\lim\limits_{n\to\infty}\left|\dfrac{a_{n+1}}{a_n}\right|=\lim\limits_{n\to\infty}\dfrac{\sqrt{n}}{\sqrt{n+1}}=1$，因而收敛半径 $R=\dfrac{1}{\rho}=1$，收敛区间 $(-1,1)$.

当 $x=1$ 时，级数为 $\sum\limits_{n=1}^{\infty}\dfrac{1}{\sqrt{n}}=\sum\limits_{n=1}^{\infty}\dfrac{1}{n^{\frac{1}{2}}}$，是 p-级数，$p=\dfrac{1}{2}<1$，发散.

当 $x=-1$ 时，级数为 $\sum\limits_{n=1}^{\infty}\dfrac{(-1)^n}{\sqrt{n}}$，是交错级数，收敛.

故原幂级数的收敛域为 $[-1,1)$.

(2) 因为 $a_n=(-1)^n\dfrac{1}{n}$，$a_{n+1}=(-1)^{n+1}\dfrac{1}{n+1}$，所以

$$\rho=\lim_{n\to\infty}\left|\frac{a_{n+1}}{a_n}\right|=\lim_{n\to\infty}\left|\frac{(-1)^{n+1}}{n+1}\cdot\frac{n}{(-1)^n}\right|=\lim_{n\to\infty}\frac{n}{n+1}=1,$$

因而收敛半径为 $R=\dfrac{1}{\rho}=1$，收敛区间为 $(-1,1)$.

当 $x=1$ 时，级数为 $\sum\limits_{n=1}^{\infty}\dfrac{(-1)^n}{n}$，是交错级数，收敛.

当 $x=-1$ 时，级数为 $\sum\limits_{n=1}^{\infty}\dfrac{1}{n}$，是调和级数，发散.

故原幂级数的收敛域为 $(-1,1]$.

例 8-4-2　求幂级数 $\sum\limits_{n=1}^{\infty}\dfrac{(x-1)^{2n}}{3^n\cdot n}$ 的收敛域.

解法一　作变量替换 $t=(x-1)^2$，原幂级数 $\sum\limits_{n=1}^{\infty}\dfrac{(x-1)^{2n}}{3^n\cdot n}$ 变为 $\sum\limits_{n=1}^{\infty}\dfrac{t^n}{3^n\cdot n}$，因为

$$\rho=\lim_{n\to\infty}\left|\frac{a_{n+1}}{a_n}\right|=\lim_{n\to\infty}\frac{3^n\cdot n}{3^{n+1}\cdot(n+1)}=\frac{1}{3},$$

所以收敛半径 $R=\dfrac{1}{\rho}=3$. 对于级数 $\sum\limits_{n=1}^{\infty}\dfrac{t^n}{3^n\cdot n}$，当 $t=-3$ 时，级数为 $\sum\limits_{n=1}^{\infty}\dfrac{(-1)^n}{n}$，是交错级数，收敛.当 $t=3$ 时，级数为 $\sum\limits_{n=1}^{\infty}\dfrac{1}{n}$，是调和级数，发散.因此，级数 $\sum\limits_{n=1}^{\infty}\dfrac{t^n}{3^n\cdot n}$ 的收敛域为 $[-3,3)$，所以 $-3\leqslant(x-1)^2<3$，得 $-\sqrt{3}+1<x<\sqrt{3}+1$，故原级数 $\sum\limits_{n=1}^{\infty}\dfrac{(x-1)^{2n}}{3^n\cdot n}$ 的收敛域为 $(-\sqrt{3}+1,\sqrt{3}+1)$.

解法二　用比值判别方法直接求.

$$l=\lim_{n\to\infty}\left|\frac{u_{n+1}(x)}{u_n(x)}\right|=\lim_{n\to\infty}\left|\frac{(x-1)^{2n+2}}{3^{n+1}\cdot(n+1)}\cdot\frac{3^n\cdot n}{(x-1)^{2n}}\right|=\frac{(x-1)^2}{3},$$

所以当 $l=\dfrac{(x-1)^2}{3}<1$ 时，即 $-\sqrt{3}+1<x<\sqrt{3}+1$ 时，原级数收敛.当 $x=-\sqrt{3}+1,\sqrt{3}+1$ 时，原级数变为 $\sum\limits_{n=1}^{\infty}\dfrac{3^n}{3^n\cdot n}=\sum\limits_{n=1}^{\infty}\dfrac{1}{n}$，是调和级数，发散，所以级数 $\sum\limits_{n=1}^{\infty}\dfrac{(x-1)^{2n}}{3^n\cdot n}$ 的收敛域为 $(-\sqrt{3}+1,\sqrt{3}+1)$.

由此可见，求幂级数的收敛半径、收敛区间和收敛域时，如果幂级数是标准形式 $\sum\limits_{n=0}^{\infty}a_nx^n$，则用定理公式求；如果幂级数不是标准形式 $\sum\limits_{n=0}^{\infty}a_nx^n$，可用两种方法：

(1) 通过变量替换将幂级数化为标准形式，再用定理公式求；

(2) 用比值判别法直接求.

三、幂级数的性质

在将函数展开为幂级数，或求幂级数的和函数时，经常用到幂级数的以下性质：设幂级数 $\sum\limits_{n=0}^{\infty}a_nx^n=f(x)$，收敛半径为 R_1，幂级数 $\sum\limits_{n=0}^{\infty}b_nx^n=g(x)$，收敛半径为 R_2. 记 $R=\min\{R_1,R_2\}$，则：

性质 8-4-1(可加性)

$$\sum_{n=0}^{\infty}a_nx^n\pm\sum_{n=0}^{\infty}b_nx^n=\sum_{n=0}^{\infty}(a_n\pm b_n)x^n=f(x)\pm g(x),x\in(-R,R).$$

性质 8-4-2(连续性)

$$\lim_{x\to x_0}f(x)=\lim_{x\to x_0}\left(\sum_{n=0}^{\infty}a_nx^n\right)=\sum_{n=0}^{\infty}\left(\lim_{x\to x_0}a_nx^n\right)=\sum_{n=0}^{\infty}a_nx_0^n=f(x_0),x_0\in(-R_1,R_1).$$

性质 8-4-3(逐项可导性)

$$f'(x)=\left(\sum_{n=0}^{\infty}a_nx^n\right)'=\sum_{n=0}^{\infty}a_n(x^n)'=\sum_{n=1}^{\infty}a_nnx^{n-1},x\in(-R_1,R_1).$$

需要注意的是,逐项可导后级数的收敛半径也是 R_1,但新级数在 $x=\pm R_1$ 处的敛散性需另外判定.

性质 8-4-4(逐项可积性)

$$\int_0^x f(t)\mathrm{d}t=\int_0^x\left(\sum_{n=0}^{\infty}a_nt^n\right)\mathrm{d}t=\sum_{n=0}^{\infty}\left(\int_0^x a_nt^n\mathrm{d}t\right)=\sum_{n=0}^{\infty}\frac{a_n}{n+1}x^{n+1},x\in(-R_1,R_1).$$

需要注意的是,逐项可积后级数的收敛半径也是 R_1,但新级数在 $x=\pm R_1$ 处的敛散性需另外判定.

例 8-4-3 求幂级数 $\sum_{n=1}^{\infty}(-1)^{n-1}\frac{x^n}{n}$ 的收敛区间、收敛域和和函数,并求 $\sum_{n=1}^{\infty}(-1)^{n-1}\frac{1}{n}$.

解 因为

$$\rho=\lim_{n\to\infty}\left|\frac{a_{n+1}}{a_n}\right|=\lim_{n\to\infty}\left|\frac{(-1)^n\frac{1}{n+1}}{(-1)^{n-1}\frac{1}{n}}\right|=\lim_{n\to\infty}\frac{n}{n+1}=1,$$

所以幂级数 $\sum_{n=1}^{\infty}(-1)^{n-1}\frac{x^n}{n}$ 的收敛半径 $R=\frac{1}{\rho}=1$,收敛区间为 $(-1,1)$.

当 $x=1$ 时,幂级数 $\sum_{n=1}^{\infty}(-1)^{n-1}\frac{x^n}{n}=\sum_{n=1}^{\infty}(-1)^{n-1}\frac{1}{n}$ 为交错级数,收敛.

当 $x=-1$ 时,幂级数 $\sum_{n=1}^{\infty}(-1)^{n-1}\frac{x^n}{n}=-\sum_{n=1}^{\infty}\frac{1}{n}$ 为调和级数,发散,所以收敛域为 $(-1,1]$.

设和函数为 $S(x)$,即 $S(x)=\sum_{n=1}^{\infty}(-1)^{n-1}\frac{x^n}{n}$,则

$$\begin{aligned}S'(x)&=\left(\sum_{n=1}^{\infty}(-1)^{n-1}\frac{x^n}{n}\right)'=\sum_{n=1}^{\infty}(-1)^{n-1}\left(\frac{x^n}{n}\right)'=\sum_{n=1}^{\infty}(-1)^{n-1}x^{n-1}\\&=\sum_{n=1}^{\infty}(-x)^{n-1}=\frac{1}{1+x}.\end{aligned}$$

因为 $S(x)-S(0)=\int_0^x S'(t)\mathrm{d}t$,且 $S(0)=0$,所以 $S(x)=\int_0^x\frac{1}{1+t}\mathrm{d}t=\ln(1+x)$,即

$$\sum_{n=1}^{\infty}(-1)^{n-1}\frac{x^n}{n}=\ln(1+x),x\in(-1,1].$$

令 $x=1$,得 $\sum_{n=1}^{\infty}(-1)^{n-1}\frac{1}{n}=\ln 2$.

例 8-4-4　求幂级数 $\sum_{n=0}^{\infty}\frac{x^n}{n+1}$ 的收敛域和和函数.

解　因为

$$\rho=\lim_{n\to\infty}\left|\frac{a_{n+1}}{a_n}\right|=\lim_{n\to\infty}\frac{n+1}{n+2}=1,$$

所以收敛半径 $R=\frac{1}{\rho}=1$，收敛区间为 $(-1,1)$.

当 $x=-1$ 时，原级数变为 $\sum_{n=0}^{\infty}\frac{(-1)^n}{n+1}$，它是交错级数，收敛；当 $x=1$ 时，原级数变为 $\sum_{n=0}^{\infty}\frac{1}{n+1}=\sum_{n=1}^{\infty}\frac{1}{n}$，它是调和级数，发散，所以收敛域为 $[-1,1)$.

设和函数为 $S(x)=\sum_{n=0}^{\infty}\frac{x^n}{n+1}, x\in[-1,1)$，显然 $S(0)=1$，于是 $xS(x)=\sum_{n=0}^{\infty}\frac{x^{n+1}}{n+1}$. 令 $g(x)=xS(x)=\sum_{n=0}^{\infty}\frac{x^{n+1}}{n+1}$，显然 $g(0)=0$，两边求导，得

$$g'(x)=[xS(x)]'=\left(\sum_{n=0}^{\infty}\frac{x^{n+1}}{n+1}\right)'=\sum_{n=0}^{\infty}\left(\frac{x^{n+1}}{n+1}\right)'=\sum_{n=0}^{\infty}x^n=\frac{1}{1-x}.$$

因为

$$g(x)-g(0)=\int_0^x g'(t)\mathrm{d}t,$$

故

$$g(x)=xS(x)=\int_0^x g'(t)\mathrm{d}t=\int_0^x\frac{1}{1-t}\mathrm{d}t=-\ln(1-x).$$

于是，当 $x\neq 0$ 时，有

$$S(x)=-\frac{1}{x}\ln(1-x),$$

从而

$$S(x)=\begin{cases}-\frac{1}{x}\ln(1-x) & -1\leqslant x<1 \text{ 且 } x\neq 0,\\ 1 & x=0.\end{cases}$$

求幂级数的和函数，通常利用幂级数在收敛区间内可逐项求导和逐项积分，将幂级数化为等比级数 $\sum_{n=0}^{\infty}x^n$ 的形式.

习题 8.4

1. 求下列幂级数的收敛半径、收敛区间和收敛域：

(1) $\sum_{n=1}^{\infty}\frac{x^n}{n!}$；　　(2) $\sum_{n=1}^{\infty}(-1)^n\frac{x^n}{n^2}$；

(3) $\sum_{n=1}^{\infty}\frac{1}{3^n}x^{2n}$；　　(4) $\sum_{n=1}^{\infty}(-1)^{n-1}\frac{(x-1)^n}{5n}$.

2. 利用逐项求导或逐项积分，求下列幂级数的收敛域和和函数：

(1) $\sum_{n=1}^{\infty}nx^{n-1}$；　　(2) $\sum_{n=1}^{\infty}\frac{x^n}{n}$；

(3) $\sum_{n=1}^{\infty}(n+1)x^n$；　　(4) $\sum_{n=1}^{\infty}(-1)^n\frac{x^n}{n}$.

§8.5　函数展开成幂级数

上一节我们利用幂级数的性质等方法求幂级数的收敛域及和函数.但在实际问题中，我们也要研究给定一个函数 $f(x)$，是否能在某区间 D 上找到一个幂级数，使其收敛于 $f(x)$，即其和函数为 $f(x)$. 这样做的意义在于，我们可以用一个幂级数来逼近这个函数 $f(x)$，也就是说，我们可以用幂级数来计算函数 $f(x)$ 的近似值.例如，可以计算 $\sin x$，$\cos x$，$\ln x$，$\arctan x$，e^x 等函数的近似值.

一、泰勒(Taylor)级数的概念

如果函数 $f(x)$ 在 x_0 的某邻域内具有任意阶导数，则称幂级数

$$\sum_{n=0}^{\infty}\frac{f^{(n)}(x_0)}{n!}(x-x_0)^n=f(x_0)+f'(x_0)(x-x_0)+\frac{f''(x_0)}{2!}(x-x_0)^2+\cdots+\frac{f^{(n)}(x_0)}{n!}(x-x_0)^n+\cdots$$

为函数 $f(x)$ 在 x_0 处的**泰勒(Taylor)级数**，记作 $f(x)\sim\sum_{n=0}^{\infty}\frac{f^{(n)}(x_0)}{n!}(x-x_0)^n$.

称 $f(x)=f(x_0)+\cdots+\frac{f^{(n)}(x_0)}{n!}(x-x_0)^n+R_n(x)$ 为 $f(x)$ 的**泰勒公式**，其中 $R_n(x)=\frac{f^{(n+1)}(\xi)}{(n+1)!}(x-x_0)^{n+1}$（其中 ξ 在 x_0 和 x 之间）为**拉格朗日(Lagrange)型余项**.

在泰勒级数中，令 $x_0=0$ 得幂级数

$$\sum_{n=0}^{\infty}\frac{f^{(n)}(0)}{n!}x^n=f(0)+f'(0)x+\frac{f''(0)}{2!}x^2+\cdots+\frac{f^{(n)}(0)}{n!}x^n+\cdots,$$

称其为函数 $f(x)$ 的**麦克劳林(Maclaurin)级数**，即

$$f(x)=f(0)+f'(0)x+\frac{f''(0)}{2!}x^2+\cdots+\frac{f^{(n)}(0)}{n!}x^n+R_n(x),$$

其中 $R_n(x)=\dfrac{f^{(n+1)}(\xi)}{(n+1)!}x^{n+1}$，$\xi$ 在 0 和 x 之间.

定理 8-5-1　设 $f(x)$ 在 x_0 的某邻域 $U(x_0)$ 内具有任意阶导数，则 $f(x)$ 在该邻域内的泰勒级数收敛于 $f(x)$ 的充要条件是对邻域 $U(x_0)$ 内的每一个 x，有 $\lim\limits_{n\to\infty}R_n(x)=0$.

定理 8-5-2　如果 $f(x)$ 在 x_0 的某邻域内可以展开为 $x-x_0$ 的幂级数 $\sum\limits_{n=0}^{\infty}a_n(x-x_0)^n$，

则必有
$$a_n=\frac{f^{(n)}(x_0)}{n!}(n\in\mathbf{N}).$$

这就是说，如果函数 $f(x)$ 在 x_0 的某个邻域内展开成 $(x-x_0)$ 的幂级数，则它必定在这个邻域内具有任意阶导数，而且其展开式是唯一的，它就是 $f(x)$ 在 x_0 处的泰勒级数.如果 $f(x)$ 在 0 的某个邻域内展开成 x 的幂级数，则其展开式也是唯一的，它就是 $f(x)$ 的麦克劳林级数.

二、函数 $f(x)$ 展开为幂级数的方法

1. 直接展开法

直接展开法是指直接运用麦克劳林级数，将函数 $f(x)$ 展开为 x 的幂级数，通常按如下步骤进行：

第一步　求出 $f(x)$ 在 $x=0$ 处的各阶导数 $f^{(n)}(0)$；

第二步　写出麦克劳林级数(幂级数)
$$f(0)+f'(0)x+\frac{f''(0)}{2!}x^2+\cdots+\frac{f^{(n)}(0)}{n!}x^n+\cdots,$$
并求其收敛区间；

第三步　考察在收敛区间内 $\lim\limits_{n\to\infty}R_n(x)=\lim\limits_{n\to\infty}\dfrac{f^{(n+1)}(\xi)}{(n+1)!}x^{n+1}(-R<x<R$，$\xi$ 在 0 与 x 之间)是否为 0，如果为 0，则得到 $f(x)$ 关于 x 的幂级数展开式
$$f(x)=\sum_{n=0}^{\infty}\frac{f^{(n)}(0)}{n!}x^n,x\in(-R,R).$$

例 8-5-1　将函数 $f(x)=e^x$ 展开成 x 的幂级数.

解　因为 $f^{(n)}(x)=e^x(n\in\mathbf{N})$，所以 $f^{(n)}(0)=1$，于是 $f(x)=e^x$ 的麦克劳林级数为
$$1+x+\frac{1}{2!}x^2+\cdots+\frac{1}{n!}x^n+\cdots,$$
因为 $\rho=\lim\limits_{n\to\infty}\left|\dfrac{a_{n+1}}{a_n}\right|=\lim\limits_{n\to\infty}\dfrac{n!}{(n+1)!}=\lim\limits_{n\to\infty}\dfrac{1}{n+1}=0$，所以收敛半径 $R=+\infty$.对于任意取定的 $x\in(-\infty,+\infty)$，因为 ξ 在 0 与 x 之间，所以 $e^{\xi}<e^{|x|}$，

$$|R_n(x)|=\left|\frac{f^{(n+1)}(\xi)}{(n+1)!}\right|\cdot|x|^{n+1}=\frac{e^{\xi}}{(n+1)!}|x|^{n+1}<\frac{e^{|x|}}{(n+1)!}|x|^{n+1},$$

其中 $e^{|x|}$ 与 n 无关,而 $\frac{|x|^{n+1}}{(n+1)!}$ 是收敛级数 $\sum_{n=0}^{\infty}\frac{|x|^n}{n!}$ 的通项,故有 $\lim_{n\to\infty}\frac{|x|^{n+1}}{(n+1)!}=0$. 因为

$$0\leqslant\lim_{n\to\infty}|R_n(x)|=\lim_{n\to\infty}\frac{e^{\xi}}{(n+1)!}|x|^{n+1}\leqslant\lim_{n\to\infty}\frac{e^{|x|}}{(n+1)!}|x|^{n+1}=0,$$

所以 $\lim_{n\to\infty}R_n(x)=0$,故

$$e^x=1+x+\frac{1}{2!}x^2+\cdots+\frac{1}{n!}x^n+\cdots\quad(-\infty<x<+\infty).$$

例 8-5-2 将函数 $f(x)=\sin x$ 展开成 x 的幂级数.

解 $f^{(n)}(x)=(\sin x)^{(n)}=\sin\left(x+\frac{n}{2}\pi\right)(n\in\mathbf{N})$, $f(0)=0$, $f'(0)=1$, $f''(0)=0$, $f'''(0)=-1$, $\cdots$, 依次循环取四个数 $0,1,0,-1,\cdots$, 所以 $f(x)=\sin x$ 的幂级数为

$$x-\frac{1}{3!}x^3+\frac{1}{5!}x^5-\frac{1}{7!}x^7+\cdots+(-1)^n\frac{x^{2n+1}}{(2n+1)!}+\cdots,$$

其收敛半径 $R=+\infty$. 对任意 $x\in(-\infty,+\infty)$,

$$|R_n(x)|=\left|\frac{f^{(n+1)}(\xi)}{(n+1)!}\right|\cdot|x|^{n+1}=\frac{1}{(n+1)!}\left|\sin\left(\xi+\frac{n+1}{2}\pi\right)\cdot x^{n+1}\right|\leqslant\frac{|x|^{n+1}}{(n+1)!},$$

因为 $\frac{|x|^{n+1}}{(n+1)!}$ 是收敛级数 $\sum_{n=0}^{\infty}\frac{|x|^n}{n!}$ 的通项,故有 $\lim_{n\to\infty}\frac{|x|^{n+1}}{(n+1)!}=0$. 因而

$$0\leqslant\lim_{n\to\infty}|R_n(x)|\leqslant\lim_{n\to\infty}\frac{|x|^{n+1}}{(n+1)!}=0,$$

所以 $\lim_{n\to\infty}R_n(x)=0$,故

$$\sin x=x-\frac{1}{3!}x^3+\frac{1}{5!}x^5-\frac{1}{7!}x^7+\cdots+\frac{(-1)^n}{(2n+1)!}x^{2n+1}+\cdots, x\in(-\infty,+\infty).$$

2. 间接展开法

对于较复杂的函数,根据函数的幂级数展开的唯一性,可以借助已知函数的幂级数展开式,通过变量替换、四则运算、逐项求导和逐项积分等方法对给定的函数进行幂级数展开.间接展开法不仅简单,而且避免了 $\lim_{n\to\infty}R_n(x)$ 繁琐的计算.在间接展开法中,常用的幂级数展开式有三个,应熟记.

(1) $\frac{1}{1-x}=1+x+x^2+\cdots+x^n+\cdots=\sum_{n=0}^{\infty}x^n\qquad x\in(-1,1)$;

(2) $e^x=1+x+\frac{1}{2!}x^2+\cdots+\frac{1}{n!}x^n+\cdots=\sum_{n=0}^{\infty}\frac{x^n}{n!}\qquad x\in(-\infty,+\infty)$；

(3) $\sin x=x-\frac{1}{3!}x^3+\frac{1}{5!}x^5-\frac{1}{7!}x^7+\cdots+\frac{(-1)^n}{(2n+1)!}x^{2n+1}+\cdots$

$$=\sum_{n=0}^{\infty}(-1)^n\frac{x^{2n+1}}{(2n+1)!}\qquad x\in(-\infty,+\infty).$$

例 8-5-3　将函数 $f(x)=\cos x$ 展开成 x 的幂级数.

解　因为 $\sin x=x-\frac{1}{3!}x^3+\frac{1}{5!}x^5+\cdots+(-1)^n\frac{x^{2n+1}}{(2n+1)!}+\cdots,\quad x\in(-\infty,+\infty)$，
对上式逐项求导，得 $\cos x$ 关于 x 的幂级数展开式为

$$\cos x=1-\frac{1}{2!}x^2+\frac{1}{4!}x^4+\cdots+(-1)^n\frac{x^{2n}}{(2n)!}+\cdots,x\in(-\infty,+\infty).$$

例 8-5-4　将函数 $f(x)=\arctan x$ 展开成 x 的幂级数.

解　因为　$\frac{1}{1-x}=\sum_{n=0}^{\infty}x^n,x\in(-1,1)$，

所以　$\frac{1}{1+x}=\frac{1}{1-(-x)}=\sum_{n=0}^{\infty}(-x)^n=\sum_{n=0}^{\infty}(-1)^n x^n,x\in(-1,1).$

因为　$(\arctan x)'=\frac{1}{1+x^2}=\sum_{n=0}^{\infty}(-1)^n(x^2)^n=\sum_{n=0}^{\infty}(-1)^n x^{2n},-1<x<1$，

对上式逐项求积分，得 $\arctan x$ 关于 x 的幂级数展开式为

$$\arctan x=\int_0^x\frac{1}{1+t^2}dt=\int_0^x\left[\sum_{n=0}^{\infty}(-1)^n t^{2n}\right]dt=\sum_{n=0}^{\infty}(-1)^n\int_0^x t^{2n}dt=\sum_{n=0}^{\infty}(-1)^n\frac{x^{2n+1}}{2n+1}$$
$$=x-\frac{1}{3}x^3+\frac{1}{5}x^5+\cdots+(-1)^n\frac{x^{2n+1}}{2n+1}+\cdots,x\in(-1,1).$$

需要注意的是，当 $x=-1$ 时，上述级数变为 $\sum_{n=0}^{\infty}(-1)^{n+1}\frac{1}{2n+1}$，是交错级数，收敛；

当 $x=1$ 时，上述级数变为 $\sum_{n=0}^{\infty}(-1)^n\frac{1}{2n+1}$，也是交错级数，收敛.因此，函数 $f(x)=\arctan x$ 的幂级数展开式为

$$\arctan x=x-\frac{1}{3}x^3+\frac{1}{5}x^5+\cdots+(-1)^n\frac{x^{2n+1}}{2n+1}+\cdots,x\in[-1,1].$$

例 8-5-5　将函数 $f(x)=\ln(1+x)$ 展开成 x 的幂级数.

解　因为　$\frac{1}{1-x}=\sum_{n=0}^{\infty}x^n,x\in(-1,1)$，

所以　$\frac{1}{1+x}=\frac{1}{1-(-x)}=\sum_{n=0}^{\infty}(-x)^n=\sum_{n=0}^{\infty}(-1)^n x^n,x\in(-1,1).$

对上式逐项求积分，得 $\ln(1+x)$ 关于 x 的幂级数展开式为

$$\ln(1+x)=\int_0^x \frac{1}{1+t}\mathrm{d}t=\int_0^x\left[\sum_{n=0}^{\infty}(-1)^n t^n\right]\mathrm{d}t=\sum_{n=0}^{\infty}(-1)^n\int_0^x t^n\mathrm{d}t$$

$$=\sum_{n=0}^{\infty}(-1)^n\frac{x^{n+1}}{n+1}\quad x\in(-1,1).$$

需要注意的是，当 $x=-1$ 时，上述级数变为 $-\sum\limits_{n=0}^{\infty}\frac{1}{n+1}=-\sum\limits_{n=1}^{\infty}\frac{1}{n}$，发散；当 $x=1$ 时，上述级数变为 $\sum\limits_{n=0}^{\infty}(-1)^n\frac{1}{n+1}$，是交错级数，收敛.因此，函数 $f(x)=\ln(1+x)$ 的幂级数展开式为

$$\ln(1+x)=\sum_{n=0}^{\infty}(-1)^n\frac{x^{n+1}}{n+1},\quad x\in(-1,1].$$

例 8－5－6 将下列函数展开成 x 的幂级数：

(1) $f(x)=\mathrm{e}^{-x^2}$；(2) $f(x)=\frac{1}{3+x}$.

解 (1) 因为 $\mathrm{e}^x=\sum\limits_{n=0}^{\infty}\frac{x^n}{n!},x\in(-\infty,+\infty)$，

所以 $\mathrm{e}^{-x^2}=\sum\limits_{n=0}^{\infty}\frac{(-x^2)^n}{n!}=\sum\limits_{n=0}^{\infty}(-1)^n\frac{x^{2n}}{n!},x\in(-\infty,+\infty)$.

(2) 因为 $\frac{1}{1-x}=\sum\limits_{n=0}^{\infty}x^n,x\in(-1,1)$，

所以 $\frac{1}{1+x}=\frac{1}{1-(-x)}=\sum\limits_{n=0}^{\infty}(-x)^n=\sum\limits_{n=0}^{\infty}(-1)^n x^n,x\in(-1,1)$.

故
$$f(x)=\frac{1}{3+x}=\frac{1}{3}\cdot\frac{1}{1+\frac{x}{3}}=\frac{1}{3}\sum_{n=0}^{\infty}(-1)^n\left(\frac{x}{3}\right)^n\quad\frac{x}{3}\in(-1,1)$$

$$=\sum_{n=0}^{\infty}(-1)^n\frac{x^n}{3^{n+1}}\qquad x\in(-3,3).$$

即
$$\frac{1}{3+x}=\sum_{n=0}^{\infty}(-1)^n\frac{x^n}{3^{n+1}},\quad x\in(-3,3).$$

例 8－5－7 将函数 $f(x)=\frac{1}{x-2}$ 展开成 $x+1$ 的幂级数.

解 因为 $\frac{1}{1-x}=\sum\limits_{n=0}^{\infty}x^n,\quad x\in(-1,1)$，

所以
$$f(x)=\frac{1}{x-2}=\frac{1}{(x+1)-3}=-\frac{1}{3}\cdot\frac{1}{1-\frac{x+1}{3}}$$

$$=-\frac{1}{3}\sum_{n=0}^{\infty}\left(\frac{x+1}{3}\right)^n\qquad\frac{x+1}{3}\in(-1,1)$$

$$=-\sum_{n=0}^{\infty}\frac{(x+1)^n}{3^{n+1}}\quad x\in(-4,2),$$

即

$$\frac{1}{x-2}=-\sum_{n=0}^{\infty}\frac{(x+1)^n}{3^{n+1}},\quad x\in(-4,2).$$

例 8-5-8　将函数 $f(x)=\ln(4+x)$ 展开成 $x-1$ 的幂函数.

解　由例 8-5-5 知

$$\ln(1+x)=\sum_{n=0}^{\infty}(-1)^n\frac{x^{n+1}}{n+1},\quad x\in(-1,1].$$

故

$$f(x)=\ln(4+x)=\ln[5+(x-1)]=\ln\left[5\left(1+\frac{x-1}{5}\right)\right]=\ln 5+\ln\left(1+\frac{x-1}{5}\right)$$

$$=\ln 5+\sum_{n=0}^{\infty}(-1)^n\frac{1}{n+1}\left(\frac{x-1}{5}\right)^{n+1}\quad \frac{x-1}{5}\in(-1,1]$$

$$=\ln 5+\sum_{n=0}^{\infty}(-1)^n\frac{(x-1)^{n+1}}{5^{n+1}\cdot(n+1)}\quad x\in(-4,6],$$

即

$$\ln(4+x)=\ln 5+\sum_{n=0}^{\infty}(-1)^n\frac{(x-1)^{n+1}}{5^{n+1}\cdot(n+1)},\quad x\in(-4,6].$$

习题 8.5

1. 将下列函数展开成 x 的幂级数：

(1) $f(x)=\dfrac{1}{1+3x}$；　(2) $f(x)=xe^{-\frac{x}{2}}$；　(3) $f(x)=\cos 3x$；

(4) $f(x)=\dfrac{x}{4-x}$；　(5) $f(x)=\cos^2 x$；　(6) $f(x)=\ln(2-x)$.

2. 将函数 $f(x)=\ln(2+x)$ 展开成 $x-1$ 的幂级数.

§8.6　傅里叶级数

除了幂级数，还有一种在理论上和实际上都有广泛应用的函数项级数，即三角级数

$$f(x)=\frac{a_0}{2}+\sum_{n=1}^{\infty}(a_n\cos nx+b_n\sin nx),\tag{8-6-1}$$

其中 $a_0,a_n,b_n(n=1,2,\cdots)$ 都是常数. 19 世纪初，傅里叶在研究数学物理方程中的热传导方

程时发现,周期为 2π 的函数在满足一定条件时可以展开为如式(8-6-1)的三角级数,故称三角级数为傅里叶级数.

傅里叶级数理论在解决周期现象问题(例如,振动,声、光、电的波动,天体运动等)中是一个强有力的工具,美妙动听的 MP3 的设计就用到了傅里叶级数的相关理论.

一、三角级数、三角函数系的正交性

三角函数集合 $\{1,\sin x,\cos x,\sin 2x,\cos 2x,\cdots,\sin nx,\cos nx,\cdots\}$ 称为**三角函数系**.

三角函数系有一个重要的性质:三角函数系中任意两个不同函数的乘积在区间 $[-\pi,\pi]$ 上的定积分都等于零,而除 1 以外的任何一个函数的平方在区间 $[-\pi,\pi]$ 上的积分都等于 π, 即

$$\int_{-\pi}^{\pi}\sin mx\cdot\sin nx\,\mathrm{d}x=0\quad(m\neq n);$$

$$\int_{-\pi}^{\pi}\cos mx\cdot\cos nx\,\mathrm{d}x=0\quad(m\neq n);$$

$$\int_{-\pi}^{\pi}\sin mx\cdot\cos nx\,\mathrm{d}x=0\quad(m,n=1,2,3,\cdots);$$

$$\int_{-\pi}^{\pi}1\cdot\sin nx\,\mathrm{d}x=0\quad(n=1,2,3,\cdots);$$

$$\int_{-\pi}^{\pi}1\cdot\cos nx\,\mathrm{d}x=0\quad(n=1,2,3,\cdots);$$

$$\int_{-\pi}^{\pi}\sin^2 nx\,\mathrm{d}x=\int_{-\pi}^{\pi}\cos^2 nx\,\mathrm{d}x=\pi\quad(n=1,2,3,\cdots).$$

上述性质称为**三角函数系的正交性**.

二、以 2π 为周期的函数展开为傅里叶级数

设函数 $f(x)$ 以 2π 为周期,在 $[-\pi,\pi]$ 上可积.假定 $f(x)$ 在区间 $[-\pi,\pi]$ 上可展开为三角级数

$$f(x)=\frac{a_0}{2}+\sum_{n=1}^{\infty}(a_n\cos nx+b_n\sin nx),\tag{8-6-2}$$

将(8-6-2)式两端在 $[-\pi,\pi]$ 上积分,根据三角函数系的正交性得

$$\int_{-\pi}^{\pi}f(x)\mathrm{d}x=\frac{a_0}{2}\int_{-\pi}^{\pi}\mathrm{d}x+\sum_{n=1}^{\infty}\left(a_n\int_{-\pi}^{\pi}\cos nx\,\mathrm{d}x+b_n\int_{-\pi}^{\pi}\sin nx\,\mathrm{d}x\right)=a_0\pi,$$

故

$$a_0=\frac{1}{\pi}\int_{-\pi}^{\pi}f(x)\mathrm{d}x.$$

用 $\cos kx\,(k=1,2,\cdots)$ 乘以(8-6-2)式的两边,在 $[-\pi,\pi]$ 上积分,并运用三角函数系的正交性得

$$\int_{-\pi}^{\pi}f(x)\cos kx\,\mathrm{d}x=\int_{-\pi}^{\pi}\frac{a_0}{2}\cos kx\,\mathrm{d}x+\sum_{n=1}^{\infty}\left(a_n\int_{-\pi}^{\pi}\cos kx\cos nx\,\mathrm{d}x+b_n\int_{-\pi}^{\pi}\cos kx\sin nx\,\mathrm{d}x\right)$$

$$=a_k\int_{-\pi}^{\pi}\cos^2 kx\,\mathrm{d}x=a_k\pi\quad(k=1,2,\cdots),$$

故

$$a_k=\frac{1}{\pi}\int_{-\pi}^{\pi}f(x)\cos kx\,\mathrm{d}x\quad(k=1,2,\cdots).$$

类似地,再用 $\sin kx\,(k=1,2,\cdots)$ 乘以(8-6-2)式的两边,并在 $[-\pi,\pi]$ 上积分可得

$$b_k=\frac{1}{\pi}\int_{-\pi}^{\pi}f(x)\sin kx\,\mathrm{d}x\quad(k=1,2,\cdots),$$

上述结果合并成

$$\begin{cases}a_n=\dfrac{1}{\pi}\displaystyle\int_{-\pi}^{\pi}f(x)\cos nx\,\mathrm{d}x & (n=0,1,2,\cdots)\\ b_n=\dfrac{1}{\pi}\displaystyle\int_{-\pi}^{\pi}f(x)\sin nx\,\mathrm{d}x & (n=1,2,\cdots)\end{cases}. \tag{8-6-3}$$

式(8-6-3)称为**欧拉-傅里叶公式**,称由该公式确定的 a_n,b_n 为 $f(x)$ 的**傅里叶系数**,并称(8-6-2)式右端的级数 $\dfrac{a_0}{2}+\sum_{n=1}^{\infty}(a_n\cos nx+b_n\sin nx)$ 为**傅里叶级数.**

接下来要研究的问题是:函数 $f(x)$ 满足什么条件,才能使由上述方法计算得到的傅里叶级数收敛,而且收敛于 $f(x)$? 这就是下面著名的收敛定理.

定理 8-6-1(收敛定理,狄利克雷充分条件)　设 $f(x)$ 是以 2π 为周期的函数,若在 $[-\pi,\pi]$ 上满足条件:

(1) 连续或只有有限个第一类间断点;

(2) 至多只有有限个极值点.

则 $f(x)$ 的傅里叶级数在 $[-\pi,\pi]$ 上收敛,而且:

当 x 为 $f(x)$ 的连续点时,级数收敛于 $f(x)$;

当 x 为 $f(x)$ 的第一类间断点时,级数收敛于 $\dfrac{1}{2}[f(x-0)+f(x+0)]$;

即:

$$\frac{a_0}{2}+\sum_{n=1}^{\infty}(a_n\cos nx+b_n\sin nx)=\begin{cases}f(x) & x\text{ 为连续点}\\ \dfrac{1}{2}[f(x-0)+f(x+0)] & x\text{ 为第一类间断点}\end{cases}.$$

例 8-6-1　以 2π 为周期的函数 $f(x)$ 在 $[-\pi,\pi)$ 上的表达式为

$$f(x)=\begin{cases}0 & -\pi\leqslant x<0\\ x & 0\leqslant x<\pi\end{cases},$$

求 $f(x)$ 的傅里叶级数,并求 $\sum_{n=1}^{\infty}\dfrac{1}{(2n-1)^2}$.

解　计算 $f(x)$ 的傅里叶系数:

$$a_0=\frac{1}{\pi}\int_{-\pi}^{\pi}f(x)\mathrm{d}x=\frac{1}{\pi}\int_0^{\pi}x\,\mathrm{d}x=\left[\frac{1}{2\pi}x^2\right]_0^{\pi}=\frac{\pi}{2},$$

$$\begin{aligned}a_n&=\frac{1}{\pi}\int_{-\pi}^{\pi}f(x)\cos nx\,\mathrm{d}x=\frac{1}{\pi}\int_0^{\pi}x\cos nx\,\mathrm{d}x\\&=\frac{1}{\pi}\int_0^{\pi}x\,\mathrm{d}\left(\frac{1}{n}\sin nx\right)\\&=\left[\frac{1}{n\pi}x\sin x\right]_0^{\pi}-\frac{1}{n\pi}\int_0^{\pi}\sin nx\,\mathrm{d}x\\&=\frac{1}{n^2\pi}\cos nx\ \Big|_0^{\pi}=\frac{1}{n^2\pi}[(-1)^n-1]\\&=\begin{cases}0 & n\text{ 为偶数}\\ -\dfrac{2}{n^2\pi} & n\text{ 为奇数}\end{cases}\quad(n=1,2,\cdots),\end{aligned}$$

$$\begin{aligned}b_n&=\frac{1}{\pi}\int_{-\pi}^{\pi}f(x)\sin nx\,\mathrm{d}x=\frac{1}{\pi}\int_0^{\pi}x\sin nx\,\mathrm{d}x\\&=-\frac{1}{\pi}\int_0^{\pi}x\,\mathrm{d}\left(\frac{1}{n}\cos nx\right)\\&=\left[\frac{1}{n\pi}x\cos x\right]_0^{\pi}+\frac{1}{n\pi}\int_0^{\pi}\cos nx\,\mathrm{d}x\\&=\frac{(-1)^{n+1}\pi}{n\pi}+\frac{1}{n^2\pi}[\sin nx]_0^{\pi}\\&=\frac{(-1)^{n+1}}{n}\ (n=1,2,\cdots).\end{aligned}$$

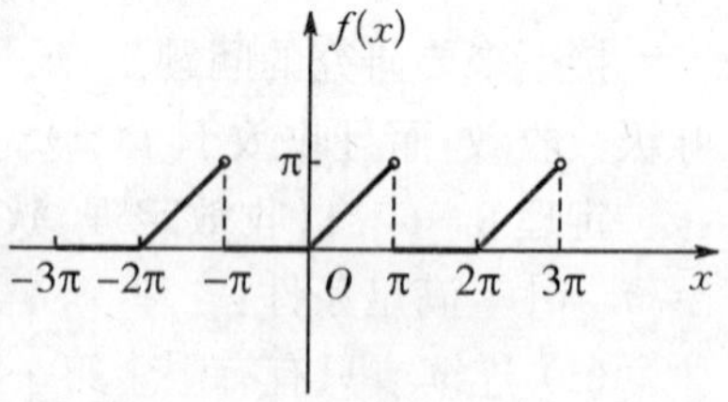

图 8-6-1

由 $f(x)$ 的图像(如图 8-6-1)知，$f(x)$ 的间断点为：$x=(2k-1)\pi,k\in\mathbf{Z}$. 故 $f(x)$ 的傅里叶级数为

$$\begin{aligned}f(x)=\frac{\pi}{4}-\frac{2}{\pi}&\left[\cos x+\frac{1}{3^2}\cos 3x+\cdots+\frac{1}{(2n-1)^2}\cos(2n-1)x+\cdots\right]\\&+\left[\sin x-\frac{1}{2}\sin 2x+\frac{1}{3}\sin 3x-\cdots+\frac{(-1)^{n+1}}{n}\sin nx+\cdots\right],\quad(8-6-4)\\&x\neq(2k-1)\pi\ (k\in\mathbf{Z}).\end{aligned}$$

将 $x=0$ 代入(8-6-4)式得，左边 $=f(0)=0$，

$$\text{右边}=\frac{\pi}{4}-\frac{2}{\pi}\left[1+\frac{1}{3^2}+\frac{1}{5^2}+\cdots+\frac{1}{(2n-1)^2}+\cdots\right],$$

故

$$\sum_{n=1}^{\infty}\frac{1}{(2n-1)^2}=\frac{\pi^2}{8}.$$

三、正弦级数与余弦级数

设 $f(x)$ 为以 2π 为周期的奇函数,则由积分运算性质得

$$a_n=\frac{1}{\pi}\int_{-\pi}^{\pi}f(x)\cos nx\,dx=0\ (n=0,1,2,\cdots),$$

$$b_n=\frac{1}{\pi}\int_{-\pi}^{\pi}f(x)\sin nx\,dx=\frac{2}{\pi}\int_{0}^{\pi}f(x)\sin nx\,dx\ (n=1,2,\cdots),$$

故奇函数 $f(x)$ 的傅里叶级数是正弦级数 $\sum\limits_{n=1}^{\infty}b_n\sin nx$.

若 $f(x)$ 为以 2π 为周期的偶函数,则同理可得

$$a_n=\frac{1}{\pi}\int_{-\pi}^{\pi}f(x)\cos nx\,dx=\frac{2}{\pi}\int_{0}^{\pi}f(x)\cos nx\,dx\ (n=0,1,2,\cdots),$$

$$b_n=\frac{1}{\pi}\int_{-\pi}^{\pi}f(x)\sin nx\,dx=0\quad(n=1,2,\cdots),$$

故偶函数 $f(x)$ 的傅里叶级数是余弦级数 $\frac{a_0}{2}+\sum\limits_{n=1}^{\infty}a_n\cos nx$.

例 8-6-2　将函数 $f(x)=x+1(0\leqslant x\leqslant\pi)$ 分别展开成正弦级数和余弦级数.

解　只要将 $f(x)$ 在 $(-\pi,0)$ 上进行奇(偶)延拓,就可得到相应的正(余)弦级数.

(1) 先将 $f(x)$ 进行奇延拓(如图 8-6-2),得 $a_n=0(n=0,1,2,\cdots)$.

计算 $f(x)$ 的傅里叶系数:

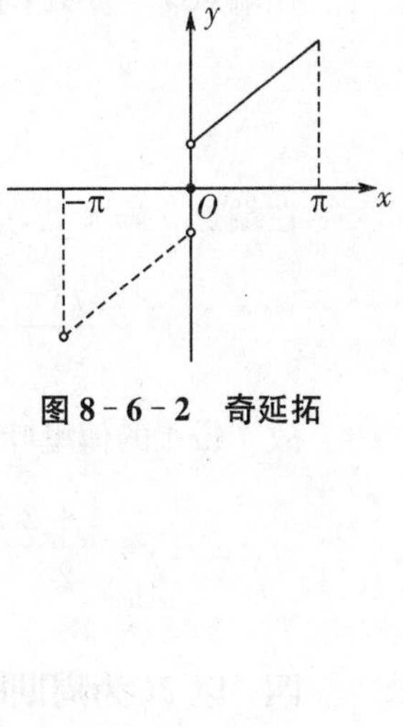

图 8-6-2　奇延拓

$$\begin{aligned}b_n&=\frac{2}{\pi}\int_0^{\pi}f(x)\sin nx\,dx=\frac{2}{\pi}\int_0^{\pi}(x+1)\sin nx\,dx\\&=-\frac{2}{n\pi}\int_0^{\pi}(x+1)d(\cos nx)\\&=\left[-\frac{2}{n\pi}(x+1)\cos nx\right]_0^{\pi}+\frac{2}{n\pi}\int_0^{\pi}\cos nx\,dx\\&=\frac{2}{n\pi}[1+(-1)^{n+1}(\pi+1)]\\&=\begin{cases}\dfrac{2(\pi+2)}{n\pi} & \text{当 } n \text{ 为奇数}\\[2ex]-\dfrac{2}{n} & \text{当 } n \text{ 为偶数}\end{cases}.\end{aligned}$$

在端点 $x=0$ 处,正弦级数收敛于

$$\frac{f(0-0)+f(0+0)}{2}=\frac{1-1}{2}=0.$$

在端点 $x=\pi$ 处,正弦级数收敛于

$$\frac{f(-\pi+0)+f(\pi-0)}{2}=\frac{(-\pi-1)+(\pi+1)}{2}=0.$$

于是，$f(x)$ 的傅里叶级数为

$$x+1=\frac{2}{\pi}\left[(\pi+2)\sin x-\frac{\pi}{2}\sin 2x+\frac{1}{3}(\pi+2)\sin 3x-\frac{\pi}{4}\sin 4x+\cdots\right]\quad (0\leqslant x\leqslant \pi).$$

(2) 再将 $f(x)$ 进行偶延拓，将它展开为余弦级数（如图 8-6-3），得 $b_n=0, n=1,2,\cdots$.

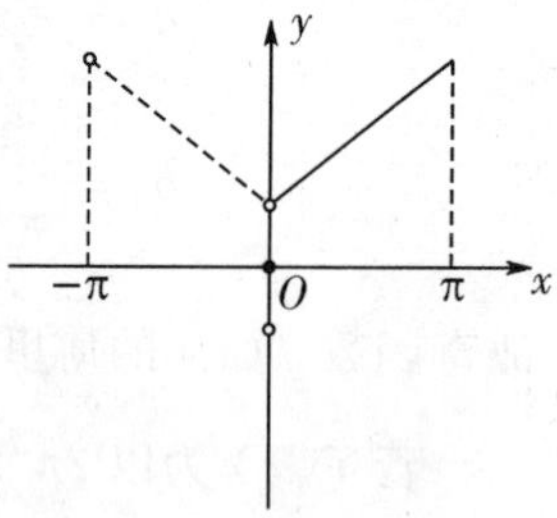

图 8-6-3　偶延拓

$$a_0=\frac{2}{\pi}\int_0^{\pi}f(x)\,\mathrm{d}x=\frac{2}{\pi}\int_0^{\pi}(x+1)\,\mathrm{d}x=\left[\frac{1}{\pi}(x+1)^2\right]_0^{\pi}=\pi+2.$$

$$\begin{aligned}a_n&=\frac{2}{\pi}\int_0^{\pi}f(x)\cos nx\,\mathrm{d}x=\frac{2}{\pi}\int_0^{\pi}(x+1)\cos nx\,\mathrm{d}x\\&=\frac{2}{n\pi}\int_0^{\pi}(x+1)\,\mathrm{d}(\sin nx)\\&=\left[\frac{2(x+1)}{n\pi}\sin nx\right]_0^{\pi}-\frac{2}{n\pi}\int_0^{\pi}\sin nx\,\mathrm{d}x\\&=\left[\frac{2}{n^2\pi}\cos nx\right]_0^{\pi}=\frac{2}{n^2\pi}[(-1)^n-1]\\&=\begin{cases}-\dfrac{4}{n^2\pi} & \text{当 } n \text{ 为奇数}\\ 0 & \text{当 } n \text{ 为偶数}\end{cases}\quad (n=1,2,\cdots).\end{aligned}$$

在端点 $x=0$ 处，余弦级数收敛于

$$\frac{f(0-0)+f(0+0)}{2}=\frac{1+1}{2}=1.$$

在端点 $x=\pi$ 处，余弦级数收敛于

$$\frac{f(\pi-0)+f(-\pi+0)}{2}=\frac{(\pi+1)+(\pi+1)}{2}=\pi+1.$$

故 $f(x)$ 的傅里叶级数为

$$x+1=\frac{\pi+2}{2}-\frac{4}{\pi}\left(\cos x+\frac{1}{3^2}\cos 3x+\frac{1}{5^2}\cos 5x+\cdots\right),\quad 0\leqslant x\leqslant \pi.$$

四、以 $2l$ 为周期的函数展开为傅里叶级数

前面讨论了以 2π 为周期的函数展开为傅里叶级数的方法.但在实际问题中，函数的周期不一定是 2π，所以需要讨论一般周期函数，即以 $2l(l>0)$ 为周期的函数展开为傅里叶级数的方法.

设 $f(x)$ 是以 $2l$ 为周期的函数，并且在 $[-l,l]$ 上满足狄利克雷条件.为了求得 $f(x)$ 的傅里叶展开式，做变量替换 $x=\frac{l}{\pi}t$，则 $f(x)=f\left(\frac{l}{\pi}t\right)\xlongequal{\text{记为}}g(t)$，当 x 在 $[-l,l]$ 上取值时，t 相应地在 $[-\pi,\pi]$ 上取值.由于 $f(x)$ 以 $2l$ 为周期，故

$f(x+2l)=f(x)$

$$\Rightarrow g(t+2\pi)=f\left[\frac{l}{\pi}(t+2\pi)\right]=f\left(\frac{l}{\pi}t+2l\right)=f(x+2l)=f(x)=g(t).$$

因此，$g(t)$ 以 2π 为周期，而且满足收敛定理条件.由前面讨论的结果可知，$g(t)$ 可展开为傅里叶级数 $\dfrac{a_0}{2}+\sum\limits_{n=1}^{\infty}(a_n\cos nt+b_n\sin nt)$，其中：

$$a_0=\frac{1}{\pi}\int_{-\pi}^{\pi}g(t)\mathrm{d}t,$$

$$a_n=\frac{1}{\pi}\int_{-\pi}^{\pi}g(t)\cos nt\mathrm{d}t \quad (n=1,2,\cdots),$$

$$b_n=\frac{1}{\pi}\int_{-\pi}^{\pi}g(t)\sin nt\mathrm{d}t \quad (n=1,2,\cdots).$$

在上述各式中，将 $t=\dfrac{\pi}{l}x$ 代入，并注意 $g(t)=f(x)$，得到以 $2l$ 为周期的函数 $f(x)$ 的傅里叶级数为 $\dfrac{a_0}{2}+\sum\limits_{n=1}^{\infty}\left(a_n\cos\dfrac{n\pi x}{l}+b_n\sin\dfrac{n\pi x}{l}\right)$，其中：

$$a_0=\frac{1}{l}\int_{-l}^{l}f(x)\mathrm{d}x,$$

$$a_n=\frac{1}{l}\int_{-l}^{l}f(x)\cos\frac{n\pi x}{l}\mathrm{d}x \quad (n=1,2,\cdots),$$

$$b_n=\frac{1}{l}\int_{-l}^{l}f(x)\sin\frac{n\pi x}{l}\mathrm{d}x \quad (n=1,2,\cdots).$$

> **注意**　a_0 与 a_n 通常分开写，主要是因为 a_0 经常需要单独计算(计算 a_n 的表达式中，通常要求 $n\neq 0$).

特别地，当 $f(x)$ 为奇函数，且满足狄利克雷条件时，$f(x)$ 的傅里叶级数为

$$\sum_{n=1}^{\infty}b_n\sin\frac{n\pi x}{l},$$

其中，$b_n=\dfrac{2}{l}\displaystyle\int_0^l f(x)\sin\dfrac{n\pi x}{l}\mathrm{d}x\,(n=1,2,\cdots)$.

当 $f(x)$ 为偶函数，且满足狄利克雷条件时，$f(x)$ 的傅里叶级数为

$$\frac{a_0}{2}+\sum_{n=1}^{\infty}a_n\cos\frac{n\pi x}{l},$$

其中，$a_0=\dfrac{2}{l}\displaystyle\int_0^l f(x)\mathrm{d}x$，$a_n=\dfrac{2}{l}\displaystyle\int_0^l f(x)\cos\dfrac{n\pi x}{l}\mathrm{d}x\,(n=1,2,\cdots)$.

例 8-6-3 设 $f(x)$ 是周期为 4 的周期函数，其在 $[-2,2)$ 上的表达式为

$$f(x)=\begin{cases}0 & -2\leqslant x<0\\ 3 & 0\leqslant x<2\end{cases},$$

将 $f(x)$ 展开成傅里叶级数.

解 这里 $l=2$，如图 8-6-4 所示，先计算 $f(x)$ 的傅里叶系数：

$$a_n=\frac{1}{2}\int_{-2}^{2}f(x)\cos\frac{n\pi x}{2}\mathrm{d}x=\frac{3}{2}\int_{0}^{2}\cos\frac{n\pi x}{2}\mathrm{d}x$$

$$=\begin{cases}\dfrac{3}{2}\displaystyle\int_{0}^{2}\mathrm{d}x=3 & n=0\\ \left[\dfrac{3}{n\pi}\sin\dfrac{n\pi x}{2}\right]_{0}^{2}=0 & n=1,2,\cdots\end{cases},$$

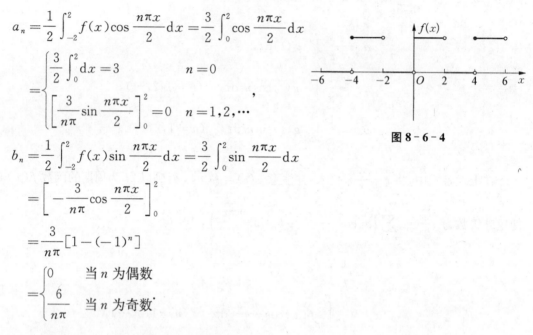

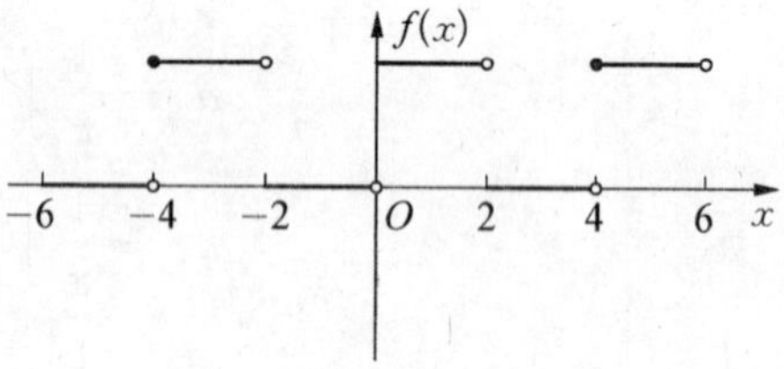

图 8-6-4

$$b_n=\frac{1}{2}\int_{-2}^{2}f(x)\sin\frac{n\pi x}{2}\mathrm{d}x=\frac{3}{2}\int_{0}^{2}\sin\frac{n\pi x}{2}\mathrm{d}x$$

$$=\left[-\frac{3}{n\pi}\cos\frac{n\pi x}{2}\right]_{0}^{2}$$

$$=\frac{3}{n\pi}[1-(-1)^n]$$

$$=\begin{cases}0 & \text{当 } n \text{ 为偶数}\\ \dfrac{6}{n\pi} & \text{当 } n \text{ 为奇数}\end{cases}.$$

于是，函数 $f(x)$ 的傅里叶级数展开式为

$$f(x)=\frac{3}{2}+\frac{6}{\pi}\left(\sin\frac{\pi x}{2}+\frac{1}{3}\sin\frac{3\pi x}{2}+\frac{1}{5}\sin\frac{5\pi x}{2}+\cdots\right.$$
$$\left.+\frac{1}{2n+1}\sin\frac{(2n+1)\pi x}{2}+\cdots\right),0<|x|<2.$$

在端点 $x=\pm2$ 处，傅里叶级数收敛于

$$\frac{f(2-0)+f(-2+0)}{2}=\frac{3+0}{2}=\frac{3}{2}.$$

在端点 $x=0$ 处，傅里叶级数收敛于

$$\frac{f(0-0)+f(0+0)}{2}=\frac{3+0}{2}=\frac{3}{2}.$$

习题 8.6

1. 设 $f(x)$ 是以 2π 为周期的函数，它在 $(-\pi,\pi]$ 上的表达式为

$$f(x)=\begin{cases}-1 & -\pi\leqslant x<0\\ 1 & 0\leqslant x<\pi\end{cases},$$

将函数 $f(x)$ 展开成傅里叶级数.

2. 在区间 $(-\pi,\pi)$ 上将函数 $f(x)=x$ 展开成傅里叶级数.

3. 将函数 $f(x)=x(x-\pi)(0\leqslant x\leqslant\pi)$ 展开成余弦级数,并计算 $\sum\limits_{n=1}^{\infty}\frac{1}{n^2}$.

4. 将函数 $f(x)=\begin{cases}x & 0\leqslant x<1\\ 2-x & 1\leqslant x\leqslant 2\end{cases}$ 展开成正弦级数.

5. 设 $f(x)$ 是周期为 2 的周期函数,其在 $[-1,1)$ 上的表达式为 $f(x)=|x|$,将 $f(x)$ 展开成傅里叶级数.

本章小结

一、级数的概念和性质

1. 数项级数敛散性定义

设 $\sum\limits_{n=1}^{\infty}u_n$ 为数项级数,若 $\lim\limits_{n\to\infty}S_n=S$,则称该级数收敛,即 $\sum\limits_{n=1}^{\infty}u_n=S$;若 $\lim\limits_{n\to\infty}S_n$ 不存在,则称该级数发散.

2. 级数 $\sum\limits_{n=1}^{\infty}u_n$ 收敛的必要条件

级数 $\sum\limits_{n=1}^{\infty}u_n$ 收敛的必要条件是 $\lim\limits_{n\to\infty}u_n=0$. 若 $\lim\limits_{n\to\infty}u_n\neq 0$,则级数 $\sum\limits_{n=1}^{\infty}u_n$ 发散.

3. 三类特殊级数的敛散性

(1) 等比级数 $\sum\limits_{n=1}^{\infty}aq^{n-1}\begin{cases}\text{收敛到}\dfrac{a}{1-q} & |q|<1\\ \text{发散} & |q|\geqslant 1\end{cases}$;

(2) p - 级数 $\sum\limits_{n=1}^{\infty}\frac{1}{n^p}\begin{cases}\text{收敛} & p>1\\ \text{发散} & p\leqslant 1\end{cases}$;

(3) 调和级数 $\sum\limits_{n=1}^{\infty}\frac{1}{n}=1+\frac{1}{2}+\frac{1}{3}+\cdots+\frac{1}{n}+\cdots$ 发散.

二、常数项级数

1. 正项级数

(1) 定义.(2) 正项级数的敛散性判定:(a) 比较法;(b) 比值法.

2. 交错级数

(1) 定义;(2) 交错级数的敛散性判定定理——莱布尼兹判别法.

3. 任意项级数

(1) 条件收敛;(2) 绝对收敛.

三、幂级数

1. 收敛半径、收敛区间和收敛域
2. 性质(逐项可积性、逐项可导性)
3. 常用的几个函数的幂级数展开

(1) $\frac{1}{1-x}=1+x+x^2+\cdots+x^n+\cdots=\sum_{n=0}^{\infty}x^n \qquad x\in(-1,1)$;

(2) $e^x=1+x+\frac{1}{2!}x^2+\cdots+\frac{1}{n!}x^n+\cdots=\sum_{n=0}^{\infty}\frac{x^n}{n!} \qquad x\in(-\infty,+\infty)$;

(3) $\sin x=x-\frac{1}{3!}x^3+\frac{1}{5!}x^5-\frac{1}{7!}x^7+\cdots+(-1)^n\frac{x^{2n+1}}{(2n+1)!}+\cdots$

$$=\sum_{n=0}^{\infty}(-1)^n\frac{x^{2n+1}}{(2n+1)!} \qquad x\in(-\infty,+\infty);$$

4. 函数展开成幂级数的方法

(1) 直接法;(2) 间接法.

四、傅里叶级数

1. 傅里叶级数收敛定理——狄利克雷充分条件
2. 以 $2\pi(2l)$ 为周期的函数展开为傅里叶级数

复习题八

一、填空题

1. 级数 $\frac{1}{2\times4}+\frac{1}{4\times6}+\frac{1}{6\times8}+\cdots$ 的一般项 $u_n=$________，部分和 $s_n=$________，和 $s=$________.

2. 级数 $\sum_{n=1}^{\infty}\frac{(-1)^{n-1}}{2^n}$ 的和为________.

3. $\sum_{n=0}^{\infty}3\left(-\frac{1}{3}\right)^n$ 的和为________.

4. 设无穷级数 $\sum_{n=1}^{\infty}u_n$ 收敛,则极限 $\lim_{n\to\infty}u_n=$________.

5. $\sum_{n=1}^{\infty}(-1)^n\frac{x^n}{\sqrt{n}}$ 的收敛半径 $R=$________，收敛域为________.

6. $\sum_{n=1}^{\infty}\frac{(x-1)^n}{3^n}$ 的收敛半径 $R=$________，收敛域为________.

7. $\sum_{n=1}^{\infty}\frac{x^{2n}}{4^n}$ 的收敛半径 $R=$________，收敛域为________.

8. 若幂级数 $\sum_{n=1}^{\infty} a_n x^n$ 的收敛域为 $(-2,2]$，则 $\sum_{n=1}^{\infty} a_n (x-1)^n$ 的收敛域为 ________.

9. 若幂级数 $\sum_{n=1}^{\infty} a_n x^n$ 的收敛半径为 16，则 $\sum_{n=1}^{\infty} a_n x^{4n}$ 的收敛半径为 ________.

10. 在区间 $(-1,1)$ 内幂级数 $\sum_{n=1}^{\infty} 2nx^{2n-1}$ 的和函数 $s(x)=$ ________.

11. 设 $f(x)$ 以 2π 为周期，在 $[-\pi,\pi)$ 的表达式为 $f(x)=\begin{cases}1-x & -\pi\leqslant x<0\\ 1+x & 0\leqslant x<\pi\end{cases}$，则 $f(x)$ 的傅里叶级数在 $x=\pi$ 处收敛于 ________，在 $x=0$ 处收敛于 ________.

二、选择题

1. 若级数 $\sum_{n=1}^{\infty} u_n (u_n>0)$ 收敛，则级数(　　)一定收敛.

A. $\sum_{n=1}^{\infty}(u_n+1)$　　B. $\sum_{n=1}^{\infty}10(u_n-1)$　　C. $\sum_{n=1}^{\infty}\sqrt{u_n}$　　D. $\sum_{n=1}^{\infty}(-1)^n u_n$

2. 正项级数 $\sum_{n=0}^{\infty} u_n$ 收敛的充分必要条件是(　　).

A. $\lim\limits_{n\to\infty} u_n=0$　　B. $\lim\limits_{n\to\infty}\frac{u_{n+1}}{u_n}=\rho\leqslant 1$

C. $\lim\limits_{n\to\infty} s_n\neq+\infty$（$s_n$ 为部分和）　　D. $\lim\limits_{n\to\infty}\frac{u_{n+1}}{u_n}=\rho<1$

3. 下列级数收敛的是(　　).

A. $\sum_{n=1}^{\infty}\frac{1}{\sqrt[3]{n^2}}$　　B. $\sum_{n=1}^{\infty}\frac{1}{\sqrt{n^5}}$　　C. $\sum_{n=1}^{\infty}\frac{1}{\sqrt{n}}$　　D. $\sum_{n=1}^{\infty}\frac{1-n^2}{n^3}$

4. $\sum_{n=1}^{\infty}\frac{1}{n^{2p+1}}$ 收敛，则有(　　).

A. $p>0$　　B. $p\leqslant 0$　　C. $p>1$　　D. $p\leqslant 1$

5. 幂级数 $\sum_{n=1}^{\infty}(-1)^n\frac{x^n}{3^n}$ 的收敛域是(　　).

A. $(-3,3)$　　B. $(-3,3]$　　C. $[-3,3)$　　D. $[-3,3]$

6. 幂级数 $\sum_{n=1}^{\infty}(-1)^{n-1}\frac{(2x-3)^n}{n}$ 的收敛域是(　　).

A. $(-1,1)$　　B. $(-1,1]$　　C. $(1,2)$　　D. $(1,2]$

7. 若幂级数 $\sum_{n=1}^{\infty} a_n (x+4)^n$ 在 $x=0$ 处收敛，则该幂级数在 $x=-1$ 处(　　).

A. 发散　　B. 条件收敛　　C. 绝对收敛　　D. 不能判断

8. 若幂级数 $\sum_{n=1}^{\infty} a_n (x-5)^n$ 在 $x=2$ 处收敛，则该幂级数在 $x=1$ 处(　　).

A. 发散　　B. 条件收敛　　C. 绝对收敛　　D. 不能判断

9. 函数 $f(x)=\frac{1}{x^2-2x-3}$ 展开成 x 的幂级数形式是(　　).

A. $-\frac{1}{4}\sum_{n=0}^{\infty}\frac{x^n}{3^{n+1}}-\frac{1}{4}\sum_{n=0}^{\infty}(-1)^n x^n(|x|<3)$

B. $-\frac{1}{4}\sum_{n=0}^{\infty}\frac{x^n}{3^{n+1}}-\frac{1}{4}\sum_{n=0}^{\infty}(-1)^n x^n(|x|<1)$

C. $-\frac{1}{4}\sum_{n=0}^{\infty}(-1)^n\frac{x^n}{3^{n+1}}-\frac{1}{4}\sum_{n=0}^{\infty}x^n(|x|<3)$

D. $-\frac{1}{4}\sum_{n=0}^{\infty}(-1)^n\frac{x^n}{3^{n+1}}-\frac{1}{4}\sum_{n=0}^{\infty}x^n(|x|<1)$

10. 设 $f(x)$ 是周期为 2 的周期函数,在 $(-1,1]$ 上的表达式为

$$f(x)=\begin{cases}-2 & -1<x\leqslant 0\\ x^2 & 0<x\leqslant 1\end{cases},$$

则 $f(x)$ 的傅里叶级数在 $x=1$ 处收敛于(　　).

A. $f(1)$　　　B. $f(x)$　　　C. $-\frac{1}{2}$　　　D. $\frac{1}{2}$

三、解答题

1. 判断下列级数的敛散性:

(1) $\sum_{n=1}^{\infty}\left(\frac{n}{3n+1}\right)^n$;　　(2) $\sum_{n=1}^{\infty}\frac{2^n}{(2n-1)\cdot 5^n}$;

(3) $\sum_{n=2}^{\infty}\frac{1}{\sqrt{n^2-2}}$;　　(4) $\sum_{n=1}^{\infty}\frac{2n}{n^2+1}$;

(5) $\sum_{n=1}^{\infty}\frac{2n-1}{2^n}$;　　(6) $\sum_{n=1}^{\infty}\frac{3^n}{n(n+1)}$;

(7) $\sum_{n=1}^{\infty}\frac{2}{(2n+1)!}$;　　(8) $\sum_{n=1}^{\infty}(-1)^n\frac{1}{2^n\cdot n}$;

(9) $\sum_{n=1}^{\infty}(-1)^{n-1}\frac{1}{(2n+1)^2}$;　　(10) $\sum_{n=1}^{\infty}(-1)^n\frac{3n}{n+3}$.

2. 判断下列级数是绝对收敛,条件收敛还是发散?

(1) $\sum_{n=1}^{\infty}(-1)^{n-1}\frac{1}{\sqrt[3]{n^4}}$;　　(2) $\sum_{n=1}^{\infty}(-1)^{n-1}\frac{1}{\sqrt{n(n+3)}}$;

(3) $\sum_{n=1}^{\infty}(-1)^n\frac{n}{n+1}$;　　(4) $\sum_{n=1}^{\infty}(-1)^n\frac{n}{2^{n-1}}$.

3. 求下列幂级数的收敛半径和收敛域:

(1) $\sum_{n=1}^{\infty}(-1)^n\frac{x^n}{5^n\cdot\sqrt{n}}$;　　(2) $\sum_{n=1}^{\infty}\frac{(x-1)^n}{n}$;

(3) $\sum_{n=1}^{\infty}(-1)^{n-1}\frac{(2x-3)^n}{n}$;　　(4) $\sum_{n=1}^{\infty}2^n(x+3)^{2n}$.

4. 求下列幂级数的和函数,并指出其收敛域:

(1) $\sum_{n=1}^{\infty} nx^n$；　(2) $\sum_{n=1}^{\infty} (-1)^n \frac{x^{2n-1}}{2n-1}$；

(3) $\sum_{n=1}^{\infty} n(n+1)x^n$；　(4) $\sum_{n=1}^{\infty} \frac{x^n}{n \cdot 2^n}$.

5. 将下列函数展开成 x 的幂级数：

(1) $f(x)=\frac{1}{3+x}$；　(2) $f(x)=\frac{1}{4-x}$；

(3) $f(x)=x^3e^{-x}$；　(4) $f(x)=\frac{1}{x^2+4x+3}$.

6. 将 $f(x)=\frac{1}{x}$ 展开成 $x-1$ 的幂级数.

7. 在区间 $(-\pi,\pi)$ 上将以 2π 为周期的函数 $f(x)=x^2$ 展开成傅里叶级数.

8. 将函数 $f(x)=x-1(0\leqslant x\leqslant 2)$ 展开成周期为 4 的余弦函数.

9. 在区间 $[-1,1]$ 上将以 2 为周期的函数 $f(x)=2+|x|$ 展开成傅里叶级数.

阅读材料

调和级数 $\sum_{n=1}^{\infty}\frac{1}{n}$ 蕴含的思政元素

级数是研究无限个离散量之和的数学模型，它是表示函数、进行数值计算的一个有力工具，又是研究函数性质的一个重要手段.高等数学在级数部分有一个重要的级数——调和级数，它为研究级数敛散性提供了重要的理论基础.

调和级数的数学形式是

$$\sum_{n=1}^{\infty}\frac{1}{n}=1+\frac{1}{2}+\frac{1}{3}+\cdots+\frac{1}{n}+\cdots.$$

很早就有数学家对其进行研究，该级数的发散性最早是由法国学者尼古拉·奥雷姆在极限概念被完全理解之前约400年证明的，后期也有很多学者尝试用各种方法证明该级数的发散性，比如中世纪后期的数学家Oresme在1360年也证明了该级数是发散的.虽然该级数的每一项都很小，但是其和却可以超过任何一个正数.生活中，调和级数实际应用的例子多的不胜枚举，比如"蜗牛爬绳"的例子，"共和国勋章"获得者、"氢弹之父"于敏取得卓越成就的例子.

一根绳子原来长1米，蜗牛第一天爬了1厘米.正当蜗牛心想100天就可以爬完时，未曾想第二天绳子均匀拉伸变为2米，蜗牛大吃一惊，但它不气馁，又坚持走了1厘米……就这样，绳子每天伸长1米，蜗牛每天走1厘米，一直往前走，如果绳子可以无限均匀拉伸，蜗牛也"长生不老"，问题是蜗牛有希望走到绳子的尽头吗？这个问题最早由数学家施瓦茨在讲解级数概念时提出.

我们来分析一下这个数学问题，第1秒末，绳长1米，蜗牛爬过1厘米，即 $\frac{1}{100}$ 绳长；第2秒末，绳长2米，蜗牛爬过1厘米，即 $\frac{1}{200}$ 绳长；……第 n 秒末，绳长 n 米，蜗牛爬过1厘米，即 $\frac{1}{100n}$ 绳长.由于绳子可以无限均匀拉伸，所以蜗牛已经爬过的距离所占绳子的比例是保持不变的.上面的问题列成数学算式，n 天共爬过

$$\begin{aligned}S&=\frac{1}{100}+\frac{1}{200}+\frac{1}{300}+\cdots+\frac{1}{100n}\\&=\frac{1}{100}\left(1+\frac{1}{2}+\frac{1}{3}+\cdots+\frac{1}{n}\right)\\&=\frac{1}{100}\sum_{k=1}^{n}\frac{1}{k},\end{aligned}$$

即蜗牛总共爬过的长度是调和级数的百分之一.仔细观察调和级数的形式,我们发现随着 n 越来越大,虽然调和级数的通项越来越趋近于 0,但是其和却是趋近于无穷大,也就是说调和级数可以大于任意大的正数.调和级数里蕴含着蜗牛精神,蜗牛虽然爬得慢,但是它坚持不放弃,一直向前走,相信总会看到希望.

2019 年 9 月,国家主席习近平签署主席令,授予于敏同志"共和国勋章".于敏,中国土生土长的氢弹专家,100 多个日日夜夜,他埋头于堆积如山的计算机纸带,然后做密集的报告,率领大家发现了氢弹自持热核燃烧的关键,找到了突破氢弹的技术路径,形成了从原理、材料到构型完整的氢弹物理设计方案.他 28 年隐姓埋名,领导并参加核武器的理论研究和设计,填补了我国原子核理论的空白.在原子核理论研究的巅峰时期,为了国家需要,又转而从事氢弹理论研究,在我国氢弹研究中发挥了关键作用.于敏一生隐姓埋名,默默地为国家氢弹事业的发展做出卓越贡献,被称为"中国氢弹之父".

实际生活中,类似的例子还有很多,它们告诉我们在面对困难和挫折时,应该要深刻领会愚公移山的精神,领悟滴水穿石的内涵,不抛弃不放弃,坚持就是胜利,希望最终一定可以实现.

第 9 章

线性代数初步

学习目标

1. 了解二阶、三阶、n 阶行列式的定义，理解行列式的性质.
2. 掌握二阶、三阶、n 阶行列式的计算，掌握克莱姆法则.
3. 理解矩阵、逆矩阵、矩阵的秩的概念，了解几种特殊的矩阵.
4. 掌握求逆矩阵的两种方法，掌握矩阵的线性运算、乘法运算、矩阵的初等行变换和用初等行变换求矩阵的秩.
5. 掌握线性方程组解的存在性的判定定理，用初等变换求线性方程组的通解.

在科学研究与实际生产中，许多经常遇到的问题都可以直接或近似地表示成一些变量之间的线性关系，而行列式、矩阵和线性方程组是研究线性关系的重要工具.本章将介绍行列式和矩阵的一些基本概念，并讨论一般线性方程组的解法.

§9.1 行列式的概念与计算

一、n 阶行列式

1. 二阶、三阶行列式

用消元法解二元线性方程组 $\begin{cases} a_{11}x_1+a_{12}x_2=b_1 \\ a_{21}x_1+a_{22}x_2=b_2 \end{cases}$，若 $a_{11}a_{22}-a_{12}a_{21}\neq 0$，利用消元法，

得到方程组的解为：$\begin{cases} x_1=\dfrac{b_1a_{22}-b_2a_{12}}{a_{11}a_{22}-a_{12}a_{21}} \\ x_2=\dfrac{b_2a_{11}-b_1a_{21}}{a_{11}a_{22}-a_{12}a_{21}} \end{cases}$，为了便于记忆，我们引进**二阶行列式的概念**：

定义 9-1-1 用 2^2 个数组成的记号 $\begin{vmatrix} a_{11} & a_{12} \\ a_{21} & a_{22} \end{vmatrix}$ 表示数值 $a_{11}a_{22}-a_{12}a_{21}$，并称之为**二阶行列式**，其中 $a_{ij}(i=1,2,j=1,2)$ 称为二阶行列式的元素，横排称为行，竖排称为列.从左上角到右下角的对角线称为行列式的主对角线，从左下角到右上角的对角线称为行列式的

副对角线.

当二元线性方程组系数组成的行列式 $D=\begin{vmatrix} a_{11} & a_{12} \\ a_{21} & a_{22} \end{vmatrix}\neq 0$ 时，它的解可用行列式简洁地记为：

$$x_1=\frac{\begin{vmatrix} b_1 & a_{12} \\ b_2 & a_{22} \end{vmatrix}}{\begin{vmatrix} a_{11} & a_{12} \\ a_{21} & a_{22} \end{vmatrix}}=\frac{D_1}{D},x_2=\frac{\begin{vmatrix} a_{11} & b_1 \\ a_{21} & b_2 \end{vmatrix}}{\begin{vmatrix} a_{11} & a_{12} \\ a_{21} & a_{22} \end{vmatrix}}=\frac{D_2}{D},$$

其中 D_1,D_2 是以 b_1,b_2 分别替换系数行列式 D 中第一列、第二列的元素所得到的两个二阶行列式.

例 9-1-1　用行列式解二元一次方程组 $\begin{cases} 2x_1-x_2=3 \\ x_1-3x_2=-1 \end{cases}$.

解　$D=\begin{vmatrix} 2 & -1 \\ 1 & -3 \end{vmatrix}=-5\neq 0,D_1=\begin{vmatrix} 3 & -1 \\ -1 & -3 \end{vmatrix}=-10,D_2=\begin{vmatrix} 2 & 3 \\ 1 & -1 \end{vmatrix}=-5,$

所以方程组的解为：$x_1=\dfrac{D_1}{D}=2,x_2=\dfrac{D_2}{D}=1.$

定义 9-1-2　类似地，用 3^2 个数组成的记号 $\begin{vmatrix} a_{11} & a_{12} & a_{13} \\ a_{21} & a_{22} & a_{23} \\ a_{31} & a_{32} & a_{33} \end{vmatrix}$ 表示数值.

$a_{11}a_{22}a_{33}+a_{12}a_{23}a_{31}+a_{13}a_{21}a_{32}-a_{13}a_{22}a_{31}-a_{12}a_{21}a_{33}-a_{11}a_{23}a_{32}$

称之为**三阶行列式**，它是由 3 行 3 列共 9 个元素组成，是 6 项的代数和.

上式也可用对角线法则记忆，如图 9-1-1 所示，实线上三个元素的乘积取正号，虚线上三个元素的乘积取负号.

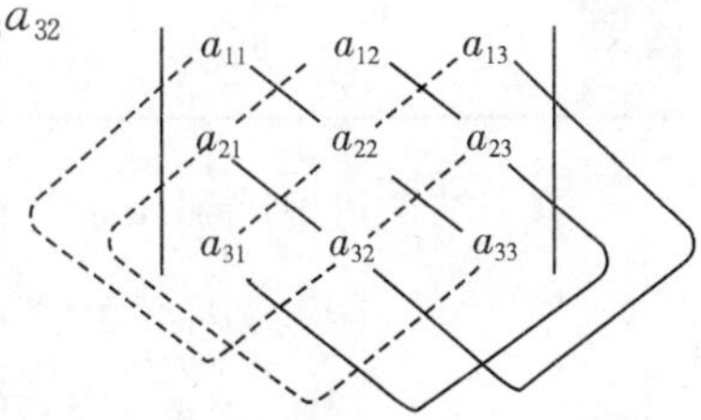

图 9-1-1

例 9-1-2　计算三阶行列式 $\begin{vmatrix} 1 & -1 & 0 \\ 4 & -5 & -3 \\ 2 & 3 & 6 \end{vmatrix}$.

解　原式$=1\times(-5)\times 6+(-1)\times(-3)\times 2+0\times 4\times 3$
$-1\times 3\times(-3)-(-1)\times 4\times 6-0\times 2\times(-5)$
$=9.$

2. n 阶行列式

定义 9-1-3　由 n^2 个元素组成的一个算式 $D\begin{vmatrix} a_{11} & a_{12} & \cdots & a_{1n} \\ a_{21} & a_{22} & \cdots & a_{2n} \\ \vdots & \vdots & & \vdots \\ a_{n1} & a_{n2} & \cdots & a_{nn} \end{vmatrix}$ 称为 n **阶行列式**，

其中 a_{ij} 为行列式 D 的第 i 行、第 j 列的元素 $(i,j=1,2,\cdots,n)$，n 阶行列式简记为 $|a_{ij}|$.

当 $n=1$ 时，规定：$D=|a_{11}|=a_{11}$.

定义 9-1-4 在 n 阶行列式 $D=|a_{ij}|$ 中，划去元素 a_{ij} 所在的第 i 行、第 j 列后剩下的元素按原来顺序组成的 $n-1$ 阶行列式，称为元素 a_{ij} 的**余子式**，记作 M_{ij}，将 $(-1)^{i+j}M_{ij}$ 称为元素 a_{ij} 的**代数余子式**，记为 A_{ij}，即 $A_{ij}=(-1)^{i+j}M_{ij}$.

当 $n=3$ 时，

$$\begin{vmatrix} a_{11} & a_{12} & a_{13} \\ a_{21} & a_{22} & a_{23} \\ a_{31} & a_{32} & a_{33} \end{vmatrix} = a_{11}a_{22}a_{33}+a_{12}a_{23}a_{31}+a_{13}a_{21}a_{32}-a_{13}a_{22}a_{31}-a_{12}a_{21}a_{33}-a_{11}a_{23}a_{32}$$

$$=a_{11}(a_{22}a_{33}-a_{23}a_{32})-a_{12}(a_{21}a_{33}-a_{23}a_{31})+a_{13}(a_{21}a_{32}-a_{22}a_{31})$$

$$=a_{11}\begin{vmatrix} a_{22} & a_{23} \\ a_{32} & a_{33} \end{vmatrix}-a_{12}\begin{vmatrix} a_{21} & a_{23} \\ a_{31} & a_{33} \end{vmatrix}+a_{13}\begin{vmatrix} a_{21} & a_{22} \\ a_{31} & a_{32} \end{vmatrix}$$

$$=(-1)^{1+1}a_{11}\begin{vmatrix} a_{22} & a_{23} \\ a_{32} & a_{33} \end{vmatrix}+(-1)^{1+2}a_{12}\begin{vmatrix} a_{21} & a_{23} \\ a_{31} & a_{33} \end{vmatrix}+(-1)^{1+3}a_{13}\begin{vmatrix} a_{21} & a_{22} \\ a_{31} & a_{32} \end{vmatrix}$$

$$=a_{11}A_{11}+a_{12}A_{12}+a_{13}A_{13}=\sum_{j=1}^{3}a_{1j}A_{1j}.$$

上式称为三阶行列式按第一行展开的展开式.

注意

根据上述推导过程，也可以得到三阶行列式按其他行或列展开的展开式，例如，三阶行列式按第二列展开的展开式为：

$$\begin{vmatrix} a_{11} & a_{12} & a_{13} \\ a_{21} & a_{22} & a_{23} \\ a_{31} & a_{32} & a_{33} \end{vmatrix}=a_{12}A_{12}+a_{22}A_{22}+a_{32}A_{32}=\sum_{i=1}^{3}a_{i2}A_{i2}.$$

这个结论可推广到 n 阶行列式，n 阶行列式按第一行展开的展开式为：

$$D=\begin{vmatrix} a_{11} & a_{12} & \cdots & a_{1n} \\ a_{21} & a_{22} & \cdots & a_{2n} \\ \vdots & \vdots & & \vdots \\ a_{n1} & a_{n2} & \cdots & a_{nn} \end{vmatrix}=a_{11}A_{11}+a_{12}A_{12}+\cdots+a_{1n}A_{1n}=\sum_{j=1}^{n}a_{1j}A_{1j}.$$

例 9-1-3 写出四阶行列式 $\begin{vmatrix} 1 & 0 & 5 & -4 \\ 6 & 0 & 6 & 1 \\ -2 & 3 & 1 & 7 \\ 1 & 4 & 8 & 1 \end{vmatrix}$ 中的元素 a_{23} 的余子式和代数余子式.

解 元素 a_{23} 的余子式 $M_{23}=\begin{vmatrix} 1 & 0 & -4 \\ -2 & 3 & 7 \\ 1 & 4 & 1 \end{vmatrix}$，

元素 a_{23} 的代数余子式 $A_{23}=(-1)^{2+3}M_{23}=-\begin{vmatrix} 1 & 0 & -4 \\ -2 & 3 & 7 \\ 1 & 4 & 1 \end{vmatrix}$.

3. 几个常见的特殊的行列式

形如 $\begin{vmatrix} a_{11} & a_{12} & \cdots & a_{1n} \\ 0 & a_{22} & \cdots & a_{2n} \\ \vdots & \vdots & & \vdots \\ 0 & 0 & \cdots & a_{nn} \end{vmatrix}$ $\left(\begin{vmatrix} a_{11} & 0 & \cdots & 0 \\ a_{21} & a_{22} & \cdots & 0 \\ \vdots & \vdots & & \vdots \\ a_{n1} & a_{n2} & \cdots & a_{nn} \end{vmatrix}\right)$ 的行列式称为**上(下)三角行列式**，其特点是主对角线以下(上)的元素全为零.

我们来计算上三角行列式的值，每次均通过按第一列展开的方法来降低行列式的阶数，而每次第一列仅有第一项元素不为零，故有

$$\begin{vmatrix} a_{11} & a_{12} & \cdots & a_{1n} \\ 0 & a_{22} & \cdots & a_{2n} \\ \vdots & \vdots & & \vdots \\ 0 & 0 & \cdots & a_{nn} \end{vmatrix} = a_{11}a_{22}\cdots a_{nn}.$$

上三角行列式、下三角行列式统称为三角行列式，且三角行列式的值等于主对角线上元素的乘积.

特别地，非主对角线上元素全为零的行列式称为对角行列式，即当主对角线上方、下方的元素全为零时，有

$$\begin{vmatrix} a_{11} & 0 & \cdots & 0 \\ 0 & a_{22} & \cdots & 0 \\ \vdots & \vdots & & \vdots \\ 0 & 0 & \cdots & a_{nn} \end{vmatrix} = a_{11}a_{22}\cdots a_{nn}.$$

二、行列式的性质

将 n 阶行列式 $D=\begin{vmatrix} a_{11} & a_{12} & \cdots & a_{1n} \\ a_{21} & a_{22} & \cdots & a_{2n} \\ \vdots & \vdots & & \vdots \\ a_{n1} & a_{n2} & \cdots & a_{nn} \end{vmatrix}$ 中的行与列按原来的顺序互换，得到新的行列式，称为 D 的转置行列式，记为 D^{T}，

即若 $D=\begin{vmatrix} a_{11} & a_{12} & \cdots & a_{1n} \\ a_{21} & a_{22} & \cdots & a_{2n} \\ \vdots & \vdots & & \vdots \\ a_{n1} & a_{n2} & \cdots & a_{nn} \end{vmatrix}$，则 $D^{\mathrm{T}}=\begin{vmatrix} a_{11} & a_{21} & \cdots & a_{n1} \\ a_{12} & a_{22} & \cdots & a_{n2} \\ \vdots & \vdots & & \vdots \\ a_{1n} & a_{2n} & \cdots & a_{nn} \end{vmatrix}$.

显然 D 也是 D^{T} 的转置行列式.

性质 9-1-1　行列式 D 与它的转置行列式 D^{T} 相等，即 $D=D^{\mathrm{T}}$.

由性质 9-1-1 知道：行列式中的行与列具有相同的位置，所以对行列式的行具有的性质，对列也同样适用.

性质 9-1-2 交换行列式的任意两行(列)后,则行列式的值改变符号.

注意 以 r_i 表示行列式的第 i 行,以 c_i 表示行列式的第 i 列.

交换 i,j 两行(列)记作 $r_i \leftrightarrow r_j$ $(c_i \leftrightarrow c_j)$.

推论 9-1-1 如果行列式中两行(列)对应元素完全相同,则行列式的值为零.

性质 9-1-3 行列式中一行(列)的公因子可以提到行列式符号的前面.

推论 9-1-2 行列式中如果两行(列)对应元素成比例,则行列式的值为零.

性质 9-1-4 如果行列式中某一行(列)的每一个元素可以写成两数之和,那么此行列式等于两个行列式之和,即

$$\begin{vmatrix} a_{11} & a_{12} & \cdots & a_{1n} \\ \vdots & \vdots & & \vdots \\ b_{i1}+c_{i1} & b_{i2}+c_{i2} & \cdots & b_{in}+c_{in} \\ \vdots & \vdots & & \vdots \\ a_{n1} & a_{n2} & \cdots & a_{nn} \end{vmatrix} = \begin{vmatrix} a_{11} & a_{12} & \cdots & a_{1n} \\ \vdots & \vdots & & \vdots \\ b_{i1} & b_{i2} & \cdots & b_{in} \\ \vdots & \vdots & & \vdots \\ a_{n1} & a_{n2} & \cdots & a_{nn} \end{vmatrix} + \begin{vmatrix} a_{11} & a_{12} & \cdots & a_{1n} \\ \vdots & \vdots & & \vdots \\ c_{i1} & c_{i2} & \cdots & c_{in} \\ \vdots & \vdots & & \vdots \\ a_{n1} & a_{n2} & \cdots & a_{nn} \end{vmatrix}.$$

性质 9-1-5 在行列式中,把某一行(列)的倍数加到另一行(列)对应的元素上去,那么行列式的值不变.

注意 如数 k 乘第 i 行(列)加到第 j 行(列)上,记作 $r_j + k \cdot r_i$ $(c_j + k \cdot c_i)$.

性质 9-1-6 设 n 阶行列式中元素 a_{ij} 的代数余子式为 A_{ij},则

$$\sum_{k=1}^{n} a_{ik}A_{jk} = \begin{cases} D & 当 i=j \\ 0 & 当 i \neq j \end{cases} 或 \sum_{k=1}^{n} a_{ki}A_{kj} = \begin{cases} D & 当 i=j \\ 0 & 当 i \neq j \end{cases}.$$

注意 行列式的值等于它的任一行(列)的各元素与其对应的代数余子式乘积之和.利用这一法则,并结合行列式的性质,可以简化行列式的计算.

例 9-1-4 计算行列式 $D = \begin{vmatrix} 2 & -3 & 0 & 8 \\ 4 & -1 & 6 & 2 \\ 1 & 4 & 0 & -7 \\ 0 & 0 & 0 & 5 \end{vmatrix}$.

解 选一行(或列)具有较多的零元素来展开,按第三列展开,得

$$D = 6 \cdot (-1)^{2+3} \begin{vmatrix} 2 & -3 & 8 \\ 1 & 4 & -7 \\ 0 & 0 & 5 \end{vmatrix} = -6 \cdot 5\,(-1)^{3+3} \begin{vmatrix} 2 & -3 \\ 1 & 4 \end{vmatrix} = -330.$$

> **注意** 行列式的基本计算方法常用的有两种方法:**“降阶法”**和**“化三角形法”**.

降阶法是选择零元素最多的行(列),按这一行(列)展开;或利用行列式的性质把某一行(列)的元素化为仅有一个非零元素,然后再按这一行(列)展开.

例 9-1-5　计算 $D=\begin{vmatrix}2&-1&1&6\\4&-1&5&0\\-1&2&0&-5\\1&4&-2&-2\end{vmatrix}$.

解　$D=\begin{vmatrix}2&-1&1&6\\4&-1&5&0\\-1&2&0&-5\\1&4&-2&-2\end{vmatrix}\xlongequal[c_4-5c_1]{c_2+2c_1}\begin{vmatrix}2&3&1&-4\\4&7&5&-20\\-1&0&0&0\\1&6&-2&-7\end{vmatrix}=-\begin{vmatrix}3&1&-4\\7&5&-20\\6&-2&-7\end{vmatrix}$

$\xlongequal{r_2-5r_1}\begin{vmatrix}3&1&-4\\-8&0&0\\6&-2&-7\end{vmatrix}=-8\begin{vmatrix}1&-4\\-2&-7\end{vmatrix}=120.$

化三角形法是根据行列式的特点,利用行列式的性质,把行列式逐步转化为上(或下)三角行列式,由前面的结论可知,这时行列式的值就等于主对角线上元素的乘积.

例 9-1-6　计算 $D=\begin{vmatrix}3&1&1&1\\1&3&1&1\\1&1&3&1\\1&1&1&3\end{vmatrix}$.

注意到行列式中各行(列)的四个元素之和都是 6,所以把第二列至第四列同时加到第一列,然后提公因子 6,各行减去第一行,化为上三角形行列式来计算.

解　$D=\begin{vmatrix}3&1&1&1\\1&3&1&1\\1&1&3&1\\1&1&1&3\end{vmatrix}\xlongequal{r_1+r_2+r_3+r_4}\begin{vmatrix}6&6&6&6\\1&3&1&1\\1&1&3&1\\1&1&1&3\end{vmatrix}=6\begin{vmatrix}1&1&1&1\\1&3&1&1\\1&1&3&1\\1&1&1&3\end{vmatrix}$

$\xlongequal[\substack{r_3-r_1\\r_4-r_1}]{r_2-r_1}6\begin{vmatrix}1&1&1&1\\0&2&0&0\\0&0&2&0\\0&0&0&2\end{vmatrix}=48.$

例 9-1-7　计算 n 阶行列式 $\begin{vmatrix}a&b&\cdots&b\\b&a&\cdots&a\\\vdots&\vdots&&\vdots\\b&b&\cdots&a\end{vmatrix}$.

解　从行列式 D 中的元素排列的特点来看,每一列元素的和相等,把第 $2,3,\cdots,n$ 行同时加到第一行,提取公因子 $a+(n-1)b$,然后各行减去第一行的 b 倍,有

$$\begin{vmatrix} a & b & \cdots & b \\ b & a & \cdots & a \\ \vdots & \vdots & & \vdots \\ b & b & \cdots & a \end{vmatrix} = [a+(n-1)b]\begin{vmatrix} 1 & 1 & \cdots & 1 \\ b & a & \cdots & b \\ \vdots & \vdots & & \vdots \\ b & b & \cdots & a \end{vmatrix}$$

$$= [a+(n-1)b]\begin{vmatrix} 1 & 1 & \cdots & 1 \\ 0 & a-b & \cdots & 0 \\ \vdots & \vdots & & \vdots \\ 0 & 0 & \cdots & a-b \end{vmatrix}$$

$$= [a+(n-1)b](a-b)^{n-1}.$$

三、克莱姆法则

在引入克莱姆法则之前，我们先介绍 n 元线性方程组的概念：

方程组

$$\begin{cases} a_{11}x_1 + a_{12}x_2 + \cdots + a_{1n}x_n = b_1 \\ a_{21}x_1 + a_{22}x_2 + \cdots + a_{2n}x_n = b_2 \\ \qquad\qquad \vdots \\ a_{n1}x_1 + a_{n2}x_2 + \cdots + a_{nn}x_n = b_n \end{cases}$$

称为 n 元线性方程组，当其右端的常数项 $b_1, b_2, \cdots, b_n$ 不全为零时，上述线性方程组称为非齐次线性方程组，当 $b_1, b_2, \cdots, b_n$ 全为零时，上述线性方程组称为齐次线性方程组.

定理 9-1-1(克莱姆法则) 设含有 n 个未知量 $x_1, x_2, \cdots, x_n$，由 n 个方程所组成的线性方程组

$$\begin{cases} a_{11}x_1 + a_{12}x_2 + \cdots + a_{1n}x_n = b_1 \\ a_{21}x_1 + a_{22}x_2 + \cdots + a_{2n}x_n = b_2 \\ \qquad\qquad \vdots \\ a_{n1}x_1 + a_{n2}x_2 + \cdots + a_{nn}x_n = b_n \end{cases}.$$

如果系数行列式 $D = \begin{vmatrix} a_{11} & \cdots & a_{1n} \\ \vdots & & \vdots \\ a_{n1} & \cdots & a_{nn} \end{vmatrix} \neq 0$，则方程组有唯一解，且其解为 $x_j = \dfrac{D_j}{D}$ $(j = 1, 2, \cdots, n)$，其中 D_j $(j=1,2,\cdots,n)$ 是把系数行列式 D 中的第 j 列的元素用方程组右端的常数代替后所得到的 n 阶行列式，即

$$D_j = \begin{vmatrix} a_{11} & \cdots & a_{1,j-1} & b_1 & a_{1,j+1} & \cdots & a_{1n} \\ a_{21} & \cdots & a_{2,j-1} & b_2 & a_{2,j+1} & \cdots & a_{2n} \\ \vdots & & \vdots & \vdots & \vdots & & \vdots \\ a_{n1} & \cdots & a_{n,j-1} & b_n & a_{n,j+1} & \cdots & a_{nn} \end{vmatrix}.$$

推论 9-1-3　若齐次线性方程组 $\begin{cases} a_{11}x_1+a_{12}x_2+\cdots+a_{1n}x_n=0 \\ a_{21}x_1+a_{22}x_2+\cdots+a_{2n}x_n=0 \\ \vdots \\ a_{n1}x_1+a_{n2}x_2+\cdots+a_{nn}x_n=0 \end{cases}$ 的系数行列式 $D\neq 0$，则它只有零解.

即若 n 元齐次线性方程组有非零解，则必有 $D=0$.

例 9-1-8　用克莱姆法则解线性方程组 $\begin{cases} 2x_1+x_2-5x_3+x_4=8 \\ x_1-3x_2-6x_4=9 \\ 2x_2-x_3+2x_4=-5 \\ x_1+4x_2-7x_3+6x_4=0 \end{cases}$.

解　系数行列式

$$D=\begin{vmatrix} 2 & 1 & -5 & 1 \\ 1 & -3 & 0 & -6 \\ 0 & 2 & -1 & 2 \\ 1 & 4 & -7 & 6 \end{vmatrix} \xlongequal[r_4-r_2]{r_1-2r_2} \begin{vmatrix} 0 & 7 & -5 & 13 \\ 1 & -3 & 0 & -6 \\ 0 & 2 & -1 & 2 \\ 0 & 7 & -7 & 12 \end{vmatrix} \xlongequal[\text{展开}]{\text{按第一列}} \begin{vmatrix} 7 & -5 & 13 \\ 2 & -1 & 2 \\ 7 & -7 & 12 \end{vmatrix}$$

$$\xlongequal[c_3+2c_2]{c_1+2c_2} \begin{vmatrix} -3 & -5 & 3 \\ 0 & -1 & 0 \\ -7 & -7 & -2 \end{vmatrix} = \begin{vmatrix} -3 & 3 \\ -7 & -2 \end{vmatrix} = 27\neq 0.$$

同理可以计算：

$$D_1=\begin{vmatrix} 8 & 1 & -5 & 1 \\ 9 & -3 & 0 & -6 \\ -5 & 2 & -1 & 2 \\ 0 & 4 & -7 & 6 \end{vmatrix}=81, D_2=\begin{vmatrix} 2 & 8 & -5 & 1 \\ 1 & 9 & 0 & -6 \\ 0 & -5 & -1 & 2 \\ 1 & 0 & -7 & 6 \end{vmatrix}=-108,$$

$$D_3=\begin{vmatrix} 2 & 1 & 8 & 1 \\ 1 & -3 & 9 & -6 \\ 0 & 2 & -5 & 2 \\ 1 & 4 & 0 & 6 \end{vmatrix}=-27, D_4=\begin{vmatrix} 2 & 1 & -5 & 8 \\ 1 & -3 & 0 & 9 \\ 0 & 2 & -1 & -5 \\ 1 & 4 & -7 & 0 \end{vmatrix}=27,$$

所以

$$x_1=\frac{D_1}{D}=\frac{81}{27}=3, x_2=\frac{D_2}{D}=\frac{-108}{27}=-4,$$

$$x_3=\frac{D_3}{D}=\frac{-27}{27}=-1, x_4=\frac{D_4}{D}=\frac{27}{27}=1.$$

例 9-1-10　当 λ 取何值时，齐次线性方程组 $\begin{cases} \lambda x+y+z=0 \\ x+\lambda y-z=0 \\ 2x-y+z=0 \end{cases}$ 有非零解?

解　方程组有非零解，则系数行列式

$$D=\begin{vmatrix} \lambda & 1 & 1 \\ 1 & \lambda & -1 \\ 2 & -1 & 1 \end{vmatrix}=0,$$ 即 $(\lambda+1)(\lambda-4)=0$，解得 $\lambda=-1$ 或 $\lambda=4$，

所以当 $\lambda=-1$ 或 $\lambda=4$ 时方程组有非零解.

> **注意** 克莱姆法则的使用是有条件的：n 个未知数，n 个方程，且系数行列式 $D\neq 0$.

习题 9.1

1. 计算下列行列式：

(1) $\begin{vmatrix} a & a^2 \\ b & ab \end{vmatrix}$；　(2) $\begin{vmatrix} 5 & 2 \\ 3 & 7 \end{vmatrix}$；　(3) $\begin{vmatrix} 1 & -3 & 2 \\ 3 & 0 & -2 \\ 2 & -1 & 6 \end{vmatrix}$.

2. 用行列式性质计算：

(1) $\begin{vmatrix} 1 & 1 & 1 \\ 1 & 1+a & 1 \\ 1 & 1 & 1+b \end{vmatrix}$；　(2) $\begin{vmatrix} 1 & 1 & 1 & 1 \\ 1 & 2 & 3 & 4 \\ 1 & 3 & 6 & 10 \\ 1 & 4 & 10 & 20 \end{vmatrix}$；

(3) $\begin{vmatrix} 5 & 0 & 4 & 2 \\ 1 & 1 & 2 & 1 \\ 4 & 1 & 2 & 0 \\ 1 & 1 & 1 & 1 \end{vmatrix}$；　(4) $\begin{vmatrix} 1 & 2 & 0 & 0 \\ 3 & 4 & 0 & 0 \\ 0 & 0 & -1 & 3 \\ 0 & 0 & 5 & 1 \end{vmatrix}$；

(5) $\begin{vmatrix} 5 & 1 & 1 & 1 \\ 1 & 5 & 1 & 1 \\ 1 & 1 & 5 & 1 \\ 1 & 1 & 1 & 5 \end{vmatrix}$；　(6) $\begin{vmatrix} 1 & -3 & 0 & 9 \\ 2 & 1 & -5 & 8 \\ 0 & 2 & -1 & -5 \\ 1 & 4 & -7 & 0 \end{vmatrix}$；

(7) $\begin{vmatrix} x_1-m & x_2 & x_3 & \cdots & x_n \\ x_1 & x_2-m & x_3 & \cdots & x_n \\ x_1 & x_2 & x_3-m & \cdots & x_n \\ \vdots & \vdots & \vdots & & \vdots \\ x_1 & x_2 & x_3 & \cdots & x_n-m \end{vmatrix}$；

(8) $\begin{vmatrix} 1+x & 1 & 1 & 1 \\ 1 & 1-x & 1 & 1 \\ 1 & 1 & 1+y & 1 \\ 1 & 1 & 1 & 1-y \end{vmatrix}$.

3. 用行列式性质，证明下列等式：

(1) $\begin{vmatrix} b & a & a \\ a & b & a \\ a & a & b \end{vmatrix}=(2a+b)(b-a)^2$；　(2) $\begin{vmatrix} 1 & a & b & c+d \\ 1 & b & c & d+a \\ 1 & c & d & a+b \\ 1 & d & a & b+c \end{vmatrix}=0$；

(3) $\begin{vmatrix} y+z & z+x & x+y \\ x+z & y+z & z+x \\ z+x & x+y & y+z \end{vmatrix} = 2\begin{vmatrix} x & y & z \\ z & x & y \\ y & z & x \end{vmatrix}$.

4. 分别写出三阶行列式 $D=\begin{vmatrix} 1 & -1 & 0 \\ 4 & -5 & -3 \\ 2 & 3 & 6 \end{vmatrix}$ 中元素 a_{22}，a_{32} 的余子式和代数余子式，并求其值.

5. 计算范德蒙行列式 $V_4=\begin{vmatrix} 1 & 1 & 1 & 1 \\ x_1 & x_2 & x_3 & x_4 \\ x_1^2 & x_2^2 & x_3^2 & x_4^2 \\ x_1^3 & x_2^3 & x_3^3 & x_4^3 \end{vmatrix}$.

6. 用克莱姆法则解下列线性方程组：

(1) $\begin{cases} x+y-2z=-3 \\ 5x-2y+7z=22 \\ 2x-5y+4z=4 \end{cases}$；　　(2) $\begin{cases} x_1+x_2+x_3=5 \\ 2x_1+x_2-x_3+x_4=1 \\ x_1+2x_2-x_3+x_4=2 \\ x_2+2x_3+3x_4=3 \end{cases}$.

7. 判断齐次线性方程组 $\begin{cases} 2x+2y-z=0 \\ x-2y+4z=0 \\ 5x+8y-2z=0 \end{cases}$ 是否仅有零解.

§9.2　矩阵的概念及其运算

矩阵实质上就是一张数表，无论是在日常生活还是科学实验中，矩阵都是一种常见的数学现象.诸如学校里的课程表、工厂的销售统计表、车站里的时刻表、股市里的证券价目表等，它是处理大量生活、生产与科研问题的有力工具.

一、矩阵的概念

1. 引例

线性方程组 $\begin{cases} a_{11}x_1+a_{12}x_2+\cdots+a_{1n}x_n=b_1 \\ a_{21}x_1+a_{22}x_2+\cdots+a_{2n}x_n=b_2 \\ \quad\vdots \\ a_{m1}x_1+a_{m2}x_2+\cdots+a_{mn}x_n=b_m \end{cases}$ 的系数 $a_{ij}(i=1,2,\cdots,m,j=1,2,\cdots,n)$，$b_j(j=1,2,\cdots,m)$ 按原来的位置组成一张数表：

$$\begin{bmatrix} a_{11} & a_{12} & \cdots & a_{1n} & b_1 \\ a_{21} & a_{22} & \cdots & a_{2n} & b_2 \\ \vdots & \vdots & & \vdots & \vdots \\ a_{m1} & a_{m2} & \cdots & a_{mn} & b_m \end{bmatrix}.$$

有了这张数表，方程组就完全确定了，因而研究这种数表很有必要.

2. 矩阵的概念

定义 9-2-1 由 $m\times n$ 个数 $a_{ij}(i=1,2,\cdots,m;j=1,2,\cdots,n)$ 排列成的一个 m 行 n 列的数表，并加方括号或圆括号标记

$$\begin{bmatrix} a_{11} & a_{12} & \cdots & a_{1n} \\ a_{21} & a_{22} & \cdots & a_{2n} \\ \vdots & \vdots & & \vdots \\ a_{m1} & a_{m2} & \cdots & a_{mn} \end{bmatrix} \text{或} \begin{pmatrix} a_{11} & a_{12} & \cdots & a_{1n} \\ a_{21} & a_{22} & \cdots & a_{2n} \\ \vdots & \vdots & & \vdots \\ a_{m1} & a_{m2} & \cdots & a_{mn} \end{pmatrix},$$

称为 **m 行 n 列的矩阵**，简称 **$m\times n$ 矩阵**. $a_{ij}(i=1,2,\cdots m,j=1,2,\cdots,n)$ 称为矩阵的第 i 行第 j 列的元素，矩阵通常用大写字母 $\boldsymbol{A},\boldsymbol{B},\boldsymbol{C}$ 来表示，一个 $m\times n$ 矩阵也可简记为 $\boldsymbol{A}=\boldsymbol{A}_{m\times n}=[a_{ij}]_{m\times n}$.

元素都是实数的矩阵称为实矩阵，而元素是复数的矩阵称为复矩阵，本书中的矩阵都是实矩阵(除非有特殊说明).

特别地，当 $m=n$ 时，称 $\boldsymbol{A}$ 为 n 阶矩阵，或 n 阶方阵.

当 $m=1$ 或 $n=1$ 时，矩阵只有一行或只有一列，即

$$\boldsymbol{A}=\begin{bmatrix} a_{11} & a_{12} & \cdots & a_{1n} \end{bmatrix} \text{或} \boldsymbol{A}=\begin{bmatrix} a_{11} \\ a_{21} \\ \vdots \\ a_{m1} \end{bmatrix},$$

分别称为行矩阵或列矩阵.

> **注意**
>
> 矩阵与行列式有着本质的区别：
>
> (1) 矩阵是一个数表，而行列式是一个算式，一个数字行列式通过计算可求得其值.
>
> (2) 矩阵的行数与列数可以相等，也可以不等，但行列式的行数与列数则必须相等.

3. 特殊矩阵

方阵：矩阵 $\boldsymbol{A}$ 的行数与列数相等，即当 $m=n$ 时，称 $\boldsymbol{A}$ 为 n 阶矩阵，或 n 阶**方阵**，记作 $\boldsymbol{A}_n$，从左上角到右下角的连线称为主对角线，主对角线上的元素 $a_{11},a_{22},\cdots,a_{nn}$，称为主对角线上的元素.

行矩阵：只有一行的矩阵 $\boldsymbol{A}=\begin{bmatrix} a_{11} & a_{12} & \cdots & a_{1n} \end{bmatrix}$ 称为**行矩阵**.

列矩阵：只有一列的矩阵 $\boldsymbol{A}=\begin{bmatrix} a_{11} \\ a_{21} \\ \vdots \\ a_{m1} \end{bmatrix}$ 称为**列矩阵**.

零矩阵:所有元素全为零的 $m\times n$ 矩阵,称为**零矩阵**,记为 $\boldsymbol{O}_{m\times n}$ 或 $\boldsymbol{O}$.

> **注意**　不同型的零矩阵是不相等的.

负矩阵:在矩阵 $\boldsymbol{A}=[a_{ij}]_{m\times n}$ 中各个元素的前面都添加上负号(即取相反数)得到的矩阵,称为 $\boldsymbol{A}$ 的**负矩阵**,记为 $-\boldsymbol{A}$, 即 $-\boldsymbol{A}=-[a_{ij}]_{m\times n}$.

三角矩阵:主对角线下(上)方的元素全部是零的 n 阶方阵,称为 n **阶上(下)三角矩阵**,即

$$\boldsymbol{A}=\begin{bmatrix} a_{11} & a_{12} & \cdots & a_{1n} \\ 0 & a_{22} & \cdots & a_{2n} \\ \vdots & \vdots & & \vdots \\ 0 & 0 & \cdots & a_{nn} \end{bmatrix}\text{为上三角矩阵},$$

$$\boldsymbol{A}=\begin{bmatrix} a_{11} & 0 & \cdots & 0 \\ a_{21} & a_{22} & \cdots & 0 \\ \vdots & \vdots & & \vdots \\ a_{n1} & a_{n2} & \cdots & a_{nn} \end{bmatrix}\text{为下三角矩阵}.$$

> **注意**　上(下)三角矩阵的主对角线下(上)方的元素一定是零,而其他元素可以是零,也可以不是零.

对角矩阵:若一个 n 阶方阵既是上三角矩阵,又是下三角矩阵,则称其为 n 阶**对角矩阵**.对角矩阵是非零元素只能在主对角线上出现的方阵,即

$$\boldsymbol{A}=\begin{bmatrix} a_{11} & 0 & \cdots & 0 \\ 0 & a_{22} & \cdots & 0 \\ \vdots & \vdots & & \vdots \\ 0 & 0 & \cdots & a_{nn} \end{bmatrix}.$$

显然,由主对角线的元素就足以确定对角矩阵本身,因此,常将对角矩阵记为

$$\boldsymbol{A}=\operatorname{diag}\begin{bmatrix} a_{11} & a_{22} & \cdots & a_{nn} \end{bmatrix},$$

当然允许 $a_{11},a_{22},\cdots,a_{nn}$ 中的某些元素为零.

主对角线上元素都是非零常数 a 的 n 阶对角矩阵,称为 n 阶**数量矩阵**,记为 $\boldsymbol{S}$, 即

$$\boldsymbol{S}=\begin{bmatrix} a & 0 & \cdots & 0 \\ 0 & a & \cdots & 0 \\ \vdots & \vdots & & \vdots \\ 0 & 0 & \cdots & a \end{bmatrix}.$$

单位矩阵:主对角线上元素是1的 n 阶数量矩阵,称为 n 阶**单位矩阵**,记为 $\boldsymbol{I}$ 或 $\boldsymbol{E}$,有时为区分维数也可记为 $\boldsymbol{I}_n$ 或 $\boldsymbol{E}_n$,即

$$\boldsymbol{E}_n=\begin{bmatrix}1&0&\cdots&0\\0&1&\cdots&0\\\vdots&\vdots&&\vdots\\0&0&\cdots&1\end{bmatrix}.$$

对称矩阵:满足 $a_{ij}=a_{ji}(i=1,2,\cdots,n;j=1,2,\cdots,n)$ 的方阵 $\boldsymbol{A}=[a_{ij}]_{n\times n}$ 称为**对称矩阵**.

二、矩阵的运算

1. 矩阵的相等

若 $\boldsymbol{A},\boldsymbol{B}$ 两个矩阵的行数与列数分别相等,则称 $\boldsymbol{A},\boldsymbol{B}$ 是**同型矩阵**.

定义 9-2-2 若矩阵 $\boldsymbol{A}=[a_{ij}]_{m\times n}$ 与 $\boldsymbol{B}=[b_{ij}]_{m\times n}$ 是同型矩阵,且

$$a_{ij}=b_{ij}(i=1,2,\cdots,m;j=1,2,\cdots,n),$$

则称矩阵 $\boldsymbol{A}$ 与矩阵 $\boldsymbol{B}$ **相等**,记为 $\boldsymbol{A}=\boldsymbol{B}$.

2. 矩阵的加(减)法

定义 9-2-3 设 $\boldsymbol{A}=[a_{ij}]_{m\times n},\boldsymbol{B}=[b_{ij}]_{m\times n}$ 是两个 $m\times n$ 同型矩阵,规定:

$$\boldsymbol{A}\pm\boldsymbol{B}=[a_{ij}\pm b_{ij}]_{m\times n}=\begin{bmatrix}a_{11}\pm b_{11}&a_{12}\pm b_{12}&\cdots&a_{1n}\pm b_{1n}\\a_{21}\pm b_{21}&a_{22}\pm b_{22}&\cdots&a_{2n}\pm b_{2n}\\\vdots&\vdots&&\vdots\\a_{m1}\pm b_{m1}&a_{m2}\pm b_{m2}&\cdots&a_{mn}\pm b_{mn}\end{bmatrix},$$

称矩阵 $\boldsymbol{A}\pm\boldsymbol{B}$ 为 $\boldsymbol{A}$ 与 $\boldsymbol{B}$ 的**和或差**.

例 9-2-1 设 $\boldsymbol{A}=\begin{bmatrix}6&5&4\\3&2&3\end{bmatrix},\boldsymbol{B}=\begin{bmatrix}-5&6&4\\4&3&2\end{bmatrix}$,求 $\boldsymbol{A}+\boldsymbol{B},\boldsymbol{A}-\boldsymbol{B}$.

解 $\boldsymbol{A}+\boldsymbol{B}=\begin{bmatrix}6&5&4\\3&2&3\end{bmatrix}+\begin{bmatrix}-5&6&4\\4&3&2\end{bmatrix}=\begin{bmatrix}1&11&8\\7&5&5\end{bmatrix}$,

$\boldsymbol{A}-\boldsymbol{B}=\begin{bmatrix}6&5&4\\3&2&3\end{bmatrix}-\begin{bmatrix}-5&6&4\\4&3&2\end{bmatrix}=\begin{bmatrix}11&-1&0\\-1&-1&1\end{bmatrix}$.

设 $\boldsymbol{A},\boldsymbol{B},\boldsymbol{C}$ 都是 $m\times n$ 矩阵,则矩阵的加法满足以下运算法则:

(1) 交换律 $\boldsymbol{A}+\boldsymbol{B}=\boldsymbol{B}+\boldsymbol{A}$;

(2) 结合律 $(\boldsymbol{A}+\boldsymbol{B})+\boldsymbol{C}=\boldsymbol{A}+(\boldsymbol{B}+\boldsymbol{C})$;

(3) 分配律 $k(\boldsymbol{A}+\boldsymbol{B})=k\boldsymbol{A}+k\boldsymbol{B}$.

3. 矩阵的数乘

定义 9-2-4 设 k 是任意一个实数,$\boldsymbol{A}=[a_{ij}]_{m\times n}$ 是一个 $m\times n$ 矩阵,规定:

$$kA=k\begin{bmatrix}a_{11}&a_{12}&\cdots&a_{1n}\\a_{21}&a_{22}&\cdots&a_{2n}\\\vdots&\vdots&&\vdots\\a_{m1}&a_{m2}&\cdots&a_{mn}\end{bmatrix}=\begin{bmatrix}ka_{11}&ka_{12}&\cdots&ka_{1n}\\ka_{21}&ka_{22}&\cdots&ka_{2n}\\\vdots&\vdots&&\vdots\\ka_{m1}&ka_{m2}&\cdots&ka_{mn}\end{bmatrix},$$

称矩阵 kA 为数 k 与矩阵 A 的**数乘**.

由定义可知,用数 k 乘一个矩阵 A，是要用数 k 乘矩阵 A 中的每一个元素.

例如:设从某地四个地区到另外三个地区的距离(单位 km)为:

$$B=\begin{bmatrix}40&60&105\\175&130&190\\120&70&135\\80&55&100\end{bmatrix},$$

已知货物每吨的运费为 2.40 元/km.那么,各地区之间每吨货物的运费可记为

$$2.4\times B=\begin{bmatrix}2.4\times40&2.4\times60&2.4\times105\\2.4\times175&2.4\times130&2.4\times190\\2.4\times120&2.4\times70&2.4\times135\\2.4\times80&2.4\times55&2.4\times100\end{bmatrix}=\begin{bmatrix}96&144&252\\420&312&456\\288&168&324\\192&132&240\end{bmatrix}.$$

注意　矩阵的加法和数与矩阵的乘法运算统称为矩阵的线性运算.

例 9-2-2　设 $A=\begin{bmatrix}1&6&4\\-4&2&8\end{bmatrix}$，$B=\begin{bmatrix}-2&0&1\\2&-3&4\end{bmatrix}$，求:

(1) $2A-3B$.

(2) 若 X 满足 $A+2X=B$，求 X.

解　$2A-3B=2\begin{bmatrix}1&6&4\\-4&2&8\end{bmatrix}-3\begin{bmatrix}-2&0&1\\2&-3&4\end{bmatrix}$

$$=\begin{bmatrix}2&12&8\\-8&4&16\end{bmatrix}-\begin{bmatrix}-6&0&3\\6&-9&12\end{bmatrix}$$

$$=\begin{bmatrix}8&12&5\\-14&13&4\end{bmatrix},$$

由 $A+2X=B$，得 $X=\frac{1}{2}(B-A)=\frac{1}{2}\begin{bmatrix}-3&-6&-3\\6&-5&-4\end{bmatrix}=\begin{bmatrix}-\frac{3}{2}&-3&-\frac{3}{2}\\3&-\frac{5}{2}&-2\end{bmatrix}$.

4. 矩阵的乘法

定义 9-2-5

设 $\boldsymbol{A}=(a_{ij})_{m\times s}=\begin{bmatrix} a_{11} & a_{12} & \cdots & a_{1s} \\ a_{21} & a_{22} & \cdots & a_{2s} \\ \vdots & \vdots & & \vdots \\ a_{m1} & a_{m2} & \cdots & a_{ms} \end{bmatrix}$，$\boldsymbol{B}=(b_{ij})_{s\times n}=\begin{bmatrix} b_{11} & b_{12} & \cdots & b_{1n} \\ b_{21} & b_{22} & \cdots & b_{2n} \\ \vdots & \vdots & & \vdots \\ b_{s1} & b_{s2} & \cdots & b_{sn} \end{bmatrix}$，

矩阵 $\boldsymbol{A}$ 与 $\boldsymbol{B}$ 的乘积记作 $\boldsymbol{AB}$，规定：

$$\boldsymbol{AB}=(c_{ij})_{m\times n}=\begin{bmatrix} c_{11} & c_{12} & \cdots & c_{1n} \\ c_{21} & c_{22} & \cdots & c_{2n} \\ \vdots & \vdots & & \vdots \\ c_{m1} & c_{m2} & \cdots & c_{mn} \end{bmatrix},$$

其中 $c_{ij}=a_{i1}b_{1j}+a_{i2}b_{2j}+\cdots+a_{is}b_{sj}=\sum_{k=1}^{s}a_{ik}b_{kj}\ (i=1,2,\cdots,m;j=1,2,\cdots,n)$，记号 $\boldsymbol{AB}$ 称为矩阵 $\boldsymbol{A}$ 与 $\boldsymbol{B}$ 的乘积.

注意 在矩阵的乘法定义中，要求左矩阵的列数与右矩阵的行数相等，否则不能进行乘法运算.乘积矩阵 $\boldsymbol{C}=\boldsymbol{AB}$ 中的第 i 行第 j 列个元素等于 $\boldsymbol{A}$ 的第 i 行元素与 $\boldsymbol{B}$ 的第 j 列对应元素的乘积之和.

例 9-2-3 设 $\boldsymbol{A}=\begin{bmatrix} 9 & -8 \\ -8 & 0 \end{bmatrix}$，$\boldsymbol{B}=\begin{bmatrix} 1 & -2 & -3 \\ -2 & 1 & 0 \end{bmatrix}$，求 $\boldsymbol{AB}$.

解 $c_{11}=9\times1+(-8)\times(-2)=25$，$c_{12}=9\times(-2)+(-8)\times1=-26$，

$c_{13}=9\times(-3)+(-8)\times0=-27$，$c_{21}=(-8)\times1+0\times(-2)=-8$，

$c_{22}=(-8)\times(-2)+0\times1=16$，$c_{23}=(-8)\times(-3)+0=24$，

所以
$$\boldsymbol{AB}=\begin{bmatrix} 25 & -26 & -27 \\ -8 & 16 & 24 \end{bmatrix}.$$

注意 因为矩阵 $\boldsymbol{B}$ 的列数与 $\boldsymbol{A}$ 的行数不等，所以乘积 $\boldsymbol{BA}$ 没有意义.

由此可知：矩阵的乘法一般不满足交换律.

例如：设矩阵 $\boldsymbol{A}=\begin{bmatrix} 1 & 1 \\ -1 & -1 \end{bmatrix}$，$\boldsymbol{B}=\begin{bmatrix} 1 & -1 \\ -1 & 1 \end{bmatrix}$，求 $\boldsymbol{AB}$.

解 $\boldsymbol{AB}=\begin{bmatrix} 1 & 1 \\ -1 & -1 \end{bmatrix}\begin{bmatrix} 1 & -1 \\ -1 & 1 \end{bmatrix}=\begin{bmatrix} 0 & 0 \\ 0 & 0 \end{bmatrix}$.

由本例可知：在讨论矩阵时，不能从 $\boldsymbol{AB}=\boldsymbol{0}$ 推出 $\boldsymbol{A}=\boldsymbol{0}$ 或 $\boldsymbol{B}=\boldsymbol{0}$.

例 9-2-4　设矩阵 $\boldsymbol{A}=\begin{bmatrix}2&3&0\\1&2&0\end{bmatrix}$，$\boldsymbol{B}=\begin{bmatrix}1&0\\0&2\\3&0\end{bmatrix}$，$\boldsymbol{C}=\begin{bmatrix}1&0\\0&2\\4&5\end{bmatrix}$，求 $\boldsymbol{AB}$ 及 $\boldsymbol{AC}$.

解　$\boldsymbol{AB}=\begin{bmatrix}2&3&0\\1&2&0\end{bmatrix}\begin{bmatrix}1&0\\0&2\\3&0\end{bmatrix}=\begin{bmatrix}2&6\\1&4\end{bmatrix}$，　$\boldsymbol{AC}=\begin{bmatrix}2&3&0\\1&2&0\end{bmatrix}\begin{bmatrix}1&0\\0&2\\4&5\end{bmatrix}=\begin{bmatrix}2&6\\1&4\end{bmatrix}$.

上例中，$\boldsymbol{AB}=\boldsymbol{AC}$，但 $\boldsymbol{B}\neq\boldsymbol{C}$，也就是说，**矩阵乘法不满足消去律.**

矩阵乘法虽然不满足交换律和消去律，而且两个非零矩阵的乘积有可能是零矩阵.这是矩阵乘法与数的乘法不同之处，但矩阵乘法也有许多与数的乘法相似的地方.它满足以下运算律：

(1) 结合律　$(\boldsymbol{AB})\boldsymbol{C}=\boldsymbol{A}(\boldsymbol{BC})$，$k(\boldsymbol{AB})=(k\boldsymbol{A})\boldsymbol{B}=\boldsymbol{A}(k\boldsymbol{B})$；

(2) 分配律　$\boldsymbol{A}(\boldsymbol{B}+\boldsymbol{C})=\boldsymbol{AB}+\boldsymbol{AC}$，$(\boldsymbol{B}+\boldsymbol{C})\boldsymbol{A}=\boldsymbol{BA}+\boldsymbol{CA}$.

对线性方程组 $\begin{cases}a_{11}x_1+a_{12}x_2+\cdots+a_{1n}x_n=b_1\\a_{21}x_1+a_{22}x_2+\cdots+a_{2n}x_n=b_2\\\qquad\vdots\\a_{m1}x_1+a_{m2}x_2+\cdots+a_{mn}x_n=b_m\end{cases}$，若记 $\boldsymbol{A}=\begin{bmatrix}a_{11}&a_{12}&\cdots&a_{1n}\\a_{21}&a_{22}&\cdots&a_{2n}\\\vdots&\vdots&&\vdots\\a_{m1}&a_{m2}&\cdots&a_{mn}\end{bmatrix}$，

$\boldsymbol{X}=\begin{bmatrix}x_1\\x_2\\\vdots\\x_n\end{bmatrix}$，$\boldsymbol{B}=\begin{bmatrix}b_1\\b_2\\\vdots\\b_m\end{bmatrix}$，利用矩阵的乘法，上述则线性方程组可以表示为矩阵形式 $\boldsymbol{AX}=\boldsymbol{B}$，

$\boldsymbol{A}$ 称为线性方程组的系数矩阵，$\boldsymbol{AX}=\boldsymbol{B}$ 称为矩阵方程.将线性方程组写成矩阵方程的形式，不仅书写方便，而且可以把线性方程组的理论与矩阵理论联系起来，这给线性方程组的讨论带来很大的便利.

5. 方阵的幂

定义 9-2-6　若 $\boldsymbol{A}$ 是 n 阶方阵，则 k 个 $\boldsymbol{A}$ 的连乘积称为 $\boldsymbol{A}$ 的 k 次幂，即 k 个 $\boldsymbol{A}$ 相乘，记为 $\boldsymbol{A}^k$，k 是正整数.当 $k=0$ 时，规定 $\boldsymbol{A}^0=\boldsymbol{E}$.

方阵的幂满足以下运算法则：

有 $\boldsymbol{A}^m\boldsymbol{A}^n=\boldsymbol{A}^{m+n}$，$(\boldsymbol{A}^m)^n=\boldsymbol{A}^{mn}$，其中 m,n 为正整数.

由于矩阵乘法不满足交换律，因此，一般地有

$$(\boldsymbol{AB})^m\neq\boldsymbol{A}^m\boldsymbol{B}^m,(\boldsymbol{A}+\boldsymbol{B})(\boldsymbol{A}-\boldsymbol{B})\neq\boldsymbol{A}^2-\boldsymbol{B}^2.$$

例 9-2-5　求 $\begin{bmatrix}1&0\\0&2\end{bmatrix}+\begin{bmatrix}1&0\\0&2\end{bmatrix}^2+\cdots+\begin{bmatrix}1&0\\0&2\end{bmatrix}^n$.

解　因为 $\begin{bmatrix}1&0\\0&2\end{bmatrix}^2=\begin{bmatrix}1&0\\0&2\end{bmatrix}\begin{bmatrix}1&0\\0&2\end{bmatrix}=\begin{bmatrix}1&0\\0&2^2\end{bmatrix}$，

$\begin{bmatrix}1&0\\0&2\end{bmatrix}^3=\begin{bmatrix}1&0\\0&2\end{bmatrix}\begin{bmatrix}1&0\\0&2^2\end{bmatrix}=\begin{bmatrix}1&0\\0&2^3\end{bmatrix}$，

……

以此类推,得: $\begin{bmatrix}1&0\\0&2\end{bmatrix}^n=\begin{bmatrix}1&0\\0&2^n\end{bmatrix}$,所以

$$\begin{bmatrix}1&0\\0&2\end{bmatrix}+\begin{bmatrix}1&0\\0&2\end{bmatrix}^2+\cdots+\begin{bmatrix}1&0\\0&2\end{bmatrix}^n=\begin{bmatrix}1+1+\cdots+1&0\\0&2+2^2+\cdots+2^n\end{bmatrix}$$

$$=\begin{bmatrix}n&0\\0&2(2^n-1)\end{bmatrix}.$$

6. 矩阵的转置

定义 9-2-7 将矩阵 A 的行与列按顺序互换所得到的矩阵,称为矩阵 A 的**转置矩阵**,记为 A^T,即

$$A=\begin{bmatrix}a_{11}&a_{12}&\cdots&a_{1n}\\a_{21}&a_{22}&\cdots&a_{2n}\\\vdots&\vdots&&\vdots\\a_{m1}&a_{m2}&\cdots&a_{mn}\end{bmatrix},A^T=\begin{bmatrix}a_{11}&a_{21}&\cdots&a_{m1}\\a_{12}&a_{22}&\cdots&a_{m2}\\\vdots&\vdots&&\vdots\\a_{1n}&a_{2n}&\cdots&a_{mn}\end{bmatrix}.$$

矩阵的转置方法与行列式相类似,但是,若矩阵不是方阵,则矩阵转置后,行、列数都变了,各元素的位置也变了,所以通常 $A\neq A^T$.

转置矩阵满足以下运算规则:

(1) $(A^T)^T=A$;

(2) $(A+B)^T=A^T+B^T$;

(3) $(kA)^T=kA^T$;

(4) $(AB)^T=B^TA^T$,$(ABC)^T=C^TB^TA^T$.

其中 A,B,C 是矩阵,k 是常数.

例 9-2-6 设 $A=\begin{bmatrix}1&2\\-1&0\\0&3\end{bmatrix}$,$B=\begin{bmatrix}1&1&0\\-1&0&1\end{bmatrix}$,计算 $(AB)^T$,B^TA^T.

解 $AB=\begin{bmatrix}1&2\\-1&0\\0&3\end{bmatrix}\begin{bmatrix}1&1&0\\-1&0&1\end{bmatrix}=\begin{bmatrix}-1&1&2\\-1&-1&0\\-3&0&3\end{bmatrix}$,$(AB)^T=\begin{bmatrix}-1&-1&-3\\1&-1&0\\2&0&3\end{bmatrix}$.

$A^T=\begin{bmatrix}1&-1&0\\2&0&3\end{bmatrix}$,$B^T=\begin{bmatrix}1&-1\\1&0\\0&1\end{bmatrix}$,$B^TA^T=\begin{bmatrix}-1&-1&-3\\1&-1&0\\2&0&3\end{bmatrix}$,故

$$(AB)^T=B^TA^T.$$

7. 方阵的行列式

定义 9-2-8 设 n 阶方阵 $A=\begin{bmatrix}a_{11}&a_{12}&\cdots&a_{1n}\\a_{21}&a_{22}&\cdots&a_{2n}\\\vdots&\vdots&&\vdots\\a_{n1}&a_{n2}&\cdots&a_{nn}\end{bmatrix}$,则称对应的行列式

$$D=\begin{vmatrix} a_{11} & a_{12} & \cdots & a_{1n} \\ a_{21} & a_{22} & \cdots & a_{2n} \\ \vdots & \vdots & & \vdots \\ a_{n1} & a_{n2} & \cdots & a_{nn} \end{vmatrix}$$

为方阵 $\boldsymbol{A}$ 的行列式，记为 $|\boldsymbol{A}|$ 或 $\det \boldsymbol{A}$.

关于方阵的行列式有下面的重要定理：

定理 9-2-1　设 $\boldsymbol{A},\boldsymbol{B}$ 是任意两个 n 阶方阵，则 $|\boldsymbol{AB}|=|\boldsymbol{A}||\boldsymbol{B}|$，即方阵乘积的行列式等于方阵行列式的乘积.

例 9-2-7　设矩阵 $\boldsymbol{A}=\begin{bmatrix} 2 & 3 & 1 \\ 0 & 2 & 8 \\ 0 & 0 & 3 \end{bmatrix}$，$\boldsymbol{B}=\begin{bmatrix} 2 & 1 & 4 \\ 0 & 1 & 9 \\ 0 & 0 & -3 \end{bmatrix}$，求 $|\boldsymbol{AB}|$，$|\boldsymbol{A}|+|\boldsymbol{B}|$，$|\boldsymbol{A}+\boldsymbol{B}|$，$|2\boldsymbol{B}|$，$|\boldsymbol{B}^2|$.

解　$|\boldsymbol{AB}|=|\boldsymbol{A}||\boldsymbol{B}|=\begin{vmatrix} 2 & 3 & 1 \\ 0 & 2 & 8 \\ 0 & 0 & 3 \end{vmatrix}\begin{vmatrix} 2 & 1 & 4 \\ 0 & 1 & 9 \\ 0 & 0 & -3 \end{vmatrix}=12\times(-6)=-72.$

$|\boldsymbol{A}|+|\boldsymbol{B}|=\begin{vmatrix} 2 & 3 & 1 \\ 0 & 2 & 8 \\ 0 & 0 & 3 \end{vmatrix}+\begin{vmatrix} 2 & 1 & 4 \\ 0 & 1 & 9 \\ 0 & 0 & -3 \end{vmatrix}=12-6=6.$

因为 $\boldsymbol{A}+\boldsymbol{B}=\begin{bmatrix} 2 & 3 & 1 \\ 0 & 2 & 8 \\ 0 & 0 & 3 \end{bmatrix}+\begin{bmatrix} 2 & 1 & 4 \\ 0 & 1 & 9 \\ 0 & 0 & -3 \end{bmatrix}=\begin{bmatrix} 4 & 4 & 5 \\ 0 & 3 & 17 \\ 0 & 0 & 0 \end{bmatrix}$，所以

$$|\boldsymbol{A}+\boldsymbol{B}|=\begin{vmatrix} 4 & 4 & 5 \\ 0 & 3 & 17 \\ 0 & 0 & 0 \end{vmatrix}=0.$$

因为 $2\boldsymbol{B}=\begin{bmatrix} 4 & 2 & 8 \\ 0 & 2 & 18 \\ 0 & 0 & -6 \end{bmatrix}$，所以 $|2\boldsymbol{B}|=\begin{vmatrix} 4 & 2 & 8 \\ 0 & 2 & 18 \\ 0 & 0 & -6 \end{vmatrix}=-48.$

因为 $\boldsymbol{B}^2=\begin{bmatrix} 2 & 1 & 4 \\ 0 & 1 & 9 \\ 0 & 0 & -3 \end{bmatrix}\begin{bmatrix} 2 & 1 & 4 \\ 0 & 1 & 9 \\ 0 & 0 & -3 \end{bmatrix}=\begin{bmatrix} 4 & 3 & 5 \\ 0 & 1 & -18 \\ 0 & 0 & 9 \end{bmatrix}$，所以 $|\boldsymbol{B}^2|=36.$

由上例可知，一般地：

$|\boldsymbol{A}+\boldsymbol{B}|\neq|\boldsymbol{A}|+|\boldsymbol{B}|$，$|k\boldsymbol{A}|\neq k|\boldsymbol{A}|$，而有 $|k\boldsymbol{A}|=k^n|\boldsymbol{A}|$（$\boldsymbol{A}$ 为 n 阶方阵）.

由方阵行列式的乘积定理，可知方阵行列式的乘积满足以下运算规则：

设 $\boldsymbol{A}$ 是 n 阶矩阵，k 是任意常数，m 是任意自然数，则：

(1) $|k\boldsymbol{A}|=k^n|\boldsymbol{A}|$；

(2) $|\boldsymbol{A}^m|=|\boldsymbol{A}|^m$；

(3) $|AA^{\mathrm{T}}|=|A^{\mathrm{T}}A|=|A|^2$.

习题 9.2

1. 设 $A=\begin{bmatrix}1&2&1&2\\2&1&2&1\\1&2&3&4\end{bmatrix}$，$B=\begin{bmatrix}4&3&2&1\\-2&1&2&3\\1&0&0&1\end{bmatrix}$，计算下列各式：

(1) 求 $2A-3B$；　　(2) 若 X 满足 $3A+2X=4B$，求 X.

2. 计算：

(1) $\begin{bmatrix}3\\2\\1\end{bmatrix}\begin{bmatrix}1&2&3\end{bmatrix}$；　　(2) $\begin{bmatrix}1&0&4\end{bmatrix}\begin{bmatrix}3\\1\\-2\end{bmatrix}$；

(3) $\begin{bmatrix}1&2&3\\-1&-2&4\\0&5&1\end{bmatrix}\begin{bmatrix}7\\2\\1\end{bmatrix}$；　　(4) $\begin{bmatrix}1&2\\1&-3\\0&4\end{bmatrix}\begin{bmatrix}1&2&0\\-1&0&1\end{bmatrix}$.

3. 计算：

(1) $\begin{bmatrix}1&1\\0&0\end{bmatrix}^3$；　　(2) $\begin{bmatrix}\sin\theta&\cos\theta\\\cos\theta&\sin\theta\end{bmatrix}^2$；　　(3) $\begin{bmatrix}1&0\\1&1\end{bmatrix}^n$.

4. 设 $A=\begin{bmatrix}-1&3&2\\0&2&4\\0&0&6\end{bmatrix}$，$B=\begin{bmatrix}-1&0&0\\5&2&0\\1&0&3\end{bmatrix}$，求：

(1) $|AB^{\mathrm{T}}|$；　　(2) $|A|+|B|$；　　(3) $|3A|$.

5. 设 $A=\begin{bmatrix}1&1\\0&3\end{bmatrix}$，$B=\begin{bmatrix}1&0\\2&1\end{bmatrix}$，验证：$(AB)^{\mathrm{T}}=B^{\mathrm{T}}A^{\mathrm{T}}$.

6. 设 $A=\begin{bmatrix}-2&3\\-5&0\end{bmatrix}$，$B=\begin{bmatrix}2&1\\3&4\end{bmatrix}$，验证：$|AB|=|BA|$.

7. 设 $A=\begin{bmatrix}1&1&1\\1&1&-1\\1&-1&1\end{bmatrix}$，$B=\begin{bmatrix}1&2&3\\-1&-2&4\\0&5&1\end{bmatrix}$，求 $3AB-2A$ 及 $A^{\mathrm{T}}B$.

8. 设 $A=\begin{bmatrix}1&2\\1&3\end{bmatrix}$，$B=\begin{bmatrix}1&0\\1&2\end{bmatrix}$，问：

(1) $AB=BA$ 吗?

(2) $(A+B)^2=A^2+2AB+B^2$ 吗?

(3) $(A+B)(A-B)=A^2-B^2$ 吗?

9. 设 $A=\begin{bmatrix}1&0\\\lambda&1\end{bmatrix}$，求 $A^k(k\in\mathbf{N})$.

§9.3　逆矩阵

一、可逆矩阵与逆矩阵

我们知道：矩阵有加法、减法、数乘、乘法等这几种运算，自然会想到，矩阵是否有类似于数的除法那样的运算呢？考虑代数方程 $ax=b$，若 $a\neq 0$，则 $x=b\div a=\dfrac{b}{a}=a^{-1}b$，对于矩阵方程 $\boldsymbol{AX}=\boldsymbol{B}$，它的解 $\boldsymbol{X}$ 是否也能表示为 $\boldsymbol{A}^{-1}\boldsymbol{B}$？若能，如何求 $\boldsymbol{A}^{-1}$？

定义 9-3-1　对于 n 阶矩阵 $\boldsymbol{A}$，如果存在一个 n 阶矩阵 $\boldsymbol{B}$，使得 $\boldsymbol{AB}=\boldsymbol{BA}=\boldsymbol{E}$，则称矩阵 $\boldsymbol{A}$ 为**可逆矩阵**，简称 $\boldsymbol{A}$ 可逆，而矩阵 $\boldsymbol{B}$ 为 $\boldsymbol{A}$ 的逆矩阵，记为 $\boldsymbol{A}^{-1}$，即 $\boldsymbol{A}^{-1}=\boldsymbol{B}$，即

$$\boldsymbol{AA}^{-1}=\boldsymbol{A}^{-1}\boldsymbol{A}=\boldsymbol{E}.$$

> **注意**　$\boldsymbol{A}$ 与 $\boldsymbol{B}$ 一定是同阶的方阵，$\boldsymbol{A}$ 与 $\boldsymbol{B}$ 互为逆矩阵，$\boldsymbol{B}^{-1}=\boldsymbol{A}$.

例 9-3-1　设 $\boldsymbol{A}=\begin{bmatrix}1&2\\2&3\end{bmatrix}$，$\boldsymbol{B}=\begin{bmatrix}-3&2\\2&-1\end{bmatrix}$，验证 $\boldsymbol{A}$ 与 $\boldsymbol{B}$ 互为逆矩阵.

证明　因为 $\boldsymbol{AB}=\begin{bmatrix}1&2\\2&3\end{bmatrix}\begin{bmatrix}-3&2\\2&-1\end{bmatrix}=\begin{bmatrix}1&0\\0&1\end{bmatrix}$，$\boldsymbol{BA}=\begin{bmatrix}-3&2\\2&-1\end{bmatrix}\begin{bmatrix}1&2\\2&3\end{bmatrix}=\begin{bmatrix}1&0\\0&1\end{bmatrix}$，即 $\boldsymbol{A}$ 与 $\boldsymbol{B}$ 满足 $\boldsymbol{AB}=\boldsymbol{BA}=\boldsymbol{E}$，所以矩阵 $\boldsymbol{A}$ 可逆，其逆矩阵 $\boldsymbol{A}^{-1}=\boldsymbol{B}$，即

$$\begin{bmatrix}1&2\\2&3\end{bmatrix}^{-1}=\begin{bmatrix}-3&2\\2&-1\end{bmatrix}.$$

例 9-3-2　设 $\boldsymbol{A}=\begin{bmatrix}a_1&0&0&0\\0&a_2&0&0\\0&0&a_3&0\\0&0&0&a_4\end{bmatrix}$，其中 $a_i\neq 0\ (i=1,2,3,4)$，求 $\boldsymbol{A}^{-1}$.

解　因为 $\begin{bmatrix}a_1&0&0&0\\0&a_2&0&0\\0&0&a_3&0\\0&0&0&a_4\end{bmatrix}\begin{bmatrix}a_1^{-1}&0&0&0\\0&a_2^{-1}&0&0\\0&0&a_3^{-1}&0\\0&0&0&a_4^{-1}\end{bmatrix}=\begin{bmatrix}1&0&0&0\\0&1&0&0\\0&0&1&0\\0&0&0&1\end{bmatrix}$，且

$$\begin{bmatrix} a_1^{-1} & 0 & 0 & 0 \\ 0 & a_2^{-1} & 0 & 0 \\ 0 & 0 & a_3^{-1} & 0 \\ 0 & 0 & 0 & a_4^{-1} \end{bmatrix}\begin{bmatrix} a_1 & 0 & 0 & 0 \\ 0 & a_2 & 0 & 0 \\ 0 & 0 & a_3 & 0 \\ 0 & 0 & 0 & a_4 \end{bmatrix}=\begin{bmatrix} 1 & 0 & 0 & 0 \\ 0 & 1 & 0 & 0 \\ 0 & 0 & 1 & 0 \\ 0 & 0 & 0 & 1 \end{bmatrix},$$

所以 $\boldsymbol{A}^{-1}=\begin{bmatrix} a_1^{-1} & 0 & 0 & 0 \\ 0 & a_2^{-1} & 0 & 0 \\ 0 & 0 & a_3^{-1} & 0 \\ 0 & 0 & 0 & a_4^{-1} \end{bmatrix}$.

二、逆矩阵的求法

对矩阵 $\boldsymbol{A}$,满足什么条件可逆？若 $\boldsymbol{A}$ 可逆,则 $\boldsymbol{A}^{-1}$ 怎么求？在介绍可逆矩阵的判别之前,先给出两个相关概念.

定义 9-3-2 若方阵 $\boldsymbol{A}$ 满足 $|\boldsymbol{A}|\neq 0$,则称 $\boldsymbol{A}$ 为**非奇异矩阵**或**非退化矩阵**;若 $|\boldsymbol{A}|=0$,则称 $\boldsymbol{A}$ 为**奇异矩阵**或**退化矩阵**.

定义 9-3-3 设有 n 阶方阵 $\boldsymbol{A}=\begin{bmatrix} a_{11} & a_{12} & \cdots & a_{1n} \\ a_{21} & a_{22} & \cdots & a_{2n} \\ \vdots & \vdots & & \vdots \\ a_{n1} & a_{n2} & \cdots & a_{nn} \end{bmatrix}$,将行列式 $|\boldsymbol{A}|$ 的 n^2 个代数余子式 A_{ij} 排成下列 n 阶方阵,并记为 $\boldsymbol{A}^*$,$\boldsymbol{A}^*=\begin{bmatrix} A_{11} & A_{21} & \cdots & A_{n1} \\ A_{12} & A_{22} & \cdots & A_{n2} \\ \vdots & \vdots & & \vdots \\ A_{1n} & A_{2n} & \cdots & A_{nn} \end{bmatrix}$,则矩阵 $\boldsymbol{A}^*$ 称为矩阵 $\boldsymbol{A}$ 的**伴随矩阵**.

定理 9-3-1(逆矩阵的存在定理) n 阶矩阵 $\boldsymbol{A}$ 可逆的充分必要条件是 $|\boldsymbol{A}|\neq 0$,且当方阵 $\boldsymbol{A}$ 可逆时,有 $\boldsymbol{A}^{-1}=\dfrac{1}{|\boldsymbol{A}|}\boldsymbol{A}^*$($\boldsymbol{A}^*$ 称为矩阵 $\boldsymbol{A}$ 的伴随矩阵).

证明 必要性:

$\boldsymbol{A}$ 可逆,即有 $\boldsymbol{A}^{-1}$,使 $\boldsymbol{A}\boldsymbol{A}^{-1}=\boldsymbol{E}$,故 $|\boldsymbol{A}\boldsymbol{A}^{-1}|=|\boldsymbol{A}|\,|\boldsymbol{A}^{-1}|=|\boldsymbol{E}|=1$,从而 $|\boldsymbol{A}|\neq 0$.

充分性:

$$\boldsymbol{A}\boldsymbol{A}^*=\begin{bmatrix} a_{11} & a_{12} & \cdots & a_{1n} \\ a_{21} & a_{22} & \cdots & a_{2n} \\ \vdots & \vdots & & \vdots \\ a_{n1} & a_{n2} & \cdots & a_{nn} \end{bmatrix}\begin{bmatrix} A_{11} & A_{21} & \cdots & A_{n1} \\ A_{12} & A_{22} & \cdots & A_{n2} \\ \vdots & \vdots & & \vdots \\ A_{1n} & A_{2n} & \cdots & A_{nn} \end{bmatrix}=\begin{bmatrix} |\boldsymbol{A}| & 0 & \cdots & 0 \\ 0 & |\boldsymbol{A}| & \cdots & 0 \\ \vdots & \vdots & & \vdots \\ 0 & 0 & \cdots & |\boldsymbol{A}| \end{bmatrix}$$

$$=|\boldsymbol{A}|\boldsymbol{E}.$$

因为 $|\boldsymbol{A}|\neq 0$,故有 $\dfrac{1}{|\boldsymbol{A}|}(\boldsymbol{A}\boldsymbol{A}^*)=\boldsymbol{E}$,$\boldsymbol{A}\left(\dfrac{1}{|\boldsymbol{A}|}\boldsymbol{A}^*\right)=\boldsymbol{E}$.

同理可证：$\frac{1}{|\boldsymbol{A}|}(\boldsymbol{A}^*\boldsymbol{A})=\boldsymbol{E}$，$\left(\frac{1}{|\boldsymbol{A}|}\boldsymbol{A}^*\right)\boldsymbol{A}=\boldsymbol{E}$.

根据逆矩阵的定义，即有 $\boldsymbol{A}^{-1}=\frac{1}{|\boldsymbol{A}|}\boldsymbol{A}^*$.

利用逆矩阵的存在定理求逆矩阵 $\boldsymbol{A}^{-1}$ 的方法称为**伴随矩阵法**.

例 9-3-2　设 $\boldsymbol{A}=\begin{bmatrix}1 & 2\\ 3 & 5\end{bmatrix}$，问矩阵 $\boldsymbol{A}$ 是否可逆？若可逆，求 $\boldsymbol{A}^{-1}$.

解　因为 $|\boldsymbol{A}|=\begin{vmatrix}1 & 2\\ 3 & 5\end{vmatrix}=-1\neq 0$，则 $\boldsymbol{A}$ 可逆. 又 $A_{11}=5, A_{12}=-3, A_{21}=-2, A_{22}=1$，

所以 $\boldsymbol{A}^*=\begin{bmatrix}A_{11} & A_{21}\\ A_{12} & A_{22}\end{bmatrix}=\begin{bmatrix}5 & -2\\ -3 & 1\end{bmatrix}$，故

$$\boldsymbol{A}^{-1}=\frac{1}{|\boldsymbol{A}|}\boldsymbol{A}^*=\frac{1}{-1}\begin{bmatrix}5 & -2\\ -3 & 1\end{bmatrix}=\begin{bmatrix}-5 & 2\\ 3 & -1\end{bmatrix}.$$

例 9-3-3　求矩阵 $\boldsymbol{A}=\begin{bmatrix}1 & -4 & -3\\ 1 & -5 & -3\\ -1 & 6 & 4\end{bmatrix}$ 的逆矩阵.

解　因为 $|\boldsymbol{A}|=\begin{vmatrix}1 & -4 & -3\\ 1 & -5 & -3\\ -1 & 6 & 4\end{vmatrix}=-1\neq 0$，所以 $\boldsymbol{A}$ 可逆. 计算 $|\boldsymbol{A}|$ 中各元素的代数余子式：

$A_{11}=(-1)^{1+1}\begin{vmatrix}-5 & -3\\ 6 & 4\end{vmatrix}=-2, A_{12}=(-1)^{1+2}\begin{vmatrix}1 & -3\\ -1 & 4\end{vmatrix}=-1,$

$A_{13}=(-1)^{1+3}\begin{vmatrix}1 & -5\\ -1 & 6\end{vmatrix}=1, A_{21}=(-1)^{2+1}\begin{vmatrix}-4 & -3\\ 6 & 4\end{vmatrix}=-2,$

$A_{22}=(-1)^{2+2}\begin{vmatrix}1 & -3\\ -1 & 4\end{vmatrix}=1, A_{23}=(-1)^{2+3}\begin{vmatrix}1 & -4\\ -1 & 6\end{vmatrix}=-2,$

$A_{31}=(-1)^{3+1}\begin{vmatrix}-4 & -3\\ -5 & -3\end{vmatrix}=-3, A_{32}=(-1)^{3+2}\begin{vmatrix}1 & -3\\ 1 & -3\end{vmatrix}=0,$

$A_{33}=(-1)^{3+3}\begin{vmatrix}1 & -4\\ 1 & -5\end{vmatrix}=-1,$

故 $\boldsymbol{A}^{-1}=\frac{1}{|\boldsymbol{A}|}\boldsymbol{A}^*=-\begin{bmatrix}-2 & -2 & -3\\ -1 & 1 & 0\\ 1 & -2 & -1\end{bmatrix}=\begin{bmatrix}2 & 2 & 3\\ 1 & -1 & 0\\ -1 & 2 & 1\end{bmatrix}$.

注意

利用伴随矩阵法求逆矩阵的主要步骤是：

(1) 求矩阵 $\boldsymbol{A}$ 的行列式 $|\boldsymbol{A}|$，判断 $\boldsymbol{A}$ 是否可逆；

(2) 若 $\boldsymbol{A}^{-1}$ 存在，求 $\boldsymbol{A}$ 的伴随矩阵 $\boldsymbol{A}^*$；

(3) 利用公式 $\boldsymbol{A}^{-1}=\frac{1}{|\boldsymbol{A}|}\boldsymbol{A}^*$，求 $\boldsymbol{A}^{-1}$.

三、用逆矩阵解矩阵方程

有了逆矩阵的概念，我们来讨论矩阵方程 $\boldsymbol{AX}=\boldsymbol{B}$ 的求解问题.

记 $\boldsymbol{A}=\begin{bmatrix} a_{11} & a_{12} & \cdots & a_{1n} \\ a_{21} & a_{22} & \cdots & a_{2n} \\ \vdots & \vdots & & \vdots \\ a_{n1} & a_{n2} & \cdots & a_{nn} \end{bmatrix}$，$\boldsymbol{X}=\begin{bmatrix} x_1 \\ x_2 \\ \vdots \\ x_n \end{bmatrix}$，$\boldsymbol{B}=\begin{bmatrix} b_1 \\ b_2 \\ \vdots \\ b_n \end{bmatrix}$，则 $\boldsymbol{AX}=\boldsymbol{B}$.

如果 $\boldsymbol{A}$ 可逆，用 $\boldsymbol{A}^{-1}$ 左乘方程两端，得 $\boldsymbol{X}=\boldsymbol{A}^{-1}\boldsymbol{B}$，我们对 $\boldsymbol{X}=\boldsymbol{A}^{-1}\boldsymbol{B}$ 进一步运算，有

$$\boldsymbol{X}=\boldsymbol{A}^{-1}\boldsymbol{B}=\left(\frac{1}{|\boldsymbol{A}|}\boldsymbol{A}^*\right)\boldsymbol{B}=\frac{1}{|\boldsymbol{A}|}\begin{bmatrix} A_{11} & A_{21} & \cdots & A_{n1} \\ A_{12} & A_{22} & \cdots & A_{n2} \\ \vdots & \vdots & & \vdots \\ A_{1n} & A_{2n} & \cdots & A_{nn} \end{bmatrix}\begin{bmatrix} b_1 \\ b_2 \\ \vdots \\ b_n \end{bmatrix}$$

$$=\frac{1}{|\boldsymbol{A}|}\begin{bmatrix} \sum\limits_{k=1}^{n} b_k A_{k1} \\ \sum\limits_{k=1}^{n} b_k A_{k2} \\ \vdots \\ \sum\limits_{k=1}^{n} b_k A_{kn} \end{bmatrix}=\frac{1}{|\boldsymbol{A}|}\begin{bmatrix} D_1 \\ D_2 \\ \vdots \\ D_n \end{bmatrix},$$

故

$$\boldsymbol{X}=\begin{bmatrix} x_1 \\ x_2 \\ \vdots \\ x_n \end{bmatrix}=\begin{bmatrix} \dfrac{D_1}{D} \\ \dfrac{D_2}{D} \\ \vdots \\ \dfrac{D_n}{D} \end{bmatrix}.$$

由此可见，用逆矩阵解线性方程组与用**克莱姆法则**解线性方程组没有本质的区别.

同理，对矩阵方程 $\boldsymbol{XA}=\boldsymbol{B}$（$\boldsymbol{A}$ 可逆），$\boldsymbol{X}=\boldsymbol{BA}^{-1}$.

例 9-3-4 利用逆矩阵解线性方程组 $\begin{cases} x_1-4x_2-3x_3=1 \\ x_1-5x_2-3x_3=2 \\ -x_1+6x_2+4x_3=3 \end{cases}$.

解 方程组可用矩阵表示为 $\begin{bmatrix} 1 & -4 & -3 \\ 1 & -5 & -3 \\ -1 & 6 & 4 \end{bmatrix}\begin{bmatrix} x_1 \\ x_2 \\ x_3 \end{bmatrix}=\begin{bmatrix} 1 \\ 2 \\ 3 \end{bmatrix}$，故

$$\begin{bmatrix} x_1 \\ x_2 \\ x_3 \end{bmatrix} = \begin{bmatrix} 1 & -4 & -3 \\ 1 & -5 & -3 \\ -1 & 6 & 4 \end{bmatrix}^{-1} \begin{bmatrix} 1 \\ 2 \\ 3 \end{bmatrix} = \begin{bmatrix} 2 & 2 & 3 \\ 1 & -1 & 0 \\ -1 & 2 & 1 \end{bmatrix} \begin{bmatrix} 1 \\ 2 \\ 3 \end{bmatrix} = \begin{bmatrix} 15 \\ -1 \\ 6 \end{bmatrix}.$$

例 9-3-5　解矩阵方程 $\boldsymbol{AX}=\boldsymbol{B}$，其中 $\boldsymbol{A}=\begin{bmatrix} 3 & 1 \\ 2 & 1 \end{bmatrix}$，$\boldsymbol{B}=\begin{bmatrix} 2 & 1 & 0 \\ 3 & 0 & -1 \end{bmatrix}$.

解　因为矩阵 $\boldsymbol{A}$ 的行列式 $|\boldsymbol{A}|=\begin{vmatrix} 3 & 1 \\ 2 & 1 \end{vmatrix}=1\neq 0$，所以 $\boldsymbol{A}$ 可逆，由 $\boldsymbol{A}^{-1}=\dfrac{1}{|\boldsymbol{A}|}\boldsymbol{A}^*$ 可得，

$\boldsymbol{A}^{-1}=\begin{bmatrix} 1 & -1 \\ -2 & 3 \end{bmatrix}$，故

$$\boldsymbol{X}=\boldsymbol{A}^{-1}\boldsymbol{B}=\begin{bmatrix} 1 & -1 \\ -2 & 3 \end{bmatrix}\begin{bmatrix} 2 & 1 & 0 \\ 3 & 0 & -1 \end{bmatrix}=\begin{bmatrix} -1 & 1 & 1 \\ 5 & -2 & -3 \end{bmatrix}.$$

四、逆矩阵的性质

由逆矩阵定义，可证明可逆矩阵具有以下性质：

性质 9-3-1　若 $\boldsymbol{AB}=\boldsymbol{E}$（或 $\boldsymbol{BA}=\boldsymbol{E}$），则 $\boldsymbol{B}^{-1}=\boldsymbol{A}$，$\boldsymbol{A}^{-1}=\boldsymbol{B}$.

由 $\boldsymbol{AB}=\boldsymbol{E}$，得 $|\boldsymbol{AB}|=|\boldsymbol{A}|\,|\boldsymbol{B}|=|\boldsymbol{E}|=1$，所以 $|\boldsymbol{A}|\neq 0$，于是 $\boldsymbol{A}$ 可逆，在等式 $\boldsymbol{AB}=\boldsymbol{E}$ 两边同时左乘 $\boldsymbol{A}^{-1}$，即得 $\boldsymbol{B}=\boldsymbol{A}^{-1}$，同理可得 $\boldsymbol{A}=\boldsymbol{B}^{-1}$.

这一性质说明，如果要验证 $\boldsymbol{B}$ 是 $\boldsymbol{A}$ 的逆矩阵，只要验证一个等式 $\boldsymbol{AB}=\boldsymbol{E}$ 或 $\boldsymbol{BA}=\boldsymbol{E}$ 即可，不必再按定义验证两个等式.

性质 9-3-2　若矩阵 $\boldsymbol{A}$ 可逆，则 $\boldsymbol{A}$ 的逆矩阵唯一.

证明　若矩阵 $\boldsymbol{B}$ 和 $\boldsymbol{C}$ 都是 $\boldsymbol{A}$ 的逆矩阵，则有 $\boldsymbol{AB}=\boldsymbol{BA}=\boldsymbol{E}$，$\boldsymbol{AC}=\boldsymbol{CA}=\boldsymbol{E}$，故

$$\boldsymbol{B}=\boldsymbol{BE}=\boldsymbol{B}(\boldsymbol{AC})=(\boldsymbol{BA})\boldsymbol{C}=\boldsymbol{EC}=\boldsymbol{C},$$

所以 $\boldsymbol{A}$ 的逆矩阵是唯一的.

性质 9-3-3　若矩阵 $\boldsymbol{A}$ 可逆，则 $\boldsymbol{A}^{-1}$ 也可逆，且 $(\boldsymbol{A}^{-1})^{-1}=\boldsymbol{A}$.

证明　由矩阵 $\boldsymbol{A}$ 可逆知：$\boldsymbol{AA}^{-1}=\boldsymbol{A}^{-1}\boldsymbol{A}=\boldsymbol{E}$，

故 $\boldsymbol{A}^{-1}$ 是 $\boldsymbol{A}$ 的逆矩阵，同时 $\boldsymbol{A}$ 是 $\boldsymbol{A}^{-1}$ 的逆矩阵，即 $(\boldsymbol{A}^{-1})^{-1}=\boldsymbol{A}$.

性质 9-3-4　若矩阵 $\boldsymbol{A}$ 可逆，数 $\lambda\neq 0$，则 $\lambda\boldsymbol{A}$ 也可逆，且 $(\lambda\boldsymbol{A})^{-1}=\lambda^{-1}\boldsymbol{A}^{-1}$.

证明　因为 $\lambda\boldsymbol{A}(\lambda^{-1}\boldsymbol{A}^{-1})=(\lambda\lambda^{-1})(\boldsymbol{AA}^{-1})=\boldsymbol{E}$，$(\lambda^{-1}\boldsymbol{A}^{-1})\lambda\boldsymbol{A}=(\lambda^{-1}\lambda)(\boldsymbol{A}^{-1}\boldsymbol{A})=\boldsymbol{E}$，

所以 $\lambda\boldsymbol{A}$ 可逆，且 $(\lambda\boldsymbol{A})^{-1}=\lambda^{-1}\boldsymbol{A}^{-1}$.

性质 9-3-5　若 n 阶矩阵 $\boldsymbol{A}$ 和 $\boldsymbol{B}$ 都可逆，则 $\boldsymbol{AB}$ 也可逆，且 $(\boldsymbol{AB})^{-1}=\boldsymbol{B}^{-1}\boldsymbol{A}^{-1}$.

证明　因为 n 阶矩阵 $\boldsymbol{A}$ 和 $\boldsymbol{B}$ 都可逆，即 $\boldsymbol{A}^{-1}$，$\boldsymbol{B}^{-1}$ 存在，且

$$(\boldsymbol{AB})(\boldsymbol{B}^{-1}\boldsymbol{A}^{-1})=\boldsymbol{A}(\boldsymbol{BB}^{-1})\boldsymbol{A}^{-1}=\boldsymbol{AEA}^{-1}=\boldsymbol{AA}^{-1}=\boldsymbol{E},$$
$$(\boldsymbol{B}^{-1}\boldsymbol{A}^{-1})(\boldsymbol{AB})=\boldsymbol{B}^{-1}(\boldsymbol{A}^{-1}\boldsymbol{A})\boldsymbol{B}=\boldsymbol{B}^{-1}\boldsymbol{EB}=\boldsymbol{B}^{-1}\boldsymbol{B}=\boldsymbol{E},$$

所以可知 $\boldsymbol{AB}$ 可逆，且 $(\boldsymbol{AB})^{-1}=\boldsymbol{B}^{-1}\boldsymbol{A}^{-1}$.

推论 9-3-1　若同阶矩阵 $\boldsymbol{A}_1,\boldsymbol{A}_2,\cdots,\boldsymbol{A}_m$ 都可逆，则乘积矩阵 $\boldsymbol{A}_1\boldsymbol{A}_2\cdots\boldsymbol{A}_m$ 也可逆，且

$$(A_1A_2\cdots A_m)^{-1}=A_m^{-1}\cdots A_2^{-1}A_1^{-1}.$$

特别地，有 $(ABC)^{-1}=C^{-1}B^{-1}A^{-1}$.

性质 9-3-6 若矩阵 A 可逆，则 A^{T} 也可逆，且 $(A^{\mathrm{T}})^{-1}=(A^{-1})^{\mathrm{T}}$.

证明 因为矩阵 A 可逆，故 A^{-1} 存在，且

$$(A^{-1})^{\mathrm{T}}A^{\mathrm{T}}=(AA^{-1})^{\mathrm{T}}=E^{\mathrm{T}}=E,$$
$$A^{\mathrm{T}}(A^{-1})^{\mathrm{T}}=(A^{-1}A)^{\mathrm{T}}=E^{\mathrm{T}}=E,$$

故由逆矩阵的定义知，A^{T} 也是可逆的，且 $(A^{\mathrm{T}})^{-1}=(A^{-1})^{\mathrm{T}}$.

性质 9-3-7 若矩阵 A 可逆，则 $|A^{-1}|=|A|^{-1}$.

证明 因为矩阵 A 可逆，所以 $AA^{-1}=A^{-1}A=E$，故

$$|A|\cdot|A^{-1}|=|AA^{-1}|=|E|=1,$$

即 $|A^{-1}|=|A|^{-1}$.

注意 若 n 阶方阵 A 和 B 都可逆，但是 $A+B$ 也不一定可逆，即使当 $A+B$ 可逆，$(A+B)^{-1}\neq A^{-1}+B^{-1}$.

例如，$A=\begin{bmatrix}1&0&0\\0&-1&0\\0&0&2\end{bmatrix}$，$B=\begin{bmatrix}1&0&0\\0&1&0\\0&0&2\end{bmatrix}$ 都是可逆矩阵，但 $A+B=\begin{bmatrix}2&0&0\\0&0&0\\0&0&4\end{bmatrix}$ 是不可逆的.

例 9-3-6 设 A 为三阶方阵，且 $|A|=\dfrac{1}{2}$，求 $|(3A)^{-1}-2A^*|$ 的值.

解 因为 $A^{-1}=\dfrac{1}{|A|}A^*$，所以 $A^*=|A|A^{-1}=\dfrac{1}{2}A^{-1}$，故

$$\begin{aligned}|(3A)^{-1}-2A^*|&=\left|\frac{1}{3}A^{-1}-2\cdot\frac{1}{2}A^{-1}\right|=\left|-\frac{2}{3}A^{-1}\right|\\&=\left(-\frac{2}{3}\right)^3|A^{-1}|=\left(-\frac{2}{3}\right)^3\frac{1}{|A|}=-\frac{8}{27}\times 2=-\frac{16}{27}.\end{aligned}$$

习题 9.3

1. 求下列矩阵的逆矩阵：

(1) $\begin{bmatrix}2&1\\1&2\end{bmatrix}$； (2) $\begin{bmatrix}1&1&2\\-1&2&0\\1&1&3\end{bmatrix}$；

(3) $\begin{bmatrix}2&2&3\\1&-1&0\\-1&2&1\end{bmatrix}$； (4) $\begin{bmatrix}1&2&3&4\\0&1&2&3\\0&0&1&2\\0&0&0&1\end{bmatrix}$.

2. 解下列矩阵方程：

(1) $\begin{bmatrix}0 & -1\\1 & 0\end{bmatrix}\boldsymbol{X}=\begin{bmatrix}1 & 2\\2 & 1\end{bmatrix}$；　　(2) $\begin{bmatrix}1 & 4\\-1 & 2\end{bmatrix}\boldsymbol{X}\begin{bmatrix}2 & 0\\-1 & 1\end{bmatrix}=\begin{bmatrix}3 & 1\\0 & 1\end{bmatrix}$；

(3) $\begin{bmatrix}1 & 0 & 1\\-1 & 1 & 1\\2 & -1 & 1\end{bmatrix}\boldsymbol{X}=\begin{bmatrix}2\\0\\3\end{bmatrix}$.

3. 利用逆矩阵解线性方程组：

(1) $\begin{cases}x_1+2x_2+3x_3=1\\2x_1+2x_2+5x_3=2\\3x_1+5x_2+x_3=3\end{cases}$；　　(2) $\begin{cases}x_1+x_2+3x_3=-5\\2x_1+x_2+x_3=8\\3x_1+2x_2+3x_3=-9\end{cases}$.

4. 设 $\boldsymbol{A}=\begin{bmatrix}0 & 3 & 3\\1 & 1 & 0\\-1 & 2 & 3\end{bmatrix}$，$\boldsymbol{AB}=\boldsymbol{A}+2\boldsymbol{B}$，求矩阵 $\boldsymbol{B}$.

5. 设 n 阶矩阵 $\boldsymbol{A}$ 满足 $\boldsymbol{A}^2-\boldsymbol{A}-2\boldsymbol{E}=\boldsymbol{0}$，证明 $\boldsymbol{A}$ 及 $\boldsymbol{A}+2\boldsymbol{E}$ 都可逆.

6. 设 n 阶矩阵 $\boldsymbol{A}$ 的伴随矩阵为 $\boldsymbol{A}^*$，证明：$|\boldsymbol{A}^*|=|\boldsymbol{A}|^{n-1}$.

§9.4　矩阵的初等变换与矩阵的秩

本节介绍矩阵的初等变换，它是求矩阵的逆矩阵和矩阵的秩的有力工具.

一、矩阵的初等变换与初等矩阵

我们已经看到了行变换在行列式的计算中的重要作用，对于矩阵也有类似的变换.

在解线性方程组时，经常对方程实施下列三种变换：

(1) 方程组中某两个方程的位置互换；

(2) 用非零常数 k 乘以某一个方程；

(3) 将某一个方程的 $k(k\neq 0)$ 倍加到另一个方程上去.

显然，这三种变换不会改变方程组的解，这三种变换转移到矩阵上，就是矩阵的初等变换.

定义 9-4-1　对矩阵施行下列三种变换，称为矩阵的**初等行变换**：

(1) 对换变换　对调矩阵的两行(互换 i,j 两行，记为 $r_i\leftrightarrow r_j$)；

(2) 倍乘变换　用 $k(k\neq 0)$ 乘矩阵某一行的所有元素(第 i 行乘 k，记为 $r_i\times k$)；

(3) 倍加变换　将矩阵某一行的 k 倍加到另一行对应的元素上(第 j 行 k 倍加到 i 行上，记为 r_i+kr_j).

在定义中，若把对矩阵施行的行变换，改为列变换，则称之为**初等列变换**，所用的记号是把“r”换成“c”. 矩阵的初等行变换和初等列变换统称为矩阵的**初等变换**.

例如：对矩阵 $\boldsymbol{A}=\begin{bmatrix}3 & 2 & 0 & -1\\1 & 2 & -1 & 2\\4 & 4 & -1 & 1\end{bmatrix}$ 做如下初等行变换：

$$A=\begin{bmatrix}3&2&0&-1\\1&2&-1&2\\4&4&-1&1\end{bmatrix}\xrightarrow{r_1\leftrightarrow r_2}\begin{bmatrix}1&2&-1&2\\3&2&0&-1\\4&4&-1&1\end{bmatrix}\xrightarrow[r_3-4r_1]{r_2-3r_1}\begin{bmatrix}1&2&-1&2\\0&-4&3&-7\\0&-4&3&-7\end{bmatrix}$$

$$\xrightarrow{r_3-r_2}\begin{bmatrix}1&2&-1&2\\0&-4&3&-7\\0&0&0&0\end{bmatrix}=B.$$

上例中的矩阵 B 按其形状的特征称为**行阶梯形矩阵**.

定义 9-4-2 满足下列两个条件的矩阵称为**行阶梯形矩阵**：

(1) 若矩阵有零行(元素全部为 0 的行),零行位于矩阵的下方；

(2) 各非零行的首非零元(从左到右的第一个不为零的元素)的列标随着行标的递增而严格增大.

由此定义可知,若行阶梯形矩阵有 r 个非零行,且第一行的首非零元是 a_{1j_1}，第二行的首非零元是 a_{2j_2}，……,第 r 行的首非零元是 a_{rj_r}，则有 $1\leqslant j_1<j_2<\cdots<j_r\leqslant n$，其中 n 是行阶梯形矩阵的列数.

例如，$A=\begin{bmatrix}1&1&0&5&4\\0&0&1&0&-1\\0&0&0&3&-1\end{bmatrix}$，$B=\begin{bmatrix}1&1&1&6\\0&-2&0&9\\0&0&-1&0\\0&0&0&0\end{bmatrix}$ 都是行阶梯形矩阵,其非零行都为 3 行.

定义 9-4-3 对单位矩阵 E 施行一次初等变换得到的矩阵称为**初等矩阵**.

对应于三种初等变换有三种类型的初等矩阵：

(1) 初等互换矩阵：$E(i,j)$ 是由单位矩阵的第 i 行与第 j 行对换位置而得到的；

(2) 初等倍乘矩阵：$E(i(k))$ 是由单位矩阵的第 i 行乘 k 而得到,其中 $k\neq 0$；

(3) 初等倍加矩阵：$P(i,j(k))$ 是由单位矩阵的第 j 行乘 k 加到第 i 行上而得到的.

例如， 对单位矩阵 $E=\begin{bmatrix}1&0&0&0\\0&1&0&0\\0&0&1&0\\0&0&0&1\end{bmatrix}$ 有如下的初等矩阵：

$$E(2,3)=\begin{bmatrix}1&0&0&0\\0&0&1&0\\0&1&0&0\\0&0&0&1\end{bmatrix},E(2(k))=\begin{bmatrix}1&0&0&0\\0&k&0&0\\0&0&1&0\\0&0&0&1\end{bmatrix},E(3,2(k))=\begin{bmatrix}1&0&0&0\\0&1&0&0\\0&k&1&0\\0&0&0&1\end{bmatrix}.$$

初等矩阵都是可逆的,其逆矩阵仍为初等矩阵,且

$$E^{-1}(i,j)=E(i,j),E^{-1}(i(k))=E\left(i\left(\frac{1}{k}\right)\right),E^{-1}(i,j(k))=E(i,j(-k)).$$

定理 9-4-1 对 $m\times n$ 矩阵 A 施行一次某种初等行变换,相当于左乘一个相应的 m 阶

初等矩阵；对 $m \times n$ 矩阵 $\boldsymbol{A}$ 施行初等列变换，相当于右乘一个相应的 n 阶初等矩阵.

例如，$\boldsymbol{E}_m(i,j) \cdot \boldsymbol{A}_{m\times n} \Leftrightarrow$ 交换 $\boldsymbol{A}_{m\times n}$ 的 i,j 两行；

$\boldsymbol{A}_{m\times n}\boldsymbol{E}_n(i,j) \Leftrightarrow$ 交换 $\boldsymbol{A}_{m\times n}$ 的 i,j 两列；

$\boldsymbol{E}_m(i(k))\boldsymbol{A}_{m\times n} \Leftrightarrow$ 以 $k(\neq 0)$ 乘 $\boldsymbol{A}_{m\times n}$ 的第 i 行；

$\boldsymbol{A}_{m\times n}\boldsymbol{E}_n(i(k)) \Leftrightarrow$ 以 $k(\neq 0)$ 乘 $\boldsymbol{A}_{m\times n}$ 的第 i 列；

$\boldsymbol{E}_m(j,i(k))\boldsymbol{A}_{m\times n} \Leftrightarrow$ 把 $\boldsymbol{A}_{m\times n}$ 的第 i 行的 k 倍加到第 j 行上去；

$\boldsymbol{A}_{m\times n} \cdot \boldsymbol{E}_n(j,i(k)) \Leftrightarrow$ 把 $\boldsymbol{A}_{m\times n}$ 的第 i 列的 k 倍加到第 j 列上去.

二、用初等变换求逆矩阵

上节给出矩阵 $\boldsymbol{A}$ 可逆的充分必要条件，同时也给出了用伴随矩阵法求 n 阶矩阵的逆矩阵的一种方法——伴随矩阵法，即 $\boldsymbol{A}^{-1}=\dfrac{1}{|\boldsymbol{A}|}\boldsymbol{A}^*$. 对于较高阶的矩阵，用伴随矩阵法求逆矩阵的计算量太大.下面介绍求逆矩阵的另一种方法——**初等行变换法.**

如果方阵 $\boldsymbol{A}$ 可逆，则 $\boldsymbol{A}$ 经过有限次初等行变换化成单位矩阵 $\boldsymbol{E}$，即存在一组初等矩阵 $\boldsymbol{P}_1,\boldsymbol{P}_2,\cdots,\boldsymbol{P}_s$，使得

$$\boldsymbol{P}_s\cdots\boldsymbol{P}_2\boldsymbol{P}_1\boldsymbol{A}=\boldsymbol{E}.$$

对上式两边右乘 $\boldsymbol{A}^{-1}$，得

$$\boldsymbol{P}_s\cdots\boldsymbol{P}_2\boldsymbol{P}_1\boldsymbol{A}\boldsymbol{A}^{-1}=\boldsymbol{E}\boldsymbol{A}^{-1}=\boldsymbol{A}^{-1},$$

即

$$\boldsymbol{A}^{-1}=\boldsymbol{P}_s\cdots\boldsymbol{P}_2\boldsymbol{P}_1\boldsymbol{E}.$$

也就是说，若经过一系列的初等变换可以把可逆矩阵 $\boldsymbol{A}$ 化成单位矩阵 $\boldsymbol{E}$，则将一系列同样的初等变换作用到 $\boldsymbol{E}$ 上，就可以把 $\boldsymbol{E}$ 化成 $\boldsymbol{A}^{-1}$.

因此，我们就得到了用初等行变换求矩阵 $\boldsymbol{A}$ 的逆矩阵的方法：构成一个 $n\times 2n$ 矩阵 $[\boldsymbol{A} \vdots \boldsymbol{E}]$，然后对其施以初等行变换，将矩阵 $\boldsymbol{A}$ 化成单位矩阵 $\boldsymbol{E}$，则上述初等行变换同时也将其中的单位矩阵化为 $\boldsymbol{A}^{-1}$，即

$$[\boldsymbol{A} \vdots \boldsymbol{E}] \xrightarrow{\text{初等行变换}} [\boldsymbol{E} \vdots \boldsymbol{A}^{-1}].$$

例 9-4-1　用初等行变换求矩阵 $\boldsymbol{A}=\begin{bmatrix}1&0&1\\2&1&0\\-3&2&-6\end{bmatrix}$ 的逆矩阵.

解　$[\boldsymbol{A} \vdots \boldsymbol{E}]=\left[\begin{array}{ccc:ccc}1&0&1&1&0&0\\2&1&0&0&1&0\\-3&2&-6&0&0&1\end{array}\right]\xrightarrow[r_3+3r_1]{r_2-2r_1}\left[\begin{array}{ccc:ccc}1&0&1&1&0&0\\0&1&-2&-2&1&0\\0&2&-3&3&0&1\end{array}\right]$

$$\xrightarrow{r_3-2r_2}\left[\begin{array}{ccc:ccc}1&0&1&1&0&0\\0&1&-2&-2&1&0\\0&0&1&7&-2&1\end{array}\right]$$

$$\xrightarrow[r_2+2r_3]{r_1-r_3}\left[\begin{array}{ccc:ccc}1&0&0&-6&2&-1\\0&1&0&12&-3&2\\0&0&1&7&-2&1\end{array}\right],$$

故 $\boldsymbol{A}^{-1}=\begin{bmatrix}-6&2&-1\\12&-3&2\\7&-2&1\end{bmatrix}$.

例 9-4-2 方阵 $\boldsymbol{A}=\begin{bmatrix}1&1&1&1\\1&-2&-2&-1\\2&5&1&4\\4&1&1&2\end{bmatrix}$ 是否可逆？若可逆，求 $\boldsymbol{A}^{-1}$.

解

$$[\boldsymbol{A}\mid\boldsymbol{E}]=\left[\begin{array}{cccc:cccc}1&1&1&1&1&0&0&0\\1&-2&-2&-1&0&1&0&0\\2&5&-1&4&0&0&1&0\\4&1&1&2&0&0&0&1\end{array}\right]\xrightarrow[r_4-4r_1]{\substack{r_2-r_1\\r_3-2r_1}}\left[\begin{array}{cccc:cccc}1&1&1&1&1&0&0&0\\0&-3&-3&-2&-1&1&0&0\\0&3&-3&2&-2&0&1&0\\0&-3&-3&-2&-4&0&0&1\end{array}\right].$$

因为 $\begin{vmatrix}1&1&1&1\\0&-3&-3&-2\\0&3&-3&2\\0&-3&-3&-2\end{vmatrix}=0$，即 $|\boldsymbol{A}|=0$，所以 $\boldsymbol{A}$ 不可逆，即 $\boldsymbol{A}^{-1}$ 不存在.

注意	此例说明，用初等变换求逆矩阵的过程中，即可看出逆矩阵是否存在，而不必先去判断逆矩阵是否存在.

注意	用初等行变换法求给定的 n 阶方阵 $\boldsymbol{A}$ 的逆矩阵 $\boldsymbol{A}^{-1}$，并不需要知道 $\boldsymbol{A}$ 是否可逆. 在对矩阵 $[\boldsymbol{A}\mid\boldsymbol{E}]$ 进行初等行变换的过程中，若 $[\boldsymbol{A}\mid\boldsymbol{E}]$ 的左半部分出现了零行，说明矩阵 $\boldsymbol{A}$ 的行列式 $|\boldsymbol{A}|=0$，可以判定矩阵 $\boldsymbol{A}$ 不可逆. 若 $[\boldsymbol{A}\mid\boldsymbol{E}]$ 中的左半部分能化成单位矩阵 $\boldsymbol{E}$，说明矩阵 $\boldsymbol{A}$ 的行列式 $|\boldsymbol{A}|\neq 0$，可以判定矩阵 $\boldsymbol{A}$ 是可逆的，而且这个单位矩阵 $\boldsymbol{E}$ 右边的矩阵就是 $\boldsymbol{A}$ 的逆矩阵 $\boldsymbol{A}^{-1}$，它是由单位矩阵 $\boldsymbol{E}$ 经过同样的初等行变换得到的.

三、矩阵的秩

矩阵的秩是线性代数中非常有用的一个概念，它不仅与讨论可逆矩阵的问题有密切相关，而且在讨论线性方程组的解的情况中也有重要的应用. 在这里，我们首先利用行列式来定义矩阵的秩，然后给出利用初等变换求矩阵的秩的办法.

1. 矩阵的 k 阶子式

定义 9-4-4 在 $m\times n$ 矩阵 $\boldsymbol{A}$ 中，任取 k 行 k 列 $(1\leqslant k\leqslant \min\{m,n\})$ 交点上的 k^2 个

元素,按原来次序组成的 k 阶行列式,称为矩阵 $\boldsymbol{A}$ 的一个 k 阶子式.

例如,矩阵 $\boldsymbol{A}=\begin{bmatrix}1 & 2 & 3 & 4\\0 & -1 & 2 & 6\\5 & 1 & 1 & 0\end{bmatrix}$,则有1、3两行与2、4两列交叉点上的元素构成的一个二阶子式 $\begin{vmatrix}2 & 4\\1 & 0\end{vmatrix}$. 它的所有三阶子式为:

$$\begin{vmatrix}1 & 2 & 3\\0 & -1 & 2\\5 & 1 & 1\end{vmatrix},\begin{vmatrix}1 & 2 & 4\\0 & -1 & 6\\5 & 1 & 0\end{vmatrix},\begin{vmatrix}1 & 3 & 4\\0 & 2 & 6\\5 & 1 & 0\end{vmatrix},\begin{vmatrix}2 & 3 & 4\\-1 & 2 & 6\\1 & 1 & 0\end{vmatrix}.$$

由子式的定义可知:在 $m\times n$ 矩阵 $\boldsymbol{A}$ 中,共有 $C_m^k C_n^k$ 个 k 阶子式.

2. 矩阵的秩

定义 9-4-5　如果 $m\times n$ 矩阵 $\boldsymbol{A}$ 中,存在一个 r 阶子式不为零,而任一 $r+1$ 阶子式(若存在时)全等于零,则称 r 为矩阵的秩,记作 $r(\boldsymbol{A})=r$.

例 9-4-3　求矩阵 $\begin{bmatrix}1 & -1 & 0 & 1 & 6\\0 & 2 & 4 & 5 & 7\\0 & 0 & 0 & 3 & 8\\0 & 0 & 0 & 0 & 0\end{bmatrix}$ 的秩.

解　因为 $\begin{vmatrix}1 & -1 & 1\\0 & 2 & 5\\0 & 0 & 3\end{vmatrix}=6\neq 0$,且所有四阶子式都为0(因为四阶子式中第四行都为零),所以 $r(\boldsymbol{A})=3$.

不难得到,矩阵 $\boldsymbol{A}$ 的秩具有下列性质:

(1) $r(\boldsymbol{A})=r(\boldsymbol{A}^{\mathrm{T}})$;

(2) $0\leqslant r(\boldsymbol{A})\leqslant \min\{m,n\}$.

规定零矩阵的秩为零,若 $\boldsymbol{A}$ 为 n 阶方阵,当 $|\boldsymbol{A}|\neq 0$ 时,有 $r(\boldsymbol{A})=n$,称 $\boldsymbol{A}$ 为满秩矩阵.

3. 用初等变换求矩阵的秩

定理 9-4-2　初等变换不改变矩阵的秩.

根据此定理,得到求矩阵 $\boldsymbol{A}$ 的秩的方法:通过初等变换把矩阵 $\boldsymbol{A}$ 化为阶梯形矩阵,其非零行的行数就是所求矩阵 $\boldsymbol{A}$ 的秩.

例 9-4-4　求矩阵 $\boldsymbol{A}=\begin{bmatrix}1 & 0 & 0 & 1\\1 & 2 & 0 & -1\\3 & -1 & 0 & 4\\1 & 4 & 5 & 1\end{bmatrix}$ 的秩.

解　$$\boldsymbol{A}=\begin{bmatrix}1 & 0 & 0 & 1\\1 & 2 & 0 & -1\\3 & -1 & 0 & 4\\1 & 4 & 5 & 1\end{bmatrix}\xrightarrow[r_4-r_1]{\substack{r_2-r_1\\ r_3-3r_1}}\begin{bmatrix}1 & 0 & 0 & 1\\0 & 2 & 0 & -2\\0 & -1 & 0 & 1\\0 & 4 & 5 & 0\end{bmatrix}\xrightarrow[r_4-2r_2]{r_3+\frac{1}{2}r_2}\begin{bmatrix}1 & 0 & 0 & 1\\0 & 2 & 0 & -2\\0 & 0 & 0 & 0\\0 & 0 & 5 & 4\end{bmatrix}$$

$$\xrightarrow{r_3 \leftrightarrow r_4} \begin{bmatrix} 1 & 0 & 0 & 1 \\ 0 & 2 & 0 & -2 \\ 0 & 0 & 5 & 4 \\ 0 & 0 & 0 & 0 \end{bmatrix}$$，因为行阶梯形矩阵中有三个非零行，所以

$$r(\boldsymbol{A})=3.$$

习题 9.4

1. 用初等变换求下列矩阵的逆矩阵：

(1) $\begin{bmatrix} 1 & -1 & 0 \\ 0 & 1 & -1 \\ -1 & 0 & 2 \end{bmatrix}$；　(2) $\begin{bmatrix} 1 & 2 & 3 \\ 2 & 1 & 2 \\ 1 & 3 & 4 \end{bmatrix}$；　(3) $\begin{bmatrix} 1 & 1 & 1 & 1 \\ 1 & 1 & -1 & -1 \\ 1 & -1 & 1 & -1 \\ 1 & -1 & -1 & 1 \end{bmatrix}$.

2. 设 $\boldsymbol{AX}=\boldsymbol{B}$，其中 $\boldsymbol{A}=\begin{bmatrix} 1 & 0 \\ 1 & 1 \end{bmatrix}$，$\boldsymbol{B}=\begin{bmatrix} 1 & 9 & 8 \\ -1 & 2 & 2 \end{bmatrix}$，求 $\boldsymbol{X}$.

3. 根据矩阵秩的定义，求下列矩阵的秩：

(1) $\begin{bmatrix} 1 & 2 & 3 \\ 2 & 2 & 3 \\ 3 & 4 & 3 \end{bmatrix}$；　(2) $\begin{bmatrix} 1 & 2 & -1 \\ 3 & 4 & -2 \\ 5 & -3 & 1 \end{bmatrix}$.

4. 用初等变换求下列矩阵的秩：

(1) $\begin{bmatrix} 3 & -1 & 0 & 2 \\ 1 & -1 & 2 & -1 \\ 1 & 3 & -4 & -4 \end{bmatrix}$；　(2) $\begin{bmatrix} 3 & 2 & -1 & -3 & -1 \\ 2 & -1 & 3 & 1 & -3 \\ 1 & 0 & 1 & -1 & 7 \end{bmatrix}$.

5. 设矩阵 $\boldsymbol{A}=\begin{bmatrix} 1 & -1 & 1 & 2 \\ 3 & \lambda & -1 & 2 \\ 5 & 3 & \mu & 6 \end{bmatrix}$ 的秩是 2，求 λ 和 μ 的值.

§9.5　一般线性方程组的解法

本节我们以矩阵为工具来讨论一般线性方程组，主要讨论两个问题：(1) 如何判断一个线性方程组是否有解？(2) 如果一个线性方程组有解，那么它有多少解？怎样求解？

一、非齐次线性方程组

例 9-5-1　解线性方程组 $\begin{cases} x_1+x_2-2x_3=-5 \\ 3x_1+2x_2+x_3=1 \\ 5x_1+3x_2+4x_3=27 \end{cases}$.

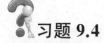

解　对方程组的增广矩阵作初等行变换：

$$\widetilde{A}=\begin{bmatrix}1&1&-2&-5\\3&2&1&1\\5&3&4&27\end{bmatrix}\xrightarrow[r_3-5r_1]{r_2-3r_1}\begin{bmatrix}1&1&-2&-5\\0&-1&7&16\\0&-2&14&52\end{bmatrix}\xrightarrow{r_3-2r_2}\begin{bmatrix}1&1&-2&-5\\0&-1&7&16\\0&0&0&20\end{bmatrix}=\boldsymbol{B}.$$

矩阵 $\boldsymbol{B}$ 中的第三行“$0=20$”，表明原方程组无解.由矩阵 $\boldsymbol{B}$ 容易得出：原方程组的系数矩阵的秩为 2，而增广矩阵的秩为 3，显然 $r(\boldsymbol{A})\neq r(\widetilde{\boldsymbol{A}})$.

例 9-5-2　解线性方程组 $\begin{cases}x_1+x_2+x_3=0\\2x_1-x_2-x_3=-3\\x_1-x_2+x_3=-6\\-x_1+2x_2+x_3=5\end{cases}$.

解　对方程组的增广矩阵作初等行变换：

$$\widetilde{A}=\begin{bmatrix}1&1&1&0\\2&-1&-1&-3\\1&-1&1&-6\\-1&2&1&5\end{bmatrix}\xrightarrow[r_4+r_1]{\substack{r_2-2r_1\\r_3-r_1}}\begin{bmatrix}1&1&1&0\\0&-3&-3&-3\\0&-2&0&-6\\0&3&2&5\end{bmatrix}\xrightarrow[\substack{r_4+r_2\\r_4+\frac{1}{2}r_3}]{r_3-\frac{2}{3}r_2}\begin{bmatrix}1&1&1&0\\0&1&1&1\\0&0&2&-4\\0&0&0&0\end{bmatrix}=\boldsymbol{B}.$$

由矩阵 $\boldsymbol{B}$ 得到与原方程组同解的方程组 $\begin{cases}x_1+x_2+x_3=0\\x_2+x_3=1\\2x_3=-4\end{cases}$，显然这个方程组有唯一解.

不难解得，这个方程组的解为 $(-1,3,-2)$.

由矩阵 $\boldsymbol{B}$ 容易得出：原方程组的系数矩阵的秩为 3，而增广矩阵的秩也为 3，显然 $r(\boldsymbol{A})=r(\widetilde{\boldsymbol{A}})=3$，而 3 正好是这个方程组含有的未知数的个数.

例 9-5-3　解线性方程组 $\begin{cases}x_1-x_2+x_3-x_4=0\\2x_1-x_2+3x_3-2x_4=-1\\3x_1-2x_2-x_3+2x_4=4\end{cases}$.

解　对方程组的增广矩阵做初等行变换：

$$\widetilde{A}=\begin{bmatrix}1&-1&1&-1&0\\2&-1&3&-2&-1\\3&-2&-1&2&4\end{bmatrix}\xrightarrow[r_3-3r_1]{r_2-2r_1}\begin{bmatrix}1&-1&1&-1&0\\0&1&1&0&-1\\0&1&-4&5&4\end{bmatrix}$$

$$\xrightarrow{r_3-r_2}\begin{bmatrix}1&-1&1&-1&0\\0&1&1&0&-1\\0&0&-5&5&5\end{bmatrix}=\boldsymbol{B}.$$

由矩阵 $\boldsymbol{B}$ 得到与原方程组同解的方程组 $\begin{cases}x_1-x_2+x_3-x_4=0\\x_2+x_3=-1\\x_3-x_4=-1\end{cases}$，它的一般解

$\begin{cases} x_1=-x_4+1 \\ x_2=-x_4 \\ x_3=x_4-1 \\ x_4=x_4 \end{cases}$，显然这个方程组有无穷多个解.由矩阵 $\boldsymbol{B}$ 容易得出原方程组的系数矩阵的秩为3，而增广矩阵的秩也为3，显然 $r(\mathbf{A})=r(\widetilde{\mathbf{A}})=3<4$，而4正好是这个方程组含有的未知数的个数.

设 $x_4=k$，它的一般解也可用矩阵来表示：$\begin{bmatrix} x_1 \\ x_2 \\ x_3 \\ x_4 \end{bmatrix}=k\begin{bmatrix} -1 \\ -1 \\ 1 \\ 1 \end{bmatrix}+\begin{bmatrix} 1 \\ 0 \\ -1 \\ 0 \end{bmatrix}$（$k$ 为任意常数）.

从上述三个例子看出：

(1) 一般线性方程组的解可能有三种情形：无解，唯一解，无穷多解.

(2) 方程组是否有解，取决于系数矩阵、增广矩阵的秩和方程组的未知量的个数 n，而与方程组的方程个数无关.具体地说：当 $r(\mathbf{A})\neq r(\widetilde{\mathbf{A}})$，方程组无解；当 $r(\mathbf{A})=r(\widetilde{\mathbf{A}})=n$，方程组有唯一解；$r(\mathbf{A})=r(\widetilde{\mathbf{A}})<n$，方程组有无穷多个解.这个结论具有一般性.

如果含有 m 个方程 n 个未知数的非齐次线性方程组

$$\begin{cases} a_{11}x_1+a_{12}x_2+\cdots+a_{1n}x_n=b_1 \\ a_{21}x_1+a_{22}x_2+\cdots+a_{2n}x_n=b_2 \\ \qquad\qquad\vdots \\ a_{m1}x_1+a_{m2}x_2+\cdots+a_{mn}x_n=b_m \end{cases}$$

有如下结论：

定理 9-5-1(线性方程组解的存在定理) 对于非齐次线性方程组 $\boldsymbol{AX}=\boldsymbol{B}$ 的系数矩阵 $\mathbf{A}$ 和增广矩阵 $\widetilde{\mathbf{A}}$，有

(1) 当 $r(\mathbf{A})\neq r(\widetilde{\mathbf{A}})$ 时，线性方程组无解.

(2) 当 $r(\mathbf{A})=r(\widetilde{\mathbf{A}})$ 时，线性方程组有解：

(a) 若 $r(\mathbf{A})=r(\widetilde{\mathbf{A}})=n$，则线性方程组有唯一解；

(b) 若 $r(\mathbf{A})=r(\widetilde{\mathbf{A}})=r<n$，方程组有无穷多解，且其通解中含有 $n-r$ 个自由未知量，其中 n 表示方程组 $\boldsymbol{AX}=\boldsymbol{B}$ 中含有未知量的个数.

定义 9-5-1 线性方程组解的表示式中可以取任意值的未知量称为**自由未知量**，用自由未知量表示其他未知量的解表示式称为线性方程组的**一般解(通解)**，当解表示式中的自由未知量取定一个值时，得到线性方程组的一个解，称为线性方程组的**特解**.

自由未知量的选取不是唯一的，但自由未知量的个数是确定的，共有 $n-r$ 个.

例 9-5-4 解线性方程组 $\begin{cases} x_1+x_2+x_3+x_4+x_5=1 \\ 3x_1+2x_2+x_3+x_4-3x_5=6 \\ x_2+2x_3+2x_4+6x_5=-3 \\ 5x_1+4x_2+3x_3+3x_4-x_5=8 \end{cases}$.

解　$\widetilde{\boldsymbol{A}}=\begin{bmatrix}1&1&1&1&1&1\\3&2&1&1&-3&6\\0&1&2&2&6&-3\\5&4&3&3&-1&8\end{bmatrix}\xrightarrow[r_4-5r_1]{r_2-3r_1}\begin{bmatrix}1&1&1&1&1&1\\0&-1&-2&-2&-6&3\\0&1&2&2&6&-3\\0&-1&-2&-2&-6&3\end{bmatrix}$

$$\xrightarrow[r_4-r_2]{r_3+r_2}\begin{bmatrix}1&1&1&1&1&1\\0&-1&-2&-2&-6&3\\0&0&0&0&0&0\\0&0&0&0&0&0\end{bmatrix}$$

$$\xrightarrow{r_1+r_2}\begin{bmatrix}1&0&-1&-1&-5&4\\0&-1&-2&-2&-6&3\\0&0&0&0&0&0\\0&0&0&0&0&0\end{bmatrix}=\boldsymbol{B}.$$

显然$r(\boldsymbol{A})=r(\widetilde{\boldsymbol{A}})=2<5$，显然这个方程组有无穷多个解，与原方程组同解的方程组为

$\begin{cases}x_1-x_3-x_4-5x_5=4\\x_2+2x_3+2x_4+6x_5=-3\end{cases}$，解得：$\begin{cases}x_1=x_3+x_4+5x_5+4\\x_2=-2x_3-2x_4-6x_5-3\\x_3=x_3\\x_4=x_4\\x_5=x_5\end{cases}$

设$x_3=k_1,x_4=k_2,x_5=k_3$，所以方程组的通解为：

$$\begin{bmatrix}x_1\\x_2\\x_3\\x_4\\x_5\end{bmatrix}=k_1\begin{bmatrix}1\\-2\\1\\0\\0\end{bmatrix}+k_2\begin{bmatrix}1\\-2\\0\\1\\0\end{bmatrix}+k_3\begin{bmatrix}5\\-6\\0\\0\\1\end{bmatrix}+\begin{bmatrix}4\\-3\\0\\0\\0\end{bmatrix}\ (k_1,k_2,k_3\text{ 为任意实数}).$$

用消元法解线性方程组$\boldsymbol{AX}=\boldsymbol{B}$的一般步骤为：首先写出增广矩阵$\widetilde{\boldsymbol{A}}$，用初等行变换将其化成阶梯形矩阵，然后根据系数矩阵和增广矩阵的秩，来判断线性方程组是否有解.若方程组有解，则继续用初等行变换将阶梯形矩阵化成行简化阶梯形矩阵，求线性方程组的通解.

二、齐次线性方程组

如果含有m个方程n个未知数的齐次线性方程组

$$\begin{cases}a_{11}x_1+a_{12}x_2+\cdots+a_{1n}x_n=0\\a_{21}x_1+a_{22}x_2+\cdots+a_{2n}x_n=0\\\qquad\vdots\\a_{m1}x_1+a_{m2}x_2+\cdots+a_{mn}x_n=0\end{cases}$$

的系数矩阵的秩与增广矩阵的秩相等，因此，线性方程组总是有解的.

定理 9-5-2 对于齐次线性方程组 $\boldsymbol{AX}=\boldsymbol{0}$ 的系数矩阵 $\boldsymbol{A}$.

(1) 当 $r(\boldsymbol{A})=n$ 时，齐次线性方程组只有零解；

(2) 当 $r(\boldsymbol{A})<n$ 时，齐次线性方程组有非零解.

其中 n 表示方程组 $\boldsymbol{AX}=\boldsymbol{0}$ 中含有未知量的个数.

推论 9-5-1 在齐次线性方程组中，当方程个数少于未知量个数 $(m<n)$ 时，齐次线性方程组必有非零解.

例 9-5-5 解齐次线性方程组 $\begin{cases}x_1+x_2+x_3+x_4+x_5=0\\3x_1+2x_2+x_3+x_4-3x_5=0\\x_2+2x_3+2x_4+6x_5=0\\5x_1+4x_2+3x_3+3x_4-x_5=0\end{cases}$.

解 $\boldsymbol{A}=\begin{bmatrix}1&1&1&1&1\\3&2&1&1&-3\\0&1&2&2&6\\5&4&3&3&-1\end{bmatrix}\xrightarrow[r_4-5r_1]{r_2-3r_1}\begin{bmatrix}1&1&1&1&1\\0&-1&-2&-2&-6\\0&1&2&2&6\\0&-1&-2&-2&-6\end{bmatrix}$

$$\xrightarrow[r_4-r_1]{r_3+r_1}\begin{bmatrix}1&1&1&1&1\\0&1&2&2&6\\0&0&0&0&0\\0&0&0&0&0\end{bmatrix}\xrightarrow{r_1-r_2}\begin{bmatrix}1&0&-1&-1&-5\\0&1&2&2&6\\0&0&0&0&0\\0&0&0&0&0\end{bmatrix}=\boldsymbol{B},$$

显然 $r(\boldsymbol{A})=2<5$，显然这个方程组有无穷多个解，与原方程组同解的方程组

$\begin{cases}x_1-x_3-x_4-5x_5=0\\x_2+2x_3+2x_4+6x_5=0\end{cases}$，解得：$\begin{cases}x_1=x_3+x_4+5x_5\\x_2=-2x_3-2x_4-6x_5\\x_3=x_3\\x_4=x_4\\x_5=x_5\end{cases}$.

设 $x_3=k_1, x_4=k_2, x_5=k_3$，所以方程组的通解为：

$$\begin{bmatrix}x_1\\x_2\\x_3\\x_4\\x_5\end{bmatrix}=k_1\begin{bmatrix}1\\-2\\1\\0\\0\end{bmatrix}+k_2\begin{bmatrix}1\\-2\\0\\1\\0\end{bmatrix}+k_3\begin{bmatrix}5\\-6\\0\\0\\1\end{bmatrix}\ (k_1,k_2,k_3\text{ 为任意实数}),$$

其中 $\boldsymbol{X}_0=\begin{bmatrix}x_1\\x_2\\x_3\\x_4\\x_5\end{bmatrix}=\begin{bmatrix}4\\-3\\0\\0\\0\end{bmatrix}$ 是例 9-5-4 非齐次线性方程组的一个特解，

$$X_1=\begin{bmatrix}1\\-2\\1\\0\\0\end{bmatrix},X_2=\begin{bmatrix}1\\-2\\0\\1\\0\end{bmatrix},X_3=\begin{bmatrix}5\\-6\\0\\0\\1\end{bmatrix}$$

称为例 9-5-4 对应的齐次线性方程组例9-5-5的**基础解系.**

例 9-5-6　当 p,t 取何值时,线性方程组 $\begin{cases}x_1+x_2+2x_3+3x_4=1\\x_1+3x_2+6x_3+x_4=3\\3x_1-x_2-px_3+15x_4=3\\x_1-5x_2-10x_3+12x_4=t\end{cases}$ 无解?有唯一解?无穷多解?在有无穷多解的情况下求全部解.

解　$$\widetilde{A}=\begin{bmatrix}1&1&2&3&1\\1&3&6&1&3\\3&-1&-p&15&3\\1&-5&-10&12&t\end{bmatrix}\xrightarrow[r_4-r_1]{\substack{r_2-r_1\\r_3-3r_1}}\begin{bmatrix}1&1&2&3&1\\0&2&4&-2&2\\0&-4&-p-6&6&0\\0&-6&-12&9&t-1\end{bmatrix}$$

$$\xrightarrow[r_4+3r_2]{r_3+2r_2}\begin{bmatrix}1&1&2&3&1\\0&2&4&-2&2\\0&-0&-p+2&2&4\\0&0&0&3&t+5\end{bmatrix}.$$

(1) 当 $p\neq 2$ 时, $r(A)=r(\widetilde{A})=4$, 方程组有唯一解;

(2) 当 $p=2$ 时,有

$$\begin{bmatrix}1&1&2&3&1\\0&2&4&-2&2\\0&0&-p+2&2&4\\0&0&0&3&t+5\end{bmatrix}\xrightarrow{\text{初等行变换}}\begin{bmatrix}1&1&2&3&1\\0&1&2&-1&1\\0&0&0&1&2\\0&0&0&0&t-1\end{bmatrix},$$

当 $t\neq 1$ 时, $r(A)=3, r(\widetilde{A})=4, r(A)\neq r(\widetilde{A})$, 方程组无解;

当 $t=1$ 时, $r(A)=r(\widetilde{A})=3<4$, 方程组有无穷多解.

$$\begin{bmatrix}1&1&2&3&1\\0&1&2&-1&1\\0&0&0&1&2\\0&0&0&0&t-1\end{bmatrix}\xrightarrow{\text{初等行变换}}\begin{bmatrix}1&0&0&0&8\\0&1&2&0&3\\0&0&0&1&2\\0&0&0&0&0\end{bmatrix}.$$

与原方程组同解的方程组 $\begin{cases}x_1=-8\\x_2+2x_3=3\\x_4=2\end{cases}$, 令 $x_3=k$, 所以方程组的通解为:

$$\begin{bmatrix} x_1 \\ x_2 \\ x_3 \\ x_4 \end{bmatrix} = k\begin{bmatrix} 0 \\ -2 \\ 1 \\ 0 \end{bmatrix} + \begin{bmatrix} -8 \\ 3 \\ 0 \\ 2 \end{bmatrix} \ (k\text{ 为任意实数}).$$

习题 9.5

1. 解下列齐次线性方程组：

(1) $\begin{cases} x_1+2x_2+x_3-x_4=0 \\ 3x_1+6x_2-x_3-3x_4=0 \\ 5x_1+10x_2+x_3-5x_4=0 \end{cases}$；

(2) $\begin{cases} x_1+x_2+x_3+4x_4-3x_5=0 \\ x_1-x_2+3x_3-2x_4-x_5=0 \\ 2x_1+x_2+3x_3+5x_4-5x_5=0 \\ 3x_1+x_2+5x_3+6x_4-7x_5=0 \end{cases}$.

2. 解下列非齐次线性方程组：

(1) $\begin{cases} 4x_1+2x_2-x_3=2 \\ 3x_1-x_2+2x_3=10 \\ 11x_1+3x_2=8 \end{cases}$；

(2) $\begin{cases} 2x_1-x_2+4x_3-3x_4=-4 \\ x_1+x_3-x_4=-3 \\ 3x_1+x_2+x_3=1 \\ 7x_1+7x_3-3x_4=3 \end{cases}$

3. 判断下列线性方程组是否有解.若有解，解是否唯一？

(1) $\begin{cases} x_1+x_2-2x_3=2 \\ 2x_1-3x_2+5x_3=1 \\ 4x_1-x_2-x_3=5 \\ 5x_1-x_3=2 \end{cases}$；

(2) $\begin{cases} 2x_1+x_2-x_3+x_4=1 \\ 3x_1-2x_2+2x_3-3x_4=2 \\ 5x_1+x_2-x_3+2x_4=-1 \\ 2x_1-x_2+x_3-3x_4=4 \end{cases}$.

4. 当 λ 取何值时，方程组 $\begin{cases} x_1-3x_2+2x_3=0 \\ 2x_1-5x_2+3x_3=0 \\ 3x_1-8x_2+\lambda x_3=0 \end{cases}$ 有非零解？并求其解.

5. 确定参数 a，b，使方程组 $\begin{cases} ax_1-x_2+2x_3=1 \\ x_1+2x_2-x_3=b \\ 2x_1+x_2+x_3=3 \end{cases}$ 有无穷多组解.

6. 问 λ 取何值时，非齐次线性方程组 $\begin{cases} \lambda x_1+x_2+x_3=1 \\ x_1+\lambda x_2+x_3=\lambda \\ x_1+x_2+\lambda x_3=\lambda^2 \end{cases}$ 无解？有唯一解？有无穷多解？

7. 已知下列线性方程组 (A)，(B)：

(A) $\begin{cases} x_1+x_2-2x_3=6 \\ 4x_1-x_2-x_3-x_4=1 \\ 3x_1-x_2-x_3=3 \end{cases}$；

(B) $\begin{cases} x_1+mx_2-x_3-x_4=-5 \\ nx_2-x_3-2x_4=-11 \\ x_3-2x_4=-t+1 \end{cases}$

(1) 求方程组 (A) 的通解；

(2) 当方程组 (B) 中的参数 m,n,t 为何值时，(A) 与 (B) 同解.

本章小结

本章主要介绍了 n 阶行列式的定义、性质和计算方法，矩阵的定义、矩阵的运算法则、逆矩阵的概念、逆矩阵的存在判别定理和求法、矩阵的秩及解线性方程组.

1. 行列式的计算

A_{ij} 表示 a_{ij} 的代数余子式，只与 a_{ij} 所在的位置有关，而与 a_{ij} 本身的大小无关.

计算行列式的方法有：

(1) 二阶、三阶行列式可使用对角线法则.

(2) 行列式可以按任意一行(或列)展开，选择零元素较多的行(列)进行展开.

(3) 利用行列式的性质，把行列式转化为三角行列式进行计算.

(4) 利用行列式的性质，把某行(列)化为只有一个元素不为零，然后按这行(列)展开.

在行列式的计算中，往往先观察行列式的各行(列)元素的构造特点，然后利用行列式性质化简行列式，注意尽量避免分数运算.

2. 矩阵的运算

矩阵的运算主要包括：矩阵的加减、矩阵的数乘、矩阵的乘法、矩阵的转置和矩阵的初等变换，掌握这些运算法则和运算规则，注意矩阵运算与数的运算的不同之处.

两矩阵相乘的条件是：左矩阵 $\boldsymbol{A}$ 的列数 = 右矩阵 $\boldsymbol{B}$ 的行数.

注意

(1) 矩阵的乘法不满足交换律和消去律.

(2) 两个非零矩阵的乘积可能是零矩阵.

3. 逆矩阵的存在条件和逆矩阵的求法

n 阶方阵 $\boldsymbol{A}$ 可逆 $\Leftrightarrow |\boldsymbol{A}| \neq 0$，或者 $r(\boldsymbol{A})=n$.

求逆矩阵的方法：

(1) 伴随矩阵法：$\boldsymbol{A}^{-1}=\dfrac{1}{|\boldsymbol{A}|}\boldsymbol{A}^{*}$，其中 $\boldsymbol{A}^{*}=\begin{bmatrix} A_{11} & A_{21} & \cdots & A_{n1} \\ A_{12} & A_{22} & \cdots & A_{n2} \\ \vdots & \vdots & & \vdots \\ A_{1n} & A_{2n} & \cdots & A_{nn} \end{bmatrix}$.

(2) 初等行变换法：$[\boldsymbol{A} \mid \boldsymbol{E}] \xrightarrow{\text{初等行变换}} [\boldsymbol{E} \mid \boldsymbol{A}^{-1}]$，它只能用**初等行变换**.

4. 求矩阵秩的方法

用初等行变换将矩阵 $\boldsymbol{A}$ 化为阶梯形矩阵，则 $r(\boldsymbol{A})$ 就等于阶梯形矩阵中非零行的行数.矩阵的初等变换不改变矩阵的秩.

5. 利用消元法解线性方程组 $\boldsymbol{AX}=\boldsymbol{B}$ 的一般步骤

首先写出增广矩阵 $\widetilde{\boldsymbol{A}}$，用初等行变换将矩阵 $\boldsymbol{A}$ 化为阶梯形矩阵，根据 $r(\boldsymbol{A})$ 与 $r(\widetilde{\boldsymbol{A}})$ 之间的关系，判断方程组是否有解，在有解的条件下，写出阶梯形矩阵对应的方程组，并用回代的方法求出方程的一般解.

6. 线性方程组解的判定

$\boldsymbol{AX}=\boldsymbol{B}$ 有解 $\Leftrightarrow r(\boldsymbol{A})=r(\tilde{\boldsymbol{A}})$，且当 $r(\boldsymbol{A})=r(\tilde{\boldsymbol{A}})=n$ 时，$\boldsymbol{AX}=\boldsymbol{B}$ 有唯一解.

当 $r(\boldsymbol{A})=r(\tilde{\boldsymbol{A}})=r<n$ 时，$\boldsymbol{AX}=\boldsymbol{B}$ 有无穷多解，且其通解中含有 $n-r$ 个自由未知量.

$\boldsymbol{AX}=\boldsymbol{0}$ 只有零解 $\Leftrightarrow r(\boldsymbol{A})=n$；$\boldsymbol{AX}=\boldsymbol{0}$ 只有非零解 $\Leftrightarrow r(\boldsymbol{A})<n$.

复习题九

一、填空题

1. 行列式 $\begin{vmatrix} 2 & -1 & 1 \\ 3 & 0 & 1 \\ 4 & -4 & 3 \end{vmatrix}$ 中元素 -4 的代数余子式的值为________.

2. 已知矩阵 $\boldsymbol{A}=\begin{bmatrix} 1 & 0 & 0 \\ 0 & 2 & 0 \\ 0 & 0 & -3 \end{bmatrix}$，则 $\boldsymbol{A}^{-1}=$________.

3. 设矩阵 $\boldsymbol{A}=\begin{bmatrix} 1 & -2 & 0 \end{bmatrix}$，$\boldsymbol{B}=\begin{bmatrix} 2 & 1 \\ -1 & 0 \\ 0 & 1 \end{bmatrix}$，则 $\boldsymbol{AB}=$________.

4. 设 $\boldsymbol{A}=\begin{bmatrix} 1 & 3 \\ -1 & -2 \end{bmatrix}$，则 $\boldsymbol{E}-2\boldsymbol{A}=$________.

5. 当 $a\neq$________时，矩阵 $\boldsymbol{A}=\begin{bmatrix} 1 & 3 \\ -1 & a \end{bmatrix}$ 可逆.

6. 设 $\boldsymbol{A}=\begin{bmatrix} 1 & 2 & 1 \\ 2 & 3 & a+2 \\ 1 & a & -2 \end{bmatrix}$，$\boldsymbol{X}=\begin{bmatrix} x_1 \\ x_2 \\ x_3 \end{bmatrix}$，$\boldsymbol{B}=\begin{bmatrix} 1 \\ 3 \\ 0 \end{bmatrix}$.

(1) 齐次线性方程组 $\boldsymbol{AX}=\boldsymbol{0}$ 只有零解，则 $a=$________.

(2) 非齐次线性方程组 $\boldsymbol{AX}=\boldsymbol{B}$ 无解，则 $a=$________.

7. 设行列式 $\boldsymbol{D}=\begin{vmatrix} 3 & 0 & 4 & 0 \\ 2 & 2 & 2 & 2 \\ 0 & -7 & 0 & 0 \\ 5 & 3 & -2 & 2 \end{vmatrix}$，则第四行元素余子式的和为________.

8. 设方程组 $\begin{cases} x_1+\lambda x_2=0 \\ 2x_1-x_2=0 \end{cases}$，当 $\lambda=$________时，此方程组有非零解.

9. 当 $k=$________时，行列式 $\begin{vmatrix} k & 3 & 4 \\ -1 & k & 0 \\ 0 & k & 1 \end{vmatrix}=0$.

10. 计算：$\begin{bmatrix} a & 0 & 0 \\ 0 & b & 0 \\ 0 & 0 & c \end{bmatrix}^2 =$ ________.

11. 计算：$\begin{vmatrix} 2 & 0 & 0 & 1 \\ 0 & 0 & 2 & 0 \\ 0 & -3 & 0 & 0 \\ 7 & 0 & 0 & 0 \end{vmatrix} =$ ________.

12. $\boldsymbol{A}$ 为三阶方阵，且 $|\boldsymbol{A}|=4$，则 $|-3\boldsymbol{A}|=$ ________.

13. 设 $\boldsymbol{A}=\begin{bmatrix} 2 & -1 \\ 0 & 3 \end{bmatrix}$，则 $\boldsymbol{A}$ 的逆矩阵 $\boldsymbol{A}^{-1}=$ ________.

14. 设矩阵 $\boldsymbol{A}=\begin{bmatrix} 1 & -1 & 0 & 1 \\ -1 & 0 & 1 & k \\ 0 & 1 & -1 & -2 \end{bmatrix}$ 的秩为 2，则 $k=$ ________.

15. 行列式 D 的第 4 行元素 $-1,2,0,3$ 对应的余子式分别为 $3,1,-2,3$，则 $D=$ ________.

二、选择题

1. $\boldsymbol{A},\boldsymbol{B}$ 均 n 阶为方阵，下面等式成立的是(　　).

A. $\boldsymbol{AB}=\boldsymbol{BA}$　　B. $(\boldsymbol{A}+\boldsymbol{B})^{\mathrm{T}}=\boldsymbol{A}^{\mathrm{T}}+\boldsymbol{B}^{\mathrm{T}}$

C. $(\boldsymbol{AB})^{\mathrm{T}}=\boldsymbol{A}^{\mathrm{T}}\boldsymbol{B}^{\mathrm{T}}$　　D. $(\boldsymbol{AB})^{-1}=\boldsymbol{A}^{-1}\boldsymbol{B}^{-1}$

2. $\boldsymbol{A},\boldsymbol{B},\boldsymbol{C}$ 均为 n 阶方阵，且 $\boldsymbol{ABC}=\boldsymbol{E}$，则下列等式成立的是(　　).

A. $\boldsymbol{ACB}=\boldsymbol{E}$　　B. $\boldsymbol{CBA}=\boldsymbol{E}$　　C. $\boldsymbol{BCA}=\boldsymbol{E}$　　D. $\boldsymbol{BAC}=\boldsymbol{E}$

3. $\boldsymbol{A}$ 为 n 阶方阵，则 $|\boldsymbol{A}|\neq 0$ 是 $\boldsymbol{A}^{-1}$ 存在的(　　).

A. 必要条件　　B. 充分条件　　C. 充要条件　　D. 无关条件

4. 设 n 阶方阵 $\boldsymbol{A}$ 的伴随阵为 $\boldsymbol{A}^*$，且 $|\boldsymbol{A}|=a\neq 0$，则 $|\boldsymbol{A}^*|=$(　　).

A. a^{n-1}　　B. a　　C. $\dfrac{1}{a}$　　D. a^n

5. 设线性方程组的增广矩阵为 $\begin{bmatrix} 1 & 3 & 2 & 1 & 4 \\ 0 & -1 & 1 & 2 & -6 \\ 0 & 0 & 3 & 0 & 1 \\ 0 & 0 & 0 & 0 & 0 \end{bmatrix}$，则此线性方程组的一般解中自由元的个数为(　　).

A. 1　　B. 2　　C. 3　　D. 4

6. n 元齐次线性方程组 $\boldsymbol{AX}=\boldsymbol{0}$ 有非零解的充分必要条件是(　　).

A. $r(\boldsymbol{A})=n$　　B. $r(\boldsymbol{A})>n$

C. $r(\boldsymbol{A})<n$　　D. $r(\boldsymbol{A})$ 与 n 无关

7. 设 $\boldsymbol{A}$ 为 3×4 矩阵，$\boldsymbol{B}$ 为 5×2 矩阵，若矩阵 $\boldsymbol{ACB}^{\mathrm{T}}$ 有意义，则矩阵 $\boldsymbol{C}$ 为(　　)型.

A. 4×5　　B. 4×2　　C. 3×5　　D. 3×2

8. 设是 4 阶方阵，若 $r(\boldsymbol{A})=3$，则(　　).

A. $\boldsymbol{A}$ 可逆　　B. $\boldsymbol{A}$ 的阶梯矩阵有一个零行

C. $\boldsymbol{A}$ 有一个零行　　D. $\boldsymbol{A}$ 至少有一个零行

9. 若线性方程组的增广矩阵为 $\begin{bmatrix} 1 & \lambda & 2 \\ 2 & 1 & 4 \end{bmatrix}$，当 $\lambda=$(　)时，线性方程组有无穷多组解.

A. 1　　B. 4　　C. 2　　D. $\dfrac{1}{2}$

10. 若非齐次线性方程组 $\boldsymbol{A}_{m\times n}\boldsymbol{X}=\boldsymbol{B}$ 满足(　　)，则该方程组无解.

A. $r(\boldsymbol{A})=n$　　B. $r(\boldsymbol{A})=m$

C. $r(\boldsymbol{A})\neq r(\widetilde{\boldsymbol{A}})$　　D. $r(\boldsymbol{A})\neq r(\widetilde{\boldsymbol{A}})$

11. 四阶行列式 $\begin{vmatrix} a_1 & 0 & 0 & b_1 \\ 0 & a_2 & b_2 & 0 \\ 0 & b_3 & a_3 & 0 \\ b_4 & 0 & 0 & a_4 \end{vmatrix}$ 的值等于(　　).

A. $a_1a_2a_3a_4-b_1b_2b_3b_4$　　B. $a_1a_2a_3a_4+b_1b_2b_3b_4$

C. $(a_1a_2-b_1b_2)(a_3a_4-b_3b_4)$　　D. $(a_2a_3-b_2b_3)(a_1a_4-b_1b_4)$

12. 设 $\boldsymbol{A}$ 和 $\boldsymbol{B}$ 均为 $n\times n$ 的矩阵，则必有(　　).

A. $|\boldsymbol{A}+\boldsymbol{B}|=|\boldsymbol{A}|+|\boldsymbol{B}|$　　B. $\boldsymbol{AB}=\boldsymbol{BA}$

C. $|\boldsymbol{AB}|=|\boldsymbol{BA}|$　　D. $(\boldsymbol{A}+\boldsymbol{B})^{-1}=\boldsymbol{A}^{-1}+\boldsymbol{B}^{-1}$

三、计算下列行列式的值

1. $\begin{vmatrix} a & 1 & 0 & 0 \\ -1 & b & 1 & 0 \\ 0 & -1 & c & 1 \\ 0 & 0 & -1 & d \end{vmatrix}$；　　**2.** $\begin{vmatrix} 1 & -3 & 9 & -6 \\ 2 & 1 & 8 & 1 \\ 0 & 2 & -5 & 2 \\ 1 & 4 & 0 & 6 \end{vmatrix}$.

四、设 $\boldsymbol{A}=\begin{bmatrix} 3 & 0 & 0 \\ 1 & 5 & 0 \\ 0 & 0 & -1 \end{bmatrix}$，求 $(\boldsymbol{A}-2\boldsymbol{E})^{-1}$.

五、设矩阵 $\boldsymbol{A}=\begin{bmatrix} 1 & -1 \\ 2 & 3 \end{bmatrix}$，$\boldsymbol{B}=\boldsymbol{A}^2-3\boldsymbol{A}+2\boldsymbol{E}$，求矩阵 $\boldsymbol{B}^{-1}$.

六、已知三阶矩阵 $\boldsymbol{A}$ 的逆矩阵 $\boldsymbol{A}^{-1}=\begin{bmatrix} 1 & 1 & 1 \\ 1 & 2 & 1 \\ 1 & 1 & 3 \end{bmatrix}$，试求伴随矩阵 $\boldsymbol{A}^*$ 的逆矩阵.

七、解线性方程组 $\begin{cases} 2x_1-x_2+x_3-x_4=0 \\ 2x_1-x_2-3x_4=0 \\ x_2+3x_3-6x_4=0 \\ 2x_1-2x_2-2x_3+5x_4=0 \end{cases}$.

八、当 λ 取何值时,线性方程组 $\begin{cases} x_1+x_2+\lambda x_3=4 \\ x_1-x_2+2x_3=-4 \\ -x_1+\lambda x_2+x_3=\lambda^2 \end{cases}$ 有唯一解？无解？无穷多组解？

九、当 a,b 取何值时,线性方程组 $\begin{cases} x_1+x_2+x_3=1 \\ 3x_1+2x_2-3x_3=a \\ x_2+6x_3=3 \\ 5x_1+4x_2-x_3=b \end{cases}$ 有解？在有解的情况下求其全部解.

十、λ 取何值时,非齐次线性方程组 $\begin{cases} \lambda x_1+x_2+x_3=\lambda-3 \\ x_1+\lambda x_2+x_3=-2 \\ x_1+x_2+\lambda x_3=-2 \end{cases}$ 无解？有唯一解？有无穷多解？

阅读材料

线性代数中蕴含的思政元素

随着计算机技术的快速发展,线性代数重要性和应用性日益明显,所以在线性代数教学中,深刻揭示蕴含于知识中的思想和方法.其中化归的思想方法是解决数学问题的一种最基本的思想方法,即把复杂问题转化为简单问题的思想方法,其形式多种多样,常见的有化繁为简、化难为易、化未知为已知、化高阶为低阶等,这种方法有助于培养学生抓住事物的本质.例如行列式的计算问题,可转化为容易计算的上三角行列式,或按行(列)展开法则,转化成较低阶的行列式;线性方程组的求解问题,可转化为对应矩阵的行阶梯形问题;向量组的相关性问题转化为齐次线性方程组的非零解问题,可以说掌握好矩阵的初等变换是学好线性代数的关键.从“对立统一”的角度看,矩阵的可逆与不可逆,向量组的相关与不相关,方程组的齐次与非齐次等既对立又统一,构成了线性代数丰富的知识体系.在线性代数中,许多结论和公式一旦理解了,就变得容易记忆,比如克莱姆法则揭示的线性方程组的唯一解,由基础解系得到的线性方程组的通解.因为它们都体现了形式的简洁性、对称性和内容的统一性,并且推导结论用到的方法充满了和谐性和奇异性,所以数学之美往往众彩纷呈,千姿百态,让人在欣赏和惊叹之余深深爱上数学.

第 10 章

概率统计初步

学习目标

1. 理解随机事件的概念,掌握事件的表示及随机事件之间的关系与运算.
2. 理解事件频率的概念,了解概率的统计定义,会计算古典概率和几何概率.
3. 掌握概率的基本性质及概率加法定理,会利用性质来计算.
4. 理解条件概率的概念,掌握概率的乘法定理、全概率公式并进行计算.
5. 理解事件的独立性概念,掌握伯努利概型和二项概率的计算.
6. 理解随机变量的含义,分布函数的性质.
7. 掌握离散型随机变量及其分布列表示,连续型随机变量概率密度函数的含义,分布函数和概率密度的求法、相互关系.掌握几种常见分布的密度和分布.
8. 理解随机变量的数学期望和方差的含义,会求已知分布的随机变量的期望和方差.
9. 掌握总体、样本、统计量等基本统计概念,熟悉常见统计量的分布并进行计算,理解并掌握统计量分布的重要性质.

在自然界与人类社会生活中,存在着两类截然不同的现象:一类是**确定性现象**. 例如,早晨太阳必然从东方升起;在标准大气压下,纯水加热到 100 摄氏度必然沸腾;边长为 a,b 的矩形,其面积必为 ab 等.对于这类现象,其特点是:在试验之前就能断定它有一个确定的结果,即在一定条件下,重复进行试验,其结果必然出现且唯一.另一类是**随机现象**.例如,某地区的年降雨量;打靶射击时,弹着点离靶心的距离;投掷一枚均匀的硬币,可能出现"正面",也可能出现"反面",事先不能做出确定的判断.因此,对于这类现象,其特点是可能的结果不止一个,即在相同条件下进行重复试验,试验的结果事先不能唯一确定.就一次试验而言,时而出现这个结果,时而出现那个结果,呈现出一种偶然性.

在相同条件下,虽然个别试验结果在某次试验或观察中可以出现,也可以不出现,但在大量试验中却呈现出某种规律性,这种规律性称为统计规律性.例如,在投掷一枚硬币时,既可能出现正面,也可能出现反面,预先做出确定的判断是不可能的,但是假如硬币均匀,直观上出现正面与出现反面的机会应该相等,即在大量的试验中出现正面的频率应接近 50%.

概率论就是研究随机现象的统计性规律的一门数学分支.

§10.1 随机事件及其概率

一、随机事件及其运算

研究随机现象的手段是**随机试验**,随机试验具有以下特征:

(1) **重复性** 可以在相同的条件下重复地进行;

(2) **明确性** 每次试验的可能结果不止一个,并且能事先明确试验的所有可能结果;

(3) **随机性** 进行一次试验之前不能确定哪一个结果会出现.

随机试验的可能结果不止一个,把试验所有可能的基本结果放在一起组成一个集合,就得到该随机试验的**样本空间**,记为 $\Omega=\omega$, 其中 ω 表示**基本结果**,称为**样本点(或基本事件)**. 例如,随机实验 E_1: 一枚硬币投掷的结果, $\Omega_1=\{\omega_1,\omega_2\}$, ω_1 表示正面, ω_2 表示反面;随机实验 E_2: 掷一个骰子出现的点数, $\Omega_2=\{1,2,3,4,5,6\}$. 若抛两枚骰子,观察出现的点数,其样本空间是什么呢? 请读者自己思考.

对于随机试验 E_2, "掷一个骰子,出现点数为偶数"这一现象是由 $\{2\}$, $\{4\}$, $\{6\}$ 三个基本事件构成的,称为**随机事件**,可以用大写字母记为 $A,B,C,\cdots$,于是该事件可以用集合表示成 $A=\{2,4,6\}$. 显然,**随机事件**是由某些样本点(基本事件)组成的样本空间的子集.

每次试验中都必然发生的事件,称为**必然事件**.样本空间 Ω 包含所有的样本点,它是 Ω 自身的子集,每次试验中都必然发生,故它就是一个必然事件,因而必然事件我们也用 Ω 表示.在每次试验中不可能发生的事件称为**不可能事件**.空集 $\varnothing$ 不包含任何样本点,它作为样本空间的子集,在每次试验中都不可能发生,故它就是一个不可能事件,因而不可能事件我们也用 $\varnothing$ 表示.

例如,试验 E_2 中,"出现的点数小于 7"就是必然事件,而"出现点数大于 6"则是不可能事件.

事件是一个集合,因而事件间的关系与事件的运算可以用集合之间的关系与集合的运算来处理.下面我们讨论事件之间的关系及运算.

(1) 如果事件 A 发生必然导致事件 B 发生,则称事件 A 包含于事件 B (或称事件 B 包含事件 A), 记作 $A\subset B$ (或 $B\supset A$).

$A\subset B$ 的一个等价说法是如果事件 B 不发生,则事件 A 必然不发生.

若 $A\subset B$ 且 $B\subset A$, 则称事件 A 与 B 相等(或等价),记为 $A=B$.

为了方便起见,规定对于任一事件 A, 有 $\varnothing\subset A$. 显然,对于任一事件 A, 有 $A\subset\Omega$.

(2) "事件 A 与 B 中至少有一个发生"的事件称为 A 与 B 的并(和),记为 $A\cup B$.

由事件并的定义,立即得到:对任一事件 A, 有 $A\cup\Omega=\Omega$, $A\cup\varnothing=A$.

$A=\bigcup\limits_{i=1}^{n}A_i$ 表示"$A_1,A_2,\cdots,A_n$ 中至少有一个事件发生"这一事件.

(3) "事件 A 与 B 同时发生"的事件称为 A 与 B 的交(积),记为 $A\cap B$ 或 (AB).

由事件交的定义,立即得到:对任一事件 A, 有 $A\cap\Omega=A$, $A\cap\varnothing=\varnothing$.

$B=\bigcap\limits_{i=1}^{n}B_i$ 表示"$B_1,B_2,\cdots,B_n$, n 个事件同时发生"这一事件.

(4) "事件 A 发生而 B 不发生"的事件称为 A 与 B 的差,记为 $A-B$.

由事件差的定义，立即得到：对任一事件A，有$A-A=\varnothing$，$A-\varnothing=A$，$A-\Omega=\varnothing$.

同时，还有$A-B=A\overline{B}=A-AB$.

(5) 如果两个事件A与B不可能同时发生，则称事件A与B为互不相容（互斥），记作$A\cap B=\varnothing$. 基本事件是两两互不相容的.

(6) 若$A\cup B=\Omega$且$A\cap B=\varnothing$，则称事件A与事件B互为逆事件（对立事件）. A的对立事件记为$\overline{A}$，$\overline{A}$是由所有不属于A的样本点组成的事件，它表示"A不发生"这样一个事件.显然$\overline{A}=\Omega-A$.

在一次试验中，若A发生，则$\overline{A}$必不发生（反之亦然），即在一次试验中，A与$\overline{A}$二者只能发生其中之一，并且也必然发生其中之一.显然有$\overline{\overline{A}}=A$.

对立事件必为互不相容事件，反之，互不相容事件未必为对立事件.

以上事件之间的关系及运算可以用文氏(Venn)图来直观地描述.若用平面上一个矩形表示样本空间Ω，矩形内的点表示样本点，圆A与圆B分别表示事件A与事件B，则A与B的各种关系及运算如图10-1-1～图10-1-6所示.

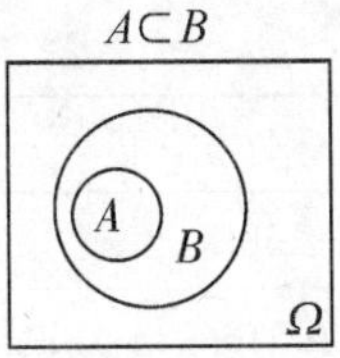

图10-1-1

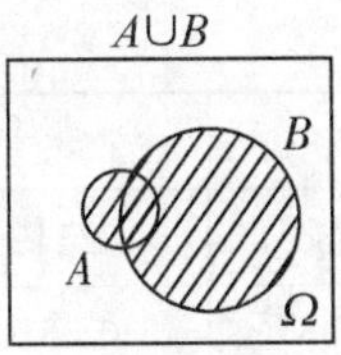

图10-1-2

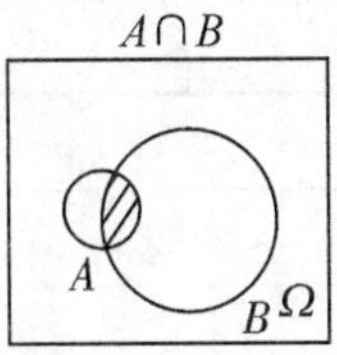

图10-1-3

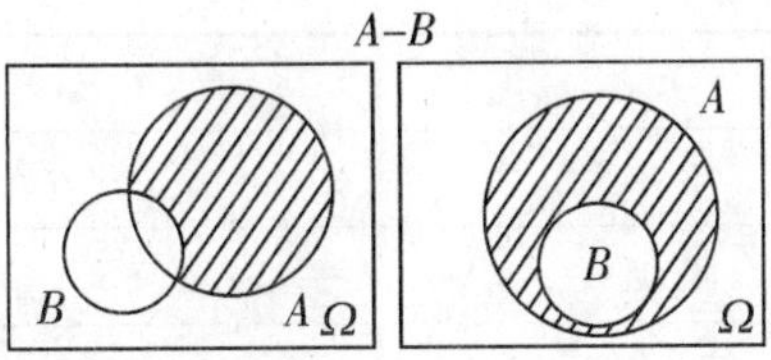

图10-1-4

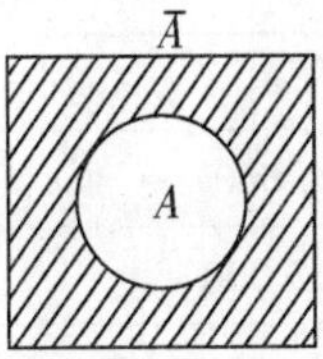

图10-1-5

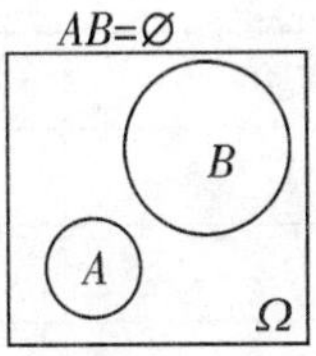

图10-1-6

例10-1-1　设A,B,C为三个事件，用A,B,C的运算式表示下列事件：

(1) A,B,C至少有一个事件发生：$A\cup B\cup C$.

(2) A,B都发生而C不发生：$AB\overline{C}$或$AB-C$.

(3) A,B,C至少有两个事件发生：$(AB)\cup(AC)\cup(BC)$.

(4) A,B,C恰好有两个事件发生：$(AB\overline{C})\cup(AC\overline{B})\cup(BC\overline{A})$.

(5) A,B不都发生：$\overline{A\cap B}$或$\overline{A}\cup\overline{B}$，可见$\overline{A\cap B}=\overline{A}\cup\overline{B}$（对偶律）.

(6) A,B都不发生：$\overline{A\cup B}$或$\overline{A}\cap\overline{B}$，可见$\overline{A\cup B}=\overline{A}\cap\overline{B}$（对偶律）.

例10-1-2　向目标射击两次，$A=$"第一次击中目标"，$B=$"第二次击中目标"，用A,B表示下列事件：

(1) 只有第一次击中目标；　　(2) 仅有一次击中目标；

(3) 两次都未击中目标；　　(4) 至少一次击中目标.

解　由题意可得：$\overline{A}=\{$第一次未击中目标$\}$，$\overline{B}=\{$第二次未击中目标$\}$，

(1) 可表示为$A\overline{B}$；　　(2) 可表示为$A\overline{B}\cup\overline{A}B$；

(3) 可表示为 $\overline{A}\overline{B}$（或 $\overline{A\cup B}$）；　　(4) 可表示为 $A\cup B$（或 $A\overline{B}\cup\overline{A}B\cup AB$）.

二、随机事件概率的计算和性质

在实际生活及科学研究中，人们常常通过计算频率的手段（即统计概率）去逼近概率.先从统计概率说起，设在相同的条件下，进行了 n 次试验，在 n 次试验中，事件 A 发生了 n_A 次，则称 n_A 为事件 A 在 n 次试验中发生的频数，称比值 $\frac{n_A}{n}$ 为事件 A 在 n 次试验中发生的**频率**，记为 $f_n(A)$，即 $f_n(A)=\frac{n_A}{n}$.

频率的两条基本性质：

性质 10-1-1　$0\leqslant f_n(A)\leqslant 1$.

性质 10-1-2　$f_n(\Omega)=1$.

例 10-1-3　抛掷一枚均匀的硬币，观察出现正面的情况：

(1) 取 $n=500$.

试验数	1	2	3	4	5	6
出现正面次数 n_A	251	253	244	258	262	247
$f_n(A)$	0.502	0.506	0.488	0.516	0.524	0.494

(2) 分别取 $n_1=4\ 040$，$n_2=12\ 000$，$n_3=24\ 000$.

实验	n	n_A	$f(n_A)$
A	4 040	2 048	0.506 9
B	12 000	6 019	0.501 6
C	24 000	12 012	0.500 5

由以上表格，可以看出：$f_n(A)$ 不是固定的值，并且当 n 较小时，差异较大，但随着 n 的增大，$f_n(A)$ 的波动会越来越小，呈现出一种稳定性，向 0.5 靠近，0.5 就是事件"抛掷一枚均匀的硬币出现正面（或反面）"的概率，由此可得到**概率的统计**定义.

在相同条件下进行 n 次试验，n_A 为 n 次试验中事件 A 发生的次数，$f_n(A)=\frac{n_A}{n}$ 为事件 A 发生的频率，如果当 n 很大时，$f_n(A)$ 稳定地在某一常数值 p 的附近摆动，并且通常随着 n 的增大，摆动的幅度越变越小，则称 p 为事件 A 的**概率**，记为 $P(A)$，即 $P(A)=p$.

事件的概率具有以下重要性质：

性质 10-1-3　$0\leqslant P(A)\leqslant 1$.

性质 10-1-4　$P(\Omega)=1$.

性质 10-1-5　$P(\varnothing)=0$.

性质 10-1-6　若事件 A 与事件 B 互不相容，则 $P(A\cup B)=P(A)+P(B)$.

推广到 n 个事件：若 $A_1,A_2,\cdots,A_n$ 是两两互不相容的 n 个事件，则

$$P(A_1 \cup A_2 \cup \cdots \cup A_n) = P(A_1) + P(A_2) + \cdots + P(A_n).$$

这也称为**概率的有限可加性**.

性质 10-1-7　对事件A及其对立事件$\overline{A}$有：$P(A) = 1 - P(\overline{A})$.

性质 10-1-8(概率的加法公式)　设A,B为两个事件,则

$$P(A \cup B) = P(A) + P(B) - P(AB).$$

推广：若A,B,C为三个事件,则

$$P(A \cup B \cup C) = P(A) + P(B) + P(C) - P(AB) - P(AC) - P(BC) + P(ABC).$$

性质 10-1-9　设A,B为两个事件,若$A \subset B$,则

$$P(B-A) = P(B) - P(A), P(A) \leqslant P(B).$$

例 10-1-4　设事件A,B互不相容,$P(A)=p$,$P(B)=q$,计算：

(1) $P(A \cup B)$；　(2) $P(\overline{A}B)$；　(3) $P(\overline{A} \cup B)$；　(4) $P(\overline{A}\overline{B})$.

解　因为事件A,B互不相容,所以$AB=\varnothing$,且$P(AB)=0$.

(1) $P(A \cup B) = P(A) + P(B) - P(AB) = p + q$；

(2) $B \subset \overline{A}$,$\overline{A}B = B$,则$P(\overline{A}B) = P(B) = q$；

(3) $P(\overline{A} \cup B) = P(\overline{A}) + P(B) - P(\overline{A}B) = P(\overline{A}) = 1 - p$；

(4) $P(\overline{A}\overline{B}) = P(\overline{A \cup B}) = 1 - (p+q)$.

随机事件概率的计算还包括古典概率和几何概率两类.

古典概型的特点：

(1) 样本空间中的元素(样本点)有限：$\Omega = \{\omega_1, \omega_2, \omega_3, \cdots, \omega_n\}$；

(2) 基本事件发生的可能性相同：$P(\omega_1) = P(\omega_2) = P(\omega_3) = \cdots = P(\omega_n) = \dfrac{1}{n}$.

具有以上两个特点的试验称为**古典概率模型**,简称**古典概型**.

对于古典概型,设基本事件为$\omega_1, \omega_2, \cdots, \omega_n$,于是$\Omega = \{\omega_1, \omega_2, \cdots, \omega_n\}$,事件$A$包含$m$个基本事件$\omega_{i_1}, \omega_{i_2}, \cdots, \omega_{i_m}$$(1 \leqslant i_1 < i_2 < \cdots < i_m \leqslant n)$,从而$A = \omega_{i_1} \cup \omega_{i_2} \cup \cdots \cup \omega_{i_m}$,所以

$$P(A) = P(\omega_{i_1} \cup \omega_{i_2} \cup \cdots \cup \omega_{i_m}) = P(\omega_{i_1}) + P(\omega_{i_2}) + \cdots + P(\omega_{i_m}) = \frac{m}{n}.$$

因而有 $P(A) = \dfrac{m}{n} = \dfrac{A\text{包含的基本事件数}}{\Omega\text{中基本事件的总数}}$.

例 10-1-5　设有编号为1,2,…,30的30张标签,任意抽取一张,求"抽到前10号标签"的概率.

解　设$A=\{$抽到前10号标签$\}$.显然,基本事件有限而且抽到任一考签的机会相等,属于古典概型.基本事件总数$n=30$,A所含的基本事件个数$m=10$,故所求概率为

$$P(A) = \frac{10}{30} = \frac{1}{3}.$$

例 10-1-6　盒中装有3个红色球和2个白色球,从盒中任意取出两个球,求：

(1) 取出的两个球都是红球的概率； (2) 取出一个红球、一个白球的概率.

解 记 $\Omega=\{$从盒中任意取出两个球$\}$，则 $n=C_5^2=10$.

(1) 设 $A=\{$取出的两个球都是红球$\}$，因而 $m=C_3^2=3$，故 $P(A)=\dfrac{m}{n}=\dfrac{3}{10}$.

(2) 设 $B=\{$取出一个红球、一个白球$\}$，因而 $m=C_3^1C_2^1=6$，故 $P(B)=\dfrac{m}{n}=\dfrac{6}{10}=\dfrac{3}{5}$.

上述古典概型的计算，只适用于具有等可能性的有限样本空间，若试验结果无穷多，显然已不适合.为了克服有限的局限性，可将古典概型的计算推广到**几何概率**.

设试验具有以下特点：

(1) 样本空间 Ω 是一个几何区域，这个区域大小可以度量(如长度、面积、体积等)，并把 Ω 的度量记作 $m(\Omega)$.

(2) 向区域 Ω 内任意投掷一个点，落在区域内任一个点处都是"等可能的"，或者设落在 Ω 中的区域内 A 的可能性与 A 的度量 $m(A)$ 成正比，与 A 的位置和形状无关.

不妨也用 A 表示"掷点落在区域 A 内"的事件，那么事件 A 的概率可用下列公式计算：

$$P(A)=\frac{m(A)}{m(\Omega)},$$

称它为**几何概率**.

例 10-1-7 在区间(0,1)内任取两个数，求这两个数的乘积小于 $\dfrac{1}{4}$ 的概率.

解 设在(0,1)内任取两个数为 x,y，则 $0<x<1,0<y<1$，即样本空间是由点 (x,y) 构成的边长为 1 的正方形 Ω，其面积为 1.令 A 表示"两个数乘积小于 $\dfrac{1}{4}$"，则 $A=\left\{(x,y)\,\middle|\,0<xy<\dfrac{1}{4},0<x<1,0<y<1\right\}$，事件 A 所围成的区域如图 10-1-7 所示，则所求概率：

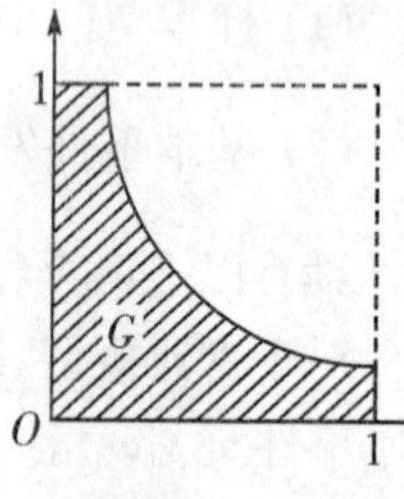

图 10-1-7

$$P(A)=\frac{1-\int_{1/4}^{1}\left(1-\frac{1}{4x}\right)\mathrm{d}x}{1}=1-\frac{3}{4}+\int_{1/4}^{1}\frac{1}{4x}\mathrm{d}x=\frac{1}{4}+\frac{1}{2}\ln 2.$$

例 10-1-8 两人相约在某天下午 2:00—3:00 在预定地方见面，先到者要等候 20 分钟，过时则离去.如果每人在这指定的一小时内任一时刻到达是等可能的，求约会的两人能会面的概率.

解 设 x,y 为两人到达预定地点的时刻，那么，两人到达时间的一切可能结果落在边长为 60 的正方形内，这个正方形就是样本空间 Ω，而两人能会面的充要条件是 $|x-y|\leqslant 20$，即 $x-y\leqslant 20$ 且 $y-x\leqslant 20$.

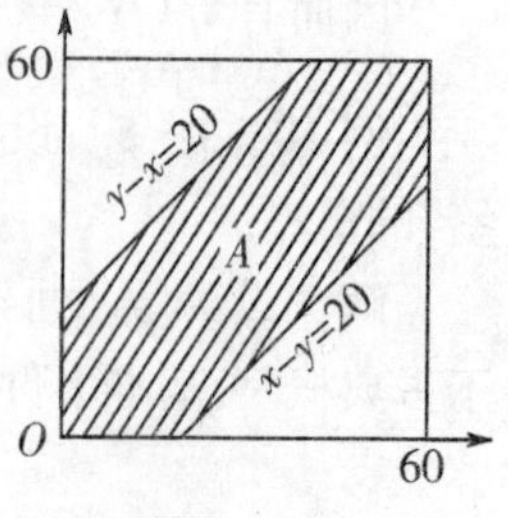

图 10-1-8

令事件 A 表示"两人能会到面"，此区域如图 10-1-8 中的 A 所示，则

$$P(A)=\frac{m(A)}{m(\Omega)}=\frac{60^2-40^2}{60^2}=\frac{5}{9}.$$

三、条件概率和独立性

我们先看个例子.

例 10-1-9　某系有学生 180 人,男生 100 人,女生 80 人,男女生中分别有 20 人与 5 人在担任志愿者.现从该系中任选一名学生,求:(1) 该学生为志愿者的概率是多少?(2) 若已知被选出的是女生,她是志愿者的概率又是多少?

解　题(1)是典型的古典概率,设 A 表示"任选一名学生为志愿者"的事件,则

$$P(A)=\frac{25}{180}=\frac{5}{36}.$$

而题(2)的条件有所不同,它增加了一个附加的条件,已知被选出的是女生,记"选出女生"为事件 B,则题(2)就是要求出"在已知 B 事件发生的条件下 A 事件发生的概率",就相当于在全部女生中任选一人,并选出了志愿者.从而 Ω_B 样本点总数不是原样本空间 Ω 的 180 人,而是全体女生人数 80 人,而上述事件中包含的样本点总数就是女生中的志愿者人数 5 人,因此所求的概率为 $\frac{5}{80}=\frac{1}{16}$.

在事件 B 已发生的条件下,事件 A 发生的概率称为**条件概率**,记为 $P(A\mid B)$.

如图 10-1-9 所示,如果事件 B 的概率看成是事件 B 相对于 Ω 界定的面积所占的份额,那么 B 发生的条件下,导致 A 发生的基本事件必包含在 $A\cap B$ 中,这时,A 发生的概率可看成是 $A\cap B$ 界定的面积相对于 B 界定的面积所占的份额,即

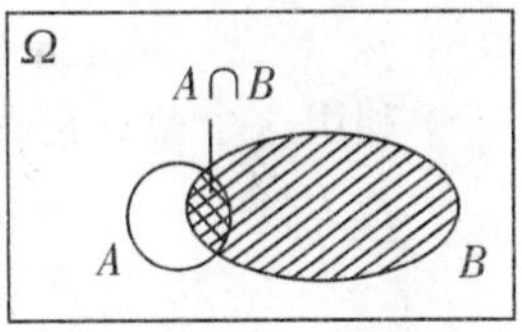

图 10-1-9

$$P(A\mid B)=\frac{P(AB)}{P(B)}(P(B)>0).$$

类似地,有 $P(B\mid A)=\frac{P(AB)}{P(A)}(P(A)>0)$. 这两个公式统称为**条件概率公式**.

于是例 10-1-9 还可以用条件概率公式,有 $P(A\mid B)=\frac{P(AB)}{P(B)}=\frac{\frac{5}{180}}{\frac{80}{180}}=\frac{1}{16}$.

例 10-1-10　某种动物出生之后活到 20 岁的概率为 0.7,活到 25 岁的概率为 0.56,求现年为 20 岁的动物活到 25 岁的概率.

解　设 A 表示"活到 20 岁以上"的事件,B 表示"活到 25 岁以上"的事件,则有

$$P(A)=0.7,P(B)=0.56 \text{ 且 } B\subset A,$$

故 $P(B\mid A)=\frac{P(AB)}{P(A)}=\frac{P(B)}{P(A)}=0.56\div 0.7=0.8$.

例 10-1-11　在 1,2,3,4,5 这 5 个数中,每次取一个数,不放回,连续取两次,求在第 1 次取到偶数的条件下,第 2 次取到奇数的概率.

解法一　设 $A=\{$第 1 次取到偶数$\}$,$B=\{$第 2 次取到奇数$\}$,则

$$P(A)=\frac{2\times 4}{5\times 4}=\frac{2}{5},P(AB)=\frac{2\times 3}{5\times 4}=\frac{3}{10},$$

所以 $P(B\mid A)=\dfrac{P(AB)}{P(A)}=\dfrac{\frac{3}{10}}{\frac{2}{5}}=\dfrac{3}{4}$.

解法二 考虑第 1 次抽样时的样本空间 $\Omega=\{1,2,3,4,5\}$，则第 1 次抽去一个偶数后，样本空间缩减为 $\Omega_A=\{1,3,5,i\}$，其中 i 取 2 或 4，在 Ω_A 中依古典概率公式计算得

$$P(B\mid A)=\frac{3}{4}.$$

总结 计算条件概率可选择两种方法之一：

(1) 在缩小后的样本空间 S_A 中计算 B 发生的概率 $P(B\mid A)$.

(2) 在原样本空间 S 中，先计算 $P(AB)$，$P(A)$，再按公式 $P(B\mid A)=\dfrac{P(AB)}{P(A)}$ 计算，求得 $P(B\mid A)$.

由条件概率的定义容易推得概率的**乘法公式**：

$$P(AB)=P(A)P(B|A)=P(B)P(A|B).$$

利用这个公式可以计算积事件.乘法公式可以推广到 n 个事件的情形：

若 $P(A_1,A_2,\cdots,A_n)>0$，则

$$P(A_1\cdots A_n)=P(A_1)P(A_2|A_1)P(A_3|A_1A_2)\cdots P(A_n|A_1\cdots A_{n-1}).$$

例 10-1-12 在一批由 90 件正品，3 件次品组成的产品中，不放回接连抽取两件产品，问第一件取正品，第二件取次品的概率.

解 设事件 $A=\{$第一件取正品$\}$，事件 $B=\{$第二件取次品$\}$.按题意，

$$P(A)=\frac{90}{93},P(B|A)=\frac{3}{92}.$$

由乘法公式 $P(AB)=P(A)P(B\mid A)=\dfrac{90}{93}\times\dfrac{3}{92}=0.031\ 5$.

例 10-1-13 A，B 分别表示某城市甲，乙两地区在某年内出现停水的事件.已知甲地停水的概率为 0.35，乙地停水的概率为 0.30，且在乙地停水的条件下甲地停水的概率为 0.15，求：(1) 两地同时停水的概率；(2) 在甲地停水的条件下乙地停水的概率.

解 设 $A=\{$甲地停水$\}$，$B=\{$乙地停水$\}$，则

$$P(A)=0.35,P(B)=0.30,P(A|B)=0.15.$$

(1) 两地同时停水为 AB，则 $P(AB)=P(B)P(A|B)=0.30\times 0.15=0.045$.

(2) 在甲地停水的条件下乙地停水为 $P(B|A)=\dfrac{P(AB)}{P(A)}=\dfrac{0.045}{0.35}=\dfrac{9}{70}$.

为了计算复杂事件的概率，经常把一个复杂事件分解为若干个互不相容的简单事件的

和，通过分别计算简单事件的概率，来求得复杂事件的概率.

全概率公式：$A_1, A_2, \cdots, A_n$ 为样本空间 S 的一个事件组，且满足：

(1) $A_1, A_2, \cdots, A_n$ 互不相容，且 $P(A_i) > 0 (i = 1, 2, \cdots, n)$；

(2) $A_1 \cup A_2 \cup \cdots \cup A_n = S$.

则对 S 中的任意一个事件 B 都有：

$$P(B) = P(A_1)P(B|A_1) + P(A_2)P(B|A_2) + \cdots + P(A_n)P(B|A_n).$$

例 10-1-14　播种用的一等小麦种子中混有 2%的二等种子，1.5%的三等种子，1%的四等种子，用一等、二等、三等、四等种子长出的穗含 50 颗以上麦粒的概率分别为 0.5，0.15，0.1，0.05，求这批种子所结的穗含有 50 颗以上麦粒的概率.

解　设“从这批种子中任选一颗是一等、二等、三等、四等种子”的事件分别为 B_1, B_2, B_3, B_4，用 A 表示“在这批种子中任选一颗，所结的穗含有 50 颗以上麦粒”的事件，则有 $P(B_1) = 1 - 2\% - 1.5\% - 1\% = 95.5\%$，$P(B_2) = 2\%$，$P(B_3) = 1.5\%$，$P(B_4) = 1\%$. 而

$$P(A \mid B_1) = 0.5, P(A \mid B_2) = 0.15, P(A \mid B_3) = 0.1, P(A \mid B_4) = 0.05,$$

由全概率公式得

$$\begin{aligned} P(A) &= \sum_{i=1}^{n} P(B_i)P(A|B_i) = 95.5\% \times 0.5 + 2\% \times 0.15 + 1.5\% \times 0.1 + 1\% \times 0.05 \\ &= 0.482\ 5. \end{aligned}$$

若事件 A, B 满足 $P(AB) = P(A)P(B)$，则称事件 A 与 B **相互独立**.

当事件 A, B 相互独立，且 $P(A), P(B)$ 都不为零时，有

$$P(B|A) = P(B), P(A|B) = P(A).$$

事件 A, B 相互独立，意味着 A 的发生对 B 无影响，B 的发生对 A 也无影响，那么 A 不发生(即 $\overline{A}$ 发生)对 B 也应无影响，同样 B 不发生(即 $\overline{B}$ 发生)对 A 也无影响.因此，若四对事件 A 与 B，$\overline{A}$ 与 B，A 与 $\overline{B}$，$\overline{A}$ 与 $\overline{B}$ 中有一对是相互独立的，则另外三对也相互独立.

例 10-1-15　甲、乙两人各向一敌机炮击一次，已知甲击中敌机的概率为 0.6，乙击中敌机的概率为 0.5，求敌机被击中的概率.

解　设 $A = \{$甲击中敌机$\}$，$B = \{$乙击中敌机$\}$.由题意可以认为 A, B 相互独立，故敌机被击中的概率为

$$\begin{aligned} P(A \cup B) &= P(A) + P(B) - P(AB) = P(A) + P(B) - P(A)P(B) \\ &= 0.6 + 0.5 - 0.6 \times 0.5 = 0.8, \end{aligned}$$

或

$$\begin{aligned} P(A \cup B) &= 1 - P(\overline{A \cup B}) = 1 - P(\overline{A}\overline{B}) = 1 - P(\overline{A})P(\overline{B}) \\ &= 1 - (1 - 0.6)(1 - 0.5) = 0.8. \end{aligned}$$

事件相互独立的概念可以推广到 3 个事件 A_1, A_2, A_3 的情形.

设 A_1, A_2, A_3 是 3 个事件，如果满足：

$$P(A_1A_2) = P(A_1)P(A_2), P(A_1A_3) = P(A_1)P(A_3),$$
$$P(A_2A_3) = P(A_2)P(A_3), P(A_1A_2A_3) = P(A_1)P(A_2)P(A_3),$$

则称事件 A_1, A_2, A_3 **相互独立**.

说明 相互独立的 3 个事件一定是两两相互独立的，但两两相互独立的 3 个事件不一定相互独立.类似给出 n 个事件 $A_1, A_2, \cdots, A_n$ 相互独立的定义.

例 10-1-16 一个系统能正常工作的概率称为该系统的可靠性.现有两系统都由同类电子元件 A, B, C, D 所组成，如图 10-1-10 所示.每个元件的可靠性都是 p，试分别求两个系统的可靠性.

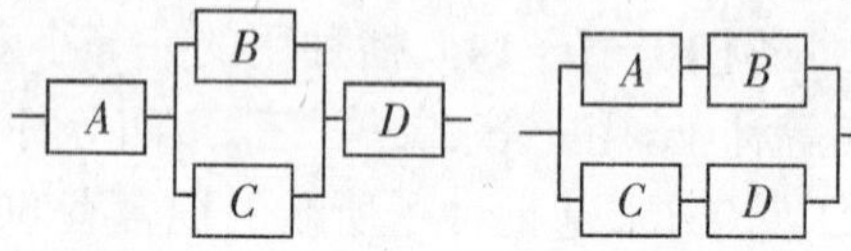

图 10-1-10

解 以 R_1 与 R_2 分别记两个系统的可靠性，以 A, B, C, D 分别记相应元件工作正常的事件，则可认为 A, B, C, D 相互独立，有：

$$
\begin{aligned}
R_1 &= P(A(B \cup C)D) = P(ABD \cup ACD) \\
&= P(ABD) + P(ACD) - P(ABCD) \\
&= P(A)P(B)P(D) + P(A)P(C)P(D) - P(A)P(B)P(C)P(D) \\
&= p^3(2-p), \\
R_2 &= P(AB \cup CD) = P(AB) + P(CD) - P(ABCD) \\
&= p^2(2-p^2).
\end{aligned}
$$

显然，$R_1 < R_2$.

例 10-1-17 (1) 将一枚均匀的硬币，重复抛掷 5 次，求其中恰有两次出现正面的概率；(2) 一枚不均匀的硬币，设每次抛掷硬币时，出现正面的概率为 $\frac{1}{3}$，出现反面的概率为 $\frac{2}{3}$，将这枚硬币重复抛掷 5 次，求“恰有两次出现正面”的概率.

解 (1) 这是古典概型问题，基本事件共有 $n = 2^5$，$A = \{$恰有两次出现正面$\}$，则 $m = C_5^2 = 10$，因而，$P(A) = \frac{m}{n} = \frac{C_5^2}{2^5} = \frac{10}{32}$，上式可写为：$P(A) = C_5^2\left(\frac{1}{2}\right)^5 = C_5^2\left(\frac{1}{2}\right)^2\left(\frac{1}{2}\right)^3$.

(2) 不是古典概型问题，而“恰有两次出现正面”包含了 $C_5^2 = 10$ 个基本事件，每个基本事件发生的概率相等，都是 $\left(\frac{1}{3}\right)^2\left(\frac{2}{3}\right)^3$，因而 $P(A) = C_5^2\left(\frac{1}{3}\right)^2\left(\frac{2}{3}\right)^3 = C_5^2\left(\frac{1}{3}\right)^2\left(\frac{2}{3}\right)^3$.

如果将试验进行 n 次，每次试验的结果不影响其他各次试验结果出现的概率，则称这 n 次试验为 **n 次重复独立试验**.

如果在 n 次重复独立试验中，每次试验的可能结果只有两个，则称这 n 次重复独立试验为 **n 重伯努利试验或伯努利概型**.

设每次试验中，事件 A 发生的概率为 $p(0 < p < 1)$，则在 n 次重复独立试验中，

$$P(\text{“}A\text{ 发生 }k\text{ 次”}) = C_n^k p^k (1-p)^{n-k} (k = 0, 1, 2, \cdots, n).$$

例 10-1-18 有一批产品中有 30% 的一级品，从中随机抽取 5 个样品，求：

(1) 5 个样品中恰有两个一级品的概率；(2) 5 个样品中至少有两个一级品的概率.

解　这是伯努利概型，$n=5$，$A=\{$抽到一级品$\}$，则

$$P(\text{“}A\text{ 发生 2 次”})=C_5^2(0.3)^2(0.7)^3=0.308\,7.$$

(2) $P(\text{“}A\text{ 至少发生 2 次”})=1-C_5^0(0.3)^0(0.7)^5-C_5^1(0.3)(0.7)^4$

$$=1-0.168\,07-0.360\,15=0.471\,78.$$

习题 10.1

1. 在管理系学生中任选一名学生，令事件 A 表示选出的是男生，事件 B 表示选出的是三年级学生，事件 C 表示该生是运动员.

(1) 叙述事件 $AB\overline{C}$ 的意义.　　(2) 在什么条件下 $ABC=C$ 成立？

(3) 什么条件下 $C\subset B$？　　(4) 什么条件下 $\overline{A}=B$ 成立？

2. 甲、乙、丙三人各射一次靶，记 A 表示“甲中靶”，B 表示“乙中靶”，C 表示“丙中靶”，则可用上述三个事件的运算来分别表示下列各事件：

(1)“甲未中靶”；　　(2)“甲中靶而乙未中靶”；

(3)“三人中只有丙未中靶”；　　(4)“三人中恰好有一人中靶”；

(5)“三人中至少有一人中靶”；　　(6)“三人中至少有一人未中靶”；

(7)“三人中恰有两人中靶”；　　(8)“三人中至少两人中靶”；

(9)“三人均未中靶”；　　(10)“三人中至多一人中靶”；

(11)“三人中至多两人中靶”.

3. 设事件 A，B 的概率分别为 $\dfrac{1}{3}$，$\dfrac{1}{2}$. 在下列三种情况下分别求 $P(\overline{B}A)$ 的值：

(1) A 与 B 互斥；　　(2) $A\subset B$；　　(3) $P(AB)=\dfrac{1}{8}$.

4. 从 6 双不同的鞋子中任取 4 只，求：(1) 其中恰有一双配对的概率；(2) 至少有两只鞋子配成一双的概率.

5. 把 n 个不同的球随机地放入 $N(N\geqslant n)$ 个盒子中，求下列事件的概率：

(1) 某指定的 n 个盒子中各有一个球；

(2) 任意 n 个盒子中各有一个球；

(3) 指定的某个盒子中恰有 $m(m<n)$ 个球.

6. 随机地向由 $0<y<1$、$|x|<\dfrac{1}{2}$ 所围成的正方形内掷一点，点落在该正方形内任何区域的概率与区域面积成正比，求原点和该点的连线与 x 轴正向的夹角小于 $\dfrac{3}{4}\pi$ 的概率.

7. 设盒中有 16 个球，其中 6 个木球、10 个玻璃球，又木球中 2 个红色、4 个蓝色，玻璃球中 3 个红色、7 个蓝色，现从中取一球. 求：

(1) 该球是木球的概率；

(2) 已知球是红球的情况下，求该球是木球的概率.

8. 袋中有 5 个球：3 个红球、2 个白球，每次取 1 个，取后放回，再放入与取出球色相同的 1 个球，求连续两次取得白球的概率.

9. 某采购部门分别向供应商 A 和供应商 B 急购一批特殊原料，如果两批货均未在 4 天内到货，则生产就必须停止直到货运到为止.供应商 A 在 4 天内交货的概率为 0.55，供应商 B 在 4 天内交货概率为 0.35，假设这两个供应商交货时间相互独立，问：

(1) 两个供应商均在 4 天内交货的概率为多少?

(2) 至少有一个供应商在 4 天内交货的概率为多少?

(3) 4 天后由于原材料短缺而被迫停产的概率为多少?

10. 一张英语试卷，有 10 道选择填空题，每题有 4 个选择答案，且其中只有一个是正确答案.某同学投机取巧，随意填空，试问他至少填对 6 道的概率是多大?

§10.2 随机变量及其分布

一个随机试验有很多种结果，怎样能方便地把这一系列结果及其相应的概率一起表达出来，并且用数学的方法来研究呢? 本节讨论的随机变量及分布函数就是这样的工具.

一、随机变量及分布函数的概念

设随机试验的样本空间为 Ω，如果对 Ω 中每一个元素 e，有一个实数 $X(e)$ 与之对应，这样就得到一个定义在 Ω 上的实值单值函数 $X=X(e)$，称之为**随机变量**. 一般以大写字母如 $X,Y,Z,W,\cdots$表示随机变量，而以小写字母如 $x,y,z,w,\cdots$表示实数.

随机变量的取值随试验结果而定，在试验之前不能预知它取什么值，只有在试验之后才知道它的确切值；而试验的各个结果出现有一定的概率，故随机变量取各值有一定的概率.这些性质显示了随机变量与普通函数之间有着本质的差异.再者，普通函数是定义在实数集或实数集的一个子集上的，而随机变量是定义在样本空间上的(样本空间的元素不一定是实数)，这也是两者的差别.

例 10－2－1 假定抛 3 枚均匀的硬币，以 Y 表示正面出现的次数，那么 Y 是一随机变量，它取值为 0,1,2,3 的概率分别为：

$$P(Y=0)=P\{\text{背面,背面,背面}\}=\frac{1}{8},$$

$$P(Y=1)=P\{(\text{背面,背面,正面}),(\text{背面,正面,背面}),(\text{正面,背面,背面})\}=\frac{3}{8},$$

$$P(Y=2)=P\{(\text{背面,正面,正面}),(\text{正面,背面,正面}),(\text{正面,正面,背面})\}=\frac{3}{8},$$

$$P(Y=3)=P\{\text{正面,正面,正面}\}=\frac{1}{8}.$$

因为 Y 必定取 0 到 3 的某一整数，所以 $1=P(\bigcup\limits_{i=0}^{3}(Y=i))=\sum\limits_{i=0}^{3}P(Y=i)$.

设 X 是随机变量，x 为任意实数，函数 $F(x)=P(X\leqslant x)$ 称为 X 的**分布函数**.

对于任意实数 $x_1,x_2(x_1<x_2)$，有

$$P(x_1 < X \leqslant x_2) = P(X \leqslant x_2) - P(X \leqslant x_1) = F(x_2) - F(x_1).$$

因此,若已知 X 的分布函数,我们就能知道 X 落在任一区间 $(x_1, x_2]$ 上的概率.在这个意义上说,分布函数完整地描述了随机变量的统计规律性.

如果将 X 看成是数轴上的随机点的坐标,那么分布函数 $F(x)$ 在 x 处的函数值就表示 X 落在区间 $(-\infty, x]$ 上的概率.

分布函数具有如下基本性质:

性质 10-2-1 $F(x)$ 为单调不减的函数.

对于任意实数 $x_1, x_2(x_1 < x_2)$,有 $F(x_2) - F(x_1) = P(x_1 < X \leqslant x_2) \geqslant 0$.

性质 10-2-2 $0 \leqslant F(x) \leqslant 1$,且 $\lim\limits_{x \to +\infty} F(x) = 1$,常记为 $F(+\infty) = 1$,$\lim\limits_{x \to -\infty} F(x) = 0$,常记为 $F(-\infty) = 0$.

从几何上,当区间端点 x 沿数轴无限向左移动 $(x \to -\infty)$ 时,则"X 落在 x 左边"这一事件趋于不可能事件,故其概率 $P(X \leqslant x) = F(x)$ 趋于 0;又若 x 无限向右移动 $(x \to +\infty)$ 时,事件"X 落在 x 左边"趋于必然事件,从而其概率 $P(X \leqslant x) = F(x)$ 趋于 1.

性质 10-2-3 $F(x+0) = F(x)$,即 $F(x)$ 为右连续.

反过来可以证明,任一满足这三个性质的函数,一定可以作为某个随机变量的分布函数.

概率论主要是利用随机变量来描述和研究随机现象,而利用分布函数就能很好地表示各事件的概率.例如,$P(X > a) = 1 - P(X \leqslant a) = 1 - F(a)$,$P(X < a) = F(a-0)$,$P(X = a) = F(a) - F(a-0)$ 等等.在引进了随机变量和分布函数后,我们就能利用高等数学的许多结果和方法来研究各种随机现象了,它们是概率论的两个重要而基本的概念.下面我们从离散和连续两种类别来更深入地研究随机变量及其分布函数.

二、离散型随机变量及其分布

对于随机变量 X,如果它只可能取有限个或可列个值,则称 X 为**离散型随机变量**.

设离散型随机变量 X 所有可能取的值是 $x_1, x_2, \cdots, x_k, \cdots$,为完全描述 X,除知道 X 的可能取值外,还要知道 X 取各个值的概率,

$$P(X = x_k) = p_k (k = 1, 2, \cdots),$$

称上式为离散型随机变量的**概率分布**或**分布律**,用表格形式表示,如表 10-2-1 所示.

表 10-2-1 概率分布表

X	x_1	x_2	…	…	x_k	…
P	p_1	p_2	…	…	p_k	…

离散型随机变量的分布律也可以完全描述随机变量的概率分布,它具有以下两个性质:

性质 10-2-4 $p_k \geqslant 0 (k = 1, 2, \cdots)$.

性质 10-2-5 $\sum\limits_k p_k = 1$.

例 10-2-2 一射手对某一目标射击,一次命中的概率为 0.8,求:

(1) 一次射击的概率分布;(2) 击中目标为止所需射击次数的概率分布.

解 (1) 设 $(X=1)$ 表示"一次命中"，$(X=0)$ 表示"一次不中"，则

$$P(X=1)=0.8, P(X=0)=0.2,$$

即 X 的概率分布为

X	0	1
P	0.2	0.8

(2) 设 X 表示击中目标为止所需的射击次数，显然 X 的所有可能的取值为 $1,2,\cdots,i,\cdots$，则

$$P(X=i)=0.2^{i-1}\times 0.8 \quad (i=1,2,\cdots,n,\cdots),$$

即 X 的概率分布为

X	1	2	3	$\cdots$	i	$\cdots$
P	0.8	0.2×0.8	$0.2^2\times 0.8$	$\cdots$	$0.2^{i-1}\times 0.8$	$\cdots$

例 10-2-3 设有 10 件产品，其中正品 5 件，次品 5 件.从中任取 3 件产品，讨论这 3 件产品中的次品件数的概率分布及至少有 1 件次品的概率.

解 (1) 设 X 是取出的 3 件产品中的次品数，则 X 为离散型随机变量，它的可能取值是 0,1,2,3.

$$P(X=0)=\frac{C_5^3}{C_{10}^3}=\frac{1}{12}, \qquad P(X=1)=\frac{C_5^1C_5^2}{C_{10}^3}=\frac{5}{12},$$

$$P(X=2)=\frac{C_5^2C_5^1}{C_{10}^3}=\frac{5}{12}, \qquad P(X=3)=\frac{C_5^3}{C_{10}^3}=\frac{1}{12}.$$

X 的概率分布表：

X	0	1	2	3
P	$\frac{1}{12}$	$\frac{5}{12}$	$\frac{5}{12}$	$\frac{1}{12}$

(3) 求至少有 1 件次品的概率，即求 $P(X\geqslant 1)$.

$$P(X\geqslant 1)=P((X=1)\cup(X=2)\cup(X=3))=P(X=1)+P(X=2)+P(X=3)$$
$$=\frac{5}{12}+\frac{5}{12}+\frac{1}{12}=\frac{11}{12}.$$

离散型随机变量的概率分布也可以用其分布函数来描述，其分布函数如下：

$$F(x)=P(X\leqslant x)=\sum_{x_k\leqslant x}p_k.$$

例 10-2-4 某公司根据经验，预计出售一批产品，希望从这批产品中得到毛利，见表 10-2-2所示：

表 10-2-2

销售地	A 地	B 地	C 地	D 地
卖出概率	40%	30%	20%	10%
1 吨毛利(千元)	2	1	1	−2

求每吨产品所得毛利分布列和分布函数,并画出分布函数图.

解　设每吨产品所得毛利为 X 千元,则 x 可能取值为 $\{-2,1,2\}$,其概率分布为

x	−2	1	2
p	0.1	0.5	0.4

其分布函数 $F(x)=\begin{cases}0 & x<-2\\ 0.1 & -2\leqslant x<1\\ 0.6 & 1\leqslant x<2\\ 1 & x\geqslant 2\end{cases}$,分布函数如图 10-2-1 所示.

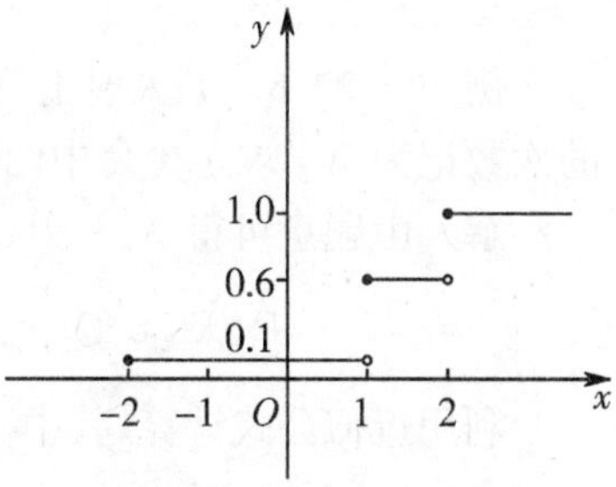

图 10-2-1　分布函数图

可见,离散型随机变量的分布函数是一个右连续阶梯函数,它在每个 x_i 处有跳跃,其跃度为 p_i,由 $F(x)$ 可以唯一确定 x_i 和 p_i.

下面介绍常见的离散型随机变量的概率分布.

1. 两点分布

如果随机变量 X 只可能取 1,0 两个值,且它的概率分布为

$$P(X=1)=p,P(X=0)=1-p(0<p<1),$$

则称 X 服从参数为 p 的**两点分布**,两点分布也称为(0—1)分布,比如例 10-2-2 中一次射击命中情况的概率分布就是两点分布.

2. 二项分布

在 n 重伯努利试验中,随机变量 X 的概率分布为

$$P(X=k)=C_n^k p^k(1-p)^{n-k}(k=0,1,2,\cdots,n),$$

其中 $0<p<1$,称 X 服从参数为 n,p 的**二项分布**,记作 $X\sim B(n,p)$.

说明

(1) 由二项式定理 $(a+b)^n=\sum_{k=0}^{n}C_n^k a^k b^{n-k}$,可得

$$\sum_{k=0}^{n}P(X=k)=\sum_{k=0}^{n}C_n^k p^k(1-p)^{n-k}=1.$$

(2) 当 $n=1$ 时,$B(1,p)$ 二项分布退化为两点分布.

(3) 当 $n>10,p<0.1$ 时,有近似公式

$$C_n^k p^k (1-p)^{n-k} \approx \frac{(np)^k e^{-np}}{k!} (k=0,1,2,\cdots,n) \text{（二项分布的泊松近似）}.$$

例 10-2-5 楼中装有 5 个同类型的供水设备，调查表明在任一时刻每个设备被使用的概率为 0.1，求：(1) 在同一时刻恰有 2 个设备被使用的概率；(2) 至少有 3 个设备被使用的概率.

解 设 X 为同一时刻被使用的设备数，则 $X \sim B(5,0.1)$.

(1) 所求概率为 $P(X=2)=C_5^2 (0.1)^2 (0.9)^3 = 0.072\ 90$.

(2) 所求概率为

$$\begin{aligned} P(X \geqslant 3) &= P(X=3)+P(X=4)+P(X=5) \\ &= C_5^3 (0.1)^3 (0.9)^2 + C_5^4 (0.1)^4 (0.9) + C_5^5 (0.1)^5 \\ &= 0.008\ 10 + 0.000\ 45 + 0.000\ 01 = 0.008\ 56. \end{aligned}$$

例 10-2-6 某人射击一个目标，设每次射击的命中率为 0.02，独立射击 500 次，命中的次数记为 X，求至少命中两次的概率.

解 由题意可得 $X \sim B(500,0.2)$，所求概率为 $P(X \geqslant 2)$，则

$$P(X \geqslant 2) = 1 - P(X < 2) = 1 - P(X=0) - P(X=1).$$

利用近似公式计算，其中 $np = 500 \times 0.02 = 10$，所以

$$P(X=0) = C_{500}^0 (0.02)^0 (0.98)^{500} \approx \frac{10^0 e^{-10}}{0!} = 0.000\ 04,$$

$$P(X=1) = C_{500}^1 (0.02) (0.98)^{499} \approx \frac{10e^{-10}}{1!} = 0.000\ 45.$$

故 $P(X \geqslant 2) = 1 - 0.000\ 04 - 0.000\ 45 = 0.999\ 51$.

3. 泊松(Poisson)分布

如果随机变量 X 的概率分布为 $P(X=k)=\dfrac{\lambda^k e^{-\lambda}}{k!}(k=0,1,2,\cdots)$，式中 $\lambda > 0$ 是常数，则称 X 服从参数为 λ 的**泊松分布**，记作 $X \sim P(\lambda)$.

说明

(1) 服从泊松分布的随机变量 X 所有可能取值为非负整数，是可列个.

(2) 由级数知识，得

$$\sum_{k=0}^{\infty} P(X=k) = \sum_{k=0}^{\infty} \frac{\lambda^k e^{-\lambda}}{k!} = e^{-\lambda} \sum_{k=0}^{\infty} \frac{\lambda^k}{k!} = e^{-\lambda} \cdot e^{\lambda} = 1.$$

(3) 泊松分布的计算可以查表.

例 10-2-7 某电话总机每分钟接到的呼叫次数服从参数为 5 的泊松分布，求：

(1) 每分钟恰好接到 7 次呼叫的概率；

(2) 每分钟接到的呼叫次数大于 4 的概率.

解　设每分钟总机接到的呼叫次数为 X，则 $X \sim P(5)$，$\lambda = 5$.

(1) $P(X=7)=\dfrac{5^7 e^{-5}}{7!}$，查表得 $P(X=7)=0.104\,4$.

(2) $P(X>4)=1-P(X\leqslant 4)$
$=1-[P(X=0)+P(X=1)+P(X=2)+P(X=3)+P(X=4)]$.

查表得

$$P(X=0)=0.006\,7, P(X=1)=0.033\,7, P(X=2)=0.084\,2,$$
$$P(X=3)=0.140\,4, P(X=4)=0.175\,5,$$

所以 $P(X>4)=0.559\,5$.

例 10-2-8　由该商店过去的销售记录知道，某种商品每月销售数可以用参数 $\lambda=10$ 的泊松分布来描述，为了以 95% 以上的把握保证不脱销，问商店在月底至少应进某种商品多少件?

解　设该商店每月销售某种商品 X 件，月底的进货为 a 件，则当 $X\leqslant a$ 时就不会脱销. 因而按题意要求为 $P(X\leqslant a)\geqslant 0.95$.

又 $X\sim P(10)$，所以 $\sum\limits_{k=0}^{a}\dfrac{10^k}{k!}e^{-10}\geqslant 0.95$.

查泊松分布表得

$$\sum_{k=0}^{14}\frac{10^k}{k!}e^{-10}\approx 0.916\,6<0.95,\ \sum_{k=0}^{15}\frac{10^k}{k!}e^{-10}\approx 0.951\,3>0.95.$$

于是这家商店只要在月底进货某种商品 15 件(假定上月没有存货)，就可以以 95% 的把握保证这种商品在下个月不会脱销.

三、连续性随机变量的分布及概率密度

连续型随机变量的特点是它的可能取值连续地充满某个区间甚至整个数轴. 例如，测量一个工件长度，因为在理论上说这个长度的值 X 可以取区间 $(0,+\infty)$ 上的任何一个值. 于是，对于连续型随机变量就不能用对离散型随机变量那样的方法进行研究了. 为了说明方便，我们先来看一个例子.

例 10-2-9　一个半径为 2 米的圆盘靶，设击中靶上任一同心圆盘上的点的概率与该圆盘的面积成正比，并设射击都能中靶，以 X 表示弹着点与圆心的距离，试求随机变量 X 的分布函数.

解　(1) 若 $x<0$，因为事件 $(X\leqslant x)$ 是不可能事件，所以 $F(x)=P(X\leqslant x)=0$.

(2) 若 $0\leqslant x\leqslant 2$，由题意 $P(0\leqslant X\leqslant x)=kx^2$，$k$ 是常数. 为了确定 k 的值，取 $x=2$，有 $P(0\leqslant X\leqslant 2)=2^2k$，但事件 $(0\leqslant X\leqslant 2)$ 是必然事件，故 $P(0\leqslant X\leqslant 2)=1$，即 $2^2k=1$，所以 $k=\dfrac{1}{4}$，即

$$P(0\leqslant X\leqslant x)=\frac{x^2}{4}.$$

于是，

$$F(x)=P(X\leqslant x)=P(X<0)+P(0\leqslant X\leqslant x)=\frac{x^2}{4}.$$

(3) 若 $x\geqslant 2$，由于 $(X\leqslant 2)$ 是必然事件，于是 $F(x)=P(X\leqslant x)=1$.

综上所述，

$$F(x)=\begin{cases}0 & x<0\\ \frac{1}{4}x^2 & 0\leqslant x<2.\\ 1 & x\geqslant 2\end{cases}$$

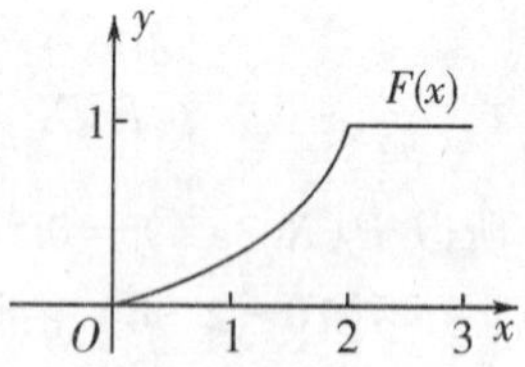

图 10-2-2

它的图形是一条连续曲线，如图 10-2-2 所示.

另外，容易看到本例中 X 的分布函数 $F(x)$ 还可写成如下形式：$F(x)=\int_{-\infty}^{x}f(t)\mathrm{d}t$，其中

$$f(t)=\begin{cases}\frac{1}{2}t & 0<t<2\\ 0 & \text{其他}\end{cases}.$$

这就是说 $F(x)$ 恰好是非负函数 $f(t)$ 在区间 $(-\infty,x]$ 上的积分，这种随机变量 X 我们称为连续型随机变量.一般地，有如下定义：

若对随机变量 X 的分布函数 $F(x)$，存在非负函数 $f(x)$，使对于任意实数 x 有

$$F(x)=\int_{-\infty}^{x}f(t)\mathrm{d}x,$$

则称 X 为**连续型随机变量**，其中 $f(x)$ 称为 X 的**概率密度函数**，简称**概率密度**或**密度函数**.

由上式知道，连续型随机变量 X 的分布函数 $F(x)$ 是连续函数，其概率密度函数 $f(x)$ 具有以下性质：

性质 10-2-6 $f(x)\geqslant 0$.

性质 10-2-7 $\int_{-\infty}^{+\infty}f(x)\mathrm{d}x=1$.

这说明介于曲线 $y=f(x)$ 与 $y=0$ 之间的面积为1.

性质 10-2-8 $P(x_1<X\leqslant x_2)=F(x_2)-F(x_1)=\int_{x_1}^{x_2}f(x)\mathrm{d}x\ (x_1\leqslant x_2)$.

该性质指出，X 落在区间 $(x_1,x_2]$ 的概率 $P(x_1<X\leqslant x_2)$ 等于区间 $(x_1,x_2]$ 上曲线 $y=f(x)$ 之下的曲边梯形面积.

性质 10-2-9 若 $f(x)$ 在 x 点处连续，则有 $F'(x)=f(x)$.

可见，$f(x)$ 的连续点 x 处有

$$f(x)=\lim_{\Delta x\to 0^+}\frac{F(x+\Delta x)-F(x)}{\Delta x}=\lim_{\Delta x\to 0^+}\frac{P(x<X\leqslant x+\Delta x)}{\Delta x}.$$

这种形式恰与物理学中线密度定义相类似，这也正是为什么称 $f(x)$ 为概率密度的原

因.同样我们也指出,反过来,任一满足性质 10-2-6、性质 10-2-7 的函数 $f(x)$,一定可以作为某个连续型随机变量的密度函数.

值得指出,对于连续型随机变量 X 而言,它取任一特定值 a 的概率为零,即 $P(X=a)=0$,由此很容易推导出:

$$P(a \leqslant X < b)=P(a < X \leqslant b)=P(a \leqslant X \leqslant b)=P(a < X < b).$$

即在计算连续型随机变量落在某区间上的概率时,可不必区分该区间端点的情况.此外还要说明的是,事件 $(X=a)$"几乎不可能发生",但并不保证绝不会发生,它是"零概率事件",而不一定是不可能事件.

例 10-2-10　设连续型随机变量 X 的分布函数为 $F(x)=\begin{cases}0 & x<0 \\ Ax^2 & 0 \leqslant x<1 \\ 1 & x \geqslant 1\end{cases}$.

试求:(1) 系数 A;(2) X 落在区间(0.3,0.7)内的概率;(3) X 的密度函数.

解　(1) 由于 X 为连续型随机变量,故 $F(x)$ 是连续函数,因此有

$$1=F(1)=\lim_{x \to 1^-} F(x)=\lim_{x \to 1^-} Ax^2=A,$$

即 $A=1$,于是有 $F(x)=\begin{cases}0 & x<0 \\ x^2 & 0 \leqslant x<1 \\ 1 & x \geqslant 1\end{cases}$.

(2) $P(0.3<X<0.7)=F(0.7)-F(0.3)=0.7^2-0.3^2=0.4$.

(3) X 的密度函数为 $f(x)=F'(x)=\begin{cases}2x & 0 \leqslant x<1 \\ 0 & \text{其他}\end{cases}$.

由定义,改变密度函数 $f(x)$ 在个别点的函数值,不影响分布函数 $F(x)$ 的取值.因此,并不在乎改变密度函数在个别点上的值(比如在 $x=0$ 或 $x=1$ 上 $f(x)$ 的值).

例 10-2-11　设随机变量 X 的密度函数为 $f(x)=\begin{cases}kx(1-x) & 0<x<1 \\ 0 & \text{其他}\end{cases}$,其中常数 $k>0$,试确定 k 的值并求概率 $P(X>0.3)$ 和 X 的分布函数.

解　由 $1=\int_{-\infty}^{+\infty} f(x)\mathrm{d}x=\int_0^1 kx(1-x)\mathrm{d}x=k\int_0^1(x-x^2)\mathrm{d}x=\dfrac{k}{6}$,得 $k=6$,故

$$P(X>0.3)=\int_{0.3}^{+\infty} p(x)\mathrm{d}x=\int_{0.3}^1 6x(1-x)\mathrm{d}x=0.784.$$

由于密度函数为 $f(x)=\begin{cases}6x(1-x) & 0<x<1 \\ 0 & \text{其他}\end{cases}$,其分布函数为

$$F(x)=\begin{cases}0 & x \leqslant 0 \\ \int_0^x 6t(1-t)\mathrm{d}t & 0<x \leqslant 1 \\ 1 & x>1\end{cases}=\begin{cases}0 & x \leqslant 0 \\ 3x^2-2x^3 & 0<x \leqslant 1 \\ 1 & x>1\end{cases}.$$

下面介绍三种常见的连续型随机变量.

1. 均匀分布

若连续型随机变量 X 具有概率密度 $f(x)=\begin{cases}\dfrac{1}{b-a} & a<x<b\\ 0 & 其他\end{cases}$，则称 X 在区间 (a,b) 上服从**均匀分布**，记为 $X\sim U(a,b)$. 易知

(1) $P(X\geqslant b)=\int_b^{\infty}0\mathrm{d}x=0, P(X\leqslant a)=\int_{-\infty}^{a}0\mathrm{d}x=0$，即

$$P(a<X<b)=1-P(X\geqslant b)-P(X\leqslant a)=1;$$

(2) 若 $a\leqslant c<d\leqslant b$，则 $P(c<X<d)=\int_c^d\dfrac{1}{b-a}\mathrm{d}x=\dfrac{d-c}{b-a}$.

因此，在区间 (a,b) 上服从均匀分布的随机变量 X 的物理意义是：X 以概率 1 在区间 (a,b) 内取值，而以概率 0 在区间 (a,b) 以外取值，并且 X 值落入 (a,b) 中任一子区间 (c,d) 中的概率与子区间的长度成正比，而与子区间的位置无关.随机变量 X 的分布函数为

$$F(x)=\begin{cases}0 & x<a\\ \dfrac{x-a}{b-a} & a\leqslant x<b.\\ 1 & x\geqslant b\end{cases}$$

密度函数 $f(x)$ 和分布函数 $F(x)$ 的图形分别如图 10-2-3 和图 10-2-4 所示.

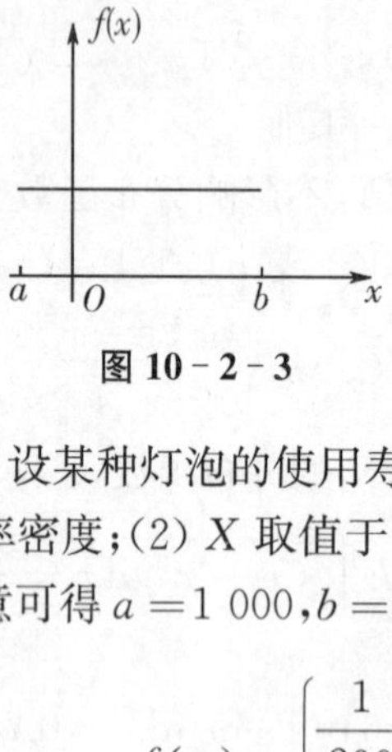

图 10-2-3

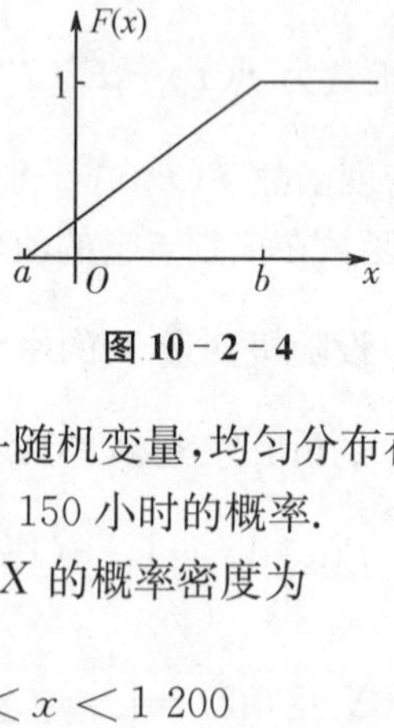

图 10-2-4

例 10-2-12 设某种灯泡的使用寿命 X 是一随机变量，均匀分布在 1 000 到 1 200 小时，求：(1) X 的概率密度；(2) X 取值于 1 060 到 1 150 小时的概率.

解 (1) 由题意可得 $a=1\,000, b=1\,200$，则 X 的概率密度为

$$f(x)=\begin{cases}\dfrac{1}{200} & 1\,000<x<1\,200\\ 0 & 其他\end{cases}.$$

(2) $P(1\,060<X<1\,150)=\int_{1\,060}^{1\,150}f(x)\mathrm{d}x=\int_{1\,060}^{1\,150}\dfrac{1}{200}\mathrm{d}x=\dfrac{1\,150-1\,060}{200}=\dfrac{9}{20}$.

2. 指数分布

若随机变量 X 的密度函数为 $f(x)=\begin{cases}\lambda\mathrm{e}^{-\lambda x} & x>0\\ 0 & x\leqslant 0\end{cases}$，其中 $\lambda>0$ 为常数，则称 X 服从参数为 λ 的**指数分布**，记作 $X\sim E(\lambda)$.

容易得到 X 的分布函数为 $F(x)=\begin{cases}1-e^{-\lambda x} & x>0\\ 0 & x\leqslant 0\end{cases}$.

例 10-2-13　已知某种电子管的寿命 X(小时)服从指数分布，$X\sim E(0.001)$. 一台仪器中有 5 个这种电子管，其中任一电子管损坏就停止工作，求仪器工作正常 1 000 小时以上的概率.

解　x 的概率密度为 $f(x)=\begin{cases}\dfrac{1}{1\,000}e^{-\frac{1}{1\,000}x} & x>0\\ 0 & x\leqslant 0\end{cases}$，

$$P(X>1\,000)=1-P(X\leqslant 1\,000)=1-\int_0^{1\,000}\frac{1}{1\,000}e^{-\frac{1}{1\,000}x}\,dx=1+e^{-\frac{1}{1\,000}x}\Big|_0^{1\,000}=e^{-1},$$

从而有 5 个电子管均在 1 000 小时以上概率为 $(e^{-1})^5=e^{-5}$，因此，仪器正常工作 1 000 小时以上概率为 e^{-5}.

3. 正态分布

如果随机变量 X 的概率密度为 $f(x)=\dfrac{1}{\sqrt{2\pi}\sigma}e^{-\frac{(x-\mu)^2}{2\sigma^2}}$　$(-\infty<x<+\infty)$，式中 $\sigma>0$，则称 X 服从参数为 μ,σ 的**正态分布**，记作 $X\sim N(\mu,\sigma^2)$.

特别地，当 $\mu=0,\sigma=1$ 时，称为**标准正态分布**，记作 $X\sim N(0,1)$，这时 X 的概率密度记为 $\varphi(x)$，

$$\varphi(x)=\frac{1}{\sqrt{2\pi}}e^{-\frac{x^2}{2}}(-\infty<x<+\infty).$$

正态分布的图形，如图 10-2-5、图 10-2-6 所示.

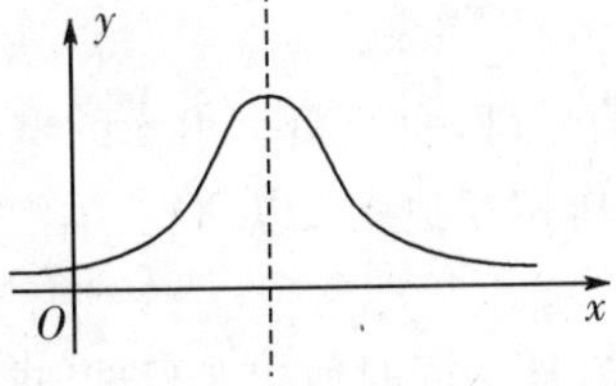

图 10-2-5

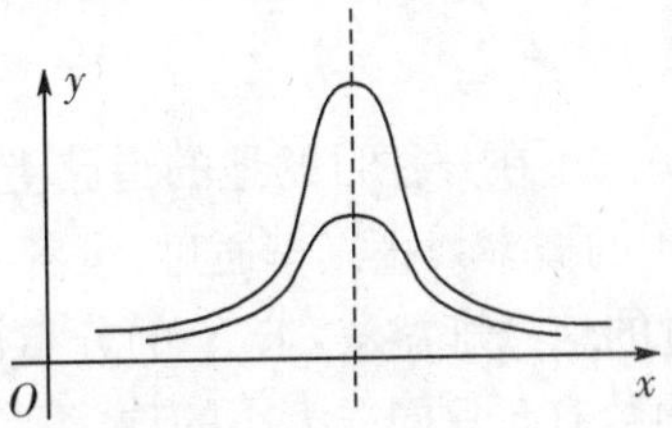

图 10-2-6

μ 决定 $f(x)$ 的位置，如图 10-2-5 所示；σ 决定其形状，如图 10-2-6 所示.

注意

(1) 可以证明：$\displaystyle\int_{-\infty}^{+\infty}\varphi(x)\,dx=\int_{-\infty}^{+\infty}\frac{1}{\sqrt{2\pi}}e^{-\frac{x^2}{2}}\,dx=1$.

(2) 对一般正态分布，作变量代换，令 $z=\dfrac{x-\mu}{\sigma}$，则 $Z\sim N(0,1)$.

设 $X\sim N(0,1)$，且 $x\geqslant 0$ 时，可查表计算，其概率密度为 $\varphi(x)$，令

$$\Phi(x)=\int_{-\infty}^{x}\varphi(t)\,\mathrm{d}t=\int_{-\infty}^{x}\frac{1}{\sqrt{2\pi}}\mathrm{e}^{-\frac{t^2}{2}}\,\mathrm{d}t,$$

因而对 $X \sim N(0,1)$，有

$$P(a<X<b)=\int_{a}^{b}\varphi(x)\,\mathrm{d}x=\int_{-\infty}^{b}\varphi(x)\,\mathrm{d}x-\int_{-\infty}^{a}\varphi(x)\,\mathrm{d}x=\Phi(b)-\Phi(a),$$

$$P(X>a)=\int_{a}^{+\infty}\varphi(x)\,\mathrm{d}x=\int_{-\infty}^{+\infty}\varphi(x)\,\mathrm{d}x-\int_{-\infty}^{a}\varphi(x)\,\mathrm{d}x=1-\Phi(a).$$

当 $x<0$ 时，$\Phi(-x)=1-\Phi(x)$.

例 10-2-14 设 $X \sim N(0,1)$，计算：(1) $P(X \leqslant 1.5)$；(2) $P(1<X<2)$；(3) $P(|X|<2.48)$.

解 (1) $P(X\leqslant 1.5)=\Phi(1.5)=0.933\,2$；

(2) $P(1<X<2)=\Phi(2)-\Phi(1)=0.977\,2-0.841\,3=0.135\,9$；

(3) $$\begin{aligned}P(|X|<2.48)&=P(-2.48<X<2.48)=\Phi(2.48)-\Phi(-2.48)\\&=\Phi(2.48)-[1-\Phi(2.48)]=2\Phi(2.48)-1\\&=2\times 0.993\,4-1=0.986\,8.\end{aligned}$$

对于一般正态分布，设 $X\sim N(\mu,\sigma^2)$，其概率密度 $f(x)$，则由注意(2)可知，作变量代换，令 $z=\dfrac{x-\mu}{\sigma}$，就有 $P(a<X<b)=\Phi\left(\dfrac{b-\mu}{\sigma}\right)-\Phi\left(\dfrac{a-\mu}{\sigma}\right)$.

例 10-2-15 设 $X\sim N(2,4)$，计算 $P(-1<X<2)$.

解 $$\begin{aligned}P(-1<X<2)&=\Phi\left(\frac{2-2}{2}\right)-\Phi\left(\frac{-1-2}{2}\right)=\Phi(0)-\Phi(-1.5)\\&=\Phi(0)-[1-\Phi(1.5)]=0.5-1+0.933\,2=0.433\,2.\end{aligned}$$

习题 10.2

1. 设一汽车在开往目的地的道路上需通过 4 盏信号灯，每盏灯以 0.6 的概率允许汽车通过，以 0.4 的概率禁止汽车通过(设各盏信号灯的工作相互独立).以 X 表示汽车首次停下时已经通过的信号灯盏数，求 X 的分布律.

2. 袋中装有 5 只同样大小的球，编号为 1,2,3,4,5，从中同时取出 3 只球，求取出的最大号 ξ 的分布列及其分布函数并画出其图形.

3. 某校的校教工乒乓队与学生乒乓队举行对抗赛.当一个教工队选手与一个学生队选手比赛时，教工队选手获胜的概率为 0.6.现在主办方商量对抗赛的方式，提了两种方案：

(1) 双方各出 3 人单打比赛 3 场；　(2) 双方各出 5 人单打比赛 5 场；

两种方案中均以比赛中得胜人数多的一方为胜利.问：对学生队来说，哪一种方案有利?

4. 为保证设备正常工作，需要配备一些维修工.若设备是否发生故障是相互独立的，且每台设备发生故障的概率都是 0.01(每台设备发生故障可由 1 人排除)，试求：

(1) 若一名维修工负责维修 20 台设备，求设备发生故障而不能及时维修的概率；

(2) 若 3 人负责 80 台设备，求设备发生故障而不能及时维修的概率.

5. 分析下列函数是否是分布函数.若是分布函数，判断是哪类随机变量的分布函数.

(1) $F(x)=\begin{cases}0 & x<-2\\ \dfrac{1}{2} & -2\leqslant x<0;\\ 1 & x\geqslant 0\end{cases}$　　(2) $F(x)=\begin{cases}0 & x<0\\ \sin x & 0\leqslant x<\pi;\\ 1 & x\geqslant\pi\end{cases}$

(3) $F(x)=\begin{cases}0 & x<0\\ x+\dfrac{1}{2} & 0\leqslant x<\dfrac{1}{2}.\\ 1 & x\geqslant\dfrac{1}{2}\end{cases}$

6. 设随机变量 X 的分布函数为 $F(x)=A+B\arctan x\,(-\infty<x<+\infty)$，求：

(1) 常数 A,B；　　(2) $P(0\leqslant X<1)$.

7. 设随机变量 X 具有概率密度 $f(x)=\begin{cases}Ke^{-3x} & x>0\\ 0 & x\leqslant 0\end{cases}$，求：

(1) 常数 K；　　(2) $P(X>0.1)$；　　(3) $P(-1<X\leqslant 1)$.

8. 随机变量 X 在(3,8)上服从均匀分布，求其概率密度和分布函数.

9. 设 $X\sim N(0,1)$，求：(1) $P(1<X<3)$；(2) $P(X\leqslant 1.6)$；(3) $P(|X|<1.2)$.

10. 设随机变量 $X\sim N(10,2^2)$，求 $P(10<X<13)$，$P(|X-10|<2)$.

§10.3　随机变量的数字特征

前面讨论了随机变量的分布函数，我们知道分布函数全面地描述了随机变量的统计特性.但是在实际问题中，一方面由于求分布函数并非易事；另一方面，往往不需要去全面考察随机变量的变化情况而只需知道随机变量的某些特征就够了.例如，在考察一个班级学生的学习成绩时，只要知道这个班级的平均成绩及其分散程度就可以对该班的学习情况做出比较客观的判断了.这样的平均值及表示分散程度的数字虽然不能完整地描述随机变量，但能更突出地描述随机变量在某些方面的重要特征，我们称它们为随机变量的数字特征.本节将介绍随机变量的常用数字特征：数学期望、方差.

一、随机变量的数学期望

对于随机变量，时常要考虑它的平均取什么值.先来看一个例子：经过长期观察积累，某射手在每次射击中命中的环数 X 的分布律(其中 0 表示脱靶)为：

ξ	0	5	6	7	8	9	10
$P(\xi=x_i)$	0	0.05	0.05	0.1	0.1	0.2	0.5

一种很自然的考虑是：假定该射击手进行了 100 次射击，那么，约有 5 次命中 5 环，5 次命中 6 环，10 次命中 7 环，10 次命中 8 环，20 次命中 9 环，50 次命中 10，没有脱靶的.

从而在一次射击中，该射手平均命中的环数为

$$\frac{1}{100}(10\times 50+9\times 20+8\times 10+7\times 10+6\times 5+5\times 5+0\times 0)=8.85\ (\text{环}),$$

它是ξ的可能取值与对应概率的乘积之和.由此引入如下定义:

定义 10-3-1 设X为一离散型随机变量,其分布列为$P(X=x_i)=p_i(i=1,2,\cdots)$,若级数$\sum_{i=1}^{\infty}x_ip_i$绝对收敛$\left(即\sum_{i=1}^{\infty}|x_i|p_i收敛\right)$,则称该级数的收敛值为$X$的**数学期望**,简称期望或均值,记为$E(X)$,即$E(X)=\sum_{i=1}^{\infty}x_ip_i$.否则,称$X$的数学期望不存在.

在定义中,要求$\sum_{i=1}^{\infty}x_ip_i$绝对收敛是必需的,因为$X$的数学期望是一确定的量,不受$x_ip_i$在级数中的排列次序的影响,这在数学上就要求级数绝对收敛.

不难理解,X的数学期望实际上是数x_i以概率p_i为权的加权平均.

例 10-3-1 某商店在年末大甩卖中进行有奖销售,摇奖时从摇箱摇出的球的可能颜色为:红、黄、蓝、白、黑五种,其对应的奖金额分别为:10 000 元、1 000 元、100 元、10 元、1 元.假定摇箱内装有很多球,其中红、黄、蓝、白、黑的比例分别为:0.01%,0.15%,1.34%,10%,88.5%,求每次摇奖摇出的奖金额X的数学期望.

解 每次摇奖摇出的奖金额X是一个随机变量,易知它的分布律为

X	10 000	1 000	100	10	1
p_k	0.000 1	0.001 5	0.013 4	0.1	0.885

因此,$E(X)=10\ 000\times 0.000\ 1+1\ 000\times 0.001\ 5+100\times 0.013\ 4+10\times 0.1+1\times 0.885=5.725$.可见,平均起来每次摇奖的奖金额不足 6 元.这个值对商店做计划预算时是很重要的.

例 10-3-2 按规定,某车站每天 8 点至 9 点,9 点至 10 点都有一辆客车到站,但到站的时刻是随机的,且两者到站的时间相互独立,其分布律为

到站时刻	8:10,9:10	8:30,9:30	8:50,9:50
概率	1/6	3/6	2/6

一旅客 8 点 20 分到车站,求他候车时间的数学期望.

解 设旅客候车时间为X分钟,易知X的分布律为

X	10	30	50	70	90
p_k	$\frac{3}{6}$	$\frac{2}{6}$	$\frac{1}{36}$	$\frac{3}{36}$	$\frac{2}{36}$

在上表中p_k的求法如下,例如

$$P(X=70)=P(AB)=P(A)P(B)=\frac{1}{6}\times\frac{3}{6}=\frac{3}{36},$$

其中 A 为事件“第一班车在 8:10 到站”，B 为事件“第二班车在 9:30 到站”，于是候车时间的数学期望为

$$E(X)=10\times\frac{3}{6}+30\times\frac{2}{6}+50\times\frac{1}{36}+70\times\frac{3}{36}+90\times\frac{2}{36}=27.22\ (\text{分钟}).$$

对于连续型随机变量，其数学期望的定义是离散型随机变量“加权平均”概念的推广.

定义 10-3-2　设连续型随机变量 X 的概率密度为 $f(x)$，若积分 $\int_{-\infty}^{+\infty}xf(x)\mathrm{d}x$ **绝对收敛**，则称积分 $\int_{-\infty}^{+\infty}xf(x)\mathrm{d}x$ 的值为随机变量 X 的**期望**，即 $E(X)=\int_{-\infty}^{+\infty}xf(x)\mathrm{d}x$.

例 10-3-3　设随机变量 X 服从柯西(Cauchy)分布，其概率密度为 $f(x)=\dfrac{1}{\pi(1+x^2)}$，$-\infty<x<+\infty$，试证 $E(X)$ 不存在.

证明　由于 $\int_{-\infty}^{+\infty}|x|f(x)\mathrm{d}x=\int_{-\infty}^{+\infty}|x|\dfrac{1}{\pi(1+x^2)}\mathrm{d}x=\infty$，故 $E(X)$ 不存在.

例 10-3-4　设随机变量 X 的密度函数 $f(x)=\begin{cases}x & 0<x\leqslant 1\\ 2-x & 1<x\leqslant 2\\ 0 & \text{其他}\end{cases}$，求数学期望 $E(X)$.

解　$E(X)=\int_{-\infty}^{+\infty}xf(x)\mathrm{d}x=\int_0^1x^2\mathrm{d}x+\int_1^2x(2-x)\mathrm{d}x=\dfrac{1}{3}x^3\Big|_0^1+\left(x^2-\dfrac{1}{3}x^3\right)\Big|_1^2=1.$

性质 10-3-1　数学期望的性质

(1) $E(kX+b)=kE(X)+b$　(k,b 为常数)；

(2) $E(X+Y)=E(X)+E(Y)$.

综合(1),(2)有，$E(aX+bY)=aE(X)+bE(Y)$ (线性性质).

(3) 如果 X 与 Y 相互独立，则 $E(XY)=E(X)E(Y)$.

几种常见分布的数学期望：

(1) 两点分布，参数为 p，期望 $E(X)=p$.

(2) 二项分布，参数为 p，期望 $E(X)=np$.

(3) 泊松分布，参数为 λ，期望 $E(X)=\lambda$.

(4) 均匀分布，参数为 a,b，期望 $E(X)=\dfrac{a+b}{2}$.

(5) 指数分布，参数为 λ，期望 $E(X)=\dfrac{1}{\lambda}$.

(6) 正态分布，参数为 μ,σ^2，期望 $E(X)=\mu$.

二、随机变量的方差

随机变量的数学期望反映了随机变量取值的平均程度，但仅用数学期望描述一个变量的取值情况并不充分.

例如，甲、乙两射手各发十枪，击中目标靶的环数分别如下：

甲	9	8	10	8	9	9	8	9	10	9
乙	6	7	9	10	10	9	10	8	9	10

计算可知，二人击中环数的平均值都是8.8环，那么哪一个水平发挥得更稳定？

直观的理解，两位选手哪一个击中的环数偏离平均值越小，这个选手发挥就更稳定一些.为此我们利用两人每枪击中的环数距平均值偏差的均值来比较.为了防止偏差和的计算中出现正、负偏差相抵的情况，应由偏差的绝对值之和求平均更合适.

对于甲选手，偏差绝对值之和为 $|9-8.8|+|8-8.8|+\cdots+|9-8.8|=6.4$(环).

对乙选手，容易算得偏差绝对值之和为10.8环，所以甲、乙二人平均每枪偏离平均值为0.64环和1.08环，因而可以说，甲选手水平发挥得更稳定些.

类似地，为了避免运算式中出现绝对值符号，我们也可以采用偏差平方的平均值进行比较.为此我们引入以下定义：

定义10-3-3 设 X 为一随机变量，如果 $E\{[X-E(X)]^2\}$ 存在，则称其为 X 的**方差**，记为 $D(X)$ 或 $\mathrm{Var}(X)$，即：

$$D(X)=E\{[X-E(X)]^2\},$$

并称 $\sqrt{D(X)}$ 为 X 的**标准差或均方差**.

实际上，$D(X)$ 是 X 的函数 $[X-E(X)]^2$ 的期望.

方差可以通过以下几个途径来进行计算：

(1) 对离散型随机变量 X，若其概率分布为 $P(X=x_i)=p_i(i=1,2,\cdots)$，则有

$$D(X)=\sum_i [x_i-E(X)]^2 p_i.$$

(2) 对连续型随机变量 X，若其概率密度为 $f(x)$，则有

$$D(X)=\int_{-\infty}^{+\infty}[x-E(X)]^2 f(x)\mathrm{d}x.$$

(3) 计算方差的一个重要公式

$$\begin{aligned}E\{[X-E(X)]^2\}&=E\{X^2-2XE(X)+[E(X)]^2\}\\&=E(X^2)-2E(X)E(X)+[E(X)]^2\\&=E(X^2)-[E(X)]^2,\end{aligned}$$

即 $D(X)=E(X^2)-[E(X)]^2$.

例10-3-5 设随机变量 X 服从(0—1)分布，分布律为 $P(X=1)=p$，$P(X=0)=1-p=q$，求 $D(X)$.

解 因为 $E(X)=p$，$E(X^2)=1^2\times p+0^2\times q=p$，所以

$$D(X)=E(X^2)-[E(X)]^2=p-p^2=pq.$$

例10-3-6 设随机变量 X 的密度函数为 $f(x)=\begin{cases}1+x & -1\leqslant x\leqslant 0\\1-x & 0<x\leqslant 1\\0 & \text{其他}\end{cases}$，求 $D(X)$.

解　因为

$$E(X)=\int_{-1}^{0}x(1+x)\mathrm{d}x+\int_{0}^{1}x(1-x)\mathrm{d}x=0,$$

$$E(X^2)=\int_{-1}^{0}x^2(1+x)\mathrm{d}x+\int_{0}^{1}x^2(1-x)\mathrm{d}x=\frac{1}{6},$$

所以 $D(X)=E(X^2)-[E(X)]^2=\frac{1}{6}$.

性质 10-3-2　方差的性质

(1) 设 C 为常数,则 $D(C)=0,D(X+C)=D(X)$.

(2) 设 k 为常数,则 $D(kX)=k^2D(X)$.

(3) 设 X 与 Y 相互独立,则 $D(X+Y)=D(X)+D(Y)$.

推广:设 $X_1,X_2,\cdots,X_n$ 相互独立,则

$$D(X_1+X_2+\cdots+X_n)=D(X_1)+D(X_2)+\cdots+D(X_n).$$

例 10-3-7　设随机变量 X 的期望和方差分别为 $E(X)$ 和 $D(X)$，且 $D(X)>0$，求 $Y=\frac{X-E(X)}{\sqrt{D(X)}}$ 的期望和方差.

解　由随机变量期望和方差的性质,有

$$E(Y)=E\left[\frac{X-E(X)}{\sqrt{D(X)}}\right]=\frac{1}{\sqrt{D(X)}}E[X-E(X)]=0,$$

$$D(Y)=D\left[\frac{X-E(X)}{\sqrt{D(X)}}\right]=\frac{1}{D(X)}D[X-E(X)]=\frac{1}{D(X)}D(X)=1.$$

注意

(1) 称 $Y=\frac{X-E(X)}{\sqrt{D(X)}}$ 为标准化的随机变量.

(2) 对 $X\sim N(\mu,\sigma^2),E(X)=\mu,D(X)=\sigma^2$，则 X 的标准化随机变量

$$Y=\frac{X-\mu}{\sigma}\sim N(0,1).$$

几种常见分布的方差:

(1) 两点分布,参数为 p，方差 $D(X)=p(1-p)$.

(2) 二项分布,参数为 p，方差 $D(X)=np(1-p)$.

(3) 泊松分布,参数为 λ，方差 $D(X)=\lambda$.

(4) 均匀分布,参数为 a,b，方差 $D(X)=\frac{1}{12}(b-a)^2$.

(5) 指数分布,参数为 λ，方差 $D(X)=\frac{1}{\lambda^2}$.

(6) 正态分布,参数为 μ,σ^2，方差 $D(X)=\sigma^2$.

例 10-3-8 设随机变量 X,Y 相互独立，$X\sim N(10,1)$，$Y\sim N(7,2^2)$，求：

(1) $E\left(\frac{1}{3}X+2Y-1\right)$，$E\left(\frac{1}{3}X-2Y-1\right)$；

(2) $D\left(\frac{1}{3}X+2Y-1\right)$，$D\left(\frac{1}{3}X-2Y-1\right)$.

解 (1) $E\left(\frac{1}{3}X+2Y-1\right)=\frac{1}{3}E(X)+2E(Y)-1=\frac{1}{3}\times 10+2\times 7-1=16\frac{1}{3}$.

$$E\left(\frac{1}{3}X-2Y-1\right)=\frac{1}{3}E(X)-2E(Y)-1=\frac{1}{3}\times 10-2\times 7-1=-\frac{35}{3}.$$

(2) $D\left(\frac{1}{3}X+2Y-1\right)=\frac{1}{9}D(X)+4D(Y)=\frac{1}{9}+4\times 4=16\frac{1}{9}$.

$$D\left(\frac{1}{3}X-2Y-1\right)=\frac{1}{9}D(X)+4D(Y)=\frac{1}{9}+4\times 4=16\frac{1}{9}.$$

习题 10.3

1. 一批产品有一、二、三等品及废品 4 种，所占比例分别为 60%，20%，10%，10%，各级产品的出厂价分别为 6 元，4.8 元，4 元，0 元，求产品的平均出厂价.

2. 试求掷一颗均匀骰子所得点数 X 的数学期望和方差.

3. 掷两颗骰子，用 X,Y 分别表示第一、第二颗骰子出现的点数，求两颗骰子出现点数之差的方差.

4 .设随机变量 X 的概率密度为 $f(x)=\begin{cases} x & 0\leqslant x<1 \\ 2-x & 1\leqslant x\leqslant 2 \\ 0 & \text{其他} \end{cases}$，求 $E(X)$.

5. 设连续型随机变量 X 的概率密度为 $f(x)=\begin{cases} 2x & 0\leqslant x\leqslant 1 \\ 0 & \text{其他} \end{cases}$，求 $D(X)$.

6. 设随机变量 $X_1,X_2,\cdots,X_n$ 相互独立，且 $E(X_k)=\mu$，$D(X_k)=\sigma^2(k=1,2,\cdots,n)$，求 $Z=\frac{1}{n}(X_1+X_2+\cdots+X_n)$ 的期望和方差.

§10.4 数理统计基础

数理统计是以概率论为理论基础的一个数学分支.它是从实际观测的数据出发研究随机现象的规律性.在科学研究中，数理统计占据一个十分重要的位置，是多种试验数据处理的理论基础.

本节中首先讨论总体、随机样本及统计量等基本概念，然后着重介绍几个常用的统计量及抽样分布.

一、数理统计的基本概念

将研究对象的某项数量指标值的全体称为**总体**或**母体**，一般用大写字母如 X 表示，总体中的每个元素称为**个体**.例如要了解一批显示器的寿命,显示器寿命值的全体就组成一个总体,其中每一只显示器的寿命就是一个个体.要将一个总体的性质了解得十分清楚,初看起来,最理想的办法是对每个个体逐个进行观察,但实际上这样做往往是不现实的.例如,要研究显示器的寿命,由于寿命试验是破坏性的,一旦我们获得实验的所有结果,这批显示器也全烧毁了,我们只能从整批显示器中**抽取**一部分显像管做寿命试验,并记录其结果,然后根据这部分数据来推断整批显示器的寿命情况.由于显像管的寿命在随机抽样中是随机变量,为了便于数学上处理,我们将总体定义为随机变量.随机变量的分布称为**总体分布**.

从总体中抽取样本时,为了使抽取的样本具有代表性,通常要求:

(1) 抽取方法应使总体中每一个个体被抽到的机会是**均等**的;

(2) 每次抽取是**独立**的,即每次抽样结果不影响其他各次抽样结果,也不受其他各次抽样结果的影响.

满足以上两点的抽样方法称为**简单随机抽样**,由简单随机抽样得到的样本叫作**简单随机样本**.

通过简单随机抽样,随机地抽取 n 个个体,得到 n 个随机变量 $X_1,X_2,\cdots,X_n$, 称 $(X_1,X_2,\cdots,X_n)$ 为总体 X 的一个**样本**,其中 n 为**样本容量**.在一次抽取中得到的 n 个具体数据 $(x_1,x_2,\cdots,x_n)$ 叫作一组**样本(观察)值**, $(X_1,X_2,\cdots,X_n)$ 的所有可能取值的集合叫作**样本空间**,而样本的一个观察值 $(x_1,x_2,\cdots,x_n)$ 就是样本空间的一个样本点,叫作**样本点**.

例 10-4-1　某工厂为检查某车间生产的一批产品的质量,需进行抽样验收以了解不合格品率 P, 这里母体 ζ 表示任一件产品的质量指标,且定义 $\xi=\begin{cases}1 & \text{产品为不合格品}\\ 0 & \text{产品为不合格品}\end{cases}$, 从这批产品中任取 n 件产品,每抽一件产品后记下其质量指标,然后放回搅匀后再抽.于是所得的子样 $(\zeta_1,\zeta_2,\cdots,\zeta_n)$ 为简单随机子样,每个 ζ_i 与母体 ζ 有相同的分布,子样空间由一切可能的 n 维向量 $(\zeta_1,\zeta_2,\cdots,\zeta_n)$ 组成(其中 $(\zeta_i=0$ 或 1, $i=1,\cdots,n)$, 不难看出,子样空间含 n 维欧氏空间中 2^n 个点,当然,实际时放回抽样不大可能办到,当产品总量较大时,而子样容量相对较小,可将不放回抽样看作有放回抽样,这时仍视抽样为简单随机抽样.

有了这些基本概念,我们就可以将统计推断的基本任务概括为由样本推断总体的分布.如在例 10-4-1 中,我们就可以从样本中推断出总体的不合格率.关于这一点,我们今后可以慢慢体会到.

设 $X_1,X_2,\cdots,X_n$ 是总体 X 的一个样本,又设总体具有概率密度 f, 如何用样本来推断**密度函数** f? 注意到现在的样本是一组实数,因此,一个直观的办法是将实轴划分为若干小区间,记下诸观察值 X_i 落在每个小区间中的个数,从这些个数来推断总体在每一小区间上的密度.具体做法如下:

第一步　找出 $X_{(1)}=\min\limits_{1\leqslant i\leqslant n}X_i$, $X_{(n)}=\max\limits_{1\leqslant i\leqslant n}X_i$. 取 a 略小于 $X_{(1)}$, b 略大于 $X_{(n)}$.

第二步　将 $[a,b]$ 分成 m 个小区间, $m<n$, 小区间长度可以不等,设分点为

$$a=t_0<t_1<\cdots<t_m<b,$$

在分小区间时,注意每个小区间中都要有若干观察值,而且观察值不要落在分点上.

第三步　记 $n_j=$落在小区间 $(t_{j-1},t_j]$ 中观察值的个数(频数),计算频率 $f_j=\dfrac{n_j}{n}$, 列

表分别记下各小区间的频数、频率.

第四步 在直角坐标系的横轴上,标出 $t_0,t_1,\cdots,t_m$ 各点,分别以 $(t_{j-1},t_j]$ 为底边,作高为 $f_j/\Delta t_j$ 的矩形(体会密度的含义,可知除以 Δt_j 很重要),$\Delta t_j=t_j-t_{j-1},j=1,2,\cdots,m$,即得直方图 10-4-1.

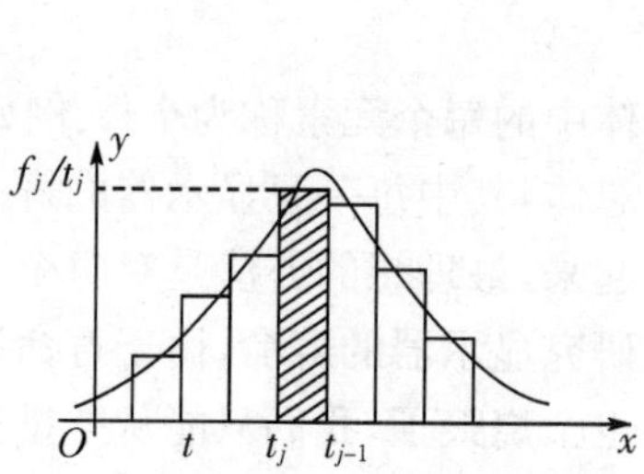

图 10-4-1

于是,可以用直方图对应的分段函数

$$\Phi_n(x)=\frac{f_j}{\Delta t_i},x\in(t_{j-1},t_j],j=1,2,\cdots,m$$

来近似总体的密度函数 $f(x)$. 不难理解,样本容量 n 越大,小矩形的底越细,近似的效果越好.

对于总体 X 的**分布函数**F(未知),设有它的样本 $X_1,X_2,\cdots,X_n$,我们同样可以从样本出发,找到一个已知量来近似它,这就是经验分布函数 $F_n(x)$. 它的构造方法是这样的,设 $X_1,X_2,\cdots,X_n$ 诸观察值按从小到大可排成 $X_{(1)}\leqslant X_{(2)}\leqslant\cdots\leqslant X_{(n)}$. 定义

$$F_n(x)=\begin{cases}0 & x\leqslant X_{(1)}\\ \dfrac{k}{n} & X_{(k)}<x\leqslant X_{(k+1)},k=1,2,\cdots,n-1.\\ 1 & x>X_{(n)}\end{cases}$$

$F_n(x)$ 只在 $x=X_{(k)},k=1,2,\cdots,n$ 处有跃度为 $\dfrac{1}{n}$ 的间断点,若有 l 个观察值相同,则 $F_n(x)$ 在此观察值处的跃度为 $\dfrac{l}{n}$. 对于固定的 x,$F_n(x)$ 即表示事件 $\{X<x\}$ 在 n 次试验中出现的频率,即 $F_n(x)=\dfrac{1}{n}\{$落在 $(-\infty,x)$ 中 X_i 的个数$\}$. 可以证明 $F_n(x)\to F(x)(n\to\infty)$ 以概率为 1 成立.经验分布函数的图形如图 10-4-2 所示.

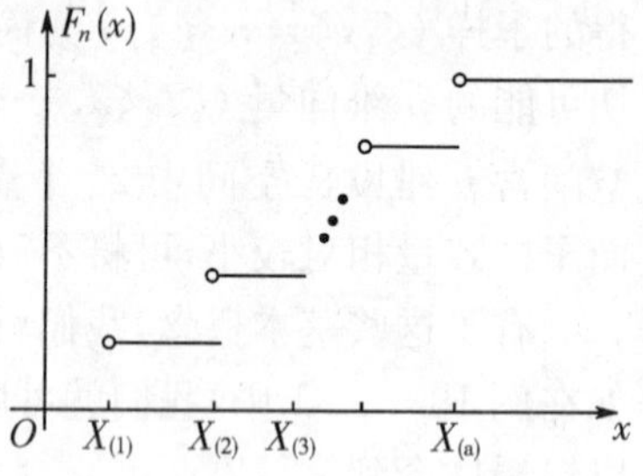

图 10-4-2

实际上,$F_n(x)$ 还一致地收敛于 $F(x)$,所谓格里文科定理指出了这一更深刻的结论,即

$$P\{\lim_{n\to\infty}D_n=0\}=1,\text{其中 } D_n=\sup_{-\infty<x<\infty}|F_n(x)-F(x)|.$$

定义 10-4-1 设 $(X_1,X_2,\cdots,X_n)$ 为总体 X 的一个容量为 n 的样本,$T(x_1,x_2,\cdots,x_n)$ 是样本的一实值函数,它不包含总体 X 的任何未知参数,则称样本 $(X_1,X_2,\cdots,X_n)$ 的函数 $T(X_1,X_2,\cdots,X_n)$ 为一个**统计量**.

注意

统计量通常不含未知参数,而且作为随机变量的函数,它也是一个随机变量,如果 $(x_1,x_2,\cdots,x_n)$ 是样本 $(X_1,X_2,\cdots,X_n)$ 的一组样本值,则 $g(x_1,x_2,\cdots,x_n)$ 是统计量 $g(X_1,X_2,\cdots,X_n)$ 的一个样本值.

如想知道全体灯泡的平均寿命，一个简单的方法就是用样本 $(X_1,X_2,\cdots,X_{1\,000})$ 的平均寿命 $\frac{X_1+X_2+\cdots+X_{1\,000}}{1\,000}$ 去估计总体的平均寿命.在此过程中，称 $\frac{X_1+X_2+\cdots+X_{1\,000}}{1\,000}$ 为统计量.

常用的统计量有：

样本均值 $\overline{X}=\frac{1}{n}\sum_{i=1}^{n}X_i$，其观测值为 $\bar{x}=\frac{1}{n}\sum_{i=1}^{n}x_i$.

样本方差 $S^2=\frac{1}{n-1}\sum_{i=1}^{n}(X_i-\overline{X})^2$，其观测值为 $s^2=\frac{1}{n}\sum_{i=1}^{n}(x_i-\bar{x})^2$.

样本均方差 $S=\sqrt{\frac{1}{n-1}\sum_{i=1}^{n}(X_i-\overline{X})^2}$.

一般地，$\overline{X}$，S^2 的观测值用相应的小写字母 $\bar{x}$，s^2 来表示. $\bar{x}$ 表示数据集中的位置. s^2 表示数据对均值 $\bar{x}$ 的离散程度，s^2 越大，数据越分散，波动越大；s^2 越小，数据越集中，波动越小.

例 10-4-2　设我们获得了如下三个样本：样本 A：3,4,5,6,7；样本 B：1,3,5,7,9；样本 C：1,5,9.

明显可见它们的“分散”程度是不同的：样本 A 在这三个样本中比较密集，而样本 C 比较分散.

这一直觉可以用样本方差来表示.这三个样本的均值都是 5，即 $\bar{x}_A=\bar{x}_B=\bar{x}_C=5$，而样本容量 $n_A=5$，$n_B=5$，$n_C=3$，从而它们的样本方差分别为：

$$s_A^2=\frac{1}{5-1}[(3-5)^2+(4-5)^2+(5-5)^2+(6-5)^2+(7-5)^2]=\frac{10}{4}=2.5,$$

$$s_B^2=\frac{1}{5-1}[(1-5)^2+(3-5)^2+(5-5)^2+(7-5)^2+(9-5)^2]=\frac{40}{4}=10,$$

$$s_C^2=\frac{1}{3-1}[(1-5)^2+(5-5)^2+(9-5)^2]=\frac{32}{2}=16.$$

由此可见 $s_C^2>s_B^2>s_A^2$，这与直觉是一致的，它们反映了取值的分散程度.用样本标准差表示 $s_A=1.58$，　$s_B=3.16$，　$s_C=4$，同样有 $s_C>s_B>s_A$.

由于样本方差(或样本标准差)很好地反映了总体方差(或标准差)的信息，因此，若当方差 σ^2 未知时，常用 S^2 去估计，而总体标准差 σ 常用样本标准差 S 去估计.

二、常见统计分布

统计量 $g(X_1,X_2,\cdots,X_n)$ 是随机变量，其概率分布又称**抽样分布**，这些分布在数理统计中起重要作用.

抽样分布的含义：对总体进行 k 次随机抽样，每次抽样得到一组样本观察值和统计量值

$$x^{(i)}=(x_1^{(i)},x_2^{(i)},\cdots,x_n^{(i)})(i=1,2,\cdots,k),g(x^{(i)})=g(x_1^{(i)},x_2^{(i)},\cdots,x_n^{(i)})(i=1,2,\cdots,k).$$

于是 k 次抽样就有 k 个样本统计量值，一般来说，不同的抽样得到的样本观察值常常不

同，由此求的统计量值也不相同，在进行大量随机抽样后，样本统计量的值必然表现出某种概率分布，这就是统计量的抽样分布.

下面介绍几种常见分布.

1. 样本均值的分布

设 $X \sim N(\mu,\sigma^2)$，$(X_1,X_2,\cdots,X_n)$ 是 X 的一个样本，则 $\overline{X} \sim N\left(\mu,\dfrac{\sigma^2}{n}\right)$ 或 $\dfrac{\overline{X}-\mu}{\dfrac{\sigma}{\sqrt{n}}} \sim N(0,1)$.

在统计中，常用到标准正态分布的上 α 分位点这个概念，介绍如下：

设 $X \sim N(0,1)$，对给定的 $\alpha(0<\alpha<1)$，称满足条件

$$P(X>U_\alpha)=\alpha \text{ 或 } P(X\leqslant U_\alpha)=1-\alpha$$

的点 U_α 为标准正态分布上 α **分位点**或**上侧临界值**，简称**上 α 点**，几何意义如图 10-4-3 所示；称满足条件

$$P(|X|>U_{\frac{\alpha}{2}})=\alpha$$

的点 $U_{\frac{\alpha}{2}}$ 为标准正态分布的**双侧 α 分位点**或**双侧临界值**，简称双 α 点，其几何意义如图 10-4-4 所示.

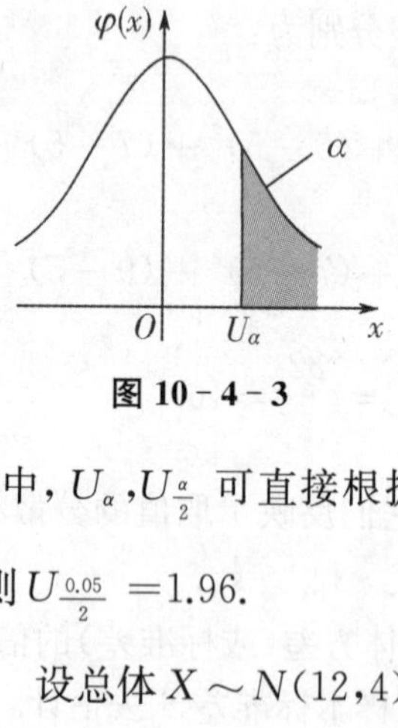

图 10-4-3

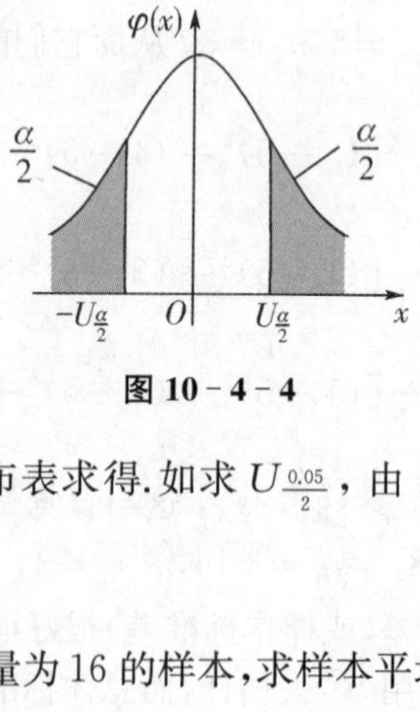

图 10-4-4

在数理统计中，U_α，$U_{\frac{\alpha}{2}}$ 可直接根据正态分布表求得.如求 $U_{\frac{0.05}{2}}$，由 $P(X>1.96)=\dfrac{0.05}{2}=0.025$，则 $U_{\frac{0.05}{2}}=1.96$.

例 10-4-3 设总体 $X \sim N(12,4)$，抽取容量为 16 的样本，求样本平均值 $\overline{X}$ 的分布及 $P(\overline{X}>13)$.

解 因为 $X \sim N(12,4)$，$\mu=12$，$\sigma^2=4$. 由于 $n=16$，$\dfrac{\sigma^2}{n}=\dfrac{4}{16}=0.5^2$，所以

$$\overline{X} \sim N(12,0.5^2).$$

由于 $\dfrac{\overline{X}-\mu}{\dfrac{\sigma}{\sqrt{n}}}=\dfrac{\overline{X}-12}{\dfrac{2}{\sqrt{16}}}=\dfrac{\overline{X}-12}{0.5} \sim N(0,1)$，可得

$$P(\overline{X}>13)=1-P(\overline{X}\leqslant 13)=1-\Phi\left(\frac{13-12}{0.5}\right)=1-\Phi(2)=1-0.977\ 2=0.022\ 8.$$

2. χ^2 分布

设 $(X_1,X_2,\cdots,X_n)$ 为取自正态总体 $X\sim N(0,1)$ 的样本，则称 $\chi^2=X_1^2+X_2^2+\cdots+X_n^2$ 为服从自由度为 n 的 χ^2 分布，记作 $\chi^2\sim\chi^2(n)$.

χ^2 分布的概率密度函数为 $f(x)=\begin{cases}\dfrac{1}{2^{\frac{n}{2}}\Gamma\left(\frac{n}{2}\right)}x^{\frac{n}{2}-1}e^{-\frac{y}{2}} & x\geqslant 0\\ 0 & x<0\end{cases}$，$E(\chi^2)=n$，$D(\chi^2)=2n$.

> **注意** Gamma 函数 $\Gamma(x)=\int_0^{+\infty}t^{x-1}e^{-t}dt\ (x>0)$，其图形如图 10-4-5 所示.

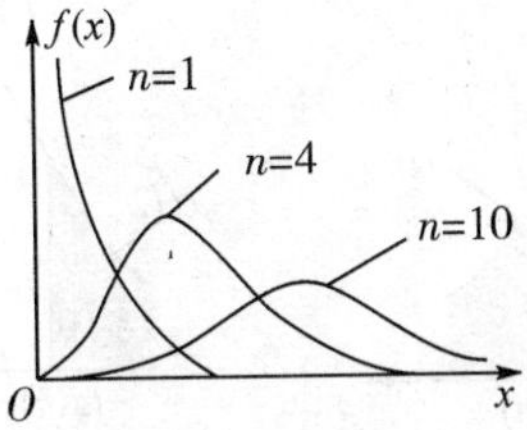

图 10-4-5

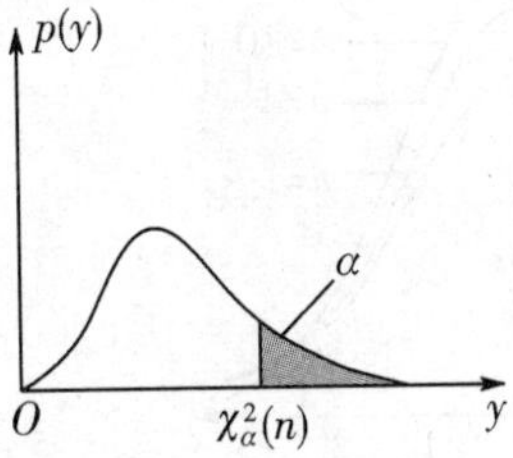

图 10-4-6

由于用 χ^2 分布的概率密度计算较为困难，对不同的自由度 n 及不同的数 $\alpha(0<\alpha<1)$，书后附了 χ^2 分布表.类似于标准正态分布，我们称满足

$$P(\chi^2(n)>\chi^2_\alpha(n))=\int_{\chi^2_\alpha(n)}^{+\infty}p(y)dy=\alpha$$

的点 $\chi^2_\alpha(n)$ 为 χ^2 分布的**上 α 分位点或上侧临界值**，简称**上 α 点**，其几何意义如图 10-4-6 所示，这里 $p(y)$ 是 χ^2 分布的概率密度.

显然，在自由度 n 取定以后，$\chi^2_\alpha(n)$ 的值只与 α 有关.

例 10-4-4 当 $n=21$，$\alpha=0.05$ 时，由附表可查得，$\chi^2_{0.05}(21)=32.671$，即

$$P(\chi^2(21)>32.671)=0.05.$$

3. t 分布

设 $X_1\sim N(0,1)$，$X_2\sim\chi^2(n)$，且 X_1 与 X_2 相互独立，则称随机变量 $t=\dfrac{X_1}{\sqrt{\dfrac{X_2}{n}}}$ 服从自由度为 n 的 t 分布，记作 $t\sim t(n)$.

t 分布的概率密度函数为 $f(x)=\dfrac{\Gamma\left(\dfrac{n+1}{2}\right)}{\sqrt{n\pi}\,\Gamma\left(\dfrac{n}{2}\right)}\left(1+\dfrac{x^2}{n}\right)^{-\frac{n+1}{2}}\ (-\infty<x<+\infty)$，其图形如图 10－4－7 所示，其形状类似标准正态分布的概率密度的图形.当 n 较大时，t 分布近似于标准正态分布.

对于给定的 $\alpha(0<\alpha<1)$，称满足条件 $P(t(n)>t_\alpha(n))=\int_{t_\alpha(n)}^{+\infty}f(t)\mathrm{d}t=\alpha$ 的点 $t_\alpha(n)$ 为 t 分布的**上侧分位数**，其几何意义如图 10－4－8 所示.

由 t 分布的对称性，也称满足条件 $P(|t(n)|>t_{\frac{\alpha}{2}}(n))=\alpha$，即

$$P(T>t_{\alpha/2}(n))=\frac{\alpha}{2},P(T<-t_{\alpha/2}(n))=\frac{\alpha}{2}$$

的点 $t_{\frac{\alpha}{2}}(n)$ 为 t 分布的**双侧 α 分位点或双侧临界值**，简称**双 α 点**，其几何意义如图 10－4－9 所示.

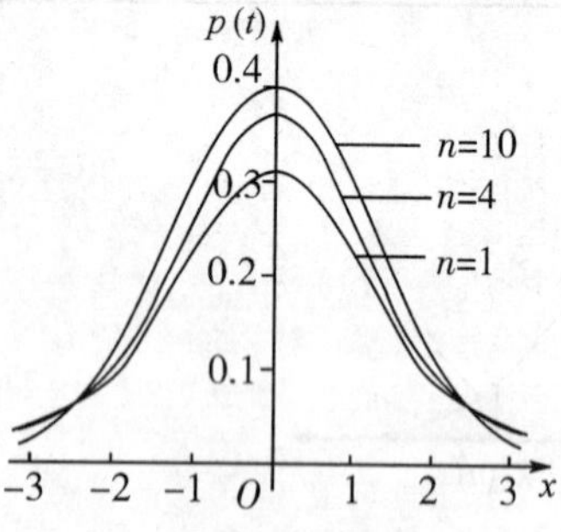

图 10－4－7

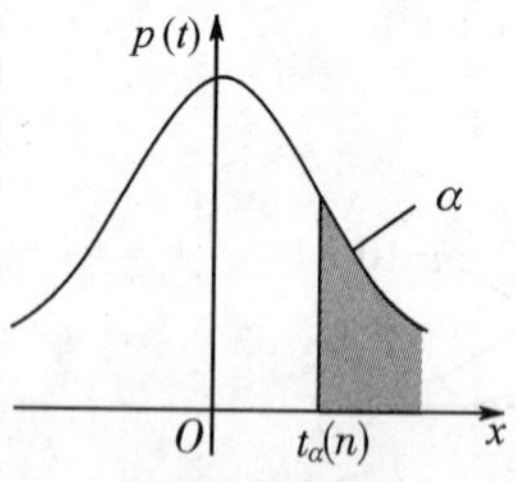

图 10－4－8

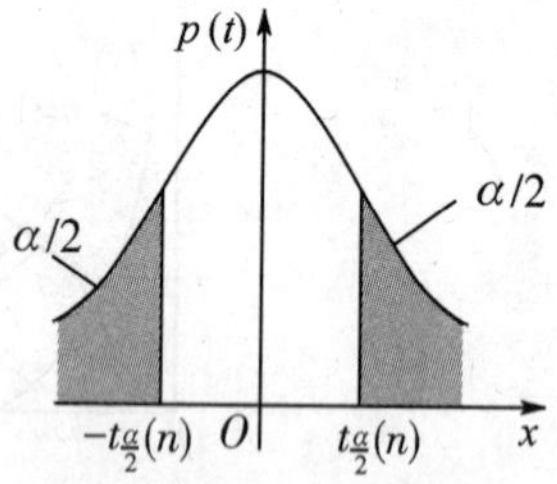

图 10－4－9

例 10－4－5 当 $n=15,\alpha=0.05$ 时，查 t 分布表有 $t_{0.05}(15)=1.753,t_{\frac{0.05}{2}}(15)=2.131$，其中 $t_{\frac{0.05}{2}}(15)$ 由 $P(t(15)>t_{0.025}(15))=0.025$ 查得.

当 $n>45$ 时，可用标准正态分布代替 t 分布查 $t_\alpha(n)$ 的值.

例 10－4－6 设 $t\sim t(50)$，求满足 $P(|t|\leqslant c)=0.80$ 的 c 值.

解 由 $P(|t|\leqslant c)=0.80$ 及由 t 分布的对称性知：$P(t\geqslant c)=0.10,n>45$，近似于标准正态分布.所以 $c=t_{0.1}(50)=1.28$.

4. F 分布

设 $X_1\sim\chi^2(n_1),X_2\sim\chi^2(n_2)$，且 X_1 与 X_2 相互独立，则称随机变量 $F=\dfrac{X_1/n_1}{X_2/n_2}$ 服从自由度为 n_1,n_2 的 F 分布，记作 $F\sim F(n_1,n_2)$.

F 分布的概率密度函数为

$$f(x)=\begin{cases}\dfrac{\Gamma\left(\dfrac{n_1+n_2}{2}\right)}{\Gamma\left(\dfrac{n_1}{2}\right)\Gamma\left(\dfrac{n_2}{2}\right)}\left(\dfrac{n_1}{n_2}\right)^{\frac{n_1}{2}}x^{\frac{n_1}{2}-1}\left(1+\dfrac{n_1}{n_2}x\right)^{-\frac{n_1+n_2}{2}} & x>0\\ 0 & x\leqslant 0\end{cases}.$$

其中 n_1 称为**第一自由度**，n_2 称为**第二自由度**，如图 10-4-10 所示，由于 n_1,n_2 在 $f(x)$ 表达式中的位置并不对称，因此，一般 $F(n_1,n_2)$ 与 $F(n_2,n_1)$ 并不相同.

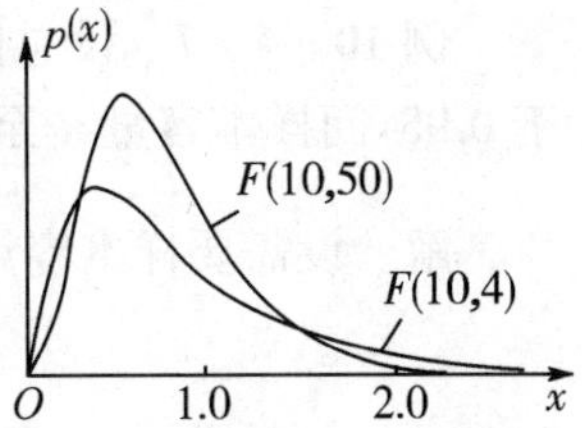

图 10-4-10

设 $F\sim F(n_1,n_2)$，$f(x)$ 是概率密度，对于给定的数 α：$0<\alpha<1$，我们称满足

$$P(F>F_\alpha(n_1,n_2))=\int_{F_\alpha(n_1,n_2)}^{+\infty}f(x)\mathrm{d}x=\alpha$$

的点 $F_\alpha(n_1,n_2)$ 为 F 分布的上侧分位数.

$F_\alpha(n_1,n_2)$ 的值可以由附表查得，对于 $\alpha=0.90,0.95,0.975,0.99,0.995,0.999$ 时的值，可用下面的公式计算：$F_{1-\alpha}(n_1,n_2)=\dfrac{1}{F_\alpha(n_2,n_1)}$.

三、统计分布的重要性质

性质 10-4-1　设 $(X_1,X_2,\cdots,X_n)$ 为来自总体 $X\sim N(\mu,\sigma^2)$ 的样本，则

(1) $\overline{X}\sim N\left(\mu,\dfrac{\sigma^2}{n}\right)$；

(2) 样本均值 $\overline{X}$ 与样本方差 S^2 相互独立；

(3) $\dfrac{(n-1)S^2}{\sigma^2}=\dfrac{\sum\limits_{i=1}^{n}(X_i-\overline{X})^2}{\sigma^2}\sim\chi^2(n-1)$.

性质 10-4-2　设 $(X_1,X_2,\cdots,X_n)$ 为来自总体 $X\sim N(\mu,\sigma^2)$ 的样本，则统计量

$$\frac{\overline{X}-\mu}{\dfrac{S}{\sqrt{n}}}\sim t(n-1).$$

性质 10-4-3　设 $(X_1,X_2,\cdots,X_m)$ 和 $(Y_1,Y_2,\cdots,Y_n)$ 分别来自正态总体 $X\sim N(\mu_1,\sigma^2)$ 和 $Y\sim N(\mu_2,\sigma^2)$ 的样本，且它们相互独立，则统计量

$$\frac{\overline{X}-\overline{Y}-(\mu_1-\mu_2)}{S_0\sqrt{\dfrac{1}{m}+\dfrac{1}{n}}}\sim t(m+n-2),$$

其中 $S_0=\sqrt{\dfrac{(n_1-1)S_1^2+(n_2-1)S_2^2}{n_1+n_2-2}}$，$S_1^2,S_2^2$ 分别为两总体的样本方差.

性质 10-4-4　设 $(X_1,X_2,\cdots,X_m)$ 和 $(Y_1,Y_2,\cdots,Y_n)$ 分别为来自正态总体 $X\sim N(\mu_1,\sigma_1^2)$ 和 $Y\sim N(\mu_2,\sigma_2^2)$ 的样本，且它们相互独立，则统计量

$$\frac{S_1^2/\sigma_1^2}{S_2^2/\sigma_2^2}\sim F(m-1,n-1).$$

例 10-4-7 设总体 X 服从正态分布 $N(62,100)$，为使样本均值大于 60 的概率不小于 0.95，问样本容量 n 至少应取多大?

解 设需要样本容量为 n，则 $\dfrac{\overline{X}-\mu}{\sigma/\sqrt{n}}=\dfrac{\overline{X}-\mu}{\sigma}\cdot\sqrt{n}\sim N(0,1)$，

$$P(\overline{X}>60)=P\left(\frac{\overline{X}-62}{10}\cdot\sqrt{n}>\frac{60-62}{10}\cdot\sqrt{n}\right),$$

查标准正态分布表，得 $\Phi(1.64)\approx 0.95$. 所以 $0.2\sqrt{n}\geqslant 1.64$，$n\geqslant 67.24$，故样本容量至少应取 68.

习题 10.4

1. 设 $X_i\sim N(\mu_i,\sigma^2)(i=1,2,\cdots,5)$，$\mu_1,\mu_2,\cdots,\mu_5$ 不全等，问：$X_1,X_2,\cdots,X_5$ 是否为简单随机样本?

2. 考察幼树胸径，随机观测 10 株作为样本，原始数据（单位：cm）如下：

$$3.0,2.0,5.5,5.0,3.0,6.5,7.0,4.0,4.0,6.0.$$

试计算样本均值和样本方差.

3. 从总体 X 中抽取样本 $(x_1,x_2,\cdots,x_{15})$，试证 $\sum\limits_{i=1}^{n}(x_i-\bar{x})=0$.

4. 设总体服从参数为 λ 的指数分布，分布密度为 $p(x,\lambda)=\begin{cases}\lambda e^{-\lambda x} & x>0\\ 0 & x\leqslant 0\end{cases}$，求 $E(\overline{X})$，$D\,\overline{(X)}$ 和 $E(S^2)$.

5. 设总体 $X\sim N(0,0.3^2)$，从中抽取容量为 15 的样本 $(X_1,X_2,\cdots,X_{15})$，试计算概率 $P(\sum\limits_{i=1}^{15}X_i^2>2.25)$.

6. 在总体为 $X\sim N(80,400)$ 中随机抽取容量为 100 的样本，求样本均值与总体均值之差的绝对值大于 3 的概率.

本章小结

本章主要介绍了处理随机现象的数学工具——概率论和数理统计基础. 由于篇幅所限，本章在内容安排上，精选了概率论与数理统计的基础性内容，主要包括：随机事件及其概率，随机变量及其分布，随机变量的数字特征以及数理统计基础四部分.

1. 随机事件及其概率部分介绍了随机事件与样本空间的概念，事件的关系与运算；给出了概率的统计定义、古典概率、几何概率、条件概率与概率乘法定理，并介绍了全概率公式，研究了事件的独立性问题，伯努利概型等. 不同的概率、公式各有特点和适用情况，读者需了然于心.

2. 对于随机变量，除了要知道它可能取哪些值，更重要的是要知道它以怎样的概率取这

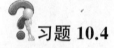

些值并且表示出来.第二节介绍了表达离散型随机变量、连续性随机变量概率分布的几种方法,主要包括分布列、分布函数、概率密度等,并且还分别对离散型随机变量、连续性随机变量的几个典型分布做了阐述.

3. 有时随机变量的分布不容易得到,同时随机变量的某些特征更直观,这就引入了随机变量的数字特征的概念.数学期望和方差描述了随机变量的集中和离散趋势,为理解随机变量背后的规律提供了直观方法.因此,求随机变量的期望、方差以及几种常见类型随机变量的数学期望、方差是第三节的重点.

4. 相对于概率论,数理统计部分具有更重要的实用价值.本章介绍了数理统计的基础内容,目的是在有限的学时内为读者提供进一步学习推断统计的基础.应用数理统计的本质要求的是利用样本信息推断总体分布,因此,样本、总体、随机抽样等基本概念必须明确.有了样本数据如何近似总体分布?频率直方图和经验分布函数方法简单而且有理论基础,很实用.可以用样本统计量来推断总体分布,于是熟悉统计量及其常见分布就很重要.而统计分布的重要性质既为这种推断提供了方法,又提供了理论保证,是后继学习的必要基础.

复习题十

一、填空题

1. 设 A,B,C 是 3 个随机事件,则“3 个事件中至少有一个发生”用 A,B,C 表示为________,“3 个事件中恰有一个事件发生”用 A,B,C 表示为________,“3 个事件中不多于一个发生”用 A,B,C 表示为________.

2. 已知 $A \subset B, P(A)=0.4, P(A \cup B)=0.6$,则 $P(\overline{A})=$________,$P(AB)=$________,$P(A-B)=$________.

3. 设 A,B 为随机事件,$P(A)=0.5, P(B)=0.6, P(B \mid A)=0.8$,则 $P(B \cup A)=$________.

4. 设 A,B 是相互独立的随机事件,$P(A)=0.5, P(B)=0.7$,则 $P(A \cup B)=$________.

5. 随机变量 X 在 $[1,5]$ 上服从均匀分布,则其概率密度函数可以表示为:当________时,$f(x)=$________,其他 $f(x)=$________,此时 $P(1<X<4)=$________.

6. 甲、乙两人独立地对同一目标射击一次,其命中率分别为 0.6 和 0.5,现已知目标被命中,则它是甲射中的概率为________.

7. 将 C,C,E,E,I,N,S 等 7 个字母随机地排成一行,那么恰好排成英文单词 $SCIENCE$ 的概率为________.

8. 设离散型随机变量 X 分布律为 $P(X=k)=5A\left(\frac{1}{2}\right)^k (k=1,2,\cdots)$,则 $A=$________.

9. 随机变量 X 的分布律如下表,则 $P(X+1<2)=$________,$P(X^2 \geqslant 1)=$________.

X	-1	0	1	2
P	0.1	0.3	0.2	0.4

10. 若随机变量 ξ 在(1,6)上服从均匀分布，则方程 $x^2+\xi x+1=0$ 有实根的概率是________.

11. 设 $X\sim N(2,\sigma^2)$，且 $P(2<x<4)=0.3$，则 $P(x<0)=$________.

12. 设 $X\sim N(10,0.6)$，$Y\sim N(1,2)$，且 X 与 Y 相互独立，则 $D(3X-Y)=$________.

13. 设容量 $n=10$ 的样本的观察值为(8,7,6,9,8,7,5,9,6)，则样本均值=________，样本方差=________，标准差=________.

14. 设 $X_1,X_2,\cdots,X_n$ 为来自正态总体 $X\sim N(\mu,\sigma^2)$ 的一个简单随机样本，则样本均值 $X=\frac{1}{n}\sum_{i=1}^{n}X_i$ 服从________.

二、选择题

1. 设 A,B 为两随机事件，且 $B\subset A$，则下列式子正确的是(　　).

A. $P(A\cup B)=P(A)$　　B. $P(AB)=P(A)$

C. $P(B\mid A)=P(B)$　　D. $P(B-A)=P(B)-P(A)$

2. 设 A,B,C 是任意三个随机事件，则以下命题中正确的是(　　).

A. $A\cup B=A\bar{B}\cup B\bar{A}$　　B. $A\cup B\subset A\cap\bar{B}$

C. $(A\cup B)-C=A\cup(B-C)$　　D. $A-B=A\cap\bar{B}$

3. A,B 为两个概率不为零的不相容事件，则下列结论肯定正确的是(　　).

A. $\bar{A}$ 和 $\bar{B}$ 不相容　　B. $\bar{A}$ 和 $\bar{B}$ 相容

C. $P(AB)=P(A)P(B)$　　D. $P(A-B)=P(A)$

4. 以 A 表示事件“甲种产品畅销，乙种产品滞销”，则其对立事件 $\bar{A}$ 为(　　).

A. “甲种产品滞销，乙种产品畅销”　　B. “甲、乙两种产品均畅销”

C. “甲种产品滞销”　　D. “甲种产品滞销或乙种产品畅销”

5. 袋中有5个球(3个新的，2个旧的)，现每次取一个，无放回地抽取两次，则第二次取到新球的概率为(　　).

A. $\frac{3}{5}$　　B. $\frac{3}{4}$　　C. $\frac{2}{4}$　　D. $\frac{3}{10}$

6. 设 A 和 B 为任意两个事件，且 $A\subset B$，$P(B)>0$，则必有(　　).

A. $P(A)<P(A|B)$　　B. $P(A)\leqslant P(A\mid B)$

C. $P(A)>P(A|B)$　　D. $P(A)\geqslant P(A|B)$

7. 设 $F_1(x)$ 和 $F_2(x)$ 分别为 X_1 和 X_2 的分布函数，为使 $F(x)=aF_1(x)-bF_2(x)$ 是某一随机变量的分布函数，待定系数 a,b 可取(　　).

A. $a=\frac{3}{5},b=-\frac{2}{5}$　　B. $a=\frac{2}{3},b=\frac{2}{3}$

C. $a=-\frac{1}{2},b=\frac{3}{2}$　　D. $a=\frac{1}{2},b=-\frac{3}{2}$

8. 事件 A 发生的概率为 p，现重复进行 n 次独立试验，则事件 A 至多发生一次的概率为(　　).

A. $1-p^n$　　B. p^n

C. $1-(1-p)^n$　　D. $(1-p)^n+np\,(1-p)^{n-1}$

9. 设 $X \sim N(\mu,\sigma^2)$，那么当 σ 增大时，$P(|X-\mu|<\sigma)=($　　$)$.

A. 增大　　B. 减少　　C. 不变　　D. 增减不定

10. 设 $X \sim N(\mu,\sigma^2)$，则 $P(x \leqslant \mu)=($　　$)$.

A. 0.5　　B. 0　　C. 1　　D. 无法确定

11. 设 X 的密度函数为 $f(x)$，分布函数为 $F(x)$，且 $f(x)=f(-x)$，那么对任意给定的 a 都有(　　).

A. $f(-a)=1-\int_0^a f(x)\mathrm{d}x$　　B. $F(-a)=\frac{1}{2}-\int_0^a f(x)\mathrm{d}x$

C. $F(a)=F(-a)$　　D. $F(-a)=2F(a)-1$

12. 下列函数中，在 $(-\infty,+\infty)$ 内可以作为某个随机变量 X 的分布函数是(　　).

A. $F(x)=\dfrac{1}{1+x^2}$　　B. $F(x)=\dfrac{1}{\pi}\arctan x+\dfrac{1}{2}$

C. $F(x)=\begin{cases}\dfrac{1}{2}(1-\mathrm{e}^{-x}) & x>0\\ 0 & x\leqslant 0\end{cases}$　　D. A、B、C 都可以

13. 设 X_1,X_2,X_3 相互独立同服从参数 $\lambda=3$ 的泊松分布，令 $Y=\frac{1}{3}(X_1+X_2+X_3)$，则 $E(Y^2)=($　　$)$.

A. 1　　B. 9　　C. 10　　D. 6

14. 设 $X \sim N(\mu,\sigma^2)$，其中 μ 已知，σ^2 未知，X_1,X_2,X_3 为样本，则下列选项中不是统计量的是(　　).

A. $X_1+X_2+X_3$　　B. $\max\{X_1,X_2,X_3\}$

C. $\sum_{i=1}^{3}\dfrac{X_i^2}{\sigma^2}$　　D. $X_1-\mu$

三、计算题

1. 设随机事件 A，B 及其和事件 $A\cup B$ 的概率分别是 0.5，0.3 和 0.6，若 $\overline{B}$ 表示 B 事件的对立事件，求积事件 $A\overline{B}$ 的概率.

2. 10 把钥匙中有 3 把能打开门，今任意取两把，求能打开门的概率.

3. 在房间里有 6 个人，分别佩戴从 1 号到 6 号的纪念章，任选 2 人记录其纪念章的号码：

(1) 求最小号码为 4 的概率；　　(2) 求最大号码为 4 的概率.

4. 仓库中有十箱同样规格的产品，已知其中有五箱、三箱、二箱依次为甲、乙、丙厂生产的，且甲厂、乙厂、丙厂生产的这种产品的次品率依次为 $\frac{1}{10},\frac{1}{15},\frac{1}{20}$. 从这十箱产品中任取一件产品，求取得正品的概率.

5. 一箱产品，A、B 两厂生产的数量分别占 60%，40%，其次品率分别为 1%，2%.现在从中任取一件为次品，问此时该产品是哪个厂生产的可能性最大？

6. 一袋中有 5 只乒乓球，编号为 1，2，3，4，5，在其中同时取三只，以 X 表示取出的三只球中的最大号码，求随机变量 X 的分布律和分布函数.

7. 设在独立重复实验中，每次实验成功概率为 0.5，问需要进行多少次实验，才能使至少成功一次的概率不小于 0.9.

8. 设随机变量 X 的密度函数为 $f(x)=Ae^{-|x|}(-\infty<x<+\infty)$，求：

(1) 系数 A；　　(2) $P(0\leqslant x\leqslant 1)$；　　(3) 分布函数 $F(x)$.

9. 设随机变量 X 的分布函数为 $F(x)=\begin{cases}0 & x<1\\ \ln x & 1\leqslant x<e\\ 1 & x\geqslant e\end{cases}$，求：

(1) $P(X\leqslant 2), P(0<X\leqslant 3), P\left(2<X<\frac{5}{2}\right)$；(2) 概率密度 $f(x)$.

10. 盒中有 7 个球，其中 4 个白球，3 个黑球，从中任抽 3 个球，求：抽到白球数 X 的数学期望 $E(X)$ 和方差 $D(X)$.

11. 设随机变量 X 的数学期望为 $E(X)$，方差为 $D(X)>0$，引入新的随机变量（X^* 称为标准化的随机变量）：$X^*=\dfrac{X-E(X)}{\sqrt{D(X)}}$，验证 $E(X^*)=0, D(X^*)=1$.

12. 设 $X_1, X_2, \cdots, X_n$ 是来自泊松分布 $P(\lambda)$ 的一个样本，$\overline{X}, S^2$ 分别为样本均值和样本方差，求：$E(\overline{X}), D(\overline{X}), E(S^2)$.

阅读材料

蒲丰投针实验与蒙特·卡罗模拟

1777 年，著名的法国自然科学家、数学家蒲丰在家中宴请宾客.但这次可不是什么上层名流的沙龙聚会，蒲丰邀请朋友们来是为了完成一个实验.

一、实验过程和结果

这个实验的操作方法非常简单：

(1) 取一张白纸，在上面画上许多条间距为 a 的平行线.

(2) 取一根长度为平行线间距一半的针$\left(\text{即长度 } l \text{ 为 } \dfrac{a}{2}\right)$，随机地向画有平行线的纸上掷 N 次，观察针与平行线相交的次数，记为 n.

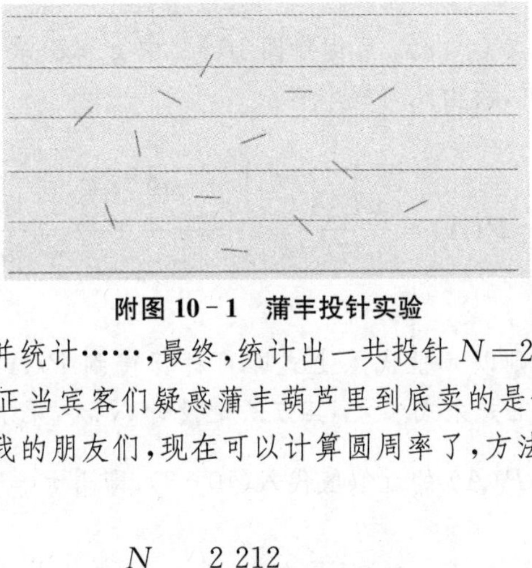

附图 10-1　蒲丰投针实验

宾客们开始投针并统计……，最终，统计出一共投针 $N=2\,212$ 次，针与平行线相交的次数 $n=704$ 次.正当宾客们疑惑蒲丰葫芦里到底卖的是什么药的时候，蒲丰微微一笑，说道："好了，我的朋友们，现在可以计算圆周率了，方法很简单，把 N 与 n 相除即可."

$$\frac{N}{n}=\frac{2\,212}{704}\approx 3.142.$$

宾客们大呼惊奇！计算出来的值精确到了圆周率 π 小数点后 2 位！($\pi=3.141\,592\,6\cdots$)，蒲丰表示：如果投针次数更多，计算出来的 π 值将更精确.这就是著名的蒲丰投针实验.

二、实验的意义和证明

其实，蒲丰投针实验不仅意外地给出了圆周率 π 的近似计算，它还是第一个几何概率的例子.可以通过几何概率的方法严格地证明，实验得到的结果确实为 π 的近似值.

问题表述：假设平面上画有等距离为 $a(a>0)$ 的一些平行线，向此平面任意投掷一枚长为 $l(l<a)$ 的针，试求针与平行线相交的概率 p.

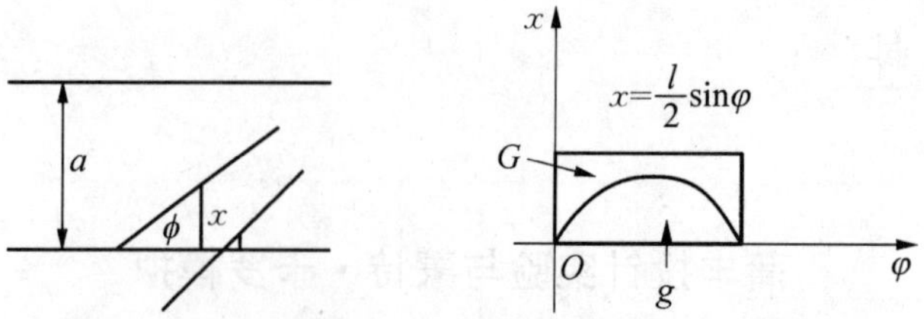

附图 10－2　蒲丰投针分析

解　假设"针与平行线相交"为事件 A，以 x 表示针的中点 M 到最近一条平行线的距离，φ 表示针与最近一条平行线间的交角（如附图 10－2），易知：

$$0\leqslant x\leqslant \frac{a}{2},0\leqslant \varphi\leqslant \pi. \tag{10-1}$$

由这两式可以确定在 φOx 平面上的一个矩形 Ω，要使针与平行线相交，必须且只需

$$x\leqslant \frac{l}{2}\sin\varphi \tag{10-2}$$

表示不等式(10－2)的点 (φ,x)，可由附图 10－2 中 g 部分表示，由于针是等可能地落在平面上的任一位置，故由几何概率有：

$$P=P(A)=\frac{\mu(A)}{\mu(\Omega)}=\frac{\int_0^{\pi}\frac{l}{2}\sin\varphi\mathrm{d}\varphi}{\frac{1}{2}a\pi}=\frac{2l}{\pi a}. \tag{10-3}$$

如果 l,a 为已知，则以 π 值代入上式即可计算得到 $P(A)$ 之值，反之如果已知 $P(A)$ 之值，也可利用上关系式求 π，其方法是投针 N 次，记下针与平行线相交的次数 n，并以频率 $\frac{n}{N}$ 作 $P(A)$ 的近似值代入(10－3)，即得 $\pi=\frac{2Nl}{an}$.

上面蒲丰投针实验中，$l=\frac{a}{2}$，于是有 $\pi=\frac{N}{n}$，这就给出了把 N 与 n 相除可以得到 π 的近似值的严密解释.

三、实验的推广：蒙特·卡罗模拟方法

这个实验给数学工作者一个很好的启发，即若我们想要计算一个感兴趣的量（上面这个量是 π），则可适当地设计一个随机试验，使试验下某个事件的概率与感兴趣的那个量有关，然后重复试验多次，以频率代事件的概率便可求出那个量的近似解来.人们称这种计算方法为随机模拟法或蒙特·卡罗方法.

蒙特·卡罗方法在金融工程学、宏观经济学、计算物理学（如粒子输运计算、量子热力学计算、空气动力学计算）等领域应用广泛.

附录 1

基本初等函数表

名称	解析式	定义域和值域	图像	主要特性
幂函数	$y=x^{\alpha}$ (α 为常数)	依 α 不同而异，但在 $(0,+\infty)$ 内都有定义	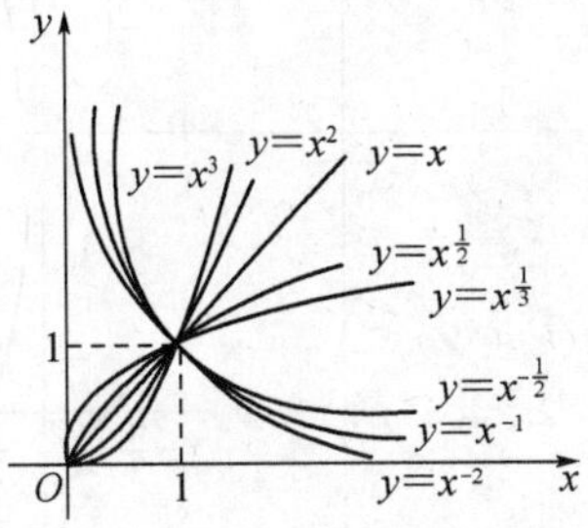	在第一象限内：当 $\alpha>0$ 时，x^{α} 为单调增；当 $\alpha<0$ 时，x^{α} 为单调减
指数函数	$y=a^{x}$ ($a>0$ 且 $a\neq 1$)	$x\in(-\infty,+\infty)$ $y\in(0,+\infty)$	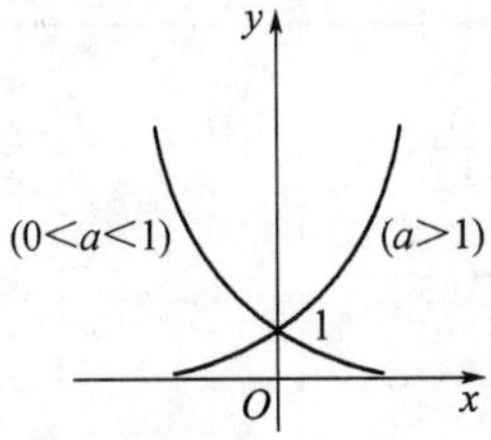	过点 $(0,1)$；当 $0<a<1$ 时，a^{x} 是单调减；当 $a>1$ 时，a^{x} 是单调增
对数函数	$y=\log_a x$ ($a>0$ 且 $a\neq 1$)	$x\in(0,+\infty)$ $y\in(-\infty,+\infty)$	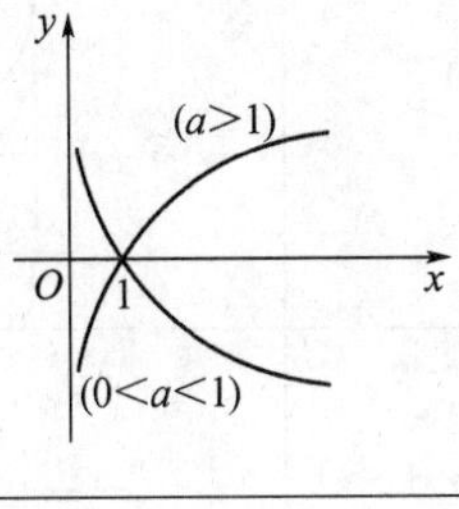	过点 $(1,0)$；当 $0<a<1$ 时，$\log_a x$ 是单调减；当 $a>1$ 时，$\log_a x$ 是单调增
三角函数	$y=\sin x$	$x\in(-\infty,+\infty)$ $y\in[-1,1]$	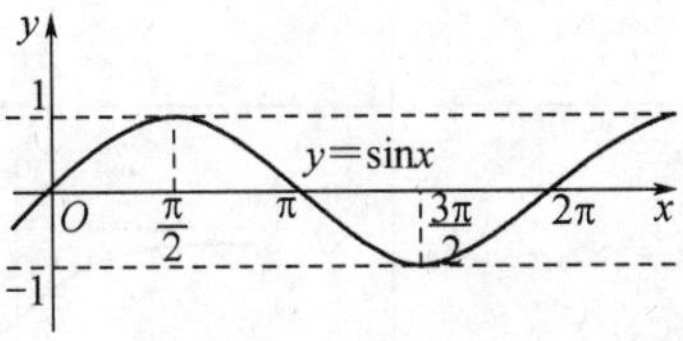	奇函数，周期 2π，有界；在 $\left[2k\pi-\frac{\pi}{2},2k\pi+\frac{\pi}{2}\right]$ 内单调增；在 $\left[2k\pi+\frac{\pi}{2},2k\pi+\frac{3\pi}{2}\right]$ 内单调减 $(k\in\mathbf{Z})$

(续表)

名称	解析式	定义域和值域	图　　像	主要特性
三角函数	$y=\cos x$	$x\in(-\infty,+\infty)$ $y\in[-1,1]$	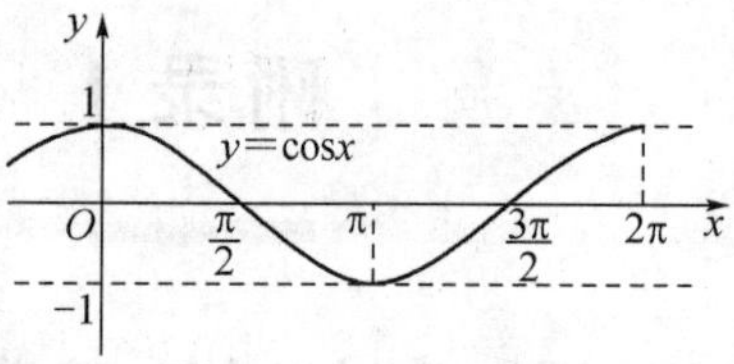	偶函数，周期 2π，有界；在 $[2k\pi-\pi,2k\pi]$ 内单调增；在 $[2k\pi,2k\pi+\pi]$ 内单调减 $(k\in\mathbf{Z})$
	$y=\tan x$	$x\neq k\pi+\dfrac{\pi}{2}(k\in\mathbf{Z})$ $y\in(-\infty,+\infty)$	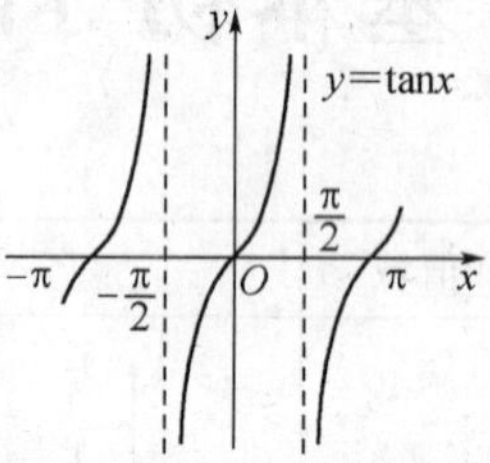	奇函数，周期 π，在 $\left(k\pi-\dfrac{\pi}{2},k\pi+\dfrac{\pi}{2}\right)$ 内单调增 $(k\in\mathbf{Z})$
	$y=\cot x$	$x\neq k\pi(k\in\mathbf{Z})$ $y\in(-\infty,+\infty)$	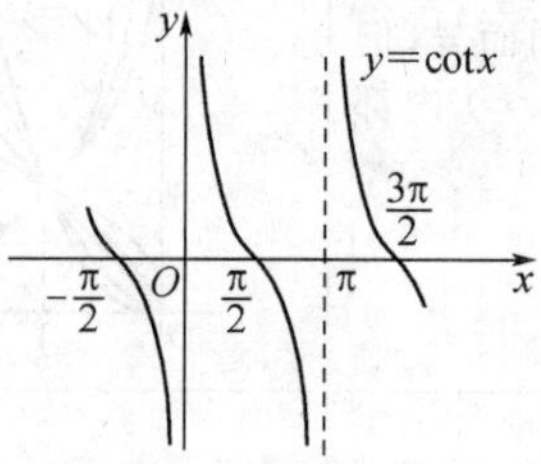	奇函数，周期 π，在 $(k\pi,k\pi+\pi)$ 内单调减 $(k\in\mathbf{Z})$
反三角函数	$y=\arcsin x$	$x\in[-1,1]$ $y\in\left[-\dfrac{\pi}{2},\dfrac{\pi}{2}\right]$	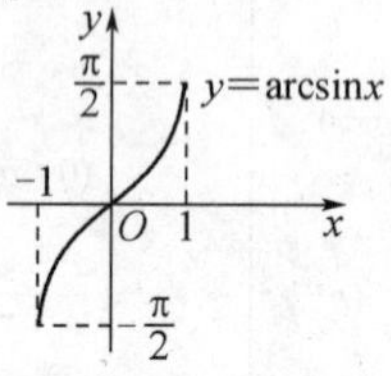	奇函数，单调增，有界
	$y=\arccos x$	$x\in[-1,1]$ $y\in[0,\pi]$	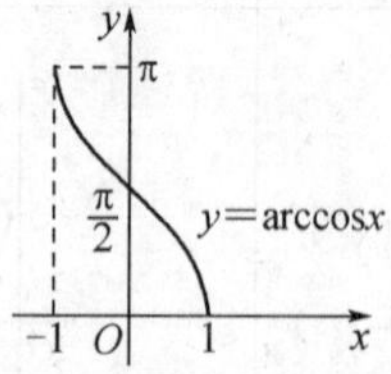	单调减，有界
	$y=\arctan x$	$x\in(-\infty,+\infty)$ $y\in\left(-\dfrac{\pi}{2},\dfrac{\pi}{2}\right)$	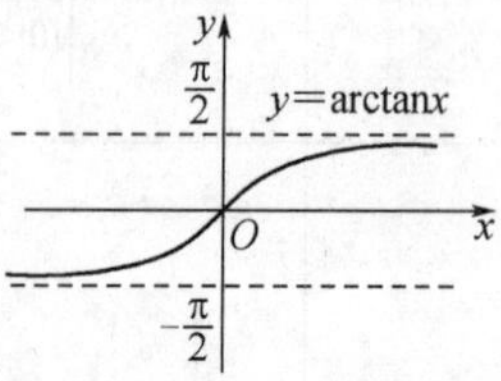	奇函数，单调增，有界
	$y=\text{arccot}\,x$	$x\in(-\infty,+\infty)$ $y\in(0,\pi)$	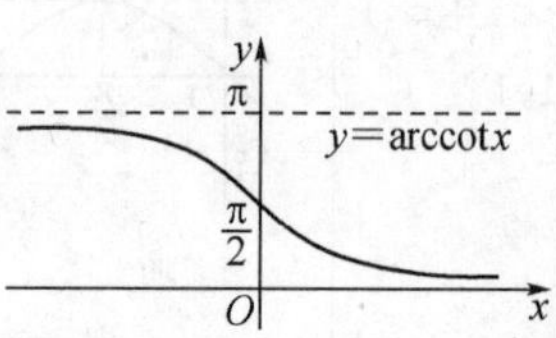	单调减，有界

附录 2

常用分布数值表

(a) 泊松分布数值表

$$P(X=k)=\frac{\lambda^k}{k!}\mathrm{e}^{-\lambda} \quad (k=0,1,2,\cdots)$$

k \ λ	0.1	0.2	0.3	0.4	0.5	0.6	0.7	0.8	0.9	1.0	1.5	2.0	2.5	3.0
0	0.940 8	0.818 7	0.740 8	0.670 3	0.606 5	0.548 8	0.496 0	0.449 3	0.406 6	0.367 9	0.223 1	0.135 3	0.082 1	0.049 8
1	0.090 5	0.163 7	0.222 3	0.268 1	0.303 3	0.329 3	0.347 6	0.359 5	0.365 9	0.367 9	0.334 7	0.270 7	0.205 2	0.149 4
2	0.004 5	0.016 4	0.033 3	0.053 6	0.075 8	0.098 8	0.121 6	0.143 8	0.164 7	0.183 9	0.251 0	0.270 7	0.256 5	0.224 0
3	0.000 2	0.001 1	0.003 3	0.007 2	0.012 6	0.019 8	0.028 4	0.038 3	0.049 4	0.061 3	0.125 5	0.180 5	0.213 8	0.224 0
4		0.000 1	0.000 3	0.000 7	0.001 6	0.003 0	0.005 0	0.007 7	0.011 1	0.015 3	0.047 1	0.090 2	0.133 6	0.168 1
5				0.000 1	0.000 2	0.000 3	0.000 7	0.001 2	0.002 0	0.003 1	0.014 1	0.036 1	0.066 8	0.100 8
6							0.000 1	0.000 2	0.000 3	0.000 5	0.003 5	0.012 0	0.027 8	0.050 4
7										0.000 1	0.000 8	0.003 4	0.009 9	0.021 6
8											0.000 2	0.000 9	0.003 1	0.008 1
9												0.000 2	0.000 9	0.002 7
10													0.000 2	0.000 8
11													0.000 1	0.000 2
12														0.000 1

(续表)

k \ λ	3.5	4.0	4.5	5.0	6	7	8	9	10	11	12	13	14	15
0	0.030 2	0.018 3	0.011 1	0.006 7	0.002 5	0.000 9	0.000 3	0.000 1						
1	0.105 7	0.073 3	0.050 0	0.033 7	0.014 9	0.006 4	0.002 7	0.001 1	0.000 4	0.000 2	0.000 1			
2	0.185 0	0.146 5	0.112 5	0.084 2	0.044 6	0.022 3	0.010 7	0.005 0	0.002 3	0.001 0	0.000 4	0.000 2	0.000 1	
3	0.215 8	0.195 4	0.168 7	0.140 4	0.089 2	0.052 1	0.028 6	0.015 0	0.007 6	0.003 7	0.001 8	0.000 8	0.000 4	0.000 2
4	0.188 8	0.195 4	0.189 8	0.175 5	0.133 9	0.091 2	0.057 3	0.033 7	0.018 9	0.010 2	0.005 3	0.002 7	0.001 3	0.000 6
5	0.132 2	0.156 3	0.170 8	0.175 5	0.160 6	0.127 7	0.091 6	0.060 7	0.037 8	0.022 4	0.012 7	0.007 1	0.003 7	0.001 9
6	0.077 1	0.104 2	0.128 1	0.146 2	0.160 6	0.149 0	0.122 1	0.091 1	0.063 1	0.041 1	0.025 5	0.015 1	0.008 7	0.004 8
7	0.038 5	0.059 5	0.082 4	0.104 4	0.137 7	0.149 0	0.139 6	0.117 1	0.090 1	0.064 6	0.043 7	0.028 1	0.017 4	0.010 4
8	0.016 9	0.029 8	0.046 3	0.065 3	0.103 3	0.130 4	0.139 6	0.131 8	0.112 6	0.088 8	0.065 5	0.045 7	0.030 4	0.019 5
9	0.006 5	0.013 2	0.023 2	0.036 3	0.068 8	0.101 4	0.124 1	0.131 8	0.125 1	0.108 5	0.087 4	0.066 0	0.047 3	0.032 4
10	0.002 3	0.005 3	0.010 4	0.018 1	0.041 3	0.071 0	0.099 3	0.118 6	0.125 1	0.119 4	0.104 8	0.085 9	0.066 3	0.048 6
11	0.000 7	0.001 9	0.004 3	0.008 2	0.022 5	0.045 2	0.072 2	0.097 0	0.113 7	0.119 4	0.114 4	0.101 5	0.084 3	0.066 3
12	0.000 2	0.000 6	0.001 5	0.003 4	0.011 3	0.026 4	0.048 1	0.072 8	0.094 8	0.109 4	0.114 4	0.109 9	0.098 4	0.082 8
13	0.000 1	0.000 2	0.000 6	0.001 3	0.005 2	0.014 2	0.029 6	0.050 4	0.072 9	0.092 6	0.105 6	0.109 9	0.106 1	0.095 6
14		0.000 1	0.000 2	0.000 5	0.002 3	0.007 1	0.016 9	0.032 4	0.052 1	0.072 8	0.090 5	0.102 1	0.106 1	0.102 5
15			0.000 1	0.000 2	0.000 9	0.003 3	0.009 0	0.019 4	0.034 7	0.053 3	0.072 4	0.088 5	0.098 9	0.102 5
16				0.000 1	0.000 3	0.001 5	0.004 5	0.010 9	0.021 7	0.036 7	0.054 3	0.071 9	0.086 5	0.096 0
17					0.001 1	0.000 6	0.002 1	0.005 8	0.012 8	0.023 7	0.038 3	0.055 1	0.071 3	0.084 7
18						0.000 2	0.001 0	0.002 9	0.007 1	0.014 5	0.025 5	0.039 7	0.055 4	0.070 6
19						0.000 1	0.000 4	0.001 4	0.003 7	0.008 4	0.016 1	0.027 2	0.040 8	0.055 7
20							0.000 2	0.000 6	0.001 9	0.004 6	0.009 7	0.017 7	0.028 6	0.041 8
21							0.000 1	0.000 3	0.000 9	0.002 4	0.005 5	0.010 9	0.019 1	0.029 9
22								0.000 1	0.000 4	0.001 3	0.003 0	0.006 5	0.012 2	0.020 4
23									0.000 2	0.000 6	0.001 6	0.003 6	0.007 4	0.013 3
24									0.000 1	0.000 3	0.000 8	0.002 0	0.004 3	0.008 3
25										0.000 1	0.000 4	0.001 1	0.002 4	0.005 0
26											0.000 2	0.000 5	0.001 3	0.002 9
27											0.000 1	0.000 2	0.000 7	0.001 7
28												0.000 1	0.000 3	0.000 9
29													0.000 2	0.000 4
30													0.000 1	0.000 2
31														0.000 1

(续表)

λ=20						λ=30					
k	*p*	*k*	*p*	*k*	*p*	*k*	*p*	*k*	*p*	*k*	*p*
5	0.000 1	20	0.088 9	35	0.000 7	10		25	0.051 1	40	0.013 9
6	0.000 2	21	0.084 6	36	0.000 4	11		26	0.059 1	41	0.010 2
7	0.000 6	22	0.076 9	37	0.000 2	12	0.000 1	27	0.065 5	42	0.007 3
8	0.001 3	23	0.066 9	38	0.000 1	13	0.000 2	28	0.070 2	43	0.005 1
9	0.002 9	24	0.055 7	39	0.000 1	14	0.000 5	29	0.072 7	44	0.003 5
10	0.005 8	25	0.064 6			15	0.001 0	30	0.072 7	45	0.002 3
11	0.010 6	26	0.034 3			16	0.001 9	31	0.070 3	46	0.001 5
12	0.017 6	27	0.025 4			17	0.003 4	32	0.065 9	47	0.001 0
13	0.027 1	28	0.018 3			18	0.005 7	33	0.059 9	48	0.000 6
14	0.038 2	29	0.012 5			19	0.008 9	34	0.052 9	49	0.000 4
15	0.051 7	30	0.008 3			20	0.013 4	35	0.045 3	50	0.000 2
16	0.064 6	31	0.005 4			21	0.019 2	36	0.037 8	51	0.000 1
17	0.076 0	32	0.003 4			22	0.026 1	37	0.030 6	52	0.000 1
18	0.084 4	33	0.002 1			23	0.034 1	38	0.024 2		
19	0.088 9	34	0.001 2			24	0.042 6	39	0.018 6		

λ=40						λ=50					
k	*p*	*k*	*p*	*k*	*p*	*k*	*p*	*k*	*p*	*k*	*p*
15		35	0.048 5	55	0.004 3	25		45	0.045 8	65	0.006 3
16		36	0.053 9	56	0.003 1	26	0.000 1	46	0.049 8	66	0.004 8
17		37	0.058 3	57	0.002 2	27	0.000 1	47	0.053 0	67	0.003 6
18	0.000 1	38	0.061 4	58	0.001 5	28	0.000 2	48	0.055 2	68	0.002 6
19	0.000 1	39	0.062 9	59	0.001 0	29	0.000 4	49	0.056 4	69	0.001 9
20	0.000 2	40	0.062 9	60	0.000 7	30	0.000 7	50	0.056 4	70	0.001 4
21	0.000 4	41	0.061 4	61	0.000 5	31	0.001 1	51	0.055 2	71	0.001 0
22	0.000 7	42	0.058 5	62	0.000 3	32	0.001 7	52	0.053 1	72	0.000 7
23	0.001 2	43	0.054 4	63	0.000 2	33	0.002 6	53	0.050 1	73	0.000 5
24	0.001 9	44	0.049 5	64	0.000 1	34	0.003 8	54	0.046 4	74	0.000 3
25	0.003 1	45	0.044 0	65	0.000 1	35	0.005 4	55	0.042 2	75	0.000 2
26	0.004 7	46	0.038 2			36	0.007 5	56	0.037 7	76	0.000 1
27	0.007 0	47	0.032 5			37	0.010 2	57	0.033 0	77	0.000 1
28	0.010 0	48	0.027 1			38	0.013 4	58	0.028 5	78	0.000 1
29	0.013 9	49	0.022 1			39	0.017 2	59	0.024 1		
30	0.018 5	50	0.017 7			40	0.021 5	60	0.020 1		
31	0.023 8	51	0.013 9			41	0.026 2	61	0.016 5		
32	0.029 8	52	0.010 7			42	0.031 2	62	0.013 3		
33	0.036 1	53	0.008 5			43	0.036 3	63	0.010 6		
34	0.042 5	54	0.006 0			44	0.041 2	64	0.008 2		

(b) 标准正态分布函数数值表

$$\Phi(u)=\frac{1}{\sqrt{2\pi}}\int_{-\infty}^{u} e^{-\frac{x^2}{2}}\,dx\ (u\geqslant 0)$$

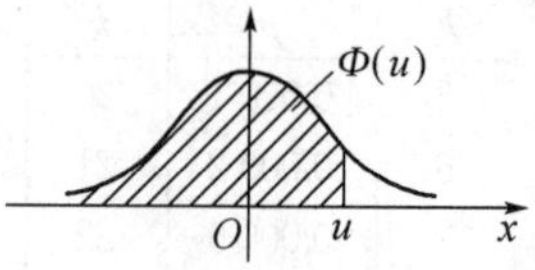

u \ $\Phi(u)$ \ u	0.00	0.01	0.02	0.03	0.04	0.05	0.06	0.07	0.08	0.09
0.0	0.500 0	0.504 0	0.508 0	0.512 0	0.516 0	0.519 9	0.523 9	0.527 9	0.531 9	0.535 9
0.1	0.539 8	0.543 8	0.547 8	0.551 7	0.555 7	0.559 6	0.563 6	0.567 5	0.571 4	0.575 3
0.2	0.579 3	0.583 2	0.587 1	0.591 0	0.594 8	0.598 7	0.602 6	0.606 4	0.610 3	0.614 1
0.3	0.617 9	0.621 7	0.625 5	0.629 3	0.633 1	0.636 8	0.640 6	0.644 3	0.648 0	0.651 7
0.4	0.655 4	0.659 1	0.662 8	0.666 4	0.670 0	0.673 6	0.677 2	0.680 8	0.684 4	0.687 9
0.5	0.691 5	0.695 0	0.698 5	0.701 9	0.705 4	0.708 8	0.712 3	0.715 7	0.719 0	0.722 4
0.6	0.725 7	0.729 1	0.732 4	0.735 7	0.738 9	0.742 2	0.745 4	0.748 6	0.751 7	0.754 9
0.7	0.758 0	0.761 1	0.764 2	0.767 3	0.770 3	0.773 4	0.776 4	0.779 4	0.782 3	0.785 2
0.8	0.788 1	0.791 0	0.793 9	0.796 7	0.799 5	0.802 3	0.805 1	0.807 8	0.810 6	0.813 3
0.9	0.815 9	0.818 6	0.821 2	0.823 8	0.826 4	0.828 9	0.831 5	0.834 0	0.836 5	0.838 9
1.0	0.841 3	0.843 8	0.846 1	0.848.5	0.850 8	0.853 1	0.855 4	0.857 7	0.859 9	0.862 1
1.1	0.864 3	0.866 5	0.868 6	0.870 8	0.872 9	0.874 9	0.877 0	0.879 0	0.881 0	0.883 0
1.2	0.884 9	0.886 9	0.888 8	0.890 7	0.892 5	0.894 4	0.896 2	0.898 0	0.899 7	0.901 5
1.3	0.903 2	0.904 9	0.906 6	0.908 2	0.909 9	0.911 5	0.913 1	0.914 7	0.916 2	0.917 7
1.4	0.919 2	0.920 7	0.922 2	0.923 6	0.925 1	0.926 5	0.927 8	0.929 2	0.930 6	0.931 9
1.5	0.933 2	0.934 5	0.935 7	0.937 0	0.938 2	0.939 4	0.940 6	0.941 8	0.943 0	0.944 1
1.6	0.945 2	0.946 3	0.947 4	0.948 4	0.949 5	0.950 5	0.951 5	0.952 5	0.953 5	0.954 5
1.7	0.955 4	0.956 4	0.957 3	0.958 2	0.959 1	0.959 9	0.960 8	0.961 6	0.962 5	0.963 3
1.8	0.964 1	0.964 8	0.965 6	0.966 4	0.967 1	0.967 8	0.968 6	0.969 3	0.970 0	0.970 6
1.9	0.971 3	0.971 9	0.972 6	0.973 2	0.973 8	0.974 4	0.975 0	0.975 6	0.976 2	0.976 7
2.0	0.977 2	0.977 8	0.978 3	0.978 8	0.978 3	0.979 8	0.980 3	0.980 8	0.981 2	0.981 7
2.1	0.982 1	0.982 6	0.983 0	0.983 4	0.983 8	0.984 2	0.984 6	0.985 0	0.985 4	0.985 7
2.2	0.986 1	0.986 4	0.986 8	0.987 1	0.987 4	0.987 8	0.988 1	0.988 4	0.988 7	0.989 0
2.3	0.989 3	0.989 6	0.989 8	0.990 1	0.990 4	0.990 6	0.990 9	0.991 1	0.991 3	0.991 6
2.4	0.991 8	0.992 0	0.992 2	0.992 5	0.992 7	0.992 9	0.993 1	0.993 2	0.993 4	0.993 6
2.5	0.993 8	0.994 0	0.994 1	0.994 3	0.994 5	0.994 6	0.994 8	0.994 9	0.995 1	0.995 2
2.6	0.995 3	0.995 5	0.995 6	0.995 7	0.995 9	0.996 0	0.996 1	0.996 2	0.996 3	0.996 4
2.7	0.996 5	0.996 6	0.996 7	0.996 8	0.996 9	0.997 0	0.997 1	0.997 2	0.997 3	0.997 4
2.8	0.997 4	0.997 5	0.997 6	0.997 7	0.997 7	0.997 8	0.997 9	0.997 9	0.998 0	0.998 1
2.9	0.998 1	0.998 2	0.998 2	0.998 3	0.998 4	0.998 4	0.998 5	0.998 5	0.998 6	0.998 6
3.0	0.998 7	0.999 0	0.999 3	0.999 5	0.999 7	0.999 8	0.999 8	0.999 9	0.999 9	1.000 0

注:本表最后一行自左至右依次是 $\Phi(3.0)$,…,$\Phi(3.9)$的值.

(c) χ^2 分布临界值表

$$P(\chi^2(n) > \chi^2_{\alpha}(n)) = \alpha$$

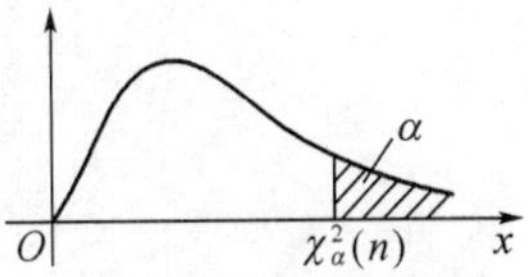

自由度 \ α	0.995	0.99	0.975	0.95	0.90	0.75	0.25	0.10	0.05	0.025	0.01	0.005
1			0.001	0.004	0.016	0.102	1.323	2.706	3.841	5.024	6.635	7.879
2	0.010	0.020	0.051	0.103	0.211	0.575	2.773	4.605	5.991	7.378	9.210	10.597
3	0.072	0.115	0.216	0.352	0.584	1.213	4.108	6.251	7.815	9.348	11.345	12.838
4	0.207	0.297	0.484	0.711	1.064	1.923	5.385	7.779	9.488	11.143	13.277	14.860
5	0.412	0.554	0.831	1.145	1.610	2.675	6.626	9.236	11.071	12.833	15.086	16.750
6	0.676	0.872	1.237	1.635	2.204	3.455	7.841	10.645	12.592	14.449	16.812	18.548
7	0.989	1.239	1.690	2.167	2.833	4.255	9.037	12.017	14.067	16.013	18.475	20.278
8	1.344	1.646	2.180	2.733	3.490	5.071	10.219	13.362	15.507	17.535	20.090	21.955
9	1.735	2.088	2.700	3.325	4.168	5.899	11.389	14.684	16.919	19.023	21.666	23.589
10	2.156	2.558	3.247	3.940	4.865	6.737	12.549	15.987	18.307	20.483	23.209	25.188
11	2.603	3.053	3.816	4.575	5.578	7.584	13.701	17.275	19.675	21.920	24.725	26.757
12	3.074	3.571	4.404	5.226	6.304	8.438	14.845	18.549	21.026	23.337	26.217	28.299
13	3.565	4.107	5.009	5.892	7.042	9.299	15.984	19.812	22.362	24.736	27.688	29.819
14	4.075	4.660	5.629	6.571	7.790	10.165	17.117	21.064	23.685	26.119	29.141	31.319
15	4.601	5.229	6.262	7.261	8.547	11.037	18.245	22.307	24.996	27.488	30.578	32.801
16	5.142	5.812	6.908	7.962	9.312	11.912	19.369	23.542	26.296	28.845	32.000	34.267
17	5.697	6.408	7.564	8.672	10.085	12.792	20.489	24.769	27.587	30.191	33.409	35.718
18	6.265	7.015	8.213	9.390	10.865	13.675	21.605	25.989	28.869	31.526	34.805	37.156
19	6.844	7.633	8.907	10.117	11.651	14.562	22.718	27.204	30.144	32.852	36.191	38.582
20	7.434	8.260	9.591	10.851	12.443	15.452	23.828	28.412	31.410	34.170	37.566	39.997
21	8.034	8.897	10.283	11.591	13.240	16.344	24.935	29.615	32.671	35.479	38.932	41.401
22	8.643	9.542	10.982	12.338	14.042	17.240	26.039	30.813	33.924	36.781	40.289	42.796
23	9.260	10.196	11.689	13.091	14.848	18.137	27.141	32.007	35.172	38.076	41.638	44.181
24	9.886	10.856	12.401	13.848	15.659	19.037	28.241	33.196	36.415	39.364	42.980	45.559
25	10.520	11.524	13.120	14.611	16.473	19.939	29.339	34.382	37.652	40.646	44.314	46.928
26	11.160	12.198	13.844	15.379	17.292	20.843	30.435	35.563	38.885	41.923	45.642	48.290
27	11.808	12.879	14.573	16.151	18.114	21.749	31.528	36.741	40.113	43.194	46.963	49.645
28	12.461	13.565	15.308	16.928	18.939	22.657	32.620	37.916	41.337	44.461	48.278	50.993
29	13.121	14.257	16.047	17.708	19.768	23.567	33.711	39.087	42.557	45.722	49.588	52.336
30	13.787	14.954	16.791	18.493	20.599	24.478	34.800	40.256	43.773	46.979	50.892	53.672
31	14.458	15.655	17.539	19.281	21.434	25.390	35.887	41.422	44.985	48.232	52.191	55.003
32	15.134	16.362	18.291	20.072	22.271	26.304	36.973	42.585	46.194	49.480	53.486	56.328
33	15.815	17.074	19.047	20.867	23.110	27.219	38.058	43.745	47.400	50.725	54.776	57.648
34	16.501	17.789	19.806	21.664	23.952	28.136	39.141	44.903	48.602	51.966	56.061	58.964
35	17.192	18.509	20.569	22.465	24.797	29.054	40.223	46.059	49.802	53.203	57.342	60.275
36	17.887	19.233	21.336	23.269	25.643	29.973	41.304	47.212	50.998	54.437	58.619	61.581
37	18.586	19.960	22.106	24.075	26.492	30.893	42.383	48.363	52.192	55.668	59.892	62.883
38	19.289	20.691	22.878	24.884	27.343	31.815	43.462	49.513	53.384	56.896	61.162	64.181
39	19.996	21.426	23.654	25.695	28.196	32.737	44.539	50.660	54.572	58.120	62.428	65.476
40	20.707	22.164	24.433	26.509	29.051	33.660	45.616	51.805	55.758	59.342	63.691	66.766

(d) t 分布临界值表

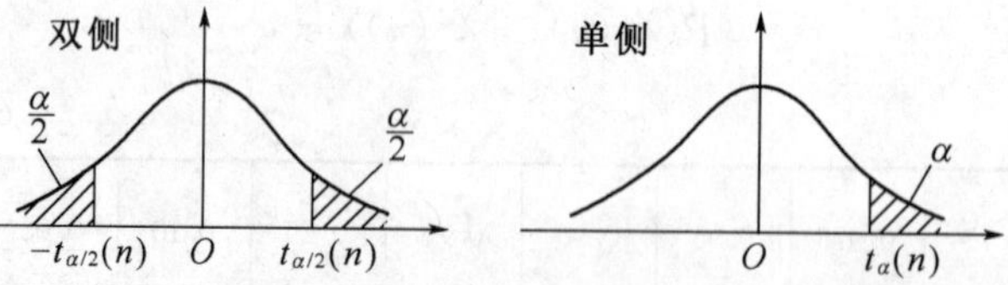

α	双　侧	0.5	0.2	0.1	0.05	0.02	0.01
	单　侧	0.25	0.1	0.05	0.025	0.01	0.005
自由度	1	1.000	3.078	6.314	12.708	31.821	63.657
	2	0.816	1.886	2.920	4.303	6.965	9.925
	3	0.765	1.638	2.353	3.182	4.541	5.841
	4	0.741	1.533	2.132	2.776	3.747	4.604
	5	0.727	1.476	2.015	2.571	3.365	4.032
	6	0.718	1.440	1.943	2.447	8.143	3.707
	7	0.711	1.415	1.895	2.365	2.998	3.499
	8	0.706	1.397	1.860	2.306	2.896	3.355
	9	0.703	1.383	1.833	2.262	2.821	3.250
	10	0.700	1.372	1.812	2.228	2.764	3.169
	11	0.697	1.363	1.796	2.201	2.718	3.106
	12	0.695	1.358	1.782	2.179	2.681	3.056
	13	0.694	1.350	1.771	2.160	2.650	3.012
	14	0.692	1.345	1.761	2.145	2.624	2.977
	15	0.691	1.341	1.753	2.131	2.602	2.947
	16	0.690	1.337	1.748	2.120	2.583	2.921
	17	0.689	1.333	1.740	2.110	2.567	2.898
	18	0.688	1.330	1.734	2.101	2.552	2.878
	19	0.688	1.328	1.729	2.093	2.589	2.861
	20	0.687	1.325	1.725	2.086	2.528	2.845
	21	0.686	1.323	1.721	2.080	2.518	2.831
	22	0.686	1.321	1.717	2.074	2.508	2.819
	23	0.685	1.319	1.714	2.069	2.500	2.807
	24	0.685	1.318	1.711	2.064	2.492	2.797
	25	0.684	1.316	1.708	2.060	2.485	2.787
	26	0.684	1.315	1.706	2.056	2.479	2.779
	27	0.684	1.314	1.703	2.052	2.473	2.771
	28	0.683	1.313	1.701	2.048	2.467	2.763
	29	0.683	1.311	1.699	2.045	2.462	2.756
	30	0.683	1.310	1.697	2.042	2.457	2.750
	40	0.681	1.303	1.684	2.021	2.423	2.704
	60	0.679	1.296	1.671	2.000	2.390	2.660
	120	0.677	1.289	1.658	1.980	2.358	2.617
	∞	0.674	1.282	1.645	1.960	2.326	2.576

(e) F 分布临界值表

$$P(F(n_1,n_2) > F_\alpha(n_1,n_2)) = \alpha$$

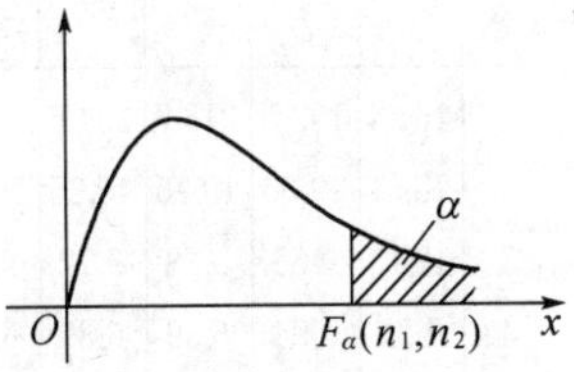

$\alpha = 0.10$

n_2 \ n_1	1	2	3	4	5	6	7	8	9	10	12	15	20	24	30	40	60	120	∞
1	39.86	49.50	53.59	55.83	57.24	58.20	58.91	59.44	59.86	60.19	60.71	61.22	61.74	62.00	62.26	62.53	62.79	63.06	63.33
2	8.53	9.00	9.16	9.24	9.26	9.33	9.35	9.37	9.38	9.39	9.41	9.42	9.44	9.45	9.46	9.47	9.47	9.48	9.49
3	5.54	5.46	5.39	5.34	5.31	5.28	5.27	5.25	5.24	5.23	5.22	5.20	5.18	5.18	5.17	5.16	5.15	5.14	5.13
4	4.54	4.32	4.19	4.11	4.05	4.01	3.98	3.95	3.94	3.92	3.96	3.87	3.84	3.83	3.82	3.80	3.79	3.78	3.76
5	4.06	3.78	3.62	3.52	3.45	3.40	3.37	3.34	3.32	3.30	3.27	3.24	3.21	3.19	3.17	3.16	3.14	3.12	3.10
6	3.78	3.46	3.29	3.18	3.11	3.05	3.01	2.98	2.96	2.94	2.90	2.87	2.84	2.82	2.80	2.78	2.76	2.74	2.72
7	4.59	3.26	3.07	2.96	2.88	2.83	2.78	2.75	2.72	2.70	2.67	2.63	2.59	2.58	2.56	2.54	2.51	2.49	2.47
8	3.46	3.11	2.92	2.81	2.78	2.67	2.62	2.59	2.56	2.54	2.50	2.46	2.42	2.40	2.38	2.36	2.34	2.32	2.29
9	3.36	3.01	2.81	2.69	2.61	2.55	2.51	2.47	2.44	2.42	2.38	2.34	2.30	2.28	2.25	2.23	2.21	2.18	2.16
10	3.28	2.92	2.73	2.61	2.52	2.46	2.41	2.38	2.35	2.32	2.28	2.24	2.20	2.18	2.16	2.13	2.11	2.08	2.06
11	3.23	2.86	2.66	2.54	2.45	2.39	2.34	2.30	2.27	2.25	2.21	2.17	2.12	2.10	2.08	2.05	2.03	2.00	1.97
12	3.18	2.81	2.61	2.48	2.39	2.33	2.28	2.24	2.21	2.19	2.15	2.10	2.06	2.04	2.01	1.99	1.96	1.93	1.90
13	3.14	2.76	2.56	2.43	2.35	2.28	2.23	2.20	2.16	2.14	2.10	2.05	2.01	1.98	1.96	1.93	1.90	1.88	1.85
14	3.10	2.73	2.52	2.39	2.31	2.24	2.19	2.15	2.12	2.10	2.05	2.01	1.96	1.94	1.91	1.89	1.86	1.83	1.80
15	3.07	2.70	2.49	2.36	2.27	2.21	2.16	2.12	2.09	2.06	2.02	1.97	1.92	1.90	1.87	1.85	1.82	1.79	1.76
16	3.05	2.67	2.46	2.33	2.24	2.18	2.13	2.09	2.06	2.03	1.99	1.94	1.89	1.87	1.84	1.81	1.78	1.75	1.72
17	3.03	2.64	2.44	2.31	2.22	2.15	2.10	2.06	2.03	2.00	1.96	1.91	1.86	1.84	1.81	1.78	1.75	1.72	1.69
18	3.01	2.62	2.42	2.29	2.20	2.13	2.08	2.04	2.00	1.98	1.93	1.89	1.84	1.81	1.78	1.75	1.72	1.69	1.66
19	2.99	2.61	2.40	2.27	2.18	2.11	2.06	2.02	1.98	1.96	1.91	1.86	1.81	1.79	1.76	1.73	1.70	1.67	1.63
20	2.97	2.59	2.38	2.25	2.16	2.09	2.04	2.00	1.96	1.94	1.89	1.84	1.79	1.77	1.74	1.71	1.68	1.64	1.61
21	2.96	2.57	2.36	2.23	2.14	2.08	2.02	1.98	1.95	1.92	1.87	1.83	1.78	1.75	1.72	1.69	1.66	1.62	1.59
22	2.95	2.56	2.35	2.22	2.13	2.06	2.01	1.97	1.93	1.90	1.86	1.81	1.76	1.73	1.70	1.67	1.64	1.60	1.57
23	2.94	2.55	2.34	2.21	2.11	2.05	1.99	1.95	1.92	1.89	1.84	1.80	1.74	1.72	1.69	1.66	1.62	1.59	1.55
24	2.93	2.54	2.33	2.19	2.10	2.04	1.98	1.94	1.91	1.88	1.83	1.78	1.73	1.70	1.67	1.64	1.61	1.57	1.53
25	2.92	2.53	2.32	2.18	2.09	2.02	1.97	1.93	1.89	1.87	1.82	1.77	1.72	1.69	1.66	1.63	1.59	1.56	1.52
26	2.91	2.52	2.31	2.17	2.08	2.01	1.96	1.92	1.88	1.86	1.81	1.76	1.71	1.68	1.65	1.61	1.58	1.54	1.50
27	2.90	2.51	2.30	2.17	2.07	2.00	1.95	1.91	1.87	1.85	1.80	1.75	1.70	1.67	1.64	1.60	1.57	1.53	1.49
28	2.89	2.50	2.29	2.16	2.06	2.00	1.94	1.90	1.87	1.84	1.79	1.74	1.69	1.66	1.63	1.59	1.56	1.52	1.48
29	2.89	2.50	2.28	2.15	2.06	1.99	1.93	1.89	1.86	1.83	1.78	1.73	1.68	1.65	1.62	1.58	1.55	1.51	1.47
30	2.88	2.49	2.28	2.14	2.05	1.98	1.93	1.88	1.85	1.82	1.77	1.72	1.67	1.64	1.61	1.57	1.54	1.50	1.46
40	2.84	2.44	2.23	2.09	2.00	1.93	1.87	1.83	1.79	1.76	1.71	1.66	1.61	1.57	1.54	1.51	1.47	1.42	1.38
60	2.79	2.39	2.18	2.04	1.95	1.87	1.82	1.77	1.74	1.71	1.66	1.60	1.54	1.51	1.48	1.44	1.40	1.35	1.29
120	2.75	2.35	2.13	1.99	1.90	1.82	1.77	1.72	1.68	1.65	1.60	1.55	1.48	1.45	1.41	1.37	1.32	1.26	1.19
∞	2.71	2.30	2.08	1.94	1.85	1.77	1.72	1.67	1.63	1.60	1.55	1.49	1.42	1.38	1.34	1.30	1.24	1.17	1.00

（续表）

$\alpha = 0.05$

n_2 \ n_1	1	2	3	4	5	6	7	8	9	10	12	15	20	24	30	40	60	120	∞
1	161.4	199.5	215.7	224.6	230.2	234.0	236.8	238.9	240.5	241.9	243.9	245.9	248.0	249.1	250.1	251.1	252.2	253.3	254.3
2	18.51	19.00	19.16	19.25	19.30	19.33	19.35	19.37	19.38	19.40	19.41	19.43	19.45	19.45	19.46	19.47	19.48	19.49	19.50
3	10.13	9.55	9.28	9.12	9.01	8.94	8.89	8.85	8.81	8.79	8.74	8.70	8.66	8.64	8.62	8.59	8.57	8.55	8.53
4	7.71	6.94	6.59	6.39	6.26	6.16	6.09	6.04	6.00	5.96	5.91	5.86	5.80	5.77	5.75	5.72	5.69	5.66	5.63
5	6.61	5.79	5.41	5.19	5.05	4.95	4.88	4.82	4.77	4.74	4.68	4.62	4.56	4.53	4.50	4.46	4.43	4.40	4.36
6	5.99	5.14	4.76	4.53	4.39	4.28	4.21	4.15	4.10	4.06	4.00	3.94	3.87	3.84	3.81	3.77	3.74	3.70	3.67
7	5.59	4.74	4.35	4.12	3.97	3.87	3.79	3.73	3.68	3.64	3.57	3.51	3.44	3.41	3.38	3.34	3.30	3.27	3.23
8	5.32	4.46	4.07	3.84	3.69	3.58	3.50	3.44	3.39	3.35	3.28	3.22	3.15	3.12	3.08	3.04	3.01	2.97	2.93
9	5.12	4.26	3.86	3.63	3.48	3.37	3.29	3.23	3.18	3.14	3.07	3.01	2.94	2.90	2.86	2.83	2.79	2.75	2.71
10	4.96	4.10	3.71	3.48	3.33	3.22	3.14	3.07	3.02	2.98	2.91	2.85	2.77	2.74	2.70	2.66	2.62	2.58	2.54
11	4.84	3.98	3.59	3.36	3.20	3.09	3.01	2.95	2.90	2.85	2.79	2.72	2.65	2.61	2.57	2.53	2.49	2.45	2.40
12	4.75	3.89	3.49	3.26	3.11	3.00	2.91	2.85	2.80	2.75	2.69	2.62	2.54	2.51	2.47	2.43	2.38	2.34	2.30
13	4.67	3.81	3.41	3.18	3.03	2.92	2.83	2.77	2.71	2.67	2.60	2.53	2.46	2.42	2.38	2.34	2.30	2.25	2.21
14	4.60	3.74	3.34	3.11	2.96	2.85	2.76	2.70	2.65	2.60	2.53	2.46	2.39	2.35	2.31	2.27	2.22	2.18	2.13
15	4.54	3.68	3.29	3.06	2.90	2.79	2.71	2.64	2.59	2.54	2.48	2.40	2.33	2.29	2.25	2.20	2.16	2.11	2.07
16	4.49	3.63	3.24	3.01	2.85	2.74	2.66	2.59	2.54	2.49	2.42	2.35	2.28	2.24	2.19	2.15	2.11	2.06	2.01
17	4.45	3.59	3.20	2.96	2.81	2.70	2.61	2.55	2.49	2.45	2.38	2.31	2.23	2.19	2.15	2.10	2.06	2.01	1.96
18	4.41	3.55	3.16	2.93	2.77	2.66	2.58	2.51	2.46	2.41	2.34	2.27	2.19	2.15	2.11	2.06	2.02	1.97	1.92
19	4.38	3.52	3.13	2.90	2.74	2.63	2.54	2.48	2.42	2.38	2.31	2.23	2.16	2.11	2.07	2.03	1.98	1.93	1.88
20	4.35	3.49	3.10	2.87	2.71	2.60	2.51	2.45	2.39	2.35	2.28	2.20	2.12	2.08	2.04	1.99	1.95	1.90	1.84
21	4.32	3.47	3.07	2.84	2.68	2.57	2.49	2.42	2.37	2.32	2.25	2.18	2.10	2.05	2.01	1.96	1.92	1.87	1.81
22	4.30	3.44	3.05	2.82	2.66	2.55	2.46	2.40	2.34	2.30	2.23	2.15	2.07	2.03	1.98	1.94	1.89	1.84	1.78
23	4.28	3.42	3.03	2.80	2.64	2.53	2.44	2.37	2.32	2.27	2.20	2.13	2.05	2.01	1.96	1.91	1.86	1.81	1.76
24	4.26	3.40	3.01	2.78	2.62	2.51	2.42	2.36	2.30	2.25	2.18	2.11	2.03	1.98	1.94	1.89	1.84	1.79	1.73
25	4.24	3.39	2.99	2.76	2.60	2.49	2.40	2.34	2.28	2.24	2.16	2.09	2.01	1.96	1.92	1.87	1.82	1.77	1.71
26	4.23	3.37	2.98	2.74	2.59	2.47	2.39	2.32	2.27	2.22	2.15	2.07	1.99	1.95	1.90	1.85	1.80	1.75	1.69
27	4.21	3.35	2.96	2.73	2.57	2.46	2.37	2.31	2.25	2.20	2.13	2.06	1.97	1.93	1.88	1.84	1.79	1.73	1.67
28	4.20	3.34	2.95	2.71	2.56	2.45	2.36	2.29	2.24	2.19	2.12	2.04	1.96	1.91	1.87	1.82	1.77	1.71	1.65
29	4.18	3.33	2.93	2.70	2.55	2.43	2.35	2.28	2.22	2.18	2.10	2.03	1.94	1.90	1.85	1.81	1.75	1.70	1.64
30	4.17	3.32	2.92	2.69	2.53	2.42	2.33	2.27	2.21	2.16	2.09	2.01	1.93	1.89	1.84	1.79	1.74	1.68	1.62
40	4.08	3.23	2.84	2.61	2.45	2.34	2.25	2.18	2.12	2.08	2.00	1.92	1.84	1.79	1.74	1.69	1.64	1.58	1.51
60	4.00	3.15	2.76	2.53	2.37	2.25	2.17	2.10	2.04	1.99	1.92	1.84	1.75	1.70	1.65	1.59	1.53	1.47	1.39
120	3.92	3.07	2.68	2.45	2.29	2.17	2.09	2.02	1.96	1.91	1.83	1.75	1.66	1.61	1.55	1.50	1.43	1.35	1.25
∞	3.84	3.00	2.60	2.37	2.21	2.10	2.01	1.94	1.88	1.83	1.75	1.67	1.57	1.52	1.46	1.39	1.32	1.22	1.00

续表

$\alpha = 0.025$

n_2 \ n_1	1	2	3	4	5	6	7	8	9	10	12	15	20	24	30	40	60	120	∞
1	647.8	799.5	864.2	899.6	921.8	937.1	948.2	956.7	963.3	968.6	976.7	984.9	993.1	997.2	1 001	1 006	1 010	1 014	1 018
2	38.51	39.00	39.17	39.25	39.30	39.33	39.36	39.37	39.39	39.40	39.41	39.43	39.45	39.46	39.46	39.47	39.48	39.49	39.50
3	17.44	16.04	15.44	15.10	14.88	14.73	14.62	14.54	14.47	14.42	14.34	14.25	14.17	14.12	14.08	14.04	13.99	13.95	13.90
4	12.22	10.65	9.98	9.60	9.36	9.20	9.07	8.98	8.90	8.84	8.75	8.66	8.56	8.51	8.64	8.41	8.36	8.31	8.26
5	10.01	8.43	7.76	7.39	7.15	6.98	6.85	6.76	6.68	6.62	6.52	6.43	6.33	6.28	6.23	6.18	6.12	6.07	6.02
6	8.81	7.26	6.60	6.23	5.99	5.82	5.70	5.60	5.52	5.46	5.37	5.27	5.17	5.12	5.07	5.01	4.96	4.90	4.85
7	8.07	6.54	5.89	5.52	5.29	5.12	4.99	4.90	4.82	4.76	4.67	4.57	4.47	4.42	4.36	4.31	4.25	4.20	4.14
8	7.57	6.06	5.42	5.05	4.82	4.65	4.53	4.43	4.36	4.30	4.20	4.10	4.00	3.95	3.89	3.84	3.78	3.73	3.67
9	7.21	5.71	5.08	4.72	4.48	4.32	4.20	4.10	4.03	3.96	3.87	3.77	3.67	3.61	3.56	3.51	3.45	3.39	3.33
10	6.94	5.46	4.83	4.47	4.24	4.07	3.95	3.85	3.78	3.72	3.62	3.52	3.42	3.37	3.31	3.26	3.20	3.14	3.08
11	6.72	5.26	4.63	4.28	4.04	3.88	3.76	3.66	3.59	3.53	3.43	3.33	3.23	3.17	3.12	3.06	3.00	2.94	2.88
12	6.55	5.10	4.47	4.12	3.89	3.73	3.61	3.51	3.44	3.37	3.28	3.18	3.07	3.02	2.96	2.91	2.85	2.79	2.72
13	6.41	4.97	4.35	4.00	3.77	3.60	3.48	3.39	3.31	3.25	3.15	3.05	2.95	2.89	2.84	2.78	2.72	2.66	2.60
14	6.30	4.86	4.24	3.89	3.66	3.50	3.38	3.29	3.21	3.15	3.05	2.95	2.84	2.79	2.73	2.67	2.61	2.55	2.49
15	6.20	4.77	4.15	3.80	3.58	3.41	3.29	3.20	3.12	3.06	2.96	2.86	2.76	2.70	2.64	2.59	2.52	2.46	2.40
16	6.12	4.69	4.08	3.73	3.50	3.34	3.22	3.12	3.05	2.99	2.89	2.79	2.68	2.63	2.57	2.51	2.45	2.38	2.32
17	6.04	4.62	4.01	3.66	3.44	3.28	3.16	3.06	2.98	2.92	2.82	2.72	2.62	2.56	2.50	2.44	2.38	2.32	2.25
18	5.98	4.56	3.95	3.61	3.38	3.22	3.10	3.01	2.93	2.87	2.77	2.67	2.56	2.50	2.44	2.38	2.32	2.26	2.19
19	5.92	4.51	3.90	3.56	3.33	3.17	3.05	2.96	2.88	2.82	2.72	2.62	2.51	2.45	2.39	2.33	2.27	2.20	2.13
20	5.87	4.46	3.86	3.51	3.29	3.13	3.01	2.91	2.84	2.77	2.68	2.57	2.46	2.41	2.35	2.29	2.22	2.16	2.09
21	5.83	4.42	3.82	3.48	3.25	3.09	2.97	2.87	2.80	2.73	2.64	2.53	2.42	2.37	2.31	2.25	2.18	2.11	2.04
22	5.79	4.38	3.78	3.44	3.22	3.05	2.93	2.84	2.76	2.70	2.60	2.50	2.39	2.33	2.27	2.21	2.14	2.08	2.00
23	5.75	4.35	3.75	3.41	3.18	3.02	2.90	2.81	2.73	2.67	2.57	2.47	2.36	2.30	2.24	2.18	2.11	2.04	1.97
24	5.72	4.32	3.72	3.38	3.15	2.99	2.87	2.78	2.70	2.64	2.54	2.44	2.33	2.27	2.21	2.15	2.08	2.01	1.94
25	5.69	4.29	3.69	3.35	3.13	2.97	2.85	2.75	2.68	2.61	2.51	2.41	2.30	2.24	2.18	2.12	2.05	1.98	1.91
26	5.66	4.27	3.67	3.33	3.10	2.94	2.82	2.73	2.65	2.59	2.49	2.39	2.28	2.22	2.16	2.09	2.03	1.95	1.88
27	5.63	4.24	3.65	3.31	3.08	2.92	2.80	2.71	2.63	2.57	2.47	2.36	2.25	2.19	2.13	2.07	2.00	1.93	1.85
28	5.61	4.22	3.63	3.29	3.06	2.90	2.78	2.69	2.61	2.55	2.45	2.34	2.23	2.17	2.11	2.05	1.98	1.91	1.83
29	5.59	4.20	3.61	3.27	3.04	2.88	2.76	2.67	2.59	2.53	2.43	2.32	2.21	2.15	2.09	2.03	1.96	1.89	1.81
30	5.57	4.18	3.59	3.25	3.03	2.87	2.75	2.65	2.57	2.51	2.41	2.31	2.20	2.14	2.07	2.01	1.94	1.87	1.79
40	5.42	4.05	3.46	3.13	2.90	2.74	2.62	2.53	2.45	2.39	2.29	2.18	2.07	2.01	1.94	1.88	1.80	1.72	1.64
60	5.29	3.93	3.34	3.01	2.79	2.63	2.51	2.41	2.33	2.27	2.17	2.06	1.94	1.88	1.82	1.74	1.67	1.58	1.48
120	5.15	3.80	3.23	2.89	2.67	2.52	2.39	2.30	2.22	2.16	2.05	1.94	1.82	1.76	1.69	1.61	1.53	1.43	1.31
∞	5.02	3.69	3.12	2.79	2.57	2.41	2.29	2.19	2.11	2.05	1.94	1.83	1.71	1.64	1.57	1.48	1.39	1.27	1.00

续表

$\alpha = 0.01$

n_2 \ n_1	1	2	3	4	5	6	7	8	9	10	12	15	20	24	30	40	60	120	∞
1	4 025	4 999.5	5 403	5 625	5 764	5 859	5 928	5 982	6 022	6 056	6 106	6 157	6 209	6 235	6 261	6 287	6 313	6 339	6 366
2	98.50	99.00	99.17	99.25	99.30	99.33	99.36	99.37	99.39	99.40	99.42	99.43	99.45	99.46	99.47	99.47	99.48	99.49	99.50
3	34.12	30.82	29.46	28.71	28.24	27.91	27.67	27.49	27.35	27.23	27.05	26.87	26.69	26.60	26.50	26.41	26.32	26.22	26.13
4	21.20	18.00	16.96	15.98	15.52	15.21	14.98	14.80	14.66	14.55	14.37	14.20	14.02	13.93	13.84	13.75	13.65	13.56	13.46
5	16.26	13.27	12.06	11.39	10.97	10.67	10.46	10.29	10.16	10.05	9.89	9.72	9.55	9.47	9.38	9.29	9.20	9.11	9.02
6	13.75	10.92	9.78	9.15	8.75	8.47	8.26	8.10	7.98	7.87	7.72	7.56	7.40	7.31	7.23	7.14	7.06	6.97	6.88
7	12.25	9.55	8.45	7.85	7.46	7.19	6.99	6.84	6.72	6.62	6.47	6.31	6.16	6.07	5.99	5.91	5.82	5.74	5.65
8	11.26	8.65	7.59	7.01	6.63	6.37	6.18	6.03	5.91	5.81	5.67	5.52	5.36	5.28	5.20	5.12	5.03	4.95	4.86
9	10.56	8.02	6.99	6.42	6.06	5.80	5.61	5.47	5.35	5.26	5.11	4.96	4.81	4.73	4.65	4.57	4.48	4.40	4.31
10	10.04	7.56	6.55	5.99	5.64	5.39	5.20	5.06	4.94	4.85	4.71	4.56	4.41	4.33	4.25	4.17	4.08	4.00	3.91
11	9.65	7.21	6.22	5.67	5.32	5.07	4.89	4.47	4.63	4.54	4.40	4.25	4.10	4.02	3.94	3.86	4.78	3.69	3.60
12	9.33	6.93	5.95	5.41	5.06	4.82	4.64	4.50	4.39	4.30	4.16	4.01	3.86	3.78	3.70	3.62	3.54	3.45	3.36
13	9.07	6.70	5.74	5.21	4.86	4.62	4.44	4.30	4.19	4.10	3.96	3.82	3.66	3.59	3.51	3.43	3.34	3.25	3.17
14	8.86	6.51	5.56	5.04	4.69	4.46	4.28	4.14	4.03	3.94	3.80	3.66	3.51	3.43	3.35	3.27	3.18	3.09	3.00
15	8.68	6.36	5.42	4.89	4.56	4.32	4.14	4.00	3.89	3.80	3.67	3.52	3.37	3.29	3.21	3.13	3.05	2.96	2.87
16	8.53	6.23	5.29	4.77	4.44	4.20	4.03	3.89	3.78	3.69	3.55	3.41	3.26	3.18	3.10	3.02	2.93	2.84	2.75
17	8.40	6.11	5.18	4.67	4.34	4.10	3.93	3.79	3.68	3.59	3.46	3.31	3.16	3.08	3.00	2.92	2.83	2.75	2.65
18	8.29	6.01	5.09	4.58	4.25	4.01	3.84	3.71	3.60	3.51	3.37	3.23	3.08	3.00	2.92	2.84	2.75	2.66	2.57
19	8.18	5.93	5.01	4.50	4.17	3.94	3.77	3.63	3.52	3.43	3.30	3.15	3.00	2.92	2.84	2.76	2.67	2.58	2.49
20	8.10	5.85	4.94	4.43	4.10	3.87	3.70	3.56	3.46	3.37	3.23	3.09	2.94	2.86	2.78	2.69	2.61	2.52	2.42
21	8.02	5.78	4.87	4.37	4.04	3.81	3.64	3.51	3.40	3.31	3.17	3.03	2.88	2.80	2.72	2.64	2.55	2.46	2.36
22	7.95	5.72	4.82	4.31	3.99	3.76	3.59	3.45	3.35	3.26	3.12	2.98	2.83	2.75	2.67	2.58	2.50	2.40	2.31
23	7.88	5.66	4.76	4.26	3.94	3.71	3.54	3.41	3.30	3.21	3.07	2.93	2.78	2.70	2.62	2.54	2.45	2.35	2.26
24	7.82	5.61	4.72	4.22	3.90	3.67	3.50	3.36	3.26	3.17	3.03	2.89	2.74	2.66	2.58	2.49	2.40	2.31	2.21
25	7.77	5.57	4.68	4.18	3.85	3.63	3.46	3.32	3.22	3.13	2.99	2.85	2.70	2.62	2.54	2.45	2.36	2.27	2.17
26	7.72	5.53	4.64	4.14	3.82	3.59	3.42	3.29	3.18	3.09	2.96	2.81	2.66	2.58	2.50	2.42	2.33	2.23	2.13
27	7.68	5.49	4.60	4.11	3.78	3.56	3.39	3.26	3.15	3.06	2.93	2.78	2.63	2.55	2.47	2.38	2.29	2.20	2.10
28	7.64	5.45	4.57	4.07	3.75	3.53	3.36	3.23	3.12	3.03	2.90	2.75	2.60	2.52	2.44	2.35	2.26	2.17	2.06
29	7.60	5.42	4.54	4.04	3.73	3.50	3.33	3.20	3.09	3.00	2.87	2.73	2.57	2.49	2.41	2.33	2.23	2.14	2.03
30	7.56	5.39	4.51	4.02	3.70	3.47	3.30	3.17	3.07	2.98	2.84	2.70	2.55	2.47	2.39	2.30	2.21	2.11	2.01
40	7.31	5.18	4.31	3.83	3.51	3.29	3.12	2.99	2.89	2.80	2.66	2.52	2.37	2.29	2.20	2.11	2.02	1.92	1.80
60	7.08	4.98	4.13	3.65	3.34	3.12	2.95	2.82	2.72	2.63	2.50	2.35	2.20	2.12	2.03	1.94	1.84	1.73	1.60
120	6.85	4.79	3.95	3.48	3.17	2.96	2.79	2.66	2.56	2.47	2.34	2.19	2.03	1.95	1.86	1.76	1.66	1.53	1.38
∞	6.63	4.61	3.78	3.32	3.02	2.80	2.64	2.51	2.41	2.32	2.18	2.04	1.88	1.79	1.70	1.59	1.47	1.32	1.00

续表

$\alpha=0.005$

n_2 \ n_1	1	2	3	4	5	6	7	8	9	10	12	15	20	24	30	40	60	120	∞
1	16 211	20 000	21 615	22 500	23 056	23 437	23 715	23 925	24 091	24 224	24 426	24 630	24 836	24 940	25 044	22 148	25 253	25 359	25 465
2	198.5	199.0	199.2	199.2	199.3	199.3	199.4	199.4	199.4	199.4	199.4	199.4	199.4	199.5	199.5	199.5	199.5	199.5	199.5
3	55.55	49.80	47.47	46.19	45.39	44.84	44.43	44.13	43.88	43.69	43.39	43.08	42.78	42.62	42.47	42.31	42.15	41.99	41.83
4	31.33	26.28	24.26	23.15	22.46	21.97	21.62	21.35	21.14	20.97	20.70	20.44	20.17	20.03	19.89	19.75	19.61	19.47	19.32
5	22.78	18.31	16.53	15.56	14.94	14.51	14.20	13.96	13.77	13.62	13.38	13.15	12.90	12.78	12.66	12.53	12.40	12.27	12.14
6	18.63	14.54	12.92	12.03	11.46	11.07	10.79	10.57	10.39	10.25	10.03	9.81	9.59	9.47	9.36	9.24	9.12	9.00	8.88
7	16.24	12.40	10.88	10.05	9.52	9.16	8.89	8.68	8.51	8.38	8.18	7.97	7.75	7.65	7.53	7.42	7.31	7.19	7.08
8	14.69	11.04	9.60	8.81	8.30	7.95	7.69	7.50	7.34	7.21	7.01	6.81	6.61	6.50	6.40	6.29	6.18	6.06	5.95
9	13.61	10.11	8.72	7.96	7.47	7.13	6.88	6.69	6.54	6.42	6.23	6.03	5.83	5.73	5.62	5.52	5.41	5.30	5.19
10	12.83	9.43	8.08	7.34	6.87	6.54	6.30	6.12	5.97	5.85	5.66	5.47	5.27	5.17	5.07	4.97	4.86	4.75	4.64
11	12.23	8.91	7.60	6.88	6.42	6.10	5.86	5.68	5.54	5.42	5.24	5.05	4.86	4.76	4.65	4.55	4.44	4.34	4.23
12	11.75	8.51	7.23	6.52	6.07	5.76	5.52	5.35	5.20	5.09	4.91	4.72	4.53	4.43	4.33	4.23	4.12	4.01	3.90
13	11.37	8.19	6.93	6.23	5.79	5.48	5.25	5.08	4.94	4.82	4.64	4.46	4.27	4.17	4.07	3.97	3.87	3.76	3.65
14	11.06	7.92	6.68	6.00	5.56	5.26	5.03	4.86	4.72	4.60	4.43	4.25	4.06	3.96	3.86	3.76	3.66	3.55	3.44
15	10.80	7.70	6.48	5.80	5.37	5.07	4.85	4.67	4.54	4.42	4.25	4.07	3.88	3.79	3.69	3.58	3.48	3.37	3.26
16	10.58	7.51	6.30	5.64	5.21	4.91	4.69	4.52	4.38	4.27	4.10	3.92	3.73	3.64	3.54	3.44	3.33	3.22	3.11
17	10.38	7.35	6.16	5.50	5.07	4.78	4.56	4.39	4.25	4.14	3.97	3.79	3.61	3.51	3.41	3.31	3.21	3.10	2.98
18	10.22	7.21	6.03	5.37	4.96	4.66	4.44	4.28	4.14	4.03	3.86	3.68	3.50	3.40	3.30	3.20	3.10	2.99	2.87
19	10.07	7.09	5.92	5.27	4.85	4.56	4.34	4.18	4.04	3.93	3.76	3.59	3.40	3.31	3.21	3.11	3.00	2.89	2.78
20	9.94	6.99	5.82	5.17	4.76	4.47	4.26	4.09	3.96	3.85	3.68	3.50	3.32	3.22	3.12	3.02	2.92	2.81	2.69
21	9.83	6.89	5.73	5.09	4.68	4.39	4.18	4.01	3.88	3.77	3.60	3.43	3.24	3.15	3.05	2.95	2.84	2.73	2.61
22	9.73	6.81	5.65	5.02	4.61	4.32	4.11	3.94	3.81	3.70	3.54	3.36	3.18	3.08	2.98	2.88	2.77	2.66	2.55
23	9.63	6.73	5.58	4.95	4.54	4.26	4.05	3.88	3.75	3.64	3.47	3.30	3.12	3.02	2.92	2.82	2.71	2.60	2.48
24	9.55	6.66	5.52	4.89	4.49	4.20	3.99	3.83	3.69	3.59	3.42	3.25	3.06	2.97	2.87	2.77	2.66	2.55	2.43
25	9.48	6.60	5.46	4.84	4.43	4.15	3.94	3.78	3.64	3.54	3.37	3.20	3.01	2.92	2.82	2.72	2.61	2.50	2.38
26	9.41	6.54	5.41	4.79	4.38	4.10	3.89	3.73	3.60	3.49	3.33	3.15	2.97	2.87	2.77	2.67	2.56	2.45	2.33
27	9.34	6.49	5.36	4.74	4.34	4.06	3.85	3.69	3.56	3.45	3.28	3.11	2.93	2.83	2.73	2.63	2.52	2.41	2.29
28	9.28	6.44	5.32	4.70	4.30	4.02	3.81	3.65	3.52	3.41	3.25	3.07	2.89	2.79	2.69	2.59	2.48	2.37	2.25
29	9.23	6.40	5.28	4.66	4.26	3.98	3.77	3.61	3.48	3.38	3.21	3.04	2.86	2.76	2.66	2.56	2.45	2.33	2.21
30	9.18	6.35	5.24	4.62	4.23	3.95	3.74	3.58	3.45	3.34	3.18	3.01	2.82	2.73	2.63	2.52	2.42	2.30	2.18
40	8.83	6.07	4.98	4.37	3.99	3.71	3.51	3.35	3.22	3.12	2.95	2.78	2.60	2.50	2.40	2.30	2.18	2.06	1.93
60	8.49	5.79	4.73	4.14	3.76	3.49	3.29	3.13	3.01	2.90	2.74	2.57	2.39	2.29	2.19	2.08	1.96	1.83	1.69
120	8.18	5.54	4.50	3.92	3.55	3.28	3.09	2.93	2.81	2.71	2.54	2.37	2.19	2.09	1.98	1.87	1.75	1.61	1.43
∞	7.88	5.30	4.28	3.72	3.35	3.09	2.90	2.74	2.62	2.52	2.36	2.29	2.00	1.90	1.79	1.67	1.53	1.36	1.00

附录 3

课后习题参考答案

第 1 章

习题 1.1

1. $f(x)=x^2-x+3, f(x-2)=x^2-5x+9$

2. $f(\cos x)=1-\cos 2x=2\sin^2 x$

3. (1) $(-\infty,1)\cup(2,+\infty)$ (2) $[2,3]$ (3) $(-\infty,2)$ (4) $[2,3)\cup(3,5)$

4. (1) $y=\dfrac{x}{x-2}$ (2) $y=x^3-1$ (3) $y=\mathrm{e}^{-x}-2$ (4) $y=\begin{cases}x+1 & x<-1\\ \sqrt{x} & x\geqslant 0\end{cases}$

5. $f[\varphi(x)]=\mathrm{e}^{2x}, \varphi[f(x)]=\mathrm{e}^{x^2}, f[f(x)]=x^4, \varphi[\varphi(x)]=\mathrm{e}^{\mathrm{e}^x}$

6. (1) 非奇非偶函数 (2) 奇函数

7. (1) 由 $y=2^u, u=\sqrt{v}, v=\sin x$ 复合而成

(2) 由 $y=\sqrt[3]{u}, u=\cos v, v=x^2$ 复合而成

(3) 由 $y=\tan u, u=\mathrm{e}^v, v=-\sqrt{w}, w=x^2+1$ 复合而成

(4) 由 $y=\ln u, u=\arctan v, v=\sqrt{w}, w=x^2+1$ 复合而成

8. $y=\begin{cases}11 & x\leqslant 3\\ 3.8+2.4x & x>3\end{cases}$

习题 1.2

1. (1) 0 (2) $\sin x_0$ (3) 1 (4) 0

2. $\lim\limits_{x\to\infty}\sin x$ 不存在，$\lim\limits_{x\to 0}\mathrm{e}^{\frac{1}{x}}$ 不存在

3. $b=1$

4. $\lim\limits_{x\to 0}f(x)=2, \lim\limits_{x\to -1}f(x)=\mathrm{e}^{-1}+1, \lim\limits_{x\to 2}f(x)=6$

5. $\lim\limits_{x\to 0}f(x)$ 不存在，$\lim\limits_{x\to 1}f(x)=1$

6. $\lim\limits_{x\to 0}f(x)$ 不存在

7. (1) 4 (2) $\dfrac{3}{4}$ (3) $\dfrac{3}{5}$ (4) ∞ (5) ∞ (6) 0 (7) 2 (8) ∞ (9) 0 (10) $\dfrac{1}{6}$ (11) $\dfrac{1}{2}$ (12) 1 (13) 2 (14) 4

习题 1.3

1. (1) $x\to 2$ 或 $x\to\infty$ (2) $x\to 2$ (3) $x\to 0$

2. (1) $x\to 2$ (2) $x\to 1^-$ 或 $x\to -\infty$

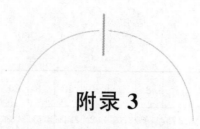

3. (1) 等价　(2) 高阶

4. $a=-\ln 2$

5. 提示：$\lim\limits_{x\to 1^+} f(x)=0$, $\lim\limits_{x\to 1^-} f(x)=-\infty$, 都不是

6. (1) e^2　(2) e^3　(3) $e^{-\frac{3}{2}}$　(4) e　(5) e^{-2}　(6) e^{-2}　(7) $\frac{5}{3}$　(8) -2　(9) 2

(10) 0　(11) $\frac{1}{2}$　(12) $\frac{1}{2}$　(13) 3　(14) $-\frac{\pi}{4}$　(15) 3　(16) e^{-6}　(17) 4　(18) -3

习题 1.4

1. 连续

2. 连续　不连续

3. $a=e^3$

4. $k=2$

5. (1) $x=2$, 第二类间断点

(2) $x=1$, 第一类间断点；$x=2$, 第二类间断点

(3) $x=2$, 第一类间断点

6. (1) $\frac{1}{2}$　(2) $\frac{1}{2}$　(3) 1　(4) $-\frac{1+e^2}{2e^2}$　(5) $\frac{1}{2}$　(6) $\ln a$　(7) -2　(8) 2

复习题一

一、**1.** x^2+4x+9　**2.** 4　**3.** $\sqrt[5]{8}$　**4.** $y=e^u, u=\sin v, v=\frac{1}{x}$　**5.** $y=\log_2 u, u=\sin x+2$　**6.** $x=\pm 1$　**7.** $\frac{9}{2}$　**8.** e^{-6}　**9.** $e^{\frac{1}{k}}$　**10.** ln2　**11.** 3　**12.** $\left(\frac{1}{2},+\infty\right)$　**13.** 2　**14.** $2,-8$　**15.** 1　**16.** $\frac{1}{2},-\frac{3}{2}$　**17.** 2　**18.** 一　**19.** 1　**20.** -1 或 ∞　**21.** e^3

二、**1.** B　**2.** A　**3.** B　**4.** A　**5.** B　**6.** D　**7.** D　**8.** D　**9.** B　**10.** B　**11.** B　**12.** B　**13.** C　**14.** C　**15.** A　**16.** B　**17.** B　**18.** C　**19.** D　**20.** A　**21.** B

三、**1.** $-\frac{1}{2}$　**2.** 32　**3.** ∞　**4.** 1　**5.** 6　**6.** $-\frac{1}{2}$　**7.** 4　**8.** 2　**9.** $\frac{1}{2}$　**10.** 2　**11.** e^2　**12.** e　**13.** e^{-8}　**14.** $\frac{1}{6}$　**15.** e^{-3}　**16.** e^{-3}　**17.** $\frac{1}{2}$　**18.** $\frac{2}{\pi}$　**19.** $\frac{1}{4}$　**20.** 0　**21.** 3　**22.** $\frac{\pi}{3}$　**23.** $-\frac{3}{2}$　**24.** 1

四、$a=0, b=e$.

五、**1.** $x=\pm\frac{1}{2}$, 第二类无穷间断点　**2.** $x=1$, 第一类可去间断点　**3.** $x=0$, 第一类跳跃间断点

六、**1.** $k=-4, m=3$　**2.** 连续

第2章

习题 2.1

1. -2

2. (1) 0　(2) $-\frac{2}{x^3}$　(3) $\frac{1}{6}x^{-\frac{5}{6}}$　(4) $\frac{1}{x\ln 2}$

3. (1) $\frac{3}{8}$　(2) $4e(\ln 4+1)$　(3) $\frac{1}{2}$　(4) $9\ln 3$

4. 连续不可导

5. 切线方程 $4x+y-4=0$, 法线方程 $2x-8y+15=0$

6. 切线方程 $x-y-\frac{1}{4}=0$，切点 $\left(\frac{1}{2},\frac{1}{4}\right)$

习题 2.2

1. (1) $2^x\ln 2+\frac{1}{\sqrt{x}}-\frac{1}{3x\sqrt[3]{x}}$ (2) $ax^{a-1}+a^x\ln a$ (3) $y=2e^x\cos x$ (4) $x+(1+3x^2)\arctan x$

(5) $\frac{2}{(1+x)^2}$ (6) $\frac{5}{1+\cos x}$ (7) $2x-\frac{5}{2}x^{-\frac{7}{2}}-3x^{-4}$ (8) $\csc x(\csc x-\cot x)$

2. (1) $\frac{e^{\sqrt{x}}}{2\sqrt{x}}$ (2) $-\frac{3}{2}\sin 2x\cos x$ (3) $\frac{x}{\sqrt{x^2+4}}+\frac{2}{\sqrt{4-x^2}}$ (4) $\frac{1}{\sqrt{a^2+x^2}}$

(5) $2xe^{\sin x^2}\cos x^2$ (6) $\frac{x}{\sqrt{1+x^2}}-1$ (7) $e^{-x}(3\sec^2 3x-\tan 3x)$ (8) $\frac{1-x^2}{2x(1+x^2)}$

3. (1) $2f(e^x)f'(e^x)e^x$ (2) $\frac{1}{2\sqrt{x}}f'(\sin\sqrt{x})\cos\sqrt{x}$

习题 2.3

1. (1) $-\frac{1+y\cos xy}{x\cos xy}$ (2) $-\frac{\sin x+ye^{xy}}{2y+xe^{xy}}$ (3) $\frac{y-xy}{xy-x}$ (4) $\frac{x+y}{x-y}$

2. $1-\frac{\pi}{2}$

3. $y-1=-\frac{1}{2}(x-1)$

4. (1) $x^{\sin x}\left(\cos x\cdot\ln x+\frac{\sin x}{x}\right)$ (2) $\frac{1}{2}\sqrt{\frac{(x-1)(x-2)}{(2x-3)(x-4)}}\left(\frac{1}{x-1}+\frac{1}{x-2}-\frac{2}{2x-3}-\frac{1}{x-4}\right)$ 5. (1) $2-\frac{1}{x^2}$ (2) $2\arctan x+\frac{2x}{1+x^2}$.

习题 2.4

1. 略

2. (1) $2x+C$ (2) $\frac{1}{2}x^2+C$ (3) $\arctan x+C$ (4) $\frac{1}{2}\sin 2x+C$ (5) $-\frac{1}{3}e^{-3x}+C$

(6) $\ln|1+x|+C$ (7) $2^{\sin x}\ln 2$ $2^{\sin x}\ln 2\cdot\cos x$

3. (1) $\sec x\tan x\,dx$ (2) $(\sin 2x+2x\cos 2x)dx$ (3) $-\tan x\,dx$ (4) $\frac{1}{(1-x)^2}dx$

(5) $-\frac{1}{\sqrt{1-x^2}}dx$ (6) $-\frac{1+y\sin xy}{2y+x\sin xy}dx$

4. $\frac{t}{2}$

5. (1) 2.745 5 (2) 9.9

复习题二

一、1. $\left(2,\frac{1}{2}\right),\left(-2,\frac{3}{2}\right)$ 2. 3 3. $2x-y-\ln 2-1=0$ 4. $2x+2^x\ln 2$ 5. $e^x(\sin x+\cos x)$ 6. $n!$

7. 4 8. $\frac{1}{3}$ 9. $5f'(0)$ 10. $e^x(x+2)$ 11. 1 12. $3x^2dx$ 13. $\frac{1}{\cos x}$ 14. $\frac{1}{2}\ln|1+2x|+C$

15. $f'(\sqrt{x})$ 16. 1.000 6

二、**1.** B **2.** A **3.** A **4.** B **5.** C **6.** B **7.** A **8.** A **9.** D **10.** B **11.** D **12.** A **13.** D **14.** B **15.** A **16.** C

三、**1.** $\ln x+1-\frac{2}{x^3}+\frac{1}{x^2}$ **2.** $\frac{x\cos x-\sin x}{x^2}$ **3.** $y=1+2x\arctan x$ **4.** $2\sec^2 2x$

5. $3^{\sin x}\ln 3\cdot\cos x$ **6.** $\frac{-x}{\sqrt{4-x^2}}$ **7.** $\frac{1-x}{x^2+4}$ **8.** $-\frac{1}{x}\sin(\ln 2x)$ **9.** $\frac{1-y\cos xy}{x\cos xy-1}$ **10.** $-\cot t$

四、$y=-2x+2, y=\frac{1}{2}x+2$

五、**1.** $-\frac{1}{x^2}\sec^2\frac{1}{x}\mathrm{d}x$ **2.** $\frac{1}{1+x^2}\mathrm{d}x$

六、$2\varphi(0)$

第3章

习题 3.1

1. (1) 0 (2) $\frac{\pi}{4},\frac{5\pi}{4}$

2. $\frac{1}{\ln 2}-1$

3. 3个实根,分别在 (1,2),(2,3),(3,4)

4. 提示:设 $f(x)=\arctan x$,在 $[x_1,x_2]$ 上利用拉格朗日中值定理

习题 3.2

1. (1) -1 (2) 36 (3) $\ln a$ (4) 0 (5) 2 (6) 1 (7) $\frac{1}{2}$ (8) 0 (9) 0 (10) $\frac{9}{2}$

2. (1) 1 (2) 2

习题 3.3

1. (1) 函数 $f(x)$ 在区间 $(-\infty,0)$ 和 $(1,+\infty)$ 内单调增加,在 $(0,1)$ 内单调减少,极大值 $f(0)=5$,极小值 $f(1)=4$

(2) 函数 $f(x)$ 在区间 $\left[\frac{1}{2},+\infty\right)$ 内单调增加,在 $\left(0,\frac{1}{2}\right]$ 内单调减少,极小值 $f\left(\frac{1}{2}\right)=\frac{1}{2}+\ln 2$

(3) 函数 $f(x)$ 在区间 $(-\infty,0)$ 和 $(1,+\infty)$ 内单调增加,在 $(0,1)$ 内单调减少,极大值 $f(0)=0$,极小值 $f(1)=-3$

(4) 函数 $f(x)$ 在区间 $(-\infty,1)$ 和 $(3,+\infty)$ 内单调增加,在 $(1,3)$ 内单调减少,极小值 $f(3)=\frac{27}{4}$,无极大值

2. 极小值 $f(3)=-47$,极大值 $f(-1)=17$

3. (1) 设 $f(x)=x-\ln(1+x)$ (2) 设 $f(x)=\mathrm{e}^x-1-x$

4. (1) $a=0,b=-3$ (2) $f(1)=-2$ 为 $f(x)$ 的极小值;$f(-1)=2$ 为 $f(x)$ 的极大值

习题 3.4

1. 最大值为 11,最小值为 2

2. 最大值为 $f\left(\frac{3}{4}\right)=\frac{5}{4}$,最小值为 $f(-5)=-5+\sqrt{6}$

3. 边长为 40 cm 时,容积最大,最大容积为 1 600 cm^3

4. 当高 $h=\frac{4}{3}R$ 时,圆锥的体积最大

5. 门票定为 15 元时,门票收入最多

习题 3.5

1. (1) 凸区间 $\left(-\infty,\frac{5}{3}\right]$,凹区间 $\left[\frac{5}{3},+\infty\right)$,拐点 $\left(\frac{5}{3},\frac{20}{27}\right)$

(2) 凸区间 $(-\infty,-1]$,$[1,+\infty)$,凹区间 $[-1,1]$,拐点 $(1,\ln 2)$,$(-1,\ln 2)$

2. $a=\pm 9$

3. $a=-\frac{1}{2},b=\frac{3}{2}$

4. (1) 水平渐近线 $y=0$,垂直渐近线 $x=-1$

(2) 水平渐近线 $y=1$,垂直渐近线 $x=2,x=-3$

复习题三

一、 **1.** 2 **2.** 1 **3.** 0 **4.** -3 **5.** $a=1,b=1$ **6.** $(-1,1)$ **7.** $(-\infty,0),(0,+\infty)$ **8.** $a=0,b=-3$ **9.** 平行 **10.** $f(a)$ **11.** $f(x)=4x^3-3x$ **12.** 55,3 **13.** $0<\alpha<1$ **14.** 凸区间 $(-\infty,2)$,凹区间 $(2,+\infty)$ **15.** $(-1,1)$ **16.** $x=-1$ **17.** $y=0$

二、**1.** A **2.** C **3.** D **4.** C **5.** B **6.** C **7.** D **8.** D **9.** A **10.** D **11.** B **12.** A **13.** A **14.** D **15.** A **16.** C **17.** D **18.** C **19.** B **20.** C

三、**1.** $\ln\frac{3}{5}$ **2.** 1 **3.** 1 **4.** $\frac{1}{3}$ **5.** -1 **6.** $\frac{1}{2}$ **7.** 0 **8.** $\frac{1}{2}$ **9.** 1 **10.** $\frac{1}{e}$

四、函数 $f(x)$ 在区间 $(-\infty,0)$ 和 $(1,+\infty)$ 内单调增加,在区间 $(0,1)$ 内单调减少,极大值为 $f(0)=0$,极小值为 $f(1)=-\frac{1}{3}$

五、函数 $f(x)$ 的凹区间为 $[2,+\infty)$,凸区间为 $(-\infty,2]$,拐点为 $(2,2e^{-2})$

六、$a=3,b=3,c=2$

第 4 章

习题 4.1

1. (1) $\frac{1}{5}x^5+3e^x-\cot x-\ln|x|+C$ (2) $x^3+\arctan x+C$ (3) $-\frac{2}{\sqrt{x}}+C$ (4) $\frac{(5e)^x}{1+\ln 5}+C$ (5) $\frac{1}{2}x^2+2x+C$ (6) $-\frac{1}{x}-\arctan x+C$ (7) $\frac{1}{2}x+\frac{1}{2}\sin x+C$ (8) $\frac{1}{2}\tan x+C$ (9) $-\cot x-\tan x+C$ (10) $-\cot x-x+C$ (11) $\sin x+\cos x+C$ (12) $\tan x-\sec x+C$

2. $y=x^3+1$

习题 4.2

1. (1) $-\frac{1}{3}\sin(1-3x)+C$ (2) $-\sqrt{1-2x}+C$ (3) $-\frac{1}{2}e^{-x^2}+C$ (4) $\frac{1}{2}(\ln x)^2+C$ (5) $\ln|1+\ln x|+C$ (6) $\ln(2+e^x)+C$ (7) $-\ln(1+e^{-x})+C$ (8) $-e^{\frac{1}{x}}+C$ (9) $-2\cos\sqrt{x}+C$ (10) $\frac{1}{4}\cos^{-4}x+C$ (11) $\frac{1}{2}x+\frac{\sin 6x}{12}+C$ (12) $\frac{1}{5}\sin^5 x+C$ (13) $e^{\sin x}+C$ (14) $\frac{1}{2}(\arctan x)^2+C$ (15) $\frac{1}{3}\arctan(3x)+C$ (16) $\frac{1}{5}\arcsin\left(\frac{5}{2}x\right)+C$ (17) $\frac{1}{24}\ln\left|\frac{4+3x}{4-3x}\right|+C$ (18) $-2\sqrt{1-x^2}-3\arcsin x+C$

2. (1) $-2\sqrt{x}-2\ln|1-\sqrt{x}|+C$ (2) $2\sqrt{x+1}-4\ln(\sqrt{x+1}+2)+C$ (3) $2\sqrt{x}-4\sqrt[4]{x}+$

$4\ln(1+\sqrt[4]{x})+C$ (4) $\frac{1}{4}\arcsin 2x+\frac{1}{2}x\sqrt{1-4x^2}+C$ (5) $\arccos\frac{1}{x}+C$ (6) $\ln(x+\sqrt{1+x^2})-\frac{\sqrt{x^2+1}}{x}+C$

习题 4.3

1. (1) $\sin x-x\cos x+C$ (2) $\frac{1}{2}xe^{2x}-\frac{1}{4}e^{2x}+C$ (3) $\frac{1}{5}x^5\ln x-\frac{x^5}{25}+C$ (4) $x\arcsin x+\sqrt{1-x^2}+C$ (5) $-\frac{1}{2}x^2+x\tan x+\ln|\cos x|+C$ (6) $x\tan x+\ln|\cos x|+C$ (7) $2\sqrt{x}(\ln x-2)+C$ (8) $\frac{1}{2}e^x(\sin x+\cos x)+C$ (9) $x\ln(1+x^2)-2x+2\arctan x+C$ (10) $x^2\sin x+2x\cos x+C$ (11) $2\sqrt{x}e^{\sqrt{x}}-2e^{\sqrt{x}}+C$ (12) $(x+1)\arctan\sqrt{x}-\sqrt{x}+C$

2. $\cos x-\frac{2\sin x}{x}+C$

习题 4.4

1. $y=3e^{-x}+x-1$

2. (1) $y=Cx$ (2) $\ln y=Ce^{\arctan x}$ (3) $y=C\sin^2 x$ (4) $e^{y^2}=C(1+e^x)^2$ (5) $y=Ce^x-1$ (6) $y=\sin x(x^2+C)$ (7) $y=Ce^{-2x}+\frac{1}{9}(3x-1)e^x$ (8) $y=\frac{1}{2}x\ln x-\frac{1}{4}x+\frac{C}{x}$ (9) $y=C_1e^x+C_2e^{2x}$ (10) $y=C_1+C_2e^{4x}$ (11) $y=C_1e^{3x}+C_2xe^{3x}$ (12) $y=e^x(C_1\cos 2x+C_2\sin 2x)$

3. (1) $y=x$ (2) $y^2-1=3(x-1)^2$ (3) $y=2x-2$ (4) $y=\frac{3}{2}x^3+\frac{x^2}{2}$ (5) $y=(2+x)e^{-\frac{x}{2}}$ (6) $y=2\cos 2x+3\sin 2x$

复习题四

一、**1.** $3x^2$ **2.** $\sin x+C$ **3.** $x^2-\frac{1}{x}+C$ **4.** $\cos\sqrt{x}+C$ **5.** $-\cos f(x)+C$ **6.** $xf(x)-F(x)+C$ **7.** $2\sin x\cos x$ 或 $\sin 2x$ **8.** e^{-x^2} **9.** $\tan x+C$ **10.** $-\frac{1}{5}\cos 5x+C$ **11.** $\ln|x+\cos x|+C$ **12.** $x=3\sin\theta$ **13.** 三 **14.** $y=Ce^x-1$ **15.** $y=C_1e^{-2x}+C_2e^{5x}$ **16.** $y''-2y'+5y=0$

二、**1.** B **2.** D **3.** A **4.** C **5.** A **6.** A **7.** C **8.** C **9.** B **10.** A **11.** B **12.** D **13.** B **14.** D **15.** A **16.** A

三、**1.** $x^2-\ln|x|+\tan x+C$ **2.** $x+e^{-x}+C$ **3.** $\ln|x|-2\arctan x+C$ **4.** $\frac{x^3}{3}-x+\arctan x+C$ **5.** $\frac{2}{9}(1+3x^2)^{\frac{3}{2}}+C$ **6.** $\arctan e^x+C$ **7.** $e^{\sin x}+C$ **8.** $-2\sqrt{3-\ln x}+C$ **9.** $-2\sqrt{1-x^2}-\arcsin x+C$ **10.** $\frac{1}{15}\arctan\frac{5}{3}x+C$ **11.** $\frac{1}{3}\arcsin 3x+C$ **12.** $2\sqrt{x+1}-2\ln\left|1+\sqrt{x+1}\right|+C$

13. $\frac{2}{3}\sqrt{(1+x)^3}-x+C$ **14.** $\frac{2}{3}(1-x)^{\frac{3}{2}}-2(1-x)^{\frac{1}{2}}+C$ **15.** $3\sqrt[3]{x}-6\sqrt[6]{x}+6\ln(1+\sqrt[6]{x})+C$

16. $\frac{9}{2}\arcsin\frac{x}{3}+\frac{x}{2}\sqrt{9-x^2}+C$ **17.** $\frac{1}{2}[(1+x^2)\ln(1+x^2)-x^2]+C$ **18.** $\frac{1}{4}x^4(\ln x-\frac{1}{4})+C$

19. $-\frac{1}{2}x\cos 2x+\frac{1}{4}\sin 2x+C$ **20.** $-\frac{1}{4}xe^{-4x}-\frac{1}{16}e^{-4x}+C$

四、1. $e^x+e^{-y}=C$ 2. $y=Ce^{\cos x}$ 3. $y=e^{-x^2}\left(\frac{1}{2}x^2+C\right)$ 4. $y=Ce^{-x^2}+2$ 5. $y=C_1e^{-x}+C_2e^{2x}$ 6. $y=C_1e^x+C_2xe^x$ 7. $y=C_1e^{-2x}+C_2e^{-3x}+e^{-x}$ 8. $y=C_1e^x+C_2e^{6x}+\frac{5}{74}\sin x+\frac{7}{74}\cos x$

五、1. $y=1-\sqrt{1-x^2}$ 2. $y=4e^x+2e^{3x}$

第5章

习题 5.1

1. 略

2. (1) 21 (2) $\frac{1}{2}t^2$ (3) $-\frac{3}{2}$ (4) $\frac{9\pi}{2}$

习题 5.2

1. (1) $2x\sqrt{1+x^4}$ (2) $2x\sin x^4-\frac{\sin x}{2\sqrt{x}}$ (3) $\frac{1}{2}$ (4) 1

2. (1) $\frac{7}{3}$ (2) $\ln 2$ (3) -1 (4) $1-\frac{\pi}{2}$ (5) $\frac{\pi}{3a^2}$ (6) 5 (7) $\frac{11}{2}$ (8) $\frac{5}{6}$

3. $x-1$ $-\frac{1}{2}$

习题 5.3

1. (1) $\frac{2}{5}$ (2) 1 (3) 1 (4) $\frac{\pi}{4}$ (5) 2 (6) $\sin 1$ (7) $e-\frac{1}{e}$ (8) 1 (9) $\frac{1}{2}$ (10) $7+2\ln 2$ (11) $\frac{22}{3}$ (12) $\frac{\pi}{2}$ (13) $2\ln 2$ (14) $1-\frac{\pi}{4}$

2. (1) $1-\frac{2}{e}$ (2) $\frac{1}{4}(e^2+1)$ (3) $\frac{\pi}{4}-\frac{1}{2}$ (4) $e-2$ (5) $2\left(1-\frac{1}{e}\right)$ (6) $\pi-2$ (7) $\frac{e^{\pi}-2}{5}$ (8) $-\frac{2\pi}{a^2}$

3. (1) 0 (2) 0 (3) 2

4. $\tan\frac{1}{2}-\frac{1}{2}e^{-\frac{\pi^2}{4}}+\frac{1}{2}$

习题 5.4

1. (1) $\frac{1}{2}$ (2) 发散 (3) π (4) $\frac{\pi}{2}$ (5) $\frac{1}{2}\ln 3$ (6) $\frac{1}{2}$ (7) -1 (8) 发散

习题 5.5

1. $e+\frac{1}{e}-2$

2. $\frac{9}{2}$

3. $\frac{3}{10}\pi$

4. $18\frac{2}{7}\pi, 12.8\pi$

复习题五

一、**1.** $\frac{1}{2}$　**2.** 0　**3.** 0　**4.** $-2xe^{-(1-x^2)^2}$　**5.** 1　**6.** 3.5　**7.** $\int_{\frac{1}{e}}^{e}|\ln x|\,dx$　**8.** 3　**9.** $\frac{1}{2\pi}$　**10.** 3　**11.** $\frac{1}{27}$　**12.** $x-\frac{3}{4}$

二、**1.** A　**2.** C　**3.** C　**4.** A　**5.** D　**6.** B　**7.** C　**8.** D　**9.** C　**10.** D　**11.** B　**12.** B

三、**1.** $\frac{\pi}{2}$　**2.** $\frac{29}{6}$　**3.** 2　**4.** $\frac{3}{2}$　**5.** $2+2\ln\frac{2}{3}$　**6.** ln3　**7.** $\frac{3}{2}-\ln 2$　**8.** 1　**9.** $2\sqrt{2}-2$　**10.** $\frac{4\pi}{3}-\sqrt{3}$　**11.** $\frac{2}{9}e^3+\frac{1}{9}$　**12.** 1　**13.** $\ln\left(1+\frac{\pi}{2}\right)-1$

四、**1.** $\frac{32}{3}$　**2.** $2\pi+\frac{4}{3}, 6\pi-\frac{4}{3}$　**3.** $\frac{\pi}{2}\left(1-\frac{1}{e^4}\right)$　**4.** $\frac{\pi}{2}-1, \frac{\pi^2}{4}$

第6章

习题6.1

1. 六　七　三　二

2. (1) $(-3,5,2)$　(2) $(3,5,2)$　(3) $(-3,-5,2)$

3. $(-2,0,0)$

4. $5\sqrt{2}, \sqrt{34}, \sqrt{41}, 5$

5. $(0,1,-2)$

习题6.2

1. $2x, 3y+3z-x$

2. $\pm\frac{1}{5}(-4,3,0)$

3. 2, $\cos\alpha=-\frac{1}{2}, \cos\beta=\frac{1}{2}, \cos\gamma=-\frac{\sqrt{2}}{2}, \alpha=\frac{2\pi}{3}, \beta=\frac{\pi}{3}, \gamma=\frac{3\pi}{4}$

4. $(1,2,\pm 2)$

习题6.3

1. -18

2. 24

3. $\frac{3\pi}{4}$

4. 2

5. $(5,1,7)$

习题6.4

1. $3x-7y+5z-4=0$

2. (1) 平行于 xOz 面的平面　(2) 平行于 xOy 面的平面　(3) 通过 z 轴的平面　(4) 平面在坐标轴上的截距均为5

3. xOy 面：$\frac{1}{3}$，yOz 面：$\frac{2}{3}$，xOz 面：$-\frac{2}{3}$

4. $x-y+5z-4=0$

习题6.5

1. $\frac{x-3}{2}=\frac{y+1}{1}=\frac{z-4}{5}$

2. $16x-14y-11z-65=0$

3. $\dfrac{x-2}{3}=\dfrac{y+3}{-1}=\dfrac{z-4}{2}$

4. $\theta=\arccos\dfrac{14}{39}$

5. 3

6. $\left(-\dfrac{5}{3},\dfrac{2}{3},\dfrac{2}{3}\right)$

7. $\dfrac{x-1}{0}=\dfrac{y-1}{1}=\dfrac{z-1}{2}$

习题 6.6

1. $(x+1)^2+(y+3)^2+(z-2)^2=9$

2. (1) $\dfrac{x^2}{3}+\dfrac{y^2}{4}+\dfrac{z^2}{4}=1,\dfrac{x^2}{3}+\dfrac{y^2}{3}+\dfrac{z^2}{4}=1$ (2) $x^2-y^2-z^2=1,x^2-y^2+z^2=1$

3. (1) 绕 y 轴旋转的旋转椭球面 (2) 绕 z 轴旋转的旋转抛物面 (3) 母线平行于 z 轴的两垂直平面：$y=x,x=-y$ (4) 母线平行于 z 轴的双曲柱面 (5) 椭球面 (6) 椭圆柱面

习题 6.7

1. 略

2. $xOy:x^2+y^2\leqslant 4$ $xOz:x^2\leqslant z\leqslant 4$ $yOz:y^2\leqslant z\leqslant 4$

3. $\begin{cases}x^2+y^2=x+y\\z=0\end{cases}$

4. $\begin{cases}x^2+y^2=a^2\\z=0\end{cases}$ $\begin{cases}y=a\sin\dfrac{z}{b}\\x=0\end{cases}$ $\begin{cases}x=a\cos\dfrac{z}{b}\\y=0\end{cases}$

复习题六

一、1. $\dfrac{\pi}{3}$ 2. $\dfrac{\sqrt{3}}{2}$ 3. $(2,2,2)$ 4. 0 5. $\dfrac{4}{3}$ 6. $2\sqrt{3}$ 7. 5 8. $(1,1,1)$ 9. $21y-5z+9=0$ 10. $4(z-1)=(x-1)^2+(y+1)^2$

二、1. D 2. C 3. B 4. C 5. D 6. D 7. C 8. D 9. A 10. B

三、1. $2x+y-3z=-5$ 2. $y-3z=0$ 3. $x-2y+z=0$ 4. $-8x+9y+22z=-59$

四、1. $\begin{cases}x=1\\\dfrac{y-1}{2}=\dfrac{z-1}{3}\end{cases}$ 2. $\dfrac{x-3}{1}=\dfrac{y-4}{1}=\dfrac{z+1}{-2}$ 3. $\dfrac{x-1}{15}=\dfrac{y-2}{10}=\dfrac{z-1}{6}$ 4. $\dfrac{x-3}{2}=\dfrac{y-1}{3}=\dfrac{z+2}{1}$

五、1. $\sqrt{29}$ 2. $10x+2y+11z-148=0$, 15 3. $\sqrt{5}$ 4. $\dfrac{5}{3}$

第 7 章

习题 7.1

1. (1) $\{(x,y)\mid x^2+y^2\leqslant 1,2x^2+3y^2>1\}$ (2) $\{(x,y)\mid x+2y\neq 0,x\neq y\}$ (3) $\{(x,y)\mid x+2y>1\}$ (4) $\{(x,y)\mid x-y>0,x^2+y^2<4\}$

2. $-\dfrac{4}{3}$ 3. 0 4. (1) 4 (2) 2 (3) $\dfrac{7}{3}$ (4) 2

5. 略　6. 不连续

习题 7.2

1. $\left.\dfrac{\partial z}{\partial x}\right|_{(1,2)}=6,\left.\dfrac{\partial z}{\partial y}\right|_{(1,2)}=10$　2. 略

3. (1) $z_x=7x^6e^y, z_y=x^7e^y$

(2) $z_x=y+\dfrac{1}{y}, z_y=x-\dfrac{x}{y^2}$

(3) $z_x=3x^2y-y^3, z_y=x^3-3xy^2$

(4) $z_x=y\cos xy-2y\sin xy\cos xy, z_y=x\cos xy-2x\sin xy\cos xy$

(5) $z_x=ye^{xy}, z_y=xe^{xy}$

(6) $u_x=6(2x+y+z)^2, u_y=3(2x+y+z)^2, u_z=3(2x+y+z)^2$

4. $\dfrac{\partial^2 z}{\partial x^2}=12x^2-8y,\dfrac{\partial^2 z}{\partial y\partial x}=-8x$

5. $\dfrac{\partial^2 z}{\partial x\partial y}=\dfrac{1}{y},\dfrac{\partial^2 z}{\partial y^2}=-\dfrac{x}{y^2}$

习题 7.3

1. (1) $dz=-\dfrac{2y}{(x-y)^2}dx+\dfrac{2x}{(x-y)^2}dy$

(2) $dz=\left(-\dfrac{y}{x^2}+ye^{xy}\right)dx+\left(\dfrac{1}{x}+xe^{xy}\right)dy$

(3) $dz=(2x+y)\cos(x^2+xy)dx+x\cos(x^2+xy)dy$

(4) $du=\dfrac{2}{2x+y-3z}dx+\dfrac{1}{2x+y-3z}dy-\dfrac{3}{2x+y-3z}dz$

2. $dz|_{(1,1)}=e\,dx+e\,dy$

3. $\Delta z=0.162\,416\,04, dz=0.16$

4. 0.96

习题 7.4

1. (1) 8　(2) 8π　(3) 3π

2. $2\leqslant I\leqslant 8$

3. $I_1\leqslant I_2\leqslant I_3$

习题 7.5

1. $\dfrac{1}{24}$　2. $\dfrac{33}{140}$　3. $\dfrac{32}{3}$

4. (1) $\int_0^1 dx\int_{x^2}^{x} f(x,y)dy$　(2) $\int_0^1 dy\int_{-\sqrt{1-y^2}}^{\sqrt{1-y^2}} f(x,y)dx$　(3) $\int_0^1 dy\int_y^{2-y} f(x,y)dx$

复习题七

一、1. $\{(x,y)\mid x+y+1>0 且 x>y\}$　2. 5　3. 3　4. -1　5. $\dfrac{1}{2}$　6. 36　7. $-\dfrac{1}{3}$

8. $e^x\cos xy-ye^x\sin xy, -xe^x\sin xy$　9. 连续　10. 3π　11. 24　12. 1　13. $\int_0^1 dy\int_{e^y}^{e} f(x,y)dx$

二、1. C　2. A　3. B　4. B　5. B　6. C　7. C　8. A　9. D　10. B　11. A　12. D　13. C　14. D

三、1. $z_x=3x^2+6xy, z_y=3x^2-3y^2$　2. $z_x=y\ln y, z_y=x(\ln y+1)$

3. $z_x=\dfrac{1}{x+y^2}$, $z_y=\dfrac{2y}{x+y^2}$　4. $z_x=\sin(x+y)+x\cos(x+y)+y^2e^{xy^2}$, $z_y=x\cos(x+y)+2xye^{xy^2}$

四、1. $dz=3x^2y^4dx+4x^3y^3dy$　2. $dz=\dfrac{yx^{y-1}}{1+x^{2y}}dx+\dfrac{x^y\ln x}{1+x^{2y}}dy$

3. $du=\dfrac{1}{2x+3y+4z^2}(2dx+3dy+8zdz)$

4. $dz=e^x[\sin(x+y)+\cos(x+y)]dx+e^x\cos(x+y)dy$

5. $dz=\left[-\sin(x+y)\ln x+\dfrac{\cos(x+y)}{x}\right]dx-\sin(x+y)\ln x dy$

6. $dz=\left[y\ln(1+x)+\dfrac{xy}{1+x}\right](1+x)^{xy}dx+x(1+x)^{xy}\ln(1+x)dy$

五、1. $\dfrac{\partial^2 z}{\partial x^2}=2y^2$, $\dfrac{\partial^2 z}{\partial y^2}=2x^2-\sin y$, $\dfrac{\partial^2 z}{\partial x\partial y}=\dfrac{\partial^2 z}{\partial y\partial x}=4xy$

2. $\dfrac{\partial^2 z}{\partial x^2}=\dfrac{4y}{(x-y)^3}$, $\dfrac{\partial^2 z}{\partial y^2}=\dfrac{4x}{(x-y)^3}$, $\dfrac{\partial^2 z}{\partial x\partial y}=\dfrac{\partial^2 z}{\partial y\partial x}=\dfrac{-2(x+y)}{(x-y)^3}$

六、1. $\dfrac{20}{3}$　2. $\dfrac{3}{35}$　3. $\dfrac{20}{3}$　4. $\dfrac{7}{6}$　5. 4

第八章

习题 8.1

1. (1) $u_n=(-1)^{n-1}\dfrac{1}{2^{n-1}}$　(2) $u_n=\dfrac{n}{n^2+1}$　(3) $u_n=(-1)^{n-1}\dfrac{2^n}{n!}$

2. (1) 收敛　(2) 发散　(3) 收敛

3. (1) 发散　(2) 收敛，和 $S=\dfrac{5}{3}$　(3) 发散　(4) 收敛，和 $S=\dfrac{1}{3}$　(5) 发散　(6) 发散

习题 8.2

1. (1) 收敛　(2) 发散　(3) 收敛　(4) 收敛
2. (1) 收敛　(2) 收敛　(3) 发散　(4) 收敛
3. (1) 发散　(2) 发散　(3) 收敛　(4) 收敛

习题 8.3

1. (1) 收敛　绝对收敛　(2) 收敛　条件收敛　(3) 发散
2. (1) 收敛　(2) 收敛　(3) 收敛

习题 8.4

1. (1) 收敛半径 $R=+\infty$，收敛区间 $(-\infty,+\infty)$，收敛域 $(-\infty,+\infty)$

(2) 收敛半径 $R=1$，收敛区间 $(-1,1)$，收敛域 $[-1,1]$

(3) 收敛半径 $R=\sqrt{3}$，收敛区间 $(-\sqrt{3},\sqrt{3})$，收敛域 $(-\sqrt{3},\sqrt{3})$

(4) 收敛半径 $R=1$，收敛区间 $(0,2)$，收敛域 $(0,2]$

2. (1) 收敛域 $(-1,1)$，和函数 $S(x)=\dfrac{1}{(1-x)^2}$

(2) 收敛域 $[-1,1)$，和函数 $S(x)=-\ln(1-x)$

(3) 收敛域 $(-1,1)$，和函数 $S(x)=\dfrac{2x-x^2}{(1-x)^2}$

(4) 收敛域 $(-1,1]$，和函数 $S(x)=-\ln(1+x)$

习题 8.5

1. (1) $\sum_{n=0}^{\infty}(-3)^n x^n, x\in\left(-\frac{1}{3},\frac{1}{3}\right)$　(2) $\sum_{n=0}^{\infty}(-1)^n\frac{x^{n+1}}{2^n\cdot n!}, x\in(-\infty,+\infty)$

(3) $\sum_{n=0}^{\infty}(-1)^n\frac{3^{2n}x^{2n}}{(2n)!}, x\in(-\infty,+\infty)$　(4) $\sum_{n=0}^{\infty}\frac{x^{n+1}}{4^{n+1}}, x\in(-4,4)$

(5) $\frac{1}{2}\left[1+\sum_{n=0}^{\infty}(-1)^n\frac{2^{2n}x^{2n}}{(2n)!}\right], x\in(-\infty,+\infty)$　(6) $\ln 2-\sum_{n=0}^{\infty}\frac{x^{n+1}}{2^{n+1}\cdot(n+1)}, x\in(-2,2]$

2. $\ln 3+\sum_{n=0}^{\infty}(-1)^n\frac{(x-1)^{n+1}}{3^{n+1}\cdot(n+1)}\quad x\in(-2,4]$

习题 8.6

1. $f(x)=\frac{4}{\pi}\left[\sin x+\frac{1}{3}\sin 3x+\cdots+\frac{1}{2n-1}\sin(2n-1)x+\cdots\right], (x\neq k\pi, k\in\mathbf{Z})$

2. $f(x)=2\sum_{n=1}^{\infty}(-1)^{n+1}\frac{\sin nx}{n}, x\in(-\pi,\pi)$

3. $f(x)$ 的正弦级数为

$$x(x-\pi)=-\frac{\pi^2}{6}+\sum_{n=1}^{\infty}\frac{1}{n^2}\cos 2nx, x\in[0,\pi]$$

$$\sum_{n=1}^{\infty}\frac{1}{n^2}=\frac{\pi^2}{6}$$

4. $f(x)$ 的正弦级数为

$$f(x)=\frac{8}{\pi^2}\sum_{n=1}^{\infty}(-1)^{n+1}\frac{\sin\frac{(2n-1)\pi x}{2}}{(2n-1)^2}, x\in[0,2]$$

5. $f(x)=\frac{1}{2}-\frac{4}{\pi^2}\sum_{n=1}^{\infty}\frac{1}{(2n-1)^2}\cos(2n-1)\pi x, x\in(-1,1)$

复习题八

一、**1.** $\frac{1}{2n(2n+2)},\frac{1}{2}\left(\frac{1}{2}-\frac{1}{2n+2}\right),\frac{1}{4}$　**2.** $\frac{1}{3}$　**3.** $\frac{9}{4}$　**4.** 0　**5.** 1, $(-1,1]$　**6.** 3, $(-2,4)$　**7.** 2, $(-2,2)$　**8.** $(-1,3]$　**9.** 2　**10.** $\frac{2x}{(1-x^2)^2}$　**11.** $\pi+1,1$

二、**1.** D　**2.** C　**3.** B　**4.** A　**5.** A　**6.** D　**7.** C　**8.** D　**9.** B　**10.** C

三、**1.** (1) 收敛　(2) 收敛　(3) 发散　(4) 发散　(5) 收敛　(6) 发散　(7) 收敛　(8) 收敛　(9) 收敛　(10) 发散　**2.** (1) 绝对收敛　(2) 条件收敛　(3) 发散　(4) 绝对收敛　**3.** (1) $R=5,(-5,5]$　(2) $R=1,[0,2)$　(3) $R=1,(1,2]$　(4) $R=\frac{\sqrt{2}}{2},\left(-3-\frac{\sqrt{2}}{2},-3+\frac{\sqrt{2}}{2}\right)$　**4.** (1) $s(x)=\frac{x}{(1-x)^2},(-1,1)$　(2) $s(x)=-\arctan x,[-1,1]$　(3) $s(x)=\frac{2x}{(1-x)^3},(-1,1)$　(4) $s(x)=\ln 2-\ln(2-x),[-2,2)$　**5.** (1) $\sum_{n=0}^{\infty}(-1)^n\frac{x^n}{3^{n+1}}, x\in(-3,3)$　(2) $\sum_{n=0}^{\infty}\frac{x^n}{4^{n+1}}, x\in(-4,4)$

(3) $\sum_{n=0}^{\infty}(-1)^n\frac{x^{n+3}}{n!}, x\in(-\infty,+\infty)$　(4) $\frac{1}{2}\sum_{n=0}^{\infty}(-1)^n\left(1-\frac{1}{3^{n+1}}\right)x^n, x\in(-1,1)$

6. $\sum_{n=0}^{\infty}(-1)^n(x-1)^n, x\in(0,2)$

7. $f(x)=\frac{\pi^2}{3}+4\sum_{n=1}^{\infty}(-1)^n\frac{\sin nx}{n^2}\ (-\pi<x<\pi)$

8. $f(x)=-\frac{8}{\pi^2}\sum_{n=1}^{\infty}\frac{1}{(2n-1)^2}\cos\frac{(2n-1)\pi x}{2}\ (0\leqslant x\leqslant 2)$

9. $f(x)=\frac{5}{2}-\frac{4}{\pi^2}\sum_{n=1}^{\infty}\frac{\cos(2n-1)\pi x}{(2n-1)^2}\ (-1\leqslant x\leqslant 1)$

第9章

习题 9.1

1. (1) 0 (2) 29 (3) 58

2. (1) ab (2) 1 (3) −11 (4) 32 (5) 512 (6) −27 (7) $\left(\sum_{i=1}^{n}x_i-m\right)(-m)^{n-1}$ (8) x^2y^2

3. 略

4. $M_{22}=6, A_{22}=6; M_{32}=-3, A_{32}=3$

5. $(x_4-x_1)(x_3-x_1)(x_2-x_1)(x_4-x_2)(x_3-x_2)(x_4-x_3)$

6. (1) $x=1, y=2, z=3$ (2) $x_1=1, x_2=2, x_3=2, x_4=-1$

7. $D\neq 0$，方程组仅有零解

习题 9.2

1. (1) $2\boldsymbol{A}-3\boldsymbol{B}=\begin{bmatrix}-10&-5&-4&1\\10&-1&-2&-7\\-1&4&6&5\end{bmatrix}$ (2) $\boldsymbol{X}=\frac{1}{2}\begin{bmatrix}13&6&5&-2\\-14&1&2&9\\1&-6&-9&-8\end{bmatrix}$.

2. (1) $\begin{bmatrix}3&6&9\\2&4&6\\1&2&3\end{bmatrix}$ (2) −5 (3) $\begin{bmatrix}14\\-7\\11\end{bmatrix}$ (4) $\begin{bmatrix}-1&2&2\\4&2&-3\\-4&0&4\end{bmatrix}$

3. (1) $\begin{bmatrix}1&1\\0&0\end{bmatrix}$ (2) $\begin{bmatrix}1&\sin 2\theta\\\sin 2\theta&1\end{bmatrix}$ (3) $\begin{bmatrix}1&0\\n&1\end{bmatrix}$

4. (1) 72 (2) −18 (3) −324

5. 略

6. 略

7. $\begin{bmatrix}-2&13&22\\-2&-17&20\\4&29&-2\end{bmatrix}$，$\begin{bmatrix}0&5&8\\0&-5&6\\2&9&0\end{bmatrix}$

8. 略

9. $\begin{bmatrix}1&0\\k\lambda&1\end{bmatrix}$

习题 9.3

1. (1) $\frac{1}{3}\begin{bmatrix}2&-1\\-1&2\end{bmatrix}$ (2) $\begin{bmatrix}2&-\frac{1}{3}&-\frac{4}{3}\\1&\frac{1}{3}&-\frac{2}{3}\\-1&0&1\end{bmatrix}$ (3) $\begin{bmatrix}1&-4&-3\\1&-5&-3\\-1&6&4\end{bmatrix}$ (4) $\begin{bmatrix}1&-2&1&0\\0&1&-2&1\\0&0&1&-2\\0&0&0&1\end{bmatrix}$

2. (1) $\boldsymbol{X}=\begin{bmatrix}2 & 1\\ -1 & -2\end{bmatrix}$　(2) $\boldsymbol{X}=\frac{1}{12}\begin{bmatrix}4 & -4\\ 5 & 4\end{bmatrix}$　(3) $\begin{bmatrix}1\\ 0\\ 1\end{bmatrix}$

3. (1) (1,0,0)　(2) (37, −78, 12)

4. $\boldsymbol{B}=\begin{bmatrix}0 & 3 & 3\\ -1 & 2 & 3\\ 1 & 1 & 0\end{bmatrix}$

5. $(\boldsymbol{A}+2\boldsymbol{E})^{-1}=\frac{3}{4}\boldsymbol{E}-\frac{1}{4}\boldsymbol{A},\boldsymbol{A}^{-1}=\frac{1}{2}(\boldsymbol{A}-\boldsymbol{E})$

6. 略

习题 9.4

1. (1) $\begin{bmatrix}2 & 2 & 1\\ 1 & 2 & 1\\ 1 & 1 & 1\end{bmatrix}$　(2) $\begin{bmatrix}-2 & 1 & 1\\ -6 & 1 & 4\\ 5 & -1 & -3\end{bmatrix}$　(3) $\frac{1}{4}\begin{bmatrix}1 & 1 & 1 & 1\\ 1 & 1 & -1 & -1\\ 1 & -1 & 1 & -1\\ 1 & -1 & -1 & 1\end{bmatrix}$

2. $\boldsymbol{X}=\begin{bmatrix}1 & 9 & 8\\ -2 & -7 & -6\end{bmatrix}$

3. (1) 3　(2) 3

4. (1) 3　(2) 3

5. $\lambda=5,\mu=1$

习题 9.5

1. (1) $\begin{bmatrix}x_1\\ x_2\\ x_3\\ x_4\end{bmatrix}=k_1\begin{bmatrix}-2\\ 1\\ 0\\ 0\end{bmatrix}+k_2\begin{bmatrix}1\\ 0\\ 0\\ 1\end{bmatrix}$　(2) $\begin{bmatrix}x_1\\ x_2\\ x_3\\ x_4\\ x_5\end{bmatrix}=k_1\begin{bmatrix}-2\\ 1\\ 1\\ 0\\ 0\end{bmatrix}+k_2\begin{bmatrix}-1\\ -3\\ 0\\ 1\\ 0\end{bmatrix}+k_3\begin{bmatrix}2\\ 1\\ 0\\ 0\\ 1\end{bmatrix}$

2. (1) 无解　(2) $\begin{bmatrix}x_1\\ x_2\\ x_3\\ x_4\end{bmatrix}=k\begin{bmatrix}-1\\ 2\\ 1\\ 0\end{bmatrix}+\begin{bmatrix}3\\ -8\\ 0\\ 6\end{bmatrix}$　3. (1) 无解　(2) 无解

4. $\lambda=5$, $\begin{bmatrix}x_1\\ x_2\\ x_3\end{bmatrix}=k\begin{bmatrix}1\\ 1\\ 1\end{bmatrix}$　5. $a=1,b=2$

6. $\lambda=-2$, 无解; $\lambda\neq-2,\lambda\neq1$, 唯一解; $\lambda\neq1$, 无穷多解

7. (1) $\begin{bmatrix}x_1\\ x_2\\ x_3\\ x_4\end{bmatrix}=k\begin{bmatrix}1\\ 1\\ 2\\ 1\end{bmatrix}+\begin{bmatrix}-2\\ -4\\ -5\\ 0\end{bmatrix}$　(2) $\begin{cases}m=2\\ n=4\\ t=6\end{cases}$

复习题九

一、**1.** 1 **2.** $\begin{bmatrix} 1 & 0 & 0 \\ 0 & \frac{1}{2} & 0 \\ 0 & 0 & -\frac{1}{3} \end{bmatrix}$ **3.** $\begin{bmatrix} 4 & 1 \end{bmatrix}$ **4.** $\begin{bmatrix} -1 & -6 \\ 2 & 5 \end{bmatrix}$ **5.** $a \neq -3$ **6.** (1) $a \neq -1, a \neq 3$ (2) $a = -1$ **7.** -28 **8.** $-\frac{1}{2}$ **9.** $k = 1,3$ **10.** $\begin{bmatrix} a^2 & 0 & 0 \\ 0 & b^2 & 0 \\ 0 & 0 & c^2 \end{bmatrix}$ **11.** -24 **12.** -108

13. $\frac{1}{6}\begin{bmatrix} 3 & 1 \\ 0 & 2 \end{bmatrix}$ **14.** $k = 1$ **15.** 14

二、**1.** B **2.** C **3.** C **4.** A **5.** A **6.** C **7.** B **8.** B **9.** D **10.** D **11.** D **12.** C

三、**1.** $abcd + ab + ad + cd + 1$ **2.** 27

四、$\begin{bmatrix} 1 & 0 & 0 \\ -\frac{1}{3} & \frac{1}{3} & 0 \\ 0 & 0 & -\frac{1}{3} \end{bmatrix}$

五、$\boldsymbol{B}^{-1} = \begin{bmatrix} 0 & \frac{1}{2} \\ -1 & -1 \end{bmatrix}$

六、$(\boldsymbol{A}^*)^{-1} = \begin{bmatrix} 5 & -2 & -1 \\ -2 & 2 & 0 \\ -1 & 0 & 1 \end{bmatrix}$

七、$\begin{bmatrix} x_1 \\ x_2 \\ x_3 \\ x_4 \end{bmatrix} = k \begin{bmatrix} \frac{15}{2} \\ 12 \\ -2 \\ 1 \end{bmatrix}$

八、**1.** $\lambda \neq -1$ 且 $\lambda \neq 4$ **2.** $\lambda = -1$ **3.** $\lambda = 4$

九、$a = 0, b = 2$, $\begin{bmatrix} x_1 \\ x_2 \\ x_3 \end{bmatrix} = k \begin{bmatrix} 5 \\ -6 \\ 1 \end{bmatrix} + \begin{bmatrix} -2 \\ 3 \\ 0 \end{bmatrix}$

十、$\lambda \neq -2$ 无解；$\lambda \neq -2, \lambda \neq 1$ 唯一解；$\lambda \neq 1$ 无穷多解

第10章

习题10.1

1. (1) 选出的是三年级男生，同时该生不是运动员 (2) 全系运动员都是三年级男生 (3) 全系运动员都是三年级学生 (4) 三年级学生都是女生，同时女生都在三年级

2. (1) $\overline{A}$ (2) $A\overline{B}$ (3) $AB\overline{C}$ (4) $A\overline{B}\overline{C} \cup \overline{A}B\overline{C} \cup \overline{A}\overline{B}C$ (5) $A \cup B \cup C$ (6) $\overline{A} \cup \overline{B} \cup \overline{C}$ 或 $\overline{ABC}$ (7) $AB\overline{C} \cup A\overline{B}C \cup \overline{A}BC$ (8) $AB \cup AC \cup BC$ (9) $\overline{A}\,\overline{B}\,\overline{C}$ (10) $A\overline{B}\overline{C} \cup \overline{A}B\overline{C} \cup \overline{A}\,\overline{B}C \cup \overline{A}\,\overline{B}\,\overline{C}$

(11) $\overline{ABC}$ 或 $\overline{A}\cup\overline{B}\cup\overline{C}$

3. (1) $\frac{1}{2}$　(2) $\frac{1}{6}$　(3) $\frac{3}{8}$

4. (1) $\frac{16}{33}$　(2) $\frac{17}{33}$

5. (1) $p=\frac{n!}{N^n}$　(2) $p=C_N^n\cdot\frac{n!}{N^n}$　(3) $p=C_n^m\cdot\frac{(N-1)^{n-m}}{N^n}$

6. $\frac{7}{8}$

7. (1) $\frac{3}{8}$　(2) $\frac{2}{5}$

8. 0.2

9. (1) 0.192 5　(2) 0.707 5　(3) 0.292 5

10. 0.019 73

习题 10.2

1. X 的分布律为：

X	0	1	2	3	4
p_k	0.4	0.24	0.144	0.086 4	0.129 6

2. ξ 的分布列为：

3	4	5
$\frac{1}{10}$	$\frac{3}{10}$	$\frac{6}{10}$

$$F(x)=\begin{cases}0 & x<3\\ \frac{1}{10} & 3\leqslant x<4\\ \frac{2}{5} & 4\leqslant x<5\\ 1 & x\geqslant 5\end{cases}$$，图略

3. 相对第二种方案而言,第一种方案对学生对更为有利

4. (1) 0.017 5　(2) 0.009 1

5. (1) $F(x)$ 是离散型随机变量的分布函数　(2) $F(x)$ 不是随机变量的分布函数

(3) $F(x)$ 是随机变量的分布函数，$F(x)$ 既非连续型,也非离散型随机变量的分布函数

6. (1) $A=\frac{1}{2}, B=\frac{1}{\pi}$　(2) $\frac{1}{4}$

7. (1) $K=3$　(2) $e^{-0.3}$　(3) $1-e^{-3}$

8. $f(x)=\begin{cases}\frac{1}{5} & x\in(5,8)\\ 0 & \text{其他}\end{cases}$, $F(x)=\begin{cases}0 & x<5\\ \frac{x-3}{5} & 5<x<8\\ 1 & x\geqslant 8\end{cases}$

9. (1) 0.157 4　(2) 0.945 2　(3) 0.769 8

10. (1) 0.433 2　(2) 0.682 6

习题 10.3

1. 4.96 元　**2.** $E(x)=\frac{7}{2}, D(x)=2.92$　**3.** $\frac{35}{6}$　**4.** 1　**5.** $\frac{1}{18}$　**6.** $\mu, \frac{\sigma^2}{n}$

习题 10.4

1. 不是简单随机样本

2. $\overline{X}=4.6, S^2=2.766\ 7$

3. 提示:求和记号展开即可

4. $E(\overline{X})=\dfrac{1}{\lambda}, E(S^2)=\dfrac{1}{\lambda^2}$

5. 0.05

6. 0.880 8

复习题十

一、1. $A\cup B\cup C, A\overline{B}\overline{C}\cup\overline{A}B\overline{C}\cup\overline{A}\overline{B}C, AB\overline{C}\cup\overline{A}BC\cup A\overline{B}C\cup\overline{A}\overline{B}\overline{C}$ 2. 0.6 0.4 0 3. 0.7 4. 0.85 5. $1<x<5$ $\dfrac{1}{4}$ 0 $\dfrac{3}{4}$ 6. 0.75 7. $\dfrac{4}{7!}=\dfrac{1}{1\,260}$ 8. $\dfrac{1}{5}$ 9. 0.4 0.7 10. $\dfrac{4}{5}$ 11. 0.2 12. 7.4 13. 7 $2\sqrt{2}$ 14. $N\left(\mu,\dfrac{\sigma^2}{n}\right)$

二、1. A 2. D 3. B 4. D 5. A 6. A 7. A 8. D 9. C 10. A 11. B 12. B 13. C 14. C

三、1. 0.3 2. $\dfrac{8}{15}$ 3. (1) $\dfrac{2}{15}$ (2) $\dfrac{1}{5}$ 4. 0.92 5. B厂

6. X 的分布律为:

X	3	4	5
p_k	0.1	0.3	0.6

分布函数为:$F(x)=\begin{cases}0 & x<3\\ 0.1 & 3\leqslant x<4\\ 0.4 & 4\leqslant x<5\\ 1 & x\geqslant 5\end{cases}$

7. 次数 $n\geqslant 4$

8. (1) $A=\dfrac{1}{2}$ (2) $\dfrac{1}{2}(1-e^{-1})$ (3) $F(x)=\begin{cases}\dfrac{1}{2}e^x & x<0\\ 1-\dfrac{1}{2}e^x & x\geqslant 0\end{cases}$

9. (1) $P(X\leqslant 2)=\ln 2, P(0<X\leqslant 3)=1, P\left(2<X<\dfrac{5}{2}\right)=\ln\dfrac{5}{4}$

(2) $f(x)=F'(x)=\begin{cases}\dfrac{1}{x} & 1<x<e\\ 0 & \text{其他}\end{cases}$

10. $E(X)=\dfrac{12}{7}, D(X)=\dfrac{24}{49}$ 11. 略

12. $E(\overline{X})=E(X)=\lambda, D(\overline{X})=\dfrac{D(X)}{n}=\dfrac{\lambda}{n}, E(S^2)=D(X)=\lambda$

参考文献

[1] 黄开兴.工科应用数学[M].北京:高等教育出版社,2008.
[2] 黄开兴.新编高等数学[M].北京:冶金工业出版社,2011.
[3] 刘云章,赵东金.微积分初步——无限和变化的乐园[M].北京:中国大百科全书出版社,2005.
[4] 张远南.函数和极限的故事[M].北京:中国少年儿童出版社,2005.
[5] 同济大学数学系.高等数学(上册)[M].北京:高等教育出版社,2014.
[6] 卡尔·B·波耶著.微积分概念发展史[M].唐生译.上海:复旦大学出版社,2007.
[7] 施庆生,马树建.高等数学(上册)[M].北京:科学出版社,2017.
[8] 曹殿立,马巧云.高等数学(下册)[M].北京:科学出版社,2017.
[9] 曹亚萍,龚建荣.高等数学[M].南京:南京大学出版社,2015.
[10] 黄开兴.新编高等数学[M].北京:冶金工业出版社,2011.
[11] 梁弘,翟步祥.高等数学基础[M].北京:北京交通大学出版社,2006.
[12] 黄国建,骈俊生,吴玉琴.高等数学辅导教程[M].北京:高等教育出版社,2019.
[13] 韦宁,王恩亮.新编高等数学[M].北京:机械工业出版社,2017.
[14] 王树勋,曹吉利.高等数学[M].西安:西北工业大学出版社,2012.
[15] 车明刚,刘振杰.高等数学[M].北京:清华大学出版社,2018.
[16] 张景中.数学与哲学[M].大连:大连理工大学出版社,2016.
[17] 盛骤,谢式千.概率论与数理统计[M].第四版.北京:高等教育出版社,2008.
[18] 茆诗松,程依明,濮晓龙.概率论与数理统计教程[M].北京:高等教育出版社,2004.
[19] 合肥工业大学数学教研室.概率论与数理统计[M].合肥:合肥工业大学出版社,2004.
[20] 张顺燕.数学的思想、方法和应用(修订版)[M].北京:北京大学出版社,2006.
[21] 夏大峰,吴斌,朱建,李小玲,李栋梁.高等数学(上)[M].北京:科学出版社,2016.
[22] 曹学锋,任全玉.高等数学(上册)[M].武汉:华中科技大学出版社,2009.
[23] 同济大学.高等数学[M].北京:高等教育出版社,2001.
[24] 上海财经大学应用数学系.高等数学[M].上海:上海财经大学出版社,2003.
[25] 华东师范大学数学系.数学分析[M].北京:高等教育出版社,2001.
[26] 王晓威.高等数学[M].北京:海潮出版社,2000.